技术丛书

Core Principles and Design Practices of OLAP Engines

OLAP引擎底层原理与设计实践

高英举 许一腾◎著

机械工业出版社
CHINA MACHINE PRESS

图书在版编目（CIP）数据

OLAP引擎底层原理与设计实践 / 高英举，许一腾著 .
北京：机械工业出版社，2025. 1. --（大数据技术丛书）.
ISBN 978-7-111-76984-2

Ⅰ. TP311.13

中国国家版本馆 CIP 数据核字第 2024B1L749 号

机械工业出版社（北京市百万庄大街 22 号　邮政编码 100037）
策划编辑：孙海亮　　　　　　　　　责任编辑：孙海亮
责任校对：李　霞　张雨霏　景　飞　责任印制：张　博
北京联兴盛业印刷股份有限公司印刷
2025 年 1 月第 1 版第 1 次印刷
186mm × 240mm · 29.25 印张 · 635 千字
标准书号：ISBN 978-7-111-76984-2
定价：109.00 元

电话服务
客服电话：010-88361066
　　　　　010-88379833
　　　　　010-68326294

网络服务
机　工　官　网：www.cmpbook.com
机　工　官　博：weibo.com/cmp1952
金　　书　　网：www.golden-book.com
机工教育服务网：www.cmpedu.com

Preface 序 一

应邀为这本书写序，我不胜荣幸。纵观数据科技的发展历史，从数据仓库、数据挖掘，逐步发展到大数据、批流处理、OLAP 即席查询，前后历经近 40 年，每次技术的升级都让数据世界在处理更实时、更大数据量、更多样的数据以及更准确可信的目标上更进一步。

OLAP(OnLine Analytical Processing，联机分析处理）是数据仓库系统的主要应用方式，支持复杂的分析操作，侧重决策支持，并且提供直观易懂的查询结果。OLAP 引擎通常用于商业智能（BI）和数据仓库应用程序，它可以快速响应复杂的查询，并提供灵活的分析功能。OLAP 引擎通常基于关系型数据库或多维数据存储技术构建，它可以处理大量的数据，并支持多种数据格式和数据源。

而 2012 年 Facebook 公司（现更名为 Meta 公司）发起的 Presto 项目现已发展成为较为成熟的 OLAP 引擎实现方案，在国内外都有较大的用户基数和多样的应用场景。

本书作者有多年一线互联网大厂的大数据软件开发和实践经验，同时在知乎专栏不遗余力地解读分享 Presto 原理和代码。本书详细介绍了 OLAP 引擎的应用场景和具体特点，以 Presto 实现为例子分模块（优化器、查询流程、分布式交换、连接器等）详细阐述 OLAP 引擎的实现思路并结合关键代码深入讲解，以帮助读者快速了解 OLAP 引擎的宏观设计思路和关键细节。

这是一本分析 OLAP 引擎以及 Presto 技术原理及实现的专业图书，对于想要了解并使用 Presto 的用户而言，这将是一本很好的参考书，对于已经了解并使用过 Presto 的用户而言，这也是一本可供日常翻阅的进阶读物。

凌志钧

字节跳动基础架构可观测负责人

序 二 Preface

当我们站在技术的巅峰，总会惊叹人类创造力的无穷可能。在这个数字时代，大数据技术犹如一座宏伟的桥梁，将信息的海洋连接成为我们能够探索、理解和利用的宝藏。而今，我有幸为你介绍一本价值非凡的著作——一本由深谙大数据技术、坚守创新精神的高英举、许一腾所著的新书。

在技术的浪潮中，高英举是一位无可替代的引领者。作为他曾经的上司，我见证了他在大数据领域里的成长与精进。英举并未止步于技术的表面，而是将技术视为一种艺术，一门需要深入探索的学问。他身上的光环不仅来自他深厚的底蕴，更源自他对开源项目的热情与贡献。尤其是他在 Apache 顶级项目 Seatunnel 中的投入，不仅彰显了他的技术实力，更是对开源精神的崇高诠释。

今日之英举，带着多年在大数据领域的沉淀，将他的经验、洞察与智慧凝聚成一本技术力作——一本关于 OLAP 引擎原理的全面指南。这本书不像教科书那样枯燥，而是一部充满实践智慧与生命力的畅快之作。书中所呈现的内容，可将读者从零基础带入深度实践的殿堂。对于 OLAP 领域的探索者来说，这是一本不可多得的珍贵指南，是通往深层技术的钥匙，更是连通数据世界真谛的纽带。

这本书的珍贵之处在于它不仅是一本指南，更是一次启迪之旅。每一页都闪烁着作者对技术的独特理解和深邃思考，每一段文字都是对读者的呵护与馈赠。你会在书中感受到作者深入骨髓的热情，会被他的严谨与细致所折服，会因他对技术探索的无限执着而动容。

正值这本珍贵的著作面世之际，我由衷地向高英举、许一腾致敬。他们以执着和智慧绘制出这份技术画卷，为整个技术界贡献了一笔宝贵的财富。我深信这本书将成为无数技术爱好者、学者、从业者的指路明灯，引领他们驶向大数据的辽阔海洋，探寻信息的无穷可能。

最后，我衷心祝愿这本书能够在读者手中开启一扇通往技术奇迹的大门。愿每个翻阅它的人都能汲取其中的智慧，与作者一同踏上探索与创新的征程，不断探索数据世界的无限可能。

于邦旭
CSDN 高级副总裁

Preface 序 三

随着 5G、IoT、V2X、AIGC 等技术的发展，我们正见证着数据的爆炸式增长。“Data Age 2025”报告预测，从 2018 年到 2025 年，全球数据将从 33ZB 急速增长到 175ZB，与 2016 年之前产生的数据量相比增加了 10 倍。随着企业对数据的需求不断提高，数据分析已经成为影响商业竞争的关键因素。如今企业正面临着巨大的挑战，需要在短时间内处理和分析大量的数据，从而为决策提供有力支持。通过对数据的清洗、整合、挖掘和可视化，企业能够发现潜在的商业机会，预测市场趋势，优化运营效率，甚至创造全新的商业模式。因此，掌握大数据技术和数据分析工具及其使用方法已经成为当代企业和个人发展的必备技能。

OLAP 技术历经传统数据库阶段、数据仓库阶段、Hadoop 生态系统阶段、MPP 内存计算阶段、实时分析阶段。在技术演进的过程中，从单机数据库到分布式的 Hadoop 生态系统，分析处理的数据规模不断提升；从传统数据仓库到 MPP 内存计算、实时计算，每个阶段的技术都在追求更高的查询性能和处理速度，分析处理的计算性能不断提升。

Presto 项目始于 2012 年，由 Facebook 的工程师为了解决 Hive 查询性能而发起，是一款基于内存、支持 MPP 的分布式 SQL 交互式查询引擎，可以快速查询 PB 级数据，同时支持标准 SQL 语法，现已成长为大数据分析领域中的一颗明星。伴随 Presto 社区的发展，目前国内许多互联网公司和金融机构都在使用 Presto 进行大数据查询和分析，如字节、腾讯、阿里、百度、美团、京东、滴滴、蚂蚁等，这充分证明了 Presto 在处理大规模数据查询方面的优秀性能和稳定性。

作为本书作者之一的许一腾曾经的直接上级，我见证了他在大数据工程领域的精进。在 2017—2022 年，我和一腾在腾讯共事的这 6 年间，他一直负责腾讯资讯业务的大数据工程工作，历经 QQ 看点、天天快报、QQ 浏览器信息流、腾讯医典等项目。他曾基于开源 Presto 引擎和 Hue 组件开发异构数据源查询服务，针对腾讯 tHive、ES、ClickHouse 等数据源进行改造适配，其中 QQ 看点 ODS 层每日上报日志近 5000 亿规模，能稳定应对数据科学团队高效数据查询需求。一腾积极参与组建腾讯内部 Presto Oteam 协同工作小组，重点解决 PCG（腾讯平台与内容事业群）内部跨 Venus 平台、TDW（Tencent Distributed Data

Warehouse，腾讯分布式数据仓库）平台数据查询慢的问题。

一腾热衷技术整理与分享，作为 *Presto: The Definitive Guide* 中文版的审稿、书评人，积极参与 Presto 项目创始成员执笔的官方书籍在中国的推广。

本书讲解了 OLAP、Presto 的基本原理、OLAP 引擎的整体工作流程与核心模块、连接器和自定义函数开发实践等内容。

本书汇集了笔者在腾讯、字节工作的实践经验，它的出版丰富了 Presto 大数据领域的资料，也为有志深入了解和应用 Presto 的技术人员提供了十分有价值的参考。

本书理论与实践相结合，有助于读者快速从理论知识走入实践应用。愿各位读者能从本书中获益。

王汪

腾讯健康医药 SaaS 研发负责人

Preface 序　四（原版）

Trino continues to expand in terms of available connectors, SQL support, and other features and integrations. With over a decade as a successful open source project, Trino has grown well beyond the original use cases of high-performance analytics on Hadoop/Hive-powered data lakes. More than two dozen connectors for relational database systems like PostgreSQL, modern object storage table formats like Iceberg, Delta Lake and Hudi, and various other systems are available. Trino is now a common central query engine in data platforms used across industries and the globe.

With all that in mind, we are very glad that Yiteng and Gary used their technical knowhow of Trino, as well as their knowledge of the great Trino community in China, to produce this book. The impressive scope of the book ensures that a wide range of users can benefit from their knowledge.

The book provides a technical deep-dive to Trino. It starts with an overview and introduces you to the query processing of Trino. You learn all the details of processing a simple SELECT query, and explore the complexities of queries that use joins, aggregations, limits and other advanced features. An introduction of the exchange system within the cluster, that allows the performant, parallel processing of queries follows. Next you learn about the plugin architecture of Trino, how it used for connectors for different data sources, and even how to write your own connector. Finally you learn how to use plugins to implement your own custom functions, that users of your clusters can use in their own SQL queries.

We are delighted that the book is now a reality. The Trino community is spread around the globe, and China is a vibrant part of our community. We are confident that the passionate, dedicated users and contributors, and multiple large corporations enjoying Trino ensure success of the local community and their involvement with partners across the globe.

Together with our mascot Commander Bun Bun, we hope this book enables your success with Trino. We look forward to hear about it in your own blog posts, messages on slack, including the dedicated general-cn channel, a Trino event in China, and maybe even your presentation at the the next Trino Community.

Broadcast or Trino Summit.

Trino founders Martin Traverso, DainSundstrom, and David Phillips
and Trino maintainer Manfred Moser

Preface 序　四（中文版）

Trino 引擎在连接器生态、SQL 语法、功能特性以及系统集成方面不断迭代发展。作为一个成功的开源项目，它已经有 10 多年的历史了，使用上也从一开始的 Hadoop/Hive 数据湖敏捷分析扩展到多种场景。目前连接器类型已经有几十种，从关系型数据库 PostgreSQL 到现在基于对象存储的表格式（如 Iceberg、Delta Lake 和 Hudi 等）系统都能够支持。放眼全球，Trino 现在已经是业界多种数据平台的核心查询引擎了。

考虑到上述所有这些，我们很高兴许一腾和高英举运用他们的专业知识以及对中国 Trino 社区的了解撰写了这本技术书。这本书的内容丰富，不同类型的读者都能从这本书中受益。

这本书从技术上对 Trino 引擎进行了深度解析。它从 OLAP 的概述开始，介绍了一个 Trino 查询的经典处理流程。读者首先会了解处理简单 SELECT 查询的所有细节，然后以阶梯的方式深入到连接、聚合、行数限制以及其他高级功能的复杂原理。这本书还介绍了 Trino 的数据交换系统，它是高性能并行处理架构的基石。读者还可以了解 Trino 的插件体系，学习连接器是如何对数据源进行建模的，知道如何编写一个简单的连接器。在本书的最后读者还会学到插件的自定义函数，学会这部分大家就可以编写自定义函数来供自身业务的 SQL 查询使用了。

我们很高兴这本书能够成功出版。Trino 社区遍布全球，中国社区无疑是重要组成部分。我们相信，中国社区中热情专业的用户、代码贡献者以及多个大型公司都在享受 Trino 这项技术并为之作出贡献，他们确保了中国社区的成功以及全球协作的顺利推进。

我们希望这本书能与 Trino 吉祥物“兔兔队长”一起为 Trino 的用户答疑解惑。期待后续从个人博客、Slack 频道（特别是中国区频道 general-cn）、Trino 中国区活动、Trino 社区广播、Trino 论坛等渠道收到大家对这本书的反馈与心得。

Trino 创始人 Martin Traverso、DainSundstrom、David Phillips
Trino 维护者 Manfred Moser

前　言 Preface

为什么要写这本书

在大数据时代，OLAP 引擎作为处理海量数据的关键技术，其复杂性和技术深度要求我们不断学习和探索。然而，市面上关于 OLAP 引擎的资料大多数都是分散且难以系统化理解的。本书试图通过梳理 OLAP 引擎的设计哲学、架构原理、查询执行机制以及优化策略，为读者提供一个清晰的学习路径。

20 世纪 90 年代末，OLAP 起源于传统数据库，一直未有起色，2006 年后经过近 5 年的发展，产生了一门新的技术——OLAP 大数据分析引擎（简称 OLAP 引擎）。OLAP 结合大数据得以蓬勃发展，在大型互联网公司占据了极其重要的地位，诸如 Presto、Impala、Druid、Elasticsearch、Kylin、阿里云 AnalyticDB 等产品层出不穷，这也是它们最辉煌的时代。由 Facebook 开源的 Presto 是其中的佼佼者，它是以 MPP 为架构的 OLAP 引擎中的中流砥柱。如果你学习过 Spark、Flink 的源码，会惊喜地发现，其中的多个设计思路和实现都参考了 Presto，甚至于 2019 年在北京召开的 Flink Forward 大会上介绍 Flink OLAP 发展方向时，对比的对象都是 Presto。无论是在 Facebook、Amazon、Uber、Twitter，还是在腾讯、阿里、京东、美团、滴滴，都可以见到 Presto，由此可见 Presto 在大数据领域的影响力。

OLAP 引擎底层技术中有很多数据库相关的知识点和优化技术，有些实现甚至是对数据库技术的直接借鉴和模仿。所以，我们以 Presto 为例来学习数据库知识，了解 OLAP 引擎底层技术。但是，仅看 Presto 源码是不够的，还需要上升到理论，再用理论指导实践，这样才能够完全看懂和理解 Presto 的代码。当然，笔者并不是建议大家在开始阶段就使劲学习理论，这样容易导致大家感觉自己看懂了，实际上还是不懂。

基于以上背景，笔者构思了本书的内容，从 OLAP 引擎的技术与挑战开题，先讲基本原理和使用方法，再以 Presto 源码为例由浅入深分析 OLAP 引擎设计方法。本书详细拆解了 OLAP 引擎中的 SQL 解析器、优化器、调度器、执行器这几个核心组件，并将内容扩展到 OLAP 引擎的高性能优化方案上。笔者希望通过本书，让正在苦苦学习大数据 OLAP 与 SQL 却找不到切入点或者方向的你，迅速提升专业能力。

为什么能写这本书

作为在大数据领域深耕超过十年的技术实践者，我们有幸参与了多个 OLAP 引擎的设计、开发和优化工作。这些宝贵的一线经验，加上对相关技术的深入研究，使我们具备了撰写本书的能力和信心。同时，笔者能够把复杂的技术问题拆解成读者可循序渐进地学习的内容，站在读者的视角来讲解 OLAP 引擎相关技术。此外笔者还花数年时间翻阅了国内外所有与 OLAP 引擎相关的技术书籍（不仅是 Presto 技术相关的书籍）。我们希望能够将所有 OLAP 领域必备的知识深入浅出地分享给更多的读者，推动这一领域的交流与发展。

什么人要读这本书

本书适合对 OLAP 引擎感兴趣的技术人员阅读。如果你是数据库开发者、数据架构师、大数据工程师，或者是对分布式计算和 SQL 引擎感兴趣的学生、研究人员，本书将为你提供宝贵的知识和经验。无论是希望在现有 OLAP 产品的基础上进行二次开发，还是仅想了解 OLAP 引擎背后的技术原理，本书都将是你的理想选择。

如何阅读这本书

建议读者在阅读本书之前具备以下条件。

- 了解 Java 编程语言，尤其是 Java 8 及以上的 Lambda 表达式特性，了解 Guice、Guava 等常用库。
- 对 OLAP 概念有基本了解，对大数据领域的全景有基本认知。
- 会写常见的 SQL，对基本语法（如投影、过滤、关联、聚合、开窗等语法）有实际编写经验。
- 熟悉 Presto 的使用，对官方文档的内容有一定了解，或者阅读过《Trino 权威指南》。
- 有在生产环境中使用 Presto 或其他 OLAP 引擎的经验。

本书分为 6 篇，共 14 章。从 OLAP 核心概念出发，以 Presto 为例，从整体执行流程到不同 SQL 的执行原理都有介绍，力图把 OLAP 查询的核心流程以一种系统化的方式给读者讲清楚。

第一篇背景知识（第 1 章和第 2 章）：

- 第 1 章从 OLAP 的定义出发，深入对比了多个流行的 OLAP 引擎，包括但不限于 Hive、SparkSQL、FlinkSQL、ClickHouse 等，分析它们在各个方面的优劣，并讨论 OLAP 引擎的技术发展趋势及如何选型。
- 第 2 章介绍了 Presto 相关的背景知识，对比 Trino 和 Presto 的区别，介绍如何编译、运行源码，并给出了后续贯穿全书的 SQL 代码。

第二篇核心原理（第 3 章和第 4 章）：

- 第 3 章非常详细地串讲了 SQL 执行流程，从查询提交到语法分析、语义分析，再到执行计划生成、优化、拆分、调度和执行，目的是帮读者建立一个整体的认知框架，方便对后续内容的学习。
- 第 4 章详细介绍了执行计划的生成和优化，包括前置的语法分析、语义分析流程，以及执行计划的生成、优化原理。

第三篇经典 SQL（第 5~8 章）：对多种经典 SQL 的执行进行原理级解析。每一章对应了一类 SQL，复杂度从前到后递增，包含投影、过滤、行数限定、排序以及多种聚合场景。对每一类 SQL 的解读都包括逻辑执行计划、优化器、物理计划（查询执行阶段划分）、调度与执行几个部分。

第四篇数据交换机制（第 9 章和第 10 章）：

- 第 9 章从设计的角度出发，对整个交换机制进行详细介绍，并且从优化器的角度分析数据交换的设计方法，以及调度、执行过程的设计思路。
- 第 10 章主要介绍 OLAP 引擎的具体实现原理，包含调度阶段的任务依赖收集、上游数据输出节点的工作原理、下游拉取数据的 RPC 机制与流程，以及衍生的反压、LIMIT 语义、乱序等问题。

第五篇插件体系与连接器（第 11 章和第 12 章）：

- 第 11 章介绍了插件体系及其背后的 SPI 机制，还有插件加载流程和底层的类加载原理。连接器是底层数据源的抽象建模，本章重点分析连接器的构成、元数据模块、数据读取模块以及它在优化器中的作用。
- 第 12 章介绍了一个官方提供的实例连接器——Example-HTTP，它比较简单，但是可以帮助读者快速巩固连接器相关的知识。

第六篇函数原理与开发（第 13 章和第 14 章）：

- 第 13 章首先从原理出发，分析了函数的构成，如泛型参数、字面量变量、自动注入参数等。然后介绍了函数注册流程、语义分析中的函数解析、函数调用等。
- 第 14 章从标量函数、聚合函数两方面入手，用多个实际案例来介绍高级 API（注解框架）及低级 API 的底层开发方法。

如果大家希望深度掌握本书的内容，并做到对大数据分布式 SQL 计算引擎一通百通，笔者强烈建议大家做到以下几点。

- **多实践：**搭建一套 Presto 测试集群。
- **边看源码边调试：**在 Java 编译器中把 Presto 源码跑起来，并结合本书的内容调试源码。
- **多总结：**尝试把本书的知识点画成脑图，形成自己的知识体系，并泛化到整个 OLAP 领域。
- **根据实际业务需求改写源码。**

- **通过单元测试代码理解每个类：**当你理解不了某个类或方法是做什么的，或不知如何使用时，可看一看与它对应的单元测试代码，里面有围绕它的使用方式展开的相对简单且不需要理解全局的代码。
- **阅读 SIGMOD、VLDB、ICDE 英文文献：**SIGMOD、VLDB 及 ICDE 是数据库方向的三大顶级会议。这些会议上发布的论文，能够引导我们更好地理解源码背后的理论以及最新发展趋势。虽然 SIGMOD、VLDB 及 ICDE 是数据库领域的顶级会议，但是因为数据库与 OLAP 没有绝对的分界线，所以数据库相关的很多技术与 OLAP 是重叠的。

本书以 Presto 为例进行讲解。Presto 的代码写得非常精美，其中部分代码甚至完全不用修改就可以拿到项目中使用。Presto 的部分代码抽象层级比较多，函数调用栈比较深，或者处理逻辑复杂，大家容易看着看着就懵了。对于这类代码，没必要希望一次就看懂。笔者建议至少反复看 10 次，先从大面着眼，再从细节着眼。

勘误支持

如果大家在阅读过程中发现有内容方面的错漏，欢迎进入腾讯问卷填写详细信息，链接为 https://wj.qq.com/s2/14366431/e06c/。

大家可搜索并关注微信公众号“大道至简 bigdata”，并回复“获取高英举联系方式”或“获取许一腾联系方式”与本书作者建立联系。添加本书作者微信后还会被拉进大数据技术交流群，大家一起讨论 OLAP 技术。

高英举

致谢一 Acknowledgements

在本书撰写过程中，我得到了许多人的帮助和支持。

首先，我要感谢我的家人，他们的理解和鼓励是我完成本书的最大动力。在创作之余我也享受到了 Suwey 和 Annie 带来的生活乐趣，还包括趴在沙发上陪伴我创作到深夜的团子。

其次要感谢将我引入大数据领域的前领导于邦旭、唐森金、张炎泼，在我最初工作的几年，他们帮助我在大数据技术领域快速成长。

还要隆重感谢与我一同创作本书的伙伴许一腾。我们一个在上海，一个在深圳，因在互联网上发布的 Presto 技术文章结识，之后共同创作本书历时 4 年有余，至今却从未谋面，基本都是通过定期的线上会议共同制定创作计划、交流技术、互相鼓励。我们一路走来遇到不少苦难，但是最终都没有放弃，一直坚持到了本书的出版。

在创作阶段我也广泛参考了一些优秀的作品，其中令我印象最深刻的是张晨的优化器原理相关的文章，经过他的同意我在本书中的对应章节借鉴了他的文章。

非常感谢 Presto（Trino）的三位创始人 Martin Traverso、DainSundstrom、David Phillips 创造了如此优秀的开源项目，使我能够基于此开展多年的大数据相关的工作，并从中领略到分布式 OLAP 引擎的魅力。

感谢所有为开源社区贡献力量的开发者们，没有他们的辛勤工作，就没有本书中的丰富技术资源。

坚定的创作信念与对内容品质的极致要求是一本好书诞生的重要支撑。当我在 2001 年第一次开始阅读《科幻世界》时就被其中精彩的科幻故事与绘画吸引，其后更是惊叹于刘慈欣《三体》的恢弘。我在这里要特别感谢《科幻世界》杂志的创作人员、刘慈欣以及《流浪地球》的导演郭帆和其他所有剧组成员，是他们通过作品传递给我的精神使我更坚定了出版一本好书的信念，并追求将它的内容品质做到极致。

还要感谢近年迅速崛起的大模型产品——OpenAI 的 ChatGPT、月之暗面的 KimiChat。在本书的创作过程中，我利用这些 AI 工具润色每章的开篇引言以及结尾总结，其出色的理解与总结能力使我惊叹，它们显著提高了我的创作效率。

还有一群人值得我特别感谢，他们在我的知乎技术专栏以及微信中留下了宝贵的建议并提供了正面鼓励的情绪价值，他们是我进行技术分享的种子读者，是他们激发了我将多年技术积累写成书，从而实现技术传承的热情。

最后，感谢所有选择阅读本书的读者，希望本书能成为你们在 OLAP 引擎学习道路上的美好伴侣。

高英举

致谢二 Acknowledgements

首先要感谢腾讯的老领导王汪给了我一个难得的机会，让我以一种特别的方式进入了大数据引擎开发的世界。引擎研发的魅力和挑战对我来说是前所未有的，从零开始阅读源码需要极大的毅力和耐心，这一路上感谢吴植鹏等同事的支持与帮助。

写一本好书是件非常高尚的事情，也是不断提升自我修养的过程。这里必须感谢本书的另一位作者高英举，我们并肩作战多年。本书虽然写完了，但是技术写作之路才刚刚开始。

写书之路漫漫，在这个过程中离不开家人的支持。我已不知有多少个周末妻子带着宝宝出去玩，特地让我留在家里写书。感谢妻子的默默付出。

最后要感谢开源社区，没有开源社区所有成员的努力，我们就无法接触到这么优秀的项目，自然也不会有繁荣的 Trino/Presto 社区。开源使所有软件从业人员能够公平、透明、系统地学习复杂系统，让我们能够站在巨人的肩膀上，甚至能够成为另一个巨人。

许一腾

Contents 目 录

序一
序二
序三
序四（原版）
序四（中文版）
前言
致谢一
致谢二

第一篇 背景知识

第 1 章 OLAP 引擎介绍与对比 ········· 2

1.1 OLAP 的定义与对比标准 ··············· 2
1.1.1 OLAP 的定义 ··························· 2
1.1.2 OLAP 引擎之间的对比标准 ········ 3
1.2 各种 OLAP 引擎的主要特点 ············ 6
1.2.1 Hive ·· 6
1.2.2 SparkSQL、FlinkSQL ················ 6
1.2.3 ClickHouse ······························ 6
1.2.4 Elasticsearch ···························· 8
1.2.5 Presto ······································ 9
1.2.6 Impala ···································· 10
1.2.7 Doris ······································ 10
1.2.8 Druid ····································· 11
1.2.9 总结 ······································· 12
1.3 再谈对 Presto 技术发展的理解 ······· 13
1.4 总结、思考、实践 ························ 15

第 2 章 Presto 基本介绍 ··················· 16

2.1 Presto 概述：特性、原理、架构 ···· 16
2.1.1 一个高性能、分布式的 SQL 执行框架 ································ 17
2.1.2 一套插件化体系 ······················ 18
2.1.3 开箱即用的 SQL 内置函数和连接器 ··································· 20
2.2 Presto 的应用场景与企业案例 ········ 20
2.2.1 Presto 的应用场景 ···················· 20
2.2.2 Presto 的企业案例 ···················· 21
2.2.3 Presto 不适合哪些场景 ············· 23
2.3 Presto 常见问题及应对策略 ··········· 25
2.3.1 查询协调节点单点问题 ············ 25
2.3.2 查询执行过程没有容错机制 ····· 27
2.3.3 查询执行时报错 exceeding memory limits ···························· 27
2.3.4 无法动态增删改或加载数据目录与 UDF ······························· 28
2.3.5 查询执行结果必须经集群协调节点返回 ································· 28

2.3.6 不支持低延迟、高并发 ………… 28
2.4 Presto 与 Trino 的项目与版本选择 …………………………………… 30
2.4.1 Trino 与 Presto 选择哪个 ………… 30
2.4.2 本书为什么用 Trino 的 v350 版本来做介绍 ………………………… 31
2.4.3 Presto 项目源码结构 ……………… 32
2.5 编译与运行 Presto 源码 ……………… 34
2.5.1 环境准备 …………………………… 34
2.5.2 下载源码并载入 IDEA …………… 35
2.5.3 编译 Presto 源码 …………………… 36
2.5.4 标记 Antlr4 自动生成的代码为 generated source ……………… 36
2.5.5 在 IDEA 中运行 3 个节点的 Presto 集群 ………………………… 38
2.5.6 运行 Presto 命令行工具 ………… 44
2.5.7 调试 Presto 源码常见问题 ……… 44
2.6 基于 Presto 的数据仓库及本书常用 SQL …………………………………… 46
2.6.1 数据仓库介绍 ……………………… 46
2.6.2 TPC-DS Data Model 数据模型介绍 ……………………………… 47
2.6.3 本书常用 SQL……………………… 49
2.6.4 在哪里执行本节介绍的 SQL…… 54
2.7 总结、思考、实践……………………… 54

第二篇 核心原理

第 3 章 分布式查询执行的整体流程… 56
3.1 分布式 OLAP 引擎整体架构及查询执行原理 ………………………… 56
3.2 分布式查询执行的整体介绍 ………… 58
3.2.1 从分布式架构看 SQL 查询的执行流程 ………………………… 58
3.2.2 从功能模块看 SQL 执行流程 …· 58
3.2.3 原理讲解涉及的案例介绍 ……… 59
3.3 查询的接收、解析与提交…………… 60
3.3.1 接收 SQL 查询请求 ……………… 60
3.3.2 词法与语法分析并生成抽象语法树 ……………………………… 62
3.3.3 创建并提交 QueryExecution…… 63
3.4 执行计划的生成与优化……………… 64
3.4.1 语义分析，生成执行计划 ……… 64
3.4.2 优化执行计划，生成优化后的执行计划 ………………………… 65
3.4.3 将逻辑执行计划树拆分为多棵子树 ……………………………… 68
3.5 执行计划的调度……………………… 69
3.5.1 创建 SqlStageExecution………… 69
3.5.2 调度并分发 HttpRemoteTask …· 72
3.6 执行计划的执行……………………… 78
3.6.1 在多个查询执行节点上执行任务 ……………………………………… 78
3.6.2 分批返回查询计算结果给 SQL 客户端……………………………… 85
3.7 总结、思考、实践……………………… 87
第 4 章 查询引擎核心模块拆解……… 88
4.1 执行计划生成的设计实现…………… 88
4.1.1 从 SQL 到抽象语法树 …………… 88
4.1.2 语义分析 …………………………… 95
4.1.3 生成初始逻辑执行计划 ……… 101
4.2 执行计划优化的目的、基本原理和基础算法……………………… 106
4.2.1 执行计划优化的目的 ………… 106
4.2.2 执行计划优化的基本原理 …… 106
4.2.3 执行计划优化的基础算法 …… 110

4.3 执行计划优化的设计实现 ············ 115
4.3.1 执行计划优化的工作流程 ······ 115
4.3.2 非迭代式优化器和迭代式优化器 ······ 118
4.4 总结、思考、实践 ············ 125

第三篇 经典 SQL

第 5 章 数据过滤与投影相关查询的执行原理解析 ············ 128
5.1 SQL-01 简单拉取数据查询的实现原理 ············ 128
5.1.1 执行计划的生成与优化 ······ 128
5.1.2 分布式调度与执行的设计实现 ··· 130
5.2 SQL-02 数据过滤与投影查询的实现原理 ············ 134
5.2.1 执行计划的生成与优化 ······ 134
5.2.2 分布式调度与执行的设计实现 ··· 136
5.3 数据过滤与投影相关查询涉及的查询优化 ············ 147
5.3.1 列裁剪 ······ 147
5.3.2 部分计算下推到存储服务 ······ 148
5.3.3 表达式计算的优化 ······ 150
5.4 总结、思考、实践 ············ 151

第 6 章 行数限定与排序相关查询的执行原理解析 ············ 153
6.1 SQL-10 行数限定查询的实现原理 ············ 153
6.1.1 执行计划的生成与优化 ······ 154
6.1.2 分布式调度与执行的设计实现 ······ 155
6.2 SQL-11 排序查询的实现原理 ············ 158
6.2.1 执行计划的生成与优化 ······ 158
6.2.2 分布式调度与执行的设计实现 ··· 160
6.3 SQL-12 排序与行数限定组合查询的实现原理 ············ 174
6.3.1 执行计划的生成与优化 ······ 174
6.3.2 分布式调度与执行的设计实现 ··· 176
6.4 简单 SELECT 查询相关的查询优化 ············ 191
6.4.1 将 LIMIT 计算下推到数据源连接器 ······ 191
6.4.2 去除不需要的 LIMIT 计算 ······ 192
6.5 总结、思考、实践 ············ 193

第 7 章 简单聚合查询的执行原理解析 ············ 194
7.1 聚合查询原理通识性介绍 ············ 194
7.1.1 常见的聚合查询 ······ 194
7.1.2 聚合查询是有状态计算 ······ 196
7.1.3 实现分布式聚合的几种执行模型 ······ 196
7.1.4 Presto 对聚合查询的设计与抽象 ······ 197
7.2 SQL-20 不分组聚合查询的实现原理 ············ 198
7.2.1 执行计划的生成与优化 ······ 198
7.2.2 分布式调度与执行的设计实现 ··· 201
7.2.3 使用 Scatter-Gather 执行模型实现 SQL-20 ······ 211
7.3 SQL-21 分组聚合查询的实现原理 ··· 212
7.3.1 执行计划的生成与优化 ······ 213
7.3.2 分布式调度与执行的设计实现 ··· 214
7.3.3 使用 Scatter-Gather 执行模型实现 SQL-21 ······ 236

7.3.4 总结 ……237

7.4 聚合函数的设计与实现 ……238

7.5 总结、思考、实践 ……240

第 8 章 复杂聚合查询的执行原理解析 …… 242

8.1 SQL-22 去重计数查询的实现原理 ……242

8.1.1 执行计划的生成与优化 ……243

8.1.2 分布式调度与执行的设计实现 …246

8.1.3 使用 Scatter-Gather 执行模型实现 SQL-22 ……247

8.1.4 总结 ……248

8.2 SQL-23 多个聚合计算查询的实现原理 ……248

8.2.1 执行计划的生成与优化 ……249

8.2.2 分布式调度与执行的设计实现 …252

8.2.3 为什么 Presto 要引入 MarkDistinct 优化 ……258

8.2.4 使用 Scatter-Gather 执行模型实现 SQL-23 ……260

8.3 SQL-30 综合多种计算查询的实现原理 ……260

8.3.1 执行计划的生成与优化 ……261

8.3.2 分布式调度与执行的设计实现 …264

8.3.3 使用 Scatter-Gather 执行模型实现 SQL-30 ……265

8.3.4 总结 ……266

8.4 常见聚合查询优化手段与优化器…267

8.4.1 将聚合操作拆分为部分聚合与最终聚合 ……267

8.4.2 在上下游任务中传播哈希聚合分组列的哈希值 ……267

8.4.3 部分聚合计算下推 ……268

8.4.4 将 ORDER BY 与 LIMI T 计算优化为 TopN 计算 ……268

8.4.5 基于代价评估的方式来决定如何选择执行模型 ……268

8.4.6 利用存储的数据分布特性做优化 ……269

8.5 总结、思考、实践 ……270

第四篇 数据交换机制

第 9 章 数据交换在查询规划、调度、执行中的基本原理 … 272

9.1 数据交换机制简介 ……272

9.1.1 数据交换是什么 ……272

9.1.2 何时需要做数据交换 ……273

9.1.3 数据交换是拉取模型 ……274

9.1.4 任务之间数据交换与任务内部数据交换 ……275

9.1.5 数据交换的代价 ……276

9.2 查询优化阶段任务之间数据交换的设计实现 ……276

9.2.1 任务之间数据交换的 3 个阶段 ……276

9.2.2 ExchangeNode 的实现 ……277

9.2.3 利用 AddExchanges 优化器插入 ExchangeNode ……282

9.2.4 AddExchanges 决策在哪里插入 ExchangeNode 的主要考虑因素 ……284

9.2.5 AddExchanges 优化器的设计思路与案例 ……285

9.2.6 拆分 PlanFragment ……296

9.3 查询调度与执行阶段的整体设计思路……297
9.3.1 在分布式查询集群中唯一确定某个任务……297
9.3.2 每个任务的上游和下游……298
9.3.3 交付上游任务产出的数据……298
9.3.4 上下游任务数据交换的交互机制……300
9.3.5 上下游任务生产与消费的速度…301
9.4 总结、思考、实践……301

第 10 章 数据交换在查询调度与执行中的详细设计……302

10.1 查询调度阶段任务之间数据交换的设计实现……302
10.1.1 调度部分整体介绍……302
10.1.2 建立相邻上下游查询执行阶段间的数据依赖关系……303
10.1.3 RemoteTask 中与任务之间数据交换相关的抽象设计……308
10.2 查询执行阶段任务之间数据交换上游的设计实现……309
10.2.1 整体概述……309
10.2.2 OutputBuffer 的工作流程……309
10.2.3 不同的 OutputBuffer 具体实现…313
10.2.4 两种 OutputOperator……315
10.3 查询执行阶段任务之间数据交换下游的设计实现……315
10.3.1 整体概述……315
10.3.2 两种用于拉取上游任务数据的 SourceOperator……316
10.4 上下游任务之间数据交换的 RPC 交互机制……321
10.4.1 数据交换的 RPC 通信协议……321
10.4.2 SerializedPage 的序列化格式……323
10.5 任务内部数据交换的基本原理……324
10.6 利用数据交换能力实现的特殊功能……326
10.6.1 利用数据交换能力在查询执行路径实现的反压机制……326
10.6.2 利用数据交换能力实现部分 SQL 的 LIMIT 语义……328
10.6.3 任务之间数据交换交互中的乱序请求……328
10.6.4 分批计算与返回执行结果……329
10.7 总结、思考、实践……330

第五篇 插件体系与连接器

第 11 章 连接器插件体系详解……334

11.1 插件体系整体介绍……334
11.1.1 插件概述……335
11.1.2 插件分类……335
11.1.3 SPI 机制……337
11.2 插件加载机制……341
11.2.1 插件初始化流程入口……341
11.2.2 插件加载……343
11.2.3 插件整合……346
11.2.4 类加载原理……347
11.3 连接器实现原理……351
11.3.1 连接器概述……351
11.3.2 连接器插件实例化……353
11.3.3 元数据模块……359
11.3.4 数据读取……366

11.3.5 部分计算下推…………………371
11.3.6 连接器在查询执行中的作用…374
11.4 关于连接器的一些深入思考………375
11.4.1 使用连接器的注意事项………376
11.4.2 站在 OLAP 引擎设计者视角来理解连接器的设计范式………376
11.5 总结、思考、实践…………………377

第 12 章 连接器开发实践：以 Example-HTTP 连接器为例………… 378

12.1 Example-HTTP 连接器基本介绍…379
12.2 基础代码…………………………380
12.2.1 ExamplePlugin…………………380
12.2.2 ExampleConfig…………………380
12.2.3 ExampleModule…………………381
12.2.4 ExampleConnector………………382
12.2.5 ExampleConnectorFactory……383
12.3 元数据模块………………………385
12.3.1 ExampleClient…………………386
12.3.2 ExampleTable…………………387
12.4 自定义句柄………………………387
12.5 划分分片…………………………388
12.6 读取分片…………………………389
12.7 实现与连接器交互的 HTTP 数据源…………………………392
12.7.1 定义元数据接口………………393
12.7.2 定义数据接口…………………394
12.7.3 Example-HTTP 数据源的代码实现示例………………………395
12.7.4 在 Presto 跑通 Example-HTTP 数据源的查询…………………396
12.8 总结、思考、实践…………………398

第六篇 函数原理与开发

第 13 章 函数的执行原理…………… 402

13.1 函数体系总览……………………402
13.1.1 函数分类………………………403
13.1.2 函数的生命周期………………403
13.1.3 函数开发的几种途径…………404
13.1.4 MethodHandle…………………407
13.1.5 入门函数体系知识的学习思路…408
13.2 函数的基本构成…………………409
13.2.1 函数管理………………………409
13.2.2 函数元数据……………………410
13.2.3 函数签名………………………411
13.2.4 泛型变量………………………412
13.2.5 字面量变量……………………414
13.2.6 自动注入的参数………………415
13.3 函数相关的主要流程……………415
13.3.1 引擎启动时的函数注册………415
13.3.2 查询执行时的函数解析………416
13.3.3 查询执行时的函数调用………418
13.4 总结、思考、实践…………………419

第 14 章 自定义函数开发实践……… 421

14.1 标量函数开发方法………………421
14.1.1 注解框架………………………422
14.1.2 底层开发………………………428
14.2 聚合函数开发实践………………433
14.2.1 实现聚合函数的核心原理……433
14.2.2 注解框架………………………435
14.2.3 底层开发………………………436
14.3 总结、思考、实践…………………444

第一篇 Part 1

背景知识

- 第 1 章　OLAP 引擎介绍与对比
- 第 2 章　Presto 基本介绍

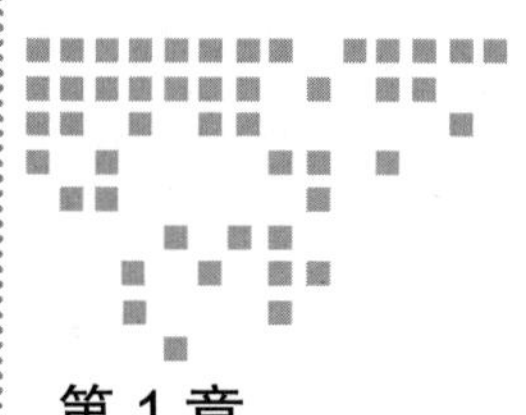

Chapter 1 第1章

OLAP 引擎介绍与对比

在数据驱动的当今世界，OLAP（联机分析处理）引擎扮演着至关重要的角色，它们使得复杂的数据分析变得高效且直观。本章将介绍 OLAP 的核心概念，并通过对比分析，揭示不同 OLAP 引擎的特性与适用场景。

我们将从 OLAP 的定义出发，对比 OLTP（联机事务处理）的不同，让你理解 OLAP 在数据分析中的独特优势。随后，我们将深入探讨多个流行的 OLAP 引擎，包括但不限于 Hive、SparkSQL、FlinkSQL、ClickHouse 等，分析它们在并发、查询延迟、执行模型等方面的差异。

通过本章，你将学会如何根据业务需求选择合适的 OLAP 引擎（无论是需要低延迟的在线服务，还是处理大规模数据集的复杂查询）。我们还将讨论 OLAP 引擎的技术发展趋势，以及如何在不断变化的技术环境中进行明智的技术选型。

1.1 OLAP 的定义与对比标准

1.1.1 OLAP 的定义

OLAP 是在数据仓库多维模型的基础上实现的面向分析的各类操作的集合。OLTP 与 OLAP 的区别如表 1-1 所示。

表 1-1 OLTP 与 OLAP 的对比

对比项	OLTP	OLAP
主要使用场景	在线业务服务	数据分析、挖掘、机器学习
涉及数据量	当前正在发生的业务数据	历史存档数据，时间跨度可能比较大

（续）

对比项	OLTP	OLAP
事务与数据完整性	对事务和数据的一致性要求较高	对事务能力没有要求，数据不一致也可重建数据
功能使用需求	简单的增删改查，要求响应时间极短（单位为 ms）	复杂的聚合与多数据源关联；查询执行时间可到分钟、小时、天级别
并发要求	高并发	低并发
技术实现方案	事务，索引，行式数据格式，存储计算在一起	大量数据扫描，列式数据格式，计算存储分离
可用性要求	非常高	不高
数据模型 / 规约	关系模型、3NF 范式	维度模型、关系模型，对范式要求很低
技术典范	MySQL、Oracle	Presto、Doris、ClickHouse 等

OLAP 的优势是采用基于数据仓库面向主题的、集成的、保留历史及不可变更的数据存储，且采用多维模型、多视角、多层次的数据组织形式。如果脱离这两点，OLAP 将不复存在，也就没有优势可言。

1.1.2　OLAP 引擎之间的对比标准

我们花一些篇幅来对比一下目前大数据业内非常流行的几个 OLAP 引擎，它们是 Hive、SparkSQL、FlinkSQL、ClickHouse、Elasticsearch、Druid、Kylin、Presto、Impala、Doris。可以说目前没有一个引擎能在数据量、灵活程度和性能上均做到完美，用户需要根据自己的需求进行选型。

1. 并发能力与查询延迟对比

这里可能有朋友有疑问：Hive、SparkSQL、FlinkSQL 等要么查询速度慢，要么 QPS（并发查询量）上不去，怎么能算是 OLAP 引擎呢？其实 OLAP 的定义中并没有关于查询执行耗时或 QPS 的限定。进一步，这里引出了两个衡量 OLAP 特定业务场景的重要指标。

- **查询延迟**：常用 Search Latency Pct99（99% 的情况下能达到的最大延迟）来衡量。
- **查询并发能力**：常用 QPS 来衡量。

根据不同的查询场景，按照查询延迟与查询并发能力这两个指标来对以上所列的 OLAP 引擎进行分类。

场景一：简单查询类 OLAP 引擎

简单查询指的是点查、简单聚合查询、能够命中索引或物化视图（物化视图指的是物化的查询中间结果，如预聚合数据）的数据查询。这样的查询有如下特点。

- 经常出现在“在线数据服务”的企业应用中，如阿里的生意参谋、腾讯的广点通、京东的广告业务等，它们共同的特点是对外提供服务及面向 B 端商业客户（通常是几十万的级别）。

- QPS 大。
- 对响应时间要求高，一般是毫秒级别（可以想象一下，如果广告主查询页面投放数据等待 10s 还没有结果，那体验会有多差）。
- 查询模式相对固定且简单。

如图 1-1 所示，适用于这种场景的 OLAP 引擎包括 Elasticsearch、Doris、Druid、Kylin 等。

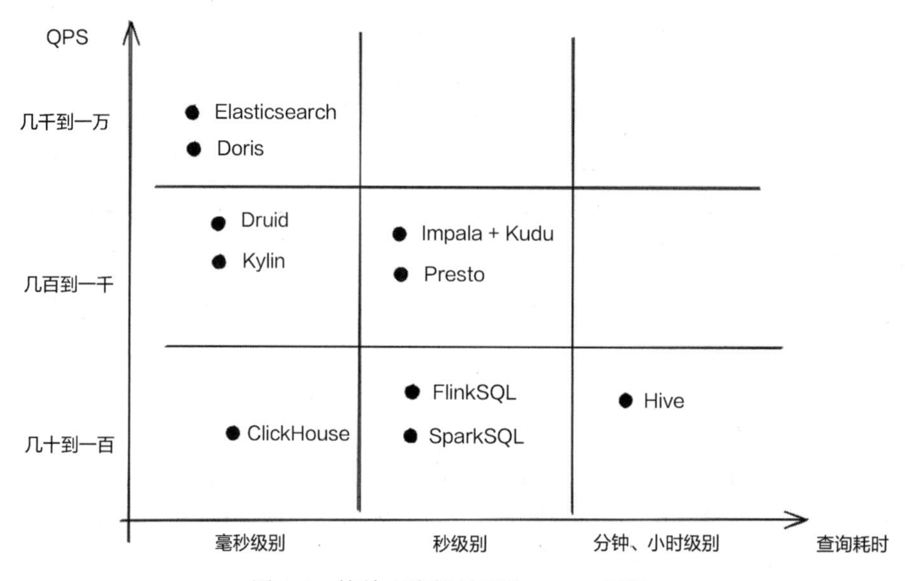

图 1-1 简单查询场景下的 OLAP 引擎

场景二：复杂查询类 OLAP 引擎

复杂查询指的是复杂聚合查询、大批量数据扫描（SCAN）、复杂的查询（JOIN）。在即席查询（Ad-hoc）场景中，经常会有这样的查询，用户往往不能预先知道要查询什么，更多的是探索式的查询。这里也根据 QPS 和查询耗时分几种情况，如图 1-2 所示，根据业务的需求来选择对应的引擎即可。有一点要特别注意，FlinkSQL 和 SparkSQL 虽然也能完成类似需求，但是它们目前还不是开箱即用的，需要做周边生态建设，这两种技术目前更多的应用场景还是在通过操作灵活的编程 API 来完成流式或离线的计算上。

2. 执行模型对比

下面对标几种执行模型。

- Scatter-Gather：相当于 MapReduce 中的一轮 Map 操作和 Reduce 操作，没有多轮的迭代，而且中间计算结果往往存储在内存中，通过网络直接交换。Elasticsearch、Druid、Kylin 采用的都是此模型。
- MapReduce：这里特指 Hadoop 的 MapReduce 执行模型，通过多次的 Map 任务、落盘的数据交换、Reduce 任务执行完成一个计算任务。Apache Hive 采用的是此模型。

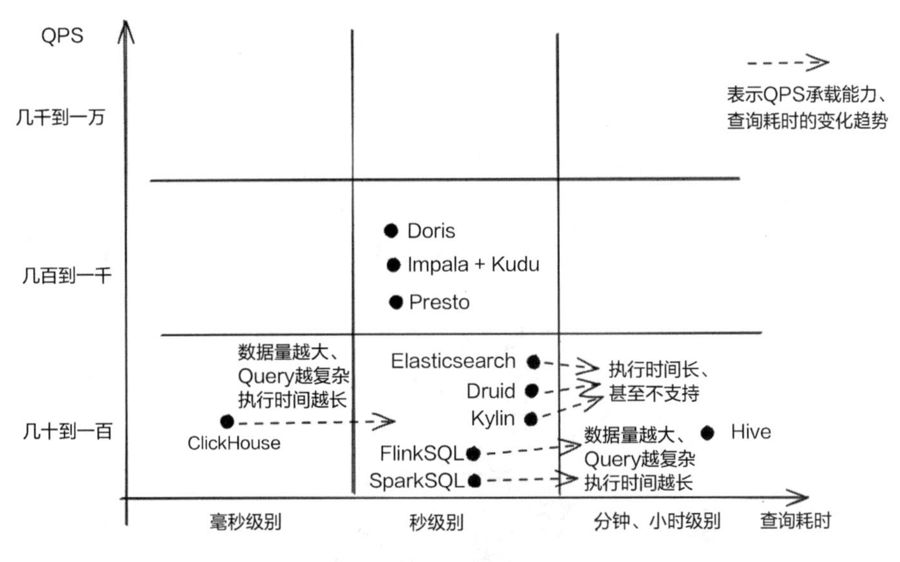

图 1-2　复杂查询场景下的 OLAP 引擎

- MPP：即大规模并行计算，其实很难给它一个准确的定义。如果说得宽泛一点，Presto、Impala、Doris、ClickHouse、SparkSQL、FlinkSQL 采用的都是此模型。有人说 SparkSQL 和 FlinkSQL 属于 DAG 模型，我们思考后认为，DAG 并不算一种单独的模型，它只是生成执行计划的一种方式。而 MPP 与 MapReduce 的界线更模糊，似乎现在只剩下中间计算结果落不落盘的区别。我们不用在这些概念上纠结。

3 种执行模型的对比如图 1-3 所示。

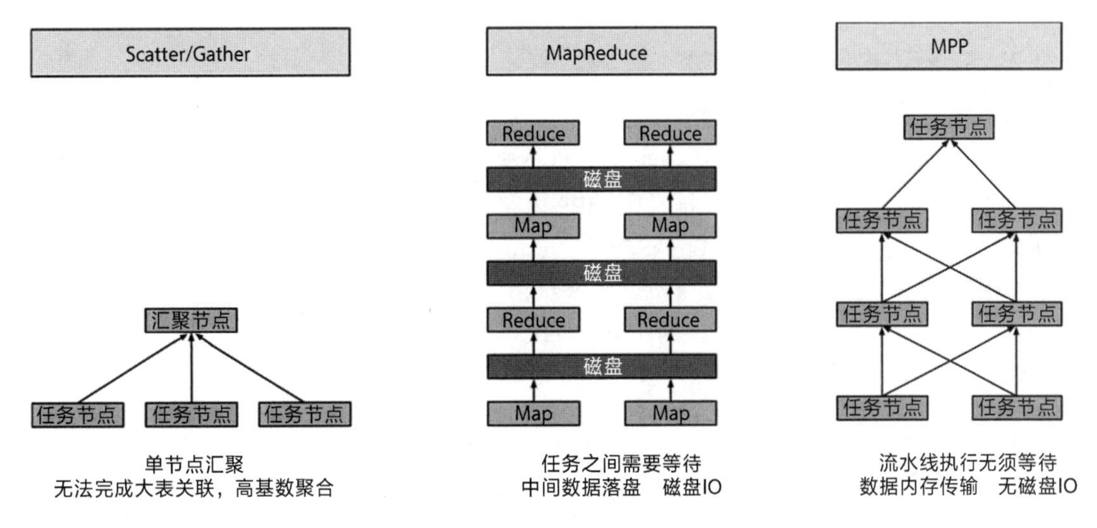

图 1-3　3 种执行模型示意图（来自 Apache Doris 的技术分享）

1.2 各种 OLAP 引擎的主要特点

1.2.1 Hive

Hive 是一个分布式 SQL-on-Hadoop（在一个基于 Hadoop 技术构建的数据仓库环境中使用 SQL 语言进行数据查询和分析）方案，底层依赖 MapReduce 执行模型执行分布式计算，如图 1-4 所示。Hive 擅长执行长时间运行的离线批处理任务，数据量越大其优势越明显。Hive 在数据量大、数据驱动需求强烈的互联网大厂比较流行。但是近几年，随着 ClickHouse 的逐渐流行，对于一些总数据量不超过百 PB 级别的互联网数据仓库需求，已经有多家公司从使用 Hive 改为使用 ClickHouse。ClickHouse 的优势是单个查询执行速度更快，不依赖 Hadoop，架构和运维更简单，维护成本比 Hive 低很多。

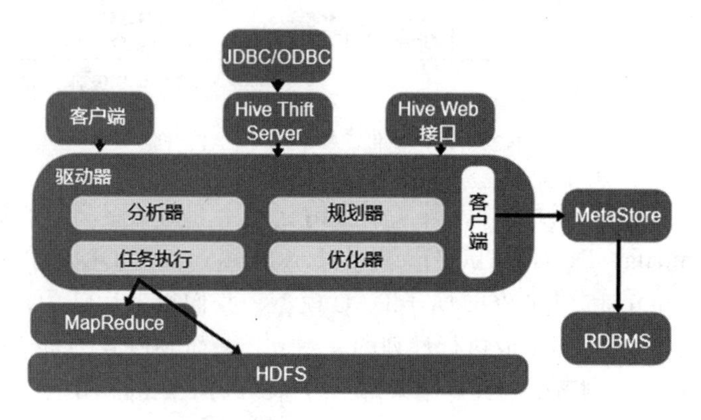

图 1-4 Hive 架构

1.2.2 SparkSQL、FlinkSQL

在大部分场景下，Hive 计算还是太慢了，不仅不能满足那些要求高 QPS、低查询延迟的对外在线服务[⊖]的需求，就连企业内部的产品、运营、数据分析师也会经常抱怨 Hive 执行即席查询太慢。这些痛点，推动了 MPP 内存迭代和 DAG（有向无环图）执行模型的诞生和发展，诸如 SparkSQL、FlinkSQL、Presto 这些技术，目前在企业中也非常流行。SparkSQL、FlinkSQL 的执行速度更快，编程 API（应用程序编程接口）丰富，同时支持流式计算与批处理，并且有流批统一的趋势，使大数据应用更简单。SparkSQL 的查询执行流程如图 1-5 所示。

1.2.3 ClickHouse

ClickHouse 是近年来备受关注的开源列式数据库，主要用于数据分析（OLAP）领域。

⊖ 这里的“在线服务”包括阿里对几百万淘宝店主开放的数据应用生意参谋服务、腾讯对几十万广告主开发的广点通广告投放分析服务等。

目前国内社区火热，各个大厂纷纷跟进并大规模使用。

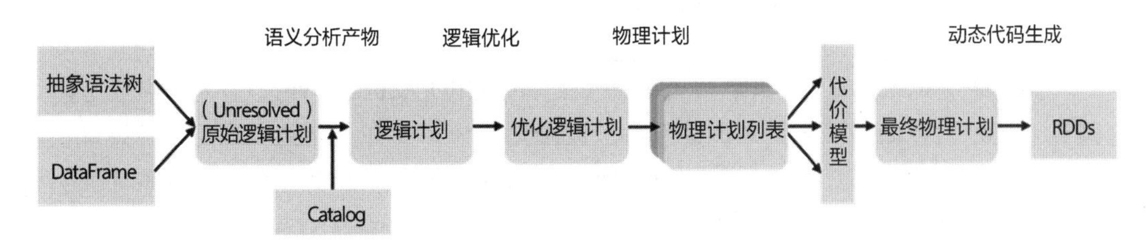

图 1-5 SparkSQL 查询执行流程

- 腾讯用 ClickHouse 做游戏数据分析，并且为之建立了一整套监控运维体系。
- 携程从 2018 年 7 月份开始接入试用，目前 80% 的业务都跑在 ClickHouse 上，每天数据增加 10 亿条以上的记录，处理近百万次查询请求。
- 快手也在使用 ClickHouse，存储总量大约 10PB，每天新增 200TB，90% 查询小于 3s。

在国外，Yandex 公司有数百节点用 ClickHouse 做用户点击行为分析，Cloudflare、Spotify 等头部公司也在使用 ClickHouse。

ClickHouse 从 OLAP 场景需求出发，定制开发了一套全新的高效列式存储引擎，并且实现了数据有序存储、主键索引、稀疏索引、数据分布式分区存储、主备复制等丰富功能。以上功能共同为 ClickHouse 极速的分析性能奠定了基础。

ClickHouse 部署架构简单易用，不依赖 Hadoop 体系（HDFS+YARN）。它比较擅长的是对一个大数据量的单表进行聚合查询。ClickHouse 用 C++ 实现，底层实现具备向量化执行（Vectorized Execution）、减枝等优化能力，具备强劲的查询性能。ClickHouse 有广泛使用，比较适合用于内部 BI（商业智能）报表型应用，可以提供低延迟（毫秒级别）的响应速度，也就是说单个查询非常快。但是 ClickHouse 也有它的局限性，在 OLAP 技术选型的时候，应该避免把它作为多表关联查询（JOIN）的引擎，也应该避免把它用在期望支撑高并发数据查询的场景。在 OLAP 分析场景中，一般认为 QPS 达到 1000 就算高并发，而不是像电商、抢红包等业务场景中，达到 10 万以上才算高并发。毕竟在数据分析场景中，数据海量且计算复杂，QPS 能够达到 1000 已经非常不容易。例如 ClickHouse，如果数据量是 TB 级别，聚合计算稍复杂一点，单集群 QPS 一般达到 100 已经很困难了，所以它更适合用于企业内部 BI 报表应用，而不适合用于数十万的广告主报表或者数百万的淘宝店主相关报表应用。ClickHouse 的执行模型决定了它会尽全力来执行一次查询，而不是同时执行很多查询。

陈峰老师的《ClickHouse 性能之巅》一书对 ClickHouse 做了精妙的总结。ClickHouse 能够做到极速的查询性能，主要依赖如下几点。

- 向量化的执行引擎，包括基于列式数据格式的列式计算与批式处理，极致地利用现代 CPU 的 SIMD（单指令多数据流）能力。
- 执行查询时尽量提高执行并行度。当然这是一把双刃剑，也正是因为这个，

ClickHouse 无法支撑高 QPS 的查询场景。

- ❑ 执行查询时高效的 IO（输入输出）速度与对 IO 读取量的优化，通过高效的数据压缩、数据分块、索引机制等手段实现。

存储引擎是 ClickHouse 非常重要的一个组件。ClickHouse 查询速度快的特点是建立在其设计精妙的存储引擎之上的。甚至可以极端地认为，没有对存储引擎的精妙设计，就不会有 ClickHouse。在 ClickHouse 之前，绝大多数大数据技术都是将存储引擎和计算引擎独立设计的。例如 MapReduce 计算引擎 +HDFS 存储引擎、Spark 计算引擎 +HDFS 存储引擎等。这些大数据技术都在计算引擎上通过各种令人拍案叫绝的创新实现快速突破，直到 ClickHouse 的出现。ClickHouse 通过协同改造存储引擎和计算引擎，实现了两个引擎的精妙配合，最终达到了如今令人惊艳的查询性能，形成了大数据业界独树一帜的“存储为计算服务”的设计理念。ClickHouse 存储引擎的核心在于 MergeTree 表引擎。

1.2.4 Elasticsearch

提到 Elasticsearch（简称 ES），很多人的印象是：这是一个开源的分布式搜索引擎，底层依托 Lucene 倒排索引结构，支持文本分词，非常适合作为搜索服务。这些印象都对，并且用 ES 作为搜索引擎，一个三节点的集群，支撑 1000 以上的查询 QPS 也不是什么难事。

我们这里要讲的是 ES 的另一个功能，即作为聚合场景的 OLAP 引擎，它与搜索场景区别很大。聚合场景，可以等同于 SELECT c1, c2, SUM(c3), COUNT(c4) FROM table WHERE c1 IN ('china', 'usa') AND c2 < 100 这样的 SQL，也就是做多维度分组聚合。虽然 Elasticsearch DSL 是一个复杂的 JSON 而不是 SQL，但是两者意思相同，可以互相转换。

用 ES 作为 OLAP 引擎，有如下几个优势。

- ❑ 擅长高 QPS（QPS > 1000）、低延迟、过滤条件多、查询模式简单（如点查、简单聚合）的查询场景。
- ❑ 集群自动化管理能力（数据分片自动分配、恢复、再平衡）非常强。与集群、索引管理和查看相关的 API 非常丰富。

ES 的执行引擎是最简单的 Scatter-Gather 执行模型，相当于 MapReduce 执行模型的一轮 Map 操作和 Reduce 操作。Scatter 和 Gather 之间的节点数据交换也是基于内存的，不会像 MapReduce 那样每次要先落盘。ES 底层依赖 Lucene 的文件格式，我们可以把 Lucene 理解为一种行列混存的模式，并且在查询时通过 FST(有限状态转换器，是一种高效的数据结构，用于构建倒排索引)、跳表等加快数据查询。这种 Scatter-Gather 执行模型的问题是，如果最终聚合（Gather/Reduce）的数据量比较大，那么由于 ES 是单节点执行的，所以执行速度可能会非常慢。整体来讲，ES 是通过牺牲灵活性提高了简单 OLAP 查询的 QPS，降低了延迟。

用 ES 作为 OLAP 引擎，有如下几个劣势。

- ❑ 多维度分组排序、分页。
- ❑ 不支持关联查询（JOIN）。

❑ 做了聚合操作后，由于返回的数据嵌套层次太多，数据量会过于膨胀。

ES 也可以归为宽表模型。但其系统设计架构有较大不同，这两个一般称为搜索引擎，通过倒排索引，应用 Scatter-Gather 执行模型提高查询性能。ES 用于搜索类查询时效果较好，但当数据量较大或进行扫描聚合类查询时，查询性能会有明显下降。

ES 的物理存储模型如图 1-6 所示。

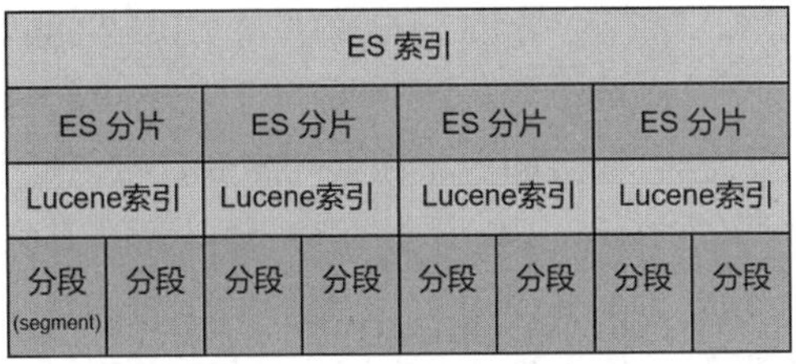

<table>
<tr><td colspan="8">ES 索引</td></tr>
<tr><td colspan="2">ES 分片</td><td colspan="2">ES 分片</td><td colspan="2">ES 分片</td><td colspan="2">ES 分片</td></tr>
<tr><td colspan="2">Lucene索引</td><td colspan="2">Lucene索引</td><td colspan="2">Lucene索引</td><td colspan="2">Lucene索引</td></tr>
<tr><td>分段
(segment)</td><td>分段</td><td>分段</td><td>分段</td><td>分段</td><td>分段</td><td>分段</td><td>分段</td></tr>
</table>

图 1-6　ES 的物理存储模型

1.2.5　Presto

Presto、Impala、Greenplum 均基于 MPP 架构实现，相比 ES、Druid、Kylin 这样的简单 Scatter-Gather 执行模型，其支持的 SQL 计算更加通用，更适合 Ad-hoc（即席查询）场景。然而这些通用系统往往比专用系统更难做性能优化，所以不太适合用于对查询 QPS（参考值 >1000）、延迟（参考值 <500ms）要求比较高的在线服务，更适合用于公司内部的查询服务和加速 Hive 查询的服务。

Presto 还有一个优秀的特性：使用了 ANSI 标准 SQL，并且支持超过 30 个数据源连接器。这里给读者留一个思考题：以 Presto 为代表的 MPP 模型与以 Hive 为代表的 MapReduce 模型的性能差异比较大的原因是什么？

Presto 的技术架构如图 1-7 所示，在本书中会常提到此架构。

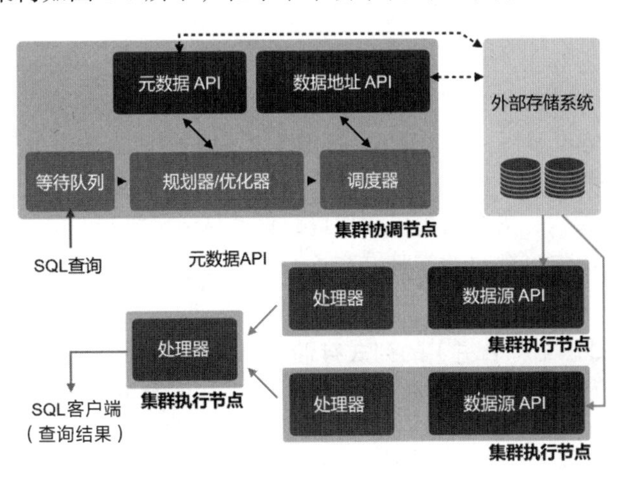

图 1-7　Presto 技术架构

1.2.6 Impala

Impala是Cloudera公司在受到Google公司的Dremel启发下开发的实时交互SQL大数据查询工具，是CDH（Hadoop发行版的一种）平台首选的PB级大数据实时查询分析引擎。它拥有和Hadoop一样的可扩展性，它提供了类SQL（类HSQL）语法，在多用户场景下也能拥有较高的响应速度和吞吐量。它是用Java和C++实现的，用Java实现查询交互的接口，用C++实现查询引擎部分。Impala能够共享Hive Metastore，甚至可以直接使用Hive的JDBC jar和Beeline等对Impala进行查询，且支持丰富的数据存储格式（Parquet、Avro等）。此外，Impala没有再使用缓慢的Hive+MapReduce批处理方案，而是通过使用与商用并行关系数据库中类似的分布式查询引擎[⊖]方案，可以直接从HDFS或HBase中用SELECT、JOIN和统计函数查询数据，从而大大降低了延迟。Impala经常搭配存储引擎Kudu一起提供服务，这么做最大的优势是点查询比较快，并且支持数据的更新和删除。

Impala的技术架构如图1-8所示。

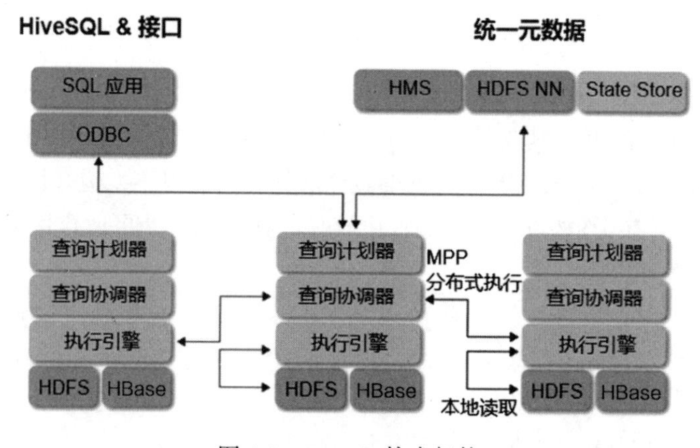

图1-8 Impala技术架构

1.2.7 Doris

Doris是根据Google Mesa论文和Impala项目改写的一个大数据分析引擎，在百度、美团、京东的广告分析等业务中有广泛的应用。Doris的主要功能特性如下。

- **现代化MPP架构**：支持大规模数据集，集群灵活可扩展，支持高并发小查询。
- **强悍的SQL执行引擎、全新的预聚合技术**：支持亚秒级OLAP多维分析，支持高效多表关联分析。
- **基于LSM（日志结构合并）的列式存储引擎、MVCC（多版本并发控制）事务隔离机制**：支持数据高效实时导入，支持数据批量、实时更新。

⊖ 由查询的规划器（Planner）、协调器（Coordinator）、执行引擎三部分组成。

Doris 在国内由于有商业化公司的专门支持，在技术上迭代比较快，企业应用案例也比较多，也会有不定期的线上线下的技术分享、技术峰会等活动。

Doris 的技术架构如图 1-9 所示。

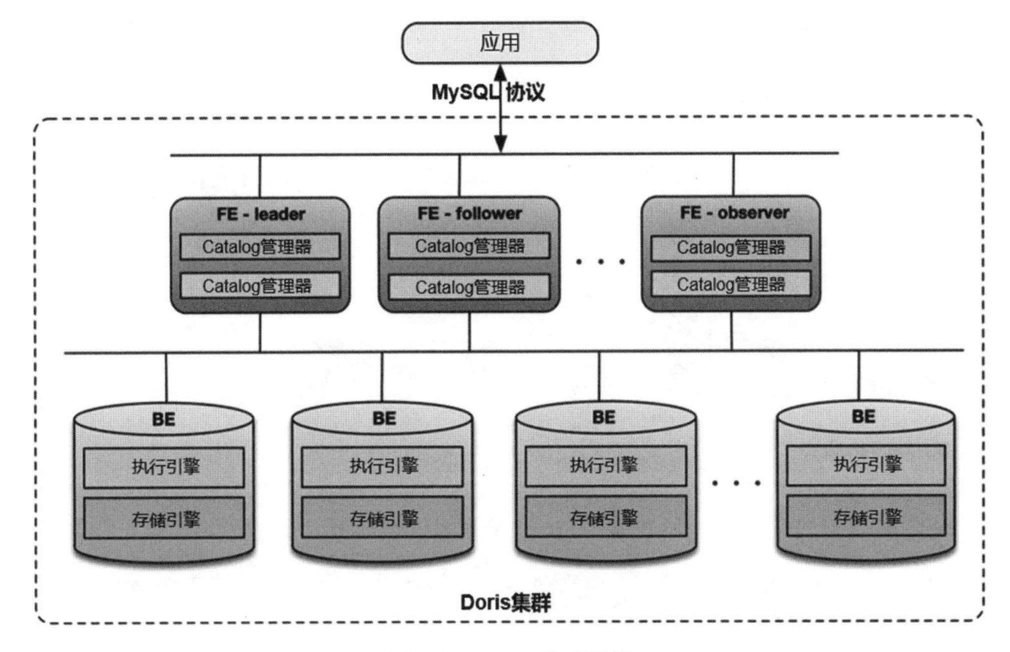

图 1-9　Doris 技术架构

1.2.8　Druid

Druid 是一种能对历史数据和实时数据提供亚秒级别查询的数据存储产品。Druid 支持低延迟的数据摄取、灵活的数据探索分析、高性能的数据聚合和简便的水平扩展。Druid 支持更大的数据规模，具备一定的预聚合能力，通过倒排索引和位图索引进一步优化查询性能，在广告分析、监控报警等时序类应用场景中有广泛使用。

Druid 的特点如下。

- Druid 可实时消费数据，真正做到数据摄入实时、查询结果实时。
- Druid 支持 PB 级数据、千亿级事件快速处理，支持每秒数千次查询并发。
- Druid 的核心是时间序列，把数据按照时间序列分批存储，十分适合用于对按时间进行统计分析的场景。
- Druid 把数据列分为时间戳、维度列、指标列三类。
- Druid 不支持多表连接。
- Druid 中的数据一般是使用其他计算框架（Spark 等）预计算好的低层次统计数据。
- Druid 不适合用于处理透视维度复杂多变的查询场景。
- Druid 擅长的查询类型比较单一，一些常用的 SQL（GROUP BY 等）语句在 Druid 里运行速度一般。

- Druid 支持低延迟的数据插入、更新，但是比 HBase 或传统数据库要慢很多。

与其他时序数据库类似，Druid 在查询条件命中大量数据的情况下性能可能会有问题，而且排序、聚合等能力普遍不好，灵活性和扩展性不够高，比如缺乏关联查询（JOIN）、子查询等。

Druid 的技术架构如图 1-10 所示。

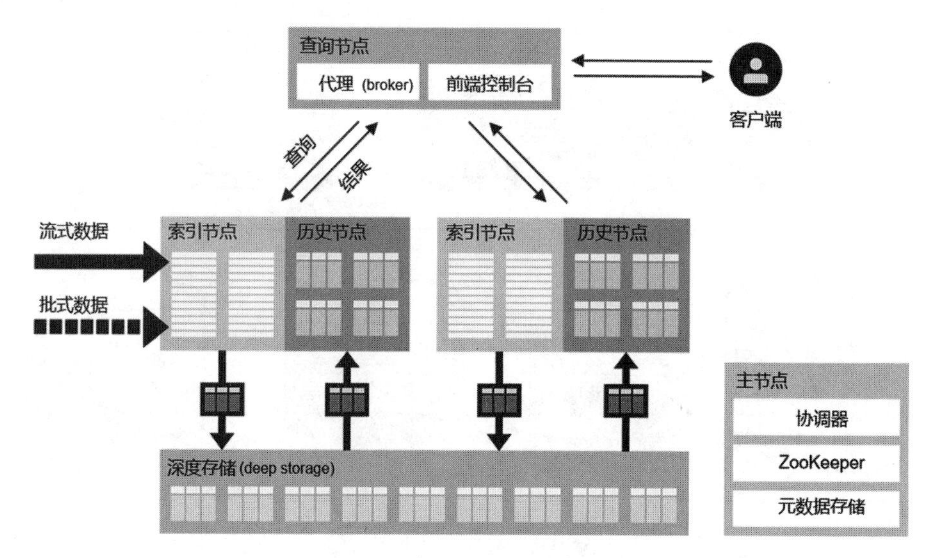

图 1-10 Druid 技术架构

1.2.9 总结

本节对各个 OLAP 引擎所做的介绍和分析并不一定完全合理、准确，只作为一种选型参考。只有真正有 OLAP 引擎线上经验的人，在特定业务场景、特定数据量下对以上一种或者几种 OLAP 引擎做过深度优化的专家才有资格给出技术选型的建议。但是因为这些 OLAP 引擎技术方案太多，不可能有哪个专家全都精通，所以我们鼓励大家多讨论，多提问题，让自己成为某个 OLAP 引擎方面的专家。

给大家一个中肯的建议：不要轻易相信各种引擎的性能对比数据报告。笔者也时常在网络上看到这样的文章，文章通过列举各种数据对引擎做排名或展示差距。并不是说这些数据不真实，而是说在上下文未交代清楚的前提下这些数据可能会带来误导性结论。例如拿未经调优的 A 引擎与经过精心调优的 B 引擎做比较，B 引擎胜之不武。也许 A 引擎改了某个配置即可完胜 B 引擎。再例如 A、B 两个引擎在不同场景下各有优势，但是对比报告中只列出 B 引擎在某个特定场景下的优势数据而对其他方面避而不谈，很容易使读者以为 B 引擎全方面胜出。总之大家需要结合实际使用需求，在对调研对象有所认知的前提下，亲自完成公平公正的性能对比。

1.3　再谈对 Presto 技术发展的理解

除非项目使用的技术是跨时代的，不然判断一个开源项目能不能持续流行时技术因素是起不到决定性作用的。《孙膑兵法 · 月战》说“天时、地利、人和，三者不得，虽胜有殃”，即天时、地利、人和共同决定了一个目标能不能达成。现在业界有数十个 OLAP 引擎可供用户选择，如果 Presto 项目希望自己能够持续流行且得到用户的青睐，它的天时、地利、人和是什么呢？天时，可以理解为 Presto 项目的出现及存在是否顺应当时用户的主流需求；地利，可以理解为 Presto 使用的技术及架构是否优秀；人和，可以理解为 Presto 的开源社区、研发及商业化运营的人员组织是否完整、高效、一致。

2013 年前后业界只有基于 MapReduce 的离线批式计算的分布式 Hive 引擎和传统单机数据库，Presto 的横空出世填补了大规模分布式快速内存计算的空白。Presto 教科书式的分布式计算设计被后继者持续模仿，彼时顺应了天时。作为大数据领域从业者，2018 年后，笔者观察到几个明显的趋势。

- OLAP 引擎在数据探查分析上功能已经较完备。越来越多的企业用户对查询的延迟、并发能力提出了更高的要求，ClickHouse、Doris 等项目迎合了这种趋势。
- OLAP 引擎更趋向于统一的数仓存储与计算架构。通过 Kafka、Spark、Flink 这些流式或离线技术将原来分散在各种数据库、服务器、API 服务的海量数据汇聚到同一个数据仓库中，使用统一的 OLAP 引擎来做查询计算。OLAP 引擎对接同一个数据仓库不需要考虑如何对接多种数据源的难题，这种场景下，Presto 支持接入多数据源连接器的优势被严重削弱——用户不需要对接多个数据源了。

在第一个趋势上，Presto 还在纠结自己的定位是传统离线数据仓库还是 HSAP，至少在国内，它错过了 HTAP、HSAP 的融合趋势；在第二个趋势上，Presto 失去了自身的优势；在天时上，我们发现这些年 Presto 走得慢了，没跟上节奏。某个产品或项目不顺应天时意味着它将失去很多用户，而另外一些顺应天时的产品将从它手中抢走很多用户。

在地利上，有些读者在纠结 Presto 是不是已经落后于 ClickHouse、Doris 等。我的观点是完全没有，到目前为止 Presto 的设计实现仍然是很优秀的，ClickHouse、Doris、ES 的技术一定程度上都参考借鉴了 Presto，业界做 OLAP 引擎性能测试时也时常把 Presto 作为比较对象。简单地说，数据库领域已经有近 20 年没有出现跨时代的技术了，大家都是互相借鉴参考，都是一个层次的，就看谁能投入更多的资源把每个细节做好，在这方面 Presto 完全可以做到，就看它走得是否足够快了。在近 5 年的 OLAP 引擎技术发展上，下面几点给人的印象深刻。

- Presto 的设计思想就如它几年前发布的论文标题一样“SQL on Everything”（所有计算需求都可以用 SQL 查询来执行），可将任意的数据源都抽象成关系型数据模型，并允许在不同的数据源上执行联合查询，类似的设计理念深深地影响了 Spark、Flink 这样的计算引擎。在这方面 Presto 一直走在最前面。

- 过去的 20 年，随着软硬件技术的发展，进行海量数据计算时数据读取、序列化和反序列化的 IO 瓶颈在减少，CPU 的瓶颈在逐渐凸显，基于 JVM 构建的 OLAP 引擎在 CPU 运行效率上明显不如直接用 C/C++ 语言开发并利用 CPU SIMD 指令的 OLAP 引擎执行效率高，典型的案例是用户普遍对 ClickHouse 查询的执行速度大加赞扬。Facebook 将一个 C++ 编写的 Velox 项目作为比 JVM 更偏系统底层的执行引擎（Native Execution Engine）来提高 Presto 的查询执行速度。“底层执行引擎”概念是相对基于 JVM 的 Java 编程的 OLAP 引擎来说的，像 ClickHouse 这种引擎其本身就是用 C++ 编写的，所以就没有底层执行引擎的概念。
- 数据模型、数据分布、数据在存储介质中的编码方式（Encoding）也会较明显影响查询速度。如果你有深入优化 OLAP 引擎查询执行速度的经验，必定会认同这个观点：查询执行的快慢不仅是由 Presto 这样的计算层决定的，组织数据的数据模型、数据在存储中的分布特性也起到了关键作用。例如数据模型设计得不好会导致查询需要做更多的 JOIN，性能自然会更差。再例如小数据量的表在存储中分区存储后分区过多，看起来可以增加计算的并发量，实际上整体执行效率反而更糟糕，这也是为什么在小数据量计算的场景中，MySQL 这样的单机数据查询系统的延迟反而比 Presto 这种分布式执行的 OLAP 引擎小很多的。除了数据模型、数据分布这两个显著的影响因素，数据在存储介质中的编码方式对查询性能的影响也非同小可，例如列式格式、数据类型、数据分块、索引等。总而言之，存储和计算是要密切配合的，要协同优化。例如 Doris、ClickHouse、Elasticsearch 都在做类似的事情。查询慢要么是 IO 多或 IO 慢，要么是计算量大或者存在无意义的计算开销，其中 IO 问题往往比计算问题更显著。而 Presto 只是一个计算方案，从存储介质拉取数据的 IO 性能它完全无法干预，Presto 在很多场景下成为存储 IO 的“背锅侠”！现在比较流行的存算分离与这里提到的存算密切合作并不矛盾：存储与计算可以分开部署，各自扩缩容，但是两者一定要协同优化，一起提高查询执行的 IO 效率与 CPU 效率。因此想要显著提升 Presto 查询速度或者让其支撑更多的查询 QPS，研发好或者选择好对应的数据存储服务是非常重要的，单纯依靠 HDFS 绝对不是一个好的方案。

最后再谈谈人和。Presto 的 3 位核心开发者之所以离开 Facebook，原因可能是那几年 Kafka、Elasticsearch、Spark、Flink 等项目背后的公司融资的融资，上市的上市，赚得盆满钵满，而 Presto 在 Facebook 的发展不及预期；也可能是 3 位大佬与管理层对 Presto 在资源投入与发展路线方面无法达成一致。实际上大树下面不一定好乘凉，要看抱的是哪棵大树。做一个善意的假设，如果我是 Presto 的创始人，一定会在早时脱离 Facebook，加入 Apache 的怀抱，因为这里孕育了 Hadoop、Spark、Flink、Kafka、Doris 等巨星。最后再谈谈商业化运行，这也算是人和，因为商业化拼的就是影响力、营销、本土化，这些都是与人相关的。现在技术同质化越来越严重，谁又能有明显的技术优势呢？用户很难会因为某个产品技术优秀而选择它，最终都会落到商业化运营上。现在 Trino（原名 PrestoSQL）已经在人和上努力了，加快节奏吧！

本书将回归 Presto 技术本身，让我们一起学习 Presto 像诗一样的设计与实现吧。

1.4 总结、思考、实践

本章探讨了 OLAP 引擎的概念、特点以及与传统 OLTP 的区别。通过在不同维度对比 OLAP 与 OLTP，如使用场景、数据量、事务与数据完整性、功能使用需求、并发要求、技术实现方案等，清晰地展示了 OLAP 在数据分析和挖掘方面的优势。本章还详细介绍了当前流行的 OLAP 引擎，包括 Hive、SparkSQL、FlinkSQL、ClickHouse、Elasticsearch、Druid、Kylin、Presto、Impala、Doris 等，并从并发能力与查询延迟、执行模型等角度对它们进行了对比分析。此外，本章还对 Hive、SparkSQL、FlinkSQL、ClickHouse、ES、Presto、Impala、Doris 等引擎的主要特点进行了详细阐述，并提出了在选择 OLAP 引擎时应考虑的因素。

思考与实践：

- 在 OLAP 引擎的选择上，如何平衡查询性能、并发处理能力和系统复杂度？
- 对于大规模数据集，OLAP 引擎在设计时应该如何考虑数据存储和计算的协同优化？
- 在实际业务场景中，如何评估和优化 OLAP 引擎的查询延迟和响应时间？
- 对于 OLAP 引擎，如何在保证查询性能的同时，实现高效的数据实时导入和更新？
- 对于 OLAP 引擎的未来发展，你认为哪些技术趋势或创新将对行业产生重大影响？

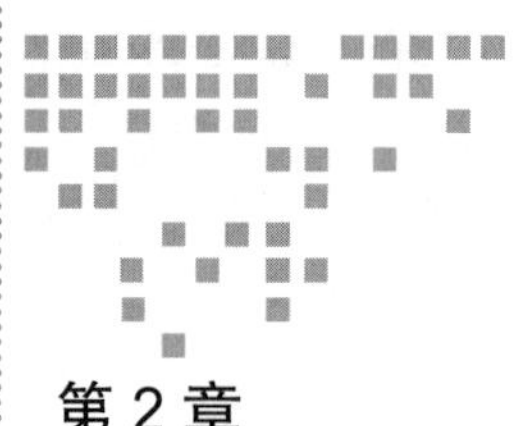

Chapter 2 第2章

Presto基本介绍

作为一个开源的分布式SQL查询引擎，Presto已经成为OLAP领域的重要工具，它以高性能、高易用性和高灵活性赢得了广泛的关注和应用。本章将带你深入了解Presto的架构、特性和应用场景。

本章首先会介绍Presto的基本知识，包括如何通过连接器与各种数据源进行交互，以及如何通过数据目录和数据表来组织和管理数据。接着，将探讨Presto的集群架构，包括集群协调节点和查询执行节点的角色和功能，以及它们如何协同工作以提供高效的查询服务。在介绍完Presto的工作原理后，本章将通过一系列实际案例，展示Presto在不同企业中的应用。同时，我们也会讨论Presto在实际部署中可能遇到的挑战，以及如何通过技术手段解决这些问题。

2.1 Presto概述：特性、原理、架构

Presto是一个开源的分布式SQL查询的执行引擎，在Facebook、Amazon、Uber、京东、美团、滴滴、阿里等企业满足了非常多的分析型需求，还有一些企业基于Presto搭建了商业化的服务。在易用性、灵活性和扩展性的设计方面，Presto还是做得非常不错的，这个笔者在多年的Presto使用经验中有深刻的感受。企业中常见的数据计算需求，如BI报表、即席查询，甚至是运行时间比较长的ETL任务，Presto都是支持的。不过目前来说，在笔者所知和所用的Presto应用场景中，还是查询时延要求在毫秒或者秒级别的SQL并发BI报表、即席查询以及多数据源关联查询居多，用Presto来做ETL的不多，毕竟Spark、Flink这些成熟的流批计算工具用作ETL工具更成熟一些。

Presto相关的论文中提到了一些概念，其中比较重要的几个如下。

- **数据源连接器（Connector）**：如果想让 Presto 能够从某个存储系统、消息队列、文件拉取、API 进行数据并发查询，需要实现对应的连接器。基本上任何可以提供数据的数据源都可以通过连接器的抽象接入 Presto。
- **数据目录（Catalog）**：数据目录是一个逻辑概念。在 Presto 中定义数据目录时，需要为其指定一种数据源连接器，并通过相关的配置指定如何连接上对应的数据源。数据目录与数据源连接器是多对一的关系。
- **数据库（Schema）**：这个概念可以等同于传统关系型数据库的中的数据库的概念。一个数据目录可以包含多个数据库。
- **数据表（Table）**：这个概念可以等同于传统关系型数据库中的数据表的概念。一个数据库可以包含多个数据表。

如图 1-7 所示为一个 4 节点的 Presto 集群架构，在 Presto 的架构中有两种节点。

- **集群协调节点**（Coordinator），负责接收 SQL 查询请求、解析 SQL、生成和优化执行计划、生成和调度任务（Task）到查询执行节点上。集群协调节点将一个完整的查询拆分成多个查询执行阶段（Stage），每个阶段拆分出多个可以并行的任务。
- **集群执行节点**（Worker），负责执行集群协调节点发给它的任务，有部分任务负责到外部存储系统拉取数据，这部分任务会先执行，之后再执行那些负责计算的任务。从图 1-7 中可以看到，拉取数据的任务是在右侧两个集群执行节点上执行的，负责计算的任务是在左侧一个集群执行节点上执行的。

集群执行节点可以横向扩容为多个以支撑更多的计算需求。集群协调节点只能有一个。由此我们可以得出结论：集群协调节点是单点，在集群可用性上有一定的风险。至于这个问题如何解决，后文会详细讲解。

Presto 的架构实际上就是一套分布式的 SQL 执行架构，它最大的特点是天然存储和计算分离，Presto 只负责计算，存储的部分由数据源自身负责。这种存储与计算分离的架构很符合当今云计算发展的趋势——独立的存储云服务与计算云服务，这样做的好处是存储资源不够时可以独立扩容，计算资源不够时也可以独立扩容，而且计算和存储能够分别使用适合自己的机型。分布式存储系统的实现一般都比较复杂，涉及数据的分区、副本、容灾、文件格式、IO 优化等，是一项非常大的工程。Presto 直接放弃了存储，只做计算，而且它在计算方面也做了一些妥协，如不支持单个 Query 内部的执行容错，如果查询中的某个任务失败了，会导致整个查询失败。但是，这样的实现方案更简单，代价是需要用户侧来重试。

本质上，你可以认为 Presto 由以下几个部分组成。

2.1.1　一个高性能、分布式的 SQL 执行框架

SQL 是一种声明式的编程语言，能够很清晰地表达用户想要什么，正是因为它学习难度比较低、易用性比较高，已经成为数据库和大数据计算领域最常用的业务计算逻辑编写方式。然而，在生产环境中，有很多系统没有对外暴露 SQL 执行接口，对内也没有 SQL 执

行能力，如 Elasticsearch 和 HBase；而有些系统虽然有 SQL 接口，但是没有海量数据计算能力，如 MySQL；还有一些系统使用 MapReduce 完成 SQL 计算，时延太长不满足业务需求，如 Hive。Presto 包含的 SQL 执行框架可为数据源提供一种通用统一的 SQL 执行能力，在海量数据规模下，还具备高性能、分布式的计算能力。一个 SQL 查询进入 Presto 系统，SQL 执行框架通过以下几个关键步骤得到最终结果。

1）接收 SQL 查询请求。

2）SQL 解析、语义分析（生成 AST，即抽象语法树）。

3）生成执行计划、优化执行计划。

4）划分查询阶段，生成和调度任务。

5）在 Presto 集群执行节点上执行任务（有从数据源拉取数据的任务，也有以计算为主的任务），生成结果。

6）分批给客户端返回查询结果。

Presto 为用户屏蔽了 SQL 解析的底层细节，并尽它所能在查询延迟、并行度、数据本地性、根据规则或成本选择最优执行计划上做了非常多的优化。

2.1.2 一套插件化体系

Presto 的插件包含数据源连接器和自定义执行逻辑的 SQL 函数。

简单地说，借助连接器机制，Presto 可以将来自一切数据源的数据计算 SQL 化，无论用户的数据源是本地文件（File 连接器）、内存（Memory 连接器）、HTTP API（HTTP 连接器），还是 Hive（Hive 连接器）、HBase（HBase 连接器）、MySQL（MySQL 连接器）。

通过连接器机制，Presto 实现了完全插件化的数据源的元数据获取、注册以及数据读取，不同的数据源对于 Presto 来说就是不同的连接器，用户操作数据源是通过连接器来实现的。Presto 本身就自带了多个可以直接使用的数据源连接器，如 Hive 连接器、Kafka 连接器、Elasticsearch 连接器、MySQL 连接器。举个例子，用户可以使用 Presto 的 Hive 连接器来查看 Hive 中都有哪些表，表结构是什么，也可以写 SQL 查询 Hive 中的数据，还可以把数据写到 Hive 中。在这个场景中，用 Presto 执行 SQL 与直接执行 Hive 的 SQL 的区别是：Presto 的底层 SQL 执行引擎并不是 HiveSQL，而是自行实现的一套 MPP 执行架构，实际执行 SQL 的时候，无论是查询的调度、执行计划的生成，还是执行任务的生成和执行，其速度都是 HiveSQL 的 5～10 倍（行业内有相关的性能对比测试报告）。众所周知，HiveSQL 底层是使用 Hadoop MapReduce 执行模型实现的，而且查询的调度和执行都是通过启动新的 JVM 来完成的，所以 Hive 更适合去处理数据量超大而且对处理延迟要求比较低（一般是小时或天级别）的数据计算任务。如果是 BI 报表、即席查询类需求，显然 Presto 要优于 Hive。

其实 Presto 连接器能做的远不止于此，它还有一个很实用的特性，即多数据源关联分析（有人称之为联邦查询）。假设用户有 2 个数据源，一个在 Hive 中（hive_table），另一个在HBase中（hbase_table），要执行的SQL如下。

```
SELECT
    t2.region AS region,
    SUM(t1.sales_unit) AS sales_count
FROM
    hive_table AS t1
    JOIN
        hbase_table AS t2
        ON t1.uid = t2.uid
WHERE
    t2.region IN
    (
        'beijing',
        'shanghai'
    )
GROUP BY
    t2.region
ORDER BY
    sales_count DESC
LIMIT 100;
```

传统的做法要么是把HBase的数据导入Hive中，创建Hive表执行Hive SQL，要么是把Hive数据导入HBase中，创建HBase表执行Phoenix SQL，这样带来了比较大的数据同步开销和数据一致性风险。如果用Presto来满足以上需求会简单很多——只需要配置好Presto的Hive连接器与HBase连接器，启动Presto SQL客户端，输入上面的SQL即可得到查询结果。这是怎么实现的呢？在Presto内部，SQL被解析后生成执行计划，并将Hive和HBase的数据读取任务调度到集群执行节点上来读取HDFS和HBase的数据，这些数据随后被传输到其他集群执行节点上完成JOIN以及其他SQL计算（如聚合操作）。由于计算过程中数据交换的中间存储介质都是内存，而且Presto也做了很多提高并发度的优化，故计算速度非常快。

在连接器体系中，Presto提供了一系列的Java接口，允许用户实现自定义的连接器。使用这些接口开发者能够自定义许多逻辑，下面列出了几个常见的逻辑。

- 获取数据表元数据及数据的位置。
- 获取数据表的统计数据，用于CBO（Cost-Based Optimization，基于代价的优化）。
- 控制分片（Split）的生成和划分，分片是Presto定义的数据分片基本单位。
- 实现计算下推接口，以决定哪些计算可以下推，常见的下推类型有Limit、Projection、Filter、Aggregation。连接器拉取数据时，通过此功能将必要的操作下推到数据源的存储引擎中，减少不必要的数据传输开销。
- 实现CreateTableAsSelect接口，实现通过Presto写数据到存储系统的目的。

与Hive类似，Presto也支持用户自定义SQL函数（俗称UDF），以实现那些直接用

SQL 不好表达但用 Java 代码比较容易实现的业务计算逻辑。

2.1.3 开箱即用的 SQL 内置函数和连接器

Presto 支持的函数是非常丰富的，笔者时常感叹：使用 SparkSQL 和 FlinkSQL 时，如果能有这么多函数就好了。列举一些 Presto 中常见的函数。

- JSON 系列：做 JSON 与 Presto 内置数据类型之间的转换和提取。
- 日期 / 时间系列：可以方便地操作时间字段，改变时间字段内容。
- 近似聚合系列：允许那些对准确度要求不是 100% 的用户，通过牺牲一定的准确性换来更高的执行性能。
- Array/Map 系列：允许用户方便地操作 Array、Map 这种嵌套类型的字段，很多用户喜欢用 Parquet 文件存储嵌套类型的数据，而 Presto 为操作这种数据提供了便利。

如果在生产环境中，你发现 Presto 预先实现的连接器不能满足你对功能、性能的需求，或者 Presto 没有预先实现你需要的数据源，那么你可以大胆地去改进或实现，Presto 源码的分层抽象做得比较好，有特殊需求只需要调整对应的连接器源码即可，编译打包也是比较方便的。

这里再举几个国内互联网公司改造 Presto 连接器的案例。

- 京东曾经改造 Presto 的 MySQL 连接器的源码，调整了分片生成的方式，大大提高了在利用 Presto 做 Hive 与 MySQL 关联分析时，MySQL 拉取数据的并行能力。
- 阿里云因为有多个自研的存储系统，如对象存储（OSS），他们的工程师开发了 Presto 的 OSS 连接器，以允许 Presto 对接 OSS 中的数据查询。类似地，国外的云计算巨头 AWS 也开发了对象存储 S3 服务的 Presto 连接器，以为商业客户提供更好的服务。
- 笔者之前所在的某家公司在使用 ES 连接器时发现性能、功能都不满足需求，也做了诸多改进，如优先查询 Keyword 类型的字段，优化了 Projection 下推功能，通过 scroll API 拉取数据时默认从 doc_values 中拉取。
- Presto 的 HBase 连接器在 Facebook 内部有实现，可惜的是没有开源出来，国内易观国际这家公司在 GitHub 上提供了开源实现，从其性能测试报告来看，该项目还是很优越的。如果大家需要在 HBase 上执行 SQL，Presto 的 HBase 连接器是一个不错的选择。

2.2 Presto 的应用场景与企业案例

2.2.1 Presto 的应用场景

Presto 是定位用于数据仓库和数据分析领域的分布式 SQL 引擎，其中特别适合用于如下几个应用场景。

- **加速 Hive 查询**。Presto 的执行模型是纯内存 MPP 模型，比 Hive 使用磁盘做数据交换的 MapReduce 模型快至少 5 倍。
- **统一 SQL 执行引擎**。Presto 兼容 ANSI SQL 标准，能够连接多个 RDBMS（关系型数据库管理系统）和数据仓库的数据源，在这些数据源上使用相同的 SQL 语法和 SQL 函数。
- **为那些不具备 SQL 执行功能的存储系统带来 SQL 执行能力**。Presto 可以为 HBase、Elasticsearch、Kafka 带来 SQL 执行能力，甚至可以为本地文件、内存、JMX、HTTP 接口带来 SQL 执行能力。
- **构建虚拟的统一数据仓库，实现多数据源联邦查询**。如果需要计算的数据源分散在不同的 RDBMS、数据仓库，甚至其他 RPC（远程过程调用）系统中，Presto 可以直接把这些数据源关联（SQL Join）在一起分析，而不需要从数据源复制数据，统一集中到一起。
- **数据迁移和 ETL 工具**。Presto 可以连接多个数据源，再加上它有丰富的 SQL 函数和自定义函数的能力，可以帮助数据工程师完成从一个数据源拉取（E）、转换（T）、装载（L）数据到另一个数据源。

2.2.2　Presto 的企业案例

本节介绍 Presto 在几个典型企业中的落地，让大家直观感受 Presto 的强大和实用。

1. Facebook

Facebook 在全球有超过 10 亿的用户，它数据仓库中数据的规模非常大，在 2013 年就已经超过 30PB。这些数据的用途非常广泛，包括离线批处理、图计算、机器学习、交互式查询等。

2008 年，Facebook 开源了 Hive，执行模型基于 MapReduce 设计，使用 SQL 来表达计算需求，算是海量数据计算的一次非常大的进步。Hive 在 Facebook 内部也有大规模应用，Hive 的优势是能够应对超海量数据、运行稳定、吞吐量大。

然而，对于数据分析师、产品经理、工程师来说，查询的速度越快（不要等一杯茶的时间），能够处理的数据越多，交互式能力越强，他们的数据分析效率也就更高。基于海量数据的快速交互式查询的需求，越来越迫切。

2013 年，Facebook 完成了 Presto 的研发及生产环境的落地，搭建了几十个 Presto 集群，总节点数超过 10000，为 300PB 的数据赋予了快速交互式查询的能力。

据 Facebook 官方公开披露的 Presto 论文的描述，Presto 在 Facebook 中的几个主要使用场景如下。

1）**交互式分析**：Facebook 工程师和数据分析师经常需要对一些数据集（一般压缩后大小为 50GB 到 3TB）进行分析、验证猜想、绘制图表等。单个 Presto 集群需要支持 50～100

的并发查询，支持秒级的查询时延。这些有交互式分析需求的用户更关心查询执行的快慢，而不是占用资源的多少。

2）**ETL**：数据仓库经常需要定时根据 SQL 逻辑从上游表生成下游表（例如数据仓库的分层设计，从 ODS 表到 DW 表，或从 DW 表到 DM 表），在这种场景下，Presto 可以用来执行长时间运行的 SQL ETL 任务，任务的计算逻辑需要完全用 SQL 来表达。例如，类似下面的 SQL。

```
INSERT INTO dw_order_analysis ...
    SELECT category, region, sum(price) as price_sum, count(1) as order_cnt
    FROM ods_order_detail
    WHERE country = 'China'
    GROUP BY category, region
    ORDER BY price_sum
```

当你用上述方式使用 Presto 的时候，其实与使用 SparkSQL、FlinkSQL 没有太大区别。这里需要由一个任务调度系统来定时调起 Presto 的 SQL。类似的 ETL 任务在 Facebook 很常见，它们经常处理 TB 级别的数据，占用比较多的 CPU 和内存资源，任务执行耗时不像交互式查询那样重要，更重要的是提高数据处理的吞吐量。

3）**A/B 测试**：A/B 测试是企业用来量化产品中不同功能带来不同影响的方法。在 Facebook，大部分 A/B 测试的基础设施都构建在 Presto 之上。分析师和产品经理需要在 A/B 测试结果上做多种分析，这些分析很难通过数据预先聚合的方式来提高查询速度。

4）**开发者 / 广告主分析**：有很多面向 Facebook 外部开发者和广告主的报表工具是基于 Presto 建设的。例如 Facebook Analytics 3，它是给那些使用 Facebook Platform 构建应用的开发者分析数据用的。类似的应用，暴露出的是特定的 WebUI 查询入口，查询的模式基本上是固定的，大部分是关联、聚合、窗口函数中的一种。虽然整体数据量非常大，但是经过数据过滤后，实际参与计算的数据不多，如广告主只能查看他自己的广告（大广告主除外）。为这些开发者或者广告主提供的数据分析服务，查询时延要求一般都是在 50 毫秒到 5 秒之间，Presto 集群必须要保证 5 个 9 的可用性，并且要支持同时处理几百个不同用户的请求。

2. Amazon Athena

Amazon Athena 是基于 Presto 搭建的一种交互式查询服务，用户可使用标准 SQL 分析 Amazon S3 中的数据，具备 SQL 技能的任何人都可以轻松快速地分析大规模数据集，查询结果一般都在数秒内返回。在 AWS 上 Athena 作为一个大数据商业服务提供给商业付费客户。

3. 京东

在即席查询的需求中，京东调研过 SparkSQL、Impala 和 Presto，最终选择了 Presto，并持续改进源码，迭代出了自己的 JD-Presto 版本，后续也有部分功能回馈了社区。JD-

Presto团队是国内首批Presto源码的贡献者。在京东内部，有20多个系统在使用JD-Presto版本，尤其是在精准营销平台中，JD-Presto作为大数据即席查询计算平台起到了关键性作用，极大地提升了采销部门进行精准营销活动的效果和效率。JD-Presto团队出版过一本专门介绍Presto原理和源码的书籍《Presto技术内幕》。

4. 美团

2014年美团在Hadoop集群上搭建了Presto来服务于公司内部的分析师、产品经理、工程师。美团曾经选取了5000个平时的Hive查询，通过Presto查询对比发现，Presto的总查询时间消耗是Hive的1/5左右，这个效果还是很明显的。

5. 乐视云计算

笔者曾经在乐视的云计算公司负责搭建、维护生产环境中由1500多台机器组成的Hadoop集群，上面的YARN节点上运行着几十个Presto集群（集群规模从5个节点到400个节点都有）。不同的Presto集群为不同的业务服务，如CDN运维质量分析、风控安全、视频服务的数据分析等。Presto用于支撑这些业务的Ad-Hoc查询以及报表类查询，查询响应Pct99在3s以内。

这里要说明一下，Presto本身是不支持直接部署在YARN上的，需要使用Slider来部署。为了在同一台YARN宿主机上部署多个Presto节点，笔者修改了Slider工具以生成Presto配置，从而支持了多端口部署。

6. 其他公司

其实国内国外还有很多公司在生产环境中使用Presto，如Twitter、Airbnb、滴滴、小米等。因为公司信息安全问题，它们大多没有对外纰漏详情，如果你感兴趣，可以参加InfoQ等大型技术会议获取最新动态。

2.2.3 Presto不适合哪些场景

Presto虽然很强大，但它不是万能的，在如下场景中就不适合使用Presto。

1. 完全替代Hive（MapReduce执行模型）

Presto在提供更高的并发查询能力和更低的查询延迟上，确实比Hive强很多，大部分测试都显示Presto执行SQL的速度是Hive的5倍以上。然而，这并不意味着Hive就应该退出历史，毕竟Presto的计算主要依靠内存，当数据量非常大时，超过了整个Presto集群中单个查询允许的内存大小，Presto容易出现OOM（内存溢出），相比之下Hive更稳定。虽然Presto官方正在做中间计算结果溢出到磁盘（Spill To Disk）的功能，但是如果在数据计算过程中有大量的Spill To Disk操作，磁盘IO势必会成为瓶颈，进而大大影响查询的执行速度。Presto要想足够快，需要给到足够的CPU和内存资源，对于那些对时延要求不高的查询，Hive可以使用非常小的资源持续稳定地运行数小时甚至数天并最终给出结果，而这是 Presto 做不到的。Hive 仍然是数据计算高吞吐、低成本、高稳定性的“代言”，所以建议在生产环境中让 Presto 和 Hive 形成合理分工，优势互补，而不是由谁来淘汰谁。

2. 分析型的在线服务

分析型的在线服务指的是某类数据统计服务，但是它查询模式相对固定（虽然是多维度多指标，但是维度指标相对固定），这个服务的用户基数比较大（一般到 100 000 以上），如广告主的广告投放分析、比特币交易平台的 C 端用户交易统计、淘宝店主的生意参谋或销售数据分析等。在这些系统中，用户并发查询的 QPS 还是非常高的。

分析型的在线服务的特点是需要查询引擎能够做到高并发、低延迟。高并发指的是单集群 QPS 能够支撑 1000 以上，查询延迟 Pct99 一般在 800ms 以下（如果查询超过 800ms，再加上系统的其他时间开销，用户看到的页面加载会很慢，体验不好）。

这些在线服务的查询特征是：具有相对简单的多维度条件过滤、多指标聚合，没有特别复杂的逻辑（如复杂的 Join 操作）。在这种场景下，使用 Druid、ES 更靠谱，使用 Presto 不合适。理由是 Druid、ES 的查询执行模型是 Scatter-Gather（相当于一次 Map 操作或一次 Reduce 操作），比较简单，也没有复杂的执行计划生成和优化逻辑，任务的调度很简单，整体花在查询调度上的 CPU 和线程开销较小。Presto 是基于 SQL 的 MPP（大规模并行处理）模型实现的，查询执行模型相对复杂。

3. OLTP

Presto 是 OLAP 引擎，它的设计决定了它不能用于 OLTP，不能当作 MySQL 来用。首先 Presto 要操作的连接器实现了相关接口，它是可以支持插入和删除的，但是不支持更新。其次当数据在 Presto 查询执行节点的内存中被传输和处理时，它是以列式存储的方式存在的，这不便于执行 OLTP 系统中对整行进行 CRUD（增加、读取、更新和删除）操作。最后，Presto 对事务的支持并不好，而这是 MySQL 的基本能力。

有的技术方案，如 TiDB 和阿里的 AnalyticDB，尝试融合 OLTP 与 OLAP 系统，形成 HTAP，即兼备了两种系统的功能，两边好处都占上，但是其本质仍然是分别实现了 OLTP 和 OLAP。在大部分生产环境中，很少有必须用 HTAP 的理由。

4. 替代 Spark、Flink

Spark 和 Flink 是很难被 Presto 替代的，反过来，Spark 和 Flink 也很难替代 Presto。归根结底，它们不是同类型的技术，解决的不是完全相同的问题，虽然确实是有重叠的部分，例如三者都可以在各种数据源上执行 SQL。

Spark、Flink 擅长的是提供比 SQL 更丰富的编程 API 完成业务计算逻辑，它们有一个突出的强项是流式计算。你也可以启动长期运行的 Spark 或者 Flink 集群，接入交互式的 SQL 客户端。到目前为止，它们调度和执行 SQL 的时延都比 Presto 要长，而且能够支撑的 QPS 也比 Presto 更少，还没有听说哪家企业把 BI 报表应用直接运行在 Spark 和 Flink 集群上。在 2019 年的 Flink Forward Asia 大会上，阿里的 Flink 官方宣布在尝试参考 Presto 来增加 OLAP 的能力，但是短期内必定不会有大的成效。

2.3 Presto 常见问题及应对策略

本节我们介绍 6 个企业在生产环境部署或应用 Presto 时遇到的典型问题及其应对策略。这些问题在不少 OLAP 引擎中同样存在。

2.3.1 查询协调节点单点问题

Presto 的架构设计只允许一个集群协调节点存在，并且只允许集群协调节点接收用户的查询请求，如图 2-1 所示。这种单集群协调节点架构的主要问题如下。

- 集群协调节点是单点，存在因集群协调节点不可用而导致整个集群不可用的问题。
- 集群协调节点是处理用户查询请求的单点服务，极大地降低了 Presto 处理并发查询执行的能力。这个单点的集群协调节点也负责集群查询执行节点的发现（Discovery）与管理。

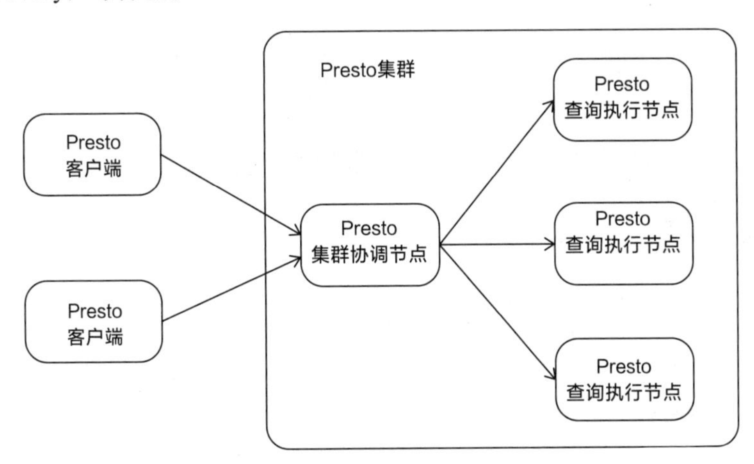

图 2-1 Presto 的协调节点单点架构

Presto 的这部分设计确实有些简单粗暴了，实际上它应该做几个改造，如图 2-2 所示。

将集群协调节点的职责拆分为两个：一个是集群主节点（Master Node），只负责管理集群的所有节点，保证集群的可用性；另一个是查询请求处理节点（Search Node），只负责接收用户的查询请求，完成查询解析、规划、优化、调度并将分布式执行计划下发到查询执行节点。

- 集群主节点（Master Node）应该至少有 3 个。系统基于 Paxos、Raft 等分布式一致性协议来选主节点，并由主节点来负责维护集群的节点列表等元数据。
- 查询请求处理节点（Search Node）是客户端直接发出请求的节点，它的个数可以是查询执行节点个数的 2～3 倍，它可以承担查询分布式执行计划的最后一个查询执行阶段的执行工作，得到查询的最终计算结果后直接将数据返回给客户端。

如果你了解其他 OLAP 引擎的架构设计，例如 ES、Doris，会感觉这种架构似曾相识。

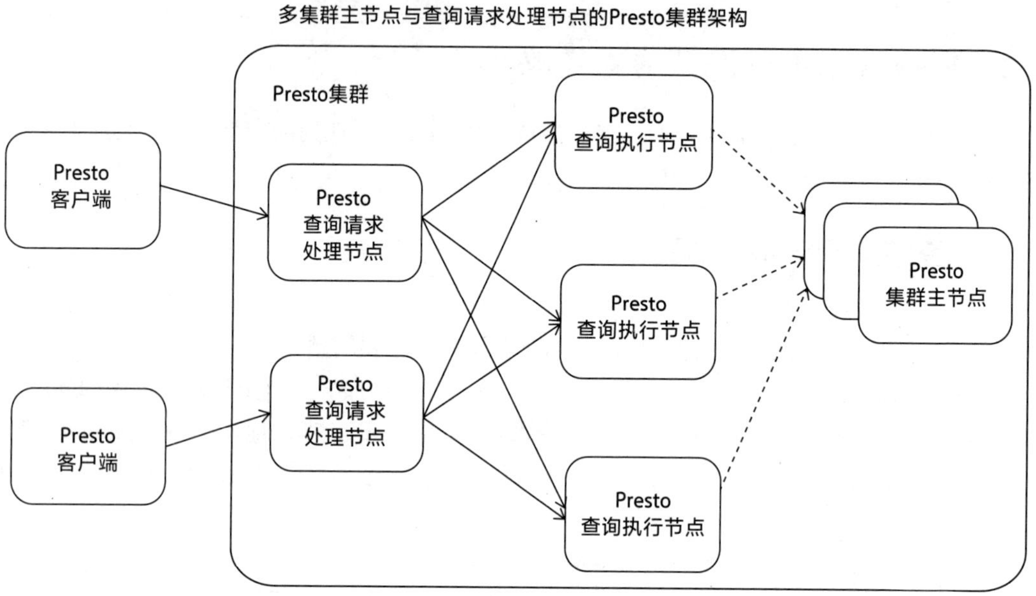

多集群主节点与查询请求处理节点的Presto集群架构

Presto集群

Presto 客户端

Presto 客户端

Presto 查询请求处理节点

Presto 查询请求处理节点

Presto 查询执行节点

Presto 查询执行节点

Presto 查询执行节点

Presto 集群主节点

图 2-2 Presto 的协调节点高可用架构

你是否考虑过，虽然分布式架构看起来非常优秀，但实际上还有一些棘手的问题需要处理好，例如下面的问题。

- 改造前的 Presto 具备基于队列（Queue）的并发查询个数限制能力，改造后的 Presto 查询请求处理节点有多个，基于队列的并发查询限流要做全局级别的还是单节点级别的？如果是全局级别的，设计与实现会更复杂一些。
- 改造前的集群节点列表等元数据由集群协调节点维护，集群协调节点负责新增与删除查询执行节点，也负责将用户查询请求的任务调度到对应节点上。所有工作都在一个节点，设计与实现较简单。改造后就涉及一个集群节点列表的元数据需要由集群主节点以何种方式、何时同步到查询请求处理节点的问题。

上述问题的解决方案 Presto 社区一定想到了，只不过一直没有落地。相关的 ISSUE 在 GitHub 上有过多次讨论，但是最终也没有形成一个开源的设计实现交付给社区。这里列举了几个相关 ISSUE。

- https://github.com/prestodb/presto/issues/13814
- https://github.com/prestodb/presto/issues/15453
- https://github.com/trinodb/trino/issues/391

社区的想法与前文描述的分布式架构实现逻辑类似，只是目前一直看不到明确的支持计划。我们可以先利用其他妥协的方案在一定程度上解决集群协调节点单点不可用的问题，例如：

- ❑ 搭建多个 Presto 集群，再搭建一个负载均衡（load balance）方案（如使用 Nginx 或 HAProxy），只允许用户通过负载均衡方案访问这些 Presto 集群。
- ❑ 只搭建一个 Presto 集群，但是启动多个集群协调节点，再搭建一套集群协调节点的代理（Proxy）方案（如使用 HAProxy），将 Presto 集群中的所有查询执行节点的 discovery uri 都设置为 proxy 的 uri。这里要求查询执行节点请求代理时，代理能按照固定集群协调节点顺序将请求转发到第一个集群协调节点。如果第一个集群协调节点不可用，则转发给下一个。如果代理采用的是轮转（round robin）等方式转发请求，会导致查询执行节点被注册到不同的集群协调节点，从而形成多个集群。

2.3.2 查询执行过程没有容错机制

Presto 为了简化查询执行流程，减少查询执行的耗时，没有在查询执行中加入容错机制，即某个查询执行过程中任何一个查询执行阶段的任何一个任务执行失败，都会导致整个查询失败，需要用户发起新查询重试。重试整个查询的计算开销代价，肯定比重试部分任务的代价要高。是不是重试部分任务一定就是最好的呢？像 Spark 那样实现更复杂推测执行（speculative execution）方式的重试是不是更合理呢？仍然像我们之前表达的观点一样，没有绝对的好坏，只有特定场景下的优劣，简单的重试机制对小查询（数据量少、低延迟）更友好，复杂的重试机制对大查询（数据量大、高延迟）更友好。重试机制不应该频繁触发，合理的重试机制可以保证维护重试上下文以及相关的并发同步不会成为查询执行的瓶颈。建议读者在使用 Presto 时，可以在请求发起侧判断出查询失败并发起重试。

2.3.3 查询执行时报错 exceeding memory limits

报错 exceeding memory limits（超过内存限制）并不是 Presto 独有的，而是所有 OLAP 引擎普遍存在的，各个引擎都在尝试对它做各种各样的优化，对于 Presto 来说主要优化手段如下。

- ❑ 设置好 JVM Heap 的大小，如果服务器上只部署了 Presto 查询执行节点，一般情况下可以将查询执行节点的堆（Heap）设置为 80% 的内存大小，这样可以有更多的堆内存来执行查询。
- ❑ 设置好查询执行相关的内存参数，主要是 query.max-memory-per-node、query.max-total-memory-per-node、query.max-memory、query.max-total-memory、memory.heap-headroom-per-node 这几个参数，适当调大它们的值可以使原来报错 exceeding memory limits 的大查询能够顺利执行完。详见 https://trino.io/docs/current/admin/properties-memory-management.html。
- ❑ 设置好资源组（Resources Group）来控制多租户场景中各个租户的最大查询并发度。详见 https://trino.io/docs/current/admin/resource-groups.html。

- 之前数据计算的过程全部在内存，新版本的 Presto 支持了将分类、关联、聚合的中间计算结果放到磁盘上（Spill To Disk），如果 Presto 集群执行的大查询比较多，可以开启此功能。详见 https://trino.io/docs/current/admin/spill.html。

2.3.4 无法动态增删改或加载数据目录与 UDF

在企业生产环境的联邦查询环境中，时常出现需要增删改 catalog、schema、table 的需求。Presto 目前的方案是先更改配置目录，再重启整个集群。此方式过于简单粗暴，也直接影响集群的可用性。感兴趣的读者请查阅 https://github.com/prestodb/presto/issues/2445。这个问题从 2015 年开始讨论，到本书出版之前，社区仍然没有给出具体的解决方案。不过不少公司做了自己的实现，例如京东在 2016 年出版的《Presto 技术内幕》中针对此问题给出单独解决方案。再例如华为的 Presto 发行版 Hetu 也支持动态加载 catalog，详见 https://openlookeng.io/docs/docs/admin/dynamic-catalog.html。

与前面介绍的不能动态加载目录类似，UDF 也不能动态加载，需要重启整个集群。对于 Presto 这种需要长时间稳定运行的服务，这种方式代价有点大了，大大增加了用户自定义 UDF 的烦恼。这个与整个插件的设计有关，所有插件都是静态加载的，而且 Presto 中大量应用了自动依赖注入，不支持动态加载 UDF 就不用考虑复杂的内存对象引用一致性的问题。

2.3.5 查询执行结果必须经集群协调节点返回

例如下面的 SQL，它的分布式执行计划有两个查询执行阶段，数据是这么流动的：Stage1→Stage0→集群协调节点→presto sql client。Stage1 的计算结果数据需要序列化后，再从 Stage0 反序列化继续计算，这个环节省不掉，其他的 OLAP 引擎也是这么做的。但是 Presto 没必要在 Stage0 计算得到最终结果后，再序列化给到集群协调节点，经由集群协调节点给到 presto sql client，这增加了 2 次数据序列化与反序列化的开销，可能多增加几百毫秒甚至几秒的延迟。如果是在线服务的 OLAP 场景，这肯定是不能忍的。同时所有的查询结果的返回都要经过集群协调节点，伴随着网络 IO、数据序列化 / 反序列化的 CPU 开销、JVM 中大量对象创建销毁的 GC 压力，这些增加了集群协调节点的不稳定风险。

```
SELECT
    SUM(ss_quantity) AS quantity,
    SUM(ss_sales_price) AS sales_price
FROM tpcds.sf1.store_sales
WHERE ss_item_sk = 13631;
```

2.3.6 不支持低延迟、高并发

在 Facebook 2018 年发布的论文“Presto on Everything”中提到在 Facebook 的广告、

A/B测试、报表等场景，Presto可以支撑数百的查询QPS。然而随着数据驱动的业务越来越多，体量越来越大，要求越来越高，一部分原本是离线分析型的需求（OLAP需求）慢慢演变为在线服务型（Servering）分析需求，企业对OLAP引擎能够支撑的查询QPS量级的要求也越来越高，动辄是几万甚至几十万级别的QPS，企业对OLAP引擎的查询延迟的要求也越来越高，从几秒级别一直降低到百毫秒级别。Presto对在线服务场景的支撑能力存在一定的限制，这主要体现在如下几点。

- 只能有一个集群协调节点接收用户查询请求。因为它是单点，不符合在线服务场景下对服务高可用的要求，加之单个节点很难承载几千到几万的查询QPS，会带来线程频繁切换、内存不足、CPU利用率过高等问题，所以我们需要调整Presto的架构，如前文所述，将集群划分为集群协调节点（包括集群主节点和查询请求处理节点）以求让查询执行节点达到更好的优化效果。
- Presto的执行模型是面向中大型查询的多查询执行阶段的MPP流水线执行模型，支持计算全流程在内存中以流水线的方式执行，其查询速度能够比Hive的MapReduce执行方式快5~10倍，部分查询能够在百毫秒级别计算完成，但是它仍然做不到查询延迟Pct99达到百毫秒级别，对于在线服务场景下的中小型查询支持不好。这些中小型查询用Scatter-Gather执行模型再加上一些极致的优化，是可以做到查询延迟Pct99在百毫秒级别的，例如Elasticsearch。有些与Presto类似的引擎（如Apache Doris）也可以做到，Doris起初是在Impala引擎的代码上修改而来的，Impala的执行模型与Presto类似。因此我们需要引入Scatter-Gather执行模型，并引入一定的CBO（Cost-Based Optimizatioin，基于代价的优化）能力，让中小查询执行得更快。前文多次提到Scatter-Gather执行模型可以算作MPP模型的查询执行阶段的特例，因此我们可以知道在Presto中引入Scatter-Gather执行模型并不太难，之前的大部分设计实现可以复用。
- 工程师们对Presto的执行速度的印象大部分来自于Presto on Hive，这是一种典型的计算存储分离的架构，Presto只负责计算，Hive只负责管理元数据，HDFS只负责提供存储。由于Hive构建在HDFS之上，HDFS的open、seek、read都比较慢且表现不稳定，导致了从用户视角来看，Presto的查询速度不够快，动辄是10s以上的延迟。实际上这种场景下瓶颈不在Presto。因此我们需要引入更快的存储，相关的案例有很多，包括Facebook实现的RapatorX，还有Alluxio统一缓存系统等，能够大大加快查询的执行速度。有些企业甚至直接在Presto查询执行节点上构建了本地存储服务，使用的存储介质可能是本地磁盘，也有可能是直接基于内存，相当于做了存储与计算不分离的方案。只要存储服务的数据拉取效率高一点，对Presto不做任何改造，其查询速度也将有5～10倍的提升。

Presto并不是无法具备针对在线服务场景的服务能力，它的技术底子还是很优秀的，只要稍加改造即可实现。主要是Presto社区还没有意识到这个场景的价值，没有在社区发展路线中加入这个特性，这是场景需求问题，而不是技术问题。如果只是技术问题，那么优化了上述几点即可满足在线服务场景的需求。Cloudera公司维护了另一个知名的OLAP引擎——Impala，它也存在类似的情况，后来百度将Impala改造为Doris并开源出来才支持了在线服务能力。这个也是由于国内诸如百度、阿里等公司维护着大量的广告主、淘宝店家等企业客户，这些客户对广告投放数据、店铺数据的分析要求是实时和快速，因此催生了更高的在线服务场景需求。相对来说，国外的企业虽然用户的体量也大，但是在这方面的要求没这么高。

2.4 Presto与Trino的项目与版本选择

2.4.1 Trino与Presto选择哪个

如果你在互联网上搜索Presto，会发现两个Presto项目：

- Presto——https://prestodb.io/，github项目源码地址：https://github.com/prestodb/presto。
- Trino（曾用名PrestoSQL）——https://trino.io/，github项目源码地址：https://github.com/trinodb/trino。

Presto是2013年Facebook的三个核心工程师（Martin Traverso、Dain Sundsrom、David Phillips）创造和开源出来的，在Facebook内部，它的应用规模是很庞大的（部署了多个集群，集群节点数规模较大）。这三个工程师一直想把Presto发扬光大，但是一直到了2019年，同时期的三个开源大数据技术Spark、Flink、Kafka都已经创建了自己的商业化公司进行推广，Presto却没有得到对应的支持。

2019年Presto的三位核心工程师离职并加入刚成立两年的Starburst公司，这家公司基于Presto的项目源码开发了PrestoSQL（后改名为Trino），创建了自己的代码仓库和官方网站，并进行商业化运营。

如果你问笔者该选哪个，笔者更倾向于选择Trino，因为它近两年的源码迭代速度更快，而且还有三位创始人的支持，Trino的发展前景可能更好，所以在本书中如果有涉及源码讲解，我们也会使用Trino的源码作为学习示例。不过事情也不是绝对的，Presto与Trino也在互相学习，并且会把对方比较好的实现合并到自己的项目里，所以同时关注这两个项目的动态没有坏处。由于这两个项目的大部分核心代码是完全相同的，所以我们以Trino来举例并不会妨碍你学习Presto，也就是说参照本书你也可以把Presto学明白。为了方便描述，本书不会过多区分Trino与Presto，将使用统一的名词“Presto”来阐述。另外，本书编撰的初衷实际上也不是为了带领读者学习Presto源码，我们的目标是让读者通过学习Presto来理解通用大数据OLAP引擎。因为对通用大数据OLAP引擎的讲解要有对标项目，要结合某个具体的开源项目的设计实现来讲解，所以本书才会讲解Presto的源码。如果想知道关于Presto分裂为两个项目的来龙去脉，请参考 https://zhuanlan.zhihu.com/p/55628236；如果想知道两个项目有什么不同，请参考 https://zhuanlan.zhihu.com/p/87621360 或者 https://github.com/prestosql/presto/issues/380。

2.4.2　本书为什么用Trino的v350版本来做介绍

v350版本实际上是笔者精心选择的一个代码版本，它是2020年12月28日发行的版本，也是Trino与Presto项目模块结构完全相同的最后一个版本。在这之后，Trino对项目进行了结构调整，不过仅是改变了Maven模块的位置，代码的核心设计实现没什么变化。Presto核心代码在2019年之前基本上就定型了，之后未出现特别大的变化。不停变化的数据连接器实现都不是核心代码。因此即使到了2024年，我们在本书中拿v350做介绍也没问题，并不存在v350代码过时的问题。另外，现在整个OLAP领域的设计实现，还是基于20年前的VLDB、SIGMOID的基础理论。

下面可以看看v350版本后，到2024年的第一个版本，Trino主要变化有哪些。

- **聚合下推**：支持了聚合下推给存储，非核心功能变化。
- **模式匹配**：支持了SQL的模式匹配语法，非核心功能变化，详见 https://trino.io/blog/2021/05/19/row_pattern_matching.html。
- **表函数**：支持SQL的Table Value Function（表值函数）语法，非核心功能变化，详见 https://trino.io/docs/current/develop/table-functions.html 和 https://trino.io/blog/2022/07/22/polymorphic-table-functions.html。
- **物化视图**：支持物化视图的定义和管理，接近核心功能变化，详见 https://trino.io/docs/current/language/sql-support.html#materialized-view-management。

Presto在2020年到2024年的主要变化如下：

- **底层执行引擎支持了Velox**：Velox是用C++开发的单机执行引擎，起初它仅是为了加速Presto的查询执行节点的执行部分，后面逐渐发展成独立的开源项目，具备了以底层执行引擎加速Spark、Flink计算的能力。这部分建议读者重点关注。
- **非中心化协调节点（Disaggregated Coordinator）**：支持了多集群协调节点的架构，这个功能在社区的呼声很大，早应该支持了，详见 https://prestodb.io/blog/2022/04/15/disggregated-coordinator 和 https://www.youtube.com/watch?v=slwPm-mROZ0。

其他变化都是非核心功能的调整，具体可以看看两个项目的发行版本记录（Release Notes）：

- Trino发行版本记录：https://trino.io/docs/current/release.html。
- Presto发行版本记录：https://prestodb.io/docs/current/release.html。

如果你看发行版本记录就会发现大部分变更都是增加了更多的连接器，要么就是某个连接器的代码又修复了漏洞或者又优化了某个功能。从整个OLAP的发展趋势来看，一个OLAP引擎支持多个数据源的场景不是主流趋势，Presto与Trino过分强调这个，笔者认为偏离了主航道，它们应该多去做内核部分的演进，比如优化器的设计实现、查询调度、节点间 RPC、聚合或关联查询的计算效率、计算过程中的数据倾斜处理、集群协调节点或单点瓶颈、与存储配合以减少拉取数据的 IO 等。

2.4.3 Presto 项目源码结构

1. v350 版本及以前的源码结构

像 Presto 这种来自一线大厂的大型开源项目，抽象和模块化做得都非常好，虽然模块非常多，但源码结构是非常清晰的。Presto 源码结构如下。

```
presto-array
presto-base-jdbc
presto-benchmark
presto-benchmark-driver
presto-benchto-benchmarks
presto-cassandra
presto-cli
presto-client
presto-docs
presto-elasticsearch
presto-example-http
presto-hive
presto-hive-hadoop2
presto-jdbc
presto-kafka
presto-local-file
presto-main
presto-matching
presto-mysql
presto-orc
presto-parquet
presto-parser
presto-phoenix
presto-plugin-toolkit
presto-postgresql
presto-proxy
presto-server
presto-server-rpm
presto-spi
presto-tpcds
presto-tpch
...
```

以上模块从整体上可以分为 4 类。

- 核心流程控制类模块，包括 presto-main 和 presto-parser。
- 核心 API 定义类模块，即 presto-spi。
- 各种连接器实现类模块，比如 Hive 连接器 presto-hive、MySQL 连接器 presto-mysql、Kafka 连接器 presto-kafka、Cassandra 连接器 presto-cassandra、Elasticsearch 连接器 presto-elasticsearch、TPC 连接器 presto-tpcds 和 presto-tpch 等。
- 周边工具类模块，包括 SQL 客户端工具 presto-cli、打包工具 presto-server 和 presto-server-rpm、列式存储读取工具 presto-parquet 和 presto-orc、模式匹配工具 presto-matching、性能对比跑分工具 presto-benchmark 和 presto-benchmark-driver 等。

上述第一种与第二种是 Presto 源码中的核心，看懂了这些源码就相当于看懂了 Presto，本书后面的内容会对其继续深入拆解。

2. v351 版本及以后的源码结构

在 v351 以后，PrestoSQL 项目更名为 Trino，彻彻底底与 Presto 分离。同时 Trino 项目也修改了项目源码的结构，主要变化如下。

- 将所有的 Maven 模块进行分类，与我们上面描述的分类方式类似，区分了 client、core、docs、lib、plugin、serivce、testing，形成了项目的根目录，如图 2-3 所示。
- 在根目录中放置了对应的模块，例如原来的 presto-main、presto-spi 被放到了 core 目录中，presto-tpcds 被放到了 plugin 目录中。
- 将 presto-* 模块名称全部修改为 trino-*，并将代码中包名、类名中的带 presto 的全部修改为 Trino，但是 Trino 的核心代码与 Presto 差不多。

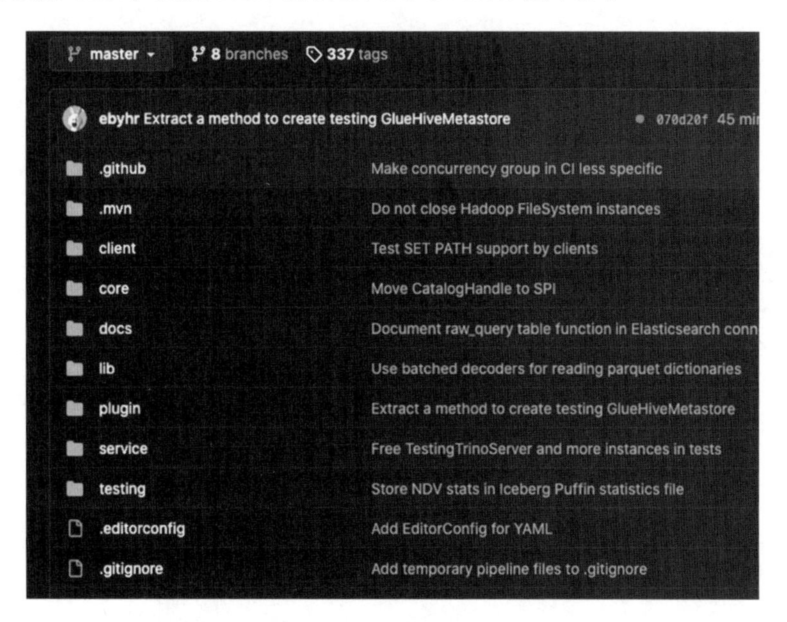

图 2-3　Trino 项目 v351 版本及以后的源码结构

2.5 编译与运行 Presto 源码

2.5.1 环境准备

环境准备主要涉及如下 5 个方面。

1）**操作系统**：编译运行 Presto 源码推荐的操作系统是 Mac 或者 Linux。由于笔者已经 10 年没有用过 Windows，因此不知道本书所介绍的内容是否适用于 Windows，有条件的还是尽量使用 Mac 或者 Linux 编译运行 Presto 源码。常见的 Linux 系统（如 Ubuntu、CentOS）都是可以的。

2）**IDEA**：笔者在日常阅读或调试源码时使用的是 IntelliJ IDEA 作为 Java 开发的 IDE，这款软件使用非常方便，需要的读者可自行到 https://www.jetbrains.com.cn/idea/download 处下载安装。我们在编译源码前需要将其导入 IDEA 中。

3）**JDK**：在新版本的 Presto 源码中，已经对 JDK 的最低版本有了明确要求，这里笔者建议 JDK 版本选择 11 到 13，版本太高或者太低都会在编译时报 JDK 相关的错误。

4）**Maven Repo 加速**：在编译源码之前，建议国内的读者先将 Maven 依赖源设置为阿里提供的 Maven 仓库，否则可能会非常慢（大概需要几小时）。如果读者的操作系统是 Mac 或 Linux（其他操作系统读者自行搜索并查阅设置方法），则需要编辑 ~/.m2/settings.xml（如果没有可以创建），具体如下。

```
// ~/.m2/settings.xml 的内容如下：

<?xml version="1.0" encoding="UTF-8"?>
<settings xmlns="http://maven.apache.org/SETTINGS/1.0.0" xmlns:xsi="http://www.
    w3.org/2001/XMLSchema-instance"
    xsi:schemaLocation="http://maven.apache.org/SETTINGS/1.0.0 http://maven.
        apache.org/xsd/settings-1.0.0.xsd">
    <pluginGroups></pluginGroups>
    <proxies></proxies>
    <servers>
    </servers>
    <mirrors>
        <mirror>
            <id>nexus-aliyun</id>
            <mirrorOf>*</mirrorOf>
            <name>Nexus aliyun</name>
            <url>http://maven.aliyun.com/nexus/content/groups/public</url>
        </mirror>
    </mirrors>
    <profiles>
    </profiles>
</settings>
```

由于国内的各个 Maven 仓库都是各个公司维护的，可能会发生变化，如果读者发现以上配置已经失效，可自行搜索寻找其他公司的 Maven 仓库。

5）Docker 运行环境：Docker 运行环境主要用来编译 presto-docs 模块，这里面是 Presto 的文档，不过我们学习源码直接看官网（https://trino.io/）的文档就好，没必要自己编译生成文档了，因此 Docker 运行环境可以没有。

2.5.2　下载源码并载入 IDEA

本书主要介绍的是 Trino，其项目地址为 https://trino.io/，github 源码地址为 https://github.com/trinodb/trino。将源码导入 IDEA 中有如下两种方法。

1）先手动输入 git clone 命令，再导入 IDEA 中，具体如下：

```
git clone https://github.com/trinodb/trino.git
```

git clone 完成后，打开 IDEA，单击 open 选项，找到 Trino 项目的根目录，打开即可导入源码，如图 2-4 所示。

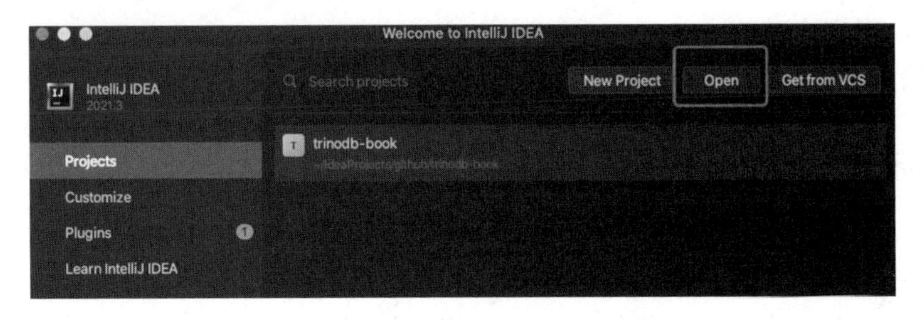

图 2-4　IDEA open project-1

2）直接通过 IDEA 从 github 导入，如图 2-4 所示，仍然是在此页面上单击 Get from VCS（Version Control System，版本控制系统）选项，在弹出的 Get from Version Control（从版本控制获取）页面选择 Repository URL（存储库 URL），填入 Git 上的代码地址，单击 Clone 按钮即可将源码导入 IDEA 中，如图 2-5 所示。

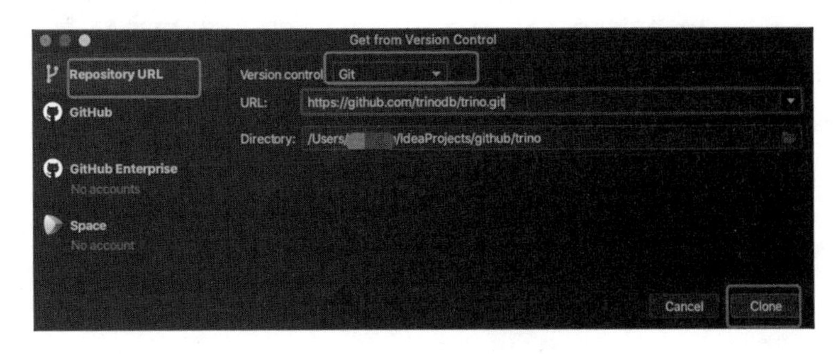

图 2-5　IDEA open project-2

2.5.3 编译 Presto 源码

在继续后面的步骤之前，可以先粗略阅读一下项目根目录中的 README.md，里面有编译运行方法的大致介绍，再结合着本节内容来完成 Presto 源码的编译运行。之后我们就可以执行以下命令开始编译 Presto 源代码（Presto 代码比较多，并且外部依赖较多需要一一下载，编译时间可能会长达数十分钟）。

```
./mvnw clean install
```

以上编译命令是 Presto 项目根目录中 README.md 给出的编译方法，它会编译所有的 Maven 模块，包括 presto-docs 等实际上在我们学习 Presto 源码时用不到的模块。你可以用下面的命令只编译运行 Presto 必须有的模块。

```
./mvnw install -pl presto-main -am -DskipTests
```

使用上述命令的好处是：

- 只编译学习 Presto 源码必须要用到的 Maven 模块，同时也不需要提前安装 Docker 等不需要的依赖。
- 编译过程中不运行单元测试。

2.5.4 标记 Antlr4 自动生成的代码为 generated source

将 Antlr4 自动生成的代码标记为 generated source。Antlr4 是一种能够自动生成解析代码的词法语法解析器。Presto 将 Antlr4 作为 SQL 的语法解析器，主要实现在 presto-parser 模块中。Antlr4 自动生成的代码不在 src/main 目录下，而是在 target/generated-sources/antlr4 中。在使用 IDEA 学习 Presto 源码时，默认 IDEA 没有识别出来这些自动生成的 Java class 源码，导致我们在 IDEA 中查看或导入（import）这些 class 的 Java 源码时，显示找不到源码，无法跳转到这些 class 的源码文件中，如图 2-6 所示。

实际上，我们可以浏览目录树找到这些类的源码文件，如图 2-7 所示。

如果想在 IDEA 中识别 Antlr4 自动生成的 Java class 源码，需要将 presto-parser/target/generated-sources/antlr4 标记为 Generated Sources Root（生成的源根），具体的操作方法是在此目录上右击，然后在弹出的快捷菜单中依次选择 Mark Directory as（将目录标记为）→ Generated Sources Root，如图 2-8 所示。

```
-book  presto-parser  src  main  java  io  prestosql  type  TypeCalculation
TypeCalculation.java

14   package io.prestosql.type;
15
16   import io.prestosql.sql.parser.CaseInsensitiveStream;
17   import io.prestosql.sql.parser.ParsingException;
18   import io.prestosql.type.TypeCalculationParser.ArithmeticBinaryContext;
19   import io.prestosql.type.TypeCalculationParser.ArithmeticUnaryContext;
20   import io.prestosql.type.TypeCalculationParser.BinaryFunctionContext;
21   import io.prestosql.type.TypeCalculationParser.IdentifierContext;
22   import io.prestosql.type.TypeCalculationParser.NullLiteralContext;
23   import io.prestosql.type.TypeCalculationParser.NumericLiteralContext;
24   import io.prestosql.type.TypeCalculationParser.ParenthesizedExpressionContext;
25   import io.prestosql.type.TypeCalculationParser.TypeCalculationContext;
26   import org.antlr.v4.runtime.BaseErrorListener;
27   import org.antlr.v4.runtime.CharStreams;
28   import org.antlr.v4.runtime.CommonTokenStream;
29   import org.antlr.v4.runtime.ParserRuleContext;
30   import org.antlr.v4.runtime.RecognitionException;
31   import org.antlr.v4.runtime.Recognizer;
32   import org.antlr.v4.runtime.atn.PredictionMode;
33   import org.antlr.v4.runtime.misc.ParseCancellationException;
34
```

图 2-6　无法找到源码的提示

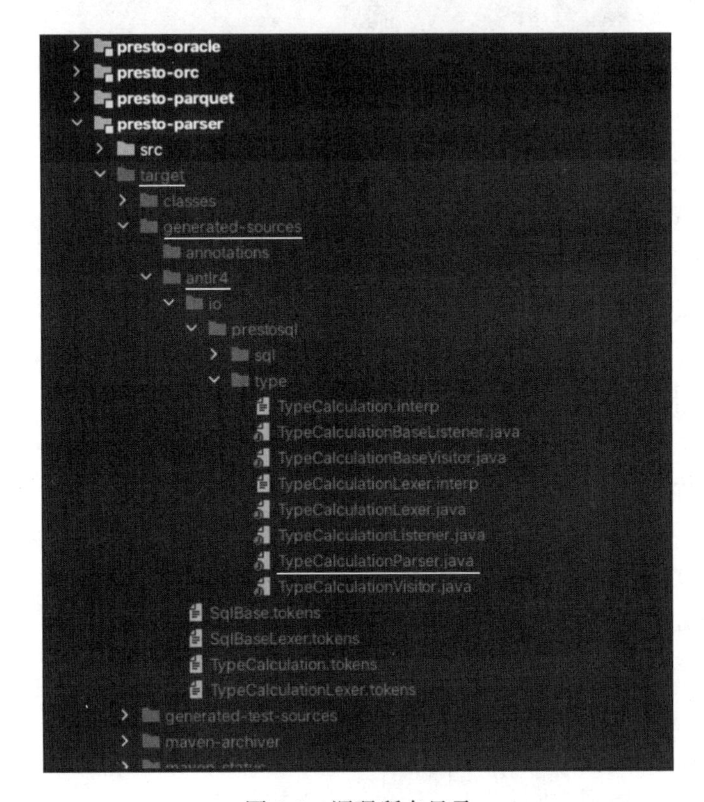

图 2-7　源码所在目录

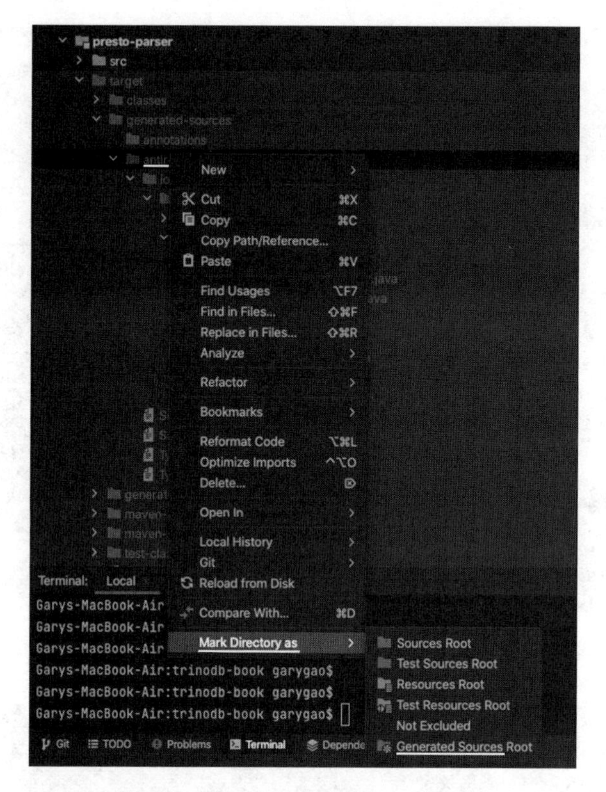

图 2-8 引入 Generated Source 源码

2.5.5 在 IDEA 中运行 3 个节点的 Presto 集群

我们可以在 IDEA 中启动一个有三个节点的 Presto 集群，用于模拟出一个分布式的集群环境，调试 Presto 的分布式执行代码。

第一个节点（PrestoServer）是集群协调节点角色，没有查询执行节点角色，有助于调试查询的执行计划，生成优化相关代码。

第二个节点（PrestoServer）是查询执行节点角色，我们称之为 worker1，有助于调试查询的某个查询执行阶段的任务执行的代码。

第三个节点（PrestoServer）是查询执行节点角色，我们称之为 worker2，有助于调试查询的其他查询执行阶段的任务执行的代码。

1. 为什么要在 IDEA 中运行一个 Presto 集群

对于查询执行阶段比较多的某个查询，调试时如果都只在一个既是集群协调节点角色，又是查询执行节点角色的单节点打断点运行，会比较混乱。一般情况下，笔者调试时都会在本地 IDEA 中启动一个集群协调节点和多个查询执行节点，根据需要，一般有多少查询执行阶段就会启动多少查询执行节点，让每个查询执行节点对应一个查询执行阶段的一个任务。这样调试起来时，集群协调节点、不同查询执行阶段的任务的处理逻辑都不会在同一个节点上执行。

但是这里有一点需要注意：需要有一种机制能够做到在调试时，让Presto的集群协调节点成功将不同查询执行阶段的任务分配到不同的查询执行节点，这个涉及一个查询中各个查询执行阶段的各个任务如何调度的问题。笔者一般是临时实现一个自定义的NodeScheduler来实现该目的，或者是在集群协调节点的调度代码上打断点，运行到此处时直接修改任务的目标调度节点。总之这些都是为了方便分别调试每个查询执行阶段，避免相互干扰。

2. 准备启动Presto集群的配置文件

请在对应的目录中创建3个配置文件，并填充以下内容。

1）集群协调节点配置文件：presto-server-main/etc/coordinator.properties。

```
coordinator=true
node.id=ffffffff-ffff-ffff-ffff-ffffffffffff
node.environment=test
node.internal-address=localhost
http-server.http.port=8080

discovery-server.enabled=true
discovery.uri=http://localhost:8080

exchange.http-client.max-connections=1000
exchange.http-client.max-connections-per-server=1000
exchange.http-client.connect-timeout=1m
exchange.http-client.idle-timeout=1m

scheduler.http-client.max-connections=1000
scheduler.http-client.max-connections-per-server=1000
scheduler.http-client.connect-timeout=1m
scheduler.http-client.idle-timeout=1m

query.client.timeout=5m
query.min-expire-age=30m

plugin.bundles=\
  ../presto-tpcds/pom.xml

node-scheduler.include-coordinator=false
```

2）Worker1配置文件：presto-server-main/etc/worker1.properties。

```
coordinator=false
node.id=2E43F95F-A505-4B3B-AE0E-F1DD3CB3A423
node.environment=test
node.internal-address=localhost
```

```
http-server.http.port=8081

discovery.uri=http://localhost:8080

exchange.http-client.max-connections=1000
exchange.http-client.max-connections-per-server=1000
exchange.http-client.connect-timeout=1m
exchange.http-client.idle-timeout=1m

query.client.timeout=5m
query.min-expire-age=30m

plugin.bundles=\
    ../presto-tpcds/pom.xml

node-scheduler.include-coordinator=false
```

3）Worker2 配置文件：presto-server-main/etc/worker2.properties。

```
coordinator=false
node.id=808CEB05-7B30-464D-A736-E481338610E3
node.environment=test
node.internal-address=localhost
http-server.http.port=8082

discovery.uri=http://localhost:8080

exchange.http-client.max-connections=1000
exchange.http-client.max-connections-per-server=1000
exchange.http-client.connect-timeout=1m
exchange.http-client.idle-timeout=1m

query.client.timeout=5m
query.min-expire-age=30m

plugin.bundles=\
    ../presto-tpcds/pom.xml

node-scheduler.include-coordinator=false
```

3. 在 IDEA 中启动 Presto 集群

在 IDEA 的顶部菜单中找到 Run-> Edit Configurations（见图 2-9），可配置程序的启动命令，3 个节点需要分别配置并启动 3 个程序（Application），分别如图 2-10 所示。

1）集群协调节点的 IDEA 运行配置（run configuration）如图 2-11 所示。

其中 VM 启动参数（VM options）的内容如下。

```
-ea -XX:+UseG1GC -XX:G1HeapRegionSize=32M -XX:+UseGCOverheadLimit -XX:+Explicit
    GCInvokesConcurrent -Xmx2G -Dconfig=etc/coordinator.properties -Dlog.levels-
    file=etc/log.properties -Djdk.attach.allowAttachSelf=true
```

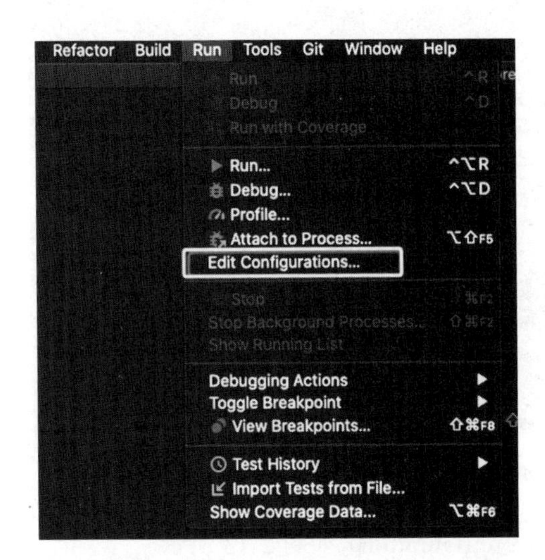

图 2-9 IDEA 的 Edit Configurations 选项

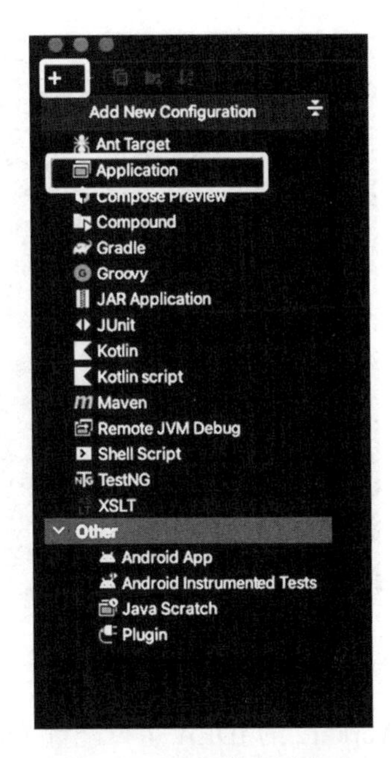

图 2-10 配置并启动程序

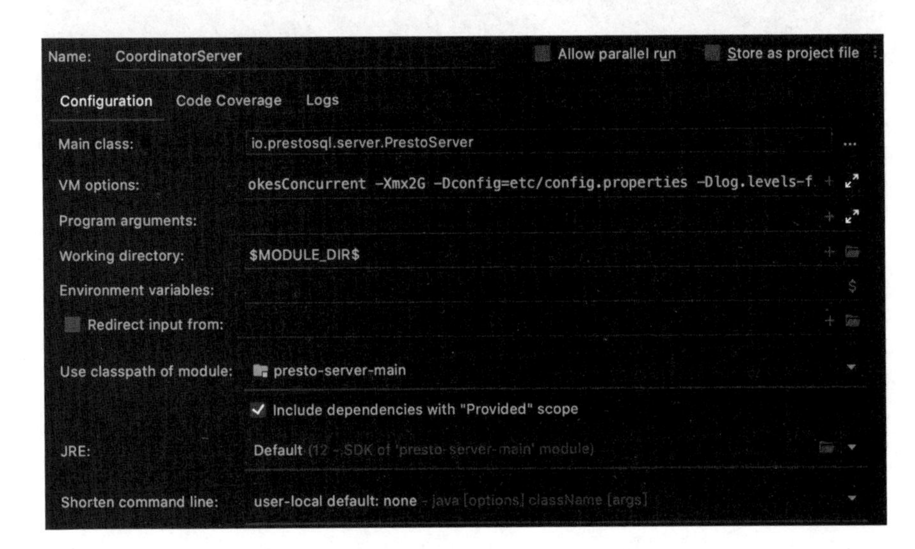

图 2-11 集群协调节点的 IDEA 运行配置

2）Worker1 的 IDEA 运行配置如图 2-12 所示。

其中 VM 启动参数的内容如下。

```
-ea -XX:+UseG1GC -XX:G1HeapRegionSize=32M -XX:+UseGCOverheadLimit -XX:+ExplicitGC
    InvokesConcurrent -Xmx2G -Dconfig=etc/worker1.properties -Dlog.levels-file=etc/
    log.properties -Djdk.attach.allowAttachSelf=true
```

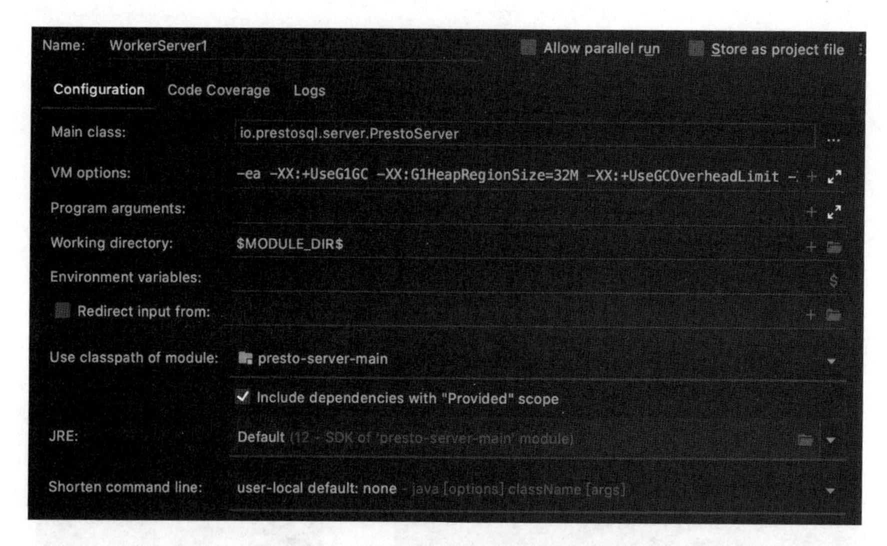

图 2-12　Worker1 的 IDEA 运行配置

3）Worker2 的 IDEA 运行配置（Run Configuration）如图 2-13 所示。

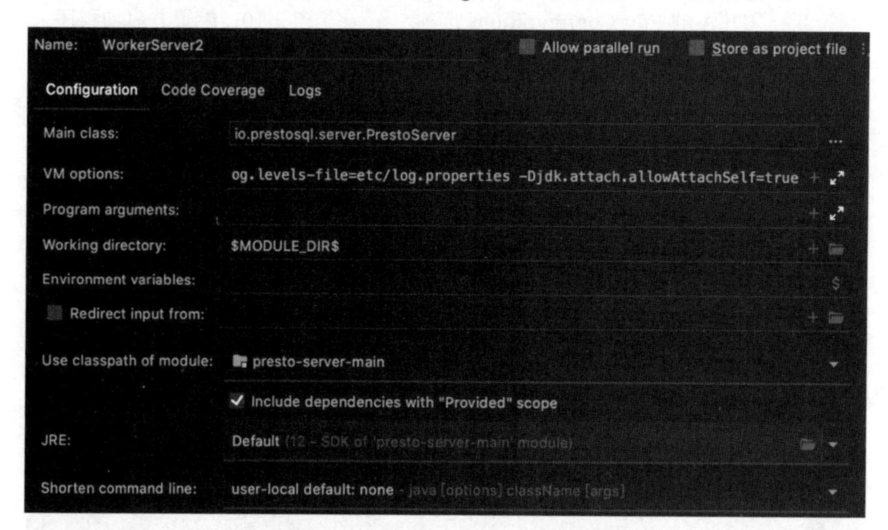

图 2-13　Worker2 的 IDEA 运行配置

其中 VM 启动参数的内容如下。

```
-ea -XX:+UseG1GC -XX:G1HeapRegionSize=32M -XX:+UseGCOverheadLimit -XX:+ExplicitGC
    InvokesConcurrent -Xmx2G -Dconfig=etc/worker2.properties -Dlog.levels-file=etc/
    log.properties -Djdk.attach.allowAttachSelf=true
```

配置好后，即可通过普通运行模式或调试模式（Debug）启动 3 个节点，它们的启动顺序是 coordinator、worker1、worker2。运行效果如图 2-14 所示。

图 2-14　运行效果

在浏览器打开集群协调节点的 WebUI：

```
http://127.0.0.1:8080
```

即可看到 Presto WebUI，如图 2-15 所示，有 2 个查询执行节点。

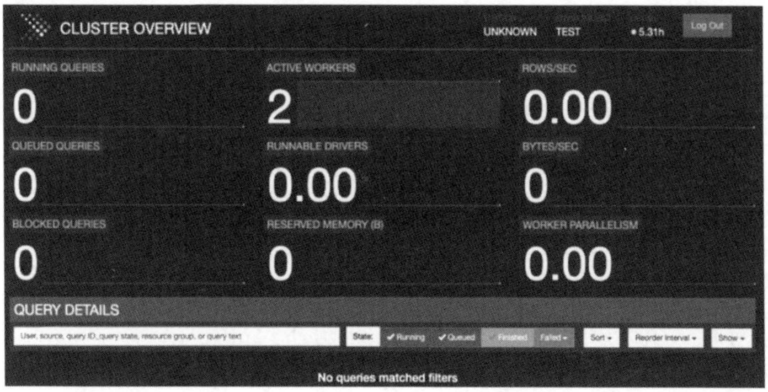

图 2-15　Presto WebUI

4. 补充说明

如果想在 IDEA 中启动只有一个节点的 Presto 集群，这个节点既是集群协调节点角色，又是查询执行节点角色，只需要将集群协调节点的配置文件中 node-scheduler.include-coordinator 设置为 true，并只启动 coordinator 节点即可。配置文件为 presto-server-main/etc/coordinator.properties，具体如下。

```
coordinator=true
node.id=ffffffff-ffff-ffff-ffff-ffffffffffff
node.environment=test
node.internal-address=localhost
http-server.http.port=8080

discovery-server.enabled=true
discovery.uri=http://localhost:8080

exchange.http-client.max-connections=1000
exchange.http-client.max-connections-per-server=1000
exchange.http-client.connect-timeout=1m
exchange.http-client.idle-timeout=1m

scheduler.http-client.max-connections=1000
scheduler.http-client.max-connections-per-server=1000
scheduler.http-client.connect-timeout=1m
scheduler.http-client.idle-timeout=1m

query.client.timeout=5m
query.min-expire-age=30m

plugin.bundles=\
    ../presto-tpcds/pom.xml

node-scheduler.include-coordinator=true
```

2.5.6 运行 Presto 命令行工具

Presto 命令行工具 presto-cli 允许我们在命令行中输入 SQL，执行查询并获得计算结果。Presto 集群运行成功后，再运行 presto-cli 的方法，具体如下。

```
./presto-cli/target/presto-cli-*-executable.jar
```

启动 presto-cli 后，我们就可以在这里输入期望执行的 SQL 了。

2.5.7 调试 Presto 源码常见问题

问题 1：修改了某个数据源连接器模块的源码，重新启动集群协调节点、查询执行节点，但是程序没有执行最新的代码。

修改了某个连接器模块的源码后，需要手动重新编译对应的 Maven 模块后修改才会生效。假设我们修改了 presto-tpcds 模块的源码，那么要执行如下命令重新编译。

```
$ mvn -pl 'presto-tpcds' clean compile
```

问题 2：调试 Presto 代码时，查询总是自动退出执行，导致调试无法继续。

Presto 查询的执行过程维护了查询级别、查询执行阶段级别、任务级别的状态机。执行中的查询处于运行状态，如果超时了，将有异步线程将查询的状态迁移到 Abort/Canceled 状态。我们在调试代码时，如果长时间停留在某个断点就有可能出现超时。要解决这类问题，除了将一些超时参数值设置得更大之外（在集群协调节点、查询执行节点的配置文件中我们已经设置），还可以在 QueryStateMachine、StageStateMachine、TaskStateMachine 的 transitionToXXX 处打断点，当程序执行到这里时，触发断点并禁止向后运行，防止调试过程被异常终止。

问题 3：以调试模式启动 Presto 后，程序执行异常缓慢。

笔者在调试 Presto 源码时也遇到过类似问题，当时主要的原因是把断点直接设置到了 Java 方法（method）级别上，严重影响了调试性能。这是使用 IDEA 经常遇到的问题，注意这里不是说不能在 Java 方法的代码实现上设置断点，而是不要在 IDEA 中设置方法（method）级别的断点（参见 IDEA 官方介绍：https://intellij-support.jetbrains.com/hc/en-us/articles/206544799）。解决方案是把断点打到方法实现代码的某行上。

问题 4：Presto 有许多运行时自动 codegen 出来的代码，这部分代码既无法看到也无法调试。

在包含聚合、关联查询、表达式等计算语义的查询执行过程中，Presto 使用 airlift bytecode 来自动生成代码，其底层实际上依赖的是 ASM。这些代码的确无法调试，但是可以使用阿里巴巴开源的 JVM 程序诊断工具 Arthas（https://arthas.aliyun.com/doc/）将其导出。大致步骤如下。

1）由于生成的代码的 Java 类名（class name）是不固定的，所以需要在某个引用这些类的实例化对象的代码上打断点，以便通过 IDEA 看到具体的 Java 类名。

2）启动 Arthas，并将其绑定到 Presto JVM 进程上，执行如下命令即可导出源码到指定文件。

```
jad --source-only <要导出的 class packge 及 name> > /tmp/code.java
```

问题 5：整个查询流程太繁杂了，而且跨节点，如何让调试轻松一点？

即使是熟悉 Presto 源码的朋友们，想完整地调试一个查询的执行过程也是非常难的，主要是因为 Presto 代码量大，执行过程是多节点多线程异步的，数据库领域设计实现有理解难度。即使如此，我们仍然要去多多调试源码，因为实践是检验真理的唯一标准。如果只是不痛不痒地看看本书是没有意义的，需要你去实践。对于初学者来说，如果调试整个查询太难，可以换一种降低难度的方式——采用分而治之的手法：先阅读与调试那些单元测试代码，再调试整个流程。Presto 的单元测试代码写得非常清晰完整，是我们学习 Presto 的重要资料。例如我们不太理解聚合实现原理，可以分别调试 TestAggregationOperator、TestHashAggregationOperator、TestGroupByHash。

2.6 基于 Presto 的数据仓库及本书常用 SQL

2.6.1 数据仓库介绍

本书接下来要介绍的所有数据集与查询集都基于一个独立、完整、易于理解的数据仓库模型——TPC-DS Benchmark 标准中的零售商数据仓库模型，我们在这里称之为 TPC-DS 数据模型。TPC-DS 是 OLAP 的一个 Benchmark 标准，它除提供了标准规范文档外，还附带了用于生成数据仓库中表结构、数据集合、查询集合（99 个典型 OLAP SQL）、执行压测的若干工具。通过本节对 TPC-DS 数据模型及对应 SQL 的介绍，能够让我们对本书将要介绍的 SQL 有一个总体性的认知，使学习的过程更加体系化。

数据仓库，简称数仓，广泛存在于现代企业的技术架构中，我们可以通过它来驱动业务发展。数仓的主要职能是集中存储数据，提供数据分析能力，建立维护数仓数据模型，作为数据导入、计算、取数的集散地。从数仓的实时性上来讲，数仓又分为实时数仓、离线数仓。

- **实时数仓**：数据写入是实时的，能够做到秒级别；数据查询也可以做到实时，海量数据查询能够在几秒、几分钟返回。（很多人认为只要数据写入是实时的就是实时数仓，这是一种误解。试想一下，如果数仓的查询结果需要 2 小时才能得到，就算数据实时写入了又有什么用呢？）
- **离线数仓**：数据写入是离线的，如小时级别；数据查询也是离线的，如小时级别。

技术架构与数据模型是我们谈论数仓的两大主题。

数仓的技术架构有多种，离线数仓一般是“远古”组合（如 Hive、HDFS、YARN），大多数公司都嫌弃这种离线数仓太慢，会用“现代”组合（如 Hive Metastore、HDFS、YARN、Spark、Presto、Alluxio）来做加速。

- **远古组合**：通过各种数据集成工具，如 sqoop，将数据写入 Hive，查询时使用 Hive MapReduce。
- **现代组合**：使用 Spark Streaming 或 Flink Streaming 将数据写入 Hive；只用 Hive Metastore 存储库、表、字段这些元数据，不使用 Hive MapReduce 做查询；对于有低延迟要求的查询使用 Presto 作为计算引擎，延迟要求不高的查询使用 Spark SQL 作为离线计算引擎，部分公司还利用 Alluxio 做 HDFS cache 来加快 Presto 查询速度。

常见的数仓数据模型有两种，即 Inmon 的关系数据模型与 Kimball 的维度数据模型。关系数据模型强调数据模型设计者对企业的业务有较为全面的认知，能够站在全局的角度设计出遵循范式的数据模型。维度数据模型强调将业务过程映射为维度与事实，并分为维度表与事实表，不要求对企业业务有整体认识，追求快速迭代数据模型。下面对上面涉及的几个关键术语进行解读。

- **业务过程**：企业开展业务时发生的业务流程，如电商领域中的下单、支付、送货、确认收货等。
- **维度**：维度表达的是业务过程的上下文环境信息，如下单时间、下单 APP、用户 ID 等。维度表中存储的是维度信息，并且会存在多个维度表，如用户维度信息表（包含用户 ID、用户昵称、用户年龄等）、商品维度信息表（包含商品 ID、商品名称、商品其他属性等）。
- **事实**：事实表达的是业务过程中的具体度量，如购买数量、订单金额等。事实表中存储的是各个维度 ID 以及各个事实的度量值。

2.6.2　TPC-DS Data Model 数据模型介绍

TPC-DS 数据模型模拟的是一个零售产品供应商，包含线上销售与线下销售，这是我们对此模型从业务上的直观理解，也很符合现实生活中的实际情况。

TPC-DS Data Model 采用的是业界常用的 Kimball 维度建模方式。本节会对其简要介绍。对这部分感兴趣的读者，请参考《数据仓库工具箱》和《阿里巴巴大数据之路》。

如图 2-16 所示，customer、store、item 是维度表，包含了客户、商店、商品的各个维度的属性。store_sales、store_returns 是两张核心的事实表，表达的是线下商店的订单销售数据与退货订单数据。

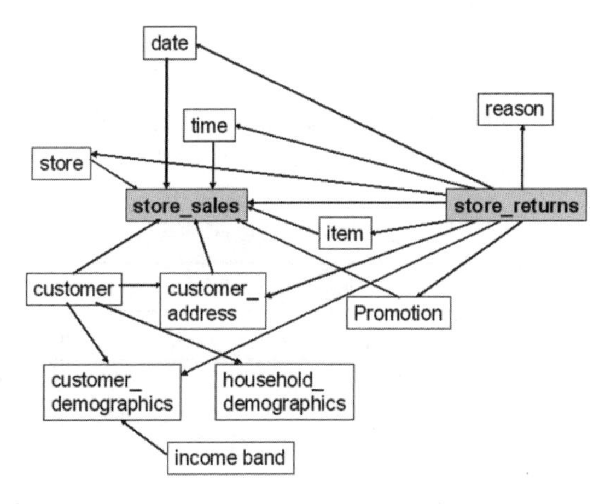

图 2-16　TPC-DS 的 Kimball 模型的事实表与维度数据模型

下面对主要的维度表和事实表进行简要介绍。

1. 维度表

（1）store 表

商店的维度表，包含商店名称（s_store_name）、店长（s_manager）、地址（s_country, s_state, s_city, s_county）等维度属性，每行记录的主键是 s_store_sk，在事实表中会作为其维度属性键来引用，如表 2-1 所示。

表 2-1 商店的维度属性表

列名称	业务含义	数据类型
s_store_sk	店铺唯一标识键（店铺主键）	identifier
s_store_id	店铺标识符	char(16)
s_rec_start_date	记录开始日期	date
s_rec_end_date	记录结束日期	date
s_closed_date	关闭日期	date
s_store_name	店铺名称	nvarchar(50)
s_number_employees	员工数量	integer
s_manager	店铺经理	nvarchar(40)
s_market_id	市场标识符	integer
s_market_manager	市场经理	nvarchar(40)
s_company_id	公司标识符	integer
s_company_name	公司名称	nvarchar(50)
s_tax_percentage	税率百分比	decimal(5,2)

（2）item 表

商品的维度表，包含商品名称（i_product_name）、商品类目（i_category）、品牌信息（i_brand）、当前售价（i_current_price）等维度属性，每行记录的主键是 i_item_sk，在事实表中会作为其维度属性键来引用，如表 2-2 所示。

表 2-2 商品的维度属性表

列名称	业务含义	数据类型
i_item_sk	商品唯一标识键（商品主键）	identifier
i_item_id	商品标识符	char(16)
i_current_price	当前价	decimal(7,2)
i_wholesale_cost	批发成本	decimal(7,2)
i_brand_id	品牌标识符	integer
i_brand	品牌名称	char(50)

（续）

列名称	业务含义	数据类型
i_category_id	分类标识符	integer
i_category	分类名称	char(50)
i_color	商品颜色	char(20)
i_manager_id	经理标识符	integer
i_product_name	商品名称	char(50)

2. 事实表

store_sales 表是线下商店销售订单的事实表。如表 2-3 所示，外键（Foreign Key）的字段是维度属性的键，其他字段是事实度量值，如销售价格（ss_sales_price）。

表 2-3　线下商店销售订单的事实表

列名称	业务含义	数据类型
ss_sold_date_sk	销售日期的外键	identifier
ss_sold_time_sk	销售时间的外键	identifier
ss_item_sk	销售商品的外键，与 item 表关联	identifier
ss_customer_sk	顾客的外键，与 customer 表关联	identifier
ss_store_sk	店铺的外键，与 store 表关联	identifier
ss_quantity	销售数量	integer
ss_sales_price	实际销售价格	decimal(7,2)
ss_ext_sales_price	扩展销售价格（销售价格乘以数量）	decimal(7,2)

2.6.3　本书常用 SQL

本书中用到的所有 SQL，都是基于 TPC-DS 数据模型的 SQL，所以请读者务必先阅读并理解前面的内容。下面所列 SQL 示例，背后的执行原理将在后文分别讲解。需要特别注意的是，这里的 SQL 内容与编号，并不是 TPC-DS 自带的 99 个 SQL 的内容与编号，而是本书根据分布式查询原理的讲解需要由浅入深地设计出来的，希望读者阅读时不要混淆。之所以重新设计出一组 SQL，是因为 TPC-DS 自带的 99 个 SQL 都是较复杂的查询 SQL，不完全适用于本书对分布式查询原理的讲解。

1. 简单查询

简单查询指的是直接拉取数据，可能会附带一些过滤条件。本书通过以下 SQL 来讲解简单查询 SQL 的设计实现原理。

```
-- SQL-01 : 在事实表中，查看商品 ID（ss_item_sk）的销售价格（ss_sales_price）
```

```
SELECT ss_item_sk, ss_sales_price
FROM store_sales;

-- SQL-02 : 这个 SQL 实际上并没有什么业务上的含义，这是一个为了讲解查询的数据过滤、投影、表达式
    计算逻辑而精心设计的 SQL
SELECT
    i_category_id,
    upper(i_category) AS upper_category,
    concat(i_category, i_color) AS cname,
    i_category_id * 3 AS m_category,
    i_category_id + i_brand_id AS a_num
FROM item
WHERE i_item_sk IN (13631, 13283) OR i_category_id BETWEEN 2 AND 10;
```

2. ORDER BY、LIMIT

本书通过以下 SQL 来讲解包含 ORDER BY、LIMIT 的 SQL 的设计实现原理。

```
-- SQL-10 : 查看指定商品 ID(ss_item_sk) 的销售价格 (ss_sales_price)，只看前 10 条
SELECT ss_item_sk, ss_sales_price
FROM store_sales
WHERE ss_item_sk = 13631
LIMIT 10;

-- SQL-11 : 查看指定商品 ID(ss_item_sk) 的销售价格 (ss_sales_price)，按照销售价格 (ss_
    sales_price) 倒序排列
SELECT ss_item_sk, ss_sales_price
FROM store_sales
WHERE ss_item_sk = 13631
ORDER BY ss_sales_price DESC

-- SQL-12 : 查看指定商品 ID(ss_item_sk) 的销售价格 (ss_sales_price)，按照销售价格 (ss_
    sales_price)、数量 (quantity) 倒序排列，最后只需要返回前 10 条记录
SELECT ss_item_sk, ss_sales_price
FROM store_sales
WHERE ss_item_sk = 13631
ORDER BY ss_sales_price DESC, ss_quantity DESC
LIMIT 10;
```

3. 聚合

本书通过以下 SQL 来讲解包含聚合操作的 SQL 的设计实现原理。

```
-- SQL-20 : 计算店铺总销售额
SELECT
    SUM(ss_quantity) AS quantity,
    SUM(ss_sales_price) AS sales_price
FROM store_sales
```

```
WHERE ss_item_sk = 13631;

-- SQL-21 : 计算总销售额
SELECT
    ss_store_sk,
    SUM(ss_sales_price) AS sales_price
FROM store_sales
WHERE ss_item_sk = 13631
GROUP BY ss_store_sk;

-- SQL-22: 在商品维度表中，查询总共有多少个商品类目
SELECT COUNT(DISTINCT i_category) FROM item;

-- SQL-23: 在商品维度表中，查看不同商品分类（i_category）的品牌（i_brand）个数等信息
SELECT
    i_category, COUNT(*) AS total_cnt,
    SUM(i_wholesale_cost) AS _wholesale_cost,
    COUNT(DISTINCT i_brand) AS brand_cnt
FROM item
GROUP BY i_category;

-- SQL-24 : 在商品维度表中，查询所有的商品分类，要的是去重后的结果
SELECT DISTINCT i_category FROM item;
```

4. 聚合 + ORDER BY、LIMIT

本书通过以下 SQL 来讲解既包含聚合操作又包含 ORDER BY、LIMIT 的 SQL 的设计实现原理。

```
-- SQL-30 : 在事实表中，查看各个线下商店的总销售金额与销售数量
SELECT
    ss_store_sk,
    SUM(ss_sales_price) AS sales_price,
    SUM(ss_quantity) AS quantity
FROM store_sales
WHERE ss_item_sk = 13631
GROUP BY ss_store_sk
ORDER BY sales_price DESC, quantity DESC
LIMIT 10;
```

5. JOIN 查询

本书通过以下 SQL 来讲解包含连接（JOIN）的 SQL 的设计实现原理。

```
-- SQL-40 : inner join
SELECT i_brand AS brand, d_year AS year, d_moy AS month
FROM date_dim, store_sales, item
```

```
WHERE d_date_sk = ss_sold_date_sk
    AND ss_item_sk = i_item_sk
    AND i_manager_id=82
    AND d_moy=8
    AND d_year=1999
LIMIT 10;

-- SQL-41 :  semi join
SELECT ss_customer_sk, ss_sales_price
FROM store_sales
WHERE ss_item_sk IN (
    SELECT i_item_sk
    FROM item
    WHERE i_category_id = 5
        AND i_brand_id = 5003002
)
LIMIT 10;
```

6. 聚合 + JOIN + ORDER BY、LIMIT

本书通过以下 SQL 来讲解包含多种计算的 SQL 设计实现原理。

```
-- SQL-50: 对于一个特定的年份、月份和店铺经理，计算所有品牌组合的总店铺销售额
SELECT i_brand_id AS brand_id, i_brand AS brand,
    SUM(ss_ext_sales_price) AS ext_price
FROM date_dim, store_sales, item
WHERE d_date_sk = ss_sold_date_sk
    AND ss_item_sk = i_item_sk
    AND i_manager_id=82
    AND d_moy=8
    AND d_year=1999
GROUP BY i_brand, i_brand_id
ORDER BY ext_price DESC, i_brand_id
LIMIT 10;
```

7. 窗口聚合

本书通过以下 SQL 来讲解包含窗口聚合的 SQL 的设计实现原理。

```
-- SQL-60 : 为每位职员生成每天订单价格的滚动总和，案例来自 https://trino.io/docs/
    current/functions/window.html
SELECT clerk, orderdate, orderkey, totalprice,
    sum(totalprice)
        OVER (PARTITION BY clerk ORDER BY orderdate) AS rolling_sum
FROM orders
ORDER BY clerk, orderdate, orderkey
```

8. DDL

本书通过以下SQL来讲解包含定义表（DDL）的SQL的设计实现原理。

```
-- SQL-70 : 基本的创建表语义
CREATE TABLE orders (
    orderkey bigint,
    orderstatus varchar,
    totalprice double,
    orderdate date
)
WITH (format = 'ORC');

-- SQL-71 : 从SELECT语句创建表
CREATE TABLE orders_by_date
COMMENT 'Summary of orders by date'
WITH (format = 'ORC')
AS
SELECT orderdate, sum(totalprice) AS price
FROM orders
GROUP BY orderdate;

-- SQL-72 : 创建视图
CREATE VIEW orders_by_date AS
SELECT orderdate, sum(totalprice) AS price
FROM orders
GROUP BY orderdate;
```

注意：以上列出的几个SQL涉及的不是TPC-DS数据模型中的表。Presto的tpcds连接器没有实现CREATE Table相关功能。

9. 管理类SQL

本书通过以下SQL来讲解管理类SQL的设计实现原理。

```
-- SQL-80: 查看所有目录
SHOW catalogs

-- SQL-81: 选中某个模式
USE tpcds.sf1

-- SQL-82: 查看某个模式中的所有表
SHOW TABLES FROM tpcds.sf1;

-- SQL-83: 查看某个表的字段信息，即表结构
DESCRIBE store_sales;
```

2.6.4 在哪里执行本节介绍的 SQL

Presto 项目中内置了 tpcds 连接器，大家只需要在配置文件中包含 tpcds 连接器相关的配置并启动 Presto Server，即可通过 presto-cli 命令行客户端来执行本节介绍的各个 SQL。关于如何配置 Presto 服务器以及如何启动 presto-cli，我们在本章前面几节已经做过详细的介绍，这里不再赘述。

```
# 选中 tpcds 连接器的某个模式
USE tpcds.sf1;

# 列出所有数据表
SHOW TABLES;

# 执行某个 SQL
SELECT ss_item_sk, ss_sales_price
FROM store_sales
WHERE ss_item_sk = 13631;
```

2.7 总结、思考、实践

本章是关于 Presto 的详细介绍，包括基本认知、特性、原理、架构以及应用场景。首先介绍了 Presto 的核心概念，如数据源连接器、数据目录、数据库和数据表。然后详细阐述了 Presto 的集群架构，包括集群协调节点和查询执行节点的角色和功能。接着，本章探讨了 Presto 的应用场景，如加速 Hive 查询、统一 SQL 执行引擎、为不具备 SQL 执行功能的存储系统提供 SQL 能力等。此外，还提到了 Presto 在企业中的案例，如 Facebook、Amazon Athena、京东等公司的应用实例。本章还讨论了 Presto 不适用的场景，以及在生产环境中遇到的常见问题及其解决方案。

思考与实践：

- 在 OLAP 领域中，Presto 与其他 OLAP 引擎相比有哪些优势和局限性？
- 如何根据企业的具体需求选择合适的 OLAP 解决方案？
- 针对 Presto 在生产环境中可能遇到的问题，如集群协调节点单点问题、查询执行过程中的容错机制缺失等，你有哪些优化建议？
- 考虑到 OLAP 引擎的发展趋势，你认为 Presto 在未来的发展中需要重点关注哪些方面？

第二篇 *Part 2*

核心原理

- 第 3 章　分布式查询执行的整体流程
- 第 4 章　查询引擎核心模块拆解

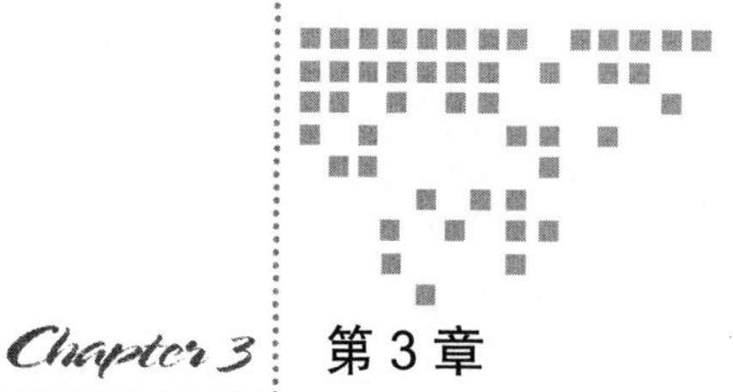

Chapter 3 第3章

分布式查询执行的整体流程

在 OLAP 领域，分布式查询执行是处理海量数据的关键技术之一。本章将深入剖析分布式 OLAP 引擎的核心技术架构，包括元数据与分布式协调、存储、查询等核心模块，以及它们如何协同工作以支持复杂的数据分析任务。通过详细讲解 Presto 这一高性能分布式 SQL 查询引擎的内部机制，解读从 SQL 查询的接收、解析、执行计划的生成与优化，到任务的调度与执行的全过程。值得一提的是，本章会对 Presto 的 Volcano 执行模型进行深入分析，展示如何通过算子链（Operator Chain）和数据交换来实现高效地数据处理。此外，还将探讨 Presto 在执行模型上的创新，如列式存储和向量化执行，以及如何通过 C++ 底层执行引擎 Velox 进一步提升性能。

3.1 分布式 OLAP 引擎整体架构及查询执行原理

在一个完整的分布式 OLAP 引擎技术架构中，有 3 个重要的模块——元数据与分布式协调、存储、查询，这三个模块共同协作完成了海量数据写入、数据分布式存储、元数据管理与路由、集群节点服务发现与管理、查询执行等所有 OLAP 引擎需要支持的功能。

从技术实现层面上来讲，元数据与分布式协调模块中涉及的节点服务发现、选主、元数据存储这些需求，要么依赖外部组件（如 Zookeeper 或企业内其他类似组件），要么借助分布式一致性协议（如 Paxos、Raft）自研实现。

存储模块的技术实现主要要解决的难题是数据如何分布式存储、如何保障高可用性、如何实现高性能的数据写入、如何加快点查与大范围扫描。其中涉及的技术非常繁杂，常见的技术实现是通过与元数据模块配合实现数据的多分片（Shard）划分并支持多种数据路由方式来支持数据的分布式存储，并通过预写日志（WAL）与副本复制的方式实现数据的多副本高可用。为了提升数据写入性能，诸多OLAP引擎都使用了LSM-Tree（Log-Structured Merge Tree，日志结构合并树）技术来支撑高并发的数据写入。为了显著提升查询性能，在原始数据写入的同时也会构建数据索引，但这要求做好技术妥协，越是精密、细致、高效率的索引数据结构越能加速查询，然而在数据写入时构建这些索引也会耗费大量CPU、IO资源，导致写入性能降低。所有数据的存储，归根结底都是以文件形式存在的，因此文件格式的设计是存储模块设计中的核心。文件中不仅存储了数据，也存储了数据的索引以及元数据，设计优良的文件格式一般都体现着一些优秀的设计理念——列式数据格式、数据多级分块、细粒度的IO最小单位、数据编码格式（如字典编码、数据类型识别、游程长度编码、比特级别压缩、变长格式编码）等。业界有非常多的优秀文件格式相关的技术，以列式存储高效读写著称的是Parquet与ORC，以索引高效设计著称的是Lucene，尤其是Lucene中精妙绝伦的FST、BKD索引格式与数据编码方式值得学习借鉴。

在技术实现上查询模块一般分为几个子模块——查询解析、查询规划、查询优化、查询调度、查询执行、数据交换。

1）查询解析的职责是将查询请求从字符串转换为计算机比较容易理解的结构化表达——抽象语法树（AST），便于后续进行查询规划、优化。

2）查询规划、查询优化的职责是将抽象语法树的上下文抽取出来，例如查询涉及哪些表或哪些字段。之后将抽象语法树转换为逻辑上与物理上的执行计划树，在此过程中完成必要的查询优化，以显著提升查询性能。在查询优化过程中，基于成本优化的规则（CBO）都比较依赖存储模块能够提供比较丰富的关于数据特征或索引的统计数据，来支撑不同执行计划在执行成本上的推演。这需要查询模块与存储模块联动。

3）查询调度的职责是将执行计划树划分为多个执行计划子树，即划分成多个查询执行阶段（Stage），每个执行阶段创建并维护多个可并行执行的任务（Task），最后将所有的任务调度到分布式的执行环境中。

4）查询执行的职责是在每个查询执行节点（Worker）上将调度到这里的任务按照其算子执行链执行并输出计算结果。

5）数据交换的职责是串起相邻查询执行阶段之间的任务的数据依赖关系，并保证上游任务输出的数据能够成功到达下游任务。数据交换机制是查询能够分布式执行的基本前提。Goetz Graefe先生在1993年发表的论文“Volcano—An Extensible and Parallel Query Evaluation System”（Volcano——一个可扩展的并行查询执行系统）中对其进行了介绍。

本章后续的内容将集中在对查询模块技术实现的整体介绍上，我们通过一个查询案例串起查询解析、查询规划、查询优化、查询调度、查询执行、数据交换这些子模块。

3.2 分布式查询执行的整体介绍

3.2.1 从分布式架构看 SQL 查询的执行流程

参见图 1-7 所示的架构，从用户开始写 SQL 到查询结果返回，我们将其划分为以下几个部分。

- **SQL 客户端**：用户可以在这里输入 SQL，它负责提交 SQL 查询给 Presto 集群。SQL 客户端一般用 Presto 自带的 Presto 客户端，它可以处理分批返回的结果，并在终端展示给用户。
- **外部存储系统（External Storage System）**：由于 Presto 自身不存储数据，计算涉及的数据及元数据都来自外部存储系统，如 HDFS、AWS S3 等分布式系统。在企业实践中，经常使用 HiveMetaStore 来存储元数据，使用 HDFS 来存储主数据，通过 Presto 执行计算的方式来加快 Hive 表查询速度。
- **集群协调节点（Coordinator）**：负责接收 SQL 查询，生成执行计划，拆分查询执行阶段和任务，调度分布式执行的任务到 Presto 查询执行节点上。
- **集群执行节点（Worker，与“查询执行节点”是同一概念）**：负责执行收到的 HttpRemoteTask，根据执行计划确定好都有哪些操作（Operator，即算子）以及它们的执行顺序，之后通过任务执行器和驱动程序完成所有操作。如果第一个要执行的操作是 SourceOperator（源执行器），当前任务会先从外部存储系统中拉取数据再进行后续的计算。如果最后一个执行的操作是 TaskOutputOperator（任务输出执行器），当前任务会将计算结果输出到 OutputBuffer（输出缓冲器），等待依赖当前查询执行阶段的下游查询执行阶段来拉取结算结果。整个查询的所有查询执行阶段中的所有任务执行完后，将最终结果返回给 SQL 客户端。

3.2.2 从功能模块看 SQL 执行流程

先介绍两个概念。

- **声明式**：声明式指的是你描述的就是你想要的结果而不是计算的过程，如数据工程师用 SQL 完成数据计算。与之相反的是过程式，如你写一段 Java 代码，通篇都是在描述如何完成计算的过程，只有到了结尾才返回你想要的结果。声明式可以说是结果导向的，它不关心实现过程，所以普遍来说，写 SQL 比写 Java 代码更简单易懂，更容易上手，甚至可以面向没有编程经验的数据分析师。
- **执行计划**：SQL 背后终究要依靠代码去实现，而且在很多情况下还要兼顾功能、性能、成本等因素，可以说是非常复杂的，这就是 SQL 执行引擎需要考虑和实现的。既然 SQL 是声明式的，不关心实现过程，那么 SQL 执行引擎如何才能知道具体的执行步骤和细节呢？这就需要引入执行计划的概念，它描述的是 SQL 执行的详细步骤和细节，SQL 执行引擎只要按照执行计划执行即可完成整个计算过程。当然在这之前，SQL 执行引擎需要做的第一件事是解析 SQL，从而生成对应的执行计划。

以上两个概念套用到任意的 OLAP 引擎上都是适用的，例如 Hive、SparkSQL、Clickhouse、Doris。具体而言，对于 Presto 来说，它的查询执行过程可以拆解为以下几个步骤。

第一步：接收 SQL 查询请求。

第二步：进行词法与语法分析（生成 AST）。

第三步：创建和启动 QueryExecution。

第四步：进行语义分析（Analysis），生成初始执行计划。

第五步：优化执行计划，生成优化后的执行计划。

第六步：将逻辑执行计划树拆分为多棵子树（查询执行阶段）。

第七步：创建 SqlStageExecution（查询执行阶段）。

第八步：在查询执行阶段调度 HttpRemoteTask 并分发到 Presto 查询执行节点。

第九步：在多个 Presto 查询执行节点上执行任务并产出查询结果。

第十步：分批返回查询计算结果并返给 SQL 客户端。

从第一步到第六步，主要描述的是 Presto 如何对一条传入的 SQL 语句进行解析并生成最终的执行计划，生成执行计划的主要流程如图 3-1 所示。

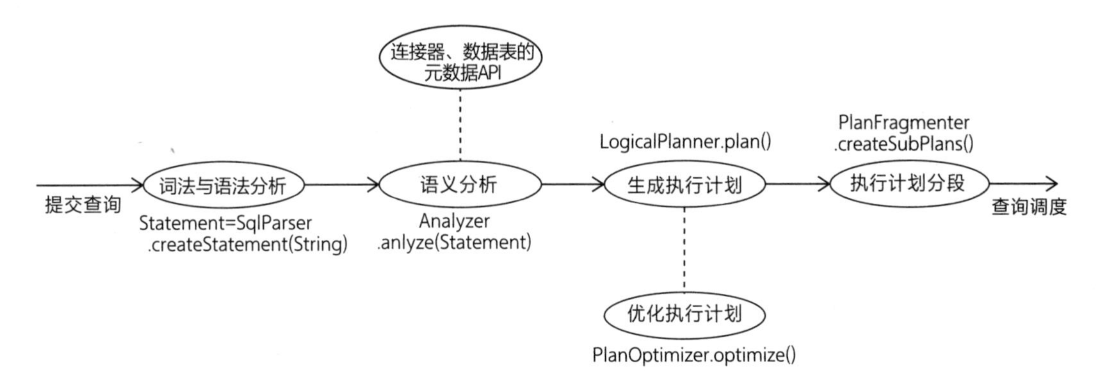

图 3-1　执行计划生成流程

自第一步至第八步，全部是在 Presto 集群协调节点上完成的，由此足见集群协调节点的核心地位，阅读 Presto 源码时你也会发现它的代码是极其复杂的。第九步是在 Presto 查询执行节点上执行的、第十步是在 Presto 集群协调节点上执行的，并将查询结果分批返回给客户端（如 Presto SQL 客户端或者其他 JDBC 客户端）。

接下来会详细介绍以上每个步骤，这里先对每一步做一些概要介绍。

3.2.3　原理讲解涉及的案例介绍

为了能够使原理介绍更生动，我们选了一个典型的 SQL，即 TPC-DS 的 Query55，以它为例来介绍 SQL 执行过程。假设现在有一个 Presto 用户，在 Presto-Cli 里面输入 SQL，然后提交执行。在 TPC-DS 的数据模型中，store_sales 是事实表，date_dim 与 item 是维度表。下面 SQL 的业务含义是对商店销售数据进行品牌组合统计。

```
USE tpcds.sf1;

-- 针对指定的年份、月份和店铺经理，计算所有品牌组合的总店铺销售额。
SELECT i_brand_id AS brand_id,
       i_brand AS brand,
       SUM(ss_ext_sales_price) AS ext_price
FROM date_dim, store_sales, item
WHERE d_date_sk = ss_sold_date_sk
      AND ss_item_sk = i_item_sk
      AND i_manager_id=82
      AND d_moy=8
      AND d_year=1999
GROUP BY i_brand, i_brand_id
ORDER BY ext_price desc, i_brand_id
LIMIT 10;
```

3.3 查询的接收、解析与提交

3.3.1 接收 SQL 查询请求

Presto-Cli 提交的查询，会以 HTTP POST 的方式请求到 Presto 的集群协调节点。请求中携带了 SQL 以及其他信息。

```
## HTTP 请求的方法与 URI
POST /v1/statement

## HTTP 头信息
X-Presto-Catalog = tpcds
X-Presto-Schema = sf1

## 请求的主体
SELECT i_brand_id AS brand_id,
       i_brand AS brand,
       SUM(ss_ext_sales_price) AS ext_price
FROM date_dim, store_sales, item
WHERE d_date_sk = ss_sold_date_sk
      AND ss_item_sk = i_item_sk
      AND i_manager_id=82
      AND d_moy=8
      AND d_year=1999
```

```
GROUP BY i_brand, i_brand_id
ORDER BY ext_price desc, i_brand_id
LIMIT 10;
```

在集群协调节点上，QueuedStatementResource 接收 Presto-Cli 发来的 HTTP 查询请求后，生成 QueryId，将查询加入待执行队列，返回 HTTP 响应报文告以知 Presto-Cli。

紧接着 Presto-Cli 发起第二次 HTTP 请求，Presto 处理此请求时会真正把查询提交到 DispatchManager::createQueryInternal() 来执行（详见 StatementClientV1::advance() 的代码），代码如下。

```
CoffeeScript
## 请求的方法与 URI:
GET /v1/statement/queued/{queryId}/{slug}/{token}
```

上述代码中，slug 与 token 只是 Presto 用来验证接收到的请求是否是合法，slug 在生成后就不会变，token 在生成 nextUrl 的逻辑中每次会 +1。这些不是我们关注的重点，可以忽略。

DispatchManager::createQueryInternal() 的执行流程如下。

```
// 第一步：获取与查询对应的状态
session = sessionSupplier.createSession(queryId, sessionContext);

// 第二步：检查是否有权限执行查询
accessControl.checkCanExecuteQuery(sessionContext.getIdentity());

// 第三步（对应 SQL 执行流程第二步，后面小节详细介绍）：PreparedQuery 负责调用 SqlParser 完成
    SQL 的解析，生成抽象语法树
preparedQuery = queryPreparer.prepareQuery(session, query);

// 第四步：选择 Query 并执行对应的 ResourceGroup
SelectionContext<C> selectionContext = resourceGroupManager.selectGroup(...);

...

// 第五步：生成 DispatchQuery
DispatchQuery dispatchQuery = dispatchQueryFactory.createDispatchQuery(
    session,
    query,
    preparedQuery,
    slug,
    selectionContext.getResourceGroupId());

// 第六步：向 ResourceGroupManager 提交查询请求并执行
boolean queryAdded = queryCreated(dispatchQuery);
if (queryAdded && !dispatchQuery.isDone()) {
```

```
    try {
        resourceGroupManager.submit(dispatchQuery, selectionContext,
            queryExecutor);
    }
    catch (Throwable e) {
        dispatchQuery.fail(e);
    }
}
```

3.3.2 词法与语法分析并生成抽象语法树

在这一步中，SqlParser 拿到一个 SQL 字符串，通过词法和语法解析后，生成抽象语法树。SqlParser 用 Antlr4 作为解析工具。它首先定义了 Antlr4 的 SQL 语法文件，详见 https://github.com/trinodb/trino/blob/350/presto-parser/src/main/antlr4/io/prestosql/sql/parser/SqlBase.g4，之后用它的代码生成工具自动生成超过 13000 行 SQL 解析逻辑。SQL 解析完成后会生成抽象语法树。

抽象语法树是用一种树形结构（即我们在大学"数据结构与算法课程"中学过的树），用来表示 SQL 想要表述的语义。将一段 SQL 字符串结构化，以支持 SQL 执行引擎根据抽象语法树生成 SQL 执行计划。在 Presto 中，Node 表示树的节点的抽象。根据语义不同，SQL 抽象语法树中有多种不同类型的节点，它们继承自 Node 节点，如图 3-2 所示。

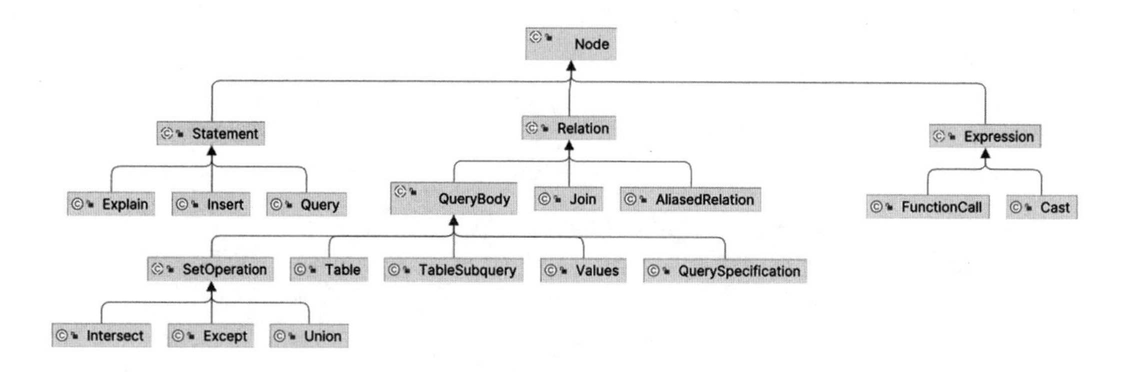

图 3-2　SQL 抽象语法树中的节点继承关系

对于第一步中接收到的 SQL（TPC-DS Query55），我们来看一下与它对应的抽象语法树长什么样。如图 3-3 所示，由于节点过多，这里只展示了其中主要分支的节点，忽略了大部分其他节点。

这一步，我们可以拿到一个用 Statement 表示的根的抽象语法树，在后面我们将会使用它来生成执行计划。

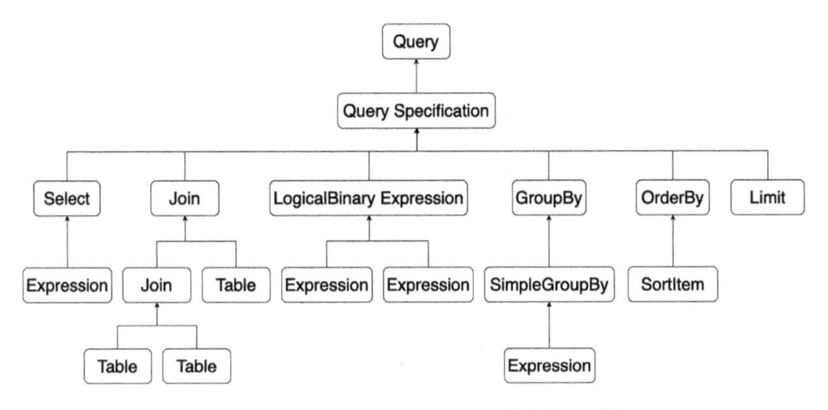

图 3-3 TPC-DS Query55 的抽象语法树

3.3.3 创建并提交 QueryExecution

DispatchManager::createQueryInternal() 中的 dispatchQueryFactory.createDispatchQuery() 方法在执行中，会根据 Statement 的类型生成 QueryExecution。对于这里所说的 SQL，会生成 SqlQueryExecution；对于 Create Table 这样的 SQL，生成的是 DataDefinitionExecution。

随后，这一步中生成的 QueryExecution 被包装到 LocalDispatchQuery 中，提交给 resourceGroupManager 等待运行：

```
// 文件名：DispatchManager.java
resourceGroupManager.submit(dispatchQuery, selectionContext, queryExecutor);
```

之后，经过一系列的异步操作（各种 Future），代码辗转执行到了 SqlQueryExecution::start() 方法，此方法串起来了执行计划的生成及调度，代码如下：

```
// 文件名：SqlQueryExecution.java
// 这里只节选了最核心的代码
public void start() {
    ...
    // 生成逻辑执行计划，此方法进一步调用了 doPlanQuery()
    PlanRoot plan = planQuery();
    // 生成数据源连接器的 ConnectorSplitSource，创建 SqlStageExecution（Stage），指定
       StageScheduler
    planDistribution(plan);
    SqlQueryScheduler scheduler = queryScheduler.get();
    // 查询执行阶段的调度，根据执行计划将任务调度到 Presto 查询执行节点上
    scheduler.start();
    ...
}
```

3.4 执行计划的生成与优化

3.4.1 语义分析，生成执行计划

第四步到第六步的执行流程都体现在 SqlQueryExecution::doPlanQuery() 中，代码如下：

```
// 文件名：SqlQueryExecution.java
// 这里只节选了最核心的代码
private PlanRoot doPlanQuery() {
    PlanNodeIdAllocator idAllocator = new PlanNodeIdAllocator();
    LogicalPlanner logicalPlanner = new LogicalPlanner(..., idAllocator, ...);
    // 第四步：语义分析（Analysis），生成执行计划
    // 第五步：优化执行计划，生成优化后的执行计划
    Plan plan = logicalPlanner.plan(analysis);

    ...

    // 第六步：将逻辑执行计分为多棵子树
    SubPlan fragmentedPlan = planFragmenter.createSubPlans(..., plan, ...);

    ...
    return new PlanRoot(fragmentedPlan, ..., extractTableHandles(analysis));
}
```

上面代码中的 LogicalPlanner.plan() 的职责如下。

- **语义分析**：遍历 SQL 抽象语法树，将抽象语法树中表达的含义拆解为多个 Map 结构，以便后续生成执行计划时，不再频繁遍历 SQL 抽象语法树。同时获取了表和字段的元数据，生成了对应的 ConnectorTableHandle、ColumnHandle 等与数据源连接器相关的对象实例，为了之后拿来即用打下基础。在此过程中生成的所有对象，都维护在一个实例化的 Analysis 对象（如果还是不明白 Analysis 是什么意思，可以直接看看 Analysis.java 的源码）中，你可以把它理解为一个 Context 对象。
- **生成执行计划**：生成以 PlanNode 为节点的逻辑执行计划，它也是类似于抽象语法树的树形结构，树节点和根的类型都是 PlanNode。其实在 Presto 代码中，并没有任何一段代码将 PlanNode 树称为逻辑执行计划（LogicalPlan），但是由于负责生成 PlanNode 树的类的名称是 LogicalPlanner，所以我们也称之为逻辑执行计划。此 PlanNode 树的实际作用，与其他 SQL 执行引擎的逻辑执行计划完全相同。
- **优化执行计划，生成优化后的执行计划**：用预定义的几百个优化器迭代优化之前生成的 PlanNode 树，并返回优化后的 PlanNode 树。后文会详细介绍。

LogicalPlanner.plan() 的代码实现如下。

```
// 文件名：LogicalPlanner.java
// 这里只节选了最核心的代码
```

```
public Plan plan(Analysis analysis, Stage stage, boolean collectPlanStatistics) {
    // 第四步：语义分析，生成执行计划
    PlanNode root = planStatement(analysis, analysis.getStatement());

    ...
    // 第五步：优化执行计划，生成优化后的执行计划
    for (PlanOptimizer optimizer : planOptimizers) {
        root = optimizer.optimize(root, session, symbolAllocator.getTypes(),
            symbolAllocator, idAllocator, warningCollector);
    }

    ...
    return new Plan(root, ...);
}
```

这里我们重点关注 PlanNode 树长什么样。

首先 PlanNode 类似 Node，是一个 Java 抽象类，有多个其他的 PlanNode 类型继承自 PlanNode，是多层父子类继承结构，如图 3-4 所示。

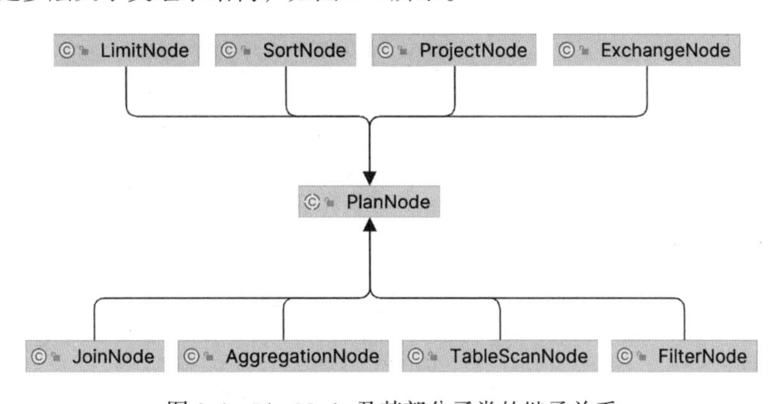

图 3-4 PlanNode 及其部分子类的继承关系

TPC-DS Query55（第一步 Presto 接收到的 SQL）对应的逻辑执行计划树如图 3-5 所示，此时它还没有优化过（PlanNode 树会在第 4 章详细介绍）。

3.4.2 优化执行计划，生成优化后的执行计划

上一步生成的逻辑执行计划，如果直接去执行，可能执行效率不是最高的，Presto 的执行计划生成过程中还包含一个优化执行计划的过程。在这个过程中，它会以 RBO 和 CBO 的方式用系统中已有的优化器来完成执行计划的优化，实现逻辑执行计划树的等价变换。RBO 指的是基于规则的优化，如将数据过滤条件下推，在存储系统的数据表中拉取数据时完成数据的过滤。CBO 指的是基于成本的优化，如有多个表的关联查询，需要根据表的大小来选择 JOIN 的顺序以优化执行效率。基于成本优化，需要收集大量的统计信息才能够做出决策，从这一点上来说，CBO 比 RBO 要复杂很多。也可以将 CBO 理解为在 RBO 的基

础上增加了基于执行代价的评估与优化的策略。

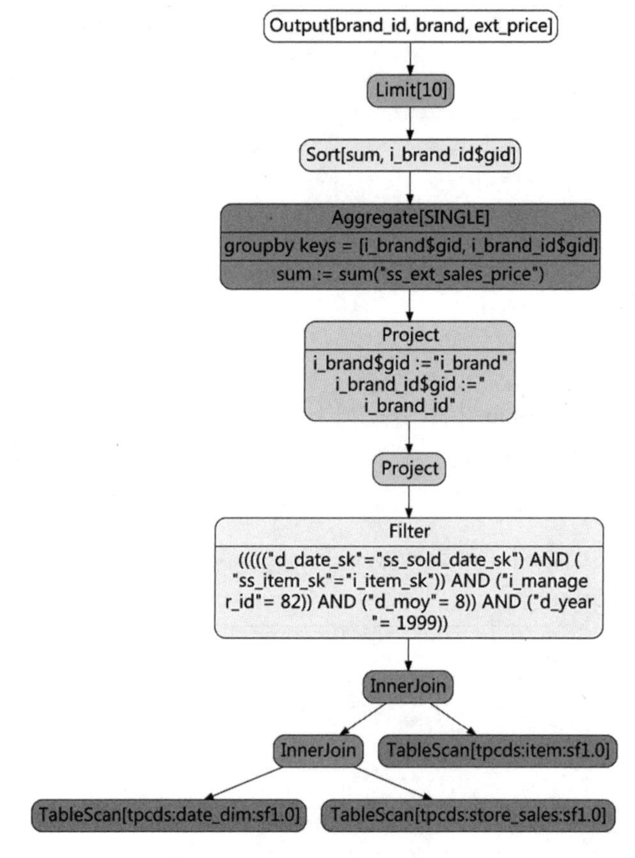

图 3-5　TPC-DS Query55 初始逻辑执行计划树

Presto 的优化器有几十种，它们都实现了 PlanOptimizer 或 Rule 接口，从 PlanOptimizers 的构造函数中，可以看到 Presto 启动时，都初始化了哪些执行计划优化器。

```
public interface PlanOptimizer {
    PlanNode optimize(
        PlanNode plan,
        Session session,
        TypeProvider types,
        SymbolAllocator symbolAllocator,
        PlanNodeIdAllocator idAllocator,
        WarningCollector warningCollector);
}
```

对于 TPC-DS Query55，它对应的优化后的逻辑执行计划树如图 3-6～图 3-8 所示，执行计划中插入了 ExchangeNode，聚合计算被拆分为部分聚合（Partial Aggregation）与最终聚合（Final Aggregation），TopN 计算也被拆分为部分 TopN 与最终 TopN 两种计算。为什么优化后执行计划长这样？我们会在后面有单独介绍，这里不作细节描述，读者只须对执行计划的优化有一个直观的感受。另外由于优化后的执行计划过大，受限于图书尺寸，无法用一整幅图来呈现，因此将其拆分为多个子图，对应执行计划中的多棵子树，每棵子树是一个 PlanFragment。

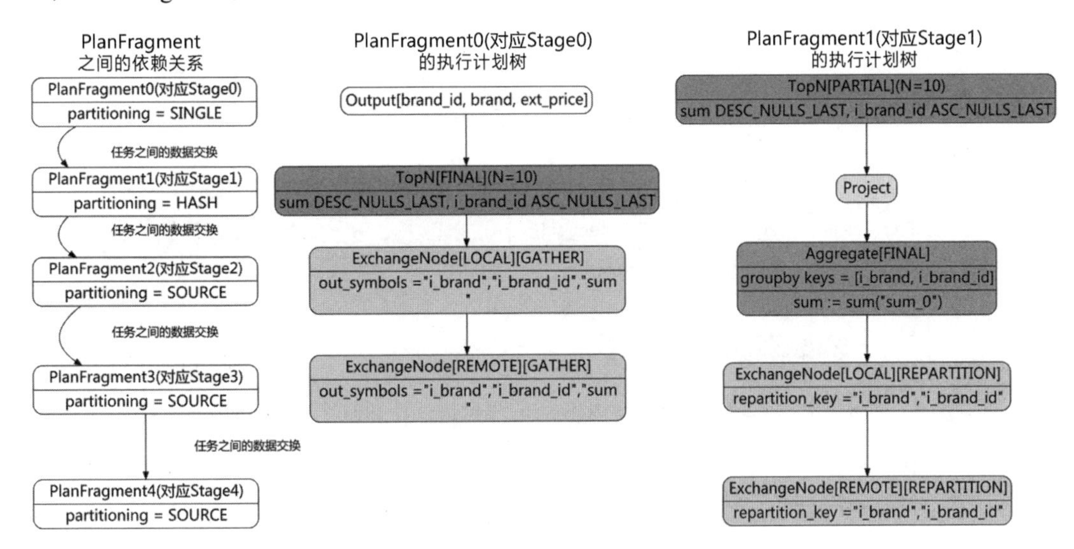

图 3-6　TPC-DS Query55 优化后的逻辑执行计划树（第一部分）

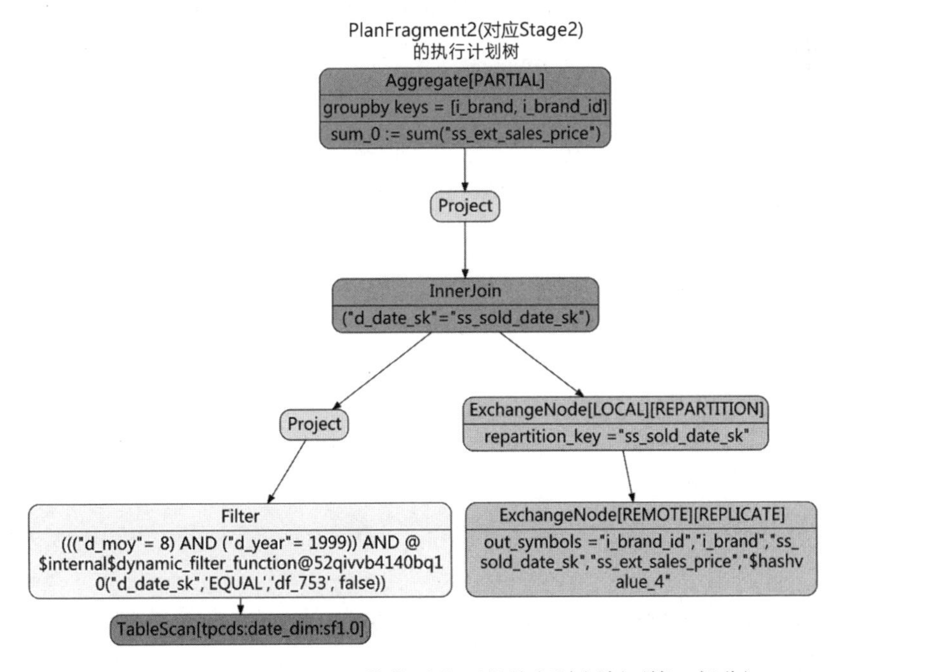

图 3-7　TPC-DS Query55 优化后的逻辑执行计划树（第二部分）

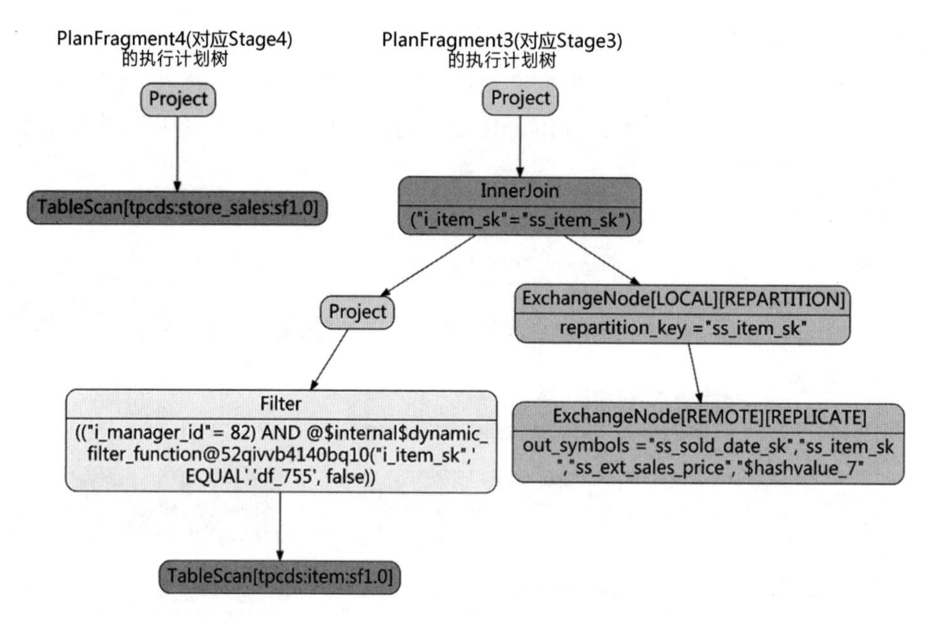

图 3-8 TPC-DS Query55 优化后的逻辑执行计划树（第三部分）

3.4.3 将逻辑执行计划树拆分为多棵子树

优化完执行计划后，下一步就是为逻辑执行计划分段（划分 PlanFragment），生成 SubPlan。我们再回看一下 SqlQueryExecution::doPlanQuery() 的代码：

```
// 文件名 : SqlQueryExecution.java
// 这里只节选了最核心的代码
private PlanRoot doPlanQuery() {
    PlanNodeIdAllocator idAllocator = new PlanNodeIdAllocator();
    LogicalPlanner logicalPlanner = new LogicalPlanner(..., idAllocator, ...);
    // 第四步：语义分析，生成执行计划树
    // 第五步：优化执行计划，生成优化后的执行计划树
    Plan plan = logicalPlanner.plan(analysis);

    ...

    // 第六步：将逻辑执行计划树拆分为多棵子树
    SubPlan fragmentedPlan = planFragmenter.createSubPlans(..., plan, ...);

    ...
    return new PlanRoot(fragmentedPlan, ..., extractTableHandles(analysis));
}
```

将逻辑执行计划树拆分为多棵子树并生成 SubPlan 的逻辑，这个过程用 SimplePlan-Rewriter 的实现类 Fragmenter 层层遍历上一步生成的 PlanNode 树，将其中的 Exchange-

Node[scope=REMOTE] 替换为 RemoteSourceNode，并且断开它与叶子节点的连接，这样一个 PlanNode 树就被划分成了两个 PlanNode 树：一个父树（对应创建一个 PlanFragment）和一个子树（又称为 SubPlan，对应创建一个 PlanFragment）。在查询执行的数据流转中，子树是父树的数据产出上游。

遍历完整个 PlanNode 树，我们就得到了若干个 PlanFragment。对于 TPC-DS Query55 的例子来说，这一步将生成 5 个 PlanFragment（编号从 0 到 4）。在后面的流程中，Presto 会继续根据这些 PlanFragment 来创建 StageExecution（就是我们常说的 Presto 执行模型中的 Stage），简单来说，PlanFragment 与 StageExecution 是一一对应的。各个查询执行阶段的任务在任务调度时，会被分发到 Presto 查询执行节点上执行。这些任务执行的是什么逻辑？这个由任务所属的 StageExecution 对应的 PlanFragment 中的执行计划（PlanNode 树）决定的。只有文字描述太抽象，我们直接看上一步生成的执行计划划分完 PlanFragment 之后的样子，如图 3-6～图 3-8 所示，PlanFragment 并不是在执行计划优化阶段引入的，只是本书为了方便作图提前在这三幅图中引入了此概念。

3.5　执行计划的调度

3.5.1　创建 SqlStageExecution

在 Presto 的执行模型中，SQL 的执行被划分为如下几个层次。

- **查询**：用户提交一个 SQL，触发 Presto 的一次查询，在代码中对应一个 QueryInfo。每个查询都有一个字符串形式的 QueryId，例如 20201029_082835_00003_nus9b。
- **查询执行阶段**：Presto 生成查询的执行计划时，根据是否需要做跨查询执行节点的数据交换来划分 PlanFragment。调度执行计划时，每个 PlanFragment 对应一个查询执行阶段，在代码中对应一个 StageInfo，其中有 StageId，StageId 的形式为 QueryId + "." + 一个数字 ID 如 20201029_082835_00003_nus9b.0。某个查询中最小的 StageId 是 0，最大的 StageId 是此查询中所有查询执行阶段个数减 1。查询执行阶段之间是有数据依赖关系的，即不能并行执行，存在执行上的顺序关系。需要注意的是，StageId 越小，这个查询执行阶段的执行顺序越靠后。Presto 的查询执行阶段可以类比于 Spark 的查询执行阶段的概念，它们的不同是 Presto 不像 Spark 批式处理那样，需要前面的查询执行阶段执行完再执行后面的查询执行阶段，Presto 采用的是流水线（Pipeline）处理机制。以我们在本章介绍的 TPC-DS Query55 为例，如图 3-6～图 3-8 所示，在查询分布式执行时，其中的每个 PlanFragment 都对应一个查询执行阶段。
- **任务（Task）**：任务是 Presto 分布式任务的执行单元，某个查询执行阶段可以有多个任务，这些任务可以并行执行，同一个查询执行阶段中的所有任务的执行逻辑完全相同。一个查询执行阶段的任务个数就是此查询执行阶段的并发度。在 Presto 的任务调度代码中，我们可以看到任务的个数是根据查询执行阶段的数据分布方式（Source、Fixed、Single）以及查询执行节点的个数来决定的。TaskId 的形式为 QueryId + "." + StageId + "." + 一个数字 ID，如 20201029_082835_00003_nus9b.0.3。

在这一步，Presto 要做的事情是创建 SqlStageExecution（查询执行阶段），我们在前面说过，查询执行阶段与 PlanFragment 是一一对应的。这里只是创建查询执行阶段，但是不会去调度执行它，这个动作在后面的流程再详细介绍。

让我们继续回看 SqlQueryExecution::start() 方法，此方法串起来了执行计划的生成以及调度，这些我们在第三步介绍过。上面详细介绍了第四步到第六步所做的工作，它们都被封装在 SqlQueryExecution::planQuery() 中，这个方法执行完后将继续执行后面的 SqlQueryExecution::planDistribution() 方法，代码如下。

```
// 文件名：SqlQueryExecution.java
// 这里只节选了最核心的代码
public void start() {
    ...
    // 生成逻辑执行计划，此方法进一步调用了 doPlanQuery()
    PlanRoot plan = planQuery();
    // 生成数据源连接器的 ConnectorSplitSource
    // 创建 SqlStageExecution (Stage)，创建 StageLinkage
    // 指定 StageScheduler
    planDistribution(plan);
    SqlQueryScheduler scheduler = queryScheduler.get();
    // 查询执行阶段的调度，根据执行计划，将任务调度到 Presto 查询执行节点上
    // 通过 StageLinkage 构建两个相邻上下游查询执行阶段之间所有任务的数据依赖关系
    scheduler.start();
    ...
}
```

planDistribution() 这个方法做了什么呢？看下面的代码。

```
// 文件名：SqlQueryExecution.java
private void planDistribution(PlanRoot plan) {
    DistributedExecutionPlanner distributedPlanner = new
        DistributedExecutionPlanner(splitManager, metadata);
    // 遍历执行计划 PlanNode 树，找到所有的 TableScanNode (也就是连接器对应的 PlanNode)，
       获取到它们的 ConnectorSplit
    StageExecutionPlan outputStageExecutionPlan = distributedPlanner.plan(plan.
        getRoot(), stateMachine.getSession());
    ...
    // 如果查询被取消了，跳过创建调度器
    if (stateMachine.isDone()) {
        return;
```

```
    }
    ...
    // 创建最后一个查询执行阶段的 OutputBuffer(代码叫 Root，因为最后一个查询执行阶段其实就是执
       行计划树的树根)，这个 OutputBuffer 用于给 Presto SQL 客户端输出查询的最终计算结果
    PartitioningHandle partitioningHandle = plan.getRoot().getFragment().
        getPartitioningScheme().getPartitioning().getHandle();
    OutputBuffers rootOutputBuffers = createInitialEmptyOutputBuffers(
        partitioningHandle)
            .withBuffer(OUTPUT_BUFFER_ID, BROADCAST_PARTITION_ID)
            .withNoMoreBufferIds();

    // 创建 SqlStageExecution，并将其封装在 SqlQueryScheduler 里面返回
    // 这里只是创建 Stage，但是不会去调度执行它，这个动作在后面。
    SqlQueryScheduler scheduler = createSqlQueryScheduler(
            stateMachine,
            locationFactory,
            outputStageExecutionPlan,
            nodePartitioningManager,
            nodeScheduler,
            remoteTaskFactory,
            stateMachine.getSession(),
            plan.isSummarizeTaskInfos(),
            scheduleSplitBatchSize,
            queryExecutor,
            schedulerExecutor,
            failureDetector,
            rootOutputBuffers,
            nodeTaskMap,
            executionPolicy,
            schedulerStats);
    queryScheduler.set(scheduler);
}
```

planDistribution() 的主要逻辑就两个。

1）从数据源连接器中获取到所有的分片。分片是什么呢？你可以认为它是你要从数据源获取的数据分片，这是 Presto 中分块组织数据的方式，Presto 连接器会将待处理的所有数据划分为若干分片让 Presto 读取，而这些分片也会被安排到多个 Presto 查询执行节点上来处理以实现分布式高性能计算。分布式 OLAP 引擎几乎全都有分片的抽象设计，例如 Spark、Flink，Flink 里面的分片概念与 Presto 的类似。

TPC-DS Query55 虽然是一个有 JOIN 关键词的 SQL，但是所有的表（store_sales, item, date_dim）都来自于 tpcds 连接器。这里并没有用到 Presto 最擅长的跨多个数据源连接器的联邦查询，所有的分片都是从 tpcds 连接器的代码实现中生成的。分片的生成逻辑是由特定的连接器插件决定的，这个涉及 Presto 的插件化机制，我们后文再详细介绍，这里只简单说一下分片有哪些基本信息，具体如下。

```
// 文件名：ConnectorSplit.java
public interface ConnectorSplit {
    // 这个信息定义了分片可以从哪些节点访问（这些节点，并不需要是 Presto 集群的节点，例如对于计
       算存储分离的情况，大概率 Presto 的节点与数据源分片所在的节点不是相同的
    List<HostAddress> getAddresses();
    // 这个信息定义了分片是否可以从非分片所在的节点访问到
    // 对于计算存储分离的情况，这里需要返回 true
    boolean isRemotelyAccessible();
    // 这里允许连接器设置一些自己的信息
    Object getInfo();
}
```

注意，这一步只是生成数据源的分片，既不会把分片安排到某个 Presto 查询执行节点上，也不会真正使用分片读取连接器的数据。感兴趣的朋友可以阅读 SplitManager::getSplits() 与 ConnectorSplitManager::getSplit() 的源码。

2）createSqlQueryScheduler() 会为执行计划的每一个 PlanFragment 创建一个 SqlStageExecution。每个 SqlStageExecution 对应一个 StageScheduler，不同数据分区类型（PartitioningHandle）的查询执行阶段对应不同类型的 StageScheduler。后面在调度查询执行阶段的任务时，主要依赖的是这个 StageScheduler 的具体实现。

创建完 SqlStageExecution 后，会被封装在新创建的 SqlQueryScheduler 对象中并返回，紧接着就是去调度查询执行阶段，创建 Task，分发到 Presto 集群的查询执行节点执行。

3.5.2 调度并分发 HttpRemoteTask

让我们继续回看 SqlQueryExecution::start() 方法，此方法串起来了执行计划的生成以及调度，代码如下。

```
// 文件名：SqlQueryExecution.java
// 这里只节选了最核心的代码
public void start() {
    ...
    // 生成执行计划，此方法进一步调用了 doPlanQuery()
    PlanRoot plan = planQuery();
    // 生成数据源连接器的 ConnectorSplitSource，创建 SqlStageExecution 并指定
       StageScheduler
    planDistribution(plan);
    SqlQueryScheduler scheduler = queryScheduler.get();
    // 查询执行阶段的调度，根据执行计划，将任务调度到 Presto 查询执行节点上
    scheduler.start();
    ...
}
```

在这一步，我们要重点介绍的是创建了查询的所有查询执行阶段后，如何再继续

创建这些查询执行阶段的任务，再将这些任务调度到对应的Presto查询执行节点上去执行。也就是上面代码的最后一个逻辑——scheduler.start()。这个方法实际调用了SqlQueryScheduler::schedule()方法，代码如下。

```
// 文件名：SqlQueryScheduler.java
// 这个方法其实行数很多，但是经过我们简化后，核心的逻辑只有几行
private void schedule() {
    ...
    // 根据执行策略确定查询执行阶段的调度顺序与调度时机，默认是AllAtOnceExecutionPolicy，
        会按照查询执行阶段执行的上下游关系依次调度查询执行阶段，生成任务并全部分发到Presto查询
        执行节点上。另外一种策略是PhasedExecutionPolicy
    ExecutionSchedule executionSchedule = executionPolicy.createExecutionSchedule
        (stages.values());
    for (SqlStageExecution stage : executionSchedule.getStagesToSchedule()) {
        // 拿到与当前查询执行阶段对应的StageScheduler
        StageScheduler stageScheduler = stageSchedulers.get(stage.getStageId())
        // 绑定Presto查询执行节点与上游数据源分片的关系，创建任务并调度到Presto查询执行节
            点上
        ScheduleResult result = stageScheduler.schedule();
        // 将上一步在当前查询执行阶段上刚创建的任务注册到下游查询执行阶段的sourceTask列表里，
            这样下游查询执行阶段的任务就知道了它们要去哪些上游任务拉取数据
        stageLinkages.get(stage.getStageId())
            .processScheduleResults(stage.getState(), result.getNewTasks());
        ...
    }
}
```

对于这里所用的TPC-DS Query55来说，上面的代码翻译成图3-9所示流程。

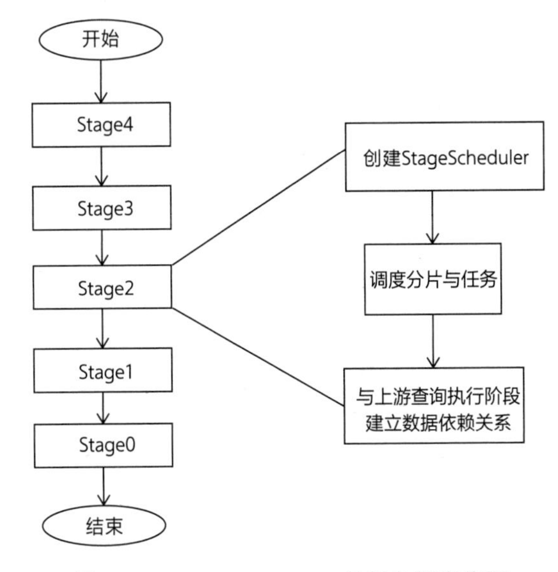

图3-9　TPC-DS Query55的任务调度流程

接下来分别详细上述代码实现的 3 件事。

1. 创建当前查询执行阶段对应的 StageScheduler

不同数据分区类型（PartitioningHandle）的 PlanFragment 的查询执行阶段对应不同类型的 StageScheduler，后面在调度查询执行阶段时，主要依赖的是这个 StageScheduler 的实现。SqlQueryScheduler 中通过 Map<StageId, StageScheduler> stageSchedulers 这样的一个 Map 数据结构维护了当前查询所有查询执行阶段的 StageScheduler，所以这里我们需要先拿到当前查询执行阶段对应的 StageScheduler。

StageScheduler 是一个 Java 接口，定义如下：

```
// 文件名：StageScheduler.java
public interface StageScheduler extends Closeable {
    ScheduleResult schedule();
    @Override
    default void close() {}
}
```

到目前为止，StageScheduler 有 4 个实现类，分别对应了 4 种不同的查询执行阶段调度方式，如图 3-10 所示，最常用到的是 SourcePartitionedScheduler 与 FixedCountScheduler，本节暂时也只会介绍这两个 StageScheduler。

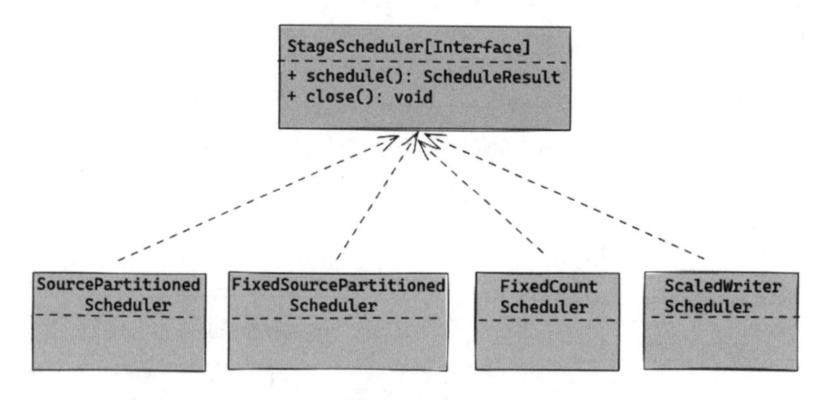

图 3-10 Presto 中支持的 4 种 StageScheduler 的实现类

2. 调度分片与任务

StageScheduler 的职责是绑定查询执行节点与上游数据源分片的关系，创建任务并调度到查询执行节点上。TPC-DS Query55 有 4 个 StageScheduler，这里只用到了其中的 2 个——SourcePartitionedScheduler 与 FixedCountScheduler。图 3-11 为笔者在 IDEA 中做代码调试时关于 StageScheduler 的截图。

StageId = 2、3、4，对应的是 SourcePartitionedScheduler 。

Stage4、Stage3、Stage2 的上游数据源都有数据源连接器，是从存储系统拉取数据的，这些查询执行阶段的任务调度使用的是 SourcePartitionedScheduler。这种 StageScheduler 的实现代码较复杂，仅代码量就比 FixedCountScheduler 多很多。我们先尝试用简单的描述性文字来总结一下它的执行流程。

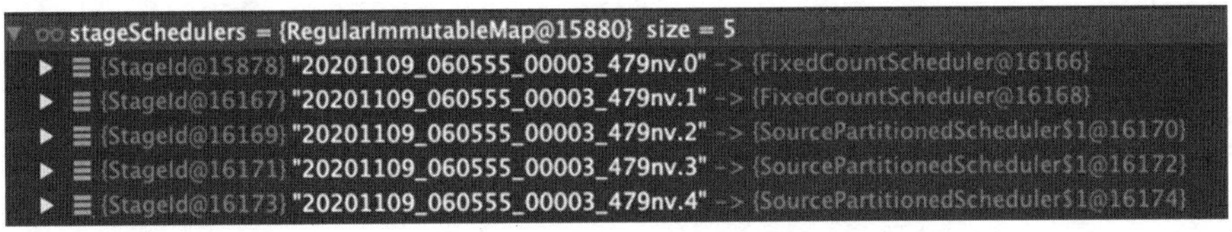

```
▼ oo stageSchedulers = {RegularImmutableMap@15880} size = 5
  ▶ ≡ {StageId@15878} "20201109_060555_00003_479nv.0" -> {FixedCountScheduler@16166}
  ▶ ≡ {StageId@16167} "20201109_060555_00003_479nv.1" -> {FixedCountScheduler@16168}
  ▶ ≡ {StageId@16169} "20201109_060555_00003_479nv.2" -> {SourcePartitionedScheduler$1@16170}
  ▶ ≡ {StageId@16171} "20201109_060555_00003_479nv.3" -> {SourcePartitionedScheduler$1@16172}
  ▶ ≡ {StageId@16173} "20201109_060555_00003_479nv.4" -> {SourcePartitionedScheduler$1@16174}
```

图 3-11　TPC-DS Query55 用到的 StageScheduler

1）从数据源连接器那里获取一批分片，并准备调度这些分片。Presto 的默认配置为每批最多调度 1000 个分片。FixedSplitSource 预先准备好所有的分片，Presto 框架的 SplitSource::getNextBatch() 每次会根据需要获取一批分片，FixedSplitSource 根据需要的分片个数来返回。几乎所有的连接器都是用的 FixedSplitSource，只有少数几个连接器（如 Hive）实现了自己的 ConnectorSplitSource。

2）根据 SplitPlacementPolicy 为这一批分片挑选对应的节点。这里的挑选，指的是建立一个 Map，Key 是节点，Value 是分片列表。SplitPlacementPolicy 如何为分片挑选节点？这个问题难以用简单的语言描述，我们会在后文详细介绍。

3）生成任务并调度到 Presto 查询执行节点上。任务的调度需要先绑定节点与分片的关系，再绑定分片与任务的关系，再将任务调度到查询执行节点上。分片选择了哪些查询执行节点，哪些查询执行节点就会创建任务。分片选择了多少查询执行节点，就会有多少个查询执行节点创建任务，这会影响查询执行阶段的并行度。如果某个查询执行阶段在某个查询执行节点上有要处理的分片，那么这个查询执行节点上至少要调度一个任务才行。任务是分片处理的最小执行单位，不同查询执行阶段之间的任务是不可以共用的，主要是因为不同的查询执行阶段的执行逻辑不一样，这个从执行计划中就可以联想到。

创建任务即创建某种 RemoteTask 的实例化对象，它可以有多种实现，Presto 默认实现和使用的是 HttpRemoteTask。任务绑定分配到当前节点的分片之后，Presto 会调用 HttpRemoteTask::start()，将任务分发到查询执行节点上。下面的代码是 SqlStageExecution::scheduleTask() 的实现，详细描述了这个分发过程。这个过程比较简单，其实就是构造一个携带了 PlanFragment 和分片信息的 HTTP Post 请求，请求对应 Presto 查询执行节点的 URI：/v1/task/{taskId}，Presto 查询执行节点在收到请求后，会解析 PlanFragment 中的执行计划并创建 SqlTaskExecution，开始执行任务。我们会在下一步详细介绍 Presto 查询执行节点是怎么执行任务的。

```
// 文件名：SqlStageExecution.java
// 任务的生成和调度都会用到这个方法，代码已经精简，去掉了非核心逻辑
private synchronized RemoteTask scheduleTask(InternalNode node, TaskId taskId,
```

```
    Multimap<PlanNodeId, Split> sourceSplits, OptionalInt totalPartitions) {

    ImmutableMultimap.Builder<PlanNodeId, Split> initialSplits =
        ImmutableMultimap.builder();
    // 添加来自上游的数据源 Connector 的 Split
    initialSplits.putAll(sourceSplits);

    // 添加来自上游查询执行阶段的任务的数据输出，注册为 RemoteSplit
    sourceTasks.forEach((planNodeId, task) -> {
        TaskStatus status = task.getTaskStatus();
        if (status.getState() != TaskState.FINISHED) {
            initialSplits.put(planNodeId, createRemoteSplitFor(taskId, status.
                getSelf()));
        }
    });

    // 创建 HttpRemoteTask
    RemoteTask task = remoteTaskFactory.createRemoteTask(
            stateMachine.getSession(),
            taskId,
            node,
            stateMachine.getFragment(),
            initialSplits.build(),
            totalPartitions,
            this.outputBuffers.get(),
            nodeTaskMap.createPartitionedSplitCountTracker(node, taskId),
            summarizeTaskInfo);

    // 将刚创建的 TaskId 添加到当前查询执行阶段的 TaskId 列表中
    allTasks.add(taskId);
    // 将刚创建的任务添加到当前查询执行阶段的节点与任务映射的 Map 中
    tasks.computeIfAbsent(node, key -> newConcurrentHashSet()).add(task);
    nodeTaskMap.addTask(node, task);

    if (!stateMachine.getState().isDone()) {
        // 向 Presto 查询执行节点发请求，把刚创建的任务调度起来，开始执行
        task.start();
    }
    else {
        task.abort();
    }
    return task;
}
```

StageId = 0、1，对应的是 FixedCountScheduler。

Stage0、Stage1 的数据源只有上游查询执行阶段的任务输出，使用 FixedCountScheduler 在选中的节点上调度任务即可。这些任务在 Presto 查询执行节点上执行时，将从上游查询

执行阶段的任务 OutputBuffer 拉取数据计算结果。具体到实现上，FixedCountScheduler 使用的是上面刚介绍过的 SqlStageExecution::scheduleTask()，代码如下。

```
// 文件名：FixedCountScheduler.java
public class FixedCountScheduler implements StageScheduler {
    // taskScheduler 就是我们上面已经介绍过的 SqlStageExecution::scheduleTask() 方法。
    private final TaskScheduler taskScheduler;
    // 任务将调度到下面的节点上（Presto 查询执行节点，每个节点对应一个任务
    private final List<InternalNode> partitionToNode;
    ...
    @Override
    public ScheduleResult schedule() {
        OptionalInt totalPartitions = OptionalInt.of(partitionToNode.size());
        List<RemoteTask> newTasks = IntStream.range(0, partitionToNode.size())
            .mapToObj(partition -> taskScheduler.scheduleTask(partitionToNode.
                get(partition), partition, totalPartitions))
            .filter(Optional::isPresent)
            .map(Optional::get)
            .collect(toImmutableList());
        return new ScheduleResult(true, newTasks, 0);
    }
}
```

有的读者可能会有疑问：Presto 如何选择在哪些节点上执行某个查询执行阶段的任务？这个问题我们会在后文详细介绍。

3. 关联 ExchangeLocation

将上一步在当前查询执行阶段上刚创建的任务注册到下游查询执行阶段的 sourceTask 列表里，以建立数据交换的依赖关系。

由于某个查询的多个查询执行阶段之间是不同的任务在内存做数据计算，下游的任务必然要拉取来自上游任务的计算结果。对于一个下游查询执行阶段的任务来说，它是怎么知道上游任务在哪里，上游任务的计算结果又输出到哪里了呢？这就需要构建一个所有查询执行阶段之间的数据链路（Linkage），上游查询执行阶段如果创建和调度了任务，它就需要告知下游查询执行阶段："我在这些 Presto 查询执行节点上创建了这些任务，你可以来拉取数据。"而下游查询执行阶段会回复："好的，我会把这些任务作为我的 SourceTask，在我去创建和调度任务时，会把这些 SourceTask 注册为 RemoteSplit，通过 Presto 统一的数据交换体系来拉取你输出的数据。"整个过程如图 3-12 所示。

查询执行阶段的数据来源有两种，一种是数据源连接器，一种是上游查询执行阶段的任务输出到 OutputBuffer 的数据。对于下游的查询执行阶段来说，上游查询执行阶段的任务可以称为数据上游任务（upstream source task）。这些数据上游任务是通过 SqlStageExecution::addExchangeLocations() 注册到下游 SqlStageExecution 中的，让下游查询执行阶段知道

去哪里取数据。无论是哪一种数据源，Presto 都统一抽象为了 ConnectorSplit。当上游查询执行阶段作为数据源时，Presto 把它看作一种特殊的连接器，它的 catalog name = $remote，其实就是一个假的目录，ConnectorSplit 的实现类是 RemoteSplit。

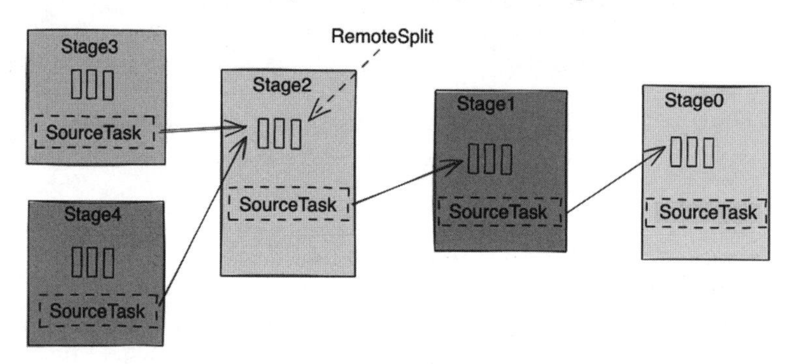

图 3-12 TPC-DS Query55 建立查询执行阶段间的数据链路

3.6 执行计划的执行

3.6.1 在多个查询执行节点上执行任务

1. 什么是火山模型

说起 SQL 执行引擎的任务执行模型，就不得不提到 Goetz Graefe，是发明了火山执行模型（Volcano execution model）又称 Volcano 执行模型，简称火山模型。火山模型已经是数据库界很成熟的解释执行模型，该执行模型将关系代数中每一种操作抽象为一个算子（Operator），将整个 SQL 构建成一个算子树，从根节点到叶子节点自上而下地递归调用 next() 函数。

例如下面的 SQL：

```
SELECT Id, Name, Age, (Age - 30) * 50 AS Bonus FROM People
    WHERE Age > 30
```

上述 SQL 对应的火山模型如图 3-13 所示。

先来解释一下图 3-13 所示各部分的含义。

- ❑ User：代表 SQL 客户端。
- ❑ Project：算子，垂直分割（投影），选择字段。
- ❑ Select（或 Filter）：算子，水平分割（选择），用于过滤行，也称为谓词。
- ❑ Scan（TableScan）：算子，负责从数据源表中扫描数据。

这里包含 3 个算子，首先 User 调用 Project 算子希望获取到数

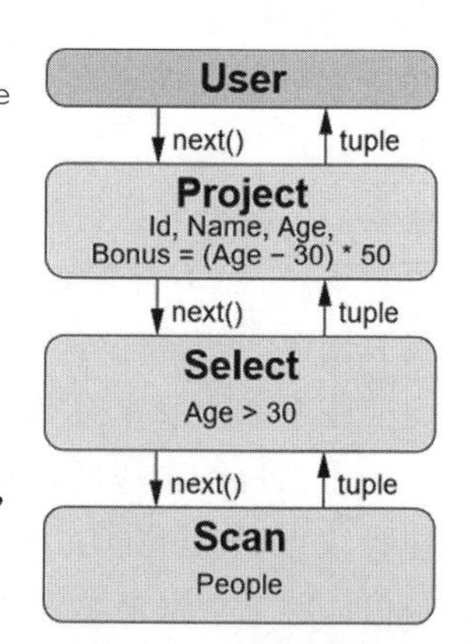

图 3-13 火山模型

据，Project 调用 Select 算子，而 Select 算子又调用 Scan 算子，Scan 算子用于获得表中的元组（tuple）并返回给 Select 算子，Select 算子会检查是否满足过滤条件：如果满足则返回给 Project 算子；如果不满足则请求 Scan 算子获取下一个元组。Project 算子会为每一个元组选择需要的字段或者计算新字段并返回新的元组给 User。如此重复，直到数据全部处理完。当 Scan 算子发现没有数据可以获取时，则返回一个结束标记告诉上游已结束。

为了更好地理解一个算子中发生了什么，下面通过伪代码来解读 Select 算子：

```
Tuple Select::next() {
    while (true) {
        Tuple candidate = child->next(); // 从子节点中获取 next tuple
        if (candidate == EndOfStream)    // 是否得到结束标记
            return EndOfStream;
        if (condition->check(candidate)) // 是否满足过滤条件
            return candidate; // 返回 tuple
    }
}
```

算子一般至少需要定义 3 个接口，具体如下。

- open()：计算开始前，初始化算子时需要用。
- next()：对于某个算子，每调用一次它的 next() 方法，就返回一条记录，代表此算子的一个计算结果。
- close()：计算完成，销毁算子时需要用。

可以看到，火山模型是十分简单的，而且它对每个算子的接口都进行了一致性的封装。也就是说，从父节点来看，子节点具体是什么类型的算子并不重要，只需要能源源不断地从子节点的算子中获取数据行就可以。这样的特性也给优化器从外部调整执行树而不改变计算结果创造了方便。

算子链有简单的，也有复杂的，如图 3-14 所示。

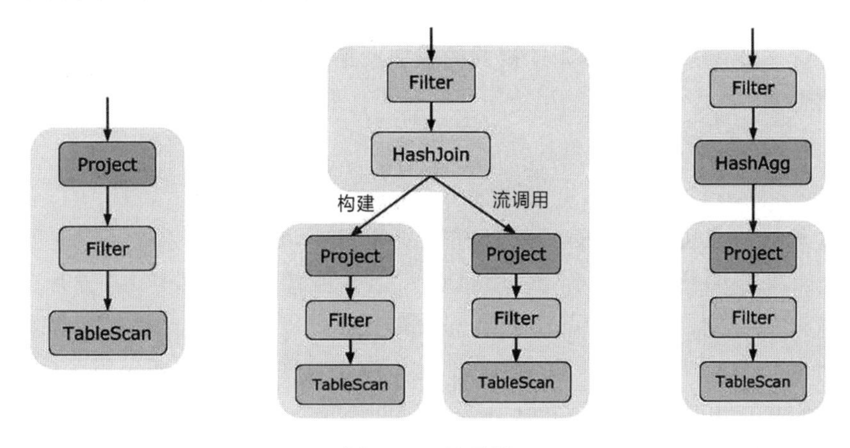

图 3-14　算子链

火山模型诞生于20多年前，那个时候虽然火山模型对CPU不友好，但是并没有影响它的落地使用。现如今IO的性能有了较大提升，CPU的计算显得更加吃力一些，火山模型的问题就比较突出了。当然为了运行效率，现在的数据库或查询引擎对其做过很多优化，最常见的几种优化如下。

- **批量化（Batch Processing）**：next()方法从每次只处理一条记录，改为处理多条，平摊了函数调用成本。
- **向量化执行（Vectorized Execution）**：包含CPU的SIMD指令、循环Loop-Unrolling，也包含列式存储和计算。这些底层的软件编码优化，大大提高了处理一批数据的性能。
- **代码生成（Code Generation）**：火山模型的算子链在执行时，需要层层调用next()带来深层次的调用栈，这种方式的效率还不如人手写的代码。我们可以利用自动代码生成一个铺平的方法，去掉函数的调用，把层层调用的算子计算逻辑都安置在一起，经过数据实测，CPU能节省70%～90%的分片时间。省出的资源可以去做更多真正有意义的计算逻辑。Spark在这方面优化得比较狠。Spark先让开发者调用各种算子完成计算逻辑，真正开始运行时，它会重新生成一些查询执行阶段的字节码。

2. 算子执行流水线

前面之所以要介绍火山模型，是因为在Presto查询执行节点的任务执行代码中，能见到火山模型中的Operator、Exchange、next等概念，Presto在一定程度上也参考了火山模型，它算是Presto的理论支撑。因为Presto没有提供设计文档，除了代码以外什么参考资料都没有，所以适当看看火山模型的论文能帮助了解一些Presto的底层实现。但是Presto官方论文也说过，Presto的执行模型是“More than Volcano”（比火山模型做得更多），它做的事可能比火山模型更复杂。这里以TPC-DS Query55的Stage1中的任意任务的执行为例进行讲解，如图3-15所示。

由图3-15可知，Presto的任务执行流程类似于火山模型，首先根据执行计划，将多个算子串联起来。无论是来自数据源连接器的数据还是上游查询执行阶段输出的数据，从上游流入后，经过前面算子处理再输出给后面的算子，最终输出到下游。

下面对几个相关的概念进行解释。

（1）分片

分片包含的信息可以让Presto任务知道去哪里拉取上游的数据，它是数据分区的基本单位（如果你愿意把它叫作partition也可以，就像Kafka那样）。分片分两种：一种用于表示要从存储的哪些节点拉取哪部分数据，它是对应数据源连接器实现的某种ConnectorSplit；另一种用于表示查询执行中远程数据交换的下游任务从哪个上游任务拉取数据，它是RemoteSplit。RemoteSplit其实是ConnectorSplit接口的一个实现类，Presto在类似的逻辑上实现了高度的统一抽象，并将其设定为分片相关的概念。

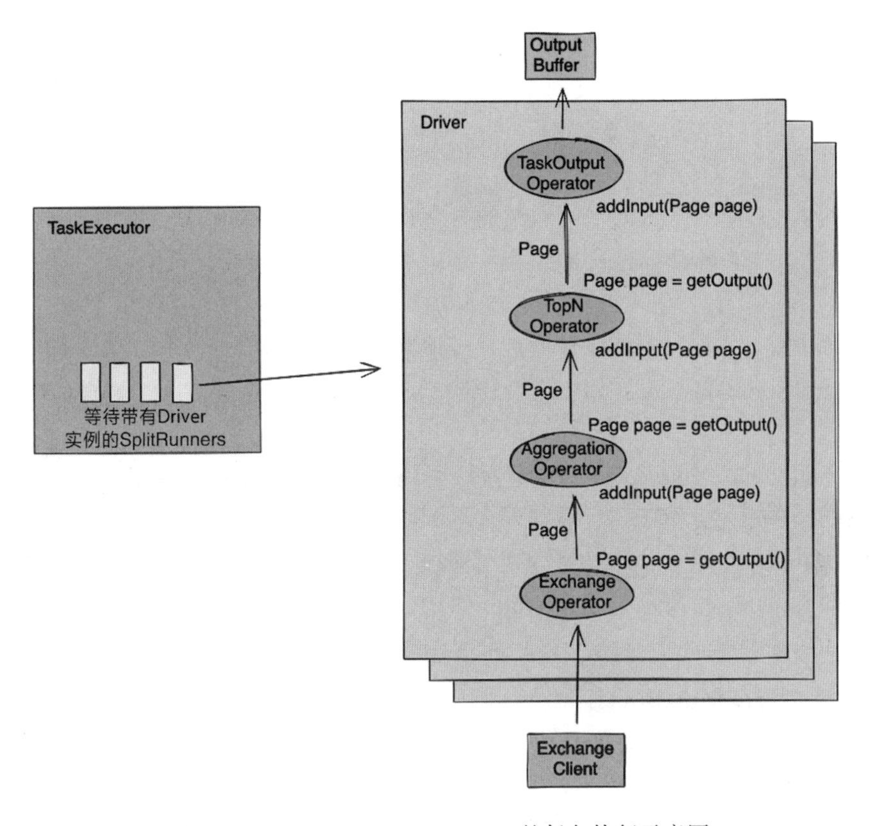

图 3-15　TPC-DS Query55 Stage1 的任务执行示意图

（2）算子

Presto 代码中定义的算子与火山模型中的算子含义是相同的。如下代码是算子接口的定义，我们可以看到它与火山模型中给出的算子基本类似：

- 算子初始化没有专门定义 open() 方法，因为每个算子接口实现类的构造函数完全可以完成算子的初始化。
- addInput(): 交给算子一个数据的 Page 去处理，这个 Page 可以暂且理解为一批待处理的数据。
- getOutput(): addInput() 输入的数据，经过算子的内部处理逻辑处理完后，通过 getOutput() 输出，输出的数据类型仍然是 Page。
- close()：算子处理完数据后，负责流程控制的代码将调用 close() 销毁算子，释放资源，清理现场。

```
// 文件名 : Operator.java
// 算子接口定义了很多方法，这里为了说明方便，我们只选出几个最重要的
public interface Operator extends AutoCloseable {
    void addInput(Page page);
```

```
    Page getOutput();
    @Override
    default void close() throws Exception {}
    ...
}
```

算子有许多实现类，代表了不同的算子计算逻辑，可以参照火山模型的论文，算子的抽象逻辑很符合优秀的软件设计理念——高内聚、低耦合，以及开闭原则。常见的算子举例如下。

- TableScanOperator：用于读取数据源连接器的数据。
- AggregationOperator：用于聚合计算，内部可以指定一个或多个聚合函数，如 sum、avg。
- TaskOutputOperator：查询执行阶段之间的任务做数据交换用的，上游查询执行阶段的任务通过此算子将计算结果输出到当前任务所在节点的 OutputBuffer。
- ExchangeOperator：用于查询执行阶段之间进行任务的数据交换，下游查询执行阶段的 ExchangeClient 从上游 OutputBuffer 拉取数据。
- JoinOperator：用于连接多个上游，与 SQL 中的 JOIN 同义。

（3）Page、Block 和 Slice

可能你已经注意到，算子的接口定义中，无论是 addInput() 的入参还是 getOutput() 的返回值都是 Page，也就是算子的操作对象是 Page。火山模型中，每次调用 Operator::next() 的操作对象是 Row（数据中的一条记录），如果数据读取的 IO 是瓶颈这样做不会有问题，然而 20 多年过去了，IO 性能提升了很多，这种每次函数调用都只处理一条记录的做法带来了大量的出入栈以及虚函数调用开销，同时也不是 CPU 缓存友好的。有一项统计指出，这种处理方式，90% 以上的 CPU 开销都是浪费的。

自然而然我们能够想到要一次函数调用处理多条记录。这就是 Presto 做得比火山模型好的地方，它不仅一次处理多条记录，还做了更多性能优化，即应用了列式存储和计算方式。我们可以看到，大部分的 OLAP 引擎分析 SQL 只会在一个大宽表中的少数列上做聚合计算，在这种情况下如果 Presto 像 OLTP 系统（如 MySQL）那样采用行式存储并读取整条记录参与计算，将有大量的 IO 与 CPU 浪费，并且也不是 CPU 缓存友好的。图 3-16 显示了行式存储与列式存储的区别。

最著名的列式存储是 Parquet 与 ORC。Presto 从数据源连接器读取数据时，如果文件格式是 Parquet 或 ORC，会有出色的性能表现。在 Presto 内部进行数据计算时，它用了自己的方式来存储与计算列式数据。存储分为 3 个层次——Slice、Block、Page，如图 3-17 所示。Slice 表示一个值（Single Value）；Block 表示一列，类似于 Parquet 中的列（Column）；Page 表示多行记录。但是它们是以多列多个 Block 的方式组织在一起的，类似 Parquet 中的 Row Group，这种组织方式，不同行相同列的字段都顺序相邻，对应数据更容易按列读取与计算。

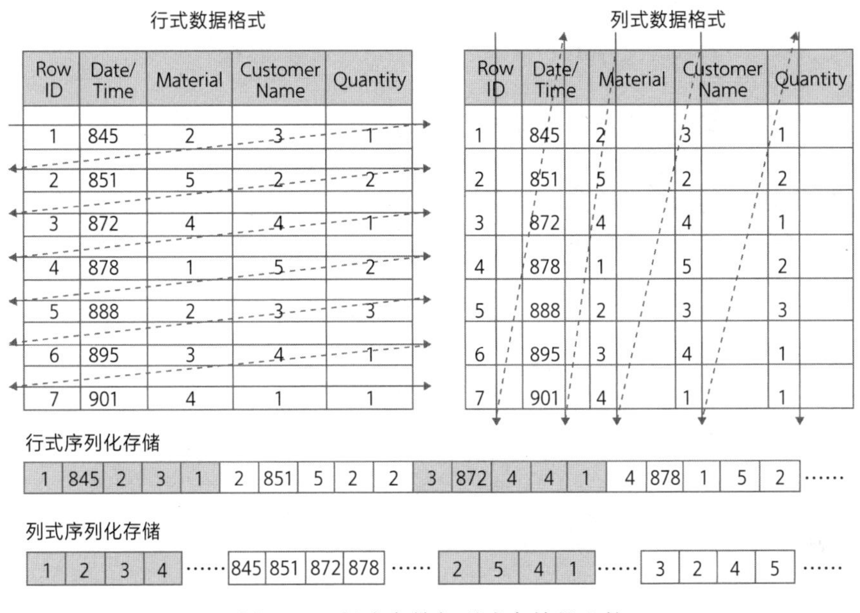

图 3-16　行式存储与列式存储的比较

大家可以思考一下，为什么 OLTP 系统更适合用行式存储，而 OLAP 更适合用列式存储？是否存在既需要 OLTP 又需要 OLAP 的系统？这样的系统的数据应该如何存储和计算呢？

（4）TaskExecutor/Driver

TaskExecutor 是 Presto 任务的执行池，它以单例的方式在 Presto 查询执行节点上启动，内部维护了一个 Java 线程池——ExecutorService 用于提交运行任务，所以无论某个 Presto 查询执行节点上有多少个任务在运行，TaskExecutor 都只有一个。这个设计，对于多租户来说不是很友好，阿里之前发布的一篇文章中提到过对此的改造，分出几个 TaskExecutor。

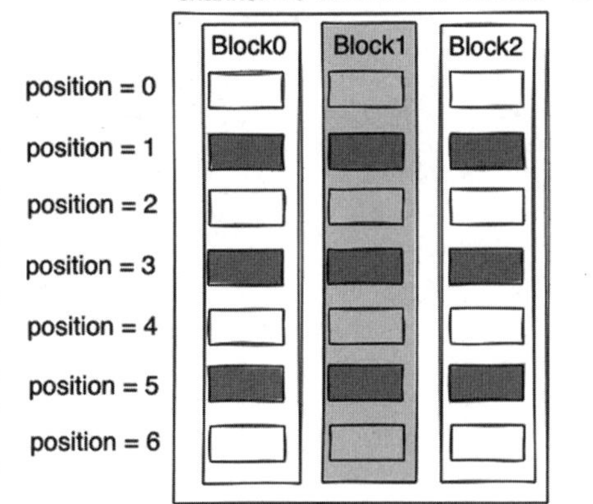

图 3-17　Presto 的列式存储示意

Driver 是任务的算子链执行的驱动器，由它来推动数据穿梭于算子。在具体的实现上，火山模型是自顶向下的拉取（Pull）数据，Presto Driver 与火山模型不一样，它是自底向上的推送（Push）数据，代码举例如下。

```
// 文件名：Driver.java
private ListenableFuture<?> processInternal(OperationTimer operationTimer) {
    ...
    if (!activeOperators.isEmpty() && activeOperators.size() != allOperators.
```

```
        size()) {
        Operator rootOperator = activeOperators.get(0);
        rootOperator.finish();
        rootOperator.getOperatorContext().recordFinish(operationTimer);
    }

    boolean movedPage = false;
    for (int i = 0; i < activeOperators.size() - 1 && !driverContext.isDone();
       i++) {
        Operator current = activeOperators.get(i);
        Operator next = activeOperators.get(i + 1);

        if (getBlockedFuture(current).isPresent()) {
            continue;
        }

        // 如果当前算子未完成任务，且下一个算子未被阻塞且需要输入。
        if (!current.isFinished() && !getBlockedFuture(next).isPresent() && next.
            needsInput()) {
            // 从当前算子中获取计算输出的 Page
            Page page = current.getOutput();
            current.getOperatorContext().recordGetOutput(operationTimer, page);

            // 如果能拿到一个 Page，将其给到下一个算子
            if (page != null && page.getPositionCount() != 0) {
                next.addInput(page);
                next.getOperatorContext().recordAddInput(operationTimer, page);
                movedPage = true;
            }

            if (current instanceof SourceOperator) {
                movedPage = true;
            }
        }
        ...
    }
    ...
    return NOT_BLOCKED;
}
```

3. C++ 底层执行引擎

Meta（之前的 Facebook）公司主导的 Presto 项目于 2019 年开始自研了一个 C++ 的 Velox 单机执行代码库（https://github.com/facebookincubator/velox），通过 C++ 本身极致的性能，对 SIMD 原生的支持，将数据过滤、投影、聚合等计算实现得更极致等手段来显著提升 OLAP 引擎查询的性能。Velox 可以集成到 Presto 查询执行节点中以替换原来 Java 查询执行的实现，目前已经在多家一线互联网大厂上线，大部分场景能达到 30%～200% 的

性能提升。请注意，Velox 可作为查询执行层（可以理解为算子、Driver 执行的部分）的平替，而不是查询规划、调度、数据交换能力的平替，所以目前它并不是一个完整的 OLAP 引擎。感兴趣的读者可以扩展阅读 VLDB 2022 的论文 “Velox: Meta’s Unified Execution Engine”（《Velox：Meta 的统一执行引擎》）。

Trino 没有打算用 C++ 去做类似的事情，而是依赖高版本的 JDK（比如 JDK 21 提供的 Vector API、虚拟线程、内存管理等 Java 领域新的重大特色功能做了一个 HummingBird 项目，以实现与 Velox 类似的效果，目前这个项目进展缓慢，暂时还未看到在大型的生产环境中落地的案例。

4. 查询执行阶段间的数据交换

对于划分了多个查询执行阶段的查询，数据依赖关系上相邻的 2 个查询执行阶段必然存在数据交换，而同一个查询执行阶段的所有任务之间是没有数据交换的。Presto 的数据交换采用的是拉取方式，如图 3-18 所示，Stage3 的任务计算结果输出到它所在的 Presto 查询执行节点的 OutputBuffer 中，再由 Stage2 的任务的数据交换端拉取过来进行后续的计算，计算完再输出给下一个查询执行阶段，所有的查询执行阶段计算完成后，输出最终计算结果给 Presto SQL 客户端。其实用“数据交换”这个词语并不准确，查询执行阶段之间并没有交换数据，只是后面执行的查询执行阶段从前面执行的查询执行阶段拉取了数据。

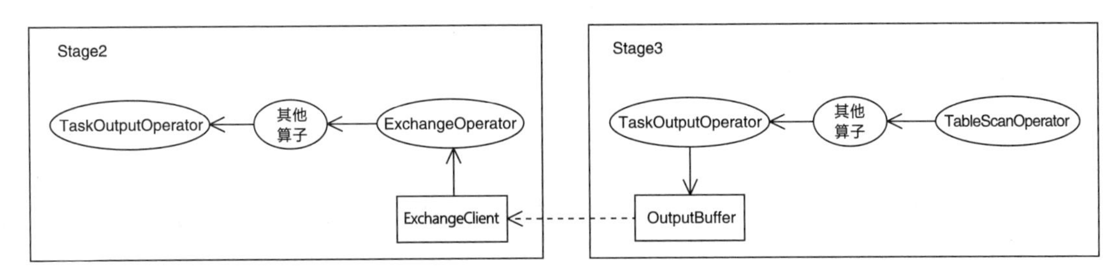

图 3-18 任务之间的数据交换

Presto 在实现这一套机制的时候，做了比较好的抽象，查询执行阶段间的数据交换连同包含 TableScanOperator 的查询执行阶段从连接器拉取数据的部分，统一实现为拉取数据源连接器的 ConnectorSplit 拉取逻辑，只不过查询执行阶段从连接器拉取的是某个连接器实现的 ConnectorSplit（如 HiveConnector 的 HiveSplit），查询执行阶段之间拉取的是 RemoteSplit（RemoteSplit 实现了 ConnectorSplit 的接口）。

3.6.2 分批返回查询计算结果给 SQL 客户端

Presto 采用的是流水线的处理方式，数据在 Presto 的计算过程中是持续流动的，是分批执行与返回的。在某个任务内不需要前面的算子计算完所有数据再输出结果给后面的算子，在某个查询内也不需要前面的查询执行阶段的所有任务都计算完所有数据再输出结果给后面的查询执行阶段。因此，从 SQL 客户端来看，Presto 也支持分批返回查询计算结果给 SQL 客户端。Presto 这种流水线的机制，与 Flink 非常类似，它们都不像 Spark 批式处理那样，需要前面的查询执行阶段执行完再执行后面的查询执行阶段。

如果你用过 MySQL 这类关系型数据库，一定听说过游标（cursor），也用过各种编程语言的 JDBC 驱动的 getNext()，通过这样的方式来每次获取 SQL 执行结果的一部分数据。Presto 也提供了类似机制，它会给到 SQL 客户端一个 QueryResult，其中包含一个 nextUri。对于某个查询，每次请求 QueryResult，都会得到一个新的 nextUri，它的作用类似于游标。

```
// 文件名：QueryResults.java
public class QueryResults implements QueryStatusInfo, QueryData {
    private final String id;
    private final URI infoUri;
    private final URI partialCancelUri;
    private final URI nextUri;
    private final List<Column> columns;
    private final Iterable<List<Object>> data;
    private final StatementStats stats;
    private final QueryError error;
    private final List<Warning> warnings;
    private final String updateType;
    private final Long updateCount;
    ...
}
```

没看懂上述代码的读者请直接看图 3-19。

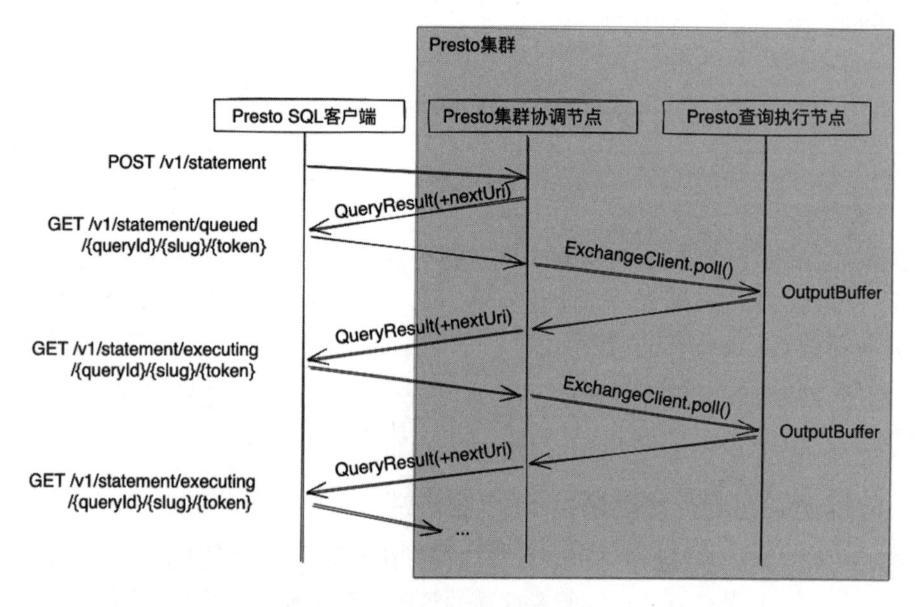

图 3-19 数据分批返回时 Presto 组件间的交互关系

我们前面已经讲过，Presto 内部数据采用 Page 的组织方式，SQL 客户端需要多次向 Presto 集群协调节点发起 HTTP 请求，请集群协调节点帮忙拉取查询的执行结果。集群协调节点拉取查询执行结果的过程利用的也是我们上面介绍过的查询执行阶段间的数据交换过程，它使用数据交换客户端到查询的 RootStage（最后一个查询执行阶段，StageId = 0）的 OutputBuffer（代码中叫 RootOutputBuffer）处拉取数据。

对这部分感兴趣的朋友，可以看以下几个代码实现。

- StatementClientV1::advance()
- ExecutingStatementResource::getQueryResults()
- Query::getNextResult()

3.7　总结、思考、实践

本章我们简要介绍了 Presto 的执行模型，可以看到它与 Spark、Flink 这些分布式计算框架有非常多相似的地方，SQL 执行流程基本都可以归纳为查询的接收、解析与提交，执行计划的生成与优化，执行计划的调度和执行计划的执行这四个环节。Presto 在集群协调节点上完成了与前三个环节对应的工作，在查询执行节点上完成了与第四个环节对应的工作。其实 Presto 查询执行节点上任务的执行也很复杂，也能被分解成多个步骤，这是在本章的介绍中没有体现出来的，我们会在后文详细介绍。从整个执行模型来看，如果希望 SQL 执行效率比较高、响应比较快，会涉及非常多的优化技术，如执行计划优化、列式存储、向量化执行、物化视图等，这些我们都会在后文展开介绍。

思考与实践：

- 查询解析、规划、调度、执行的各个环节的职责与主要技术点是什么？
- 对于不同的 OLAP 引擎，在查询解析、规划、调度、执行这些模块的设计实现上有哪些异同？

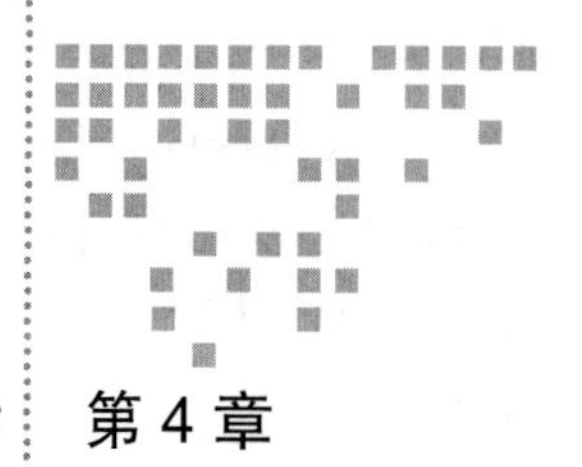

Chapter 4 第4章

查询引擎核心模块拆解

随着数据量的激增，如何在分布式环境中高效执行复杂的OLAP（在线分析处理）查询成为一个技术挑战。本章将深入探讨OLAP引擎的核心组件——查询执行计划（为了行为简洁，后文统称“执行计划”）的生成与优化，这是确保高的查询性能和资源利用效率的关键环节。

在OLAP领域，分布式查询的执行流程与传统单机数据库系统有着显著差异。单机系统通常在一个数据库实例上执行查询，而OLAP引擎则需要在多个节点上协调数据的读取、处理和聚合。这种分布式特性带来了新的优化机会，也引入了额外的复杂性。例如，数据的分区、任务的调度以及跨节点的数据传输都需要精心设计以确保查询的高效执行。

为了应对这些挑战，OLAP引擎采用访问者等设计模式来处理复杂的数据结构和执行逻辑。访问者模式允许我们在不修改数据结构本身的情况下，定义新的操作，这对于数据库系统中的语法分析、语义分析以及执行计划的构建尤为重要。通过这种模式，我们可以在不破坏现有系统稳定性的前提下，灵活地扩展系统功能，以适应不断变化的业务需求。在优化器的设计实现方面，本章将详细介绍RBO与CBO两种主流方法。RBO通过预定义的规则集来改进执行计划，而CBO通过估算不同执行计划的成本来选择最优方案。

4.1 执行计划生成的设计实现

4.1.1 从SQL到抽象语法树

所有提供SQL查询的数据库、查询引擎都需要语法分析能力，它把非结构化的SQL字符串转换成一系列的词法符号（Token），然后通过特定的规则解析词法符号，返回一个语法分析树（ParseTree），最终得到一个结构化的树状结构，这就是抽象语法树（Abstract Syntax

Tree，AST)，整体流程如图 4-1 所示。语法分析是一个通用的功能模块，但是实现起来比较困难。目前有很专业的开源项目（如 Antlr 和 JavaCC）可以直接使用，Calcite 支持 JavaCC 和 Antlr，Spark 和 Presto 都使用了 Antlr，学习 Antlr 的使用及其底层原理对理解 Presto 有很大帮助。所有 Antlr 的技术文章几乎都来自其创作者 Terence Parr 教授的《ANTLR4 权威指南》一书，如果对语法分析感兴趣，这本书是最适合的读物。

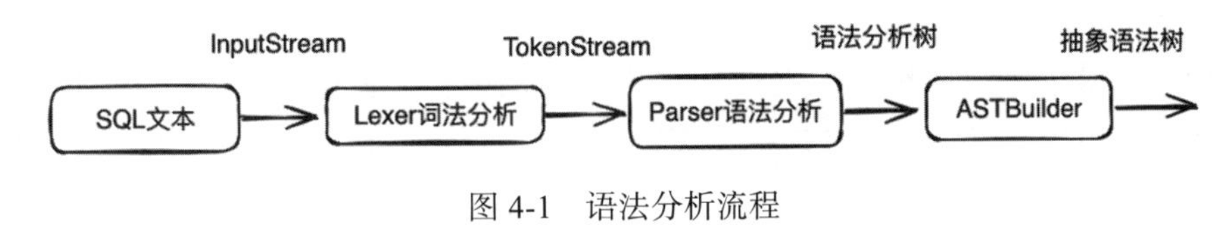

图 4-1　语法分析流程

1. Antlr 的设计模式

语法分析树的特点是它由不同类型的树节点组成，和数据结构里的二叉树等概念不同，每个树节点可能包含了不同的元素，需要通过不同的方法来遍历子节点。面对一个复杂的树结构，如何为它实现某些自定义的逻辑？ Antlr 为使用者抽象了两种方法来访问语法分析树，一种是观察者模式，另一种是访问者模式，二者分别对应了设计模式中的概念。

（1）观察者模式

在 Antlr 的开发过程中，使用观察者模式需要继承 XXBaseListener.java 类，这里的前缀是 g4 语法文件的名称，对于 Presto 来说是 SqlBaseBaseListener.java。这个基类对每个语法规则都有默认的实现，每个规则都有 enter 和 exit 两个调用点，分别对应前序遍历和后序遍历的调用时机，可参考图 4-2 所示的遍历顺序。开发者仅需要实现自己关注的规则节点。

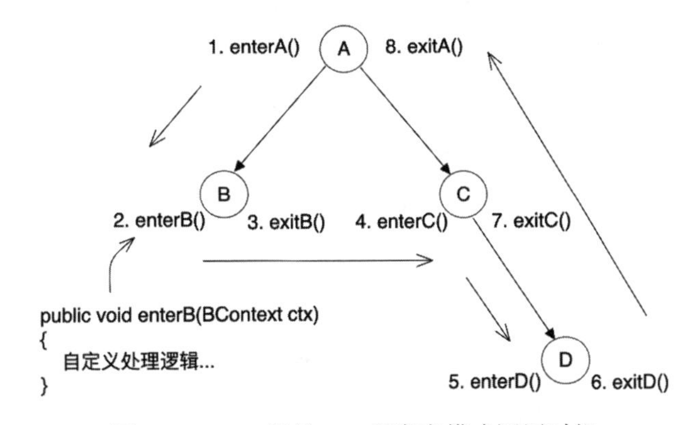

图 4-2　Antlr 组件——观察者模式调用时机

（2）访问者模式

访问者模式对于从事非引擎开发工作的读者来说应该很少接触，但它却是数据库、数据引擎里面应用得最多的一种设计模式。甚至很难想象，如果没有这种设计模式要怎么编写复杂的逻辑。语法分析、语义分析、执行计划生成和优化、物理执行计划，所有核心步骤都使用了访问者模式。

在数据库设计和实现中，访问者模式常常被用于处理对象结构中的元素，尤其是当对象结构中的元素类型固定且不易修改时。以下内容解释了为什么在数据库设计中常用访问者模式。

- **避免修改元素类**：访问者模式可以帮助避免修改现有的元素类。在数据库中，元素类通常表示数据库中的不同类型的实体（如表、列、约束等）。当需要为这些元素添加新的操作时，使用访问者模式可以将操作的逻辑封装到 Visitor 类中，而无须修改元素类本身。这样可以遵循开闭原则（Open-Closed Principle），即对扩展是开放的，对修改是封闭的。
- **分离操作逻辑**：访问者模式可以将具体操作的逻辑集中到 Visitor 类中，使得代码更加清晰和易于维护。在数据库设计中，可能需要对不同类型的元素执行不同的操作，如验证、优化、转换等。使用访问者模式可以将这些操作的逻辑单独封装，并将其与元素的结构分离，从而提高代码的可读性和可维护性。
- **支持新的操作扩展**：访问者模式支持添加新的操作，而不会影响现有的元素类。在数据库设计中，可能会有不断变化的需求，需要为元素添加新的操作或功能。使用访问者模式可以轻松地创建新的 Visitor 类来实现这些新的操作，而无须修改元素类，保持了代码的稳定性和可扩展性。
- **多态分派**：访问者模式利用了多态分派的特性。通过定义不同的 Visitor 类和元素类之间的关联关系，可以在运行时动态地确定正确的操作逻辑。这种灵活性对于在数据库设计中处理复杂的对象结构非常有用。

需要注意的是，访问者模式也有一些限制和考虑因素。例如，当元素类的层次结构经常变化时，使用访问者模式可能会导致频繁地修改 Visitor 类，增加维护成本。此外，访问者模式可能引入一些复杂性，因为需要定义许多 Visitor 类和元素类之间的关联关系。

如图 4-3 所示。假设每个类都需要进行多种操作，以前使用继承的方式实现父类方法，操作逻辑写在每一个类中，而访问者模式则是把每个类中这些功能相同的方法放在一起构成访问者，每个访问者完成特定的功能。

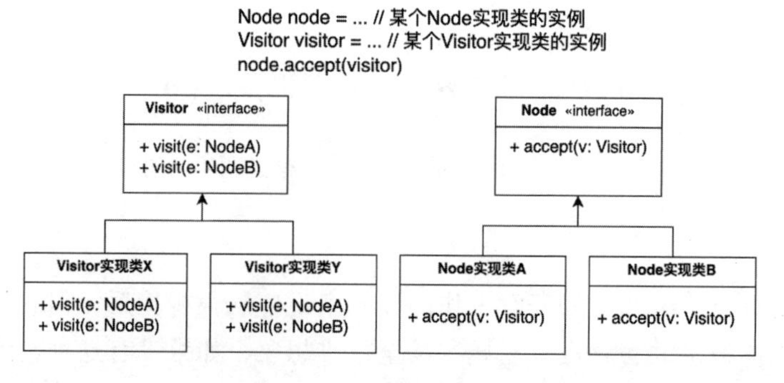

图 4-3 从多个对象抽离相同行为构成访问者

把所有相同的行为集中放到一个 Visitor 类里面，体现出一种以操作为中心的思想，而不是传统的以对象为中心。但它不仅是图 4-3 所展现的这么简单。访问者也可以有类的继承关系或者组合关系，基础访问者实现对结构树的默认遍历行为，自定义的访问者仅需要实现它所关心的那一部分业务逻辑，通过这种方式可以获得不差于观察者模式的灵活度。

所有节点都需要做一些微小的适配以使用访问者模式。每个不同的 Node 类是怎么与不同的访问者进行适配的呢？核心是 accept() 方法，每个类都需要实现这个方法，入参是当前访问者对象以及一个上下文对象。当前的节点会接收访问者，并调用访问者的特定方法。这里以抽象语法树的节点为例：Node.java 调用 visitNode() 方法，Statement.java 调用 visitStatement() 方法，以此类推。注意，这里的访问者 AstVisitor.java 是所有抽象语法树访问者的基类。

```
// 文件名：Node.java
public abstract class Node {
    ...
    // Presto 的访问者模式有两个泛型参数，R 是返回值类型，C 是上下文对象类型
    protected <R, C> R accept(AstVisitor<R, C> visitor, C context) {
        return visitor.visitNode(this, context);
        // Node.java 的 accept 方法调用 visitNode 方法
    }
}

// 文件名：Statement.java
public abstract class Statement extends Node {
    ...
    @Override
    public <R, C> R accept(AstVisitor<R, C> visitor, C context) {
        return visitor.visitStatement(this, context);
    }
}

// 文件名：Expression.java
public abstract class Expression extends Node {
    ...
    // 被访问者调用的通用接口
    @Override
    protected <R, C> R accept(AstVisitor<R, C> visitor, C context) {
        return visitor.visitExpression(this, context);
    }

    @Override
    public final String toString() {// 基类获取表达式字符串
        return ExpressionFormatter.formatExpression(this);
    }
}
...
```

那么访问者是如何被调用的呢？对一个抽象语法树使用访问者模式的时候，无论根节点是什么类型，我们都不需要知道具体调用哪个方法，仅需要使用 node.accept(visitor）语句，节点会帮我们导航到对应的访问者方法。Presto 的访问者会定义更便捷的 process() 函数，它进一步隐藏了底层节点接收访问者的细节。所有的代码仅需调用 visitor.process(node, ctx)。

```
public abstract class AstVisitor<R, C> {
    public R process(Node node) {
        return process(node, null);
    }

    public R process(Node node, @Nullable C context) {
        return node.accept(this, context);
    }
    ...
}
```

（3）设计模式对比

Antlr 为开发者构建了一个语法分析树并提供了观察者、访问者两种设计模式来操作数据结构，对应 SqlBaseBaseListener.java 和 SqlBaseBaseVisitor.java 两个类，继承它们就能使用这两种设计模式操作数据。下文会介绍 Presto 如何使用它们。那么如何选用这两种设计模式呢？

- **观察者模式**：实现比较简单，不关心节点的遍历顺序，而且节点之间不存在依赖关系，适合针对特定节点进行操作的场景。可以将它看成旅行团，线路规划好了，自由度不高，仅限景区附近玩耍，不用自己做攻略来规划路线。
- **访问者模式**：从零开始实现的成本较高，需要一定的抽象能力。但是自由度很高，可以控制节点遍历的顺序，并且每个函数都有返回值，还有上下文对象，可以做全局操作。通过一些抽象手段也可以达到观察者模式的简洁，适合所有复杂的场景。可以将它看成自驾游，想去哪去哪，特别自由。也可以参考别人的经典攻略，再添加一些自己感兴趣的行程。

2. Presto 集成 Antlr

Presto 把语法分析相关的能力封装到 SqlParser.java 类中，引擎中通过 SqlParser.createXXX() 调用语法分析规则，核心是返回抽象语法树对象，invokeParser() 是通用的底层函数，Presto 同时使用了观察者和访问者模式。这里简单介绍 Antlr 的使用方法，相关环节如下。

- 用 CharStreams.fromString(sql）构造了一个字符流，注意它又嵌套了一个忽略大小写的 CaseInsensitiveStream。细心的读者会发现，SqlBase.g4 文件虽然没有定义小写的词法规则，但也接受小写的 SQL，就是 CaseInsensitiveStream 在起作用。

- 使用 SqlBaseLexer 生成词法分析器，CommonTokenStream 包装词法分析器，生成一个字符流。
- 在 tokenStram 基础上生成语法分析器。
- 通过调用 parser.addParseListener() 传入一个 PostProcessor 对象，该对象用来显式捕捉某种语法错误并给出精确的错误提示，减少开发人员的理解成本。比如 exitBackQuotedIdentifier 方法，会在离开反引号字符结构的时候调用，它会提醒用户在 Presto 中不能使用反引号，这样的提示使得报错信息更好理解。
- ParserRuleContext 是解析后的语法分析树对象，它是 Antlr 生成的语法树，使用者按照一定的逻辑来遍历它，比如 Presto 调用 AstBuilder(parsingOptions).visit(tree) 语句，通过访问者模式构建了 Presto 的抽象语法树。

```
// 文件名: SqlParser.java
public class SqlParser {
    ...
    // 对外提供的 API
    public Statement createStatement(String sql, ParsingOptions parsingOptions) {
        return (Statement) invokeParser("statement", sql, SqlBaseParser::
            singleStatement, parsingOptions);
    }
    // UDF 函数的 @SqlType
    public DataType createType(String expression) {
        return (DataType) invokeParser("type", expression, SqlBaseParser::
            standaloneType, new ParsingOptions());
    }

    private Node invokeParser(String name, String sql, Function<SqlBaseParser,
        ParserRuleContext> parseFunction, ParsingOptions parsingOptions) {
        try {
            SqlBaseLexer lexer = new SqlBaseLexer(new CaseInsensitiveStream(Char
                Streams.fromString(sql)));
            CommonTokenStream tokenStream = new CommonTokenStream(lexer);
            SqlBaseParser parser = new SqlBaseParser(tokenStream);
            ...
            // 使用观察者模式，在语法分析的过程中触发回调
            parser.addParseListener(new PostProcessor(Arrays.asList(parser.
                getRuleNames()), parser));

            //... 忽略 SLL\LLmode 调用的区别
            ParserRuleContext tree = parseFunction.apply(parser);

            // 使用访问者模式生成以 Node.java 为父类的抽象语法树结构
            return new AstBuilder(parsingOptions).visit(tree);
        }
        catch (StackOverflowError e) {
```

```
            throw new ParsingException(name + " is too large (stack overflow
                while parsing)");
        }
    }

    private static class PostProcessor extends SqlBaseBaseListener {
        ...
        @Override
        public void exitBackQuotedIdentifier(SqlBaseParser.BackQuotedIdentifierContext
            context) {
            // 显式定义错误的col语法，针对这种易错的语法提供有效的错误信息
            Token token = context.BACKQUOTED_IDENTIFIER().getSymbol();
            throw new ParsingException(
                "backquoted identifiers are not supported; use double quotes to
                    quote identifiers",
                null,
                token.getLine(),
                token.getCharPositionInLine() + 1);
        }
       ...
    }
}
```

通过访问者模式的一系列转换，Antlr的语法分析树结构终于被转换成Presto内部的抽象语法树结构。语法树节点并不是扁平的结构，里面还存在多种抽象类。了解这些抽象类有助于理解SQL的构成，这里按照笔者的理解摘取了一些核心的Java类进行梳理，如图4-4所示，所有类都继承自抽象类Node.java，它定义了抽象语法树体系。

- Statement.java：定义了最上层的SQL语句。Presto最常用的就是OLAP查询能力，即DQL语句（数据查询语言，对应Query.java），还有其他类型的SQL语句，如INSERT、EXPLAIN、CREATE。
- Relation.java：表示关系代数中的关系类型，可以是一张表或视图，一个子查询，也可以是任意复杂的关联操作。
- QueryBody.java：表示DQL类型语法树的SQL结构，可以是集合操作组成的复合SQL，也可以是基础的QuerySpecification结构，此外还支持特殊的Table查询和Values常量。一个查询本身也是一种关系，所以它归在了Relation.java下。
- Expression.java：表示表达式结构。前面介绍的都是说明性语句，是SQL整体的架构。表达式是比较特殊的一类结构，它是一种计算逻辑（或者说是计算表达式），由操作符号和操作数组成，比如a+1、a>b。它和Presto类型息息相关，这里不一一列举。

下面从SQL的组成角度来看，把部分重要的继承关系和包含关系列出来，如图4-5所示。QueryBody是查询的主体结构，QuerySpecification指定了最常见的查询主体。Relation则是关系，代表数据的来源，最终几乎所有元素都会依赖表达式，从列名引用，表名、WHERE语句中的过滤谓词等都在表达式的范畴内。这里不建议开始学习的时候就从头梳理

得很详尽，可以先从简单的例子入手，通过实际的例子去理解语法树的结构。

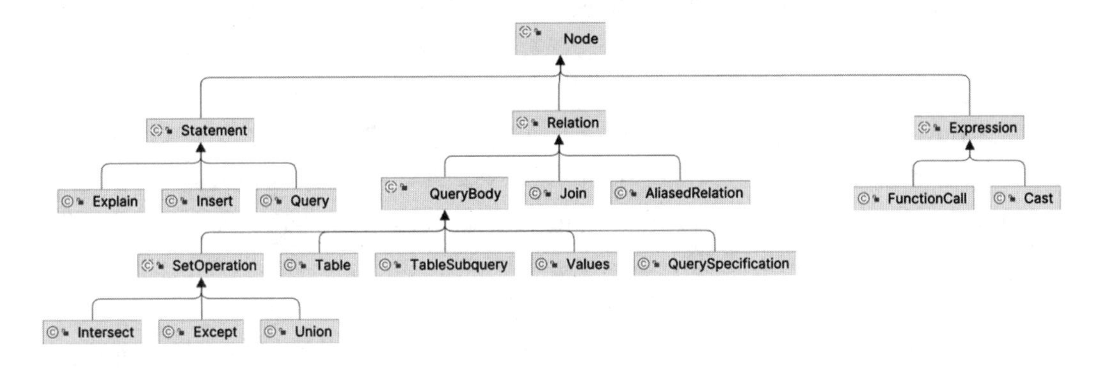

图 4-4 部分抽象语法树体系

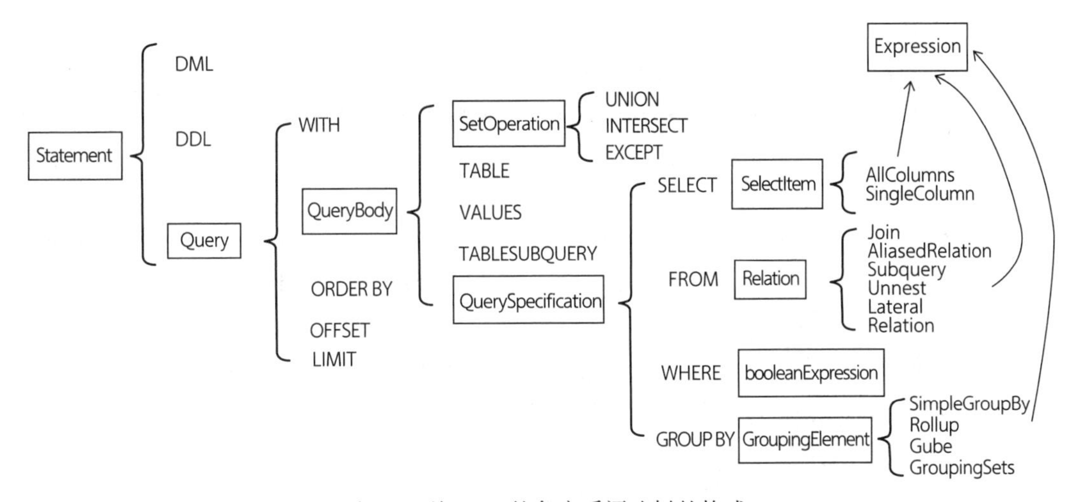

图 4-5 从 SQL 的角度看语法树的构成

4.1.2 语义分析

经过语法分析流程，一个 SQL 从最初的字符串转换成 Presto 引擎内部的抽象语法树结构。到了语义分析阶段，会结合元数据对抽象语法树作进一步分析，主要是结合上下文验证 SQL 的正确性以及记录抽象语法树相关元数据。值得注意的是 Presto 在语义分析阶段没有生成新的树结构，分析所得到的元数据信息存放在一个 Analysis.java 类中，通过多个 Map 结构记录各个语法树节点（Key）的元数据信息（Value）。后续流程通过查找 Analysis 结构来获取对应的元数据。这里列举几项具体的分析工作。

1）**数据源信息读取：** 包括表、视图、物化视图的表信息 TableHandle，列信息 ColumnHandle，以及对应的表元数据 TableMetadata，列元数据 ColumnMetadata。查询这些元数据信息一方面是为了将其应用于后续的执行计划生成，另一方面用于语义检查。

2）**语义检查**：有很多SQL规则是需要上下文信息共同维护的，包括对多节点的内容进行联合比对。比如SELECT语句的非聚合函数列是否和GROUP BY语句匹配，该约束在语法分析中由AggregationAnalyzer进行检查，这些是语法分析做不了的。为了防止出现意想不到的Bug，引擎的各个组件都会不遗余力地检查SQL正确性。

3）**语义理解**：包括消除歧义以及语法糖展开等操作。

- a.b，指的是a表的b列还是RowType类型a列的b字段？语法规则可能会产生二义性，语义分析阶段需要解决这些问题。
- select * from xxx，把 * 展开至所有列。

4）**元数据分析**：所有下游需要的信息都会在语义分析阶段记录下来，内容非常多，这里仅列举几条，详细信息可以参考Analysis.java对象。

- **数据域（Scope）分析**：每个关系节点当前可用的列信息，通过自底向上的方式计算出来。
- **聚合函数分析**：收集每个QuerySpecification结构的聚合函数。
- **类型分析**：对表达式结构Expression.java的每个节点进行自底向上的类型推导，其中包含隐式转换信息的记录。
- **函数解析**：表达式的内容包括函数调用和操作符，本质上都可以看作函数调用。引擎需要分析与抽象语法树对应的函数结构FunctionCall.java是否存在，参数类型是否匹配等。该流程会在后文介绍自定义函数（UDF）的时候讲解。

语义分析阶段有两个核心的分析器StatementAnalyzer和ExpressionAnalyzer，一个用于分析Statement对象，一个用于分析Expression表达式对象。上文提到的类型分析、函数解析就是在ExpressionAnalyzer中完成的。它们的关注点不一样，这也是语法树节点为什么会有不同的抽象类。其中Statement构成了SQL的整体框架，每个Statement的子节点都会借助Expression来描述具体的计算逻辑，它们共同完成一个SQL的功能描述。比如Select.java语法树节点，它描述了对当前关系的投影变换。Select.java的selectItems变量存储了每个列的表达式，关系如图4-6所示。

限于篇幅我们仅针对3个方向进行讲解。其一是数据域，它建模了一个关系里面所有可用的列信息，在后续流程中被频繁使用。其二是数据源信息读取，它是通过连接器获取元数据的过程，它对应了《Trino权威指南》中提及的MetadataAPI。其三是语义理解，它是语义分析中很典型的功能，处理有歧义的情况，为后续的执行计划铺平道路。

1. 数据域分析

Scope.java是StatementAnalyzer.java访问者的返回值，它表示当前抽象语法树节点能被引用的列信息，这里称为数据域。它的用途是记录可用的列信息，在语义分析中用来验证列名字符串是否存在于数据域中（合法性校验）。这里有3个核心类，Field、RelationType、Scope，它们是包含关系，如图4-7所示。

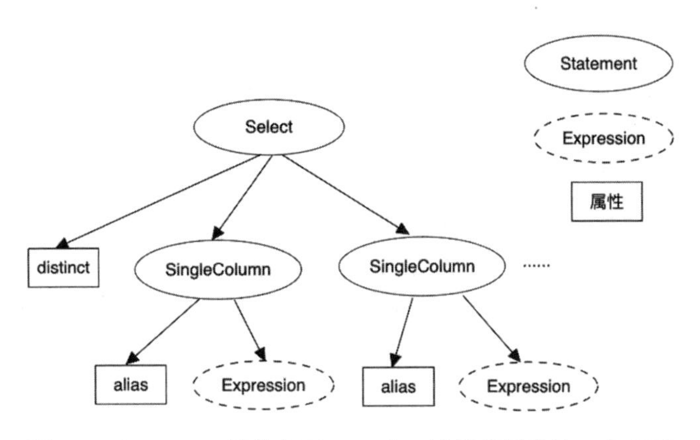

图 4-6　Statement 结构与 Expression 结构共同描述一个 SQL

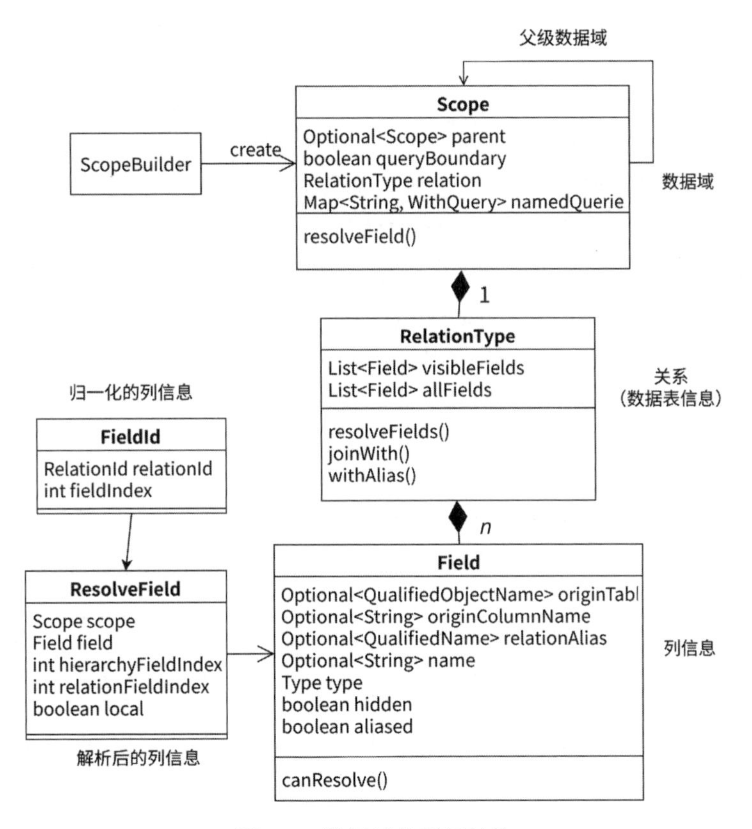

图 4-7　数据域的类图结构

- 列信息用 Field.java 表示，它不仅包含了列名 Name、类型信息 Type，还包含了所属关系的别名 relationAlias。比如 Join.java 节点，可以引用两个子关系的列，这个时候需要加上子表的名称才能构成唯一标识符。
- RelationType 表示当前节点的关系，底层是 Field 列表，它封装了所有对关系的操作，是一个工具类。

- Scope 建模了更复杂的情况，对于关联子查询等特殊场景（如 semi-join/lateral join），除了当前的关系，还能引用外层的关系。通过 parent 字段（父级数据域）可以建模这种情况，验证字段合法性的时候可以查找父级数据域来判断字段是否存在。比如《Trino 权威指南》提到，region 和 nation 这两个关系分别有各自的数据域，但是 region 所在域的 parent 指向了 nation 域。所以第三行的子查询不仅能使用 region 表的列，还能使用外层 nation 表的列。

```
-- schema 为 tpch.sf1
SELECT
    (SELECT name FROM region r WHERE regionkey = n.regionkey) -- 表达式是一个子查询
        AS region_name,
    n.name AS nation_name
FROM nation n
```

另外，CTE（Common Table Expression，公共表表达式）特性使得查询中可以使用一些自定义的视图（表），通过 namedQueries 可以记录这些信息，注意它用来验证“表名字符串”是否合法，不是用来验证列信息的。

数据域的核心功能是识别语法结构中的列字符串，判断它是否是一个合法的列引用（ColumnReference）信息。该过程主要发生在表达式分析器 ExpressionAnalyzer.java 的 visitIdentifier() 方法和 visitDereferenceExpression() 方法中，它们用来分别判断字符串和带“.”分隔符的字符串是否合法。识别动作的入口是 Scope.resolveField() 函数，Field 的名称包括列名以及底层关系名或者关系别名。假设数据目录名称是 a，数据库名称是 b，表名称是 table_x，该表包含一个列名为 col1 的列，那么表 4-1 所示的列名可能都是合法的，这取决于 SQL 中实际的表名。大家可以测试下，在没有别名的情况下，如果表名是 a.b.table_x，那么表 4-1 所示第 2～4 行都是合法的列引用。

表 4-1 不同列名称的解析过程

列名称	语法树结构	字段名	Field.relationAlias	备注
col1	Identifier.java	col1	空	不包含限定名，在 JOIN 的情况下可能会有歧义
table_x.col1	DereferenceExpression.java	col1	table_x	表名作为前缀限定
b.table_x.col1	DereferenceExpression.java	col1	b.table_x	数据库、表名作为前缀限定
a.b.table_x.col1	DereferenceExpression.java	col1	a.b.table_x	数据目录、模式、表名作为前缀限定
t1.col	DereferenceExpression.java	col1	t1	如果表的别名是 t1，那么该名称是合法的

2. 数据源信息读取

对于查询类的 SQL 语句来说，元数据读取主要发生在 Table.java 节点，Presto 引擎需要获取以下信息。

- TableHandle.java：通过连接器获取表的数据结构，它的内容和底层数据源有关。Presto 仅定义了一个抽象的 ConnectorTableHandle.java 接口，里面的内容为空。Presto 的代码注释中没有解释一个 TableHandle 到底需要用在哪些场景，只能通过它作为入参出现的地方去反推。比如 PageSourceProvider.createPageSource() 是 Presto 建模的数据读取接口，里面就有 TableHandle 作为入参，所以它需要包含数据表读取所需的内容。
- ColumnHandle.java：通过连接器获取当前表的列信息，和 TableHandle 一样它也是一个抽象的定义。这两个 Handle 具体的含义可以参考后续介绍连接器插件的部分。
- **元数据信息**：包括 ConnectorTableMetadata.java 和 ColumnMetadata.java，二者分别是表、列的元数据信息，主要包括名称、类型、注释、属性。列的类型信息（Type.java）是最底层的类型，它是 Presto 定义的类型信息。Field.java 的类型信息就是从元数据获取的。

3. 语义理解

语义分析需要正确地理解表达式含义，处理有歧义的逻辑并提供归一化的数据结构，尽量为下游的执行计划模块屏蔽语法细节。Presto 的列名和 RowType 的子字段其实代表不同的语义，但是复用了相同的语法结构 DereferenceExpression.java。

这里讲解 DereferenceExpression 节点的语义理解过程。Presto 中的 Dereference 表示类似 x.y.z 这样的表达式，包含至少一个“.”分隔符，参考 g4 文件的定义 base=primaryExpression '.' fieldName=identifier，其中 Suffix 是标识符类型，Prefix 可以是任意表达式类型。

对于 x.y.z 这样的 DereferenceExpression.java 结构，可以表示为以下几种情况。

情况 1：数据库为 x、表为 y、列为 z 的列名（如果一个语法结构指向一个列名，那么它是一个 ColumnReference）。

情况 2：x 表 y 列的 z 字段，其中 y 列是 RowType 类型（类似于 Hive 的 Struct 结构）。

情况 3：x 列的 y 列的 z 字段，x 列和 y 列都是 RowType 类型。

因为存在上述多种情况，所以第一步尝试获取该结构的 QualifiedName，此时的 DereferenceExpression 需要满足每一段都是标识符，这样才可能是一个列引用。针对 QualifiedName 非空的情况使用数据域的 tryResolveField() 方法识别当前字段，有如下 3 种可能。

- 列引用识别成功，命中刚刚提到的情况 1。
- 未能识别到列引用，此时调用数据域的 isColumnReference() 判断表达式的所有 Prefix 前缀子集是否能识别为列引用，即情况 2、3。
  - 识别成功，则进入下方主逻辑，调用 process() 递归处理 base 部分的语法结构。

❍ 识别失败，说明当前的DereferenceExpression非法，抛出异常。

```
// 文件名: ExpressionAnalyzer.java
public class ExpressionAnalyzer  {
    ...
    @Override
    protected Type visitDereferenceExpression(DereferenceExpression node, Stacka
        bleAstVisitorContext<Context> context) {
        // 尝试转换成 QualifiedName，这种情况要求每个部分必须是标识符
        QualifiedName qualifiedName = DereferenceExpression.getQualifiedName
            (node);

        // 如果这个 Dereference 结构看起来像带有库表限定的列名，先尝试匹配到列
        if (qualifiedName != null) {
            Scope scope = context.getContext().getScope();
            // 尝试识别该字段
            Optional<ResolvedField> resolvedField = scope.tryResolveField(node,
                qualifiedName);
            if (resolvedField.isPresent()) {
                return handleResolvedField(node, resolvedField.get(), context);
            }
            if (!scope.isColumnReference(qualifiedName)) { // 是一个非法的结构
                throw missingAttributeException(node, qualifiedName);
            }
        }
        // 前缀存在列引用，进入递归解析

        Type baseType = process(node.getBase(), context); // 递归分析 base 结构
        if (!(baseType instanceof RowType)) {
            throw semanticException(TYPE_MISMATCH, node.getBase(), "Expression %s
                is not of type ROW", node.getBase());
        }

        RowType rowType = (RowType) baseType; // baseType 一定是 RowType
        String fieldName = node.getField().getValue(); // 根据 fieldName 确定子列名称

        Type rowFieldType = null;
        for (RowType.Field rowField : rowType.getFields()) { // 验证 fieldName 是否真
            的存在
            if (fieldName.equalsIgnoreCase(rowField.getName().orElse(null))) {
                rowFieldType = rowField.getType();
                break;
            }
        }

        if (rowFieldType == null) {
            throw missingAttributeException(node, qualifiedName);
        }
```

```
        return setExpressionType(node, rowFieldType);
    }
}
```

4.1.3 生成初始逻辑执行计划

语法分析生成了抽象语法树，语义分析通过查询元数据和进一步解析生成了一个Analysis.java 元数据对象。那么在生成初始逻辑执行计划的过程中发生了什么呢？这里将以 SQL-21 为例子进行讲解，通过这个聚合计算的 SQL 来说明执行计划的原理。

```
SELECT
    ss_store_sk,
    SUM(ss_sales_price) AS sales_price
FROM store_sales
WHERE ss_item_sk = 13631
GROUP BY ss_store_sk;
```

语义分析、执行计划是两套不同的体系，理论上是相互独立的，各自演进。执行计划本质上是一种中间表达式（Intermidiate Representation，IR），一种偏底层的描述语言，还是一种树状结构。IR 使得优化器能够对 SQL 更好地进行优化。PlanNode.java 类是所有执行计划节点的父类，它定义了 IR 结构的通用方法。生成初始逻辑执行计划就是遍历 AST（抽象语法树），结合 Analysis 元数据生成 IR 的过程。优化器则是按照某些优化规则修改执行计划树的过程，流程如图 4-8 所示，这里分别用圆形和正方形来表示 AST、IR 的节点，表示它们有着本质区别。

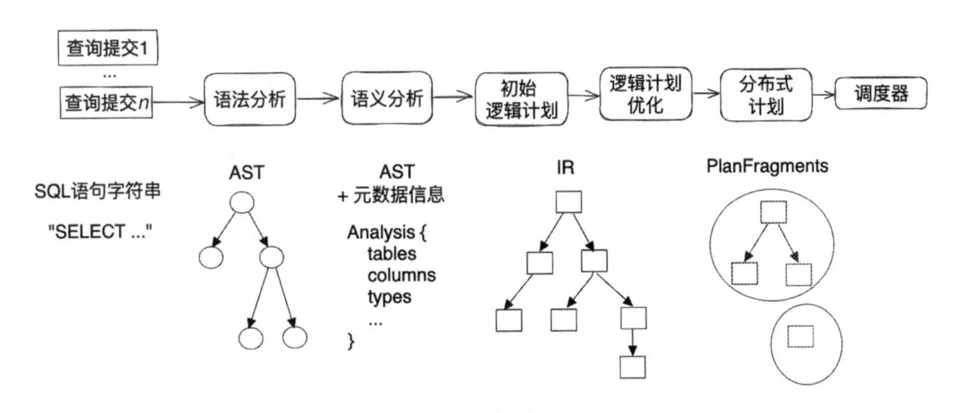

图 4-8　执行计划生成流程图

初始逻辑执行计划整体上在做如下两件事情。

- Statement 结构转换：本质上是 AST 到 IR 结构的转变。结合语义分析阶段的 Analysis 结构，Presto 通过访问者模式自底向上把 AST 结构转换成不同的（PlanNode）结构。

- ❑ Expression改写：对Expression结构进行重写，把变量名替换成Symbol.java唯一标识符，同时保留元数据信息，将ResolvedFunction信息编码到函数名称中。

这不是独立发生的两件事情，Statement结构的转换会伴随着Expression的改写，只不过Expression的处理方式比较特别。

1. Statement结构转换

AST是对SQL文本的翻译，它与底层的执行逻辑还有一定距离。比如SQL-21，这个简单的语句，从文本的角度来看既不是从上往下执行，也不是从下往上执行，所以需要把AST翻译成更贴近执行逻辑的中间结构。

AST的核心骨架是Statement结构，SQL语句最外层是Query.java，通过追踪LogicalPlanner.java的代码可以定位到createRelationPlan()函数，它也是基于访问者模式来生成初始执行计划的。这里依赖两个核心类来完成执行计划的生成。

- ❑ RelationPlanner：一个访问者，它专门处理关系结构之间的运算，比如关联JOIN（连接）、集合Union（合并）、底层表、表抽样等关系类型。
- ❑ QueryPlanner：对单个关系进行的变换操作，它包括过滤、投影变换、聚合、窗口函数、排序、分页等操作，核心就是把QuerySpecification结构包含的操作转成执行计划节点。

```
private RelationPlan createRelationPlan(Analysis analysis, Query query) {
    return new RelationPlanner(analysis, symbolAllocator, idAllocator, buildLamb
        daDeclarationToSymbolMap(analysis, symbolAllocator), metadata, Optional.
        empty(), session, ImmutableMap.of())
            .process(query, null);
}
```

RelationPlanner和QueryPlanner之间是相互嵌套调用的，遇到Relation.java就会调用RelationPlanner，遇到Query.java就会使用QueryPlanner。Presto的这种功能划分其实不是唯一的，它有它的道理，了解二者之间的关系有助于理清生成执行计划的脉络。

2. Expression改写

Presto引擎的核心模块间存在耦合的情况，虽然AST和IR有着本质的区别，但是具体到Expression结构（Expression.java的子类），由于它表达的是一种逻辑运算，所以表达式在语法树和执行计划之间是复用的。语法分析生成的Expression结构一直被沿用至执行阶段，如图4-9所示。

IR用Symbol.java作为全局唯一标识符来代替AST里面的变量名。AST中的变量名有很多表示方法，可能会出现重复，比如a+1 as a。虽然AST把SQL结构化成语法分析树，但AST的表达式只有人能够理解，**OLAP引擎还不能理解表达式之间变量的引用关系**，比如t.col_a或col_a指代的是哪一列，OLAP引擎无法解决。

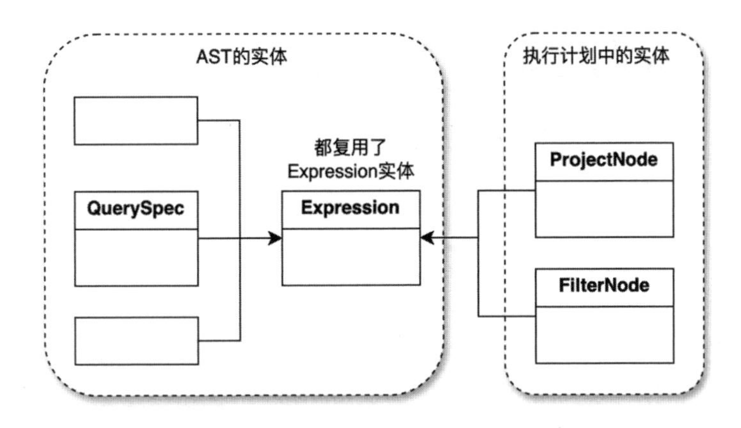

图 4-9　AST 和执行计划之间复用 Expression 结构

为了复用 AST 的 Expression 结构，Presto 为 Symbol.java 引入了一个 SymbolReference 表达式，它表示的是一个内部符号（Symbol），以取代 AST 里面的 Identifier 等变量名。内部符号本质就是字符串，它是唯一标识符，全局唯一。Symbol 的生成逻辑位于 SymbolAllocator.java 中，它的命名规则有一定的规律，能够给开发者提供一些信息，感兴趣读者可以自行研究。

```
// 文件名：Symbol.java
public class Symbol implements Comparable<Symbol> {
    private final String name;
    public static Symbol from(Expression expression) { // Expression 转 Symbol
        // 必须是 SymbolReference 类型的表达式
        checkArgument(expression instanceof SymbolReference, "Unexpected
            expression: %s", expression);
        return new Symbol(((SymbolReference) expression).getName());
    }

    @JsonCreator
    public Symbol(String name) { // 生成 Symbol，name 是唯一的
        requireNonNull(name, "name is null");
        this.name = name;
    }

    public SymbolReference toSymbolReference() { //Symbol 转 Expression
        return new SymbolReference(name);
    }
    ...
}

// 文件名：SymbolReference.java
// Symbol 的 wrapper，复用 Expression 体系
```

```
public class SymbolReference extends Expression {
    private final String name;
    public SymbolReference(String name) {
        super(Optional.empty());
        this.name = name;
    }
    ...
}
```

这里执行计划会用到如下两种元数据信息。

- 表达式的类型信息，即 Presto 的 Type.java，通过一个 TypeAnalyzer.java 工具类在执行计划期间重新进行语义分析来获取 Expression 类型信息。
- 函数元数据信息 ResolvedFunction，在语义分析阶段通过函数解析获取，参考 ExpressionAnalyzer.visitFunctionCall() 方法，后续常量折叠等优化器需要用到它。该信息直接通过序列化 +ZSTD（一种压缩算法名称）压缩 +BASE32 编码的方式集成到函数名称的字符串中。

3. 使用 PlanNode 表达逻辑执行计划

无论是初始逻辑执行计划还是优化后的逻辑执行计划，每个节点都是一个树状结构，每个节点都是 PlanNode.java 的子类，整棵树从输出节点逐步指向输入节点，所以每个节点只会有一个父节点。注意这里和数据的流向是相反的，执行计划树里面的父节点从数据流动的角度来说是数据的下游，可能对初学者造成混淆。后面我们提及的上游、下游都是从数据流的角度来说的。以本节的 SQL-21 为例，EXPLAIN 语句返回的逻辑执行计划如图 4-10 所示。注意，这里是优化后的执行计划。

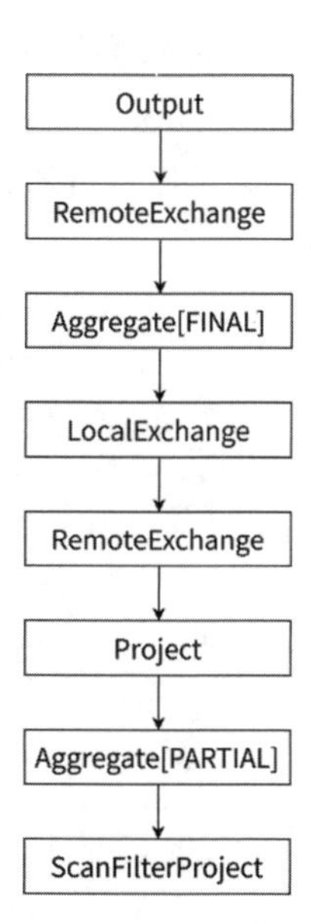

图 4-10 SQL-21 的逻辑执行计划

下面简单介绍执行计划节点的父类 PlanNode.java，以及几个常见的执行计划节点。每个节点的类型都是执行计划节点的子类型，它是一个抽象类，包含如下几个核心函数。

- getSources()：用于遍历执行计划，它会返回当前节点的子节点（从数据流向的角度看，子节点是数据的上游）。
- replaceChildren()：替换子节点，在访问者模式中递归生成新的执行计划。
- getOutputSymbols()：向父节点提供的字段集合，类型是 Symbol.java。
- accept()：访问者模式的通用接口，执行计划节点的访问者父类是 PlanVisitor.java。

```
public abstract class PlanNode {
    private final PlanNodeId id; /// 唯一 ID
    protected PlanNode(PlanNodeId id) {
        requireNonNull(id, "id is null");
```

```
        this.id = id;
    }

    // 获取下游节点，访问者模式经常使用该方法遍历执行计划树
    public abstract List<PlanNode> getSources();
    // 该节点输出的字段，Symbol 类型
    public abstract List<Symbol> getOutputSymbols();
    // 将下游节点替换为新的节点会导致上游节点递归创建新的节点
    public abstract PlanNode replaceChildren(List<PlanNode> newChildren);
    // 访问者模式的通用接口，用于通过不同的方式遍历逻辑执行计划树
    public <R, C> R accept(PlanVisitor<R, C> visitor, C context) {
        return visitor.visitPlan(this, context);
    }
}
```

下面列举一些常见的执行计划节点子类型。

1）TableScanNode：**数据读取节点**。一个 TableScanNode 代表一个底层数据源的读取操作，核心是如下 3 个变量。

- TableHandle：描述了如何读取一张表，里面包含了这个数据的位置信息，以及下推后的元数据信息，比如 Limit 下推、聚合下推等信息。
- outputSymbols：当前节点提供的输出列，父类的重载方法 getOutputSymbols() 会返回这个变量。
- assignments：记录了数据源的列信息到 Symbol 的映射关系。ColumnHandle 建模了一个数据列，它可能存储额外的信息。比如 ProjectionPushDown 优化会裁剪复合列的读取，它仅读取复合结构中所需的子列，Hive 连接器把这个信息记录在 HiveColumnHandle 中。注意这里的 Symbol 并不对应某个表达式结构，因为这里已经是 Symbol 血缘关系的最上游，其他 Symbol 都是通过重写表达式生成的。

2）FilterNode：**数据过滤节点**。FilterNode 对应了 WHERE 语句的数据过滤结构，它是一个表达式，记录在 predicate 变量中。source 变量存储了上游的节点引用。结合前面提到的 Symbol 替换操作和上游节点的 getOutputSymbols() 函数可以知道，在生成 FilterNode 的时候会把 predicate 表达式中的变量替换成上游的 Symbol，这样表达式结构就从 AST 结构转换成 IR 结构了，引擎也就知道这个 Symbol 是从哪里来的，所以 Symbol 本质上是一种血缘信息。

3）ProjectNode：**投影变换节点**。投影变换节点是很常见的节点，可以对应 SELECT 语句中的变换操作，在引擎中也承担了很多非用户指定的转换操作，这些转换也是表达式结构。它的核心结构是 Assignments.java，它使用了一个哈希表来记录与投影变换表达式对应的输出列（同样是 Symbol 类型）。

4）ExchangeNode：**数据交换节点**。ExchangeNode 用来描述数据交换的相关参数。它的地位很特殊，仅存在于逻辑执行计划阶段，后续分布式执行计划生成的时候，

Fragmenter.java 会依据该节点切分成多个查询执行阶段（Stage）。

5）AggregationNode：**聚合操作节点**。它专门处理当前查询结构的所有聚合操作，第7章、第8章将对其进行详细介绍。

4.2 执行计划优化的目的、基本原理和基础算法

4.2.1 执行计划优化的目的

SQL 查询优化在 OLAP 应用当中至关重要，因为 SQL 是一种声明式（Declarative）的编程语言，一般的编程语言描述的是程序执行的过程，SQL 描述的是问题或者需要的结果，具体的执行步骤则交由程序自己决定。

从使用的角度，SQL 作为一种可以被非技术人员快速入手的编程语言，主要优点在于即使用户因不了解数据库内部的实现细节而写出十分糟糕的查询语句，只要表达的意思准确清楚，数据库就可以将其转化为合理的执行方案并高效返回结果，从而极大地降低了使用门槛。因此一个好的查询优化器，也是关系型数据库重要的卖点之一。

从技术的角度来说，通过对用户输入的查询进行优化，实现更优的执行步骤规划，数据库可以实现更快的执行和更少的 IO 消耗，从而节约资源提高性能。

4.2.2 执行计划优化的基本原理

SQL 作为一项图灵奖级别的发明，其重要意义不仅是发明了一种可以用作数据查询的语言，更重要的是发明了关系代数（relation algebra）这一工具，使得计算机理解和处理查询的语义更加方便。SQL 查询语句的优化也是基于关系代数这一模型进行的。

所谓关系代数，是 SQL 从语句到执行计划的一种中间表示。首先它不是单纯的 AST，而是一种经过进一步处理得到的中间表示，可以类比一般编程语言的中间语言（intermidate representation）。SQL 优化的本质是对关系代数的优化。

关于关系代数的具体内容这里不再赘述，我们直接来看一个例子。假设我们有如下的 SQL。

```
SELECT pv.siteId, user.nickame
FROM pv JOIN user
ON pv.siteId = user.siteId AND pv.userId = user.id
WHERE pv.siteId = 123;
```

上述 SQL 假定我们有两个数据表 pv 和 user，前者记录了用户的访问数量信息（PV），后者记录用户信息。这两张表可以使用 siteId 和 userId（user.id）联立合并起来，这样我们就既可以查到用户的 PV 信息，又可以将 PV 信息对应到用户信息。

将上述 SQL 表示成关系代数，可能是如图 4-11 所示的形式。

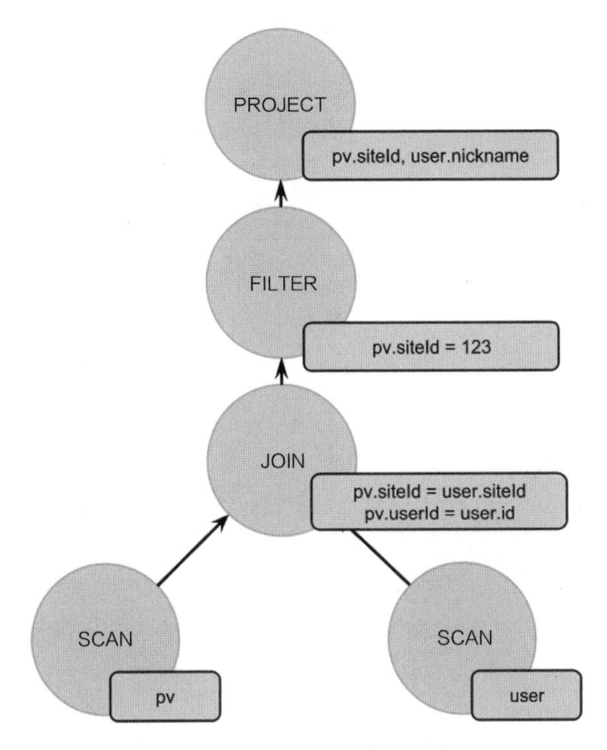

图 4-11　SQL 到关系代数的表达

由图 4-11 可以看到，上述关系代数将 SQL 表示成树形的结构，树形结构的叶子节点是 SCAN 算子（数据读取），负责从存储设备读出表中的信息。之后两个表的数据被输送到 JOIN 算子中实现合并计算。JOIN 操作后得到的数据又被输入一个 FILTER 算子（数据过滤）中执行 WHERE 语句的条件（即过滤操作）。最后的顶层算子是 PROJECT 算子（投影变换），这个算子可以将输入数据当中的指定列取出，也可以对这些列进行重命名。

显然，关系代数本身在一定程度上体现了 SQL 查询的计算方案。一般来说，实际的数据库实现还存在逻辑代数处理阶段和物理实现处理阶段，这两个阶段使用的算子不同。数据流动也存在拉（pull）模式和推（push）模式两种。在这里我们先忽略对这些信息的讨论，单纯研究如何通过关系代数优化执行方案。

观察上述关系代数的表示，我们发现最终的结果只需要使用到 pv.siteId、pv.userId、user.id 和 user.nickname 四列数据。即使我们的表有几十列其他的数据，也对最终的结果没有影响。将这些表的其他列读取出来向上传输和计算是一种浪费。如果我们的表支持只高效地读取需要的列，那么一定会大大提高性能。图 4-12 描述了这种变换。

通过只读取特定列可减少 IO 损耗，增加执行性能，这正是现今流行的列式储存的优点。

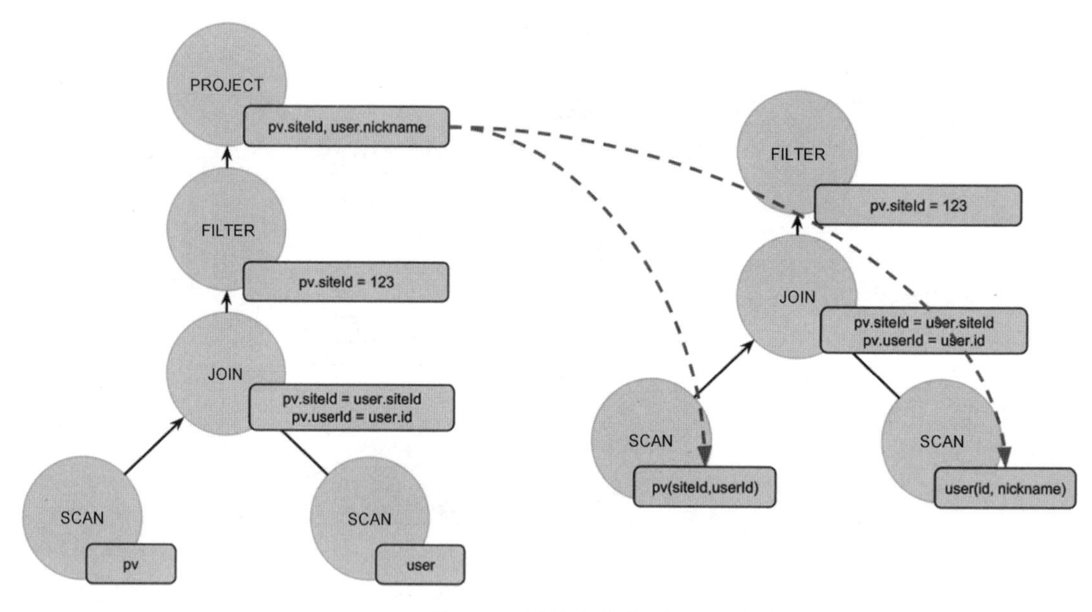

图 4-12 只读取特定列

继续观察我们的关系代数树可以发现，对于 pv 表有一个条件过滤操作。假设我们的 pv 表在 siteId 这一列创建了索引，或者这个表就是按照这一列的值分散储存的。在这种情况下，显然我们可以做到在进行遍历操作的时候直接找到对应 siteId 所在的区域，只读取符合匹配条件的数据，如图 4-13 所示。

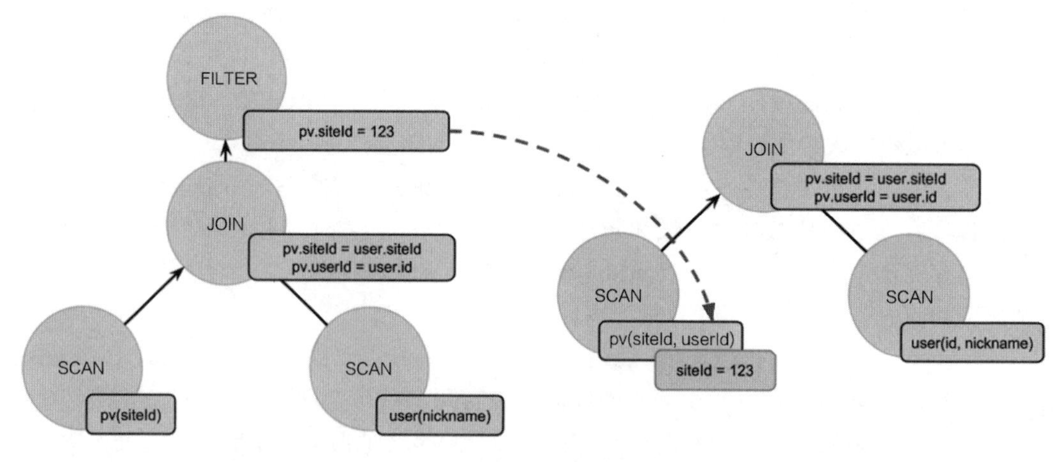

图 4-13 数据过滤 / 谓词下推

图 4-13 描绘的变换称为数据过滤 / 谓词下推，是普遍应用在各种文件储存格式（如 ORC、Parquet）和各种 SQL 数据引擎（Hive、Kylin）上的查询优化方式。

通过上面的几步，我们成功将最初的关系代数模型化简为一种更为简单高效、实际效果却完全一样的关系代数，实现了我们进行查询优化的目的。

总结使用关系代数进行查询优化的要点，具体如下。

- SQL 查询可以表示成关系代数。
- 关系代数作为一种树形结构，实质上也可以表示查询的物理实现方案。
- 关系代数可以进行局部的等价变换，变换前后返回的结果不变，但执行的成本不同。
- 通过寻找执行成本最低的关系代数表示，就可以将一个 SQL 查询优化成更为高效的方案。

此外，很重要的一点是：实现关系代数的化简和优化，要依赖数据系统的物理性质，如存储设备的特性（顺序读性能、随机读性能、吞吐量）、存储内容的格式和排列（列式储存、行式储存、对某列进行分片）、包含的元数据和预计算结果（是否存在索引或物化视图）、聚合和计算单元的特性（单线程、并发计算、分布式计算、特殊加速硬件）。

综上所述，对 SQL 查询进行优化，既要在原先逻辑算子的基础上进行变换，又要考虑物理实现的特性，这就是很多查询系统存在逻辑方案和物理方案区别的原因。在优化时，往往存在一个从逻辑方案到物理方案进行变换的阶段。

事实上，从逻辑方案到物理方案的变换也可以划归为一种关系代数的优化问题，因为其本质仍然是按照一定的规则将原模型当中的局部等价地变换成一种可以物理执行的模型或算子。一个最简单的例子就是 JOIN 方案的选择，如图 4-14 所示。

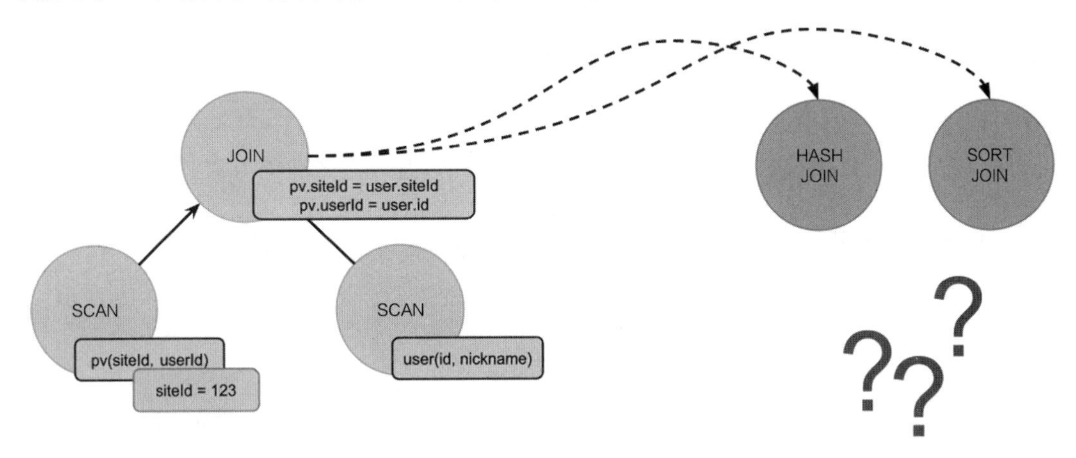

图 4-14　JOIN 物理实现的选择

如图 4-14 所示，JOIN 算子只描述了两个表需要进行 JOIN 操作，但是并没有指定 JOIN 的实现方案。右边的 HASH JOIN（哈希关联）和 SORT JOIN（排序关联）代表着 JOIN 操作的两种不同的实现方案。两种方案在不同的场景下各有优劣，需要根据实际输入数据的特点进行选择。尽管是从逻辑算子到物理算子的变换，基本原理仍然是根据一定的规则进行代数关系变换，与逻辑算子之间的代数关系变换并无本质差别。

另一种具有代表性的优化方案是 SORT（排序）算子与 LIMIT（行数限定）算子同时出现的查询实现方案。假设一个查询会将数据进行排序，然后取最高的几个值。当取得的值比较少的时候，显然可以采取一定的措施避免对全部数据进行排序（使用堆缓冲等）。鉴于排序是一种耗费资源很多的操作，对其进行优化很有价值。如图 4-15 展示了一种优化方法。

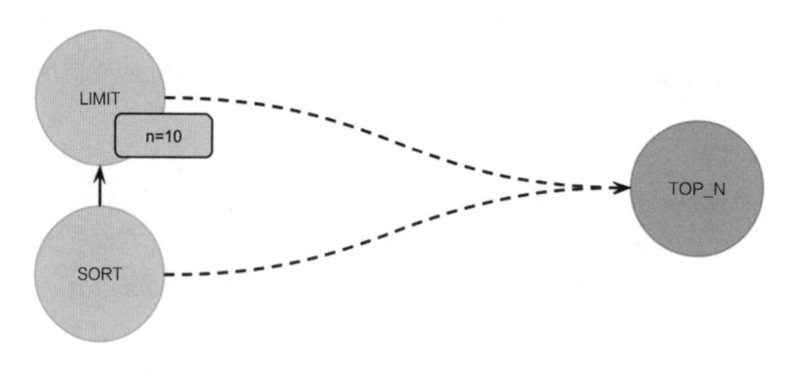

图 4-15　关系代数的等价变换——TopN 优化

图 4-15 所示优化证明了进行关系代数的变换时，往往不一定是一对一的关系。很多情况下可以将多个算子合并成一个算子。实际上将一个算子拆分形成多个算子的场景也是有的。

4.2.3　执行计划优化的基础算法

1. 基于规则的优化算法

前文探索了对 SQL 语句进行优化的过程。将这一过程以形式化的方式的总结出来就得到了基于规则的优化方法。

基于规则的优化方法的要点在于结构匹配和替换。应用规则的算法一般需要先在关系代数结构上匹配局部的结构，再根据结构的特点进行变换乃至替换操作，如图 4-16 所示。

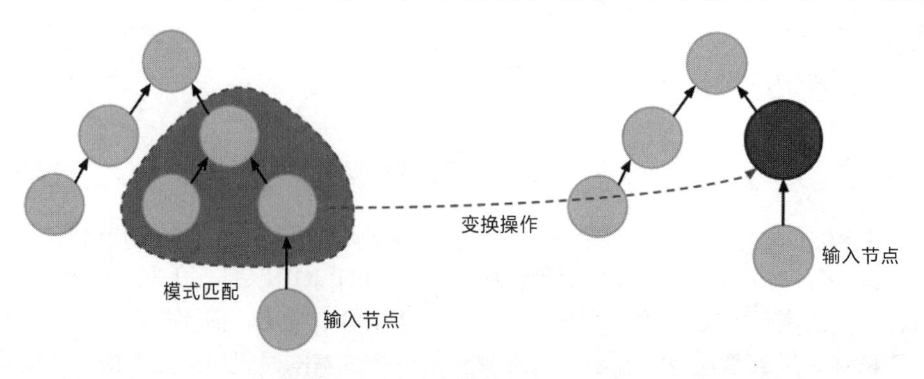

图 4-16　结构匹配和变换（或替换）

值得注意的是，由于转换规则“保持关系代数语义不变”的大前提没有改变，因此被匹配的部分即使内部结构完全被替换，它跟外部的接口也要保持一致。

- 向上输出的数据内容和类型不变。
- 下层接受输入的数量和数据类型不变。

2. 基于成本的优化算法

基于规则的优化算法在实际使用中仍然面对很多问题：

- **变换规则的选择问题：**哪些规则应该被应用？以什么顺序被使用？
- **变换效果评估的问题：**经过变换的查询性能是否会变好？多种可能的方案哪个更优？

对于上述问题，不同的算法给出了不同的答案。最朴素的方法是人工定义一些规则的优先级，每次按照固定的优先级选择规则进行变换直到最后得到结果。这种方法往往无法得到最优的方法，灵活性也比较差。

现阶段主流的方法都是基于成本估算的方法。也就是说，给定某一关系代数代表的执行方案，对这一方案的执行成本进行估算，最终选择估算成本最低的方案。虽然被称为基于成本估算的方法，但这类算法仍然往往要结合规则进行方案探索。也就是说，基于成本的方法其实是通过不断的应用规则进行变换得到新的执行方案，然后对比方案的成本优劣进行最终选择，如图 4-17 所示。其中，每一次关系代数的变换都是由于应用了不同的规则，应用了某一规则之后还可以应用其他规则，直到所有变化都被穷尽了为止。对于每一种方案我们都可以计算得到一个估算的成本，如果可以计算出所有可能的变化，我们就可以得到最优的方案。

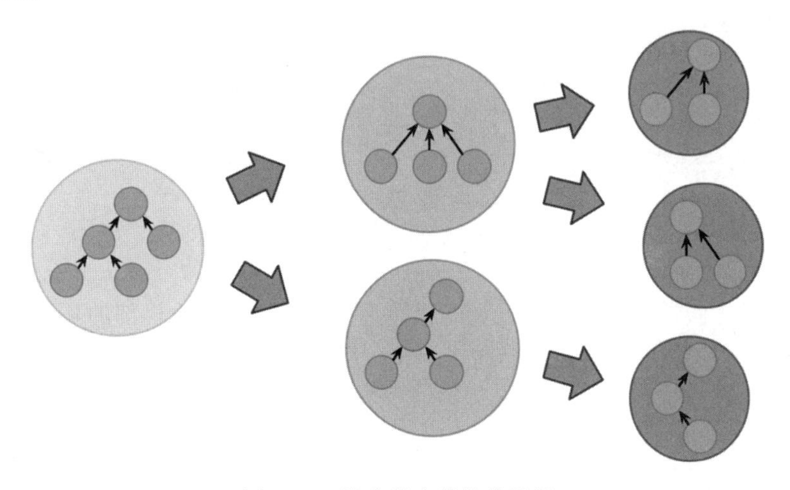

图 4-17　搜索潜在的优化路径

显然，不重复地遍历所有不同的关系代数表示，这本身就是一个棘手的算法问题，即使实现了这样的枚举功能，其巨大的搜索空间也会消耗很多算力——查询优化本身是为了提高查询性能，如果优化算法本身的性能堪忧，则执行这一步骤的意义就消失了。

接下来讨论一种可以较好地解决上述问题的系统——Volcano Optimizer（火山优化器）。

Volcano Optimizer是一种基于成本的优化算法，其目的是基于一些假设和工程算法的实现，在获得成本较优的执行方案的同时，可以通过剪枝和缓存中间结果（动态规划）的方法降低计算消耗。这里所述Volcano Optimizer代指Goetz Graefe论文里的Volcano和Cascades两种算法。这两种算法是一脉相承的关系，基本思想是一样的。另外，很多有关Volcano Optimizer的相关信息其实是由Cascades相关的论文总结和介绍的。

（1）成本最优假设

成本最优假设是理解Volcano Optimizer实现的要点之一。这一假设认为，在最优的方案当中，取局部的结构来看其方案也是最优的。

成本最优假设利用了贪心算法的思想，在计算的过程中，如果一个方案是由几个局部区域组合而成的，那么在计算总成本时，我们只考虑每个局部目前已知的最优方案和成本即可。

换句话说，在Volcano Optimizer算法下，图4-18所示的关系代数的计算成本，大体上正比于各个部分计算成本的和。这一假设不仅适用于单个算子节点之间（图4-18左侧），也适用于子树之间和被规则匹配的区域内外（图4-18右侧）。

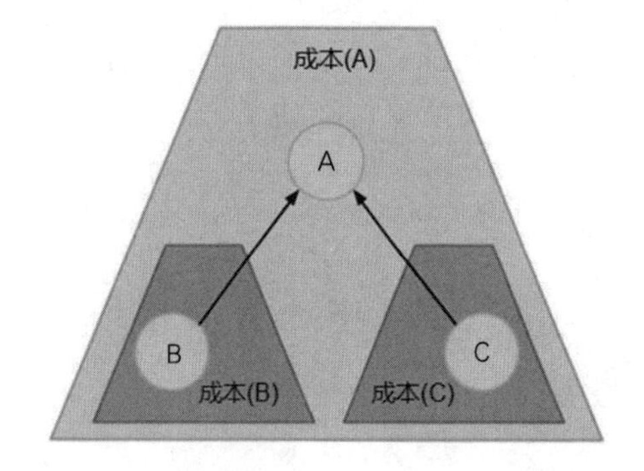

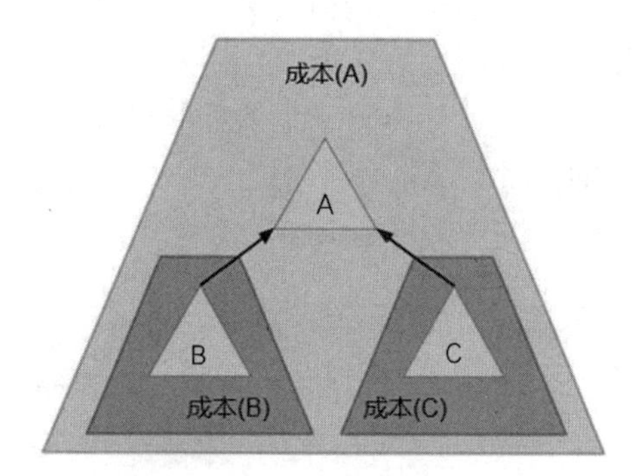

图4-18 成本的计算方式

对于成本最优假设的另一种更直观的描述是，如果关系代数局部的某个输入的计算成本上升，那么这一子树的整体成本趋向于上升，反之则会下降，即在图4-18右侧的基础上可以得到如下结果：

$$Cost(A) \sim Cost(B)+Cost(C)$$

上述假设对于大部分关系代数算子都是有效的，但是并非百分之百准确。

（2）动态规划算法与等价集合

由于引入了成本最优假设，在优化过程中就可以对任意子树目前已知的最优方案和最优成本进行缓存。在此后的计算过程中，如果需要利用这一子树，可以直接使用之前缓存的结果。这里应用了动态规划算法的思想。

要实现这一算法，只需要建立缓存结果到子树双向映射。某一棵子树所有可能的变换方案组成的集合称为等价集合（Equivalent Set），等价集合将会维护自身元素当中具有最优成本的方案，如图 4-19 所示。

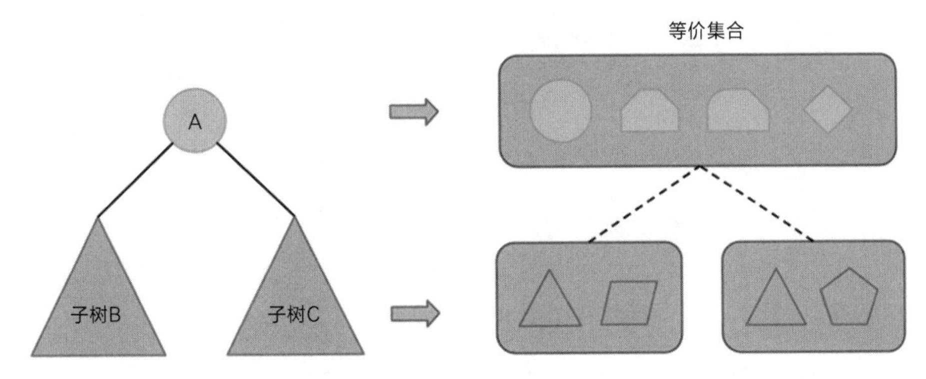

图 4-19　等价集合变换

对每一棵子树都枚举其等价集合的内容会十分耗费资源。实际上对于某一棵以 A 为根节点的子树来说，我们只关心 A 本身和包含 A 的匹配内的节点。对于 A 和包含 A 的匹配之外的部分，我们可以直接链接到子树对应的等价集合当中。基于成本最优假设，在计算方案成本的时候，还可以直接从这些部分的等价集合中选取最佳方案。

假设从 A 起，可以应用两种不同的变换规则，如图 4-20 所示，则除了 A 本身和规则匹配到的部分，其他部分的计算就可以通过递推的方式实现。

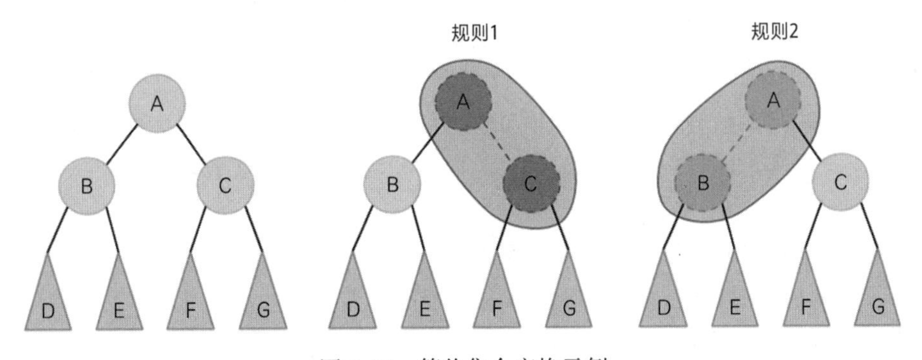

图 4-20　等价集合变换示例

具体来说，对应图 4-20 所示 3 种情况，分别计算等价集合的元素。

- A 节点结合 B、C 节点等价集合的最优元素和成本。
- A、C 转换后的节点结合 B、F、G 节点对应等价集合当中的最优元素和成本。
- A、B 转换后的节点结合 C、D、E 节点对应等价集合当中的最优元素和成本。

A 所代表的子树对应的最优方案就是从上述 3 种方案中选取的。

通过链接到子树优化方案的技巧，我们的算法缩减了状态空间，节省了计算量和储存空间。图 4-21 展示了链接到子树的大致思路。

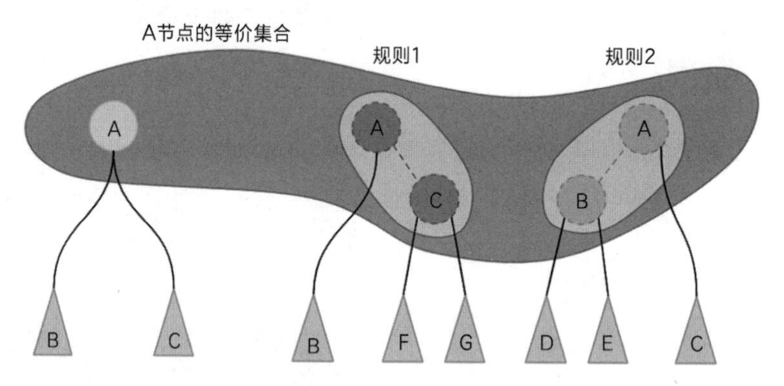

图 4-21 链接到子树的大致思路

在计算结束后要得到最后的执行方案，只需从根节点开始将原始关系代数当中的结构替换成最优方案当中的结构。

（3）自底向上与自顶向下

在实现上述动态规划算法的时候存在两种遍历方法，一种是自底向上的动态规划算法，一种是自顶向下的动态规划算法。

自底向上的动态规划算法最为直观：当我们试图计算节点 A 的最优方案时，其子树上每个节点对应的等价集合和最优方案都已经计算完成了，我们只需要在 A 节点上不断寻找可以应用的规则，并利用已经计算好的子树成本计算出母树的成本，就可以得到最优方案。事实上，包括 System R 在内的一些成熟的数据库系统都采用这种方法。然而这种方案存在如下难以解决的问题。

- **不方便应用剪枝技巧**。在查询中可能会遇到在父节点的某一种方案成本很高，后续完全无须考虑的情况，尽管如此，需要被利用的子计算都已经完成了，这部分计算不可避免。
- **难以实现启发式计算和限制计算层数**。由于程序要不断递归到最后才能得到比较好的方案，因此即使计算量比较大也无法提前得到一个可行的方案并停止运行。

因此，Volcano Optimizer 采取了自顶向下的计算方法，在计算开始，每棵子树先按照原先的样子计算成本并作为初始结果。在不断应用规则的过程中，如果出现一种新的结构被加入当前的等价集合中，且这种等价集合具有更优的成本，这时需要向上冒泡到所有依赖这一子集合的父亲等价集合，更新集合里每个元素的成本并得到新的最优成本和方案。

值得注意的是，在向上冒泡的过程中需要遍历父亲集合内的每一个方案，这是因为不同方案对于投入成本变化的敏感性不同，不能假设之前的最优方案仍然是最优的。

自顶向下的方法尽管解决了一些问题，但是也带来了对关系代数节点操作烦琐、要不断维护父子等价集合的关系等问题，实现相对复杂。

整体而言，基于 Volcano Optimizer 思想实现的 CBO 是非常复杂晦涩的，但它却是生命力长久且通用的方案，几十年过去了仍然焕发着耀眼的光彩。目前业界的大部分开源或者闭源的 OLAP 引擎都选择直接使用现成的开源代码来实现而不是自己从零自研，例如 Doris、Fink、Druid、Hive 等都直接使用 Calcite 作为其优化器执行框架。Presto 没有直接使用 Calcite 而是选择自研，笔者猜测大概率是因为 Presto 诞生时 Calcite 还没有发展起来，没有影响到 Presto 的技术选型。在 Presto 的优化器执行框架中，它实际上也没有真正实现优秀的 CBO 体系，虽然存在 ReorderJoin（关联查询的顺序重排，是 Presto 中的一种优化器）这样的优化能力，但还是以 RBO 为主。如果读者对 CBO 的优化框架感兴趣，可以学习用 Calcite 实现的 VolcanoPlanner 中与表达与计算成本相关的部分。

4.3　执行计划优化的设计实现

4.3.1　执行计划优化的工作流程

Presto 的执行计划包括初始逻辑执行计划、优化后的逻辑执行计划、分布式执行计划和物理执行计划 4 种，如图 4-22 所示。

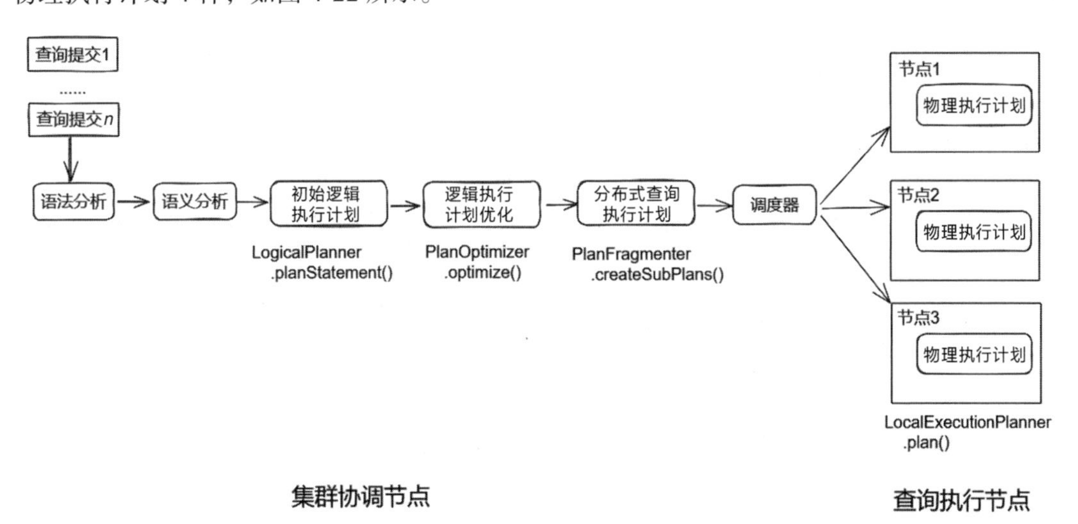

图 4-22　查询执行计划的多个步骤

1. 概念解释

前文已经介绍了初始逻辑执行计划的生成和优化器的理论知识。这里有必要在 Presto 语境下讨论下列术语含义并和通用的概念做对比。

- **逻辑执行计划**：对 SQL 的语法分析树进行翻译，转换中间表达式 IR，这个时候就是一个初始逻辑执行计划，它比声明式语言更丰富、更底层，比如 GROUP BY 语句会被翻译为（ProjectNode/GroupIdNode)+AggregationNode，这种中间结构使得优化器能够很好地对它进行转换。
- **优化器**：初始逻辑执行计划可以做进一步优化，比如谓词下推、TopN 转换等，这个时候初始逻辑执行计划变成优化后的逻辑执行计划。Presto 有迭代式优化器和非迭代式优化器两种，主要是 RBO 规则，它们根据 PlanOptimizers.java 中定义的顺序来执行。这里其实还有一个基于 CBO 的 ReorderJoin 优化器，它使用查并集（Disjoint Set）结构计算出等价的 JOIN 结构，然后运用动态规划算法计算出成本最低的 JOIN 顺序。Presto 没有在全局的维度去维护多个执行计划，这一点和业界的 CBO 算法不一样，感兴趣的读者也可以参考 Spark 和 Calcite 的实现。
- **分布式执行计划和物理执行计划**：因为逻辑执行计划最终是为了转成物理执行计划，而优化器在优化的过程中也会借助底层的特性，所以在优化的过程中，从逻辑执行计划到物理执行计划是一个渐变的过程，二者没有明显的边界。优化后的逻辑计划其实是介于物理执行计划和逻辑执行计划之间的。Fragmenter.java 最后把优化后的逻辑执行计划进行分片（生成 Fragment.java）转换成分布式执行计划，每个分片就是一个查询执行阶段。这个 Fragment 结构在查询执行节点（Worker）上稍加转换就变成最终的物理计划。

2. 优化流程

逻辑执行计划的 planStatement() 函数产出初始逻辑执行计划，紧接着使用优化器列表 planOptimizers 对初始执行计划进行优化，这里逐步应用列表中所有的优化器（但不是每个优化器都用得上），从代码上来看分工还是比较明确的。注意这里的 planSanityChecker，它被用来验证执行计划是否有效，防止出现意想不到的 Bug，比如 DynamicFiltersChecker 负责检查动态过滤相关的属性。

```
// 文件名：LogicalPlanner.java
public class LogicalPlanner {
    public Plan plan(Analysis analysis, Stage stage, boolean collectPlanStatistics) {
        // 初始逻辑执行计划
        PlanNode root = planStatement(analysis, analysis.getStatement());
        // 验证执行计划的合理性
        planSanityChecker.validateIntermediatePlan(root, session, metadata,
            typeOperators, typeAnalyzer, symbolAllocator.getTypes(),
            warningCollector);

        if (stage.ordinal() >= OPTIMIZED.ordinal()) {
            // 应用所有的优化器，逐步迭代出最终的逻辑执行计划
```

```
        for (PlanOptimizer optimizer : planOptimizers) {
            root = optimizer.optimize(root, session, symbolAllocator.
                getTypes(), symbolAllocator, idAllocator, warningCollector);
            requireNonNull(root, format("%s returned a null plan", optimizer.
                getClass().getName()));
        }
    }

    if (stage.ordinal() >= OPTIMIZED_AND_VALIDATED.ordinal()) {
        // 确保执行计划是正常的，主要用来防止优化器出现逻辑错误
        planSanityChecker.validateFinalPlan(root, session, metadata,
            typeOperators, typeAnalyzer, symbolAllocator.getTypes(),
            warningCollector);
    }

    ...
    return new Plan(root, types, statsAndCosts);
  }
}
```

优化器列表位于 PlanOptimizers.java 中，PlanOptimizers.java 维护了所有的优化器，每个优化器负责的范围很细分，部分优化器或优化规则（比如 columnPruningRules）可能会多次出现，同时一些复杂的优化器有顺序上的依赖关系，比如 HashGenerationOptimizer 优化器需要放在分区变动的优化器之前，所以编排这些优化器的顺序非常重要。这也是 Presto 执行计划优化比较难的原因。如果把执行计划优化比喻成模型训练，应用 Presto 的优化器就像是手动进行梯度下降的过程。这里截取了一小段代码，包括迭代式（IterativeOptimizer）和非迭代式优化器（HashGenerationOptimizer）的添加流程。其中迭代式优化器本身是一个小的优化框架，实际上需要多个优化规则进行配合，比如这里有多个去除语法糖的规则。

```
public class PlanOptimizers {
    private final List<PlanOptimizer> optimizers;
    private final RuleStatsRecorder ruleStats;
    private final OptimizerStatsRecorder optimizerStats = new OptimizerStatsRecorder();
    private final MBeanExporter exporter;

    @Inject
    public PlanOptimizers(
        ImmutableList.Builder<PlanOptimizer> builder = ImmutableList.builder();
        ...
        builder.add(
        new IterativeOptimizer(
            ruleStats,
            statsCalculator,
            estimatedExchangesCostCalculator,
```

```
        ImmutableSet.<Rule<?>>builder()
            .addAll(new DesugarLambdaExpression().rules())
            .addAll(new DesugarAtTimeZone(metadata, typeAnalyzer).rules())
            .addAll(new DesugarCurrentUser(metadata).rules())
            .addAll(new DesugarCurrentPath(metadata).rules())
            .addAll(new DesugarTryExpression(metadata, typeAnalyzer).rules())
            .addAll(new DesugarRowSubscript(typeAnalyzer).rules())
            .build()),

    // 非迭代式优化器，通常使用访问者模式进行优化
    builder.add(new HashGenerationOptimizer(metadata));
    ...
    this.optimizers = builder.build();
  }
}
```

4.3.2 非迭代式优化器和迭代式优化器

1. 优化器分类

这里简单介绍 Presto 优化器的构成。所有优化器都需要实现 PlanOptimizer.java 接口。优化器主要分为迭代式优化器和非迭代式优化器（相对于迭代优化器而言，实际它不是显式分类）两类，整体架构如图 4-23 所示。

- **迭代式优化器**：多个功能相似的优化规则（Rule.java）组成一个规则组，每个规则专注一种逻辑，每个规则的逻辑相对简单。规则组内的所有优化规则会被尝试应用到当前的执行计划，如果执行计划有更新，会不断循环应用规则组的规则，直到执行计划不再改变。
- **非迭代式优化器**：它是 Presto 项目代码早期使用较多的优化器，这类优化器都需要实现一个完整的逻辑执行计划树访问者（Visitor）并通过层层遍历完成优化逻辑。它擅长通过自顶向下或自底向上的方式来遍历逻辑执行计划树，从而完成一些逻辑复杂、需要状态的优化操作。很多经典的优化器（如 AddExchanges）就是基于访问者模式实现了插入全局数据交换节点（ExchangeNode）功能的。

2. 迭代式优化器

这是从核心数据结构和执行逻辑两个层面介绍迭代式优化器。

（1）*核心数据结构之 Pattern*

每个优化规则都有特定的目标节点，可能还有一些附加的触发条件，判断当前执行计划节点是否能应用某个优化规则，这类需求称为模式匹配，它提供以下几个功能：

- 指定作用的目标节点，比如图 4-23 中预聚合优化的目标节点是 AggregationNode。
- 指定节点需要满足的条件，这是一个逻辑表达式，可以由多个语句组成一个逻辑与结构。

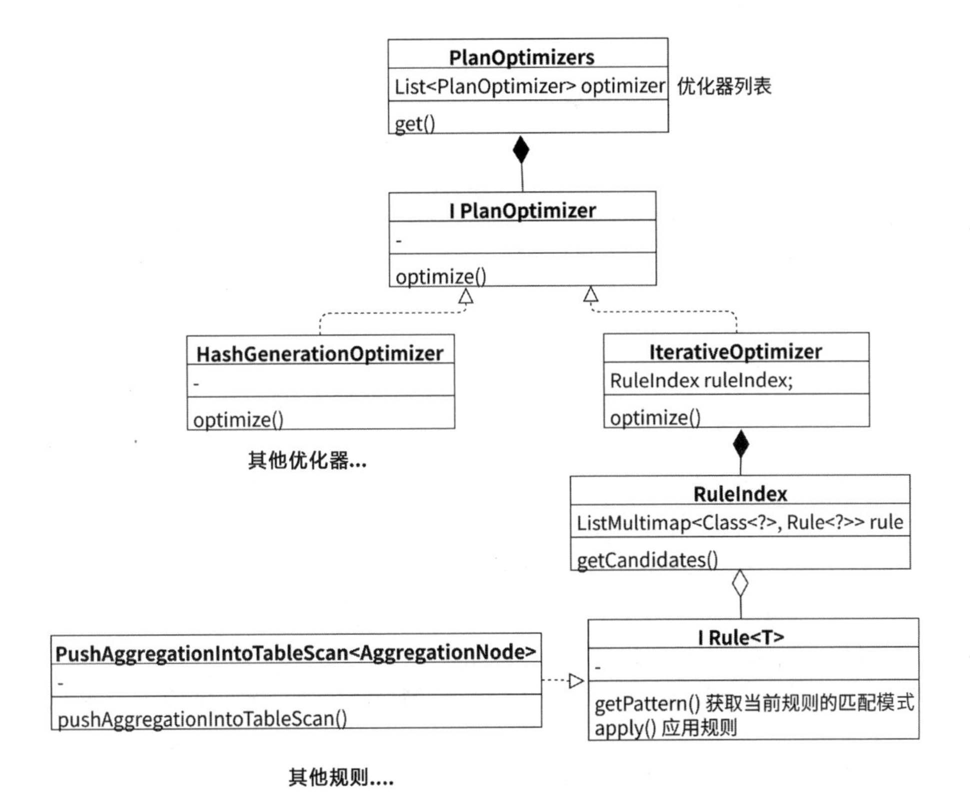

图 4-23　优化器的继承关系示意图

- 捕获匹配到的节点，方便优化器引用它们。

presto-matching 是一个独立的模块，它提供了上述模式匹配的功能。在此模块中，Patterns.java 封装了很多工具方法，使得模式匹配的写法比较简洁，类似函数式编程的链式调用，十分好理解。我们来看看预聚合优化器 PushPartialAggregationThroughExchange.java 中利用了 Patterns 模式匹配的功能后定义的目标匹配节点。

- aggregation() 定义了目标节点，对应 Pattern（优化规则的模式）的泛型参数，是一个 AggregationNode.java 节点。
- with 语句定义额外的约束条件，它可以在当前节点的基础上进行移动，比如下面代码中的 source() 会移动到子节点，紧接着调用 matching() 为这个子节点添加一个子 Pattern。
- 如下代码中的 exchange() 定义了一个新的子 Pattern，它要求 aggregation() 所匹配的节点下游必须是 ExchangeNode 类型，同时要求数据交换节点不能有排序要求，因为在排序情况下聚合函数无法进行预聚合优化，只能在单个任务中完成聚合操作。capturedAs 捕获 exchange() 命中的执行计划节点，后续可以从如下代码 EXCHANGE_NODE 变量处直接获取这个节点。

```
public class PushPartialAggregationThroughExchange implements Rule<AggregationNode>
    {
    // 定义捕获节点，优化规则可以直接引用
    private static final Capture<ExchangeNode> EXCHANGE_NODE = Capture.
        newCapture();
    // 定义模式匹配
    private static final Pattern<AggregationNode> PATTERN = aggregation()
        .with(source().matching(
            exchange()
                .matching(node -> node.getOrderingScheme().isEmpty())
                .capturedAs(EXCHANGE_NODE)));
}
```

（2）核心数据结构之 Memo

Memo 字面意思上理解是备忘录的意思，原本在 Cascade 优化算法中是用来存储每个 Group 节点下面的等价执行计划片段。因为 Presto 始终只有一个执行计划，所以 Memo 的作用变成维护一个可变执行计划。同时 Memo 可以自动识别需要删除的节点，因为执行计划只有替换和插入操作，不会进行显式删除，所以需要一种识别机制来删除已废弃的节点。

Memo 的核心原理如图 4-24 所示，调用 Memo.insertRecursive() 进行初始化，执行计划的每个节点会被映射成一个分组，也就是 Memo.Group.java 结构。原本 PlanNode.getSources() 返回的下游节点，在这里全部替换成虚拟的 GroupReference 节点，通过它的 ID 可以定位到一个分组，分组里面存储着实际的执行计划节点。通过这种方式，节点之间的关系就解耦了。所以 Memo 的本质是：

- 把一个执行计划变成一个 Map 结构，键是分组的 ID，值是对应的 Group 节点，里面存储了实际的执行计划节点。
- 把执行计划节点的下游节点替换成 GroupReference，这个分组是不变的，但是分组里面的计划节点可以发生变化。

（3）迭代式优化器的执行逻辑

Presto 很多优化规则都是作用于相邻节点或单个节点，要想对整个逻辑执行计划树完成优化，需要多次调用类似的规则，或者多次调用相同的规则。参考 PlanOptimizers 里面的 columnPruningRules 可知，为了裁剪多余的列需要 45 个优化规则，每个裁剪规则都只作用于特定类型的执行计划节点。这个时候就要用到 IterativeOptimizer，它更像是一个小优化框架，而不是一个具体的优化器。

首先是初始化逻辑，IterativeOptimizer 接收多个功能相似的优化规则作为入参并构建一个 RuleIndex 结构 ，它的 Key 是优化规则中 Pattern 匹配的目标节点，这样在遍历执行计划的时候可以更高效地过滤无关规则。

optimize() 逻辑将待优化的执行计划转换成一个 Memo 结构，然后对执行计划进行自顶向下的遍历，由如下 3 种 explore 函数负责特定范围的遍历逻辑。

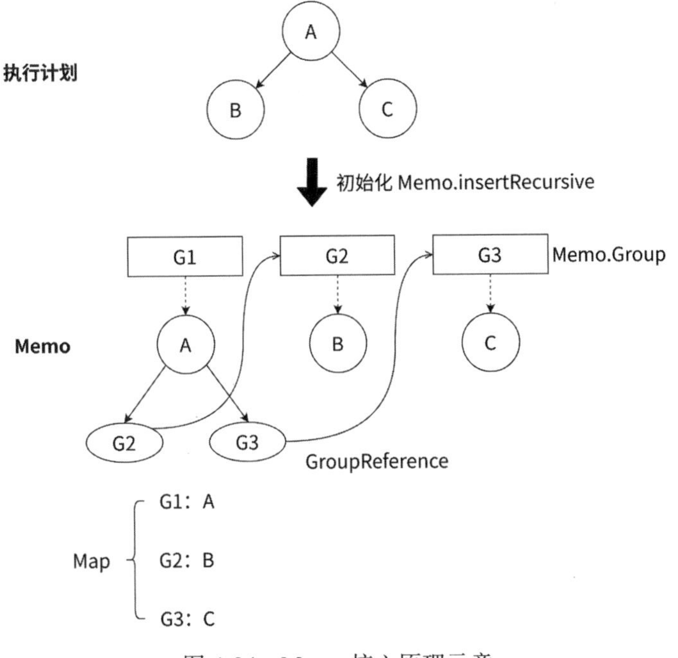

图 4-24　Memo 核心原理示意

- exploreGroup：完成当前节点所在子树的遍历，它由 exploreNode 和 exploreChildren 组成，外加一些条件判断语句，如图 4-25 所示。
- exploreNode：对当前节点应用规则组的所有优化规则。
- exploreChildren：对当前节点的所有子节点进行遍历。

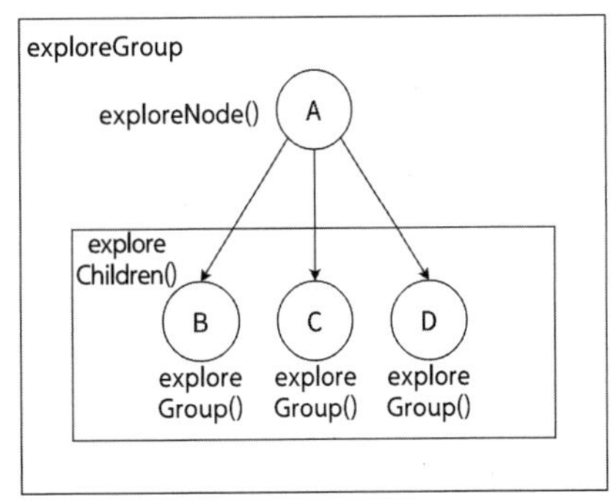

图 4-25　exploreGroup 的运行顺序

optimize() 重载了父类的方法，new Memo 命令把执行计划转换成 Memo 结构，调用 getRootGroup() 获取根节点进行 exploreGroup 遍历操作。注意所有 exploreXXX 函数都会返回布尔型变量来标识是否更新了执行计划。如果有进展，exploreGroup 内部的 exploreNode+exploreChildren 会重新执行一次。执行计划树的 PlanNode.java 本身是不可变的，如果当前节点有变更，需要递归更新所有父节点，而优化器会频繁变更执行计划树，所以通过 Memo 来支持可变执行计划。相关代码实现如下。

```
// 文件名：IterativeOptimizer.java
public class IterativeOptimizer implements PlanOptimizer {
    private final RuleIndex ruleIndex;
    ...
```

```
public IterativeOptimizer(RuleStatsRecorder stats, StatsCalculator
    statsCalculator, CostCalculator costCalculator, Predicate<Session>
    useLegacyRules, List<PlanOptimizer> legacyRules, Set<Rule<?>> newRules) {
    ...
    this.ruleIndex = RuleIndex.builder() // 初始化，构造 ruleIndex
        .register(newRules)
        .build();
    ...
}

// 优化逻辑，重写 PlanOptimizer.java 中的方法
@Override
public PlanNode optimize(PlanNode plan, Session session, TypeProvider types,
    SymbolAllocator symbolAllocator, PlanNodeIdAllocator idAllocator,
    WarningCollector warningCollector) {
    ...
    Memo memo = new Memo(idAllocator, plan); // 转换成 Memo
    Lookup lookup = Lookup.from(planNode -> Stream.of(memo.
        resolve(planNode)));

    Duration timeout = SystemSessionProperties.getOptimizerTimeout(session);
        // 超时控制
    Context context = new Context(memo, lookup, idAllocator, symbolAllocator,
        System.nanoTime(), timeout.toMillis(), session, warningCollector);
    exploreGroup(memo.getRootGroup(), context);

    return memo.extract(); // 从 Memo 结构转换成执行计划
}

private boolean exploreGroup(int group, Context context) {
    // progress 变量跟踪当前 Group 或者子节点是否（由于应用了优化规则而）发生变换
    // 对当前节点进行优化
    boolean progress = exploreNode(group, context);

    while (exploreChildren(group, context)) { // 递归遍历子节点进行优化
        progress = true;

        // 如果子节点发生变更，再次尝试对当前节点进行优化，也许能应用新的规则
        if (!exploreNode(group, context)) {
            // 当前节点无更新，退出
            break;
        }
    }

    return progress;
}
...
```

```
    private boolean exploreChildren(int group, Context context) {
        boolean progress = false;

        PlanNode expression = context.memo.getNode(group);
        for (PlanNode child : expression.getSources()) {
            checkState(child instanceof GroupReference, "Expected child to be a
                group reference. Found: " + child.getClass().getName());

            if (exploreGroup(((GroupReference) child).getGroupId(), context)) {
                progress = true; // 记录执行计划是否发生变更(即优化规则是否被应用)
            }
        }

        return progress;
    }
}
```

核心步骤在于单个执行计划节点的优化，即 exploreNode() 函数。注意 explore 的入参都是 GroupID，需要查找 Memo 获取真正的执行计划节点。这里有如下两个变量。

- done：用来表示是否还需要对当前节点应用优化规则，如果有优化规则被成功地应用到了当前节点，则说明还可以继续尝试。这里对应了上述代码中外层的循环 while (!done)。
- progress：和前面说的一样，只要有优化规则被成功应用（即执行计划发生了更新），那么 progress=true。

transform() 函数会使用 Pattern 进行匹配。如果规则被成功应用，那么该函数返回的结果不为空，此时调用 Memo.replace() 原执行计划节点替换成新的执行计划节点。transform() 函数执行分为两步：

- 获取当前规则的 Pattern 进行模式匹配，通过这一步确定是否应用当前规则。
- 如果匹配成功，那么会调用 Rule.apply() 函数执行优化规则，第一个入参是 Pattern 指定的目标节点，第二个入参是 Captures 对象，通过它可以找到 Pattern 中的某个执行计划节点。

exploreNode() 和 transform() 函数实现如下。

```
// 文件名：IterativeOptimizer.java
private boolean exploreNode(int group, Context context) {
    PlanNode node = context.memo.getNode(group); // 根据 GroupID 获取真正的执行计划节点

    boolean done = false;
    boolean progress = false;

    while (!done) {
        ...
        done = true;
```

```java
            // getCandidates可以快速过滤无关的优化规则
            Iterator<Rule<?>> possiblyMatchingRules = ruleIndex.getCandidates(node).
                iterator();
            while (possiblyMatchingRules.hasNext()) { // 尝试应用ruleIndex粗筛后的优化规则
                Rule<?> rule = possiblyMatchingRules.next();

                // 对当前节点应用一个优化规则
                Rule.Result result = transform(node, rule, context);

                if (result.getTransformedPlan().isPresent()) { // 成功应用了规则
                    // 用优化后的结果替换当前节点
                    node = context.memo.replace(group, result.getTransformedPlan().
                        get(), rule.getClass().getName());
                    done = false;
                    progress = true;
                }
            }
        }

        return progress;
    }

    private <T> Rule.Result transform(PlanNode node, Rule<T> rule, Context context) {
        Capture<T> nodeCapture = newCapture();
        Pattern<T> pattern = rule.getPattern().capturedAs(nodeCapture);
        // 调用match函数进行模式匹配
        Iterator<Match> matches = pattern.match(node, context.lookup).iterator();
        while (matches.hasNext()) {
            Match match = matches.next();
            // 应用单个优化规则
            result = rule.apply(match.capture(nodeCapture), match.captures(),
                ruleContext(context));
            ...
            if (result.getTransformedPlan().isPresent()) { // 成功应用了优化规则
                return result;
            }
        }
        return Rule.Result.empty(); // 未能应用当前的优化规则
    }
```

3. 非迭代式优化器

非迭代式优化器只需要实现PlanOptimizer.java接口，具体的优化方式不限。一般来说，这类优化器都需要通过访问者模式遍历执行计划树，适用于需要在执行计划节点之间建立密切联系的优化规则。这类优化器大多数都能通过自顶向下+自底向上的方式来计算当前子树的某些属性，当不满足属性或者满足特定条件的时候，会插入特定的执行计划节点或者修改当前节点的属性。查看抽象接口的实现类，可以看到如下几个经典的实现。

- AddExchanges：添加查询分布式执行时的数据交换节点，对应的节点是 ExchangeNode[scope=REMOTE]。
- AddLocalExchanges：添加单个任务执行时内部的数据交换节点，对应的节点是 ExchangeNode[scope=LOCAL]。
- HashGenerationOptimizer：为需要分区的执行计划节点根据分区用到的列提前计算好哈希值，减少重复计算。
- PredicatePushDown：自顶向下把过滤谓词尽量下推，使其靠近数据源读取的算子。此外动态过滤（dynamic filtering）特性也被当成一种下推操作在这个优化器中实现。
- UnaliasSymbolReferences：将多余的投影映射简化，因为初始逻辑执行计划和优化器都会引入一些类似 col_a as col_b 的投影变换，这些变换可能是多余的。优化后整个逻辑执行计划看起来更易懂、清晰。

4.4 总结、思考、实践

本章首先用了比较大的篇幅来介绍查询在分布式环境中的执行原理，目的是让读者对分布式查询执行有一个整体认识，这有助于大家阅读理解后面要讲的内容。因为我们学习某个知识时，应该先看整体再深入特定细节，避免陷入各种细节的汪洋大海中无法挣脱。接着，本章详细介绍了执行计划的生成与优化这两个 OLAP 引擎中的重要模块，并且辅以执行计划的理论知识。

思考与实践：

- OLAP 引擎的分布式查询的执行流程是什么？
- 与传统的单机查询引擎（如 MySQL、Oracle）相比，OLAP 引擎的分布式查询有什么不同？
- 传统数据库与 OLAP 引擎中的哪些模块流程需要使用访问者模式？
- 能否用清晰的语言表达访问者模式的作用、适用场景、执行流程？
- 数据库领域中引入的优化器解决了什么问题？有哪些常见的优化器的例子？

第三篇 Part 3

经典 SQL

- 第 5 章　数据过滤与投影相关查询的执行原理解析
- 第 6 章　行数限定与排序相关查询的执行原理解析
- 第 7 章　简单聚合查询的执行原理解析
- 第 8 章　复杂聚合查询的执行原理解析

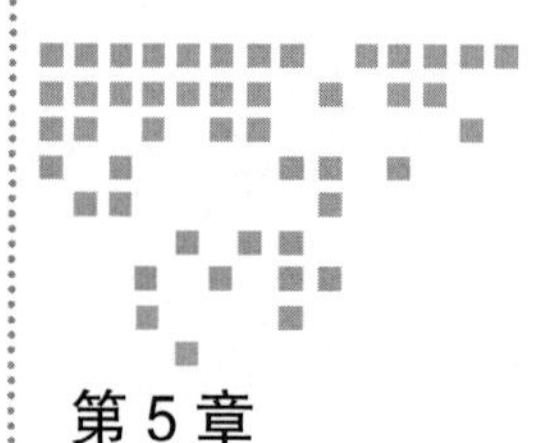

Chapter 5 第 5 章

数据过滤与投影相关查询的执行原理解析

在 OLAP（在线分析处理）领域，数据过滤与投影是构建高效查询引擎的关键技术。本章将深入探讨这些技术背后的执行原理，通过两个精心设计的 SQL 示例，逐步解析了查询执行的整体流程，包括数据的拉取、过滤、投影以及优化策略。

首先，我们将通过 SQL-01 和 SQL-02 两个案例，了解如何在查询中实现数据的精确过滤和有效投影。接着，探索执行计划的生成与优化，包括逻辑执行计划的构建、物理执行计划的划分以及分布式调度与执行的设计实现。此外，本章还将讨论列裁剪、计算下推等查询优化技术，这些技术对于提升 OLAP 引擎性能至关重要。本章还会介绍如何结合列式数据格式与列式计算逻辑，以及如何通过代码生成技术来实现高效的表达式计算。

5.1 SQL-01 简单拉取数据查询的实现原理

SQL-01 是本书介绍的所有查询中最简单的一个，这部分内容重点关注查询执行的整体流程以及如何从数据源拉取数据。

```
-- SQL-01 : 在事实表中，查看所有的商品 ID (ss_item_sk)、销售价格 (ss_sales_price) 两列数据
SELECT ss_item_sk, ss_sales_price
FROM store_sales;
```

5.1.1 执行计划的生成与优化

1. 初始逻辑执行计划

SQL-01 初始逻辑执行计划中出现了如下两类执行计划节点，如图 5-1 所示。

- TableScan 节点：负责从数据源连接器拉取数据。
- Output 节点：逻辑执行计划的根节点，表示输出计算结果，其自身没有计算逻辑。

逻辑执行计划表达的是 SQL 的执行逻辑，它不关心具体执行时要解决哪些问题，比如如何分布式执行。

执行计划节点 PlanNode 中的 TableScan 类节点 TableScanNode 和 Output 类节点 OutputNode 的定义如下。

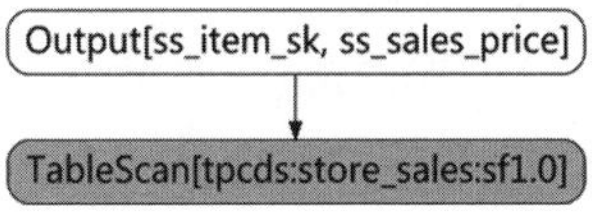

Output[ss_item_sk, ss_sales_price]

TableScan[tpcds:store_sales:sf1.0]

图 5-1　SQL-01 初始逻辑执行计划

```
public class TableScanNode extends PlanNode {
    // Tablehandle 表示的是与当前 TableScanNode 对应的是数据源存储中的哪个表
    private final TableHandle table;
    // outputSymbols：TableScanNode 输出的 symbols 列表，在 Presto 中使用 Symbol 表示要输
       出哪些列
    private final List<Symbol> outputSymbols;
    // assignments: 对于 outputSymbols 中的每个 Symbol，明确其来源于数据源 Connector 的哪
       个 Column（用 ColumnHandle 表示）。这是从 symbol 到 column 的映射
    private final Map<Symbol, ColumnHandle> assignments;

    // 查询执行时，只要将 TableHandle、ColumnHandle 交给数据源连接器，它就知道拉取哪些表、哪
       些列的数据
    // 这是一个基本的抽象，在考虑到各种下推（pushdown）优化时，这两个概念将发挥更重要的作用
}

public class OutputNode extends PlanNode {
    // OutputNode 是 PlanNode 树的根节点，它的子节点是 TableScanNode，就是这种层层引用
       source 的关系构成了一棵完整的 PlanNode 树（逻辑执行计划树）
    private final PlanNode source;
    // SELECT 语句中最终要输出结果的列名称
    private final List<String> columnNames;
    // OutputNode 输出的 Symbol 表示，与 columnNames 一一对应
    private final List<Symbol> outputs;
}
```

2. 优化后的逻辑执行计划

SQL-01 是极其简单的查询，逻辑执行计划树上基本上没什么需要优化的，如图 5-2 所示。唯一需要做的是，为了提升从数据源拉取数据的并行度，可将 TableScanNode 设计为多个任务并分别放置在多个节点上以并行拉取数据；对于 OutputNode 来说，其并行度只能是 1，因为它需要将上游 TableScanNode 拉取的数据合并到一起，给到查询发起者。由于执行时 TableScanNode 与 OutputNode 的并行度不同，在 OutputNode 与 TableScanNode 中间需要插入一个 ExchangeNode 来实现数据交换，改变并行度。

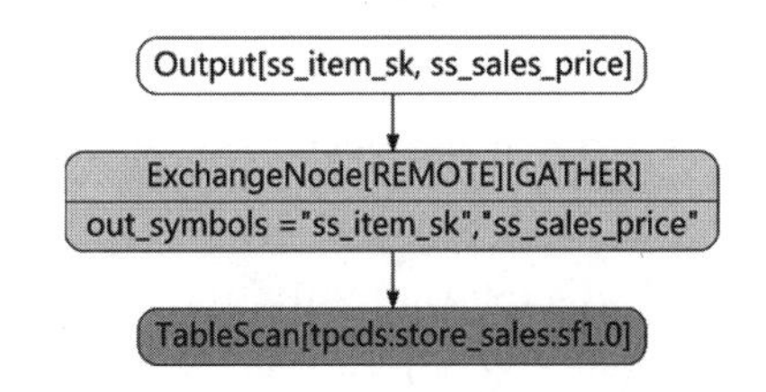

图 5-2　SQL-01 优化后的逻辑执行计划

3. 查询执行阶段划分

Presto 的 AddExchanges 优化器基于逻辑执行计划的 ExchangeNode 划分逻辑执行计划的 PlanFragment，每个 PlanFragment 对应生成一个查询执行阶段。简言之，凡是上游节点与下游节点要求的数据分布不一样，就需要做一次数据交换（无论是 REPARTITION 方式的还是 GATHER 方式的），两侧需要划分到不同的查询执行阶段。逻辑执行计划由 AddExchanges 优化器划分为 2 个 PlanFragment，对应分布式执行时的 2 个查询执行阶段——Stage1、Stage0。从 WebUI 上可以看到图 5-3 所示的 SQL-01 查询执行阶段关系。

- **Stage1 职责**：从数据源连接器拉取数据。Stage1 输出的数据会放到 OutputBuffer 中，等待下游 Stage0 的任务来拉取。
- **Stage0 职责**：从上游 Stage1 拉取数据，输出结果给到集群协调节点。Stage0 输出的数据会放到 OutputBuffer 中，等待集群协调节点来拉取。

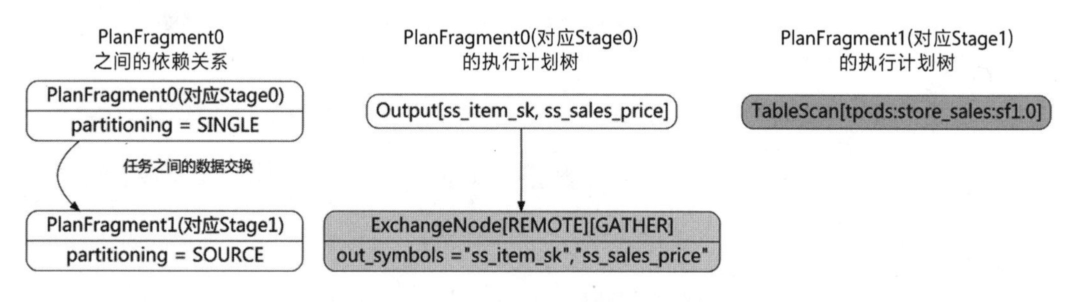

图 5-3 SQL-01 查询执行阶段关系图

5.1.2 分布式调度与执行的设计实现

SQL-01 是分布式查询执行的最简单的案例，本节的主要目的是将 Presto 分布式查询执行的最基本流程与要素描述清楚，为后面深入讲解做好铺垫。按照查询执行时的数据流动方向，我们先介绍 Stage1 的任务执行，再介绍 Stage0 的任务执行。

- Stage1 的任务执行时会依照 PlanFragment 的 PlanNode 子树，创建两个算子——TableScanOperator、TaskOutputOperator。TableScanOperator 负责从存储系统中拉取数据后输出给 TaskOutputOperator，TaskOutputOperator 负责将待输出的数据放到当前任务的 OutputBuffer 中，等待下游 Stage0 的任务来拉取。
- Stage0 的任务执行时会依照 PlanFragment 的 PlanNode 子树，创建两个算子——ExchangeOperator、TaskOutputOperator。ExchangeOperator 负责从上游 Stage1 的任务中拉取数据，而 TaskOutputOperator 则负责将待输出的数据放置到当前任务的 OutputBuffer 中等待集群协调节点来拉取。

这里要重点介绍的是 TableScanOperator，经过裁剪后的核心代码如下。

```
// 文件名： TableScanOperator.java
```

```
public class TableScanOperator implements SourceOperator {
    private final PageSourceProvider pageSourceProvider;
    private final TableHandle table;
    private final List<ColumnHandle> columns;
    private Split split;
    private ConnectorPageSource source;

    @Override
    public Supplier<Optional<UpdatablePageSource>> addSplit(Split split) {
        ...
        this.split = split;
        ...
    }

    // 由于TableScanOperator是数据流最上游的算子，没有上游的算子将数据输出给它，所以不需要
       实现addInput()方法
    @Override
    public void addInput(Page page) {
        throw new UnsupportedOperationException(getClass().getName() + " cannot
            take input");
    }

    @Override
    public Page getOutput() {
        if (split == null) {
            return null;
        }
        if (source == null) {
            ...
            source = pageSourceProvider.createPageSource(
                        operatorContext.getSession(), split, table, columns,
                            dynamicFilter);
        }

        Page page = source.getNextPage();
        if (page != null) {
            page = page.getLoadedPage(); // 确保Page已经加载到内存中
        }

        return page;
    }
}
```

TableScanOperator 是一种 SourceOperator，在任务的算子链（Operator Chain）中，它是数据流的最上游算子。我们在第 3 章介绍过，Presto 的任务执行是由 Driver 与分片驱动的。当某个 ConnectorSplit 被调度到某个任务上，并通过 Driver 传递给 TableScanOperator 后，TableScanOperator 即可开始从存储拉取数据。由于 TableScanOperator 实际上是数据拉

取的控制流程，再加上数据源连接器提供的ConnectorSplit、ConnectorPageSourceProvider、ConnectorPageSource、ConnectorTableHandle、ConnectorColumnHandle这几个抽象接口作为流程控制过程中的接入点（可以理解为控制反转过程中的依赖注入），因此不同的数据源连接器都可以使用同一个TableScanOperator实现数据的拉取（只需要这些数据源连接器各自完成这些抽象接口的实现）。这部分内容与本书介绍的数据源连接器相关内容关系密切，感兴趣的读者可以联合阅读加深理解。下面介绍上述几个抽象接口的作用。

ConnectorSplit是并行拉取数据时，对数据分块提高拉取并行度的抽象，每个分片实例代表了一部分数据。这里的"一部分"指的是逻辑上的，而不是存储系统中物理上的。分片的概念并不需要与存储系统中的概念一对一绑定，只要在查询执行中，所有的分片所代表的数据能够表达出查询涉及的全部数据即可。Hive可以实现HiveSplit，Elasticsearch可以实现ElasticsearchSplit，各个数据源连接器实现的分片毫无关联，没有耦合。

```
// 文件名：ConnectorSplit.java
public interface ConnectorSplit {
    boolean isRemotelyAccessible();
    List<HostAddress> getAddresses();
    Object getInfo();
}

// 文件名：HiveSplit.java
public class HiveSplit implements ConnectorSplit {
    private final String path;
    private final long start;
    private final long length;
    private final long estimatedFileSize;
    private final long fileModifiedTime;
    private final Properties schema;
    private final List<HivePartitionKey> partitionKeys;
    private final List<HostAddress> addresses;
    private final String database;
    private final String table;
    private final String partitionName;
    private final OptionalInt bucketNumber;
    ...
}

// 文件名：Elasticsearch.java
public class ElasticsearchSplit implements ConnectorSplit {
    private final String index;
    private final int shard;
    private final Optional<String> address;
}
```

ConnectorTableHandle表示查询要拉取的是哪个数据表的数据，ColumnHandle表示查询要拉取对应数据表哪些列的数据。由于不同的数据源连接器底层对应存储的数据模型各不相同，有的甚至不是关系数据模型（例如 Redis），Presto 只是在这里提供了抽象接口，具体数据源连接器怎么实现完全看它自己。因为在流程控制逻辑中，Presto 并不需要感知这些细节，真正来使用这些具体实现中信息的还是数据源连接器。例如，Hive 连接器的 HiveTableHandle、HiveColumnHandle 实现如下。

```
public interface ConnectorTableHandle {}

// 这个接口的名称是 ConnectorColumnHandle 才能与其他连接器 API 的命名方式对齐
public interface ColumnHandle {}

// 文件名：HiveTableHandle.java
public class HiveTableHandle implements ConnectorTableHandle {
    private final String schemaName;
    private final String tableName;
    private final Optional<Map<String, String>> tableParameters;
    private final List<HiveColumnHandle> partitionColumns;
    private final List<HiveColumnHandle> dataColumns;
    private final Optional<List<HivePartition>> partitions;
    ...
}

// 文件名：HiveColumnHandle.java
public class HiveColumnHandle implements ColumnHandle {
    public enum ColumnType {
        PARTITION_KEY, REGULAR, SYNTHESIZED,
    }

    private final String baseColumnName;
    private final int baseHiveColumnIndex;
    private final HiveType baseHiveType;
    private final Type baseType;
    private final Optional<String> comment;

    private final Optional<HiveColumnProjectionInfo> hiveColumnProjectionInfo;

    private final String name;
    private final ColumnType columnType;
}
```

ConnectorPageSourceProvider 是 ConnectorPageSource 的工厂类，ConnectorPageSource 是对应数据源连接器实现的从存储系统中读取数据并将其转为 Presto 能够处理的 Page 列式数据格式的抽象接口。

```
// 文件名：ConnectorPageSource.java
// 只列出了最核心的 API，删去了其他代码
```

```
public interface ConnectorPageSource extends Closeable {
    // 获取数据的下一个 Page，允许返回 Null（表示没有更多的数据可返回了）
    Page getNextPage();
}
```

总之，TableScanOperator 的执行实际上就是与数据源连接器抽象 API 的交互过程。

5.2 SQL-02 数据过滤与投影查询的实现原理

SQL-02 中有更为复杂的表达式计算，这部分重点关注数据过滤（Filter）、数据投影（Projection）在数据库领域的定义以及如何在查询中实现这些计算需求。

```
-- SQL-02 : 这个 SQL 实际上并没有什么业务上的含义
-- 这是我们为了讲解查询的数据过滤、投影、表达式计算逻辑而精心设计的一个 SQL
SELECT
    i_category_id,
    upper(i_category) AS upper_category,
    concat(i_category, i_color) AS cname,
    i_category_id * 3 AS m_category,
    i_category_id + i_brand_id AS a_num
FROM item
WHERE i_item_sk IN (13631, 13283) OR i_category_id BETWEEN 2 AND 10;
```

5.2.1 执行计划的生成与优化

1. 初始逻辑执行计划

初始逻辑执行计划中出现了如下几个计划节点，如图 5-4 所示。

- TableScanNode 负责从数据源连接器拉取数据。
- FilterNode 负责按照 SQL 中 WHERE 条件来过滤数据。
- ProjectNode 负责做一些常见的投影（projection）操作，如数据类型转换、表达式执行等，最常见的投影操作如 CAST(c1 as BIGINT)，再如 c1 * 100 以及执行标量函数（Scalar Function）等。
- OutputNode 是分段（PlanFragment）前与分段后的逻辑执行计划的根节点，意味着要输出计算结果。

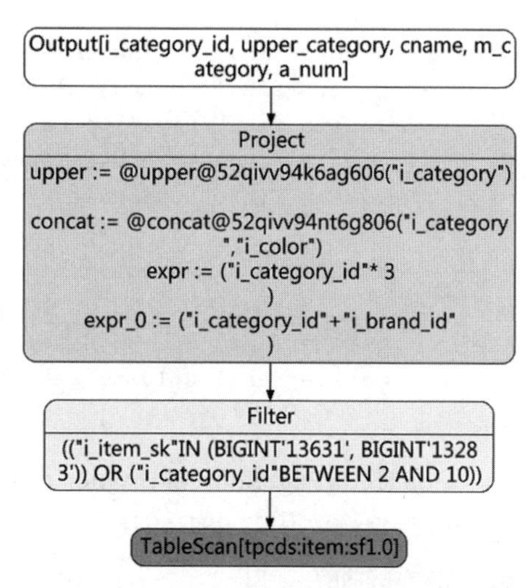

图 5-4 SQL-02 初始逻辑执行计划

逻辑执行计划表达的是 SQL 的执行逻辑，它不关心具体执行时要解决哪些问题，比如如何分布式执行。

FilterNode 的定义如下。

```
// 文件名：FilterNode.java
public class FilterNode extends PlanNode {
    // FilterNode 的子节点，对于 SQL-02 来说是 TableScanNode
    private final PlanNode source;
    // 数据过滤的表达式，类型是 Expression，
    // 这是一种 SQL 抽象语法树的节点类型，而且它有很多细分的子类型
    // 无论多么复杂的表达式，都可以通过树形结构的 Expression 表达式表达出来
    private final Expression predicate;
}
```

ProjectNode 的定义如下。

```
// 文件名：ProjectNode.java
public class ProjectNode extends PlanNode {
    // 子节点，对于 SQL-02 来说是 FilterNode
    private final PlanNode source;
    // Assignments 可以理解为 Map<Symbol, Expression>，表示的是所有要输出的表达式
    private final Assignments assignments;
}
```

我们发现用来表示数据过滤与投影操作的都是 Expression 数据结构，对应到 OLAP 引擎中的底层实现，这两个功能的复用度非常高。想理解 Expression 数据结构就是要先理解如下几个方面。

- Expression 是如何表达的？
- Expression 是如何计算的？
- 如果要保证查询执行效率，Expression 的计算如何优化。这部分将在后面讲优化器的相关内容时进行介绍。

2. 优化后的逻辑执行计划

如图 5-5 所示，SQL-02 比 SQL-01 多一个 FilterNode 和一个 ProjectNode，为了提升从数据源拉取数据的并行度，可将 TableScanNode 设计为多个任务放在多个节点上并行拉取数据，在此基础上也要并行过滤数据（FilterNode），完成投影计算（ProjectNode）；对于 OutputNode 来说其并行度只能是 1，因为它

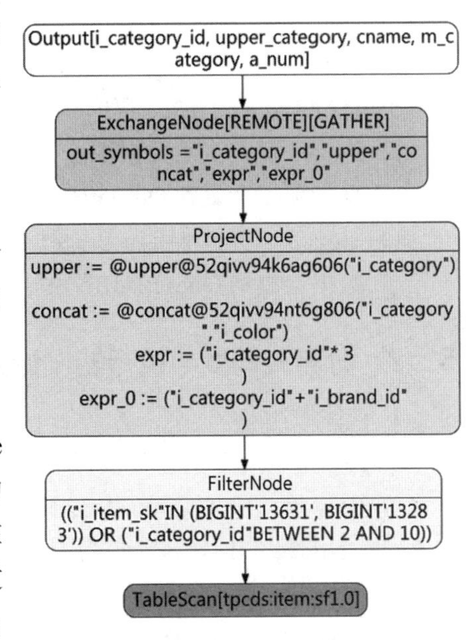

图 5-5　SQL-02 优化后的逻辑执行计划

需要将上游 TableScanNode 拉取的数据合并到一起，给到查询发起者。基于以上考虑，在 OutputNode 与 ProjectNode 中间需要插入一个 ExchangeNode 来实现数据交换，改变并行度。

数据拉取（TableScanNode）后，先做数据过滤（FilterNode）、投影计算（ProjectNode），再做数据交换（ExchangeNode），这主要是为了达到两个目的：对数据过滤、投影的 CPU 计算进行多节点并行处理；尽量减少交换的数据量，减少查询执行的 IO 开销。

3. 查询执行阶段划分

这部分内容与 SQL-01 对应部分相同，可参阅前文对应内容。SQL-02 查询执行阶段关系如图 5-6 所示。

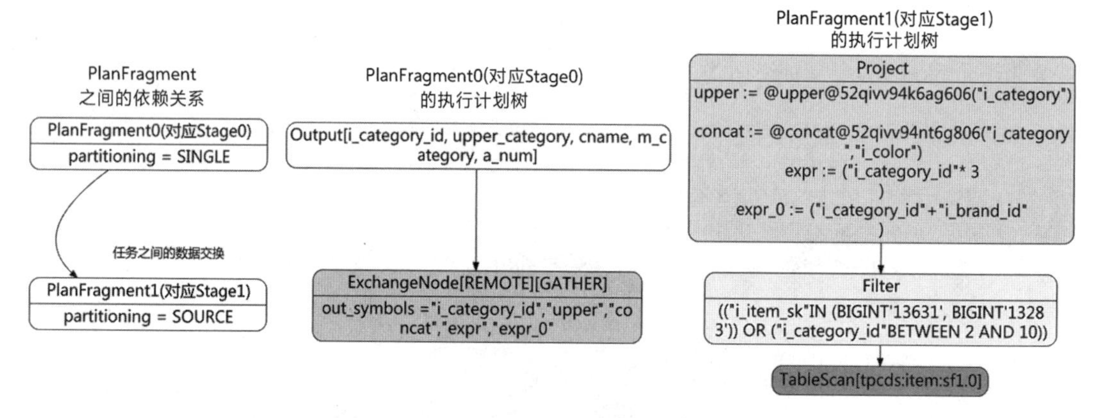

图 5-6 SQL-02 查询执行阶段关系图

Stage1 和 Stage0 的职责如下。

- Stage1 职责：从数据源连接器拉取数据，同时完成数据过滤、投影计算。Stage1 输出的数据会放到 OutputBuffer 中，等待下游 Stage0 的任务来拉取。
- Stage0 职责：从上游 Stage1 拉取数据，输出结果给到集群协调节点。Stage0 输出的数据会放到 OutputBuffer 中，等待集群协调节点来拉取。

5.2.2 分布式调度与执行的设计实现

1. 整体概述

Stage1 和 Stage0 的任务执行与 SQL-01 相同，这里不再重复。

值得引起注意的是，执行计划树中的 PlanNode 并不是总与算子一一对应，例如 ProjectNode、FilterNode 实际上不存在对应的算子，这两种 PlanNode 都对应了 FilterAndProjectOperator，而 TableScanNode 可能对应着多个算子——TableScanOperator、ScanFilterAndProjectOperator。从 PlanNode 树生成 OperatorChain 的阶段，将根据不同的 PlanNode 组合生成不同的算子，如表 5-1 所示。

表 5-1　部分 PlanNode 与算子的对应关系

逻辑执行计划树中 PlanNode 形态	对应算子	设计思路
TableScanNode 的父节点既不是 FilterNode 也不是 ProjectNode	TableScanOperator	只用于从存储读取数据
TableScanNode 的父节点是 FilterNode 或 ProjectNode	ScanFilterAndProjectOperator	从存储读取完数据后立即做数据过滤或投影操作，完成后再输出 Page 列式格式，避免分成多个算子，出现多次 Page 格式在内存物化的情况
只有 FilterNode、ProjectNode 中的一个或两个都有，但它们的子节点都不是 TableScanNode	FilterAndProjectOperator	数据过滤与投影操作放在一个算子中做，原因同 ScanFilterAndProjectOperator

这里给大家介绍一个阅读 ScanFilterAndProjectOperator、FilterAndProjectOperator 的技巧。在 Trino 项目代码（https://github.com/trinodb/trino）中，这两个算子是基于 WorkProcessor-Operator 实现的，WorkProcessorOperator 是在 Presto 与 Trino 两个项目正式分裂后单独在 Trino 中引入的，初衷是对 Presto 任务内的执行不做算子之间的数据 Page 物化，省去这部分开销，看起来很像 Spark 的整个阶段的代码生成（Whole Stage Code Generation）。由于 WorkProcessorOperator 机制将控制流程反转了，阅读起来有些晦涩难懂，不过这不重要，看不懂可以直接忽略。这部分代码的核心作者 Karol Sobczak 证实 Trino 已经停止了沿此方向的迭代。期望详细了解这两个算子的读者，可以直接去阅读 Presto 项目（https://github.com/prestodb/presto）对应的源码，这样入门更快一些，也不影响你对整体的理解。

虽然数据过滤与数据投影在查询的功能上看是不同的，但是在 OLAP 引擎的底层设计上都可以归为表达式的执行。

- **数据过滤**：给定某行数据作为过滤表达式的输入，执行此表达式并输出布尔型结果，只有结果是 true 时才会输出此数据行。
- **数据投影**：给定某行数据作为投影表达式的输入，执行此表达式并输出表达式执行结果。

可以发现，数据过滤只是比数据投影多了一个根据表达式执行结果决策是否输出数据的逻辑，因此在设计实现上，这两者的主要逻辑就是表达式执行，代码复用程度高达 80% 以上。

表达式是什么？ SQL-02 中有多个例子：

```
SELECT
    // expr1: 输出某个表的字段，这是最简单的表达式
    i_category_id,
    // expr2: 执行某个 scalar 函数，入参只有 1 个
    upper(i_category) AS upper_category,
    // expr3: 执行某个 scalar 函数，入参有 2 个
    concat(i_category, i_color) AS cname,
```

```
    // expr4: 基本的四则运算表达式
    i_category_id * 3 AS m_category,
    // expr5: 基本的四则运算表达式
    i_category_id + i_brand_id AS a_num
FROM item
WHERE
// expr6: 带IN、OR、BETWEEN...AND的布尔表达式
// 布尔表达式同样可以用在SELECT字段的数据投影中，并不是只能用在数据过滤的表达式中
i_item_sk IN (13631, 13283) OR i_category_id BETWEEN 2 AND 10;
```

我们从表达式的视角看看从Presto接收包含表达式的SQL到查询执行完成，都经历了哪些过程。

- **SQL解析及语义分析阶段**：SQL字符串转换为抽象语法树，其中表达式用Expression节点及其子类表示。
- **生成逻辑执行计划阶段**：将抽象语法树转换为PlanNode树，其中FilterNode的predicate字段属性对应数据过滤的表达式，ProjectNode的assignments字段属性对应所有数据投影字段的表达式。
- **任务执行时的代码生成（Code Generation）阶段**：首先Expression转换为RowExpression（RowExpression所表示的表达式与Expression所表示的表达式在逻辑上完全等价），然后利用代码生成技术将RowExpression转换为可直接执行的代码。数据过滤表达式的代码生成逻辑及其周边逻辑被进一步封装为PageFilter这个Java接口的实现类，数据投影表达式的代码生成逻辑及其周边逻辑被进一步封装为PageProjection这个Java接口的实现类。最终自动生成的PageFilter、PageProjection的实现将被封装到一个PageProcessor实例中。
- **任务执行时的遍历数据阶段**：由ScanFilterAndProjectOperator或FilterAndProjectOperator驱动PageProcessor中的PageFilter、PageProjection遍历从存储拉取的所有数据行，逐行完成表达式的执行，为后序算子输出计算完成后封装的Page数据。这两个算子主要用于流程控制，我们不做过多介绍，主要的表达式执行逻辑在PageProcessor、PageFilter、PageProjection以及对应的代码生成中。

2. 表示表达式的两种形式

Expression和RowExpression是两种表达式。

Expression是在SQL抽象语法树、逻辑执行计划PlanNode树中用于表示表达式的形式，它的基类Expression继承自抽象语法树的基类Node节点，Expression有几十个子类来表示更具体的某个表达式逻辑，举几个例子。

- SymbolReference表示对某个字段的引用。
- FunctionCall表示对函数的调用。
- ArithmeticBinaryExpression表示基本的二元算数运算，比如$x + y$、$x * y$。

- Cast 表示将某个字面意思的字符串转换为具体的类型，比如 CAST(3 AS BIGINT)。

在将要利用代码生成技术生成特定的 PageFilter、PageProjection 实现类时，RowExpression 将几十种 Expression 的表示简化为 6 种相同含义的表达，它们分别如下。

- ConstantExpression 表示某个字面常量，例如 i_category_id * 3 中的 3。
- InputReferenceExpression 表示对某个字段的引用。
- CallExpression 表示函数或运算符调用。
- SpecialForm 可用于表示多种复杂的逻辑，包括但不限于 IN、BETWEEN、IF、AND、OR。
- LambdaDefinitionExpression 表示 SQL 中 Lambda 函数定义。
- VariableReferenceExpression 表示对变量的引用。

SQL-02 中的部分表达式如图 5-7 所示。

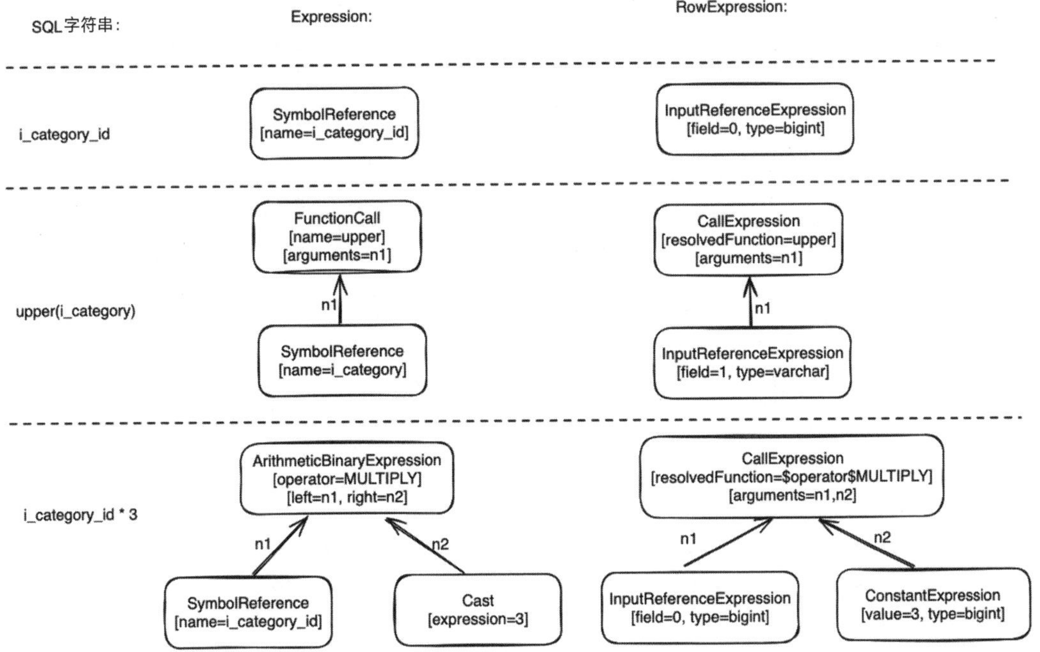

图 5-7　SQL-02 中的部分表达式用 Expression、RowExpression 表示的示意图

Presto 的创立者 Dain Sundstorm 表示，之所以要先用 Expression 及其子类作为表达式的结构，其后在算子执行时又将表达式转换为 RowExpression 结构，是因为在算子执行阶段自动生成数据处理代码时，RowExpression 种类更少，对应的表达式树形结构更容易遍历处理，使用更方便。

3. PageProcessor、PageFilter、PageProjection

给定某个 Page 数据，PageProcessor 可以利用它持有的 PageFilter、PageProjection 实例

完成这个Page数据的过滤与投影操作。PageFilter的定义如下。

```
public interface PageFilter {
    boolean isDeterministic();

    // 参与过滤的输入Page的所有列的channel ID
    InputChannels getInputChannels();

    SelectedPositions filter(ConnectorSession session, Page page);
    ...
}

public class SelectedPositions {
    private final boolean isList;
    private final int[] positions;
    private final int offset;
    private final int size;

    public static SelectedPositions positionsList(int[] positions, int offset,
        int size)
    {
        return new SelectedPositions(true, positions, offset, size);
    }

    public static SelectedPositions positionsRange(int offset, int size)
    {
        return new SelectedPositions(false, new int[0], offset, size);
    }

    private SelectedPositions(boolean isList, int[] positions, int offset, int
        size)
    {
        this.isList = isList;
        this.positions = requireNonNull(positions, "positions is null");
        this.offset = offset;
        this.size = size;
    }
    ...
}
```

为了避免数据过滤完成后立即创建新的Page再去做数据投影计算（这样可能导致在内存中物化中间过程的数据开销比较大），Presto利用SelectedPositions这样的数据结果记录数据过滤完成后被筛选出来的行的ID（row id）列表（在代码中的名字是position），PageProjection的数据投影操作只对SelectedPositions中记录的数据过滤保留下来的行做投影操作，并最终创建Page结果数据。

PageProjection的定义如下。

```
public interface PageProjection {
```

```
    Type getType();

    boolean isDeterministic();

    // 给定某个 Page，InputChannels 指定的 blocks 给到 PageProjection，计算并输出
       projection 后的一个 Block
    InputChannels getInputChannels();

    Work<Block> project(ConnectorSession session, DriverYieldSignal yieldSignal,
        Page page, SelectedPositions selectedPositions);
}
```

PageFilter、PageProjection 的内部流程代码是利用代码生成技术生成的，具体的生成逻辑比较复杂，需要读者有一定的积累才能理解，受限于篇幅我们在这里不做详细展开。

可以看到 PageFilter 是逐行遍历（row-by-row）输入的 Page，以完成数据过滤操作。但实际上 Page 是列式数据结构（column-by-column），这并不是一种高效的操作方式，这算是 Presto 设计实现中的一个小缺憾。PageProjection 的代码生成也有类似的问题，这里就不展示了。在 Meta 开源的 Velox 项目中，数据过滤、数据投影都已经做了列式化数据遍历的改造。

```
// 利用代码生成技术生成的 PageFilter 代码，只保留了核心的部分
public final class PageFilter_20230709_053211_1 implements PageFilter {
    private boolean[] selectedPositions = new boolean[0];

    public SelectedPositions filter(ConnectorSession session, Page page) {
        int positionCount = page.getPositionCount();
        if (this.selectedPositions.length < positionCount) {
            this.selectedPositions = new boolean[positionCount];
        }
        boolean[] selectedPositions = this.selectedPositions;
        int position = 0;
        // 这里可以看到 PageFilter 是逐行遍历（line by line）输入的 Page，以完成数据过滤操作
        while (position < positionCount) {
            // 下面的过滤方法也是自动生成代码，这里面会执行利用代码生成技术生成的表达式执行代码
            selectedPositions[position] = this.filter(session, page, position);
            ++position;
        }
        return PageFilter.positionsArrayToSelectedPositions((boolean[])
            selectedPositions, (int)positionCount);
    }
}
```

再分享一个技巧：如果想要查看自动生成的代码，可以运行某个包含 PageProcessor 生成逻辑的单元测试，同时使用 Arthas（https://github.com/alibaba/arthas）工具的 vmtool 命令

找到 PageProcessor 实例中 PageFilter、PageProjection 的 Java 类名，再利用 jad 命令导出这些实现的代码。前面展示的自动生成的代码都是利用此方法导出的。

4. 利用代码生成技术生成表达式执行代码

PageProcessor、PageFilter、PageProjection 实际上仍然用于计算过程中的流程控制，还没到具体的表达式执行层面，对于输入 Page 的某行数据，表达式是怎么在这行数据上执行并得到结果的呢？

首先，需要生成表达式执行代码。数据过滤代码的生成流程是从 PageFunctionCompiler::compileFilter(...) 到 RowExpressionCompiler::compile(...)，数据投影代码的生成流程是从 PageFunctionCompiler::compileProjection(...) 到 RowExpressionCompiler::compile(...)，它们最后都是利用 RowExpressionCompiler 中的 RowExpressionVisitor 以深度优先的方式遍历用 RowExpression 树形结构表示的表达式执行逻辑，以生成表达式的执行代码。可以理解为生成了一个可调用的函数。实际上经过 airlift bytecode 代码库的包装，代码生成技术已经被大大简化了，可读性也很高，建议大家去熟悉一下 XXXCompiler 示例的实现，它们能够帮助你更深入地理解代码生成是什么。

其次，前文所述的 PageFilter、PageProjection 在遍历待计算 Page 数据的每一行时，会调用上述流程生成的表达式执行代码，并传入 Page 中需要参与表达式计算的所有列（对应为 Block）。

以下以 SQL-02 中两个表达式的自动生成的代码为例，这是最简单的表达式，也是最简单的自动生成的代码。越复杂的表达式，对应的自动生成的代码越复杂，但整体的思想都是将树形结构的 RowExpression 结构“拍平”为层层嵌套的执行逻辑，在这个过程中会直接将表达式的执行逻辑自动生成在一个函数的方法体中，以减少函数调用的开销。

```
// 表达式 concat(i_category, i_color) 对应的自动生成的代码
public void evaluate(ConnectorSession session, Page page, int position) {
    // 获取参与计算的两个列的 Block
    Block block_0 = page.getBlock(0);
    Block block_1 = page.getBlock(1);
    boolean wasNull = false;
    BlockBuilder blockBuilder = this.blockBuilder;
    wasNull = block_0.isNull(position);
    // 调用 concat 函数
    Object object = wasNull ? null : ((wasNull = block_1.isNull(position)) ?
        null: Bootstrap.bootstrap("concat", 2L, block_0, position, block_1,
        position));
    if (wasNull) {
        blockBuilder.appendNull();
    } else {
        CallSite temp_0 = object;
        BlockBuilder temp_1 = blockBuilder;
```

```
            Bootstrap.bootstrap("constant_3", 3L).writeSlice(temp_1, (Slice)((Object)
                temp_0));
        }
    }

    // 表达式 i_category_id + i_brand_id 对应的自动生成的代码
    public void evaluate(ConnectorSession session, Page page, int position) {
        // 获取到参与计算的两个列的 Block
        Block block_0 = page.getBlock(0);
        Block block_1 = page.getBlock(1);
        boolean wasNull = false;
        BlockBuilder blockBuilder = this.blockBuilder;
        wasNull = block_0.isNull(position);
        // 如 +, -, *, / 这些基本的运算符，都是通过函数调用实现的
        long l = wasNull ? 0L : ((wasNull = block_1.isNull(position)) ? 0L : (long)
            Bootstrap.bootstrap("$operator$ADD", 2L, block_0, position, block_1,
            position));
        if (wasNull) {
            blockBuilder.appendNull();
        } else {
            long temp_0 = l;
            BlockBuilder temp_2 = blockBuilder;
            Bootstrap.bootstrap("constant_3", 3L).writeLong(temp_2, temp_0);
        }
    }
```

5. 一个表达式执行的最简版全流程演示例子

为了帮助读者更独立、直观地理解表达式的表示与执行逻辑，这里将相关单元测试代码组合起来形成一段完整的 Expression 执行示例代码，以模拟如下 SQL 中数据过滤与投影的解析与执行逻辑，包含 Expression 表达、Expression 转换为 RowExpression、自动生成代码、遍历数据执行计算等过程。

```
SELECT field0, substr(field2, 10, 8)
FROM table
WHERE field0 < 10 AND field1 = 'cat'
```

下面这段代码模拟了查询中表达式的执行，剥离了所有不与表达式直接相关的部分，并且是单节点单线程执行，有利于对核心逻辑的阅读理解及代码调试。整体分为以下几个步骤。

1）初始化必要的工具类 Metadata、SqlParser、TypeAnalyzer，定义 schema。

2）将包含数据过滤的 SQL 字符串转换为对应的 RowExpression。

3）将包含数据投影的 SQL 字符串转换为对应的 RowExpression。

4）创建 PageProcessor，里面涉及自动生成代码逻辑。

5）利用 RowPageBuilder 或者 BlockAssertions 生成待测试的 Page 数据。

6）使用 PageProcessor 遍历第五步生成的 Page 数据，输出计算后的 Page 数据。

7）校验输出的计算后的 Page 数据是否符合预期。

```
// 文件名 : TestPageProcessorCompiler::testPageProcessorCodeGen()
// 初始化必要的工具类
Metadata metadata = createTestMetadataManager();
SqlParser sqlParser = new SqlParser();
TypeAnalyzer typeAnalyzer = new TypeAnalyzer(sqlParser, metadata);

// 定义 field0、field1 和 field2 字段，以模拟一个表中的 3 个列
Symbol symbol0 = new Symbol("field0");
Symbol symbol1 =new Symbol("field1");
Symbol symbol2 =new Symbol("field2");
// 明确字段类型
TypeProvider typeProvider = TypeProvider.copyOf(ImmutableMap.<Symbol,
    Type>builder()
        .put(symbol0, BIGINT)
        .put(symbol1, VARCHAR)
        .put(symbol2, VARCHAR)
        .build());
// 明确字段顺序
Map<Symbol, Integer> sourceLayout = ImmutableMap.<Symbol, Integer>builder()
        .put(symbol0, 0)
        .put(symbol1, 1)
        .put(symbol2, 2)
        .build();

/** 将过滤 SQL 字符串转换为对应的 RowExpression*/
String filterExprStr = "field0 < 10 AND field1 = 'cat'";
RowExpression generatedFilters = sqlStringToExpression(filterExprStr, metadata,
    sqlParser, typeProvider, typeAnalyzer, sourceLayout);
Optional<RowExpression> filters = Optional.of(generatedFilters);
/**SqlToRowExpressionTranslator 执行的逻辑等价于下面 code-block-1 的手动创建的代码 */
{/**code-block-1*/
    // 手动创建过滤代码，效果同自动生成的过滤代码
    ResolvedFunction lessThan = metadata.resolveOperator(LESS_THAN,
        ImmutableList.of(BIGINT, BIGINT));
    CallExpression filter1 = new CallExpression(lessThan, ImmutableList.
        of(field(0, BIGINT), constant(10L, BIGINT)));

    ResolvedFunction equal = metadata.resolveOperator(EQUAL, ImmutableList.
        of(VARCHAR, VARCHAR));
    CallExpression filter2 = new CallExpression(equal, ImmutableList.of(field(1,
        VARCHAR), constant(Slices.utf8Slice("cat"), VARCHAR)));

    SpecialForm and = new SpecialForm(SpecialForm.Form.AND, BOOLEAN, filter1,
        filter2);
```

```
    // 如果想让手动创建的过滤代码生效，可以去掉下面这行代码的注释
    // filters = Optional.of(and);
}

/** 将投影 SQL 字符串转换为对应的 RowExpression*/
List<RowExpression> projections = new ArrayList<>();
List<String> projectExprs = Arrays.asList("field0", "substr(field2, 10, 8)");
for (int i = 0; i < projectExprs.size(); i++) {
    RowExpression projectRowExpression = sqlStringToExpression(projectExprs.
        get(i), metadata, sqlParser, typeProvider, typeAnalyzer, sourceLayout);
    projections.add(projectRowExpression);
}
/** 这段逻辑相当于以下手动创建的代码 , code-block-2*/
{/**code-block-2*/
    CallExpression substr = call(
        metadata.resolveFunction(QualifiedName.of("substr"), fromTypes
            (VARCHAR, BIGINT, BIGINT)),
        field(2, VARCHAR), constant(10L, BIGINT), constant(8L, BIGINT));
    // 如果想让手动创建的投影代码生效，可以去掉下面这行代码的注释
    // projections = ImmutableList.of(field(0, BIGINT), substr);
}

/** 创建 PageProcessor，里面包含前面自动生成的过滤代码和投影代码的 RowExpression，
* ExpressionCompiler::compilePageProcessor 利用 RowExpression 生成对应 PageFilter、
    PageProjection 实现类的代码
 * */
PageProcessor processor = compiler.compilePageProcessor(filters, projections).
    get();

// 用 RowPageBuilder 或 BlockAssertions 创建 Page
RowPageBuilder rowPageBuilder = RowPageBuilder.rowPageBuilder(BIGINT, VARCHAR,
    VARCHAR);
rowPageBuilder
    .row(20, "cat", "The cat (Felis catus) is a domestic species of small
        carnivorous mammal")
    .row(7, "cat", "Cats are commonly kept as house pets but can also be farm
        cats or feral cats")
    .row(5, "dog", "The dog (Canis familiaris[4][5] or Canis lupus familiaris[5])
        is a domesticated descendant of the wolf");
Page inputPage = rowPageBuilder.build();

// 处理 Page
Page outputPage = getOnlyElement(
    processor.process(null,
        new DriverYieldSignal(),
        newSimpleAggregatedMemoryContext().newLocalMemoryContext(PageProcessor.
            class.getSimpleName()),
         inputPage))
```

```
    .orElseThrow(() -> new AssertionError("page is not present"));

// 检查处理结果
assertEquals(outputPage.getPositionCount(), 1);
assertEquals(BIGINT.getLong(outputPage.getBlock(0), 0), 7);
assertEquals(VARCHAR.getSlice(outputPage.getBlock(1), 0), Slices.
utf8Slice("commonly"));
```

上述代码中用到的 sqlStringToExpression() 方法的实现，能够将过滤或投影的 SQL 字符串转换成对应的 RowExpression，具体逻辑如下。

```
private RowExpression sqlStringToExpression(
    String expression, Metadata metadata, SqlParser sqlParser,
    TypeProvider typeProvider, TypeAnalyzer typeAnalyzer,
    Map<Symbol, Integer> sourceLayout) {

    return TransactionBuilder.transaction(new TestingTransactionManager(), new
        AllowAllAccessControl())
        .singleStatement()
        .execute(TEST_SESSION, transactionSession -> {
            // 将表达式字符串转换为表达式对应的抽象语法树
            Expression parsedExpression = sqlParser.createExpression(expression,
                createParsingOptions(transactionSession));
            parsedExpression = rewriteIdentifiersToSymbolReferences(parsedExpres
                sion);
            // 解析表达式中的函数调用
            parsedExpression = resolveFunctionCalls(metadata, transactionSession,
                typeProvider, parsedExpression);
            // 涉及时间表达式相关的语法糖改写，例如将 NOW() 改写为计算出来的实际当前时间
            parsedExpression = CanonicalizeExpressionRewriter.rewrite(
                parsedExpression,
                transactionSession,
                metadata,
                new TypeAnalyzer(sqlParser, metadata),
                typeProvider);

            // 将表达式的抽象语法树转换为 RowExpression
            // Expression 中用的还是 column name
            // 而 RowExpression 中用的是 column id，即前面代码中的 sourceLayout
            Map<NodeRef<Expression>, Type> types = typeAnalyzer.
                getTypes(transactionSession, typeProvider, parsedExpression);
            RowExpression rowExpression = SqlToRowExpressionTranslator.translate(
                parsedExpression, types, sourceLayout, metadata, transactionSession,
                    true);
            return rowExpression;
        });
}
```

5.3　数据过滤与投影相关查询涉及的查询优化

5.3.1　列裁剪

以 SQL-01 为例，查询规划器一开始生成的逻辑执行计划的 TableScanNode 会输出底层数据源表 store_sales 的所有（22 个）列，然而这是不符合预期的。SQL-01 最终只需要 ss_item_sk 和 ss_sales_price 这两个字段，没必要从数据源拉取不需要的列，这样可以将列式格式与列式计算的优势发挥出来，并减少不必要的 IO 开销。

```
public class TableScanNode extends PlanNode {
    // Tablehandle 表示当前 TableScanNode 对应的是数据源存储中的哪个表
    private final TableHandle table;
    // outputSymbols : TableScanNode 输出的 symbols 列表，在 Presto 中，使用 Symbol 表示要
       输出哪些列
    private final List<Symbol> outputSymbols;
    // assignments: 对于 outputSymbols 中的每个 Symbol,
    // 明确其来源于数据源 Connector 的哪个列（用 ColumnHandle 表示），这是从 symbol 到列的映射。
    private final Map<Symbol, ColumnHandle> assignments;

    // 查询执行时，只要将 TableHandle、ColumnHandle 交给数据源连接器，它就知道拉取哪些表，哪
       些列的数据
    // 这是一个基本的抽象，在考虑到各种下推（pushdown）优化时，这两个概念将发挥更重要的作用
}
```

这就需要一个列裁剪（Column Pruning）的过程，即在优化器中将不需要的列裁剪掉。优化器需要自顶向下裁剪列。自顶向下表示，如果父层级的 PlanNode 不需要某些 Symbol（符号），那么它的子层级 PlanNode 自然也不需要输出这些 Symbol。对应到 SQL-01 就是 OutputNode 只需要 2 个列，那么 TableScanNode 也只需要 2 个列。Presto 的 PlanOptimizers 中定义了很多列裁剪规则，比较常用的是 PruneProjectColumns、PruneTableScanColumns、PruneFilterColumns、PruneJoinColumns。

以 PruneTableScanColumns 为例子，其核心代码如下。

```
public static Optional<PlanNode> pruneColumns(Metadata metadata, TypeProvider
    types, Session session, TableScanNode node, Set<Symbol> referencedOutputs) {
    // referencedOutputs 指的是在 TableScanNode 的父类 PlanNode 中需要用到的 Symbol
    // 此时 node.getOutputSymbols() 输出的还是所有的列的 symbol，需要做一次过滤留下必须有的
       symbol
    List<Symbol> newOutputs = filteredCopy(node.getOutputSymbols(),
        referencedOutputs::contains);

    // 如果过滤后的 symbol 就是数据源表的所有列，就没必要做后面的优化了
    if (newOutputs.size() == node.getOutputSymbols().size()) {
        return Optional.empty();
    }
```

```
    Map<Symbol, ColumnHandle> newAssignments;

    ...

    newAssignments = newOutputs.stream()
        .collect(toImmutableMap(Function.identity(), node.getAssignments()::
            get));

    // 重新生成新的TableScanNode，主要的变化是其要输出的symbol列表发生了变化，变成了
       newOutputs和newAssignments
    return Optional.of(new TableScanNode(
        node.getId(),
        handle,
        newOutputs,
        newAssignments,
        node.getEnforcedConstraint(),
        node.isForDelete()));
}
```

5.3.2 部分计算下推到存储服务

在Presto中，支持若干种下推，截至v350版本，支持以下类型的计算下推优化器。

- 聚合下推：PushAggregationIntoTableScan。
- LIMIT下推：PushLimitIntoTableScan。
- 数据过滤下推：PushPredicateIntoTableScan。
- 投影下推：PushProjectionIntoTableScan。
- 抽样下推：PushSampleIntoTableScan。
- TopN下推：PushTopNIntoTableScan。

计算下推本质上是一个妥协，比如当某些计算被下推到存储引擎执行，会减少从存储引擎到查询引擎之间的IO开销，但同时会增加存储引擎在计算方面的CPU开销。这些计算如果不下推，IO、CPU开销就会反过来。是否应该选择下推没有通用的答案，应根据实际情况而定。只要OLAP引擎能显著减少查询执行过程中端到端的IO开销，而又不至于使数据源的CPU开销增加过多，进而导致数据源CPU出现瓶颈，那么用CPU资源换IO开销降低就是值得的。例如，一般情况下数据过滤下推能够显著减少IO但是不会增加过多CPU，所以数据过滤下推是业界比较常用的方法；而大部分的OLAP引擎都不会将聚合计算下推到存储服务，因为聚合计算CPU开销一般都较大，并且需要在内存中积攒数据进行有状态计算，尤其是聚合的分组较多时，对存储服务的负面影响比较大。从另一个角度说，如果聚合计算这种查询引擎最核心的能力都下推了，还做什么存算分离呢？这样存储和计算就变成同一个服务了。

对于SQL-01、SQL-02来说，可能会用到的下推计算是数据过滤下推与投影下推。如

果查询服务希望下推，首先要得到存储服务支持才行，并不是所有的存储服务都支持这些计算。因此，在执行计划的优化阶段，一般 OLAP 引擎都会提供一种查询服务与存储服务的协商机制，来确定数据过滤计算与投影计算是否可在存储服务中实现下推。以 Presto 实现的数据过滤下推优化器 PushPredicateIntoTableScan 为例，它是一个基于规则的优化器。

```
public class PushPredicateIntoTableScan implements Rule<FilterNode> {
    // 下面两行代码用于定义优化器能够匹配哪些 PlanNode
    // 这里定义要匹配的子节点是 TableScanNode 的 FilterNode
    // 后面要将 FilterNode 的数据过滤表达式下推到 TableScanNode 中的 TableHandle
    private static final Capture<TableScanNode> TABLE_SCAN = newCapture();
    private static final Pattern<FilterNode> PATTERN = filter().with(source().
        matching(
            tableScan().capturedAs(TABLE_SCAN)));

    // 优化器匹配到 FilterNode 后，调用 apply() 来做优化
    @Override
    public Result apply(FilterNode filterNode, Captures captures, Context
        context) {
        TableScanNode tableScan = captures.get(TABLE_SCAN);

        Optional<PlanNode> rewritten = pushFilterIntoTableScan(
            tableScan,
            filterNode.getPredicate(),
            ...
            metadata,
            ...);

        return Result.ofPlanNode(rewritten.get());
    }

    public static Optional<PlanNode> pushFilterIntoTableScan(
            TableScanNode node, Expression predicate, ...
            Metadata metadata, ...) {
        // 做一些 Expression 的预处理，将 predicate 转为 Constraint
        Constraint constraint = ...;
        ...

        // 这里是最核心的代码，通过 applyFilter() 来尝试将 FilterNode 中的数据过滤表达式下推
           给数据源连接器
        // 在返回的结果中得知哪些过滤条件可下推，哪些不可下推。如果都无法下推，则返回
           Optional.empty()
        Optional<ConstraintApplicationResult<TableHandle>> result = metadata.
            applyFilter(session, node.getTable(), constraint);

        if (result.isEmpty()) {
            return Optional.empty();
```

```
        }

        // 生成新的 TableHandle。实际上在 Presto 的设计中，下推的本质就是操作 TableHandle
        newTable = result.get().getHandle();
        remainingFilter = result.get().getRemainingFilter();
        ...

        TableScanNode tableScan = new TableScanNode(
                node.getId(),
                newTable,
                node.getOutputSymbols(),
                node.getAssignments(),
                computeEnforced(newDomain, remainingFilter),
                node.isForDelete());

        Expression resultingPredicate = createResultingPredicate(
                metadata,
                domainTranslator.toPredicate(remainingFilter.transform
                    (assignments::get)),
                nonDeterministicPredicate,
                decomposedPredicate.getRemainingExpression());

        // 如果存在不能下推的过滤条件，则仍然需要一个 FilterNode 来对剩下的数据做过滤处理
        if (!TRUE_LITERAL.equals(resultingPredicate)) {
            return Optional.of(new FilterNode(idAllocator.getNextId(), tableScan,
                resultingPredicate));
        }

        return Optional.of(tableScan);
    }
}
```

计算下推是逻辑执行计划优化中的重要环节，核心目标是将某些计算下推到数据源所在的存储引擎中执行，以充分利用底层数据源现有能力，减少从存储引擎到查询引擎的 IO 压力。在存算分离的架构中谈论计算下推才有意义，这里的分离至少是存储与计算服务进程或节点级别的分离，例如 Presto + HDFS 的架构就是比较典型的存算分离架构。对于存储和计算不分离的架构，例如开源社区版本的 Elasticsearch、ClickHouse，存储与计算实际上是同一个进程，所以没有计算下推一说。

一般而言，如果下推就能很好地利用存储服务的现有能力，整体提升查询性能或显著增加 OLAP 引擎架构的整体稳定性，那么就适合进行下推。存储服务的现有能力包括可快速过滤数据的索引、可预先构建的物化视图等可直接省去部分计算的能力。

5.3.3 表达式计算的优化

常见的表达式计算优化如下：

- **常量折叠（Constant Fold）**：例如 SELECT c1 + 2 + 3 FROM ... 这样的查询，为了避免在查询执行时迭代每行数据都需要做 2+3 这样的常量计算，所以在执行计划生成阶段直接将其优化为 SELECT c1 + 5 FROM ...。
- **相同子表达式优化（Common Sub Expression）**：例如 SELECT strpos(upper (a), 'FOO') > 0 OR strpos(upper(a), 'BAR') > 0 FROM ... 这样的查询，可识别出 upper(a) 这个表达式被多次用到，不需要重复计算，可缓存其结果以实现多次复用，如图 5-8 所示。这个思路类似计算斐波那契数列的优化。

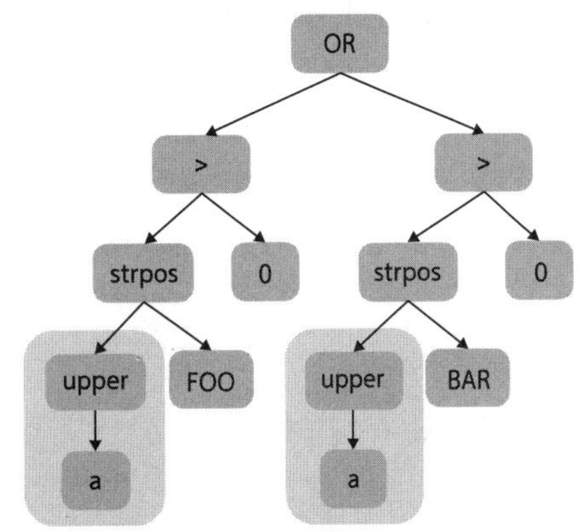

图 5-8 相同子表达式优化

- **子表达式计算动态重排序**：例如，在做数据过滤时，如果发现先执行某些子表达式能显著减少过滤后的数据量，那么可在执行过程中动态地调整子表达式执行的顺序，将这些子表达式放在前面执行，这样即可减少那些过滤效果不好的子表达式的执行次数（Presto 未实现此能力，Velox 支持了此能力）。

5.4 总结、思考、实践

关于设计优秀 OLAP 引擎，这里给出几条引申思考。

- **列式数据格式需要搭配列式计算逻辑才能更好地发挥优势。**Presto 的查询执行过程利用 Page、Block 列式数据格式在内存中表示数据，但是数据过滤、投影、聚合操作却通过行式遍历的思路来执行。行式遍历指的是 row-by-row，列式遍历指的是 column-by-column。这种方式并没有将列式数据格式的优势发挥到极致——数据遍历时不能很好地利用 CPU 缓存，表达式执行时也不能很好地利用 SIMD 做批量操作，特定场景优化时也不能很好地利用 RunLength、字典等特殊编码的列式数据。Velox 在这方面做了较多改进，对数据过滤、投影、聚合都做了列式批量化的计算实现，代表了业界经常提到的“向量化执行引擎”的概念。关于列式数据格式的计算优势，可以参考论文“Column-Stores vs. Row-Stores”。
- **强大的代码生成技术。**代码生成技术的强大表现在你可以使用它按照一定的逻辑生成任意的代码，由代码决定代码。在实现一些通用的代码逻辑时，其生成代码的复用程度完全超越了通过类继承、方法调用所实现的复用程度。当然，代码生成技术也使代码可读性下降很多，调试难度增加。“Everything You Always Wanted to Know About Compiled and Vectorized Queries But Were Afraid to Ask”和“Vectorization vs. Compilation in Query Execution”这两篇经典论文对代码生成技术在 OLAP 引擎中的使用进行了详细介绍，读者可以作为扩展资料来阅读。

- **CBO 的重要性**。CBO 可以理解为 RBO + 开销辅助决策，因此 CBO 比 RBO 更复杂也更加适用于实际情况，而不是纸上谈兵、生搬硬套。如果一个 OLAP 引擎想做得更优秀，一定需要利用好 CBO 的能力来针对具体情况进行决策。

以下是一些有利于我们理解本章知识点的单元测试代码：

- 表达式执行相关的单元测试：TestScanFilterAndProjectOperator、TestFilterAndProjectOperator、TestPageProcessor、TestExpressionCompiler、TestLambdaExpression、TestPageFunctionCompiler、TestSqlToRowExpressionTranslator、TestSqlParser。
- 分布式排序相关的单元测试：TestPagesIndex、TestMergeSortedPages、TestMergeOperator、TestWorkProcessor。

思考与实践：

- 如何在列式数据格式上做列式计算？试着去 Velox 源码的数据过滤、投影、聚合逻辑中找答案。
- 如何通过代码生成技术来生成代码？试着深入阅读 Presto 源码中 ExpressionCompiler 或其他 XXXCompiler 的代码。

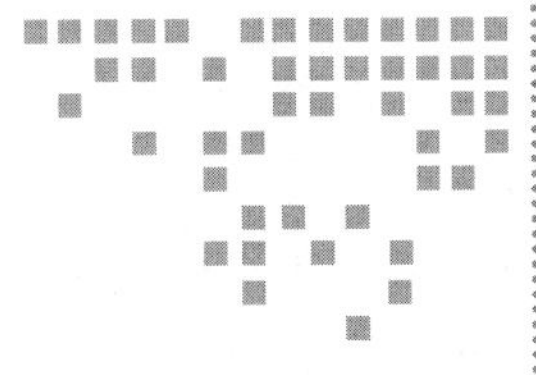

第6章 Chapter 6

行数限定与排序相关查询的执行原理解析

本章深入探讨LIMIT（行数限定）与ORDER BY（排序）相关查询的执行原理，这也是OLAP引擎中的核心功能。通过对SQL查询的逐步解析，我们不仅能够理解如何在海量数据中快速提取所需信息，还能洞察分布式计算环境下的数据处理策略。

我们将从3个典型的SQL查询场景出发，分别解析LIMIT、ORDER BY以及它们组合使用（即TopN查询）的执行机制。这些场景涵盖了数据的筛选、排序以及结果集的限定，是OLAP系统中常见的操作。通过对这些查询的逻辑执行计划、物理执行计划以及分布式调度与执行的详细分析，读者将能够掌握在实际应用中优化查询性能、减少资源消耗、提高数据处理效率的方法。

此外，本章还涉及了查询优化的高级话题，如LIMIT计算的下推、去除不必要的LIMIT操作以及将ORDER BY + LIMIT优化为TopN计算。这些优化技巧对于构建高性能的OLAP引擎至关重要。

6.1 SQL-10行数限定查询的实现原理

对于SQL-10，重点关注在查询执行过程中如何限制最终返回的数据记录条数。

```
-- SQL-10 : 查看指定商品ID(ss_item_sk)的销售价格(ss_sales_price)，只看前10条
SELECT ss_item_sk, ss_sales_price
FROM store_sales
WHERE ss_item_sk = 13631
LIMIT 10;
```

6.1.1 执行计划的生成与优化

1. 初始逻辑执行计划

初始逻辑执行计划中出现了如下 PlanNode，如图 6-1 所示。

- ❑ TableScanNode：负责从数据源连接器拉取数据。
- ❑ FilterNode：负责按照 SQL 中 WHERE 条件来过滤数据。
- ❑ ProjectNode：负责做一些常见的投影（Projection）操作，如数据类型转换、表达式执行等，最常见的投影操作如 CAST(c1 as BIGINT)，再如 c1 * 100 以及执行标量函数（Scalar Function）等。注意，图 6-1 中未展示该节点，若读者对此有疑问，可参见图 6-11 中的 ProjectNode。
- ❑ LimitNode：用于表示查询结果记录数的限制。
- ❑ OutputNode：是分段前与分段后的逻辑执行计划的根节点，意味着要输出计算结果。

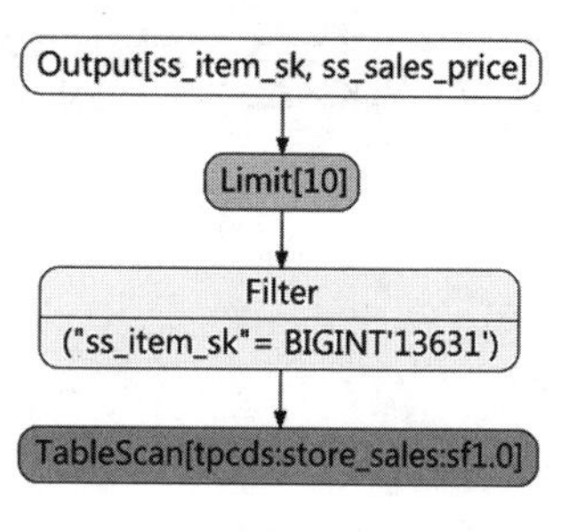

图 6-1 SQL-10 初始逻辑执行计划

LimitNode 的定义如下。

```
// 文件名：LimitNode.java
public class LimitNode extends PlanNode {
    // LimitNode 的子节点，对于 SQL-12 来说是 ProjectNode
    private final PlanNode source;
    // 当 SQL 中是 LIMIT 10，则 count=10
    private final long count;
    // 如果是部分行数限定（Partial Limit），则
       partial=true
    // 部分行数限定（Partial Limit），最终行数限定
       （Final Limit）是分布式执行中的逻辑
    private final boolean partial;
}
```

2. 优化后的逻辑执行计划

如图 6-2 所示，经过 AddExchanges 优化器的优化，1 个 LimitNode 被拆分为 2 个：LimitNode[partial=true]、LimitNode[partial=false]，分别对应分布式执行中的部分行数限定（Partial Limit）计算与最终行数限定（Final Limit）计算，并在两个节点之间插入了 ExchangeNode，由此得以实现分布式的 LIMIT 计算。值得注意的是，无论是部分行数限定还是最终行数限定，它们的 LIMIT 计算中的 N 都等于 10。

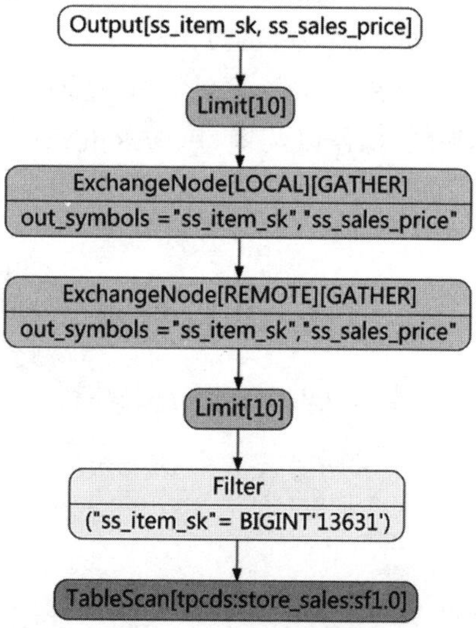

Output[ss_item_sk, ss_sales_price]
Limit[10]
ExchangeNode[LOCAL][GATHER]
out_symbols ="ss_item_sk","ss_sales_price"
ExchangeNode[REMOTE][GATHER]
out_symbols ="ss_item_sk","ss_sales_price"
Limit[10]
Filter
("ss_item_sk"= BIGINT'13631')
TableScan[tpcds:store_sales:sf1.0]

图 6-2 SQL-10 优化后的逻辑执行计划

3. 查询执行阶段划分

这部分内容与 SQL-01 对应部分一样，不再重复。从 WebUI 上可以看到，SQL-10 查询执行阶段关系如图 6-3 所示。

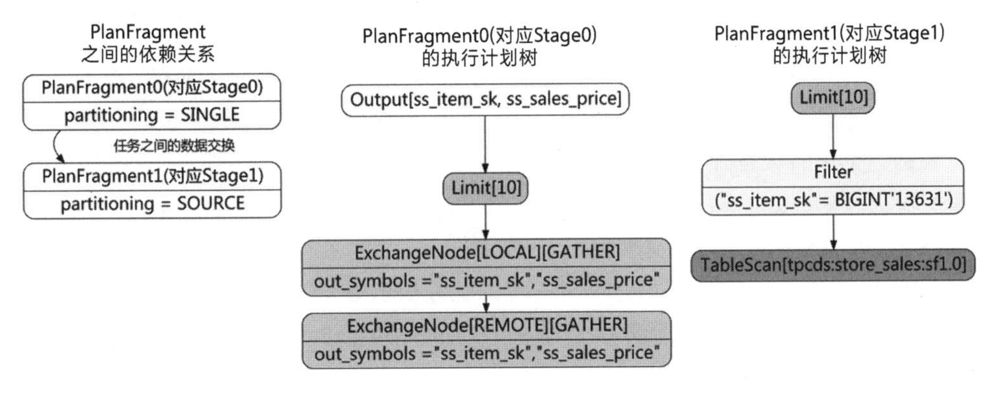

图 6-3　SQL-10 查询执行阶段关系图

Stage1 和 Stage0 的职责如下。

- Stage1 职责：从数据源连接器拉取数据，完成部分行数限定计算。Stage1 输出的数据会放到 OutputBuffer 中，等待下游 Stage0 的任务来拉取。
- Stage0 职责：从上游 Stage1 拉取数据，完成最终行数限定计算，输出结果给到集群协调节点。Stage0 输出的数据会放到 OutputBuffer 中，等待集群协调节点来拉取。

6.1.2　分布式调度与执行的设计实现

按照查询执行时的数据流动方向，我们先介绍 Stage1 的任务执行，再介绍 Stage0 的任务执行。

- Stage1 的任务执行时会依照 PlanFragment 的 PlanNode 子树创建出 3 个算子——ScanFilterAndProjectOperator、LimitOperator、TaskOutputOperator。ScanFilterAndProjectOperator 负责从存储系统中拉取数据并在完成数据过滤后输出给 LimitOperator；LimitOperator 负责完成当前任务内的部分行数限定计算，实际上就是所有 Stage1 的所有任务各拉取 10 条数据后终止；TaskOutputOperator 负责将待输出的数据放到当前任务的 OutputBuffer 中，等待下游 Stage0 的任务来拉取。
- Stage0 的任务执行时会依照 PlanFragment 的 PlanNode 子树创建出 2 个算子链，分别对应两个执行流水线。第一个流水线为 ExchangeOperator、LocalExchangeSinkOperator，第二个流水线为 LocalExchangeSourceOperator、LimitOperator、TaskOutputOperator。ExchangeOperator 负责从上游 Stage1 的任务中拉取数据，这是任务之间的数据交换。除此之外，这里还有任务内部数据交换相关的算子，它的主要职责是将多路拉取到的数据合并为一路，以便完成后续的 LIMIT 计算，因为只有最终将数据计算的并行度设置为 1，才能得到所有数据的全局 LIMIT N 计算结果，实际上就是由 Stage0 的任务获取 10 条数据后终止。TaskOutputOperator 负责将待输出的数据放到当前任务的 OutputBuffer 中，等待集群协调节点来拉取。其他几个算子这里暂不介绍了。

1. 分布式行数限定计算的实现逻辑

由于 SQL-10 查询对结果的要求是“只需要 10 条记录”，而且是随机的 10 条，既没有指定数据过滤条件，也没有对数据的顺序提出要求，逻辑上讲这是一个非常容易实现的查询。如果是一个单机数据库（例如 MySQL），直接从任意数据文件中拉取 10 条记录即可满足查询要求。在 Presto 的实现中，反而复杂了些，这主要涉及如下几个技术点。

- ❑ Stage1 的各个任务终止从存储拉取数据的时间。
- ❑ Stage0 的唯一一个任务终止从 Stage1 的任务拉取数据的时间。
- ❑ Stage1、Stage0 的所有任务执行结束的时间；Stage1、Stage0 结束的时间；查询执行结束的时间。

首先披露一个之前从未介绍过的 Presto 的基本设计理念：查询、查询执行阶段、任务都是有状态的，各自对应了状态机做状态迁移，包括开始、运行、结束、失败等状态；某个任务的所有 Driver 中算子链执行结束意味着此任务的结束，某个查询执行阶段的所有任务执行结束意味着此查询执行阶段执行结束，某个查询的所有查询执行阶段的执行结束意味着此查询的结束。深层次来讲，每个任务中 Driver 中的算子链什么时候执行结束决定了查询什么时候结束。对于 SQL-10 的执行过程，不考虑发起查询的客户端主动取消查询的情况，我们重点来关注 Stage1 的任务与 Stage0 的任务的结束条件与时机。

- ❑ Stage1 的任务结束条件有两个，满足其一就会结束：LimitOperator 发现已经拉取了 10 条数据；或 Stage0 的任务通知 Stage1 的任务要求其结束执行。
- ❑ Stage0 的任务结束条件只有一个：LimitOperator 发现已经拉取了 10 条数据，满足了查询结果的要求。此时它会通知 Stage1 的任务可以结束执行了。

不同于 Spark，Presto 实现的是查询执行阶段间流水线的执行方式，不需要等到 Stage1 的所有任务都执行完后才能执行 Stage0 的任务，Stage1 中执行比较快的任务可以先行将数据交付给 Stage0 的任务，这就可能产生 Stage0 已经达到了 LIMIT *N* 的终止条件，而某些 Stage1 的任务执行得比较慢，还在执行继续产出数据的情况。Presto 利用任务之间数据交换的能力来实现 LIMIT 的终止语义，即下游任务已经拉取了足额（LIMIT *N*）的数据后，ExchangeOperator 的 ExchangeClient 会主动告知上游任务要求其终止执行不要再产出输出，下游任务会调用上游任务的 OutputBuffer::abort 来表达下游任务不再需要数据了，上游任务也会结束并退出运行。这里的上游任务指的是 Stage1 从数据源连接器拉取数据的任务。

接下来可以关注 LimitOperator 的实现逻辑，它的实现代码非常简洁且简单，可以作为经典的算子实现的案例。

LimitOperator 是为数不多的会因为触发某个计算条件（剩余待输出数据行数等于 0）而

主动终止的算子，详见其 isFinished() 方法。其他的算子的终止都依赖外部，比如算子链中的最前序算子要执行结束了，Driver 将调用算子链中后序所有算子的 finish() 方法使其结束执行。而 LimitOperator 是可以自己达到执行结束条件的。

```
// 文件名：LimitOperator.java
public class LimitOperator implements Operator {
    private Page nextPage;
    private long remainingLimit;

    @Override
    public boolean isFinished() {
        return remainingLimit == 0 && nextPage == null;
    }

    @Override
    public boolean needsInput() {
        return remainingLimit > 0 && nextPage == null;
    }

    @Override
    public void addInput(Page page) {
        checkState(needsInput());

        if (page.getPositionCount() <= remainingLimit) {
            remainingLimit -= page.getPositionCount();
            nextPage = page;
        }
        else {
            nextPage = page.getRegion(0, (int) remainingLimit);
            remainingLimit = 0;
        }
    }

    @Override
    public Page getOutput() {
        Page page = nextPage;
        nextPage = null;
        return page;
    }
}
```

2. 引申思考

从 SQL-10 的分布式执行中可以看出，只是随便查询 10 条数据，Presto 的执行也有点过于兴师动众了，不仅要划分为 Stage1、Stage0，而且 Stage1 的多个任务并行从存储拉取数据而带来读放大问题。假设 Stage1 有 M 个任务，查询的条件是 LIMIT N，则在最坏的情况下产生读放大的数据条数为 $M \times N-N$。当 LIMIT N 中的 N 比较小时，为什么不可以像单机数据库（例如 MySQL）那样简单？笔者认为这是完全可以做到的，CBO 思路出发，当 N 比较小时（例如小于 1000），参与查询执行的节点越少代价就越小，可以不拆分 LimitNode 但插入 ExchangeNode，让查询只有 1 个查询执行阶段，只在 1 个节点上（Presto Worker）上执行。想要实现这种效果，需要修改对应的优化器实现。

6.2 SQL-11 排序查询的实现原理

对于 SQL-11 我们重点关注分布式的数据排序（ORDER BY）如何实现。

```
-- SQL-11 ： 查看指定商品 ID（ss_item_sk）的销售价格（ss_sales_price），按照销售价格（ss_
   sales_price）倒序排列
SELECT ss_item_sk, ss_sales_price
FROM store_sales
WHERE ss_item_sk = 13631
ORDER BY ss_sales_price DESC;
```

6.2.1 执行计划的生成与优化

1. 初始逻辑执行计划

初始逻辑执行计划中出现了 TableScanNode、FilterNode、SortNode 和 OutputNode 这几个 PlanNode。在 Presto 中，ORDER BY 是用 SortNode 来表示的，不存在 OrderBy-Node 的概念。其余几个 PlanNode 与 SQL-10 中的含义一样，这里不再重复了。SQL-11 的初始逻辑执行计划如图 6-4 所示。

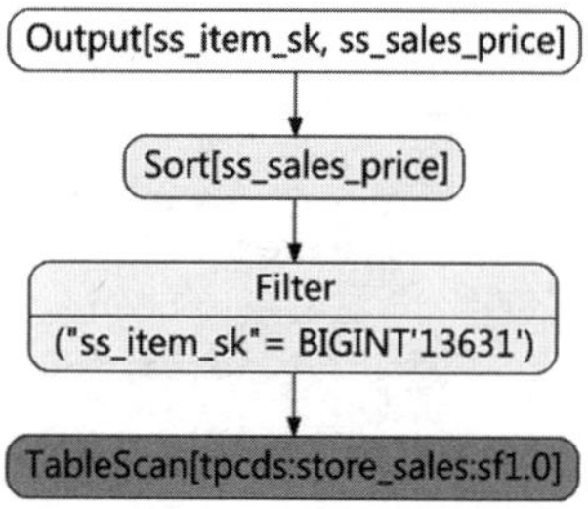

Output[ss_item_sk, ss_sales_price]
Sort[ss_sales_price]
Filter
("ss_item_sk"= BIGINT'13631')
TableScan[tpcds:store_sales:sf1.0]

图 6-4 SQL-11 初始逻辑执行计划

SortNode 定义如下。

```
// 文件名 : SortNode.java
public class SortNode extends PlanNode {
    // SortNode 的子节点，对于 SQL-12 来说是 FilterNode
    private final PlanNode source;
    // SortNode 对数据的排序方式，对于 SQL-11 来说需要通过 OrderingScheme 来表达 ORDER BY
       ss_sales_price DESC;
    private final OrderingScheme orderingScheme;
    // 如果是 Partial Sort，则 partial=true，Partial Sort、Final Sort 是分布式执行中的逻辑
    private final boolean partial;
}
```

其中 OrderingScheme 的定义如下。

```
// 文件名：OrderingScheme.java
public class OrderingScheme {
    // SQL 中 ORDER BY 后面的字段，对于 ORDER BY ss_sales_price DESC 来说，这个变量中存储
       的是与 sales_price 字段对应的 Symbol
    // List<Symbol> 中 Symbol 顺序与 SQL 中指定的顺序相同，这个顺序决定了优先按照哪个 Symbol
       来排序
    // 此处的 Symbol 的中文意译是“符号”“标识”，用来表示数据表或者查询计算中间过程中的字段
    private final List<Symbol> orderBy;
    // 给定每个 Symbol 的排序顺序
    private final Map<Symbol, SortOrder> orderings;
}

// 文件名：SortOrder.java
public enum SortOrder {
    ASC_NULLS_FIRST(true, true), // 递增排序，NULL value 在最前面
    ASC_NULLS_LAST(true, false), // 递增排序，NULL value 在最后面
    DESC_NULLS_FIRST(false, true), // 递减排序，NULL value 在最前面
    DESC_NULLS_LAST(false, false); // 递减排序，NULL value 在最后面

    private final boolean ascending;
    private final boolean nullsFirst;
}
```

2. 优化后的逻辑执行计划

如图 6-5 所示，对于 SQL-11 的执行计划，Presto 在分布式执行时为了提高数据拉取与排序性能，同时为了减少排序时数据倾斜的可能性，可以先由 N 个任务从存储中并行拉取数据，再将这些数据打散到 M 个任务中各自做局部排序，最后再将这些任务的局部排序数据给到一个任务中以完成多路归并得到全局排序结果。这里涉及两次并行度的改变，先从 N 到 M，再从 M 到 1，需要插入两个 ExchangeNode：第一个是 ExchangeNode[scope = REMOTE, type =REPARTITION]，第二个是 ExchangeNode[scope=REMOTE, type=GATHER]，相关的优化器是 AddExchanges。第一个 ExchangeNode 的 REPARTITION 不是以哈希的方式将数据打散，而是以轮转的方式打散，这样基本能保证在单个任务内做局部排序时各个任务的数据不倾斜，使各任务执行速度接近而不会导致执行耗时长尾的出现。长尾现象是分布式查询执行中比较让人头疼的问题，往往因为个别任务的执行速度慢而拖慢整个查询的执行速度。

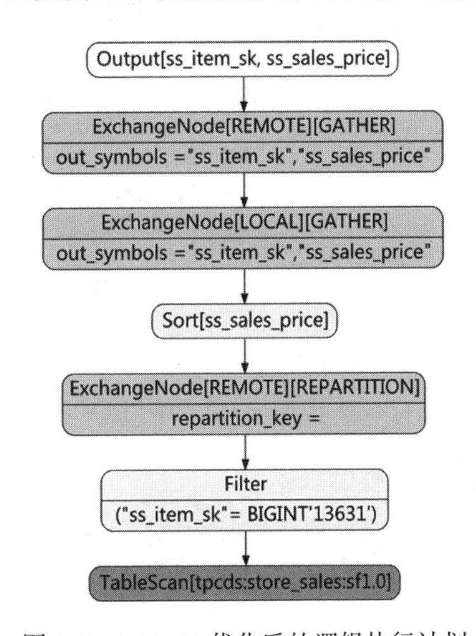

图 6-5　SQL-11 优化后的逻辑执行计划

3. 查询执行阶段划分

逻辑执行计划经过 AddExchanges 优化器划分后分为 3 个 PlanFragment，对应分布式执行时的 3 个查询执行阶段——Stage2、Stage1、Stage0，从 WebUI 上可以看到，SQL-11 查询执行阶段关系如图 6-6 所示。

- **Stage2 职责**：从数据源连接器拉取数据，完成数据过滤，不做其他的计算。Stage2 输出的数据会放到 OutputBuffer 中，等待下游 Stage1 的任务来拉取。
- **Stage1 职责**：从上游 Stage2 拉取数据，完成任务在单节点内的排序。Stage1 输出的数据会放到 OutputBuffer 中，等待下游 Stage0 的任务来拉取。
- **Stage0 职责**：从上游 Stage1 拉取数据，将所有从 Stage1 的任务拉取的数据做多路归并以形成最终的全局排序，输出结果给到集群协调节点。Stage0 输出的数据会放到 OutputBuffer 中，等待集群协调节点来拉取。

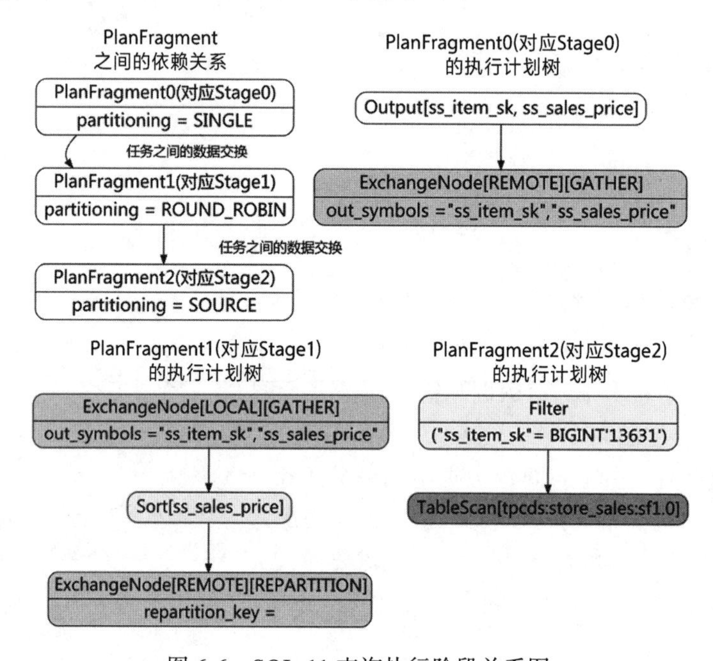

图 6-6 SQL-11 查询执行阶段关系图

6.2.2 分布式调度与执行的设计实现

1. 整体概述

按照查询执行时的数据流动方向，下面依次介绍 Stage2、Stage1、Stage0 的任务执行，如图 6-7 所示。

- Stage2 的任务执行时会依照 PlanFragment 的 PlanNode 子树，创建 2 个 Operator——ScanFilterAndProjectOperator、TaskOutputOperator。ScanFilterAndProjectOperator

负责从存储系统中拉取数据并输出给 TaskOutputOperator；TaskOutputOperator 负责将待输出的数据放到当前任务的 OutputBuffer 中，等待下游 Stage0 的任务来拉取。OutputBuffer 的类型是 ArbitraryOutputBuffer，支持以轮转的方式将数据给到下游任务。Stage2 的所有任务的数据都是以轮转的方式将自己拉取到的数据输出给 Stage1 的各个任务，基本做到了数据到达 Stage1 时各个任务的数据量比较均衡。

- Stage1 的任务执行时会依照 PlanFragment 的 PlanNode 子树，创建 2 个算子链，分别对应 2 个执行流水线。第一个流水线为 ExchangeOperator、OrderByOperator、LocalExchangeSinkOperator，第二个流水线为 LocalMergeSourceOperator、TaskOutputOperator。其中第一个流水线是多路并行的，每一路从上游的某个任务拉取数据并完成局部的排序（流水线粒度有序），但是这样多路各自排序完的数据没办法直接交付给下游任务，这样输出的数据无法保证任务粒度的数据是有序的，而下游任务要做的是多路归并计算，这种算法对多路输入数据的要求是每一路上游任务输出数据已经是排序的。因此，我们需要再增加第二个流水线将第一个流水线的所有路数据先在任务内做一次多路归并以保证任务粒度的数据有序。
- Stage0 的任务执行时会依照 PlanFragment 的 PlanNode 子树，创建 2 个 Operator——MergeOperator、TaskOutputOperator。MergeOperator 负责从上游 Stage1 的任务中拉取数据并完成多路归并，之后将数据给到 TaskOutputOperator。注意这里很重要，MergeOperator 不仅参与了任务之间数据交换，还做了多路归并操作。TaskOutputOperator 则负责将待输出的数据放到当前任务的 OutputBuffer 中等待集群协调节点来拉取。

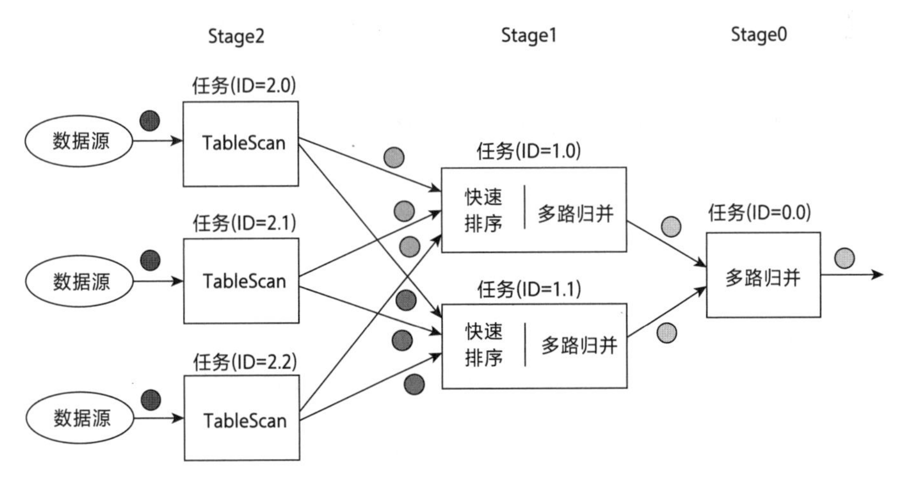

图 6-7　SQL-11 各查询执行阶段的任务执行示意图

为什么不是 ExchangeOperator 而是 MergeOperator？

ExchangeOperator 与 MergeOperator 都具备从上游任务拉取数据的功能，但是

MergeOperator有一个额外的功能——将各上游任务排好序的数据汇总到一起再进行一次多路归并，使MergeOperator输出的数据是全局有序的。例如在SQL-11执行时，在Stage1中完成任务粒度的局部排序，在Stage0中完成多路归并最终输出全局有序的数据，Stage0只有1个任务并且它的SourceOperator是MergeOperator。也就是说，如果查询的执行过程中需要做全局的数据排序，则选用MergeOperator，其他情况选用ExchangeOperator。

为了方便理解分布式排序原理，可以假设在Stage1的每个任务中没有任务内数据交换，只有一个并行度，则在此种情况下Stage1的任务内执行不需要存在第二个流水线，只有第一个流水线。这样分布式排序执行模型可简化为两步：

- Stage1的任务做任务粒度数据的全排序，排序的依据是SQL查询中指定的排序列与排序顺序（也就是ORDER BY语句）。Presto采用的是快速排序算法，主要逻辑在OrderByOperator中实现。由于任务输入的数据是无序的，而输出的数据必须是有序的，因此OrderByOperator执行时需要遍历完所有收到的数据才能完成排序。OrderByOperator是一个阻塞型的算子，做不到分批计算并输出结果。
- Stage0的任务做异步多路归并，Presto采用的是常见的多路归并算法加上异步拉取数据的实现，主要逻辑在MergeOperator中实现。可以将上游的每个任务输出的数据看作多路归并算法的一路输入数据，每一路数据都是有序的，在此基础上只需要做多路有序数据的归并即可。异步多路归并的特点是不要将上游查询执行阶段所有任务中的所有数据拉取过来，只需要根据多路归并的流程逐渐拉取上游查询执行阶段所有任务中需要做大小比较的那部分数据，并且比较完成这部分数据后可立即输出给后序算子。总结下来就是，整个异步多路归并是每拉取一部分数据就会处理这部分数据并输出，计算过程中内存的压力较小。由多路归并的原理决定了MergeOperator不是阻塞型的算子，故它可以做到分批计算并输出结果。

2. OrderByOperator利用PagesIndex完成数据排序

这里的OrderByOperator的实现代码经过了精简，只保留了核心部分，其中主要涉及如下3个知识点：

- 执行流程与状态迁移。
- 利用PagesIndex实现的数据快速排序。
- 计算过程中允许将部分中间计算结果暂存到外部存储中（如磁盘），这样当内存不够时也能支持更大数据量的排序。对此知识点，感兴趣的读者可以在充分理解了OrderByOperator的整体实现后自行深入研究，这里不展开介绍。

```
// 文件名：OrderByOperator.java
public class OrderByOperator implements Operator {
    private enum State {
        NEEDS_INPUT, HAS_OUTPUT, FINISHED
    }
```

```
private State state = State.NEEDS_INPUT;
private final List<Integer> sortChannels;
private final List<SortOrder> sortOrder;
private final int[] outputChannels;
private final PagesIndex pageIndex;
private final List<Type> sourceTypes;
private final OrderingCompiler orderingCompiler;
private Iterator<Optional<Page>> sortedPages;
...

@Override
public void addInput(Page page) {
    checkState(state == State.NEEDS_INPUT, "Operator is already finishing");
    ...
    pageIndex.addPage(page);
}

@Override
public void finish() {
    if (state == State.NEEDS_INPUT) {
        state = State.HAS_OUTPUT;

        pageIndex.sort(sortChannels, sortOrder);
        Iterator<Page> sortedPagesIndex = pageIndex.getSortedPages();
        sortedPages = transform(sortedPagesIndex, Optional::of);
    }
}

@Override
public Page getOutput() {
    ...
    if (state != State.HAS_OUTPUT) {
        return null;
    }

    verifyNotNull(sortedPages, "sortedPages is null");
    if (!sortedPages.hasNext()) {
        state = State.FINISHED;
        return null;
    }

    Optional<Page> next = sortedPages.next();
    if (next.isEmpty()) {
        return null;
    }
    Page nextPage = next.get();
    Block[] blocks = new Block[outputChannels.length];
    for (int i = 0; i < outputChannels.length; i++) {
        blocks[i] = nextPage.getBlock(outputChannels[i]);
```

```
        }
        return new Page(nextPage.getPositionCount(), blocks);
    }
}
```

关于第一个知识点具体介绍如下。

1）初始状态为 NEEDS_INPUT，即允许通过反复调用 addInput() 方法输入 Page 数据。

2）如果 OrderByOperator 的前序算子已经从存储拉取完数据了或者从上游任务拉取完数据了，Driver 感知到后会调用 OrderByOperator 的 finish() 方法，状态迁移到 HAS_OUTPUT。这一步会利用 PagesIndex 对数据做快速排序。实际上 OrderByOperator 只是流程控制，主要数据排序过程是在 PagesIndex 中实现的，这部分推荐读者深入学习。

3）Driver 多次调用 OrderByOperator 的 getOutput() 方法拿走所有排好序的数据后，状态迁移到 FINISHED。由此也可以看出，OrderByOperator 是阻塞型算子，做不到分批计算与输出数据。

关于第二个知识点，这里简单介绍一下 PagesIndex 执行流程。

1）pagesIndex::addPage()，将新输入的 Page 数据添加到 PagesIndex 中。

2）pagesIndex::sort()，完成快速排序。快速排序是一种常用的排序算法，平均情况下的时间复杂度为 $O(n\log n)$，最坏情况下的时间复杂度为 $O(n^2)$，但通常情况下它具有较好的性能。这是很基础的知识，并不是我们介绍的重点。

3）Iterator<Page> sortedPagesIndex = pageIndex.getSortedPages(); 指返回排序后 Page 数据的迭代器。

4）遍历 sortedPagesIndex 的迭代器，即可得到排序后的数据。

PagesIndex 的设计实现中优化了一个重要的问题：由于输入数据的基本组织单位是 Page 这样的多行的列式数据结构，而不是单行数据记录，那么如何在排序过程中实现行粒度的排序并且尽量不去频繁地创建和删除 Page？如果这个问题不解决，在 JVM 中频繁地创建、销毁对象会导致性能下降的同时，也会导致垃圾回收压力过大。PagesIndex 常用于 ORDER BY、JOIN、WINDOW 语句的计算，这些场景的执行逻辑是在计算（排序或者关联）过程中保持参与计算的所有 Page 结构不变，等到计算完成后按照 PagesIndex 中维护的索引来重组所有 Page 的行（Position）顺序，这样做可以避免计算过程中重建 Page 的开销。PagesIndex 维护了一个 LongArrayList 类型的数据结构 valueAddresses，可以理解为它是每行数据的索引，如图 6-8 所示。

1）valueAddresses 初始化为空数组，每当 PagesIndex::addPage() 新输入一个 Page，将遍历其中的每一行，将此行对应的 <page_id, position> 编码为一个 8 字节的 LONG 整型数作为此行的索引，Presto 中对应的概念是 SyntheticPosition。Synthetic 这个形容词的含义是“合成的”，它合成的是 Page 在 PagesIndex 中的序号与数据的行号（Block 的 Position）。一个 Page 中所有行对应的索引按遍历顺序插入 valueAddresses 中。当所有的 Page 全部输入后，valueAddresses 数组中的元素个数为所有 Page 的行数之和，而其中的元素顺序与 Page

输入的顺序、每个 Page 中所有行的顺序完全相同，这个顺序我们称之为自然顺序。

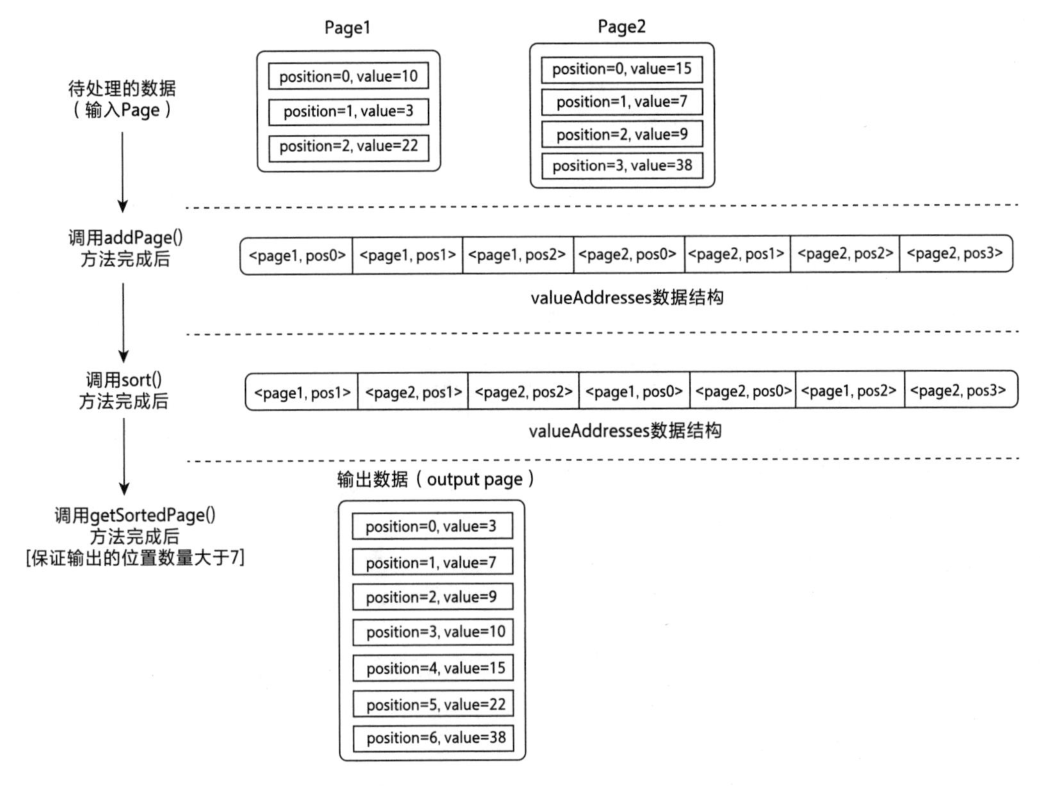

图 6-8　PagesIndex 的 valueAddresses 结构在排序中的作用

2）通过 valueAddresses 存储的每行数据的 Page 序号（Page id）以及对应 Page 内的行号（Position）可以定位到具体的某一行，并获取到排序列（ORDER BY 对应的列）的值。

3）在排序过程中，快速排序算法最终通过反复对比 valueAddresses 中索引对应的实际值，并反复移动 valueAddresses 中索引的顺序完成排序。排序过程结束后，valueAddresses 数组中存储的索引的顺序代表了数据排序后的顺序。

4）valueAddresses 存在的意义是，在排序过程中可以保持所有 Page 的数据结构不变，而只改变 Page 中每行记录（每个位置）对应的索引，当排序完成后，valueAddresses 中位置的顺序就是符合预期的顺序，后面只需要顺序遍历 valueAddresses，根据索引重建所有 Page，使所有 Page 的所有行的数据排列顺序最终符合查询期望的顺序要求。

3. MergeOperator 组合拉取数据与多路归并的功能

MergeOperator 内部维护了多个 ExchangeClient 实例，与上游任务一一对应，如图 6-9 所示。ExchangeClient 的职责是从上游任务拉取数据，并暂存到 ExchangeClient 的 pageBuffer 中，这意味 MergeOperator 从上游各个任务拉取的数据是分开存放的，这与 ExchangeOperator 存在显著的区别。MergeOperator 后面需要做的多路归并中的每一路就是一个从上游任务拉取来的数据，对于那些对上游任务提供的数据顺序有明确要求的查询执行阶段，比较适合用 MergeOperator。

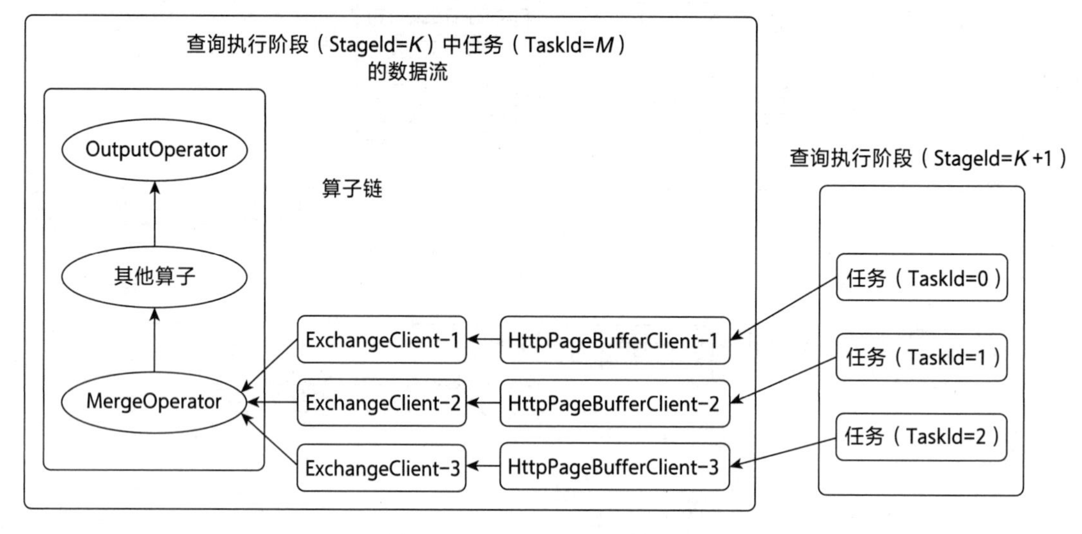

图 6-9 MergeOperator 结构图

从整个任务执行的视角来看 MergeOperator 相关的执行流程，主要是这几个步骤，如图 6-10 所示，有些是异步流程或多线程并行执行的，没有绝对的顺序关系，为了方便理解，这里将其表述为单线程串行执行的步骤。

1）MergeOperator 是 SourceOperator，需要先调度分片，每个分片携带一个上游任务的 URL（即 ExchangeLocation），这样 ExchangeClient 就知道从哪个上游任务拉取数据了。这一步与 Presto 整体的调度框架关系很大。

2）ExchangeClient 为每个分片创建一个 HttpPageBufferClient 作为拉取上游任务数据的 HTTP 客户端，并发起对上游任务的请求，初始 token=0。上游返回 SeralizedPage 数据后，将其暂存到 ExchangeClient 中的 pageBuffer。

3）HttpPageBufferClient 持续往复向上游任务发起请求、增加 token 编号，直到 ExchangeClient 中的 pageBuffer 满了，或者上游任务的数据全部拉取完成才会停止拉取数据。如果上游任务的数据还未拉取完，但是 pageBuffer 满了，则说明 pageBuffer 的消费速度跟不上生产速度，下游任务的处理比较慢。

4）对于 MergeOperator 来说，调度完全部分片后，通过 noMoreSplits() 告知 MergeOperator 不会再有新的分片。这个很重要，因为如果没有这个，MergeOperator 就无法知道何时才能开始做多路归并，当前的任务也永远无法结束。它需要将所有上游任务对应的分片都调度完成，每一路至少都从上游任务拉取到一点数据后，才能开始多路归并（这是由多路归并的逻辑决定的）。因此，MergeOperator 比 ExchangeOperator 更容易出现某些 ExchangeClient 的 pageBuffer 满了的情况。

5）Driver 控制流程反复多次调用 MergeOperator 的 getOutput() 方法拿数据。拿数据的过程用到了 Presto 中的 WorkProcessor 链式分批执行机制，先做异步的拉取数据，再将 SerializedPage 反序列化为 Page，再做异步多路归并，最后输出结果。整个过程中可以实现边拉取数据，边做多路归并，边输出结果，看起来就像是在做流式数据处理，不需要将上游任务数据全部拉取完后才输出。在整个执行过程中，除了从上游拉取数据，还涉及比较多的异步多路归并的逻辑。

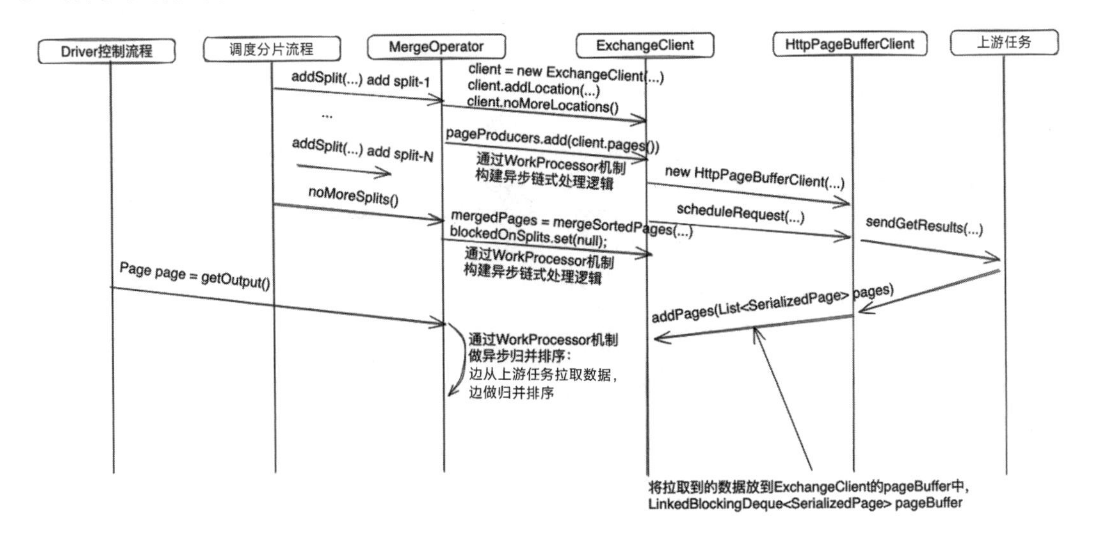

图 6-10　MergeOperator 工作流程时序图

4. MergeOperator 如何实现多路归并

（1）什么是多路归并

多路归并（multiway merge）是一种归并排序的变体，它可以同时合并多个有序数组或序列。与传统的归并排序只合并两个子数组不同，多路归并可以合并任意数量的子数组。

多路归并的基本思想是利用一个最小堆来维护待合并的子数组的最小元素。初始时，将每个子数组的第一个元素放入最小堆中。然后从最小堆中取出最小的元素，将其加入结果数组，并从对应的子数组中取出下一个元素放入最小堆中。重复这个过程，直到所有的元素都被加入结果数组中。

以下是多路归并的基本步骤。

1）准备输入数据，将需要合并的多个有序数组或序列准备好。可以使用 Java 中的数组或集合来表示这些输入数据。

2）创建一个结果数组或集合，用于存储合并后的结果。

3）创建一个最小堆数据结构，并初始化为包含每个输入数组的第一个元素。你可以使用 Java 中的优先队列来实现最小堆。

4）从最小堆中取出最小的元素，将其加入结果数组或集合中。

5）从取出的元素所属的输入数组中取出下一个元素，并将其放入最小堆中。

6）重复步骤4和步骤5，直到最小堆为空。

7）将结果数组或集合作为排序完成的结果。

下面是一个简单的Java示例代码，演示了如何实现多路归并。

```java
import java.util.*;

// 我们使用了1个二维列表input 来表示3个有序数组
// 调用 multiwayMerge 方法进行多路归并，并将结果打印出来
public class MultiwayMerge {
    public static List<Integer> multiwayMerge(List<List<Integer>> input) {
        List<Integer> result = new ArrayList<>();
        PriorityQueue<Element> minHeap = new PriorityQueue<>();

        // 初始化最小堆，将每个输入数组的第一个元素加入最小堆
        for (int i = 0; i < input.size(); i++) {
            if (!input.get(i).isEmpty()) {
                int value = input.get(i).remove(0);
                minHeap.offer(new Element(value, i));
            }
        }

        // 多路归并
        while (!minHeap.isEmpty()) {
            Element min = minHeap.poll();
            result.add(min.value);

            if (!input.get(min.arrayIndex).isEmpty()) {
                int value = input.get(min.arrayIndex).remove(0);
                minHeap.offer(new Element(value, min.arrayIndex));
            }
        }

        return result;
    }

    // 辅助类，表示元素及其所属的数组索引
    static class Element implements Comparable<Element> {
        int value;
        int arrayIndex;

        public Element(int value, int arrayIndex) {
            this.value = value;
            this.arrayIndex = arrayIndex;
        }
```

```java
        @Override
        public int compareTo(Element other) {
            return Integer.compare(this.value, other.value);
        }
    }

    public static void main(String[] args) {
        List<List<Integer>> input = new ArrayList<>();
        input.add(Arrays.asList(1, 4, 7));
        input.add(Arrays.asList(2, 5, 8));
        input.add(Arrays.asList(3, 6, 9));

        List<Integer> result = multiwayMerge(input);
        System.out.println(result); // 输出：[1, 2, 3, 4, 5, 6, 7, 8, 9]
    }
}
```

多路归并的时间复杂度取决于子数组的总长度。假设有 k 个子数组，每个子数组的平均长度为 n，那么多路归并的时间复杂度为 $O(kn\log k)$。其中，$O(kn)$ 是构建初始最小堆的时间复杂度，$O(\log k)$ 是每次从最小堆中取出最小元素并调整堆的时间复杂度。多路归并在处理大规模数据集时非常有用，特别是当数据无法一次性加载到内存中时。它可以在外部排序和大数据处理中发挥重要作用，例如对大型日志文件或数据库进行排序和合并操作。

（2）Presto 中的异步多路归并实现

Presto 的 MergeOperator 是一边从上游任务拉取数据，一边做多路归并的。它所实现的是基于多个数据流的多路归并，相比前面介绍的常规多路归并，它的算法更复杂，因为常规多路归并算法要求待归并的数据已经全部准备好放到数组中，是基于静态数据的归并，而基于多个数据流的多路归并中的每个数据流的数据是断断续续产生的，而且有时数据流可能因为网络 IO 等原因在一段时间内处于阻塞状态。这种基于多个数据流的多路归并就像 Spark、Flink 那样在做流式计算。

Presto 利用 WorkProcessor 机制来表达这样的数据流，并将这些数据流“投喂”给多路归并算法。

```java
// 文件名：Work.java
public interface Work<T> {
    boolean process();
    T getResult();
}

// 文件名：WorkProcessor.java
public interface WorkProcessor<T> {
    // 调用 process() 方法以继续推进 WorkProcessor 工作
```

```
    // 当此方法返回 true 时代表 WorkProcessor 完全执行结束或者执行过程中产出了部分执行结果
    // 此时可以通过调用 getResult() 拿到这部分执行结果
    // 之后还是可以循环往复通过 process() 和 getResult() 做更多的处理并拿到更多的结果
    // 当 process() 方法返回 false 时代表执行过程被外部 IO 等阻塞住了，或者执行占用资源过多被暂
       停而出让资源了
    boolean process();

    boolean isBlocked();

    // 当 isBlocked() 方法返回 true 时，通过 getBlockedFuture() 可以获取对应的被阻塞的
       future 对象
    ListenableFuture<?> getBlockedFuture();

    boolean isFinished();

    T getResult();
}
```

我们先从 Work 讲起。Work，顾名思义，指的是“某项任务”或“要去完成的某件事”，并在完成“任务”后输出结果。具体是做什么“任务”，要看实现对应接口（Interface）的类怎么实现 process() 方法；具体输出什么结果，要看范型 T 对应的实际类型。Work 这个 Java 接口的设计支持将一项完整的任务拆分成多个子部分去执行，每调用 process() 方法一次即会执行任务的一部分，直到某一次调用 process() 后返回 true，这代表任务已经彻底执行完成了，随后可通过 getResult() 获取到任务的执行结果。Presto 通过引入 Work 而在代码执行流程中引入了一种机制：如果某种任务执行的过程中遇到某些情况暂时无法继续，例如可用资源不足、IO 还未完成等情况，能够以不阻塞其调用者的方式暂停运行任务，等到后续任务调用者再次调起任务，直到任务执行完成。

WorkProcessor 是 Work 的升级版，Work 的定义是只能在最后拿到一个结果。但是 WorkProcessor 允许在处理过程中多次拿到结果，并且不是使用 process() 的返回值来确认是否已经完成，而是通过 WorkProcessor 的 isBlocked()、isFinished() 等方式来感知状态。下面的示例代码来自 Presto 的单元测试 TestWorkProcessor::testCreateFrom，能大致反映出 WorkProcessor 的使用方法。

```
SettableFuture<?> future = SettableFuture.create();
// 预先定义一些元素，用于模拟构造数据流，下面元素定义的顺序代表了当读取数据流时数据输出的顺序
List<ProcessState<Integer>> scenario = ImmutableList.of(
    // 定义一个待输出的数据，value=1
    ProcessState.ofResult(1),
    // 定义一个待输出的数据，value=2
    ProcessState.ofResult(2),
    // 定义一个被阻塞的状态来模拟 IO 阻塞等情况
    ProcessState.blocked(future),
    // 定义一个待输出的数据，value=3
```

```
    ProcessState.ofResult(3),
    // 定义数据流到这里结束
    ProcessState.finished());
// 将上面定义的数据流转换为用WorkProcessor<Integer>类型来表示
WorkProcessor<Integer> processor = processorFrom(scenario);

// 还没有数据流之前
assertFalse(processor.isBlocked());
assertFalse(processor.isFinished());

// 开始调用process()之后，下面的每一行代码表示读取一次数据流，并感知到数据流返回的结果或它的状态
// 数据流输出value=1
assertResult(processor, 1);
// 数据流输出value=2
assertResult(processor, 2);
// 数据流处于阻塞状态
assertBlocks(processor);
// 模拟阻塞状态结束
assertUnblocks(processor, future);
// 数据流输出value=3
assertResult(processor, 3);
// 数据流读取结束
assertFinishes(processor);
```

Presto基于WorkProcessor实现的多路归并算法如下。

```
// 文件名：WorkProcessorUtils.java
// 可以看到多路的数据输入类型是Iterable<WorkProcessor<T>>
// 每一路的数据流表示为WorkProcessor<T>，范型T表示数据流中数据的类型
// Comparator<T>是数据的比较器，它是根据SQL ORDER BY中的所有字段及其ASC、DESC顺序定制实现的
static <T> WorkProcessor<T> mergeSorted(Iterable<WorkProcessor<T>>
    processorIterable, Comparator<T> comparator) {
    requireNonNull(comparator, "comparator is null");
    Iterator<WorkProcessor<T>> processorIterator = requireNonNull(processorIterable,
        "processorIterable is null").iterator();
    checkArgument(processorIterator.hasNext(), "There must be at least one base
        processor");
    // 维护一个优先级队列作为小顶堆的实现
    PriorityQueue<ElementAndProcessor<T>> queue = new PriorityQueue<>(2, comparing(
        ElementAndProcessor::getElement, comparator));

    // 将多个数据流的多路归并算法封装为WorkProcessor<T>类型，即多路归并的输出也是一个数据
       流，这样只需要反复调用此数据流的process()方法，即可驱动着多路归并执行
    return create(new WorkProcessor.Process<>() {
        WorkProcessor<T> processor = requireNonNull(processorIterator.next());
```

```
            // WorkProcessor 的 process() 方法将被反复多次调用
            @Override
            public ProcessState<T> process() {
                while (true) {
                    if (processor.process()) {
                        // 当某个数据流后面还有数据时，才会再插入到小顶堆中
                        if (!processor.isFinished()) {
                            queue.add(new ElementAndProcessor<>(processor.getResult(),
                                processor));
                        }
                    }
                    else if (processor.isBlocked()) {
                        return ProcessState.blocked(processor.getBlockedFuture());
                    }
                    else {
                       // yield 表示对应的数据流执行超过了 Driver 允许的时间，自动暂停让出 CPU 资源
                        return ProcessState.yield();
                    }

                    // 如果 processorIterator 还没有遍历完，需要继续初始化小顶堆
                    // 确保所有的数据流都插入小顶堆中
                    if (processorIterator.hasNext()) {
                        processor = requireNonNull(processorIterator.next());
                        // 这里的 continue 保证了在小顶堆初始化完之前，多路归并不会输出数据
                        continue;
                    }

                    // 当某个数据流不再产出数据，在多路归并时会将其移出小顶堆
                    // 当小顶堆中的所有数据流都被移出后，表示多路归并完成了
                    if (queue.isEmpty()) {
                        return ProcessState.finished();
                    }

                    ElementAndProcessor<T> elementAndProcessor = queue.poll();
                    processor = elementAndProcessor.getProcessor();
                    return ProcessState.ofResult(elementAndProcessor.getElement());
                }
            }
        });
}

// ElementAndProcessor 是 PriorityQueue 中的元素，对于某个数据流，它用于表示下次读取此数据流
   时提供的数据是哪个，以及此数据流的 WorkProcessor<T> 类型引用，以便能够知道当前的数据流是哪个
class ElementAndProcessor<T> {
    @Nullable final T element;
    final WorkProcessor<T> processor;
}
```

这里还有一个利用 WorkProcessorUtils::mergeSorted 实现异步多路归并的示例代码，模拟了定义两个数据流并完成多路归并的完整过程。可以将其理解为 MergeOperator 中实现多路归并流程的简化版本。

```
// 参考 TestWorkProcessor::testMergeSorted()
// 定义第一个数据流
List<ProcessState<Integer>> firstStream = ImmutableList.of(
    ProcessState.ofResult(1),
    ProcessState.ofResult(3),
    ProcessState.yielded(),
    ProcessState.ofResult(5),
    ProcessState.finished());

// 定义第二个数据流
SettableFuture<Void> secondFuture = SettableFuture.create();
List<ProcessState<Integer>> secondStream = ImmutableList.of(
    ProcessState.ofResult(2),
    ProcessState.ofResult(4),
    ProcessState.blocked(secondFuture),
    ProcessState.finished());

// 创建多路归并后的数据流 mergedStream，因为 WorkProcessor 的运行机制类似 Java Stream API，
   即先定义要执行哪些操作再执行，所以这里仅定义了 mergedStream 的生成方式，而不是真正的执行
WorkProcessor<Integer> mergedStream = WorkProcessorUtils.mergeSorted(
    ImmutableList.of(processorFrom(firstStream), processorFrom(secondStream)),
    Comparator.comparingInt(firstInteger -> firstInteger));

// 接下来开始真正的执行过程
// 在 assertResult()、assertYields()、assertBlocks()、assertFinishes() 这些方法中会调
   用 mergedStream.process() 来驱动多路归并执行
// 对应 firstStream 的 1
assertResult(mergedStream, 1);

// 对应 secondStream 的 2
assertResult(mergedStream, 2);

// 对应 firstStream 的 3
assertResult(mergedStream, 3);

// 对应 firstStream 的 yield
assertYields(mergedStream);

// 对应 secondStream 的 4
assertResult(mergedStream, 4);

// 对应 secondStream 的阻塞
assertBlocks(mergedStream);
```

```
// 对应 secondStream 的非阻塞
assertUnblocks(mergedStream, secondFuture);

// 对应 firstStream 的 5
assertResult(mergedStream, 5);

// firstStream, secondStream 都结束了
assertFinishes(mergedStream);
```

注意：数据结构、算法、设计模式是辅助工程师写代码的基础知识，它们的使用场景很多，作用也很大，大家一定要打好坚实的基础，不要存在以下两种误解。

- **这些知识非常难学，不容易理解。**建议多结合实际工作需要来思考和学习，有时间可以看看《编程珠玑》《编程之美》，这两本书里面有很多知识应用的案例。
- **这些知识在日常工作中没有价值，只在求职面试时才需要。**日常工作中很多编码需求看似用不到这些知识，实际上可能是工程师的基础薄弱、抽象能力比较差导致无法学以致用。以多路归并为例，笔者曾经见过多个工程师在工作中出现类似需求时，生硬地去以硬编码的方式实现多路归并。当他们得知多路归并可以通过小顶堆的方式实现时，感觉像是来到了新世界。建议大家有时间刷刷LeetCode与《剑指Offer》中的题目，而是用心去感受数据结构、算法能做什么。

6.3 SQL-12 排序与行数限定组合查询的实现原理

对于SQL-12，重点关注查询中同时出现ORDER BY与LIMIT语句时，执行原理与SQL-10、SQL-11的区别是什么。

```
-- SQL-12 : 查看指定商品 ID (ss_item_sk) 的销售价格 (ss_sales_price), 按照销售价格 (ss_
   sales_price)、数量 (quantity) 倒序排列，最后只需要返回前 10 条记录
SELECT ss_item_sk, ss_sales_price
FROM store_sales
WHERE ss_item_sk = 13631
ORDER BY ss_sales_price DESC, ss_quantity DESC
LIMIT 10;
```

6.3.1 执行计划的生成与优化

1. 初始逻辑执行计划

初始逻辑执行计划中出现了TableScanNode、FilterNode、SortNode、ProjectNode、LimitNode和OutputNode这几个PlanNode，它们的含义与前文介绍的SQL-10和SQL-11相同，所以这里不再重复了，大家可以参见前边的介绍。SQL-12初始逻辑执行计划如图6-11所示。

2. 优化后的逻辑执行计划

SQL-12 的查询优化主要经历 3 次显著的 PlanNode 树等价变换，相关的优化器是 MergeLimitWithSort、CreatePartialTopN、AddLocalExchanges、AddExchanges。第一次等价变换是将 SortNode 与 LimitNode 的组合改为 TopNNode，如图 6-12 所示。

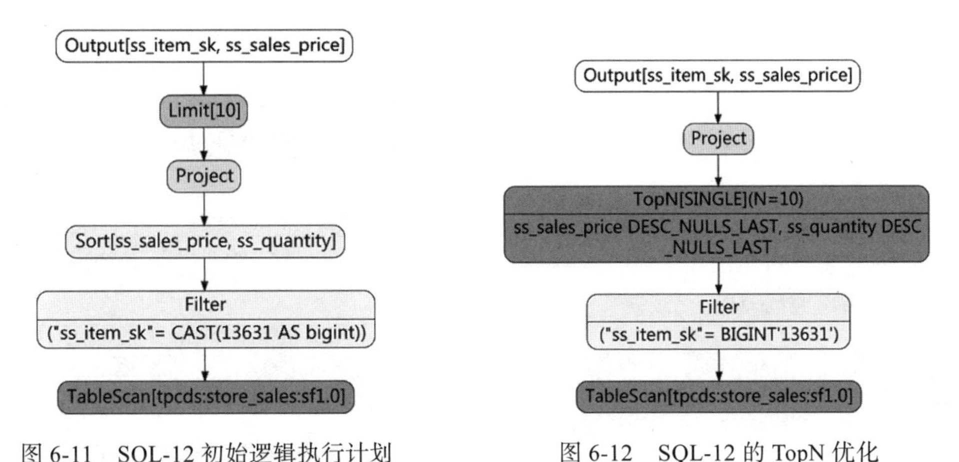

图 6-11　SQL-12 初始逻辑执行计划　　图 6-12　SQL-12 的 TopN 优化

TopNNode 的定义如下：

```
// 文件名 : TopNNode.java
public class TopNNode extends PlanNode {
    public enum Step {
        SINGLE,  // 只做单节点的 TopN 计算，不做分布式计算
        PARTIAL, // TopN 的 Partial 计算阶段
        FINAL   // TopN 的 Final 计算阶段
    }

    // TopNNode 的子节点，在 PlanNode 树中是它的子节点，也是执行流程中的前序 PlanNode
    private final PlanNode source;
    // count 记录的是 TopN 中的 N = count
    private final long count;
    // orderingSchema 来自 SortNode，它表示的是所有的排序 key 以及每个 key 对应的排序顺序是升
       序还是降序
    // TopNNode 需要此信息来确定如何计算 TopN
    private final OrderingScheme orderingScheme;
    // 类似 AggregationNode 的 Step 属性，也区分了 SINGLE、PARTIAL、FINAL，其中 SINGLE 只
       会在未经优化的逻辑执行计划中出现
    private final Step step;
}
```

第二次等价变换是将 1 个 TopNNode 改为 2 个，即 TopNNode[step=PARTIAL] 与 TopNNode[step=FINAL]，如图 6-13 所示。

第三次等价变换是在两个 TopNNode 之间插入 ExchangeNode 以实现分布式的 TopN 计算，如图 6-14 所示。

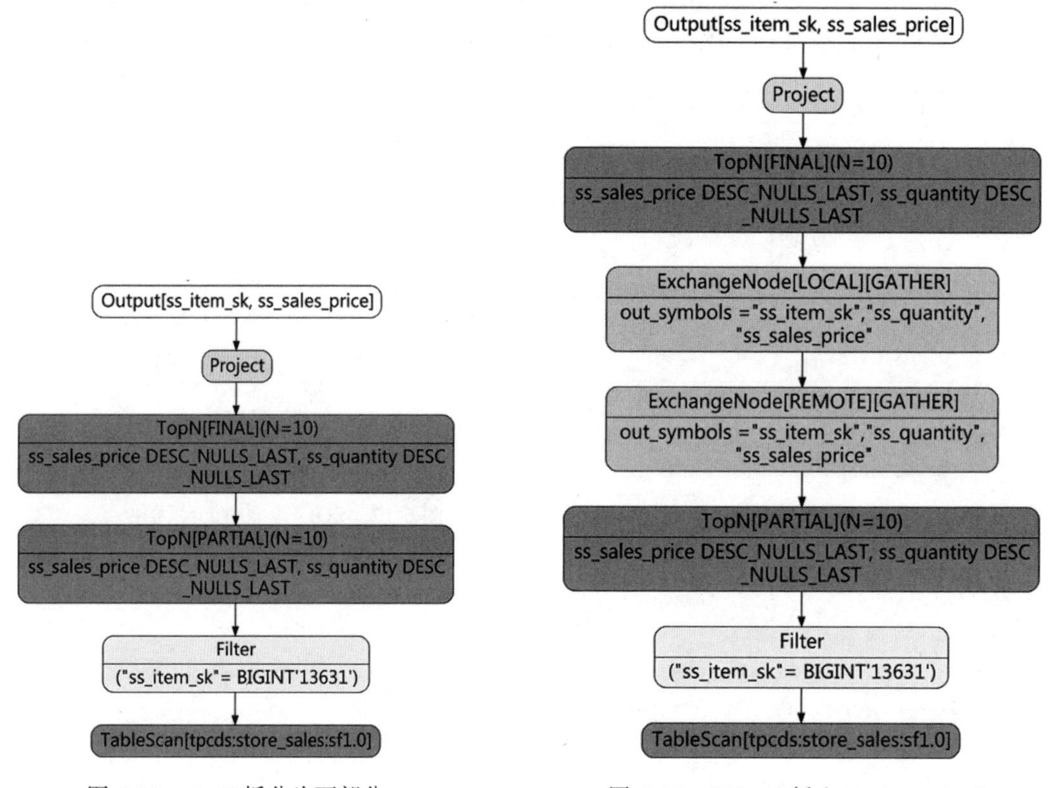

图 6-13 TopN 拆分为两部分

图 6-14 SQL-12 插入 ExchangeNode

3. 查询执行阶段划分

SQL-12 的逻辑执行计划经过 AddExchanges 优化器划分后分为 2 个 PlanFragment，对应分布式执行时的 2 个查询执行阶段——Stage1、Stage0，从 WebUI 上可以看到，SQL-12 查询执行阶段关系如图 6-15 所示。

- Stage1 职责：从数据源连接器拉取数据，完成数据过滤、部分（Partial）TopN 计算。Stage1 输出的数据会放到 OutputBuffer 中，等待下游 Stage0 的任务来拉取。
- Stage0 职责：从上游 Stage1 拉取数据，完成最终（Final）TopN 计算，输出结果给到集群协调节点。Stage0 输出的数据会放到 OutputBuffer 中，等待集群协调节点来拉取。

6.3.2 分布式调度与执行的设计实现

1. 整体概述

按照查询执行时的数据流动方向，我们先介绍 Stage1 的任务执行，再介绍 Stage0 的任务执行。

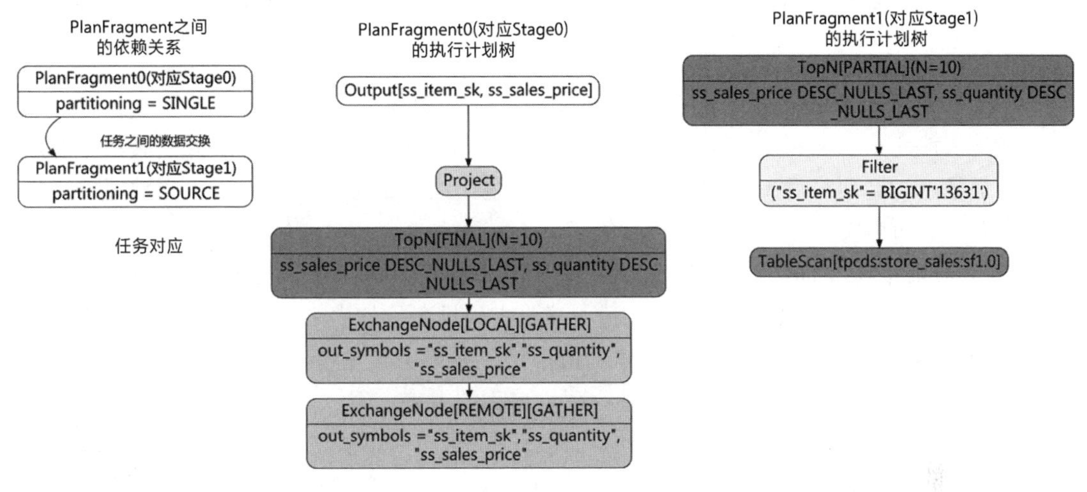

图 6-15　SQL-12 查询执行阶段关系图

- Stage1 的任务执行时会依照 PlanFragment 的 PlanNode 子树创建 3 个算子——ScanFilterAndProjectOperator、TopNOperator、TaskOutputOperator。ScanFilter-AndProjectOperator 负责从存储系统中拉取数据，并在完成数据过滤与数据投影后将结果输出给 TopNOperator；TopNOperator 负责完成当前任务内的部分（Partial）TopN 计算；TaskOutputOperator 负责将待输出的数据放到当前任务的 OutputBuffer 中，等待下游 Stage0 的任务来拉取。
- Stage0 的任务执行时会依照 PlanFragment 的 PlanNode 子树创建 2 个算子链，分别对应两个执行流水线。第一个流水线为 ExchangeOperator、LocalExchan-geSinkOperator；第二个流水线为 LocalExchangeSourceOperator、TopNOperator、TaskOutputOperator。ExchangeOperator 负责从上游 Stage1 的任务中拉取数据，这是任务之间的数据交换，除此之外这里还有任务内部数据交换相关的算子，它的主要职责是将多路拉取到的数据合并为一路以便完成后续的 TopN 计算，因为只有最终将数据计算的并行度设置为 1 才能得到所有数据的全局 TopN 计算结果。TaskOutputOperator 则负责将待输出的数据放置到当前任务的 OutputBuffer 中等待集群协调节点来拉取。其他算子这里不再展开介绍。

接下来会用一定的篇幅介绍分布式 TopN 计算的基本原理。

2. 使用堆结构计算 TopN

堆（Heap）是常被用来计算 TopN 的数据结构，TopN 的计算过程就是对创建堆、插入节点、比较节点、交换节点的过程，即调整堆的过程。注意这里说的堆不是 JVM 中的堆，两者是完全不同的概念。数据结构与算法中的堆指的是一种特定的数据结构，而

JVM中的堆指的是从操作系统申请而来的一段内存，用于存储在程序中创建的各种Java对象，它不是某种数据结构，更不是某种算法。先来回顾一下数据结构与算法中堆的基本知识。

（1）堆的逻辑结构

堆是一种完全二叉树。完全二叉树的形式是指二叉树除了最后一层之外，其他所有层的节点都是满的，而最后一层的所有节点都靠左边。按照堆中各节点值的大小顺序可以把堆分为大顶堆和小顶堆。

- **大顶堆（Max Heap）**：每个节点的值都大于或等于其左右子节点的值，这意味着堆的顶部节点（Root）必然是最大值，这是大顶堆名称的由来。
- **小顶堆（Min Heap）**：每个节点的值都小于或等于其左右子节点的值，这意味着堆的顶部节点必然是最小值，这是小顶堆名称的由来。

（2）堆的物理结构

堆是一种完全二叉树，但是否就意味着我们真的要用树来表示它呢？答案是否定的，因为完全二叉树有其非常卓越的性质：对于任意一个父节点的序号 n 来说（这里 n 从0开始计算），它的子节点的序号一定是 $2n+1$、$2n+2$（若有第2个子节点），因此我们可以直接用一个一维数组来表示一个堆，这是堆在程序中最普遍的实现。

（3）堆的常见调整操作

- 插入节点：在已经创建好的堆的最后一个序号的节点后面插入新节点，并依次交换其父路径上的各节点的位置，直到堆中的所有节点都满足堆的逻辑结构特征。
- 删除节点：一般指的是弹出顶部节点，同时需要用堆中最后一个需要的节点来填充顶部空位，并调整堆中各节点的位置，直到堆中的所有节点都满足堆的逻辑结构特征。

（4）如何使用堆计算TopN

- 计算TopN：使用小顶堆，并限定此堆最多只能有 N 个节点。当某个待参与TopN计算的值大于最小堆的堆顶，即可让其替换堆顶并通过调整堆的操作，使堆仍然是最小堆。当所有的数据都经过迭代处理后，最小堆中所有节点存储的值即为TopN的数值，按照堆的节点序号从大往小遍历（即先遍历子节点，再遍历父节点），即可得到这 N 个数值从大到小的顺序输出。
- 计算BottomN：使用大顶堆（Max Heap），并限定此堆只能最多有 N 个节点。当某个待参与BottomN计算的值小于大顶堆的堆顶（Root），即可让其替换堆顶并通过调整堆的操作，使堆仍然是大顶堆。当所有的数据都经过迭代处理后，最大堆中所有节点存储的值即为BottomN的数值，按照堆的节点序号从大往小遍历（即先遍历子节点，再遍历父节点），即可得到这 N 个数值从小到大的顺序输出。

由于这不是专门介绍数据结构与算法的书，故关于堆就不再展开了。

3. 流程控制

如图 6-16 所示，TopNOperator、TopNProcessor、GroupedTopNBuilder 是 TopN 计算的流程驱动，是对 GroupedTopNRowNumberAccumulator 的层层包装。

- TopNOperator：TopNOperator 是控制 TopN 计算的算子，是对 TopNProcessor 工作流程的简单包装。TopNOperator 的实现有一些不同，它是对接了 WorkProcessorOperator 的，这是一种延迟执行的方式，因此代码中会多次出现 Work<T> 或 WorkProcessor<T>。虽然物理实现（具体代码）上与我们之前讲过的 HashAggregationOperator 不一样，但是逻辑上都可以大致分为初始化算子、添加输入、获得输出这三个流程。Presto 引入 Work 机制的终极目标是在单任务内所有的算子上先构建出一个完整的 ExecutionGraph（类似于 Java Stream 的链式调用）再执行。这一套延迟执行体系的主要代码提交者是 Presto 社区的 Karol，据他说在部分场景中有助于节省 IO 操作，对此等存有疑问，后续会继续与 Karol 在 Slack 上交流。
- TopNProcessor：对 GroupedTopNBuilder 工作流程的简单包装。
- GroupedTopNBuilder：主要负责先使用 GroupByHash 计算输入 Page 各行记录的分组 ID，再将这些分组 ID 连同输入 Page 一起给到 GroupedTopNRowNumberAccumulator，去计算各个分组的 TopN。在某些包含窗口计算的查询中才需要真正计算这个分组 ID，对于我们这里讲解的 SQL-12 来说，对应的 GroupByHash 实际上是 NoChannelGroupByHash（也就是不做分组计算），它的实现与输入 Page 无关，永远只能出现一个分组，即相当于输入 Page 的各行记录都是同一个分组，可以理解为没有分组。
- RowReferencePageManager：在计算 TopN 的堆结构中，我们使用行 ID 来作为堆中节点的值，而不是被排序字段的值，因此我们需要为参与 TopN 计算的每行记录分配一个任务内全局唯一且稳定不变的行 ID。由于前序算子给到 TopNOperator 的 Page 可能不止一个，每个 Page 可以对应一个 Page ID，每个 Page 不止一行记录，每行记录在 Page 内对应一个 Position（行），因此我们需要将 <page id, position> 这种二元组对应到一个唯一的行 ID，以便在堆中存储。RowReferencePageManager 的主要职能是分配新的行 ID，建立 <page id, position> 与行 ID 之间的对应关系，回收不再需要的行 ID 并再次利用，批量压缩删除各 Page 中不再需要的行记录（这些记录经过计算后未入选 TopN 的堆中）。在 GroupByHash 的实现中存在一个极其类似的实现，可以参考第 7 章介绍 GroupByHash 的相关内容。
- GroupedTopNRowNumberAccumulator：这是真正计算 TopN 的地方，利用到了上述 GroupByHash 产生的分组 ID 以及 RowReferencePageManager 产生的行 ID。在这里维护的堆（Heap）结构中，每个节点存储的不是被排序（ORDER BY）列的数值，而是行 ID。

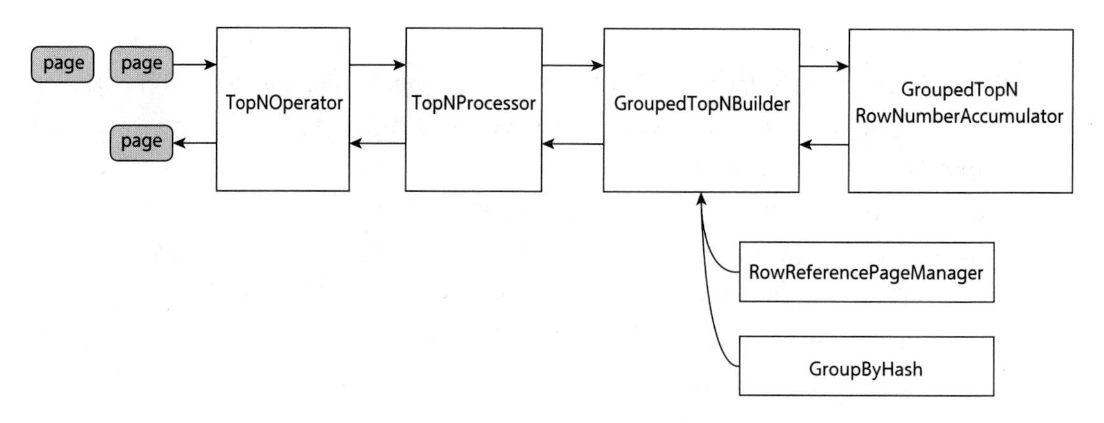

图 6-16 TopNOperator 的工作流程与依赖关系

4. 堆的创建与调整

Presto 毫不例外使用了堆（Heap）来计算 TopN，在 GroupedTopNRowNumberAccumulator 中，HeapNodeBuffer 对应的是堆的数据结构。但是这个堆设计得有些不同，它不是标准的堆结构，实际上它支持多组 TopN 计算与存储，即可以计算与存储多个分组的 TopN，这是 GroupedTopNBuilder 名字中包含“ Grouped”的由来。GroupedTopNBuilder 同时被类似 SQL-12、SQL-30 中的普通 TopN 查询与带窗口计算的 TopN 查询复用。在 SQL-12 这个查询场景中，我们可以认为所有的数据都在一个分组中（因此也相当于这个计算场景中没有分组），将 GroupedTopNRowNumberAccumulator 的数据结构简化理解为我们前面介绍的标准堆（Heap）的数据结构与操作。但是从本书内容安排上，我们还是要按照多组 TopN 实现原理来讲解的，避免以偏概全。

下面介绍 TopN 计算的主要流程与数据结构。

（1）分组

使用 GroupByHash 为参与计算的 Page 计算出 GroupByIdBlock，实现代码如下。

```
Work<GroupByIdBlock> getGroupIds(Page page);
```

但实际上当 SQL-12 查询执行时，TopNOperator 中创建的是 NoChannelGroupByHash 类型的 GroupByHash，它的实现完全忽略掉了输入的数据，永远只可能返回一个分组 ID，因此相当于 TopNOperator 的 TopN 计算中没有分组，只有一个堆结构。所以我们在这里不用深究 GroupByHash 是如何分组的，相关的介绍详见本书第 7 章。

为了更生动地讲解这部分知识，我们在这里引入一个具体的例子。这个例子是关于多分组计算 TopN 的，而并非 SQL-12 这种无分组计算 TopN。接下来对所有 TopN 计算原理的介绍都会使用此例子。如图 6-17 所示，ORDER BY ss_sales_price DESC LIMIT 5 这样的 TopN 计算的输入是 2 个 Page（即 page0、page1），page0 有 3 行记录（position_count = 3）， page1 有 5 行记录（position_count = 5），假设它们经过 GroupByHash 的计算后每行记录对应的分组 ID 如图 6-17 右侧 GroupIdBlock 所示。

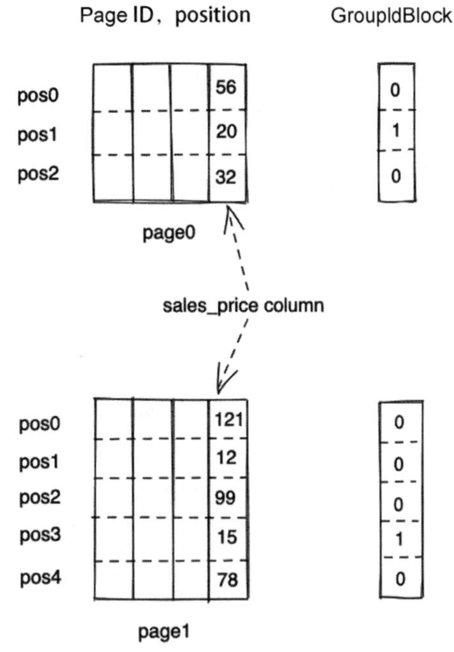

图 6-17　输入的 Page 与其对应的 GroupIdBlock

（2）生成行 ID

RowReferencePageManager 的 RowIdBuffer 为每个输入 Page 的每行记录生成一个唯一的行 ID，用于在后续 TopN 计算的堆结构中引用各行记录。行 ID 的分配是从 0 开始持续递增的，数据类型是 Java 的 Long 类型，在 RowIdBuffer 中可以通过行 ID 找到对应的 Page ID 与 position（位置属性），进而找到对应行的记录。如果某行记录经过 TopN 计算后被认为不在 TopN 中，那么它的行 ID 可以回收再利用，从而避免了出现内存碎片。进一步来说，如果某个 Page 超过 50% 的行经过 TopN 计算后被认为不在 TopN 中，RowReferencePageManager 也会发起 page compact 操作，删掉那些不再需要的行，以削减内存的占用。

page0、page1 的每行记录对应产生图 6-18 右侧所示的行 ID 序列。每个行 ID 对应一组 Page ID、position，可唯一定位到某个 Page 的某行记录。

（3）创建与维护堆结构

在 GroupedTopNRowNumberAccumulator 中维护了所有堆相关的数据结构，代码如下所示。

```
// 文件名：GroupedTopNRowNumberAccumulator.java
public class GroupedTopNRowNumberAccumulator {
    // GroupIdHeapBuffer 记录的是各分组 ID 与此分组 ID 对应的堆顶节点在 HeapNodeBuffer 中的位
       置的关系，也就是说给定分组 ID 即可找到这个分组 ID 的堆顶节点在哪里，以便实现堆的各种操作。
       GroupIdHeapBuffer 也记录了各分组 ID 的堆结构当前已有的节点个数
    private final GroupIdToHeapBuffer groupIdToHeapBuffer = new
        GroupIdToHeapBuffer();
    // HeapNodeBuffer 记录了所有分组 ID 的堆结构，它的实现方式是通过前述类似的一维数组的方式来
       记录堆的各节点
    private final HeapNodeBuffer heapNodeBuffer = new HeapNodeBuffer();
    // 当一个堆节点没有左子节点或者右子节点时，用 UNKNOWN_INDEX 表示对应节点不存在
    private static final long UNKNOWN_INDEX = -1;
    // HeapTraversal 用于 heapInsert、heapPopAndInsert 操作中的节点遍历
```

```
    private final HeapTraversal heapTraversal = new HeapTraversal();
    // LongComparator 使用 SortOrder 来实现两个节点大小的比较，注意两个节点的大小顺序不是由
       自然顺序决定的，而是由 SortOrder 决定的
    private final LongComparator rowComparator;
    // 这里的 TopN 就是 SQL 中 ORDER BY ... LIMIT N 中的数字 N
    private final int topN;
    // 如果一个行 ID 经过计算后，对应数据行没有被选入 TopN，我们通过 rowIdEvictionListener
       回调机制来通知 RowReferencePageManager 回收此行 ID
    private final LongConsumer rowIdEvictionListener;
}
```

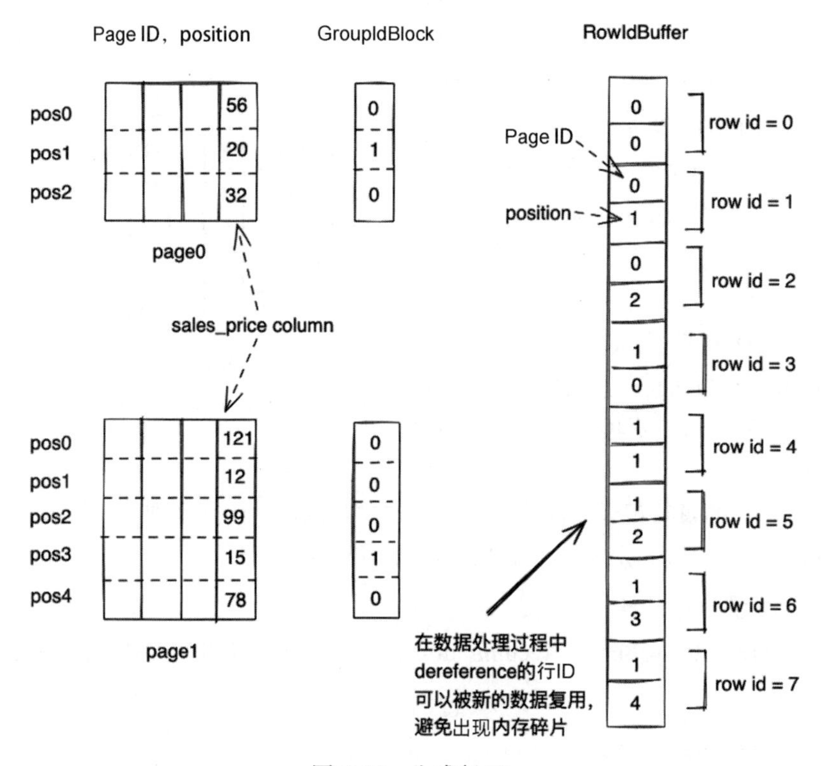

图 6-18 生成行 ID

HeapNodeBuffer 的定义如下代码所示（针对原来的代码做了简化）。

```
// 文件名 : GroupedTopNRowNumberAccumulator.java
// 注意 HeapNodeBuffer 里没有维护分组 ID 与堆之间的关系，这个关系是维护在 GroupIdToHeapBuffer 中
   private static class HeapNodeBuffer {
     /*
      * 行 ID，左子节点对应的数组下标，右子节点对应的数组下标这 3 个元素每个元素占 HeapNodeBuffer
        的一维数组中的一个位置，因此缓冲器的长度是堆节点的个数的 3 倍
      *  Memory layout:
      *  [LONG] rowId1, [LONG] leftChildNodeIndex1, [LONG] rightChildNodeIndex1,
      *  [LONG] rowId2, [LONG] leftChildNodeIndex2, [LONG] rightChildNodeIndex2,
```

```
 *  ...
 */
private final LongBigArray buffer = new LongBigArray();

// capacity表示buffer中目前存储了多少个堆节点，因此缓冲器的长度是capacity ×3
private long capacity;

public void setRowId(long index, long rowId) {
    // index是堆节点的逻辑下标，index × 3是rowId在缓冲器中的真实物理下标
    buffer.set(index * 3, rowId);
}

public void setLeftChildHeapIndex(long index, long childHeapIndex) {
    // index是堆节点的逻辑下标，index × 3 + 1是左子节点在缓冲器中的真实物理下标，注意
       设置的childHeapIndex也是逻辑下标。
    buffer.set(index * 3 + 1, childHeapIndex);
}

public void setRightChildHeapIndex(long index, long childHeapIndex) {
    // index是堆节点的逻辑下标，index × 3 + 2是左子节点在缓冲器中的真实物理下标，注意
       childHeapIndex也是逻辑下标
    buffer.set(index * 3 + 2, childHeapIndex);
}
}
```

由前述介绍我们知道，HeapNodeBuffer数据结构是以一维数组的形式存储堆结构的，但实际上这个结构与我们在“数据结构与算法”课程中学习过的用于存储堆结构的一维数组（我们称之为标准数组）有诸多不同，具体如下。

- 从逻辑上讲，每个堆节点（HeapNode）包含3个元素：行ID（row id）、左子节点对应的数组下标（left child index）、右子节点对应数组下标（right child index）。
- HeapNodeBuffer可以存储多组TopN，即多个大顶堆。而标准堆结构的数组中只允许存储一个大顶堆。
- 堆节点存储的值是行ID，不是TopN数值本身。
- 标准堆结构的完全二叉树在数组中的节点存储顺序需要遵循对于任意一个父节点的序号n来说（这里n从0算），它的子节点的序号一定是$2n+1$、$2n+2$。但是这里我们介绍的各个堆节点在HeapNodeBuffer中的存储顺序不遵循此规则。因此也无法通过这种方式简单计算出堆节点的位置，而是需要借助左子节点对应的数组下标（left child index）、右子节点对应数组下标（right child index）来计算堆节点位置。从这一点上来说，HeapNodeBuffer更像是链表结构。之所以实现的这么复杂，没有直接使用最简单的数据结构，笔者猜测是因为Presto考虑的还是复用，要一次实现同时在普通TopN计算与分组TopN计算中都能用上。

- HeapNodeBuffer使用了LongBigArray作为一维数组的具体实现。实际上这是一个关于内存性能的优化，LongBigArray在功能上支持可变长度的一维数组，并且扩容时并不需要像普通long[]数组那样先创建新的数组，再将原来的数组元素通过memcopy()复制到新数组上。另外，它并不需要大块连续的内存，也能够更快地申请到内存。LongBigArray虽然也引入了额外的CPU开销，但是在大数据计算场景下，内存的瓶颈更突出，这算是一种妥协，尤其是在TopN的N非常大的情况下，LongBigArray的性能会更优秀。

继续介绍前面的例子。TopN计算ORDER BY ss_sales_price DESC LIMIT 5的大顶堆（Max Heap）的逻辑结构和物理结构如图6-19所示。这里有两个分组，对应两个大顶堆的逻辑结构，在GroupIdToHeapBuffer中维护了两个分组ID到堆顶节点的对应关系。例如从RootHeapNodeIndex可以看到，分组ID是0的堆顶节点位置是HeapNodeBuffer中的第0个位置，从HeapSize可以看到分组ID是0的堆目前有5个节点。在HeapNodeBuffer中存储了对应的堆节点（HeapNode）。例如分组ID是0且行ID是0、value = 56的堆节点，在HeapNodeBuffer中存储在逻辑下标（logical index）= 2的位置，其行ID存储在实际下标（physical index）= 6处，左子节点对应的数组下标（left child index）存储在实际下标（physical index）= 7处。右子节点对应数组下标（right child index）存储在实际下标（physical index）= 8处。另外，注意观察图6-19左侧的大顶堆的逻辑结构会发现，它虽然是大顶堆，但是从值大小顺序看，却是小顶堆，为什么吗？这里我们先挖一个坑，后面再填。

（4）遍历并插入数据行

遍历所有数据行，将符合TopN的数据行插入堆中、代码如下。

```
// 文件名：GroupedTopNRowNumberAccumulator.java
// 这个方法的参数及返回值的含义如下
// 入参 groupId 表示当前数据行所属的分组
// 入参 rowReference 包含了当前数据行的 ID 信息
// 返回值 true 表示当前数据行的 ID 被插入堆结构中，false 表示没有插入
public boolean add(long groupId, RowReference rowReference) {
    // 如果是新出现的分组 ID，需要在 groupIdToHeapBuffer 中为维护其数组根下标以及数组空间分配
       资源
    groupIdToHeapBuffer.allocateGroupIfNeeded(groupId);

    // 拿到与此数组对应的堆结构的堆顶节点
    long heapRootNodeIndex = groupIdToHeapBuffer.getHeapRootNodeIndex(groupId);
    // 如果堆顶还不存在（即这是一个刚创建好的空堆），或者当前堆的元素个数还没有达到 N 个，则直接插
       入新的数据行
    if (heapRootNodeIndex == UNKNOWN_INDEX || calculateRootRowNumber(groupId) <
        topN) { // 堆元素未填充满时，按照大顶堆填充完元素
        heapInsert(groupId, rowReference.extractRowId());
        return true;
    }
```

```
// 当堆中节点个数已经达到N个时，如果新的节点应该被选入TopN中，只能先弹出一个节点才能插入
   新的节点
// 这里判断新数据行是否应该被选入TopN中的依据是用rowComparator比较新数据行与堆顶
   节点的对应的数据行，如果新数据行ORDER BY字段对应的值更小，则应该被选入TopN。关于
   rowComparator不是很好理解，我们在这里挖第二个坑，后面会详细介绍
else if (rowReference.compareTo(rowComparator, heapNodeBuffer.
    getRowId(heapRootNodeIndex)) < 0) {
    heapPopAndInsert(groupId, rowReference.extractRowId(),
        rowIdEvictionListener);
    return true;
}
else {
    return false;
}
}
```

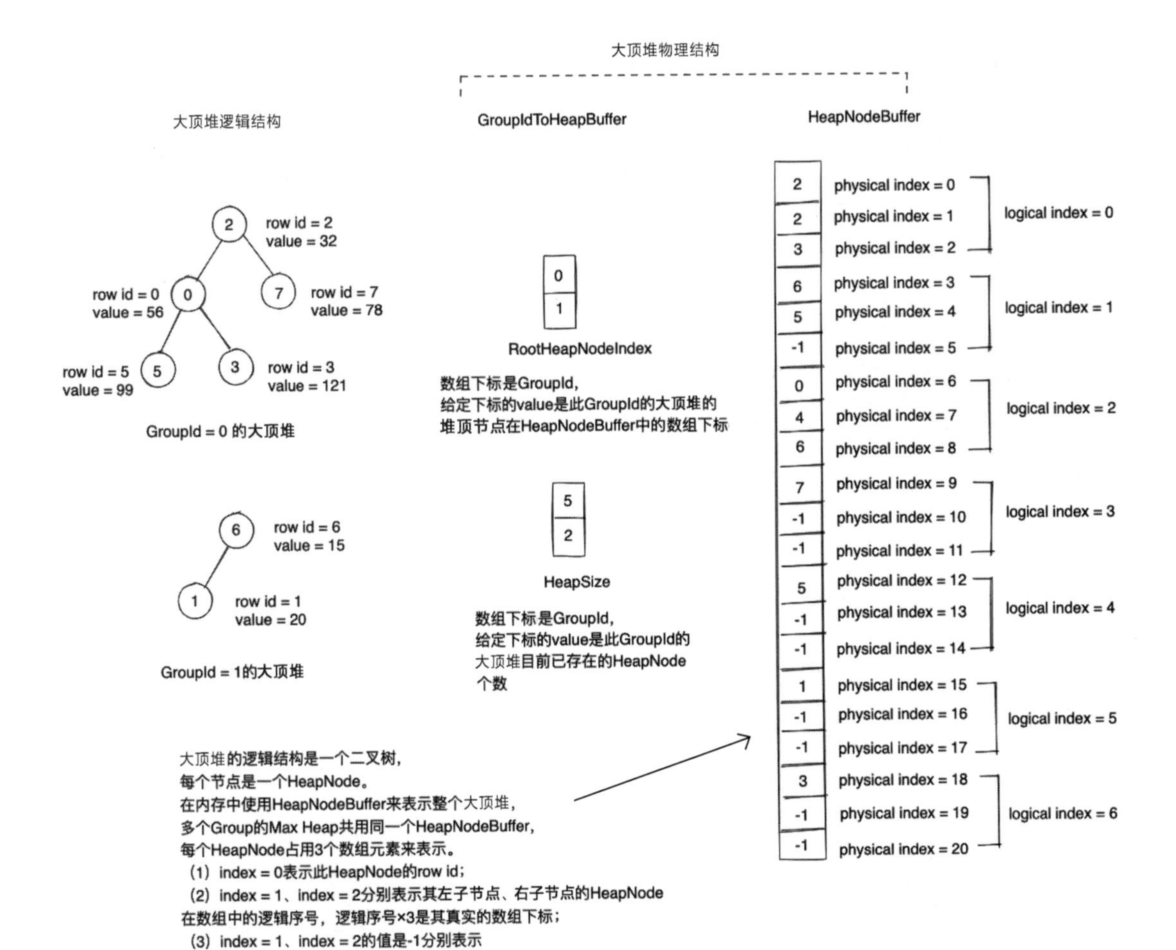

图 6-19　大顶堆逻辑结构与物理结构

heapInsert 的代码如下所示。与我们在数据结构与算法课程中学习过的堆插入节点过程差不多，明显的区别体现在插入的行 ID、左子节点对应的数组下标（left child index）、右子节点对应的数组下标（right child index）。

```
// 文件名 : GroupedTopNRowNumberAccumulator.java
// 为指定的分组 ID 在堆中插入一个新行
// 该技术涉及从根节点遍历堆，直到一个新的左下优先的叶子位置
// 在寻找新行的正确插入位置的过程中，可能需要交换沿途的堆节点
// 插入操作总是先填满左子节点再填满右子节点，并且会在移动到下一个层级之前填满整个堆的一个层级
private void heapInsert(long groupId, long newRowId) {
    long heapRootNodeIndex = groupIdToHeapBuffer.getHeapRootNodeIndex(groupId);
    if (heapRootNodeIndex == UNKNOWN_INDEX) {
        // 堆目前是空的，所以这将是第一个节点
        heapRootNodeIndex = heapNodeBuffer.allocateNewNode(newRowId);

        groupIdToHeapBuffer.setHeapRootNodeIndex(groupId, heapRootNodeIndex);
        groupIdToHeapBuffer.setHeapSize(groupId, 1);
        return;
    }

    long previousHeapNodeIndex = UNKNOWN_INDEX;
    HeapTraversal.Child childPosition = null;
    long currentHeapNodeIndex = heapRootNodeIndex;

    // 新插入的节点，在序号上是 HeapSize  + 1，通过 heapTraversal 计算后，可知其从根节点到此
       节点的路径
    heapTraversal.resetWithPathTo(groupIdToHeapBuffer.getHeapSize(groupId) + 1);
    while (!heapTraversal.isTarget()) {
        long currentRowId = heapNodeBuffer.getRowId(currentHeapNodeIndex);
        if (rowComparator.compare(newRowId, currentRowId) > 0) {
            // 交换这些行的值
            heapNodeBuffer.setRowId(currentHeapNodeIndex, newRowId);

            newRowId = currentRowId;
        }

        previousHeapNodeIndex = currentHeapNodeIndex;
        childPosition = heapTraversal.nextChild();
        currentHeapNodeIndex = getChildIndex(currentHeapNodeIndex,
            childPosition);
    }

    verify(previousHeapNodeIndex != UNKNOWN_INDEX && childPosition != null, "heap
        must have at least one node before starting traversal");
    verify(currentHeapNodeIndex == UNKNOWN_INDEX, "New child shouldn't exist
        yet");

    long newHeapNodeIndex = heapNodeBuffer.allocateNewNode(newRowId);
```

```
    // 将新的子节点挂到父节点上
    setChildIndex(previousHeapNodeIndex, childPosition, newHeapNodeIndex);

    groupIdToHeapBuffer.incrementHeapSize(groupId);
}
```

heapPopAndInsert 的代码如下所示。与我们在数据结构与算法课程中学习过的堆先弹出节点再插入节点的过程差不多。

```
// 文件名：GroupedTopNRowNumberAccumulator.java
// 从分组 ID 的最大堆中弹出根节点，并插入 newRowId。这两个操作一起执行会更高效
// 这种技术包括将新行交换到根位置，并应用向下冒泡操作来实现堆化
private void heapPopAndInsert(long groupId, long newRowId, @Nullable LongConsumer
    contextEvictionListener) {
    long heapRootNodeIndex = groupIdToHeapBuffer.getHeapRootNodeIndex(groupId);
    checkState(heapRootNodeIndex != UNKNOWN_INDEX, "popAndInsert() requires at
        least a root node");

    // 清除根节点的内容，以便为另一行腾出空位
    long poppedRowId = heapNodeBuffer.getRowId(heapRootNodeIndex);

    long currentNodeIndex = heapRootNodeIndex;
    while (true) {
        long maxChildNodeIndex = heapNodeBuffer.getLeftChildHeapIndex(
            currentNodeIndex);
        if (maxChildNodeIndex == UNKNOWN_INDEX) {
            // 左子节点总是在右子节点之前插入，所以如果左子节点缺失，则不可能有右子节点
            // 这意味着这个位置必须已经是一个子节点
            break;
        }
        long maxChildRowId = heapNodeBuffer.getRowId(maxChildNodeIndex);

        long rightChildNodeIndex = heapNodeBuffer.getRightChildHeapIndex(current
            NodeIndex);
        if (rightChildNodeIndex != UNKNOWN_INDEX) {
            long rightRowId = heapNodeBuffer.getRowId(rightChildNodeIndex);
            if (rowComparator.compare(rightRowId, maxChildRowId) > 0) {
                maxChildNodeIndex = rightChildNodeIndex;
                maxChildRowId = rightRowId;
            }
        }

        if (rowComparator.compare(newRowId, maxChildRowId) >= 0) {
            // 如果新行的值大于或等于其两个子节点的值，那么通过在这个位置插入新行可以满足堆的
                不变性
            break;
        }

        // 将最大子节点行的值交换到当前节点
```

```
            heapNodeBuffer.setRowId(currentNodeIndex, maxChildRowId);

            // 最大的子节点现在有一个未填补的空缺，因此继续处理，把它作为当前节点
            currentNodeIndex = maxChildNodeIndex;
        }

        heapNodeBuffer.setRowId(currentNodeIndex, newRowId);

        if (contextEvictionListener != null) {
            contextEvictionListener.accept(poppedRowId);
        }
    }
```

无论是 heapInsert 还是 heapPopAndInsert，都使用了 rowComparator 来判定两个行 ID 对应的数据行的大小的比较结果。

5. SortOrder、rowComparator、大顶堆的内在联系

我们先来看 SortOrder 的实现代码，具体如下。

```
public enum SortOrder {
    ASC_NULLS_FIRST(true, true),
    ASC_NULLS_LAST(true, false),
    DESC_NULLS_FIRST(false, true),
    DESC_NULLS_LAST(false, false);

    private final boolean ascending;
    private final boolean nullsFirst;

    SortOrder(boolean ascending, boolean nullsFirst) {
        this.ascending = ascending;
        this.nullsFirst = nullsFirst;
    }
}
```

我们来看两种顺序。

- **自然顺序**：即我们通常认为的按大小关系进行排序，如按照数字大小得到的顺序，按照字符的字典序得到的顺序。在 SortOrder 中，ASC_NULLS_FIRST、ASC_NULL_LAST 代表的是自然顺序，查询中使用这样的 SortOrder，输出计算结果时 13 排在 19 前面，abc 排在 adm 前面。
- **反自然顺序**：为了方便表达，我创造了这个词汇“反自然顺序”，在 Presto 中不存在这个概念，它的含义是数字、字符串的排序结果与自然顺序相反，上面的例子如果按照反自然顺序比较。在 SortOrder 中，DESC_NULLS_FIRST、DESC_NULLS_LAST 代表的是反自然顺序，查询中使用这样的 SortOrder，输出计算结果时 19 排

在 13 前面，adm 排在 abc 前面。

基于以上两种顺序的理解，Presto 通过 rowComparator 配合 SortOrder 实现了用大顶堆来统一计算不同顺序的 TopN 结果。至此我们填上了前面挖的两个坑。

- SortOrder 是升序的，使用此 SortOrder 初始化的 rowComparator 可以保证 rowComparator.compareTo(13, 19) < 0 及 rowComparator.compareTo("abc", "adm") < 0，使 heapInsert、heapPopAndInsert 的执行过程可以实现用大顶堆来维护 *N* 个最小的数据行。
- SortOrder 是降序的，使用此 SortOrder 初始化的 rowComparator 可以保证 rowComparator.compareTo(13, 19) > 0 及 rowComparator.compareTo("abc", "adm") > 0。因为是反自然顺序，所以最大的数据行在经过 rowComparator 比较后，反而是“最小”的值，用大顶堆来维护 *N* 个“最小”的数据行，最终结算得到的是 *N* 个最大的数据行。

rowComparator 的实现如下所示。可以观察到，由 SortOrder 决定了各种数据类型的 orderingOperator，由 orderingOperator 决定了 compareTo() 的大小比较结果。

```
public class SimplePageWithPositionComparator
        implements PageWithPositionComparator {
    private final List<Integer> sortChannels;
    private final List<MethodHandle> orderingOperators;

    public SimplePageWithPositionComparator(List<Type> types, List<Integer>
        sortChannels, List<SortOrder> sortOrders, TypeOperators typeOperators) {
        this.sortChannels = ImmutableList.copyOf(requireNonNull(sortChannels,
            "sortChannels is null"));
        requireNonNull(types, "types is null");
        requireNonNull(sortOrders, "sortOrders is null");
        ImmutableList.Builder<MethodHandle> orderingOperators = ImmutableList.
            builder();
        for (int index = 0; index < sortChannels.size(); index++) {
            Type type = types.get(sortChannels.get(index));
            SortOrder sortOrder = sortOrders.get(index);
            orderingOperators.add(typeOperators.getOrderingOperator(type,
                sortOrder, simpleConvention(FAIL_ON_NULL, BLOCK_POSITION, BLOCK_
                POSITION)));
        }
        this.orderingOperators = orderingOperators.build();
    }

    @Override
    public int compareTo(Page left, int leftPosition, Page right, int
        rightPosition) {
        try {
            for (int i = 0; i < sortChannels.size(); i++) {
```

```
                int sortChannel = sortChannels.get(i);
                Block leftBlock = left.getBlock(sortChannel);
                Block rightBlock = right.getBlock(sortChannel);

                MethodHandle orderingOperator = orderingOperators.get(i);
                int compare = (int) orderingOperator.invokeExact(leftBlock,
                    leftPosition, rightBlock, rightPosition);
                if (compare != 0) {
                    return compare;
                }
            }
            return 0;
        }
        catch (Throwable throwable) {
            throwIfUnchecked(throwable);
            throw new PrestoException(GENERIC_INTERNAL_ERROR, throwable);
        }
    }
}
```

6. 输出TopN计算结果

经过heapInsert与heapPopAndInsert的执行，最终在HeapNodeBuffer中得到了TopN的计算结果。我们需要按照堆中节点的需要从大到小反向输出。原因如前文所述，SortOrder是升序时，大顶堆中堆顶元素是TopN的最大值；SortOrder是降序时，大顶堆中堆顶元素是TopN的最小值。如果要使用依次弹出堆顶的方式输出，则需要反向输出。

```
// 文件名：GroupedTopNRowNumberAccumulator.java
// 给定分组ID，将此分组的TopN的行ID按顺序放到rowIdOutput中，稍后按照此行ID顺序依次输出
   TopN计算结果
public long drainTo(long groupId, LongBigArray rowIdOutput) {
    long heapSize = groupIdToHeapBuffer.getHeapSize(groupId);
    rowIdOutput.ensureCapacity(heapSize);
    // 堆是按照输出顺序进行倒置的，所以要从后往前插入
    for (long i = heapSize - 1; i >= 0; i--) {
        rowIdOutput.set(i, peekRootRowId(groupId));
        heapPop(groupId, null);
    }
    return heapSize;
}

// 从分组ID的最大堆中弹出根节点
// 先弹出根节点
// 再将最右下角的节点移动到根节点位置
// 最后通过沿着路径向下冒泡处理根节点来对堆进行最大堆化
private void heapPop(long groupId, @Nullable LongConsumer contextEvictionListener) {
    long heapRootNodeIndex = groupIdToHeapBuffer.getHeapRootNodeIndex(groupId);
    checkArgument(heapRootNodeIndex != UNKNOWN_INDEX, "Group ID has an empty
        heap");
```

```
    long lastNodeIndex = heapDetachLastInsertionLeaf(groupId);
    long lastRowId = heapNodeBuffer.getRowId(lastNodeIndex);
    heapNodeBuffer.deallocate(lastNodeIndex);

    if (lastNodeIndex == heapRootNodeIndex) {
        // 根节点是剩下的最后一个节点
        if (contextEvictionListener != null) {
            contextEvictionListener.accept(lastRowId);
        }
    }
    else {
        // 弹出根节点并将 lastRowId 重新插入堆中，以确保树的平衡
        heapPopAndInsert(groupId, lastRowId, contextEvictionListener);
    }
}
```

6.4　简单 SELECT 查询相关的查询优化

6.4.1　将 LIMIT 计算下推到数据源连接器

将 LIMIT 计算下推到数据源连接器，在 Presto 的实现中需要 2 个基于规则的优化器做配合才能完成。

- LimitPushDown：将逻辑执行计划（PlanNode 树）中的 LimitNode 从上到下层层向下移动，逐渐靠近 TableScanNode。
- PushLimitIntoTableScan：对于子节点就是 TableScanNode 的 LimitNode 的情况，通过询问数据源连接器是否允许 LimitNode 下推来决策要不要做 LimitNode 下推，从而完成 PlanNode 树优化。注意，对于不靠近 TableScanNode 的 LimitNode 是不可以下推到数据源连接器的。

```
public class PushLimitIntoTableScan implements Rule<LimitNode> {
    // 这里定义这个规则要匹配的是 LimitNode--> TableScanNode 这样的结构
    private static final Capture<TableScanNode> TABLE_SCAN = newCapture();
    private static final Pattern<LimitNode> PATTERN = limit()
        .matching(limit -> !limit.isWithTies())
        .with(source().matching(
            tableScan().capturedAs(TABLE_SCAN)));

    @Override
    public Rule.Result apply(LimitNode limit, Captures captures, Rule.Context
        context) {
        TableScanNode tableScan = captures.get(TABLE_SCAN);
        // 询问数据源连接器是否能够下推，如果可以下推则用新的Tablehandle创建新的
           TableScanNode 并删掉 LimitNode
        return metadata.applyLimit(context.getSession(), tableScan.getTable(),
            limit.getCount())
```

```
                .map(result -> {
                    PlanNode node = new TableScanNode(
                            tableScan.getId(),
                            result.getHandle(),
                            tableScan.getOutputSymbols(),
                            tableScan.getAssignments(),
                            tableScan.getEnforcedConstraint(),
                            tableScan.isForDelete());

                    if (!result.isLimitGuaranteed()) {
                        node = new LimitNode(limit.getId(), node, limit.
                            getCount(), limit.isPartial());
                    }

                    return Result.ofPlanNode(node);
                })
                .orElseGet(Result::empty);
    }
}
```

6.4.2 去除不需要的LIMIT计算

这是一个比较简单的优化，对于PlanNode树中某个LimitNode，考虑如下这两种情况。

- 如果它的子树能够保证输出的数据比这个LimitNode中限定的N还要小，则删掉这个LimitNode。例如LimitNode[N=10]子树的某个AggregationNode做的是不分组的聚合，这种聚合只可能输出0或者1行数据，也就不需要LimitNode再做Limit操作了。
- 如果是LIMIT 0，则直接将LimitNode与其子树替换为ValuesNode。ValuesNode是一种特殊的PlanNode，可以理解为它可以返回一些固定的数据而不是像TableScanNode那样从存储中拉取数据。在本例中，ValuesNode返回的是空结果。

```
public class RemoveRedundantLimit implements Rule<LimitNode> {
    private static final Pattern<LimitNode> PATTERN = limit();

    @Override
    public Result apply(LimitNode limit, Captures captures, Context context) {
        if (limit.getCount() == 0) {
            return Result.ofPlanNode(new ValuesNode(limit.getId(), limit.
                getOutputSymbols(), ImmutableList.of()));
        }
        if (isAtMost(limit.getSource(), context.getLookup(), limit.getCount())) {
            return Result.ofPlanNode(limit.getSource());
        }
        return Result.empty();
    }
}
```

当 ORDER BY 与 LIMIT 一起出现时，可等价优化为 TopN 的计算，这部分内容在 6.4 节已经做过详细介绍，这里不再展开。

6.5　总结、思考、实践

本章深入探讨了 OLAP 领域中的行数限定与排序相关查询的执行原理。通过对 Presto 这一高性能分布式 SQL 查询引擎的分析，我们揭示了在处理大规模数据集时，如何有效地执行限制数据记录行数量和数据排序的查询。我们的讨论不局限于 Presto，而是试图泛化到整个 OLAP 领域，以提供对数据仓库和分析系统的更广泛理解。

总结来说，我们在本章中提出了以下几个关键点。

- 行数限定：在 OLAP 系统中，限制返回的数据量是一种常见的需求，这有助于提高查询效率并减少网络传输负担。我们讨论了如何在分布式环境中实现 LIMIT 操作，包括部分行数限定和最终行数限定。
- 数据排序：排序是 OLAP 引擎中的另一个核心功能，它允许用户按照特定的顺序查看数据。我们分析了分布式排序的实现原理，包括如何通过多个任务并行拉取数据、局部排序以及最终的多路归并来实现全局排序。
- 行数限定与数据排序的组合：当行数限定与数据排序同时出现时，查询的执行会变得更加复杂。我们探讨了如何在分布式环境中有效地结合这两种操作，以实现 TopN 查询，即返回排序后的前 *N* 条记录。
- 优化策略：为了提高查询性能，我们讨论了多种优化策略，包括将 LIMIT 计算下推到数据源连接器、去除不必要的 LIMIT 操作以及将 ORDER BY + LIMIT 操作优化为 TopN 计算。

思考与实践：

- 在 OLAP 系统中，如何处理大规模数据集的实时排序和行数限定操作，以满足用户对实时分析的需求？
- 在分布式数据库环境中，如何平衡数据倾斜问题，确保排序和行数限定操作的高效执行？
- 对于复杂的 OLAP 查询，如含多个聚合、排序和行数限定的查询？如何设计更高效的执行计划？

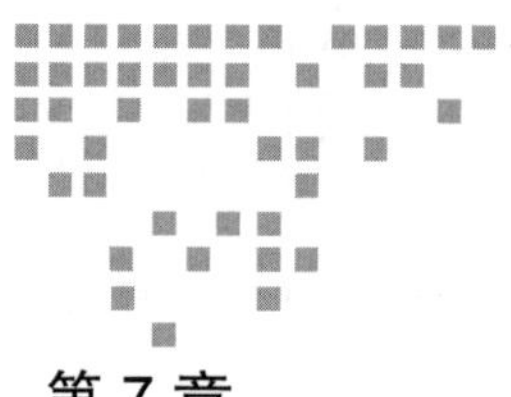

Chapter 7

第 7 章

简单聚合查询的执行原理解析

聚合计算是分布式 OLAP 引擎的核心能力，本章将通过几个通俗易通的 SQL 来成体系地讲解聚合计算在 Presto 中是如何设计与实现。本章将从最简单的聚合查询讲起，逐渐深入到复杂的聚合查询。

通过阅读本章时，你将了解到聚合查询是如何在分布式环境中高效执行的，包括状态的维护、数据的序列化与反序列化，以及不同执行模型（如 Scatter-Gather、MPP 等）的适用场景，还将了解到 Presto 如何通过代码生成技术来优化聚合函数的性能，以及如何在分布式计算中处理数据交换和聚合结果的输出。

7.1 聚合查询原理通识性介绍

7.1.1 常见的聚合查询

这里列举几个常见的聚合查询，这些聚合查询在 2.6 节都有过详细介绍，这里将以这些 SQL 为案例来介绍聚合查询在 Presto 的设计实现原理。

```
-- SQL 20:
SELECT
  SUM(ss_quantity) AS quantity,
  SUM(ss_sales_price) AS sales_price
FROM store_sales
WHERE ss_item_sk = 13631;

-- SQL 21:
SELECT
```

```
    ss_store_sk,
    SUM(ss_sales_price) AS sales_price
FROM store_sales
WHERE ss_item_sk = 13631
GROUP BY ss_store_sk;

-- SQL 22:
SELECT COUNT(DISTINCT i_category) FROM item;

-- SQL 23:
SELECT
    i_category, COUNT(*) AS total_cnt,
    SUM(i_wholesale_cost) AS _wholesale_cost,
    COUNT(DISTINCT i_brand) AS brand_cnt
FROM item
GROUP BY i_category;

-- SQL 30:
SELECT
    ss_store_sk,
    SUM(ss_sales_price) AS sales_price,
    SUM(ss_quantity) AS quantity
FROM store_sales
WHERE ss_item_sk = 13631
GROUP BY ss_store_sk
ORDER BY ss_sales_price DESC, ss_quantity DESC
LIMIT 10;
```

这里总结一下这些聚合查询的特点，如表 7-1 所示。

表 7-1 SQL-20~SQL-30 聚合查询特点总结

SQL	是否包含分组条件	是否有去重计算	是否有排序计算	是否包含结果行数限制	业务计算逻辑总结
SQL-20	否	否	否	否	最简单的聚合查询，只做数值累加即可获取总的销售数量、销售金额指标
SQL-21	是	否	否	否	获取各个店铺的总销售金额，设计与实现此聚合查询的难点是如何以分布式的方式高效并行实现分组与聚合计算
SQL-22	否	是	否	否	统计商品表中商品类目的个数，设计与实现此聚合查询的难点是如何以分布式的方式高效计算以及存储去重值
SQL-23	是	是	否	否	获取每个商品类目的商品个数、品牌个数等指标。设计与实现此聚合查询的难点是如何在一个查询的分布式执行计划中一起完成 COUNT、SUM、COUNT（DISTINCT）等多个聚合计算

（续）

SQL	是否包含分组条件	是否有去重计算	是否有排序计算	是否包含结果行数限制	业务计算逻辑总结
SQL-30	是	否	是	是	分店铺统计销售数量、销售额指标，并获取这两个指标Top10的计算结果。设计与实现此聚合查询的难点是针对这种TopN的场景，聚合查询是否可以优化，如何优化

7.1.2 聚合查询是有状态计算

在正式讲解具体的聚合查询SQL之前，请大家先默记这句话：**聚合查询是有状态计算，聚合计算过程依赖聚合算子对状态的维护（初始化、更新、序列化、反序列化）**。什么是有状态计算？下面介绍几个有关的概念。

- **无状态计算**：计算过程的中间结果没有上下文关系，数据处理的上一条记录与下一条记录没有关系。如 SELECT c1, abs(c2) FROM mytable LIMIT 10，无论是对c1还是c2的计算，都与上下文以及其他记录没有关系。
- **有状态计算**：本章要介绍的几个聚合查询，无论是哪种聚合操作——SUM、AVG或COUNT(DISTINCT)，都需要一个中间数据结构（称为中间结果）来记录当前聚合的中间状态数据。如SUM(c1)需要一个中间状态来记录已经遍历过的记录的累加值，每处理一条记录则需要将当前记录中c1字段的值累加到历史状态上；如COUNT(DISTINCT)需要记录已经处理过的所有数据的去重值，当有新的数据需要处理时，聚合算子据此判断是否有新的去重值出现，进而决定COUNT是否累加1。
- **状态**：前面描述的中间结果就是状态，英文是State，在Presto与Flink中也有对状态的抽象，其含义与我们这里介绍的完全一样。
- **状态的序列化、反序列化**：序列化指的是将内存中状态的结构化表示（如JVM中的对象）转换成同等含义的byte[]序列，以便能够在多个计算节点之间进行网络传输。反序列化是将序列化的过程反过来执行，将byte[]序列转换为JVM中的对象。由于聚合计算涉及多查询执行阶段、多任务的分布式计算，其执行过程必然需要聚合计算的中间结果在多个节点之间传输，此处序列化、反序列化将派上用场。

7.1.3 实现分布式聚合的几种执行模型

第1章中我们已经介绍过OLAP引擎的多种执行模型，如Scatter-Gather、MPP、MapReduce，如图1-3所示。Scatter-Gather是一个最简单的执行模型，下文将介绍的几个SQL——SQL-20、SQL-21、SQL-22、SQL-23、SQL-30都可以用此模型实现。它的优势是简单容易实现，对于涉及过滤后数据量较小、分组聚合后分组个数较少或查询计算逻辑较简单的查询（我们称之为轻、小查询）来说，生成与调度执行计划的开销比较低，使用此模型的OLAP引擎比较容易做到低延迟、高QPS。对于过滤后的数据量较大或分组聚合后分组个数仍然很多以及查询计算逻辑比较复杂的查询（我们称之为重、大查询），使用这种执行模型很容易导致查询卡死在汇聚执行节点（Gather Node）上。因为汇聚执行节点采用的是单点计算，它接收来自多个分散执行节点（Scatter Node）的数据，需要完成反序列化、分组合并、排序、序列化并输出查询结果等操作，数据量大时较容易成为瓶颈。常见的采用这种执行模型的计算引擎是 Elasticsearch。

Mapreduce 执行模型能够处理计算过程或查询结果有百万千万级分组个数的查询，它利用了多次 Map、Shuffle、Reduce 算子，做了比 Scatter-Gather 执行模型更多次的并发操作，只有最后的算子是单点计算返回数据。它的优势是擅长处理大数据量，劣势是任务调度、节点间 RPC、数据序列化和反序列化开销比 Scatter-Gather 执行模型大。常见的采用这种计算模型的计算引擎是 Hive。

像 MPP 这种执行模型，它的执行方式与 MapReduce 类似，但是它会尽可能将计算过程流水线化，即每个节点可分批输出计算完的数据，而不是像 Spark 那样在当前查询执行阶段计算完全部数据再输出给下游查询执行阶段。在数据交换过程中，数据不落盘，直接在节点内存与网络之间交换数据。它的优势是相比 MapReduce 计算更快，劣势是如果查询的中间计算结果（也称之为状态）数据量较大无法放到节点内存时，查询会失败。常见的采用这种计算模型的计算引擎有 Presto、Flink。

基本上不包含 JOIN 的聚合 SQL 都可以用上述 3 种执行模型实现，部分包含 JOIN 的 SQL 可以用 Scatter-Gather 执行模型实现，部分不能的会在后面的章节介绍。

7.1.4　Presto 对聚合查询的设计与抽象

聚合查询执行算子相关实现如下。

- AggregationOperator：对不需要做分组计算（GROUP BY）的聚合查询的聚合操作流程进行控制，其内部主要依赖 AccumulatorState 相关实现做聚合状态的维护，依赖 Accumulator 实现的聚合计算控制流程来控制 AccumulatorState，维护好聚合状态。
- HashAggregationOperator：对需要做分组计算的聚合查询的聚合操作流程进行控制，它实现的是基于哈希的分组计算，其设计与实现比 AggregationOperator 复杂很多，我们将在介绍 SQL-21 时对其做详细介绍。当然，这两者的共同之处是都以相同的方式依赖 Accumulator、AccumulatorState 相关的实现。
- **聚合函数相关实现**：聚合函数指的是 SUM()、AVG()、MIN()、MAX() 等用户可在 SQL 中直接使用的函数，不同的聚合函数对数据的计算逻辑不同，依赖的状态实现不同。其中 SqlAggregationFunction 是所有聚合函数实现类的基类，那些不使用 @AggregationFunction、@AggregationState 这些注解实现的聚合函数都基继承了此类，那些使用上述注解实现的聚合函数，如 LongSumAggregation，都被 Presto 执行框架以代码生成的方式与 SqlAggregationFunction 的子类 ParametricAggregation 绑定。第 13 章、第 14 章的相关内容将指导我们在 Presto 的框架内实现一个聚合函数，这里不做详细介绍。

Accumulator 相关实现如下。

- Accumulator：用于处理不包含分组计算的聚合查询的状态维护逻辑。
- GroupedAccumulator：用于处理包含了分组计算的聚合查询的状态维护逻辑，它与 Accumulator 的接口基本一致，最大的不同是在维护状态时需要指定 GroupId。GroupId 是分组计算在计算分组时的分组序号。

AccumulatorState 相关实现如下。

- AccumulatorState：用于维护不需要做分组计算的聚合查询的中间计算结果，与 Accumulator 配套使用。
- GroupedAccumulatorState：用于维护需要做分组计算的聚合查询的中间计算结果，与 AccumulatorState 的接口基本一致，最大的不同是在维护状态时，需要指定 GroupId。GroupId 与 GroupedAccumulator 配套使用。
- AccumulatorStateFactory：它是 Accumulator、GroupedAccumulator 实例的工厂类，用于在必要时创建对应的实例。
- AccumulatorStateSerializer：由于在 Presto 查询执行节点之间传输的是用列式格式表达的 Page 而不是状态，框架执行逻辑需要用 AccumulatorStateSerializer 完成 AccumulatorState、GroupedAccumulatorState 的序列化、反序列化。

简单来说，在 Presto 的设计实现上，算子依赖 Accumulator，Accumulator 依赖聚合函数与 AccumulatorState。接下来我们将通过对 SQL-20、SQL-21、SQL-22、SQL-23、SQL-30 这 5 个聚合查询的原理的深入解剖来详细介绍 OLAP 引擎相关部分的设计实现细节。

7.2 SQL-20 不分组聚合查询的实现原理

SQL-20 是一个最简单的聚合查询，只做一个不分组的聚合，我们从这个查询开始介绍 OLAP 引擎的聚合查询设计实现原理。SQL-20 的源码如下。

```
SELECT
    SUM(ss_quantity) AS quantity,
    SUM(ss_sales_price) AS sales_price
FROM store_sales
WHERE ss_item_sk = 13631;
```

7.2.1 执行计划的生成与优化

1. 初始逻辑执行计划

初始逻辑执行计划中出现了如下几个 PlanNode，如图 7-1 所示。

- TableScanNode 负责从数据源连接器拉取数据。
- FilterNode 负责根据 SQL 中 WHERE 条件来过滤数据。
- ProjectNode 负责做一些常见的投影操作。
- AggregationNode 负责处理聚合操作逻辑。
- OutputNode 是分段前与分段后的逻辑执行计划的根节点，意味着要输出计算结果。

2. 优化后的逻辑执行计划

优化后的逻辑执行计划在一定程度上考虑了执行层面上的问题，它与优化前的逻辑执行计划存在两点区别，如图 7-2 所示。

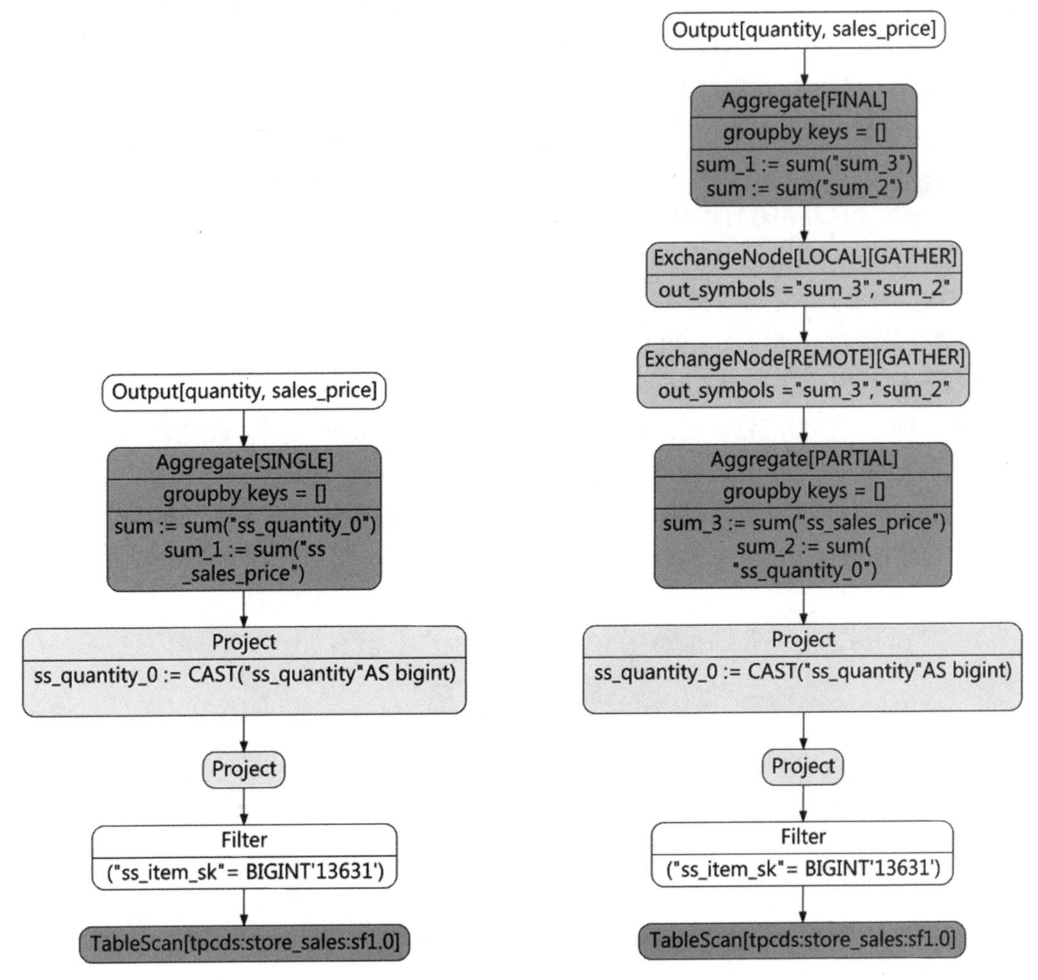

图 7-1　SQL-20 初始逻辑执行计划　　图 7-2　SQL-20 优化后的逻辑执行计划

1）**优化后的执行计划多了 2 个 ExchangeNode**。由于 Presto 是多节点并行拉取数据并进行计算的，每个查询执行节点从数据源连接器拉取待计算数据的一部分（我们称之为

Split），这些查询执行节点都只能计算得到部分结果，因此需要有一个查询执行节点完成所有数据（所有分片）的结果汇总，才能得到最终的聚合计算结果。在此过程中需要做一次任务之间的数据交换，在逻辑执行计划中，ExchangeNode是用来表达此操作的PlanNode。在执行计划优化阶段，有一个优化器专门负责在执行计划中插入ExchangeNode。这里的2个ExchangeNode中，一个负责上下游任务之间的数据交换，另一个负责任务内部的数据交换。

数据交换的方式就是各种大数据组件或文章提到的数据Shuffle的方式，一般有两种行为。

- **汇聚（GATHER）**：表示上游多个节点输出的数据将汇聚到下游的一个节点。这个GATHER与Scatter-Gather执行模型中的Gather含义相同。类似SUM()、COUNT()、MAX()、MIN()这样的聚合计算的分布式执行逻辑都是先在上游查询执行阶段的任务中计算出中间结果（Partial Aggregation），之后在下游查询执行阶段的任务中计算出最终聚合结果（Final Aggregation）。
- **重分区（REPARTITION）**：表示上游多个节点输出的数据将根据某个数据重分布规则分发到下游的多个节点。这里上游与下游都有多个节点。这个模式常用于带GROUP BY的聚合查询或带Hash JOIN的查询。

2）**优化前的执行计划中AggregationNode只有一个，包含一个SINGLE属性值；优化后的执行计划中出现了两个AggregationNode，分别包含Step=PARTIAL与Step=FINAL的属性值。**细心的读者应该已经注意到，两个AggregationNode分别在数据交换的上游和下游，它们分别完成上游节点拉取数据后的本地聚合与下游节点的最终聚合，俗称两阶段聚合。这是一种常见的聚合优化手段，上游节点拉取数据后先做一次本地聚合可有效减少往下游节点传输的数据量。

```
// 文件名：AggregationNode.java
public class AggregationNode extends PlanNode {

    // AggregationNode 的子节点
    private final PlanNode source;

    // 一个 AggregationNode 中可以有多个聚合，通过 Map<Symbol, Aggregation> aggregations;
       来区分。在 Aggregation 中，使用 ResolvedFunction 来表示聚合函数
    // 例如本节介绍的 SQL 中聚合函数的部分，使用 ResolvedFunction 表达就是 sum(decimal(7,2)):
       decimal(38,2)
    private final Map<Symbol, Aggregation> aggregations;

    // 描述 SQL 中的 GROUP BY 信息，SQL-20 没有 GROUP BY，这里不做过多介绍，我们将在 SQL-21
       的技术实现中对它做详细介绍
    private final GroupingSetDescriptor groupingSets;
```

```
    private final List<Symbol> preGroupedSymbols;

    // 描述当前 AggregationNode 所在的聚合阶段，在下面的 Step 类定义中会详细介绍
    private final Step step;

    private final Optional<Symbol> hashSymbol;

    private final Optional<Symbol> groupIdSymbol;

    // 描述了数据经过当前 AggregationNode 对应的算子计算后，输出的字段有哪些，字段的顺序与
       List<Symbol> 的顺序是完全相同的
    private final List<Symbol> outputs;
    ...
}
```

Step 是 AggregationNode 的一个重要属性，它有 3 个常用的值。

- Step.SINGLE：表示整个执行计划中聚合操作只有一次不会分阶段，还未经优化的逻辑执行计划中 Aggregation 的 Step 属性值是 SINGLE。
- Step.PARTIAL：表示当前 AggregationNode 是两阶段聚合的第一阶段，负责当前节点的数据聚合。
- Step.FINAL：表示当前 AggregationNode 是两阶段聚合的第二阶段，负责二次聚合所有上游节点输出的聚合数据，得到最终聚合计算结果。

在聚合查询执行过程中，不同查询执行阶段的 AggregationOperator 可以通过 Step 属性知道上游算子输入的数据是原始数据还是已经过部分聚合的数据，并执行不同的流程（详见 Aggregator.java）。

3. 查询执行阶段划分

逻辑执行计划经过 AddExchange 优化器划分后分为 2 个 PlanFragment，对应分布式执行时的 2 个查询执行阶段——Stage1、Stage0，从 WebUI 上可以看到，SQL-20 查询执行阶段关系如图 7-3 所示。

- Stage1 职责：从数据源连接器拉取数据，完成部分聚合计算，减少向下游 Stage0 传输的数据量。
- Stage0 职责：从上游 Stage1 拉取数据，并完成所有数据的最终聚合，输出结果给到集群协调节点。Stage0 输出的数据会放到 OutputBuffer 中，等待集群协调节点来拉取。

7.2.2　分布式调度与执行的设计实现

假设 SQL-20 要查询的表 store_sales 记录超过 1000 万条，如果是单节点查询，这个 SQL 必然是很慢的。在分布式执行环境下，最好的方案是把这 1000 万条记录分别指派给多个节点来做 sum() 聚合，最后再挑一个节点来负责将前述多节点的聚合结果合并，输出最

终结果。实际上这里隐含了如下两个条件。

- **可拆分**：多条记录可拆分成多个组，每组纪录各自计算累加值，不会影响最终聚合结果的正确性。
- **可合并**：在每组记录计算完累加值后，可再将这些组合并，从而得到最终的聚合结果，并保证数据正确性。

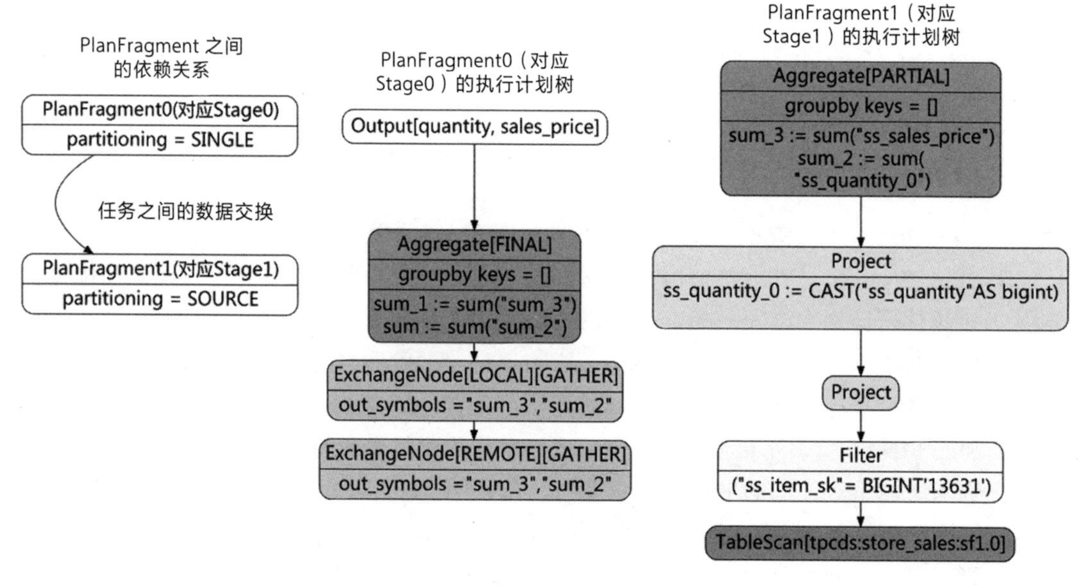

图 7-3 SQL-20 查询执行阶段关系图

如表 7-2 所示，先将行 ID 是 1～3 的行划分到一起，计算 sum=215；将行 ID 是 4～5 的行划分到一起，计算 sum=114；再将两组数据合并到一起，计算 sum=329。这种分而治之的计算方式天然适合分布式聚合计算。前两次聚合称为部分聚合，最后一次聚合称为最终聚合，如图 7-4 所示。

表 7-2 store_sales 数据及聚合结果

数据表名：store_sales			
行 ID	ss_quantity 字段值	部分聚合的累加值	最终聚合的累加值
1	79	215	329
2	37		
3	99		
4	14	114	
5	100		

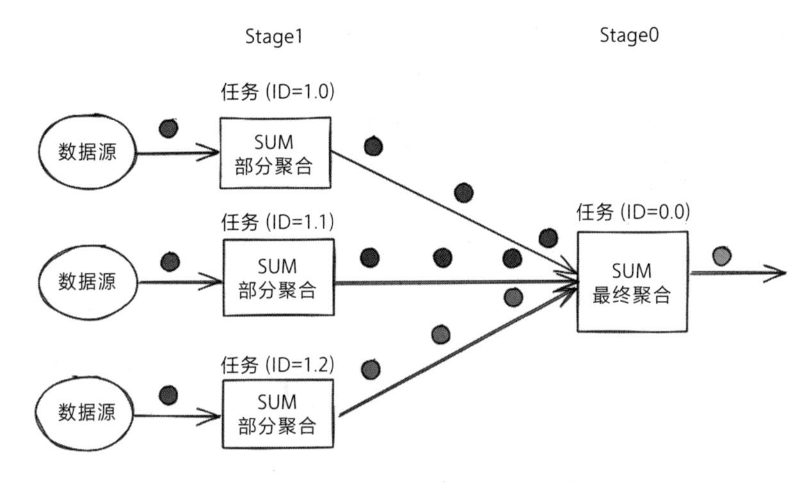

图 7-4 SQL-20 部分聚合和最终聚合过程

1. Stage1

按照数据处理顺序，该阶段依次涉及如下几个算子。

- ScanFilterAndProjectOperator：负责从数据源连接器拉取数据并给到后面的 AggregationOperator，这不是本节重点，不展开介绍。
- AggregationOperator：负责完成部分聚合，将聚合中间结果给到后面的 TaskOutputOperator。
- TaskOutputOperator：负责将数据放到 OutputBuffer，等待下游 Stage0 来拉取数据，这个是数据交换的流程。SQL-20 给出的 SUM 聚合的上游 Stage1 有多个节点，下游 Stage0 只有 1 个节点，因此这实际上是多对一的数据合并，即数据交换类型是 GATHER。

2. Stage0

Stage0 是最终结果数据汇总阶段，它的并行度是 1，即全局只有一个任务。按照数据处理顺序，依次涉及如下几个算子。

- 数据交换相关算子：负责拉取 Stage1 的计算结果并给到后面的 AggregationOperator。数据交换相关的算子是 ExchangeOperator，由于不影响对本节核心思想的理解，我们在这里不做展开介绍，大家只要知道它是负责从上游拉取数据即可。
- AggregationOperator：负责完成最终聚合，将聚合结果给到后面的 TaskOutputOperator。
- TaskOutputOperator：到这里已经计算得到了整个查询的最终计算结果数据。TaskOutputOperator 负责将结果数据放到 OutputBuffer 中，等待集群协调节点来拉取。

3. AggregationOperator 的部分聚合与最终聚合

实际上想要讲清楚聚合是怎么实现的还挺麻烦的，好在 SQL-20 只有聚合没有分组操作，我们通过讲解 SQL-20 来尽量把没有分组操作的聚合讲通透，后面再讲带分组操作的 SQL 就可以把重点放到数据分组上。因为无论有没有分组操作，对于相同分组的数据做聚合，其设计实现基本相同。

针对 AggregationOperator 的聚合实现，如图 7-5 所示，这里重点介绍 Presto 的几个基本抽象。

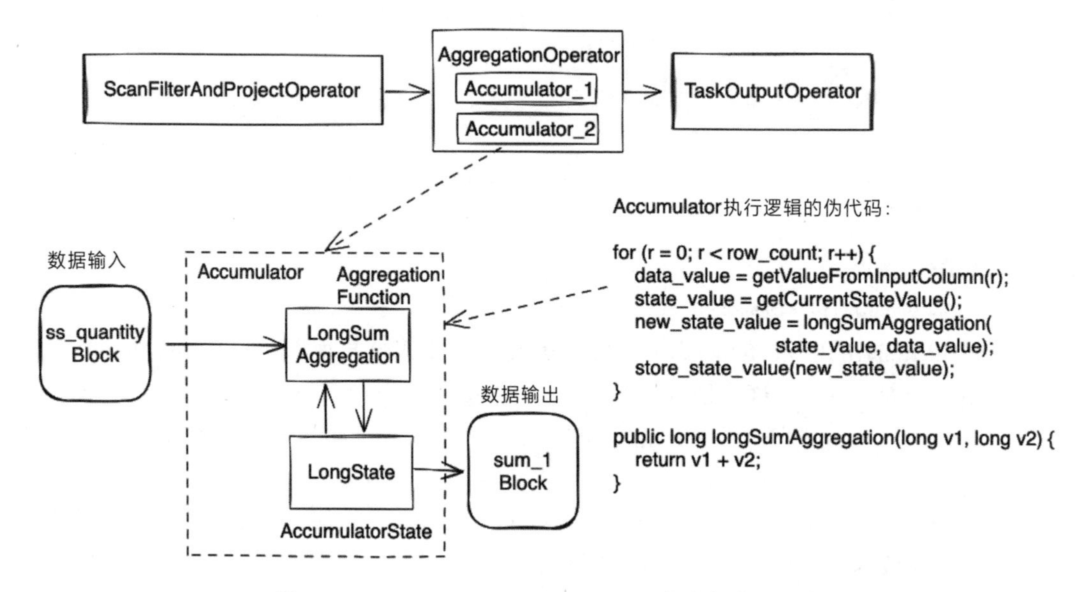

图 7-5 SQL-20 AggregationOperator 的内部实现逻辑

- AggregationOperator：基本上只有 addInput()、getOutput() 这两个输入和输出 Page 的简单流程控制，聚合逻辑都不在这里实现，而是放在了 AggregationOperator 初始化时创建的 Aggregator 中，每个聚合计算对应一个 Aggregator，如 SQL-20 中，存在两个 SUM 聚合计算，则对应两个 Aggregator。由此也可以看出，无论是部分聚合还是最终聚合，在 AggregationOperator 流程控制上没有区别。
- Aggregator：负责根据 AggregationNode.Step 识别它要做的是部分聚合还是最终聚合，并据此创建对应聚合阶段的 Accumulator，在处理数据时，也会调用不同的 Accumulator 方法。
- Accumulator：是 AggregationFunction 与 AccumulatorState 的黏合剂与流程控制。
- AggregationFunction：是实际的聚合计算逻辑，即用代码来表示的 SUM 计算，部分聚合与最终聚合的实现有所不同。
- AccumulatorState：用于存储聚合的中间状态，每处理一条记录，会更新一次状态。

对于 SQL-20 来说，它存储的是当前已经处理过的所有记录的累加值。

- AccumulatorStateSerializer：负责 AccumulatorState 的序列化、反序列化，主要是为了在上游查询执行阶段的任务完成部分聚合后，将状态序列化到 Page 中，并通过网络传输给到下游查询执行阶段的任务。下游查询执行阶段的任务需要从上游拉取 Page，并将 Page 中存储的状态反序列化出来，放到内存中维护的 AccumulatorState 对象中，才能做最终聚合。
- Page：它是各节点之间、节点的各算子之间输入输出的标准数据格式与交互协议，它是一种内存中的列式数据格式表示，相同列的数据是在物理存储顺序上相邻的。Page 与 Arrow 大同小异。从数据源拉取的数据被分割为多个 Page 后依次输入到 Accumulator 中，完成聚合。

接下来我们先来看看 Aggregator 与 Accumulator 是如何配合完成聚合计算逻辑的流程控制的。Aggregator 的实现如下。

```
class Aggregator {
    private final Accumulator aggregation;
    private final AggregationNode.Step step;
    private final int intermediateChannel;

    // Aggregator 根据不同的 Step 创建不同的 accumulator
    Aggregator(AccumulatorFactory accumulatorFactory, AggregationNode.Step step) {
        // 当 step == Partial 时，step.isInputRaw() = true
        if (step.isInputRaw()) {
            intermediateChannel = -1;
            // 创建 Accumulator 用于部分聚合（Partial Aggregation）
            aggregation = accumulatorFactory.createAccumulator();
        }
        else {
            checkArgument(accumulatorFactory.getInputChannels().size() == 1,
                "expected 1 input channel for intermediate aggregation");
            intermediateChannel = accumulatorFactory.getInputChannels().get(0);
            // 创建 IntermediateAccumulator 用于最终聚合
            aggregation = accumulatorFactory.createIntermediateAccumulator();
        }
        this.step = step;
    }

    // 用 Accumulator 处理输入的 Page，在 Accumulator 之前可能已经对其他 Page 做过聚合，维护
       了状态数据
    // 再输入新的 Page，持续更新状态数据
    public void processPage(Page page) {
        if (step.isInputRaw()) {
            // 部分聚合，输入原始数据的 Page
            aggregation.addInput(page);
        }
```

```
        else {
            // 最终聚合，输入是从上游查询执行阶段序列化后通过网络传输过来的
            aggregation.addIntermediate(page.getBlock(intermediateChannel));
        }
    }

    // 部分聚合与最终聚合结束后，都需要将结果写入 Page 从而输出给后面的算子
    // 这里 getType() 返回的类型可以让 AggregatorOperator 知道应该创建什么类型的 PageBuilder
    // 这个 PageBuilder 用于填充聚合结果。由于不带分组聚合的计算结果实际上只有一个值，对应一个列，
       因此这里 getType() 方法只返回一个类型即可
    public Type getType() {
        if (step.isOutputPartial()) {
            // 部分聚合，返回的是 IntermediateType，即聚合中间结果
            return aggregation.getIntermediateType();
        }
        else {
            // 最终聚合，返回的是 FinalType，即最终聚合结果
            return aggregation.getFinalType();
        }
    }

    // 将 Accumulator 的计算结果输出到 BlockBuilder 中，此 BlockBuilder 是在 AggregatorOperator
       的 getOutput() 方法中根据前面介绍的 getType() 创建的，在 PageBuilder 中是唯一的 BlockBuilder
    // 对应唯一的一个列。PageBuilder 生成 Page 后，会给到后面的算子
    public void evaluate(BlockBuilder blockBuilder) {
        if (step.isOutputPartial()) {
            // 部分聚合，输出的是中间计算结果
            aggregation.evaluateIntermediate(blockBuilder);
        }
        else {
            // 最终聚合，输出的是最终计算结果
            aggregation.evaluateFinal(blockBuilder);
        }
    }
}
```

我们可以看到 Aggregator 实际上是对 Accumulator 方法的包装调用，实际的执行逻辑都在 Accumulator 中实现。Accumulator 是一个 Java 接口，是 Presto 在收到请求后，在运行时代码生成的（当然代码生成 Java 类字节码时应用了缓存来尽量减少开销，因此性能不用太担心），这里暂时无须关心具体实现，先看接口定义。

```
// 文件名 :Accumulator.java
public interface Accumulator {
    /**
     * 下面 3 个接口用于部分聚合
     */
```

```
    // 用于部分聚合，处理输入的 Page
    void addInput(Page page);

    // 用于部分聚合，输出部分聚合的结果数据
    void evaluateIntermediate(BlockBuilder blockBuilder);

    // 用于部分聚合，获取部分聚合输出结果的类型，用于构建对应类型的 BlockBuilder。详见
       Aggregation::getOutput()
    Type getIntermediateType();


    /**
     * 下面 3 个接口用于最终聚合
     */
    // 用于最终聚合，处理输入的 Block
    void addIntermediate(Block block);

    // 用于最终聚合，输出最终聚合最终结果
    void evaluateFinal(BlockBuilder blockBuilder);

    // 用于最终聚合，获取最终输出结果的类型，用于构建对应类型的 BlockBuilder。
       详见 Aggregation::getOutput()
    Type getFinalType();
}
```

我们总结一下部分聚合的工作流程。

准备工作一：根据用户在 SQL 中指定的聚合函数以及对应列的数据类型，创建 AccumulatorFactory。AccumulatorFactory 是代码生成的，不过现在我们不用过多关注代码生成的事情。

准备工作二：AccumulatorFactory 创建 Accumulator 实例，内部初始化 AccumulatorState，例如 Long 类型数据对应的是 LongLongState，绑定聚合函数的 Input、Combine、Output 方法到 Accumulator 的各个方法，具体的绑定关系在后面介绍。准备工作完成后，Aggregation-Operator 可驱动 Accumulator 持续输出 Page 执行聚合。

部分聚合第一步：给定待聚合的 Page，调用 addInput 方法参与聚合计算。

部分聚合第二步：待所有前序算子给到的 Page 都已经参与了聚合计算后，调用 getIntermediateType 与 evaluateIntermediate 方法输出部分聚合结果到 Page 中。

再总结一下最终聚合的工作流程。

准备工作一：根据用户在 SQL 中指定的聚合函数以及对应列的数据类型，创建 AccumulatorFactory。AccumulatorFactory 是代码生成的。

准备工作二：AccumulatorFactory 创建 Accumulator 实例，内部初始化 AccumulatorState，例如 Long 类型数据对应的是 LongLongState，绑定聚合函数的 Input、Combine、Output 方法到 Accumulator 的各个方法，具体的绑定关系，我们会在后面介绍。准备工作完成后，

AggregationOperator 可驱动 Accumulator 持续输出 Page 执行聚合。你可能会问，在部分聚合中不是已经做了这些准备工作了吗？实际上部分聚合与最终聚合在不同的任务中执行，任务间的 Accumulator 对象并不共享。

最终聚合第一步：给定待聚合的 Page，调用 addIntermediate 方法参与聚合计算。

最终聚合第二步：待所有前序算子给到的 Page 都已经参与了聚合计算后，调用 getFinalType 与 evaluateFinal 方法输出最终聚合结果到 Page 中。

在 Accumulator 的聚合执行过程中，实际的聚合执行逻辑是由 AggregationFunction 决定的，Accumulator 的 AddInput()、addIntermediate()、evaluateFinal() 与聚合函数的 @InputFunction、@CombineFunction、@OutputFunction 是一一对应的。即前述的几个函数，分别调用了后述的几个函数。这就是 Accumulator 与聚合函数结合的逻辑。这两组函数的对应关系的绑定是通过代码生成技术完成的，我们只要知道它们的关系绑定结果就好，不用过多的去抠代码生成细节。接下来我们以 Long 类型的 SUM 聚合函数定义为例来讲解聚合逻辑。

```
// 通过 AggregationFunction Annotation 定义一个名字是“sum”的聚合函数
@AggregationFunction("sum")
public final class LongSumAggregation {
    private LongSumAggregation() {}

    // InputFunction 是用来定义部分聚合的数据输入与聚合逻辑
    @InputFunction
    public static void sum(@AggregationState LongLongState state, @SqlType
        (StandardTypes.BIGINT) long value) {
        // 记录对多少 value 做过聚合
        state.setFirst(state.getFirst() + 1);
        // 将当前的 value 累加到已有的状态上来计算最新的 sum 值
        state.setSecond(BigintOperators.add(state.getSecond(), value));
    }

    // CombineFunction 是用来定义最终聚合的数据输入与聚合逻辑，主要是将部分聚合的所有状态合并，
       得到最终的聚合结果，仍然存储在 state 类中
    @CombineFunction
    public static void combine(@AggregationState LongLongState state, @AggregationState
        LongLongState otherState) {
        // 合并两个状态的 first 属性，即 count 值，第一个状态是当前节点维护的状态
        // 第二个状态是上游任务完成部分聚合后，输出的部分聚合中间结果的状态
        state.setFirst(state.getFirst() + otherState.getFirst());
        // 合并两个状态的 second 属性，即 sum 值，两个状态的来源如上所述
        state.setSecond(BigintOperators.add(state.getSecond(), otherState.
            getSecond()));
    }

    // OutputFunction 是用来定义最终聚合结束后将聚合结果输出到 BlockBuilder 的逻辑
    // 输出聚合结果的逻辑是从 state 类中取出最终聚合结果，序列化到 BlockBuilder 中
```

```
    @OutputFunction(StandardTypes.BIGINT)
    public static void output(@AggregationState LongLongState state, BlockBuilder
        out) {
        if (state.getFirst() == 0) {
            // 如果聚合过程中，没有 value 被聚合，则输出 NULL
            out.appendNull();
        } else {
            // 输出聚合结果，类型仍然是 Long
            BigintType.BIGINT.writeLong(out, state.getSecond());
        }
    }
}
```

LongLongState 也是一个 Java 接口，Presto 代码仓库中并不存在它的具体实现，也是通过运行时代码生成技术生成的。此接口中定义了 first 与 second 属性值的设置与获取方法。

```
public interface LongLongState extends TwoNullableValueState {
    long getFirst();

    void setFirst(long first);

    long getSecond();

    void setSecond(long second);
}
```

LongLongState 的具体实现通过代码生成后大致如下。它实际上是很简单的实现，并没有什么复杂的逻辑。

```
public final class LongLongState_20220716_141454_10 implements LongLongState {
    private long first  = 0L;
    private long second = 0L;

    public long getFirst() {
        return this.first;
    }

    public void setFirst(long first) {
        this.first = first;
    }

    public long getSecond() {
        return this.second;
    }
```

```
    public void setSecond(long second) {
        this.second = second;
    }
}
```

介绍到这里，我们已经清楚了整个聚合流程，最后再看看代码生成后的Accumulator具体实现是什么样的，这有利于我们理解Accumulator中的聚合逻辑流程控制。

```
// 代码生成首先需要确定一个类名，类名的格式是 Accumulator__
public final class BigintSumAccumulator_20220716_025813_6 implements Accumulator {
    private final AccumulatorStateSerializer stateSerializer_0;
    private final AccumulatorStateFactory stateFactory_0;
    private final .LongLongState_20220716_025813_3 state_0;
    private final List inputChannels;
    private final Optional maskChannel;
    public BigintSumAccumulator_20220716_025813_6(
        List stateDescriptors
        , List inputChannels
        , Optional maskChannel
        , List lambdaProviders) {
        this.stateSerializer_0 = stateDescriptors.get(0).getSerializer();
        this.stateFactory_0 = stateDescriptors.get(0).getFactory();
        this.inputChannels  =  (List)Objects.requireNonNull((Object)inputChannels,
            "inputChannels is null");
        this.maskChannel  =  (Optional)Objects.requireNonNull((Object)maskChannel,
            "maskChannel is null");
        this.state_0  =  (.LongLongState_20220716_025813_3)this.stateFactory_0.
            createSingleState();
    }
    /**
     * 以下几个方法用于部分聚合
     */
    public void addInput(Page page) {
        Block masksBlock  = this.maskChannel.map(AggregationUtils.pageBlockGetter
            ((Page)page)).orElse(null);
        // 获取当前待聚合 Page 有多少行记录
        int rows = page.getPositionCount();
        int position = 0;
        while (CompilerOperations.lessThan((int)position, (int)rows)) {
            // mask 是一种数据过滤机制，在存储上是作为一个列单独存储的，如果当前行 testMask() =
               true 则参与聚合计算
            // mask 存在是有其他目的的，SQL-20 中并不涉及这些，对于 SQL-20 来说，所有行的
               testMask() = true
            if (CompilerOperations.testMask((Block)masksBlock, (int)position)) {
                // 这里调用了对应聚合函数的输入函数，这里的 Bootstrap 是一种利用 JVM
                   invokeDynamic 机制实现方法动态绑定的机制。
                Bootstrap.bootstrap("input", 0L, this.state_0);
```

```
            }
            ++position;
        }
    }
    public Type getIntermediateType() {
        return Bootstrap.bootstrap("bigint", 3L);
    }
    public void evaluateIntermediate(BlockBuilder out) {
        this.stateSerializer_0.serialize((Object)this.state_0, out);
    }
    /*
     * 以下几个方法用于最终聚合
     */
    public void addIntermediate(Block block) {
        .LongLongState_20220716_025813_3 scratchState_0 = (
            .LongLongState_20220716_025813_3)this.stateFactory_0.createSingleState();
        int rows = block.getPositionCount();
        int position = 0;
        while (CompilerOperations.lessThan((int)position, (int)rows)) {
            if (!block.isNull(position)) {
                // 先将上游任务节点序列化后传输过来的state值进行反序列化，得到最新状态，
                   再完成后面的聚合计算
                this.stateSerializer_0.deserialize(block, position, (Object)
                    scratchState_0);
                // 这里调用了对应聚合函数的合并函数
                Bootstrap.bootstrap("combine", 5L, this.state_0, scratchState_0);
            }
            ++position;
        }
    }
    public Type getFinalType() {
        return Bootstrap.bootstrap("bigint", 4L);
    }
    public void evaluateFinal(BlockBuilder out) {
        // 这里调用了对应聚合函数的输出函数
        Bootstrap.bootstrap("output", 6L, this.state_0, out);
    }
}
```

7.2.3　使用 Scatter-Gather 执行模型实现 SQL-20

SQL-20 的计算逻辑比较简单，可以使用 Scatter-Gather 执行模型来表达，如图 7-6 所示。

- **分散执行节点（Scatter Node）**：负责从数据源拉取数据并完成本地部分聚合。
- **汇聚执行节点（Gather Node）**：负责从分散执行阶段的各个节点上拉取部分聚合结果并做最终聚合。

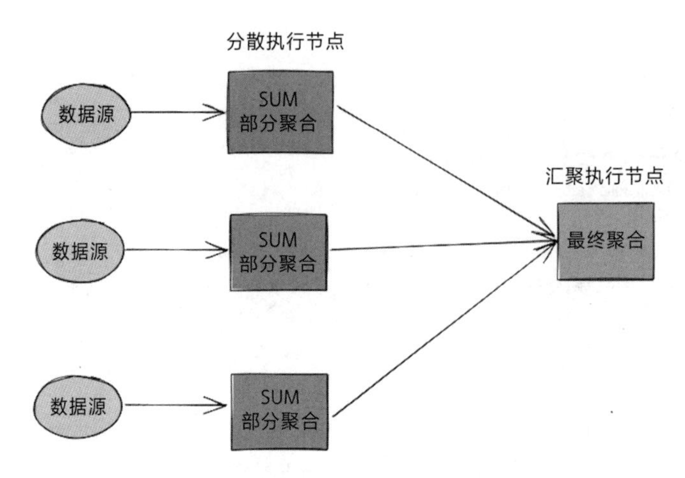

图 7-6 通过 Scatter-Gather 执行模型实现 SQL-20

对于 SQL-20 来说，这个 Scatter-Gather 执行模型过程与前面介绍的 Presto 执行模型完全相同。从这个 SQL 的执行计划来看，它就是一个最简单的 Scatter-Gather 执行模型（或者说是 MapReduce 执行模型的一次 Map、Shuffle、Reduce），也可以直接用 Scatter-Gather 执行模型的方式来实现。Scatter-Gather 执行模型比较简单，往往可以带来更高的 QPS、更低的查询延迟（Pct99），然而这种模型也正是因为简单性决定了它无法表达更复杂的计算语义。如带 JOIN 的 SQL 用 Scatter-Gather 执行模型是很难表达的。

本节介绍了一个没有分组操作的最简单聚合查询，最核心的知识点是在分布式执行环境下 SUM 聚合计算被分成 2 个部分，首先是上游查询执行阶段的任务的部分聚合，其后是下游查询执行阶段的任务的最终聚合。不止 SUM 聚合，实际上 COUNT、MAX、MIN、AVG 这些聚合函数都是如此，大致原理基本相同，这与我们平时见到的 MySQL、Oracle 这些单机数据库的聚合计算执行是有所不同的。

7.3 SQL-21 分组聚合查询的实现原理

SQL-21 在 SQL-20 的基础上增加了分组操作，根据业务需求做分组聚合，计算对应的业务指标。本小节将着重介绍分组聚合查询的实现原理。SQL-21 的源码如下。

```
SELECT
  ss_store_sk,
  SUM(ss_sales_price) AS sales_price
FROM store_sales
WHERE ss_item_sk = 13631
GROUP BY ss_store_sk;
```

7.3.1 执行计划的生成与优化

1. 初始逻辑执行计划

SQL-21 是带分组计算需求的，然而对比 SQL-20 的优化前逻辑执行计划我们发现，这两个查询的区别并不大，执行计划中具体的 PlanNode 就不在这里赘述了。观察 SQL-21 初始逻辑执行计划树，从下往上看，执行逻辑是拉取数据、数据过滤、聚合计算、输出结果，如图 7-7 所示。

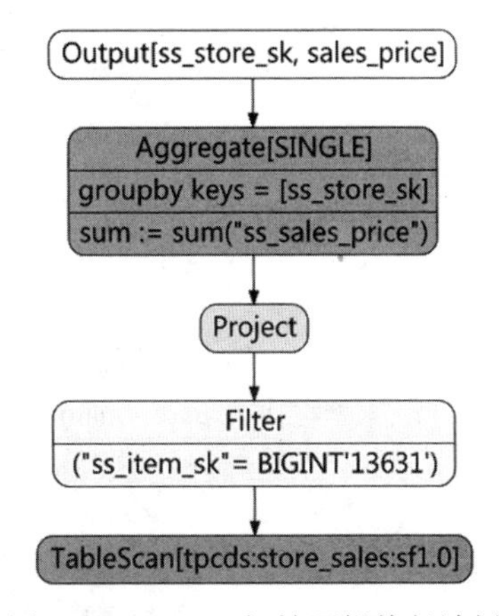

图 7-7　SQL-21 初始逻辑执行计划

2. 优化后的逻辑执行计划

优化后的逻辑执行计划复杂了一些，而且它与 SQL-20 的优化后逻辑执行计划也有明显的不同，如图 7-8 所示。SQL-21 的逻辑执行计划中出现了 3 个 ExchangeNode，靠近 PlanNode 树叶子节点（TableScanNode）的两个 ExchangeNode 属性值是 REPARTITION，靠近 PlanNode 树根（OutputNode）的一个 ExchangeNode 属性值是 GATHER。为什么它们的属性值不一样？这意味着什么？这里我们先不展开讲，大家可带着这个疑问继续往下看。

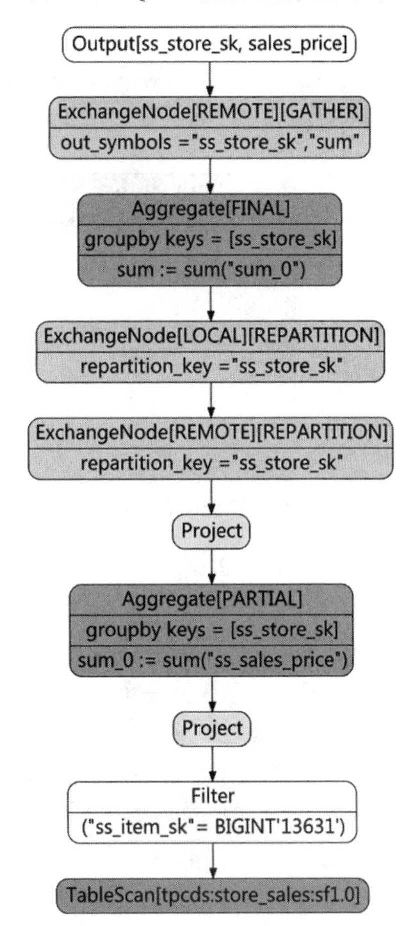

图 7-8　SQL-21 优化后的逻辑执行计划

3. 查询执行阶段划分

逻辑执行计划经过 AddExchange 优化器划分后分为 3 个 PlanFragment，对应分布式执行时的 3 个查询执行阶段——Stage2、Stage1、Stage0，如图 7-9 所示。

- Stage2 职责：从数据源连接器拉取数据，按分组列（groupby key）完成部分聚合计算，减少向下游 Stage1 传输的数据。
- Stage1 职责：Stage1 的每个任务根据哈希规则从上游 Stage2 拉取属于它的数据，并按分组列完成所有数据的最终聚合。
- Stage0 职责：从上游 Stage1 的多个任务拉取数据后不做额外计算，直接输出结果。Stage0 是最终结果数据汇总阶段，它的并行度是 1，即全局只有一个任务。Stage0 输出的数据会放到 OutputBuffer 中，等待集群协调节点来拉取。

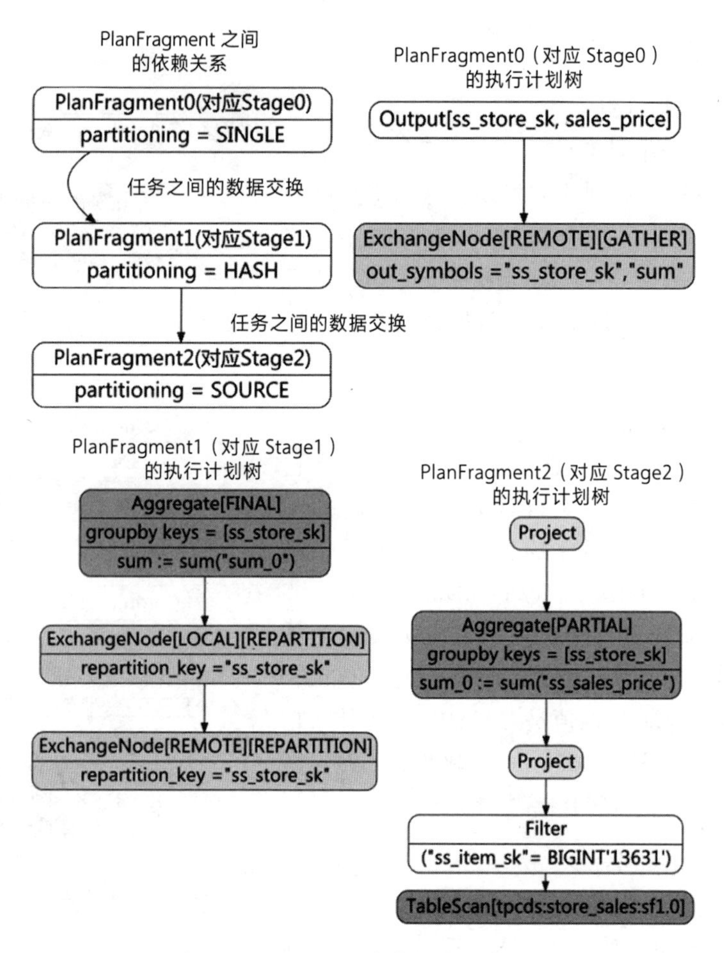

图 7-9 SQL-21 查询执行阶段关系图

7.3.2 分布式调度与执行的设计实现

带分组的 SQL，其聚合流程可划分为 3 个子流程。

- 子流程一：分组。分组是本节介绍的重点。
- 子流程二：相同分组内聚合。在介绍 SQL-20 时，已经详细介绍过不分组的聚合的流程，对于同一个分组的所有聚合，与不分组聚合的流程、抽象基本一致。
- 子流程三：输出聚合结果。

Presto 实现了最经典的 HashAggregation，即计算每个分组列的哈希值，并将相同哈希值的分组分发到相同的节点进行聚合。

为了方便后续的介绍，我们先对齐两个基本概念：GroupId（分组 ID）、分组列。假设存在一个数据表 orders，记录如表 7-3 所示。

对于以下 SQL，分组列是（c1, c2），对应值相同的分组列的数据行（row）在聚合时，属于同一个分组，即 row1、row3 是同一个分组（GroupId = 0），row2 自己是一个分组（GroupId = 1），相同分组的记录放在一起完成聚合计算。

表 7-3　orders 表的数据

	c1	c2	c3
row1	iPhone	shanghai	1
row2	Android	hangzhou	2
row3	iPhone	shanghai	3

```
SELECT c1, c2, SUM(c3)
FROM t
GROUP BY c1, c2
```

在这里，为了方便描述，我们将参与分组计算的 1 个或多个列统称为分组列（分组列），即 GROUP BY c1 的分组列是 c1，GROUP BY c1,c2 的分组列是（c1,c2）。

1. 简单代码模拟哈希聚合的实现

为了讲清楚分布式的哈希聚合，有必要先用 Java 代码模拟一个简单的哈希聚合流程。

如下代码所示，表 People 有 3 个字段 name、department、age，我们要计算每个 department 有多少个值（雇员）。维护一个哈希表并依次遍历每行记录，以 department 字段作为 Key，找到哈希表中对应的位置，并记录此 Key 的数据行数。这就是一个哈希聚合最朴素的实现。

```
import com.google.common.collect.Lists;
import java.util.HashMap;
import java.util.List;

public class HashAggregation {
    public static void main(String[] args) {
        List<Row> rows = createRows();
        HashMap<String, Integer> aggregationResult = hashAggregation(rows);
        outputResult(aggregationResult);
    }

    private static class Row {
        private String name;
        private String department;
        private int age;

        public Row(String name, String department, int age) {
            this.name = name;
            this.department = department;
            this.age = age;
        }
    }

     private static HashMap<String, Integer> hashAggregation(List<Row> rows) {
        HashMap<String, Integer> hashTable = new HashMap<>();
```

```
        for (Row row : rows) {
            int previousValue = hashTable.getOrDefault(row.department, 0);
            hashTable.put(row.department, previousValue + 1);
        }

        return hashTable;
    }

    private static void outputResult(HashMap<String, Integer> aggregationResult) {
        for (String groupbyKey : aggregationResult.keySet()) {
            System.out.println(groupbyKey + ", " + aggregationResult.get(groupbyKey));
        }

        /**
         * 输出的结果如下:
         *   Sales, 2
         *   Human Resources, 1
         * */
    }

    private static List<Row> createRows() {
        return Lists.newArrayList(
            new Row("Jack", "Sales", 26)
            , new Row("Rose", "Sales", 25)
            , new Row("Neo", "Human Resources", 27)
        );
    }
}
```

2. 各查询执行阶段的算子计算逻辑

SQL-21 各查询执行阶段的任务执行示意如图 7-10 所示。

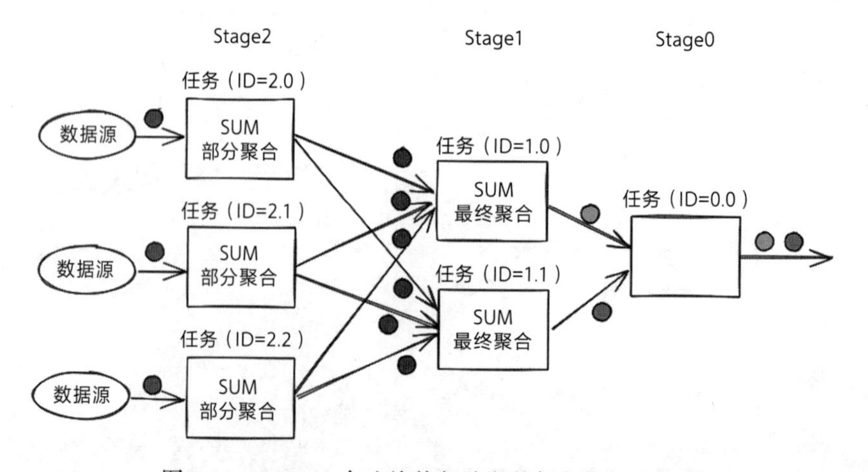

图 7-10 SQL-21 各查询执行阶段的任务执行示意图

Stage2 按照数据处理顺序，依次涉及如下几个算子。

- ScanFilterAndProjectOperator 负责从数据源连接器拉取数据并给到后面的 HashAggregationOperator，这不是本节重点，不展开介绍。
- HashAggregationOperator 负责完成部分聚合操作，将聚合中间结果给到后面的 PartitionedOutputOperator，后面将重点介绍此处。
- PartitionedOutputOperator 负责将数据放到 OutputBuffer，等待下游 Stage1 来拉取数据，这是数据交换的流程。SQL-21 给出的 SUM 聚合的上游 Stage2 有多个任务，下游 Stage1 也有多个任务。Stage1 的某个任务应该从 Stage2 的哪些任务拉取数据呢？实际上在查询调度阶段，Stage2 已经知道 Stage1 有多少个任务，假设是 N 个，那么上游每个任务的 OutputBuffer 被分成 N 个分区（Partition），编号从 0 到 $N-1$。例如 Stage1 的 Task1.0 会拉取 Stage2 每个任务的 OutputBuffer 中分区编号是 0 的数据缓冲，Stage1 的 Task1.1 会拉取 Stage2 每个任务的 OutputBuffer 中分区编号是 1 的数据缓冲，依此类推。

Stage2 某个任务的部分聚合结果可能有多个分组，每个分组的所有数据行应该放到 OutputBuffer 的哪个分区呢？其对应的分区选择规则是 partition_id = hashcode(分组对应的字段值) % N，其中的 N 是总分区个数。这样即可保证在 Stage2 中所有相同分组的部分聚合结果一定能够通过数据交换都去到相同的 Stage1 的任务中，这样才能够实现下一步的最终聚合（Final Aggregation）。我们称这种数据交换类型为 REPARTITION。

Stage1 按照数据处理顺序，依次涉及如下几个算子：

- 数据交换相关算子负责拉取 Stage2 的计算结果并给到后面的 HashAggregationOperator，数据交换相关的算子是 ExchangeOperator，由于不影响对本节核心思想的理解，我们在这里不做展开介绍，只要知道它是负责从上游拉取数据即可。
- HashAggregationOperator：负责完成最终聚合，将聚合结果给到后面的 TaskOutputOperator。
- TaskOutputOperator：其实到这里已经计算得到了整个查询的最终计算结果数据，只是这些数据还分散在 Stage1 的各任务所在的查询执行节点上，TaskOutputOperator 负责将结果数据放到 OutputBuffer 中，等待 Stage0 的任务来拉取。这里的数据交换类型是 GATHER。请大家考虑一下，这里为什么是 GATHER，而不是 REPARTITION？

Stage0 是最终结果数据汇总阶段，它的并行度是 1，即全局只有一个任务。按照数据处理顺序，依次涉及如下几个算子。

- 数据交换相关算子负责拉取 Stage1 的计算结果并给到后面的 TaskOutputOperator，后面再没有聚合操作了，因为在 Stage1 中已经计算得到最终聚合结果，只是还没有把这些结果都放到同一个节点上，Stage0 做的就是此事。
- TaskOutputOperator：到这里已经计算得到了整个查询的最终计算结果数据，TaskOutputOperator 负责将结果数据放到 OutputBuffer 中，等待集群协调节点来拉取。

3. HashAggregationOperator 的部分聚合与最终聚合

前文已经介绍过，带 GROUP BY 语句的 SQL，其执行流程有 3 个子流程，即分组、相同分组内聚合、输出聚合结果。针对 HashAggregationOperator 的聚合实现，我们重点介绍 Presto 的几个基本抽象。

- HashAggregationOperator：基本上只有 addInput()、getOutput() 这两个 Page 输入输出的流程控制，聚合逻辑都不在这里实现，而是放在了 HashAggregationBuilder 中。由此也可以看出，无论是部分聚合还是最终聚合，在 HashAggregationOperator 流程控制上没有区别。HashAggregationOperator 的流程控制还是比不带 AggregationOperator 的流程控制复杂，因为除了 HashAggregationBuilder 之外，它还引入了将一种操作拆分为多次操作的机制，即 Work<T>。目的是在聚合过程中，如果当前聚合数据使用内存超过了限额，将暂停处理留待后续恢复。关于 Work<T>，我们将在后文介绍。
- HashAggregationBuilder：包揽了分组、相同分组内聚合、输出聚合结果这 3 项工作，它是一个 Java 接口定义，具体的实现有两种，分别对应了纯依靠内存来做聚合的 InMemoryHashAggregationBuilder 以及部分依赖磁盘的 SpillableHash-AggregationBuilder。本书中以 InMemoryHashAggregationBuilder 为例来讲解。
- GroupByHash：HashAggregationBuilder 用来完成分组的工具，它会为参与计算 Page 的每行记录分配一个 GroupId。如果两个不同数据行的分组列的值相同，它们的 GroupId 也会相同。
- Aggregator：负责根据 AggregationNode.Step 识别要做的是部分聚合还是最终聚合，并据此创建出对应聚合阶段的 GroupedAccumulator。在处理数据时，也会调用不同的 GroupedAccumulator 方法。Aggregator 是 HashAggregationBuilder 用来完成分组内聚合的工具。
- GroupedAccumulator：AggregationFunction 与 AccumulatorState 的黏合剂与流程控制。
- AggregationFunction：实际的聚合计算逻辑，即用代码来表示的 SUM 计算。部分聚合与最终聚合的实现有所不同。
- GroupedAccumulatorState：用于存储聚合的中间状态，每处理一条记录，会更新一次状态。对于 SQL-21 来说，它存储的是当前已经处理过的所有分组的 SUM 值。
- AccumulatorStateSerializer：负责 GroupedAccumulatorState 的序列化、反序列化，主要是为了在上游查询执行阶段的任务完成部分聚合后，将状态数据（State 值）序列化到 Page 中，并通过网络传输给到下游查询执行阶段的任务。下游查询执行阶段的任务需要从上游拉取 Page，并将 Page 中存储的状态数据反序列化出来，放到内存中维护的 AccumulatorState 对象中，只有这样才能做最终聚合。
- Page：含义之前介绍过。从数据源拉取的数据被分割为多个 Page 依次输入到 GroupedAccumulator 中，完成聚合。

接下来我们重点熟悉一下 InMemoryHashAggregationBuilder 是如何串起来分组、相同分组内聚合、输出聚合结果这 3 个流程的。在 HashAggregationOperator::addInput 与 HashAggregationOperator::getOutput 中，InMemoryHashAggregationBuilder 的各 API 被调用顺序与逻辑如下。

1）Work<T> unfinishedWork = aggregationBuilder.processPage(page)，给定待参与聚合的 Page，创建延迟运行的 unfinishedWork 对象。unfinishedWork 直到调用 process() 方法后才会真正被执行。

2）unfinishedWork.process()，多次调用 process() 方法，直到它返回 true，代表已经全部执行完，数据处理完成，即完成分组和聚合，将所有分组及其聚合结果维护在 GroupedAccumulatorState 中。

3）WorkProcessor<Page> outputPages = aggregationBuilder.buildResult()，创建一个延迟运行的 Work<Page>，目的是返回聚合后的分组列与状态数据。outputPages 直到调用 process() 方法后才会真正被执行。

4）outputPages.process()，process() 会多次调用，直到它返回 true，将分组列涉及的所有列与对应的聚合结果拼接成 Page。

5）outputPages.getResult()，拿到上一步生成的包含聚合结果的 Page。

前述 InMemoryHashAggregationBuilder 涉及的 processPage 和 buildResult 方法的定义如下。

```
// 文件名：InMemoryHashAggregationBuilder.java
// 代码经过简化，去掉了非必要的代码
public Work<?> processPage(Page page) {
    ...
    // 返回一个延迟运行的 TransformWork，它要做两件事
    return new TransformWork<>(
        // 第一件事：先确定输入的 Page 每行记录对应的 GroupId，相当于拿这一行的所有分组列的值
           计算哈希值，并与正在维护的哈希表做比较，确定之前有没有出现过对应分组列的值，并分配一个
           GroupId
        // 如果是新出现的分组列的值，则分配一个新的 GroupId，如果是已存在的分组列的值，则找到
           其对应的 GroupId
        // 最终返回一个列式格式的 GroupIdBlock，它表示当前 Page 所有行对应的 GroupId
        groupByHash.getGroupIds(page),
        // 第二件事：遍历 groupIdBlock 和 page，对相同 GroupId 的数据做聚合
        // 具体的聚合逻辑是用户在 SQL 中指定的 AggregationFunction
        // 对于 AggregationFunction 这部分的实现，无论 SQL 中带不带 GROUP BY 语句，Presto
           的实现都完全相同。
        groupByIdBlock -> {
            for (Aggregator aggregator : aggregators) {
                aggregator.processPage(groupByIdBlock, page);
            }
            return null;
        });
```

```
        }
    }

    public WorkProcessor<Page> buildResult() {
        // 输出所有 GroupId 的聚合结果，GroupId 的范围是 [0, groupCount)，从小到大按顺序输出
        IntIterator intIterator = IntIterators.fromTo(0, groupByHash.getGroupCount());
        return buildResult(intIterator);
    }

    private WorkProcessor<Page> buildResult(IntIterator groupIds) {
        // 创建 PageBuilder，由 buildTypes() 确定有哪些列及每列值的类型
        // 实际上应该有这些列：所有分组列，所有聚合计算结果列
        // 对于 SQL-21 来说，总共有 2 列，分别是分组列 (ss_store_sk) 和聚合结果 (sales_price)
        PageBuilder pageBuilder = new PageBuilder(buildTypes());
        // 返回一个延迟运行的 WorkProcessor，其运行逻辑是这里定义的 lambda 方法
        return WorkProcessor.create(() -> {
            // 当所有的 GroupId 都输出后，WorkProcessor 执行完成
            if (!groupIds.hasNext()) {
                return ProcessState.finished();
            }
            // 复用 pageBuilder
            pageBuilder.reset();
            // 获得所有分组列的数据类型
            List<Type> types = groupByHash.getTypes();
            while (!pageBuilder.isFull() && groupIds.hasNext()) {
                // 拿到当前待输出的 GroupId
                int groupId = groupIds.nextInt();
                // 将当前 GroupId 对应的所有分组列的值添加到 pageBuilder 作为一个新行
                groupByHash.appendValuesTo(groupId, pageBuilder, 0);
                // pageBuilder 完成新增一行的声明
                pageBuilder.declarePosition();
                // 每个 aggregator 对应 1 列聚合数据，遍历所有 aggregator，依次输出到当前行后面
                   几列，这样就拼接成了完整的一行
                // 对于 SQL-21 来说，这里只有一个 aggregator。
                for (int i = 0; i < aggregators.size(); i++) {
                    Aggregator aggregator = aggregators.get(i);
                    // 因为第 0 列到第 types.size() - 1 列是与分组列对应的列
                    // 所以聚合数据对应的列是 types.size() + I
                    BlockBuilder output = pageBuilder.getBlockBuilder(types.size() + i);
                    aggregator.evaluate(groupId, output);
                }
            }

            return ProcessState.ofResult(pageBuilder.build());
        });
    }
```

```
public List<Type> buildTypes() {
    ArrayList<Type> types = new ArrayList<>(groupByHash.getTypes());
    for (Aggregator aggregator : aggregators) {
        types.add(aggregator.getType());
    }
    return types;
}
```

可能有的读者看不懂以上的代码，主要是不理解 Work、TransformWork、WorkProcessor 的运作机制。笔者在学习这段设计实现时也卡了很长时间，当时还通过 Slack 联系了这块的主要实现者 Karol 来求证各种猜想。实际上它也不复杂。

- Work 是一种可以将待完成的计算拆分成多次计算，每次调用 process() 方法完成其中一部分的机制，这种机制在这里主要用于每当剩余可用内存不足时，可以先不调用下一次 process() 方法来暂缓内存的占用。WorkProcessor 与 Work 类似。
- TransformWork 用于实现 Work 的链式调用。假设有 A、B 两个计算，先 A 完成后，用 A 的计算结果作为输入来执行 B 计算，这就是链式调用。

实际上 Work 的实现是为了使 Presto 执行层的实现更灵活，与聚合原理本身并没有关系，为了理解方便，我们可以认为在第一次调用 process() 方法时，所有的计算都一次性完成，并返回 true。如果你熟悉 Spark、Flink 这样的计算引擎，会发现 Work 组件与前者的执行方式类似，都是先构建一个可以延迟执行的逻辑，之后真正执行这个逻辑。

Work 的实现代码如下所示。

```
// 对于那些需要一会儿执行一会儿暂停的需求，比较适合实现 Work 这个 Java 接口
public interface Work {
    // 调用 process() 方法使 Work 能够执行，在 process() 返回 true 之前可以持续多次调用
    // process() 方法
    boolean process();

    // process() 方法返回 true 后，可以从 getResult() 获取到 Work 的执行结果
    T getResult();
}
```

言归正传，我们来看看 GroupByHash 是如何实现数据分组能力的。它是 HashAggregationBuilder 用来完成分组的工具，负责为待聚合 Page 的每行记录分配一个 GroupId。分组列的值相同的行有相同的 GroupId，这样后续才能实现将相同分组的数据行都聚合到一起。GroupByHash 是一个 Java 接口，其定义如下。

```
public interface GroupByHash {
    // 给定待分组的 Page，使用此 Page 增量构建 HashTable，如果出现新的分组则记录新的 GroupId
    Work<?> addPage(Page page);

    // 给定待分组的 Page，使用此 Page 增量构建 HashTable，并返回此 Page 每行对应的 GroupId
    Work<GroupByIdBlock> getGroupIds(Page page);
```

```
    // 将指定 GroupId 的分组列的每个列的值输出到 PageBuilder 中，用于在分组、聚合之后输出每个
       分组聚合结果
    void appendValuesTo(int groupId, PageBuilder pageBuilder, int outputChannelOffset);

    // 创建 GroupByHash 时的哈希类型，即所有分组列对应的数据类型，如果有预计算的输入哈希列，则
       再加上一个 BIGINT 类型
    // 在输出原始分组列的值时，会用到此信息来创建 PageBuilder
    List<Type> getTypes();

    // 已经处理过的所有数据记录中，包含的分组个数。由于分组的 ID 从 0 开始顺序递增编号，因此目前
       最大的分组 ID 是 getGroupCount() - 1
    int getGroupCount();

    // 获取在计算分组过程中哈希冲突的次数，哈希冲突的次数越多，说明数据分布的特征越不好，或者哈
       希算法避免冲突的能力越差，做分组的性能也会越差
    // 这有助于 SQL 查询的调用者了解查询执行的瓶颈
    long getHashCollisions();
}
```

在 Presto 查询计算过程中，数据在内存中的结构都是列式格式，GroupByHash 要做的是在列式格式上实现数据分组，如图 7-11 所示。

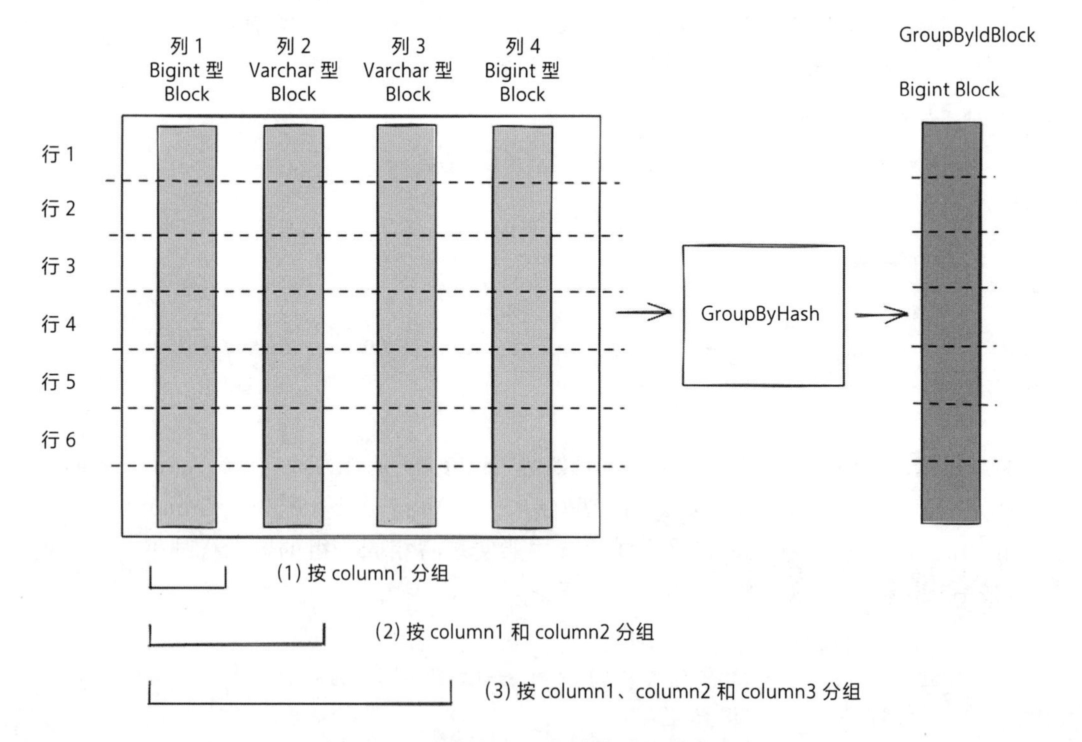

图 7-11 GroupByHash 要处理的列式格式

使用 GroupByHash 做数据分组主要分为两步。

第一步：给定待分组的 Page，调用 GroupByHash::getGroupIds，获取到 Work<GroupByIdBlock>，分组计算完毕后，GroupByIdBlock 中存储的是此 Page 每行记录的 GroupId，它的数据组织形式是列式格式的。GroupByHash 是有状态的计算，其内部维护了多个与分组列、分组列值的哈希值、GroupId 相关的数据结构，随着更多的 Page 给到 GroupByHash 处理，这些数据结构中的数据也会不停变化。

第二步：在同分组内的数据完成聚合后，系统需要输出聚合结果。聚合结果的数据结构也是 Page，它包含这些列：所有的分组列、所有的聚合结果列。这里需要用到 GroupByHash::getTypes 来确定所有分组列的数据类型以创建 PageBuilder，还需要 GroupByHash:: appendValuesTo 将已经处理过的所有 Page 对应的分组列输出到 PageBuilder 中。

如果你现在还不能理解上述内容，那就不用强求了，可以试着先了解个大概，等到对聚合原理有了整体认识后，再回过头来看这部分。这种学习方法就是由总到分的螺旋式递进学习。接下来介绍相同分组内数据的聚合流程。

如前面所述，在分组完成后参与聚合计算的组件为：Aggregator、GroupedAccumulator、AggregationFunction、GroupedAccumulatorState、AccumulatorStateSerializer、Page。

Aggregator 的定义如下代码所示。

```
// InMemoryHashAggregationBuilder 中定义的 Aggregator，与 AggregationOperator 用到的
   Aggregator 不是同一个但是从代码实现上来说，它们两个的流程基本一致，只是涉及 GroupId 的部分
   有所不同
private static class Aggregator {

    private final GroupedAccumulator aggregation;
    private AggregationNode.Step step;
    private final int intermediateChannel;

    private Aggregator(AccumulatorFactory accumulatorFactory, AggregationNode.
        Step step, Optional<Integer> overwriteIntermediateChannel) {
        if (step.isInputRaw()) {
            this.intermediateChannel = -1;
            // 创建部分聚合要用的 GroupedAccumlator
            this.aggregation = accumulatorFactory.createGroupedAccumulator();
        } else if (overwriteIntermediateChannel.isPresent()) {
            this.intermediateChannel = overwriteIntermediateChannel.get();
            this.aggregation = accumulatorFactory.createGroupedIntermediateAccum-
                ulator();
        } else {
            checkArgument(accumulatorFactory.getInputChannels().size() == 1,
                "expected 1 input channel for intermediate aggregation");
            this.intermediateChannel = accumulatorFactory.getInputChannels().get(0);
            // 创建最终聚合要用的 GroupedAccumulator
            this.aggregation = accumulatorFactory.createGroupedIntermediateAccum-
                ulator();
```

```
        }
        this.step = step;
    }

    public void processPage(GroupByIdBlock groupIds, Page page) {
        if (step.isInputRaw()) {
            // 部分聚合，通过addInput方法传入待聚合Page的同时也传入与此Page每行记录
               GroupId对应的GroupByIdBlock
            aggregation.addInput(groupIds, page);
        } else {
            // 最终聚合，通过addIntermediate方法传入待聚合Block的同时也传入与此Block
               每行记录GroupId对应的GroupByIdBlock
            aggregation.addIntermediate(groupIds, page.getBlock(intermediateChannel));
        }
    }

    public Type getType() {
        if (step.isOutputPartial()) {
            return aggregation.getIntermediateType();
        } else {
            return aggregation.getFinalType();
        }
    }

    public void evaluate(int groupId, BlockBuilder output) {
        if (step.isOutputPartial()) {
            // 部分聚合，指定GroupId，将此GroupId的聚合结果输出到BlockBuilder中
            aggregation.evaluateIntermediate(groupId, output);
        } else {
            // 最终聚合，指定GroupId，将此GroupId的聚合结果输出到BlockBuilder中
            aggregation.evaluateFinal(groupId, output);
        }
    }
}
```

Aggregator基本上是对GroupedAccumulator的浅层包装，其本身并没有其他作用，真正的操作都实现在GroupedAccumulator中。GroupedAccumulator是一个Java接口，它的具体实现是在Presto查询执行节点启动后通过代码生成技术生成的。这个接口的方法定义展示了GroupedAccumulator的工作流程，具体如下。

```
public interface GroupedAccumulator {
    /** 以下3个方法用于部分聚合 */
    // 给定与待聚合的Page与对应的GroupByIdBlock来做部分聚合
    void addInput(GroupByIdBlock groupIdsBlock, Page page);
    // 部分聚合完成后，需要此方法返回的Type属性的值来确定待输出列（即Block）的数据类型
    Type getIntermediateType();
```

```
    // 输出部分聚合结果的方式是从 GroupId = 0 依次遍历到最大的 GroupId
    // 每个 GroupId 调用此方法将自己的聚合结果输出到 BlockBuilder
    void evaluateIntermediate(int groupId, BlockBuilder output);

    /** 以下 3 个方法用于最终聚合 */
    // 给定与待聚合的 Block 预期对应的 GroupIdBlock 来做最终聚合
    // 这里的 Block 是与上游查询执行阶段的任务经过部分聚合后输出 Page 中对应列的 Block
    void addIntermediate(GroupByIdBlock groupIdsBlock, Block block);
    // 最终聚合完成后，需要此方法返回的 Type 属性值来确定待输出列（即 Block）的数据类型
    Type getFinalType();
    // 输出最终聚合结果的方式是从 GroupId = 0 依次遍历到最大的 GroupId
    // 每个 GroupId 调用此方法将自己的聚合结果输出到 BlockBuilder
    void evaluateFinal(int groupId, BlockBuilder output);
}
```

我们总结一下分组聚合中部分聚合的工作流程。

准备工作一：根据用户在 SQL 中指定的聚合函数以及对应的列的数据类型，创建 AccumulatorFactory。AccumulatorFactory 是代码生成的。

准备工作二：AccumulatorFactory 创建 GroupedAccumulator 实例，内部初始化 GroupedAccumulatorState，例如 Long 类型数据对应的是 GroupedLongLongState，绑定聚合函数的 Input、Combine、Output 方法到 GroupedAccumulator 的各个方法，具体的绑定关系在后面介绍。准备工作完成后，HashAggregationBuilder 可驱动 GroupedAccumulator 持续输出 Page 执行聚合。

部分聚合（Partial Aggregation）第一步：给定待聚合的 Page，首先对其进行分组，得到 GroupByIdBlock，调用 addInput 方法参与聚合计算。在聚合过程中，主要的聚合逻辑实现在 LongSumAggregation 聚合函数中，这里与前面 SQL-20 介绍的不分组聚合用到的聚合函数完全相同，Presto 实现了比较高的代码复用。

部分聚合（Partial Aggregation）第二步：待所有前序算子给到的 Page 都已经参与了聚合计算后，调用 getIntermediateType 与 evaluateIntermediate 方法输出部分聚合结果到 Page 中。evaluateIntermediate 利用 AccumulatorStateSerializer 实现的状态数据到 BlockBuilder 的序列化。

部分聚合（Partial Aggregation）第三步：将部分聚合（Partial Aggregation）输出的 Page 放到 OutputBuffer 中，等待下游查询执行阶段的任务拉取。

再总结一下分组聚合中最终聚合的工作流程。

准备工作一：根据用户在 SQL 中指定的聚合函数以及对应的列的数据类型创建 AccumulatorFactory。AccumulatorFactory 是代码生成的。

准备工作二：AccumulatorFactory 创建 GroupedAccumulator 实例，内部初始化 GroupedAccumulatorState，例如 Long 类型数据对应的是 GroupedLongLongState，绑定聚合函数的 Input、Combine、Output 方法到 GroupedAccumulator 的各个方法，具体的绑定关系后面介

绍。准备工作完成后，HashAggregationBuilder可驱动GroupedAccumulator持续输出Page执行聚合。注意，部分聚合与最终聚合在不同的任务中执行，任务间的Accumulator对象并不共享。

最终聚合第一步：从上游查询执行阶段的各个任务拉取部分聚合的计算结果，拉取到的数据结构是Page。

最终聚合第二步：给定待聚合的Page，这个Page来自上游查询执行阶段的任务的部分聚合后的输出，首先对其进行分组，得到GroupByIdBlock，调用addIntermediate方法参与聚合计算。为什么在最终聚合阶段还要计算Page的分组？因为上游做部分聚合的任务可能有多个，而这些任务之间可能存在相同分组的数据记录，我们并没有假设上游任务从存储拉取到的数据按照查询中的分组列做了数据分区（Sharding）。在聚合过程中，主要的聚合逻辑实现在LongSumAggregation聚合函数中，这里与前面SQL-20介绍的不分组聚合用到的聚合函数完全相同，Presto实现了比较高的代码复用。这里给大家留一个思考题，即部分聚合阶段已经对数据做了分组，也有了GroupByIdBlock，为什么到了最终聚合阶段还有再做一次分组？

最终聚合第三步：待所有前序算子给到的Page都已经参与了聚合计算后，调用getFinalType与evaluateFinal方法输出最终聚合结果到Page中。

整个聚合计算过程中都依赖持续更新状态数据来实现聚合中间结果的持续更新，不同数据类型的字段做聚合，对应的是不同数据类型的状态数据。这些状态数据对应的数据结构都是通过运行时代码生成技术生成的，在Presto代码仓库中不存在，但是它们都继承了AbstractGroupedAccumulatorState抽象类，而AbstractGroupedAccumulatorState实现了GroupedAccumulatorState接口，间接实现了AccumulatorState接口。对于状态数据维护这种机制为什么要通过代码生成来实现，笔者认为：

- 不同的状态数据支持不同的数据类型，如果通过Java泛型来实现，则每种数据类型都需要手动编码，比较麻烦；
- 聚合计算的实现代码对状态数据的要求不一定能够通过简单固定的Java泛型全部表达出来，代码生成技术是自动生成代码的工具，其可完全不受限于Java中常见的代码实现而生成任意代码，不用非得实现具体Java接口，继承某个Java类。

GroupedAccumulatorState是一个Java接口，其定义如下。

```
public interface GroupedAccumulatorState extends AccumulatorState {
    void setGroupId(long groupId);
    void ensureCapacity(long size);
}
```

AbstractGroupedAccumulatorState是一个抽象类，其定义如下。

```
public abstract class AbstractGroupedAccumulatorState implements GroupedAccumulatorState {
    private long groupId;
```

```
    @Override
    public final void setGroupId(long groupId) {
        this.groupId = groupId;
    }

    protected final long getGroupId() {
        return groupId;
    }
}
```

由代码生成技术生成的 GroupedAccumulatorState 实现类（以 Long 类型状态数据结构为例）的代码如下。

```
// 这里的 Java 类实现的是 Long 类型并且支持维护多个 GroupId 的 Long 类型的状态类
// 内部通过 LongBigArray 数据结构来维护不同 GroupId 的 Long 类型的状态类，LongBigArray 的数组
   下标表示 GroupId
public final class GroupedLongState_20220709_141454_11
    extends AbstractGroupedAccumulatorState
    implements LongState, GroupedAccumulator {

    private LongBigArray longValues = new LongBigArray(0L);

    public long getLong() {
        return this.longValues.get(this.getGroupId());
    }

    public void setLong(long value) {
        this.longValues.set(this.getGroupId(), value);
    }

    public void ensureCapacity(long size) {
        this.longValues.ensureCapacity(size);
    }
}
```

从 AbstractGroupedAccumulatorState 与 GroupedAccumulatorState 的定义我们可以看出，对不同分组做聚合的流程如下。

1）给定待聚合 Page 中的某行记录，给定其 GroupId，调用 setGroupId 方法设置好当前要聚合的 GroupId。

2）给定与当前 GroupId 对应的行记录的字段值，根据这个值来更新状态数据中的聚合结果。

对待聚合 Page 的每行记录都执行此流程，就可完成此 Page 所有行记录的数据聚合。这也是 Presto 能够实现不分组聚合与分组聚合的聚合函数（如 LongSumAggregation）完全

共用的基本原理。再结合 GroupedAccumulator 的代码生成出来代码我们看看：

```
// 这里代码生成的类实现的是一个Block数据类型为Bigint的带分组聚合功能的GroupedAccumulator
public final class BigintCountGroupedAccumulator_20220709_141455_37
    implements GroupedAccumulator {

    private final AccumulatorStateSerializer stateSerializer_0;
    private final AccumulatorStateFactory stateFactory_0;
    private final .GroupedLongState_20220709_141454_11 state_0;
    private final List<Integer> inputChannels;
    private final Optional<Integer> maskChannel;

    // 初始化StateSerializer、State、StateFactory
    public BigintCountGroupedAccumulator_20220709_141455_37(List<AggregationMetadata.
        AccumulatorStateDescriptor> stateDescriptors, List<Integer> inputChannels,
        Optional<Integer> maskChannel, List<LambdaProvider> lambdaProviders) {
        this.stateSerializer_0 = stateDescriptors.get(0).getSerializer();
        this.stateFactory_0 = stateDescriptors.get(0).getFactory();
        this.inputChannels = (List)Objects.requireNonNull((Object)inputChannels,
            "inputChannels is null");
        this.maskChannel = (Optional)Objects.requireNonNull((Object)maskChannel,
            "maskChannel is null");
        this.state_0 = (.GroupedLongState_20220709_141454_11)this.stateFactory_0.
            createGroupedState();
    }

    // 给定待聚合的Page及其对应的groupIdsBlock，进行部分聚合
    public void addInput(GroupByIdBlock groupIdsBlock, Page page) {
        this.state_0.ensureCapacity(groupIdsBlock.getGroupCount());
        Block masksBlock = this.maskChannel.map(AggregationUtils.pageBlockGetter
            ((Page)page)).orElse(null);
        int rows = page.getPositionCount();
        int position = 0;
        position = 0;
        // 遍历Page的每行记录
        while (CompilerOperations.lessThan((int)position, (int)rows)) {
            // mask相关的逻辑可以暂时忽略，我们将在讲解SQL-23时对此做详细介绍，这里可认为
               下面的if判断的结果永远是true
            if (CompilerOperations.testMask((Block)masksBlock, (int)position)) {
                // 先设置GroupId
                this.state_0.setGroupId(groupIdsBlock.getGroupId(position));
                // 再调用对应聚合函数的@InputFunction执行聚合逻辑
                Bootstrap.bootstrap("input", 0L, this.state_0);
            }
            ++position;
        }
```

```
}

// 输出指定 GroupId 的部分聚合结果到 BlockBuilder
public void evaluateIntermediate(int groupId, BlockBuilder out) {
    this.state_0.setGroupId((long)groupId);
    this.stateSerializer_0.serialize((Object)this.state_0, out);
}

// GroupedAccumulator 外部的流程控制逻辑在调用 evaluateIntermediate() 之前，需要先调用
   getIntermediateType() 以确定 BlockBuilder 的数据类型，进而创建对应的 Block
public Type getIntermediateType() {
    // 这里会 return Bigint
    return Bootstrap.bootstrap("bigint", 3L);
}

// 给定待聚合的 Page 及其对应的 groupIdsBlock，进行最终聚合
public void addIntermediate(GroupByIdBlock groupIdsBlock, Block block) {
    // 临时创建一个 SingleLongState，用于存储上游任务的 state 被反序列化后得到的 state 值
    .SingleLongState_20220709_141454_10 scratchState_0 = (.SingleLong-
        State_20220709_141454_10)this.stateFactory_0.createSingleState();
    this.state_0.ensureCapacity(groupIdsBlock.getGroupCount());
    int rows = block.getPositionCount();
    int position = 0;
    // 遍历 Page 的每行记录
    while (CompilerOperations.lessThan((int)position, (int)rows)) {
        if (!block.isNull(position) && !groupIdsBlock.isNull(position)) {
            // 先设置 GroupId
            this.state_0.setGroupId(groupIdsBlock.getGroupId(position));
            // 将上游任务的 state 反序列化到 scratchState_0 中
            this.stateSerializer_0.deserialize(block, position, (Object)
                scratchState_0);
            // 再调用对应聚合函数的 @CombineFunction 执行聚合逻辑
            Bootstrap.bootstrap("combine", 5L, this.state_0, scratchState_0);
        }
        ++position;
    }
}

// 输出指定 GroupId 的最终聚合结果到 BlockBuilder
public void evaluateFinal(int groupId, BlockBuilder out) {
    this.state_0.setGroupId((long)groupId);
    Bootstrap.bootstrap("output", 6L, this.state_0, out);
}

// GroupedAccumulator 外部的流程控制逻辑在调用 evaluateFinal() 之前，需要先调用
   getFinalType() 以确定 BlockBuilder 的数据类型，进而创建对应的 Block
public Type getFinalType() {
    // 这里会返回 Bigint
```

```
        return Bootstrap.bootstrap("bigint", 4L);
    }
}

public final class SingleLongState_20220709_141454_10
    implements LongState {

    private long longValue = 0L;

    public long getLong() {
        return this.longValue;
    }

    public void setLong(long value) {
        this.longValue = value;
    }
}
```

4. GroupByHash 实现分组的原理

之所以单用一个小节来介绍 GroupByHash 实现原理，是因为它的细节太多了，如果在前面介绍分组聚合的整体实现时一起介绍，容易使读者分不清哪些是主流程、哪些是重点。读者理解了分组聚合整体实现原理后再来深度挖掘 GroupByHash 更好。

使用 GroupByHash 做数据分组主要有如下两步。

1）给定待分组的 Page，调用 GroupByHash::getGroupIds，获取到 Work<GroupByIdBlock>，分组计算完毕后，GroupByIdBlock 中存储的是此 Page 每行记录的分组编号 GroupId，它是列式格式的数据。GroupByHash 是有状态的计算，其内部维护了多个与分组列、分组列值的哈希值、GroupId 等，随着更多的 Page 给到 GroupByHash 处理，这些数据结构中维护的数据也会发生变化。

2）在相同分组内的数据完成聚合后，系统需要输出聚合结果。聚合结果的数据结构也是 Page，它包含所有分组列、所有的聚合结果列。这里需要用到 GroupByHash::getTypes 来确定所有分组列的数据类型以创建 PageBuilder，还需要 GroupByHash:: appendValuesTo 将已经处理过的所有 Page 对应的分组列输出到 PageBuilder 中。

如图 7-11 所示，列示格式的 Page 有 4 列（4 个 Block），每列的数据类型分别是 Bigint、Varchar、Varchar、Bigint，我们列出几种分组的情况分别讨论，如表 7-4 所示。

本质上情况一、二、三、四都可以做一个统一的设计实现来完成数据分组，然而如表 7-4 所示，对于情况一来说可以做一些优化使分组计算的 CPU 开销更低或内存开销更低。因此在 Presto 中给定待分组的 Page，为此 Page 的每行记录分配 GroupId 的实现有如下两种。

- BigintGroupByHash 对应情况一，即分组列只有一列且这列的数据类型是 Bigint，我们重点关注的是它内部维护了哪些数据结构，以及 getGroupIds、getTypes、 appendValuesTo 这些方法如何实现。

- MultiChannelGroupByHash 对应情况二、三、四，我们重点关注的是它内部维护了哪些数据结构，以及 getGroupIds、getTypes、appendValuesTo 这些方法如何实现。

表 7-4　几种 GROUP BY 情况

	SQL 中的 GROUP BY 语句	数据遍历方式	记录、输出分组列的值的方式
情况一	GROUP BY column1	计算分组过程中只需要遍历一列，对于列式格式来说是比较高效的	column1 的数据类型是 Bigint，在分组计算过程中，只需要维护一个 Long 类型数据即可表示 GroupId 与其对应的分组列的值，即这个数组的下标是 GroupId，值是 column1 这一列的值。由于数组元素是定长的，可以做到对指定 GroupId 的快速访问
情况二	GROUP BY column2	计算分组过程中只需要遍历一列，对于列式格式来说是比较高效的	column2 的数据类型是 Varchar，即分组列的值是变长的字符串，在计算分组过程中，需要维护的数据结构比情况一复杂一些
情况三	GROUP BY column2, column3	计算分组过程中需要遍历多列，需要先遍历前一行的多列，再遍历后一行的多列，本质上这是先行后列的遍历方式，对于列式格式来说不是最优读取数据的方式	分组列是多列，这种情况已经不用考虑每列的数据类型是什么，在计算分组过程中，实际上 Presto 的实现与情况二是相同的
情况四	GROUP BY column1, column2, column3	类似情况三	类似情况三

（1）BigintGroupByHash 的详细介绍

开始阶段，BigintGroupByHash 需要做一些准备工作，主要是初始化其内部的数据结构，如图 7-12 所示。

1）初始化 nextGroupId = 0，代表 GroupId 从 0 开始分配。

2）初始化 nullGroupId = -1，代表还没有处理过值是 NULL 的分组列，因此还没有为 NULL 分配 GroupId。

3）初始化 values 数组，其类型是 LongBigArray，数组下标表示对应分组的 hashPosition（具体含义见下文），数组元素的值表示对应分组的数值（分组列只有 1 列，并且其数据类型是 Bigint，恰好放到里面）。此数组中的每个元素都初始化为 -1，表示此位置还未被占用。

4）初始化 groupIds 数组，其类型是 IntBigArray，数组下标表示对应分组的 hashPosition，数组元素的值表示分组对应的 GroupId。

5）初始化 valuesByGroupId，其类型是 LongBigArray，数组下标表示 GroupId，数组元素的值表示 GroupId 对应分组的值。

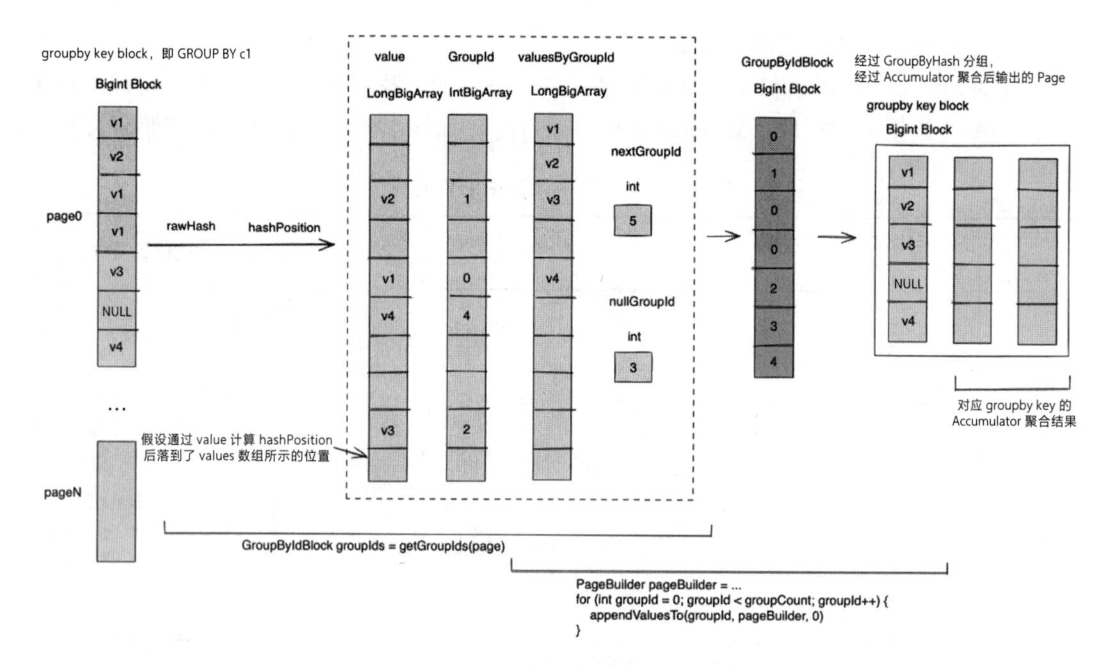

图 7-12 BigintGroupByHash 核心数据结构

LongBigArray、IntBigArray 在多个开源项目中有广泛的应用，它实际上在逻辑上表示一个长度可动态增加、减少的一维数组，在物理上是通过一个二维数组 long[][] 来维护的，可以比较方便地做扩容或缩容，并且不像直接使用 long[] 那样必须使用连续的内存，一旦数组长度需要改变就需要申请分配内存创建新 long[] 数组并且将已有的数组的值复制到新数组上，这样会占用更多内存和 CPU 资源。在数据分组过程中，不停有新的分组出现，前述 values、groupIds、valuesByGroupId 这 3 个数组会不停地执行扩容操作以便能够承载所有分组。

完成了初始化工作，接下来要做的是遍历每个待聚合 Page，对于 Page 中的每行记录执行下面的逻辑：

1）获取到此行所有分组列中的值。

2）将所有分组列中的值作为原始输入（Presto 中的概念是 rawHash）来计算 hashPosition，使用 MurmurHash3 作为哈希算法，即 hashPosition = MurmurHash3(rawHash) & mask。

3）定位到 values[hashPosition]，如果发现此位置还未被占用（values[hashPosition] = -1），代表发现了一个新的分组，否则略过此步直接跳到下一步。对于新的分组，执行 GroupId = nextGroupId，设置 values[hashPosition] 为对应分组列的值（一个整型数值），设置 groupIds[hashPosition] = GroupId，设置 valuesByGroupId[GroupId] 为对应分组列的值。注意这 3 个数组总是一起被更新的。

4）若发现 values 数组中第二步中计算得到的 hashPosition 对应位置已被占用

(values[hashPosition] != -1)，有两种可能性，这时需要判断一下：情况一，之前已经遇见过当前数据行对应的分组，并且已经为其分配了 GroupId；情况二，当前分组的 hashPosition 与之前处理过的其他分组的 hashPosition 是相同的（即遇到了哈希冲突，如果哈希冲突特别多，则对性能不利），之前处理过的其他分组已经分配了 GroupId 并且占用了此 hashPosition 来存储相关信息。

5）区分是情况一还是情况二的方法是判断 values[hashPosition] 是否与当前数据行中分组列的值相同，如果相同则是一，否则是二。如果是一，则可直接从 groupIds[hashPosition] 获取到之前已经为此分组分配好的 GroupId。如果是二，则需要循环后移（hashPosition++ & mask），直到找到一个未被占用的 values[hashPosition]，或者一个与当前分组相同的 values[hashPosition]。这样即能最终得到一个 GroupId。哈希冲突就是通过这种循环后移的方式解决的。

6）每次分配了新的 GroupId 后，执行 nextGroupId = nextGroupId + 1。

每个待聚合 Page 经过 BigintGroupByHash 处理后，其每个数据行（每个 position）都得到了一个 GroupId，所有行的 GroupId 作为一个 GroupIdBlock 存储到一起。在后续数据聚合的过程中，Accumulator 需要对相同 GroupId 的数据做聚合。当所有 GroupId 都完成聚合后就需要将聚合结果输出了，这个过程很简单，具体如下。

```
// 初始化 PageBuilder，包含分组列对应的 Block 和聚合数据的 Block
PageBuilder pageBuilder = ..

for (int groupId = 0; groupId < groupCount; groupId++) {
    //（1）从 valuesByGroupId[groupId] 中拿到 groupby key
    //（2）从 accumulator 中拿到对应 groupId 的聚合结果
    // 将（1）、（2）填充到 PageBuilder
}
```

为什么需要3个数组来表示 BigintGroupByHash 的哈希表结构？熟悉了 BigintGroupByHash 执行原理后，我们应该能够回答这个问题了：values 的存在是为了建立分组列的值与 hashPosition 的关系，GroupId 的存在是为了建立 GroupId 与 hashPosition 的关系，valuesByGroupId 的存在是为了建立 GroupId 与分组列的值的关系。在聚合结果输出时，也可以很高效地只顺序遍历 valuesByGroupId 并拿到所有分组列的值。能不能用 hashPosition 直接作为 GroupId？答案是不能。因为哈希表需要多次扩容，每次扩容后，对应分组的 hashPosition 都会变化，分组与 hashPosition 无法建立稳定的映射关系，系统中其他用到 GroupId 的地方（主要指的是 Accumulator）意识不到这种变化，GroupId 与数据聚合结果的关系就对应不上了。

（2）MultiChannelGroupByHash 的详细介绍

MultiChannelGroupByHash 计算分组的流程与 BigintGroupByHash 基本一致，如图 7-13 所示。

1）计算 rawHash。

2）计算 hashPosition。

3）根据 hashPosition 找到哈希表中未被占用的位置，并为对应分组分配 GroupId。

4）按递增顺序输出与所有 GroupId 对应的分组列的值。

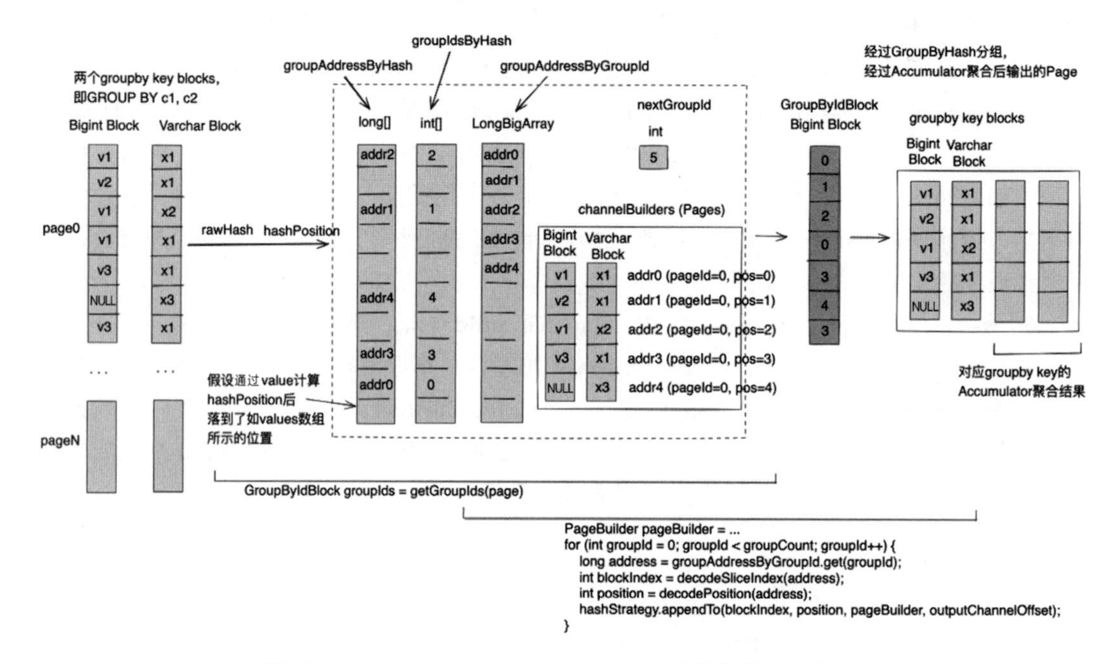

图 7-13 MultiChannelGroupByHash 实现数据分组的方式

MultiChannelGroupByHash 内部依赖的数据结构也很相似，与 BigintGroupByHash 是对等的。

- MultiChannelGroupByHash 的 groupAddressByHash 等价于 BigintGroupByHash 的 value 数组。
- MultiChannelGroupByHash 的 groupIdsByHash 等价于 BigintGroupByHash 的 GroupId。
- MultiChannelGroupByHash 的 groupAddressByGroupId 等价于 BigintGroupByHash 的 valuesByGroupId。

上述数据结构也存在差异，具体如下。

1）value 数组、valuesByGroupId 数组：它们元素的值并不是对应分组列的值，因为当分组列是一个 Varchar 类型的字段或者多个任意类型的字段时，long[] 数组元素是 Long 型，它无法表示分组列的值。因此这里使用 SyntheticAddress 来表示，它是 long 类型的。Synthetic 的英文含义是“合成的”，实际上它是 Page 编号（Page ID）与 Page 中的行号（position）合成的，通过它可以定位到对应分组所在的 Page 编号与 position，从而获取到所有分组列的值。通过位移操作，SyntheticAddress 的高 32 位用来表示 Page 编号，低 32 位用来表示 position，其实现如下代码所示。

```
public final class SyntheticAddress {
    private SyntheticAddress() {}

    public static long encodeSyntheticAddress(int sliceIndex, int sliceOffset) {
        return (((long) sliceIndex) << 32) | sliceOffset;
    }

    public static int decodeSliceIndex(long sliceAddress) {
        return ((int) (sliceAddress >> 32));
    }

    public static int decodePosition(long sliceAddress) {
        return (int) sliceAddress;
    }
}
```

2）channelBuilders：前面我们介绍 SyntheticAddress 时提到了分组列的值是通过 SyntheticAddress 指定的 Page 编号、position 是从 Page 中获取到的，这里的 Page 编号、position 并不是参与聚合操作的 Page 编号、position，而是 MultiChannelGroupByHash 自己维护的数据结构 channelBuilders = List<List<Page>> 的 Page 编号、position。channelBuilders 的外层 List<> 是所有分组列，内层 List<> 是某列的所有 Page，通过 Page 编号、Page 中的 position 对应 SyntheticAddress 中存储的 position。

在计算分组的过程中，MultiChannelGroupByHash 将新发现的分组从参与聚合的 Page 中复制到 channelBuilders 中，相当于在 channelBuilders 中维护了一个去重的分组列表（distinct groupby key list）。请默默记住这里所讲内容，因为我们在后面讲解 SQL-22 时会用到。

（3）关于 GroupByHash 的几个疑问

疑问一：为什么要分别实现两种 GroupByHash？

可以说 MultiChannelGroupByHash 是一个通用的实现，如果只从功能上来看，有这一种实现就够了，不需要再实现一个 BigintGroupByHash。但是在分组列仅有一列且这列的数据类型是 Bigint，BigintGroupByHash 可以直接将分组列的值存储在 values、groupIds、valuesByGroupIds 中，不需要额外的 channlBuilders 来存储，更不需要额外的寻址。整体而言，这样的操作比较节省内存资源。

疑问二：哈希冲突比较多为什么会影响分组聚合性能？

当我们计算得到一个分组的 hashPosition，然而在哈希表中发现此 hashPosition 已经被其他分组占用时，就说明发生了哈希冲突，只能通过循环后移的方式寻找新的 hashPosition，每后移一次，多一次冲突，最终时间复杂度变成了 $O(N)$。哈希表这样的数据结构，本来在预期使用时可以以 $O(1)$ 的时间复杂度存取数据的。xxhash64、Murmurhash 是两种比较优秀的打散数据的哈希算法，可以用这两种哈希算法将分组的 rawHash 尽量打散，使其接近 $O(1)$ 的时间复杂度。Presto 执行查询的过程中，记录了哈希冲突的次数，可以做个参考。

疑问三：ReHash 到底做了什么？

如果当前的哈希表已经存不下更多分组（存不下不代表哈希表已经满员，而是达到了一定的填充率，一般是 0.75），则会先扩容，再继续执行。扩容后，需要通过 ReHash 方法重新计算每个分组的 hashPosition，并且重新映射分组、hashPosition、GroupId 三者的关系，其中分组列的值与 GroupId 的关系需要保证不变。

7.3.3 使用 Scatter-Gather 执行模型实现 SQL-21

对于 SQL-21，如果是 Presto 这种 MPP 流水线执行模型的实现，则需要 3 个查询执行阶段，再加上最终计算结果需要先返回给集群协调节点再返回给发起这个 SQL 查询的客户端，仅数据的序列化、反序列化就要做 4 次，而 Scatter-Gather 执行模型只需要 2 次，如图 7-14 所示。

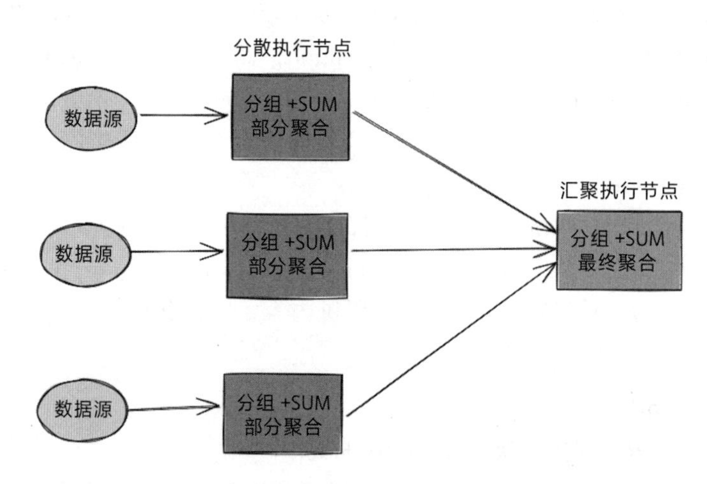

图 7-14 通过 Scatter-Gather 执行模型实现 SQL-21

Presto 中 Stage1 存在的主要目的是将 DISTINCT 计算分散到多个查询执行节点上，这样可以降低 CPU 和内存占用，避免直接做最终聚合形成单点瓶颈。

除非是分组聚合的结果分组数比较大，一个节点去做最终聚合形成单点瓶颈，否则 MPP 流水线执行模式绝大多数情况下都比 Scatter-Gather 执行模型慢，有时候可能不止慢一个数量级。分组聚合的结果分组数如果不大，完全可以用 Scatter-Gather 执行模型。由此可见，没有绝对普适的 OLAP 引擎，用户需要根据业务场景和数据量做选择。

7.3.4　总结

可以说 SQL-21 的执行计划与分布式执行过程是在列式数据格式上实现的最经典的哈希聚合，我们刚刚学习到的这些知识将成为后面所有聚合查询的基础。其他 OLAP 引擎在分组聚合的实现原理上大同小异。本节介绍的主要知识如下。

- 为什么要计算分组列值的哈希值（Hashcode）？
- 列式数据格式如何做聚合计算，它与行式数据格式做聚合计算有何不同？
- 在列式聚合计算过程中用来表示不同分组的分组 ID（GroupId）是什么？
- 分组聚合计算的场景下，如何维护状态？如何在状态中表达不同的分组（group）？
- 部分聚合与最终聚合之间的数据重分布（数据交换）如何实现？

为了巩固所学的知识，让我们来做一个全面且有深度的横向对比，如表 7-5 所示。

表 7-5　SQL-20、SQL-21 横向对比 1

	SQL-20（无分组计算需求）	SQL-21（有分组计算需求）
优化前的逻辑执行计划	SQL-20 与 SQL-21 在 PlanNode 树的结构上没有区别	
优化后的逻辑执行计划	ExchangeNode 的类型是 GATHER	ExchangeNode 的类型是 REPARTITION 或 GATHER
分布式执行计划	2 个查询执行阶段，其执行过程等同于 Scatter-Gather 执行模型的执行过程	3 个查询执行阶段，Stage1 的存在是为了对不同的分组打散的多个节点上做聚合。对于分组比较多的聚合计算，如果没有这个 Stage1 会导致 Stage0 形成单点瓶颈
数据拉取阶段	SQL-20 与 SQL-21 无任何区别，不过我们这里指的是聚合计算没有下推到数据拉取阶段的情况，这是比较常见的。聚合计算下推是另一个故事了，非本小节主题，后面再讨论	
数据交换操作	只有一次 GATHER 操作，将所有数据都汇聚到一个查询执行节点	第一次先做 REPARTITION 操作，按照不同分组将数据打散到多个查询执行节点，在部分聚合完成后，再做一次 GATHER 操作，这里的 GATHER 操作与 SQL-20 的 GAHTER 操作行为和意义均相同
部分和最终聚合操作	无分组的聚合计算的设计实现看似复杂，实际很简单，SQL 中有多少个聚合函数，就对应多少个 Accumulator 与状态数据，对于每个聚合函数来说，不需要考虑数据分组聚合，全局数据直接聚合。只是 Presto 需要考虑分层抽象、可扩展性等需求时，代码量才比较大，你可以想象用 Java 实现白话表达方式的情形	包含分组的聚合计算就复杂多了，需要考虑如何在列式数据格式（Page）上高效率地做数据分组，需要考虑如何在一列上做数据分组，如何在多列上做数据分组。Presto 引入了 GroupId 的概念，也利用了代码生成等技术。可以说这是比较经典的设计实现，Elasticsearch 的 terms aggregation（类似 SQL 的 GROUP BY 语句）实现中仿照了这种实现
最终结果输出	SQL-21 与 SQL-20 执行逻辑复用，SQL-21 比 SQL-20 多输出一个 GROUP BY 字段 ss_store_sk	

针对 SQL-20（无分组的计算需求）和 SQL-21（有分组计算需求）的具体实现，我们再做一个对比，如表 7-6 所示。

表 7-6 SQL-20、SQL-21 横向对比 2

	SQL-20（无分组计算需求）	SQL-21（有分组计算需求）
算子	AggregationOperator	HashAggregationOperator
整体的流程控制	Aggregator	HashAggregationBuilder、Aggregator
分组的实现	无	GroupByHash、GroupByIdBlock
聚合的流程控制	Accumulator	GroupedAccumulator
聚合函数的实现	无分组聚合与有分组聚合的聚合函数是同一个实现	
状态维护	AccumulatorState	GroupedAccumulatorState
状态的序列化、反序列化	无分组聚合与有分组聚合都是 AccumulatorSerializer	
部分聚合、最终聚合的输出数据结构	列式格式的 Page，只有聚合数据的列	列式格式的 Page，既有分组列对应的列，还有聚合数据的列

7.4 聚合函数的设计与实现

这里仅为了串起来聚合查询的整体原理而对聚合函数的设计实现进行简单介绍，如果读者希望了解更多有关函数的原理与开发实践，请翻阅第 13 和 14 章。以 Long 类型的 SUM 聚合函数 SUM(Long) 为例，它的实现代码如下所示。

```
// 文件名：LongSumAggregation.java
@AggregationFunction("sum")
public final class LongSumAggregation {
    private LongSumAggregation() {}

    @InputFunction
    public static void sum(@AggregationState LongLongState state, @SqlType
        (StandardTypes.BIGINT) long value) {
        state.setFirst(state.getFirst() + 1);
        state.setSecond(BigintOperators.add(state.getSecond(), value));
    }

    @CombineFunction
    public static void combine(@AggregationState LongLongState state, @AggregationState
        LongLongState otherState) {
        state.setFirst(state.getFirst() + otherState.getFirst());
        state.setSecond(BigintOperators.add(state.getSecond(), otherState.
            getSecond()));
    }
```

```
    @OutputFunction(StandardTypes.BIGINT)
    public static void output(@AggregationState LongLongState state, BlockBuilder out) {
        if (state.getFirst() == 0) {
            out.appendNull();
        }
        else {
            BigintType.BIGINT.writeLong(out, state.getSecond());
        }
    }
}
```

在 Presto 的框架中，一个通过注解实现的聚合函数要做如下几件事。

- LongSumAggregation 需要一个 @AggregationFunction("sum") 注解来定义它是一个聚合函数，名字是 sum；用 @SqlType(BIGINT) 注解定义此聚合函数的输入参数类型是 Bigint，在这里只声明一个入参，由此我们得到一个唯一定义聚合函数的签名（signature）：sum(bigint)。这样查询执行节点在启动后，FunctionRegistry 才能找到它，并初始化它。
- 用 @InputFunction 注解来定义每条数据的处理逻辑。
- 用 @CombineFunction 注解来定义多个上游计算得到的中间结果（State）在下游合并时的合并逻辑？多种聚合计算中，相邻上下游的 2 个查询执行阶段的任务中都存在聚合算子，上游的聚合操作称为部分聚合，下游的聚合操作称为最终聚合，在此场景下，上游多个任务输出的中间计算状态到达下游任务时，就需要这么一个合并状态的过程。
- 用 @OutputFunction 注解来定义当所有的数据都处理过后，需要输出聚合算子计算的最终结果时的输出逻辑，可以看到最终计算结果输出到 Block 中，Block 被 Page 包装后输出给发起当前聚合查询的客户端。
- 用 @AggregationState 注解定义此聚合函数要使用的 AccumulatorState 的数据结构，例如本例中是 LongLongState，它继承自 AccumulatorState。在必要时执行框架会用前面介绍的 AccumulatorStateFactory 来创建 LongLongState 的实例，也会在必要时用前面介绍的 AccumulatorStateSerializer 来序列化、反序列化 LongLongState。阅读过 LongLongState 源码的读者会发现它是一个 Java 接口，并且在所有源码中找不到它的实现类。这是因为 Presto 利用代码生成技术在 JVM 启动后，第一次需要用到它的时候自动生成了它的实现类，这部分内容比较复杂，感兴趣的读者可以等到对 Presto 有了比较深入的认知后，再去研究吧。这里仅列出 LongLongState 的 Java 接口定义以及经过代码生成的实现类源码。

```
public interface LongLongState
        extends TwoNullableValueState
{
```

```
    long getFirst();

    void setFirst(long first);

    long getSecond();

    void setSecond(long second);
}
```

利用代码生成技术生成的LongLongState的具体实现如下。

```
// 非完整代码，省略了非核心的代码部分
public final class LongLongState_20211127_035587_1 implements LongLongState {
    private long firstValue = 0L;
    private long secondValue = 0L;

    public long getFirst() {
        return this.firstValue;
    }
    public void setFirst(long value) {
        this.firstValue = value;
    }
    public long getSecond() {
        return this.secondValue;
    }
    public void setSecond(long value) {
        this.secondValue = value;
    }
}
```

7.5 总结、思考、实践

本章深入探讨了OLAP系统中聚合查询的执行原理，以Presto为例详细分析了聚合计算的设计和实现。我们从最基本的聚合查询开始，逐步深入到包含分组计算需求的复杂聚合查询，揭示了在分布式环境中如何高效地执行这些查询。

总体来说，我们讨论了以下几个关键点。

- **聚合查询的有状态计算特性**：聚合查询需要维护中间状态，这包括初始化、更新、序列化和反序列化状态。
- **分布式聚合的执行模型**：我们介绍了Scatter-Gather、MapReduce和MPP等执行模型，并讨论了它们在OLAP引擎中的应用。
- **Presto对聚合查询的设计与抽象**：Presto通过AggregationOperator、HashAggregation-Operator、Accumulator、AccumulatorState等组件来实现聚合查询。
- **SQL-20和SQL-21的执行原理**：我们分别分析了无分组聚合查询（SQL-20）和分

组聚合查询（SQL-21）的逻辑执行计划、优化策略和物理执行计划。

- **聚合函数的设计与实现**：我们以 SUM 聚合函数为例，展示了如何在 Presto 框架内实现聚合函数，包括输入处理、状态合并和输出逻辑。

思考与实践：

- 如何灵活地根据基于成本优化的能力选择与聚合查询对应的执行模型？
- 除了哈希聚合的实现，是否还有其他实现可以支持分组聚合的查询需求？
- 如何更好地利用现代 CPU 的 SIMD 指令来加速聚合查询的执行速度？

Chapter 8 第8章

复杂聚合查询的执行原理解析

在 OLAP 领域，聚合查询是解锁数据洞察力的关键技术。本章将为大家提供一个视角，探索在 Presto 这类分布式 SQL 查询引擎中，复杂聚合查询的执行原理。

我们将从 SQL-22 的去重计数查询开始，逐步剖析聚合计算的逻辑和物理执行计划，揭示优化策略如何提升查询效率。通过对比优化前后的执行计划，解读如何通过优化器改进性能。随后，我们将探讨 SQL-23，展示如何在一个查询中处理多个聚合计算，以及 MarkDistinct 优化如何发挥作用。

通过 SQL-30，大家将学习到聚合查询与排序、Limit 操作的结合，以及用 TopN 优化如何减少数据处理量。本章还会介绍如何根据查询特点选择合适的执行模型，以及如何利用数据分布特性来优化聚合计算。

8.1 SQL-22 去重计数查询的实现原理

SQL-22 使用了与 SQL-20、SQL-21 不同的聚合计算，即 DISTINCT + COUNT。从逻辑上来说，包含 DISTINCT 计算的 COUNT 聚合计算需要先计算指定字段值的去重列表，再完成全局计数。本节将着重介绍在聚合计算中，如何实现 DISTINCT + COUNT 的业务需求。SQL-22 的实现源码如下。

```
SELECT COUNT(DISTINCT i_category) FROM item;
```

8.1.1　执行计划的生成与优化

1. 初始逻辑执行计划

初始逻辑执行计划很简单，如图 8-1 所示，TableScan 拉取数据，AggregationNode 做 COUNT(DISTINCT) 计算，最后执行输出操作。在 AggregationNode 中，如何表达它用的是 DISTINCT 计算呢？ AggregationNode 的 aggregations 成员变量包含了此信息，它的类型是 Map<Symbol, Aggregation>，其中 Aggregation 类的定义如下，它用一个布尔类型的 distinct 变量表达了此信息。

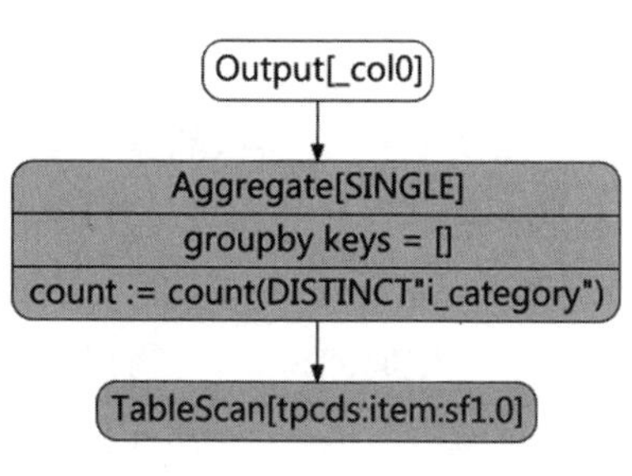

图 8-1　SQL-22 初始逻辑执行计划

```
public static class Aggregation {
    private final ResolvedFunction resolvedFunction;
    private final List<Expression> arguments;
    private final boolean distinct;
    private final Optional<Symbol> filter;
    private final Optional<OrderingScheme> orderingScheme;
    private final Optional<Symbol> mask;
    ......
}
```

2. SingleDistinctAggregationToGroupBy 优化后的逻辑执行计划

SingleDistinctAggregationToGroupBy 是一个应用在 AggregationNode 上的优化器，在执行计划优化阶段，它匹配上那些只有一个 COUNT(DISTINCT) 计算的 AggregationNode，并将其改写为 2 个新的 AggregationNode，如图 8-2 所示。这两个 AggregationNode 具有父子关系，它们的作用是不同的，下面的子 AggregationNode 表达的是只做分组没有数据聚合的计算（相当于做 DISTINCT 计算），上面的父 AggregationNode 表达的是没有分组的 COUNT 计算，这个 COUNT 计算没有 DISTINCT 计算。自下而上观察此逻辑执行计划树，查询执行的逻辑是数据拉取、DISTINCT 计算、COUNT 计算、数据输出。如果用 SQL 表达这种优化，可参照如下 SQL。

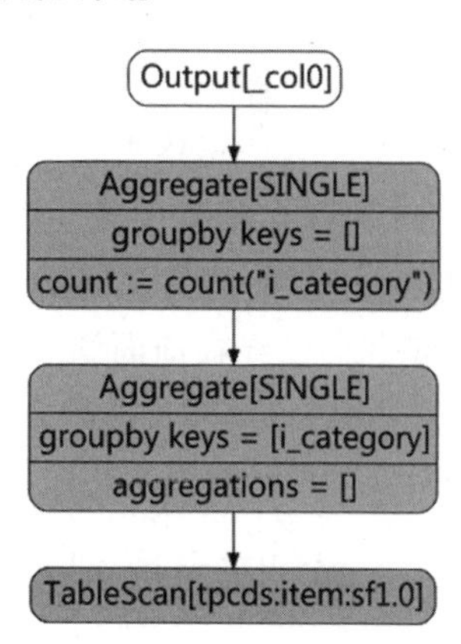

图 8-2　SQL-22 在 SingleDistinctAggregationToGroupBy 优化后的逻辑执行计划

```
# 原始 SQL:
SELECT COUNT(DISTINCT i_category) FROM item;

# 优化后的 SQL:
SELECT COUNT(*)
```

```
FROM (
    SELECT i_category
    FROM item
    GROUP BY i_category
)
```

这两个 SQL 表达的是完全相同的功能逻辑，但是计算涉及的数据量非常大时，在性能上是有明显差异的，具体原因希望大家可以试着思考一下，也可以尝试去掉 SingleDistinct-AggregationToGroupBy 优化器再运行此 SQL，观察一下生成的逻辑执行计划是什么。

3. 最终优化后的逻辑执行计划

这里的优化逻辑主要是增加 Exchange 节点并将 AggregationNode 分裂为 step=Partial 与 step=Final 两个节点，如图 8-3 所示，对应的优化器是 AddExchange、PushAggregationThrough-Exchange。从此 PlanNode 树的叶子节点 Table-ScanNode 上溯，可以看到它的执行流程是先做一次 DISTINCT 的本地部分聚合，再按照 distinct key 将数据打散，做一次 DISTINCT 的最终聚合，之后是 COUNT 的部分聚合与最终聚合。在 SQL-22 中 distinct key 是 i_category，即 DISTINCT 关键词后面的字段。实际上 COUNT 的部分聚合、最终聚合与前面 SQL-20 中介绍的 SUM 聚合在执行中几乎没有区别，只是这两条 SQL 分别计算的是 SUM、COUNT 而已。大部分的知识我们已经在前面学习过了，掌握了 SQL-20、SQL-21 的设计实现原理，再来看这个 SQL-22 的设计实现原理会简单很多。

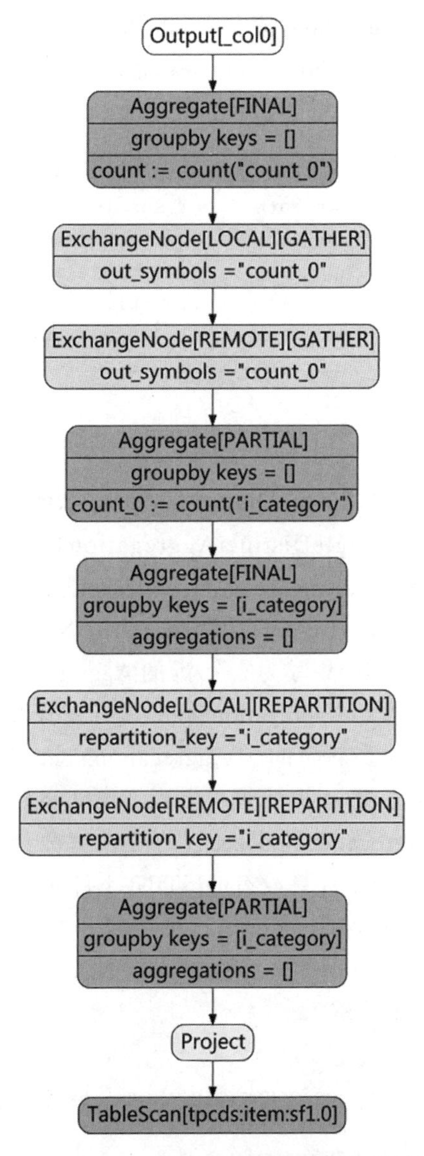

图 8-3　SQL-22 最终优化后的逻辑执行计划

4. 查询执行阶段划分

逻辑执行计划经过 AddExchange 优化器划分后分为 3 个 PlanFragment，对应分布式执行时的 3 个查询执行阶段——Stage2、Stage1、Stage0，SQL-22 查询执行阶段关系如图 8-4 所示。

- Stage2 职责：从数据源连接器拉取数据，按去重列（distinct key）分组完成本地的部分聚合计算，减少向下游 Stage1 传输的数据。

- Stage1 职责：Stage1 的每个任务根据哈希规则从上游 Stage2 拉取属于它的数据，并根据去重列的值做去重聚合计算。完成 DISTINCT 计算后，会基于 DISTINCT 的输出数据再做一次本地的 COUNT 部分的聚合计算。
- Stage0 职责：从上游 Stage1 的多个任务拉取数据后，做一次 COUNT 的最终聚合计算，输出最终结果。Stage0 是最终结果数据汇总阶段，它的并行度是 1，即全局只有一个任务。Stage0 输出的数据会放到 OutputBuffer 中，等待集群协调节点来拉取。

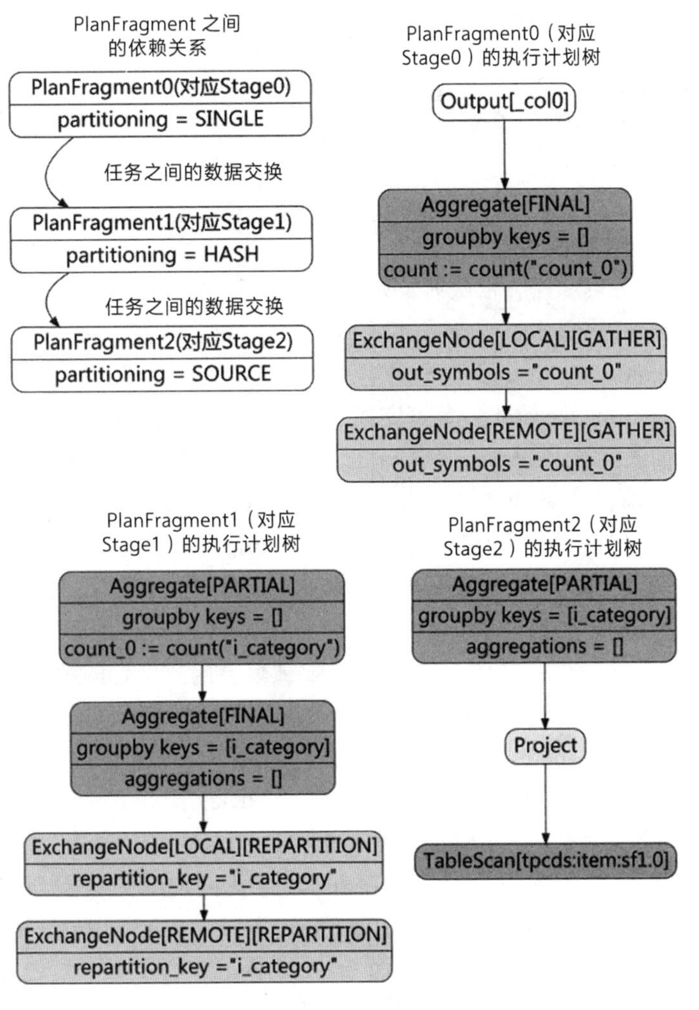

图 8-4　SQL-22 查询执行阶段关系图

8.1.2 分布式调度与执行的设计实现

SQL-22 各查询执行阶段的任务执行示意如图 8-5 所示。

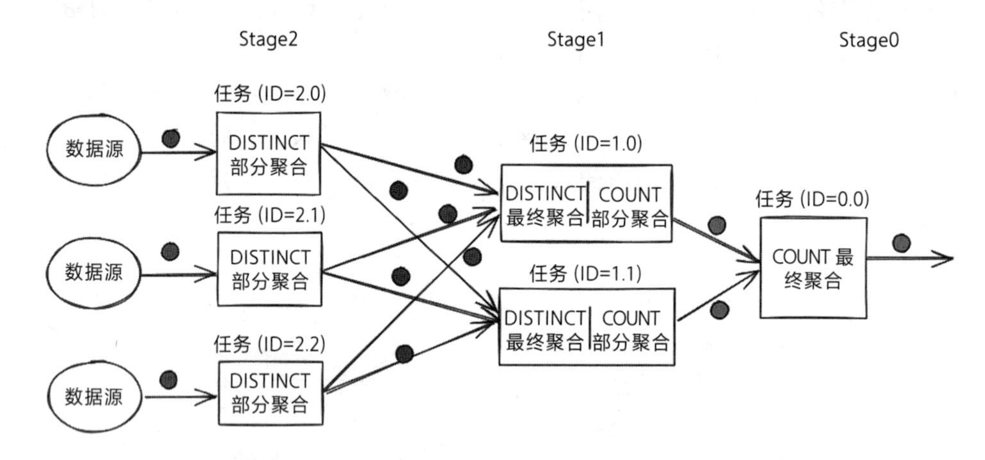

图 8-5 SQL-22 各查询执行阶段的任务执行示意图

Stage2 按照数据处理顺序，依次涉及如下几个算子。

- ScanFilterAndProjectOperator：负责从数据源连接器拉取数据并给到后面的 HashAggregationOperator，这不是本节重点，不展开介绍。
- HashAggregationOperator：负责完成 DISTINCT 计算的部分聚合，将聚合中间结果给到后面的 PartitionedOutputOperator，这里的聚合中间结果是所有去重列的值去重后的列表。前面介绍 SQL-21 的内容中，针对带 GROUP BY 语义的 SQL，聚合过程是先分组，为相同的分组分配相同的 GroupId，并在完成数据的聚合后，输出的 Page 包含每个分组的分组列的值并附带上每个分组的聚合函数执行结果，实际上这里输出的所有分组列的值都是去重后的。SQL-21 的分组逻辑可以完美复用到去重列表计算上，只是在这个场景下不存在要被聚合函数聚合的数据列而已，Presto 也的确是以这种方式实现的 DISTINCT 部分聚合与最终聚合。
- PartitionedOutputOperator：负责将数据放到 OutputBuffer 中，等待下游 Stage1 来拉取数据，这个是数据交换的流程。SQL-22 给出的 DISTINCT 聚合的上游 Stage2 有多个任务，下游 Stage1 也有多个任务。Stage1 的某个任务应该从 Stage2 的哪些任务拉取数据呢？实际上在查询调度阶段，Stage2 已经知道 Stage1 有多少个任务，假设是 N 个，那么上游每个任务的 OutputBuffer 被分成 N 个分区（Partition），编号从 0 到 N–1。例如 Stage1 Task1.0 会拉取 Stage2 每个任务上分区 ID 是 0 的 OutputBuffer，Stage1 Task1.1 会拉取 Stage2 每个任务上分区 ID 是 1 的 OutputBuffer，依此类推。

Stage2 某个任务的部分聚合结果可能有多个去重后的数据行，每个数据行应该放到 OutputBuffer 的哪个分区（Partition）呢？规则是目标 OutputBuffer 分区 ID 等于 hashcode(distinct key) % N。这样即可保证在 Stage2 中所有相同去重列的值的部分聚合结果数据行一定能够通过数据交换都去到相同的 Stage1 的任务中，这样才能够实现下一步的 DISTINCT 最终聚合。我们称这种数据交换的类型为 REPARTITION。

Stage1 按照数据处理顺序，依次涉及如下几个算子。

- 数据交换相关算子：负责拉取 Stage2 的计算结果并给到后面的 HashAggregationOperator，数据交换相关的算子是 ExchangeOperator，由于不影响对本节核心思想的理解，故这里不做展开介绍，只要知道它是负责从上游拉取数据即可。
- HashAggregationOperator：负责完成 DISTINCT 最终聚合，即将那些从 Stage2 多个任务拉取到的去重列表再进行一次合并，可得到最终的去重列表。注意这里的 Stage1 也是有多个任务的，Stage2 根据去重列的值的哈希值能够将所有 Stage2 的任务中具有相同去重列值的数据行给到 Stage1 的同一个任务，由此才能够实现 Stage1 的每个任务内的 HashAggregationOperator 做一次局部的去重列表合并，即可实现整个 Stage1 所有任务计算得到最终的完整去重列表。Stage1 有了这个列表，后面再计算 COUNT 就比较直接了。
- AggregationOperator：负责完成 COUNT 部分聚合，意味着它要计算的是前序 HashAggregationOperator 产出 Page 中去重后的数据行数（此 Page 的行数），这就是一个普通的无分组聚合的部分聚合阶段。大家可以参考前面介绍的 SQL-20 的内容。
- TaskOutputOperator：负责将 COUNT 部分聚合结果数据放到 OutputBuffer 中，等待 Stage0 的任务来拉取。这里的数据交换类型是 GATHER。请读者也考虑一下这里为什么是 GATHER，而不是 REPARTITION。

Stage0 是最终结果数据汇总阶段，它的并行度是 1，即全局只有一个任务。按照数据处理顺序，依次涉及如下几个算子。

- 数据交换相关算子：负责拉取 Stage1 的计算结果并给到后面的 AggregationOperator。
- AggregationOperator：负责将 Stage1 多个任务的所有 COUNT 部分聚合结果做最后的汇聚，即 COUNT 最终聚合。最终输出的应该是只有 1 行 1 列的 1 个 Page。
- TaskOutputOperator：到这里已经计算得到了整个查询的最终计算结果数据，TaskOutputOperator 负责将结果数据放到 OutputBuffer 中，等待集群协调节点来拉取。

8.1.3　使用 Scatter-Gather 执行模型实现 SQL-22

通过 Scatter-Gather 执行模型实现 SQL-22 的流程如图 8-6 所示，其中涉及两类节点。

- 分散执行节点：从数据源拉取数据并完成当前节点所有数据的 DISTINCT 计算，输出一个 distinct value 的列表给到下游 Gather 节点。
- 汇聚执行节点：接收所有分散执行节点的所有去重列表，合并为一个去重列表。最后只需要在这个列表上计算值的个数即可。

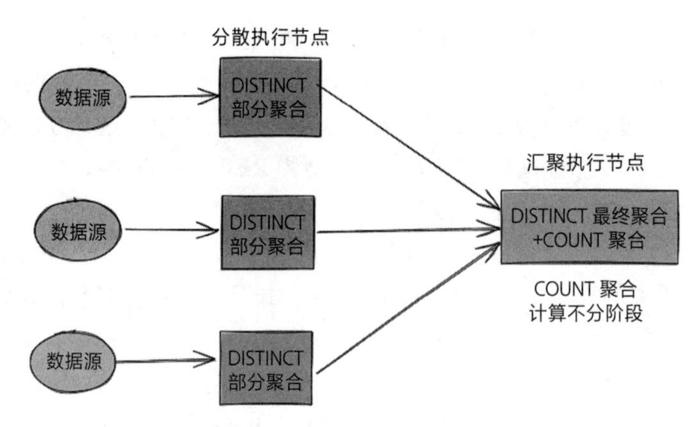

图 8-6 通过 Scatter-Gather 执行模型实现 SQL-22

8.1.4 总结

SQL-22 的 COUNT(DISTINCT) 聚合实现，是 Presto 这种多查询执行阶段执行模型的通用设计实现，既保证了计算结果的准确性，又保证了计算过程中没有单点瓶颈。SQL-22 为什么不用两个查询执行阶段搞定整个执行流程？这个类似于 Flink 的 Split Distinct 优化，如果只有两个查询执行阶段（这就类似于 Scatter-Gather 执行模型），最后一个查询执行阶段则只能由一个任务来计算 COUNT(DISTINCT) 结果，如果此时去重值非常多，这个任务就成了单点瓶颈（无论是 CPU 还是内存）。如果是 3 个查询执行阶段，可以通过哈希规则来让中间的 Stage1 分散计算各自的 COUNT(DISTINCT) 结果，再由 stage0 最终汇总一下即可。所以这么做是为了防止去重值太多导致的计算瓶颈和内存瓶颈。

大家想不想知道自己是不是真的学明白了？可以仔细思考并回答下面的题：如下几个 SQL 的实现原理是什么？

```
# 第一个 SQL:
SELECT DISTINCT i_category FROM item;

# 第二个 SQL:
SELECT i_category, COUNT(DISTINCT i_brand) FROM item;

# 还嫌不过瘾可以看一下第三个 SQL:
SELECT COUNT(DISTINCT i_category), COUNT(DISTINCT i_brand) FROM item;
```

8.2 SQL-23 多个聚合计算查询的实现原理

SQL-23 是前面介绍的几个 SQL 的组合，它包含了 GROUP BY 分组、SUM 聚合、COUNT 聚合、COUNT(DISTINCT) 聚合。本节将通过此 SQL 将前面已经讲过的知识点串联在一起，做一个整体介绍。

```
SELECT
    i_category,
    COUNT(*) AS total_cnt,
    SUM(i_wholesale_cost) AS _wholesale_cost,
    COUNT(DISTINCT i_brand) AS brand_cnt
FROM item
GROUP BY i_category;
```

8.2.1 执行计划的生成与优化

1. 初始逻辑执行计划

SQL-23 这个执行计划的特点如下，具体示意如图 8-7 所示。

- 在 i_category 字段上有 GROUP BY 计算需求。
- 有两个不带 DISTINCT 的聚合计算，即 SUM、COUNT。
- 有一个带 DISTINCT 的聚合计算，即 COUNT(DISTINCT)。

2. 优化后的逻辑执行计划

在 MultipleDistinctAggregationToMarkDistinct 优化后的执行计划中出现了一个 MarkDistinctNode，如图 8-8 所示，这是什么？假设你是 Presto 的执行计划与分布式执行的总架构设计师，不妨考虑一下 Presto 已经拥有了分别单独计算 SUM、COUNT、COUNT(DISTINCT) 的能力，现在有一个将它们组合起来做计算的需求，应该如何最大程度复用已有的设计实现，并且保证最好的性能？关于这部分内容，Presto 最重要的设计就是用一个 MarkDistinctNode 完成执行计划的优化。这是怎么做的呢？

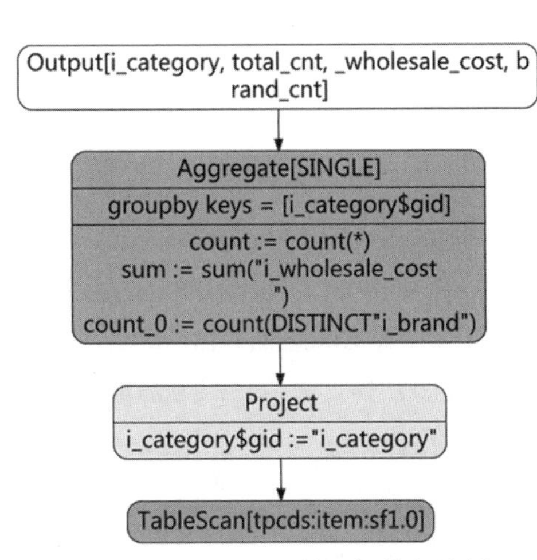

图 8-7 SQL-23 初始逻辑执行计划

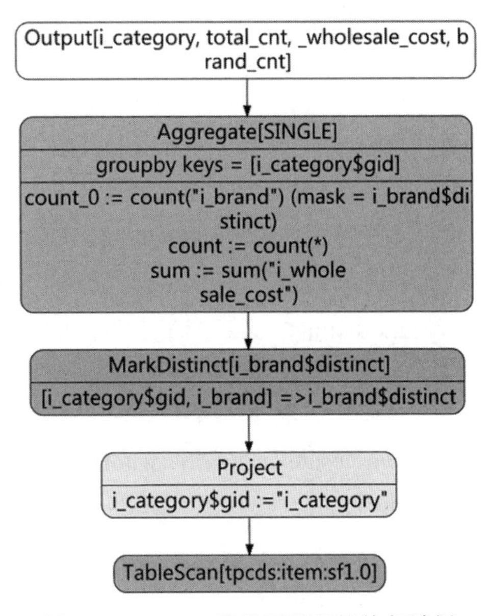

图 8-8 SQL-23 优化后的逻辑执行计划

COUNT(DISTINCT i_brand) 计算中的去重列是 i_brand，MarkDistinctNode 负责标记去重列表。

- 维护一个数据结构（通常是哈希表）以记录给定值在去重列表中是否已经存在。
- 对于某行数据，如果它的 i_brand 字段的值在哈希表中查找后，确认之前未出现过，则将此行数据标记为 true，否则标记为 false。

实际上前述的 MarkDistinctNode 逻辑，只适用于 SQL 中没有 GROUP BY 语句的情况。当分组计算需求也存在时，MarkDistinctNode 需要用分组列（groupby key）与去重列（distinct key）一起做去重标记才行。这里涉及如下两个隐藏问题。

- 为什么需要用分组列与去重列一起做去重标？因为我们要计算的是每个分组中的 COUNT(DISTINCT i_brand)，所以不能不考虑分组需求而去做全局去重列的去重。
- 为什么使用分组列与去重列一起做去重标记，能够最终计算得到每个分组的去重列的去重列表？试想一下，假设存在两行数据，它们的分组列对应的字段 i_category 的值相同，去重列对应的字段 i_brand 的值分别是 v1 和 v2。如果 v1 = v2，则根据分组列与去重列一起做去重标记，一定能够将其去重；如果 v1 != v2，也一定能够保留这两行数据，总之去重结果是正确的。

以下为 MarkDistinctNode 的定义：

```
public class MarkDistinctNode extends PlanNode {
    // MarkDistinctNode 的子节点，在 SQL-23 中是 TableScanNode
    private final PlanNode source;

    // 分组列 + 去重列组成的联合列，为了方便后文描述，我们将其称为（掩码去重列）mark distinct key
    private final List<Symbol> distinctSymbols;

    // 去重计算后生成的掩码列名（mask column name），在 SQL-23 中是 i_brand$distinct，
       如图 8-8 所示
    private final Symbol markerSymbol;

    ......
}
```

MarkDistinctNode 帮助实现了去重列中去重列表的标记（这个概念在 Presto 中对应的英文是 Mask，中文是掩码），接下来 AggregationNode 只需要将 COUNT(DISTINCT) 计算转变在掩码上做统计（COUNT on Mask）即可。而其他聚合计算 COUNT(*) AS total_cnt 和 SUM(i_wholesale_cost) AS _wholesale_cost 仍然维持了先前的计算方式，它们与基于掩码的计算无任何关系。

3. 最终优化后的逻辑执行计划

自下而上观察图 8-9 所示逻辑执行计划树，会发现涉及如下节点。

- TableScanNode：从数据源连接器拉取数据。
- ExchangeNode[REPARTITION]：以 mark distinct key（即分组列与去重列的组合）为重分区键（Repartition key）来做数据重分布，以便完成在 mark distinct key 上的去重。
- MarkDistinctNode：维护一个数据结构（实际上是一个 Block，我们称之为掩码，即 Mask），对输入的每行数据，数据结构的对应位置（通过 position 确定）标记它是不是新出现的 mark distinct key，例如凡是之前没见过的去重列的值都标记为 true，出现过的标记为 false。在此基础上，最后我们只需要数一下 true 的个数，即可得到 COUNT(DISTINCT i_brand) 的值，因此下面的 AggregationNode[PARTIAL] 将 COUNT(DISTINCT i_brand) 的 Aggregation 计算改变为在掩码上做统计（COUNT on Mask）即可。
- AggregationNode[PARTIAL]：以 i_category 为分组列做 SUM、COUNT、COUNT on Mask 的本地部分聚合。
- ExchangeNode[REPARTITION]：以 i_category 为重分区键来做数据重分布。
- AggregationNode[FINAL]：以 i_category 为分组列做 SUM、COUNT、COUNT 的最终聚合。
- ExchangeNode[GATHER]：将最终聚合所有节点输出的数据汇聚到下游的一个节点上。
- OutputNode：输出最终计算结果。

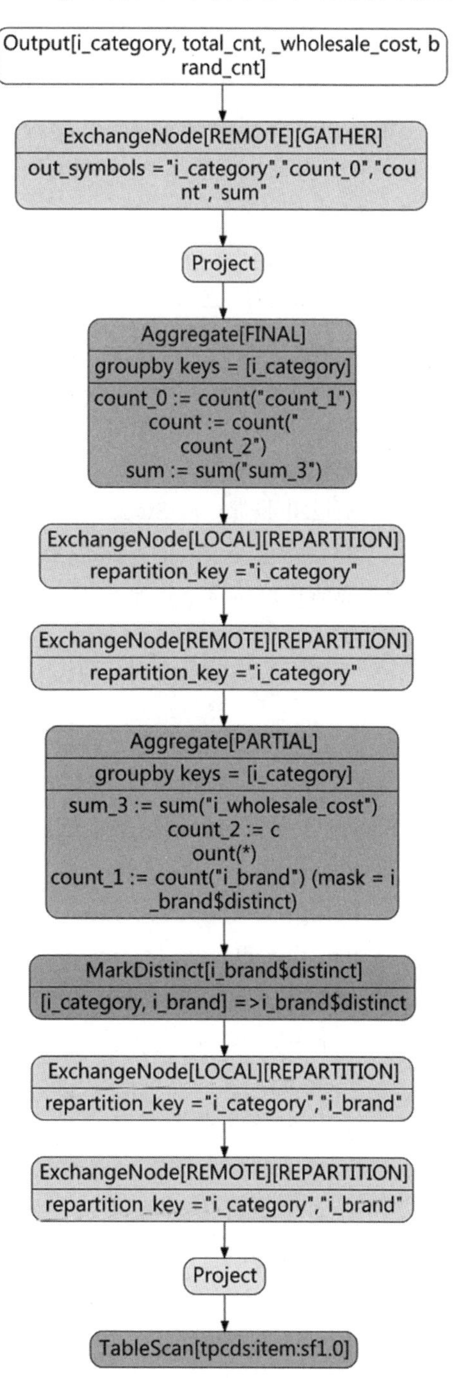

图 8-9　SQL-23 最终优化后的逻辑执行计划

最终聚合不是在掩码上做统计（COUNT on Mask），而是直接对 COUNT 的计算。这是因为在部分聚合阶段，由于数据交换的存在，凡是 mark distinct key = (i_category, i_brand) 已经分布到了相同的节点，已经能够在根据 i_category 分组的基础上，计算出当前节点的每个 i_category

分组的 COUNT(DISTINCT i_brand) 结果。部分聚合执行前，又根据 i_category 作为重分区键重新分布了数据，这里已经不存在 i_category 的值相同且 i_brand 的值也相同需要去重的数据记录了（如果有，肯定在部分聚合阶段已经去重了），因此不再需要在掩码上做统计。

4. 查询执行阶段划分

逻辑执行计划经过 AddExchange 优化器划分后分为 4 个 PlanFragment，对应分布式执行时的 4 个查询执行阶段——Stage3、Stage2、Stage1、Stage0。SQL-23 查询执行阶段关系如图 8-10 所示。

- Stage3 职责：从数据源连接器拉取数据，不做其他计算，按 mark distinct key 进行重分区键打散。
- Stage2 职责：从 Stage3 拉取数据，使用 MarkDistinct 逻辑在数据上打掩码（Mask），之后按照分组列完成 3 个聚合需求的部分聚合。按分组列作为重分区键将数据分组打散。
- Stage1 职责：Stage1 的每个任务根据哈希规则从上游 Stage2 拉取属于它的数据，并完成最终聚合。
- Stage0 职责：从 Stage1 拉取数据，汇总输出。Stage0 是最终结果数据汇总阶段，它的并行度是 1，即全局只有一个任务。Stage0 输出的数据会放到 OutputBuffer 中，等待集群协调节点来拉取。

8.2.2 分布式调度与执行的设计实现

1. 各查询执行阶段的算子计算逻辑

SQL-23 各查询执行阶段的任务执行示意如图 8-11 所示。

Stage3 按照数据处理顺序，依次涉及如下几个算子。

- ScanFilterAndProjectOperator：负责从数据源连接器拉取数据并给到后面的 PartitionedOutputOperator。在 Stage3 的后序算子处理中没有做任何聚合操作。
- PartitionedOutputOperator：负责将数据放到 OutputBuffer，等待下游 Stage2 来拉取数据，这个是数据交换的流程。Stage3 与 Stage2 之间的数据交换将前面介绍的 mark distinct key 作为数据重分区键，意味着 Stage3 所有任务中相同分组（i_category）且去重列值（i_brand）相同的数据记录都会去到 Stage2 中同一个任务中。上游 Stage3 有多个任务，下游 Stage2 也有多个任务。Stage2 的某个任务应该从 Stage3 的哪些任务拉取数据呢？实际上在查询调度阶段，Stage3 已经知道 Stage2 有多少个任务，假设是 N 个，那么上游每个任务的 OutputBuffer 被分成 N 个分区（Partition），编号从 0 到 N–1。例如 Stage2 的 Task2.0 会拉取 Stage3 每个任务上分区 ID 是 0 的 OutputBuffer，Stage2 的 Task2.1 会拉取 Stage3 每个任务上分区 ID 是 1 的 OutputBuffer，依此类推。Stage3 某个任务可能有多个 mark distinct key，每个 mark distinct key 应该放到 OutputBuffer 的哪个分区呢？规则是分区 ID 等于

hashcode(mark distinct key) % N。这样即可保证在 Stage3 中所有相同 mark distinct key 的数据记录，一定能够通过数据交换都去到相同的 Stage2 中的任务中，这样才能够实现下一步聚合操作。这种数据交换的类型，我们称之为 REPARTITION。

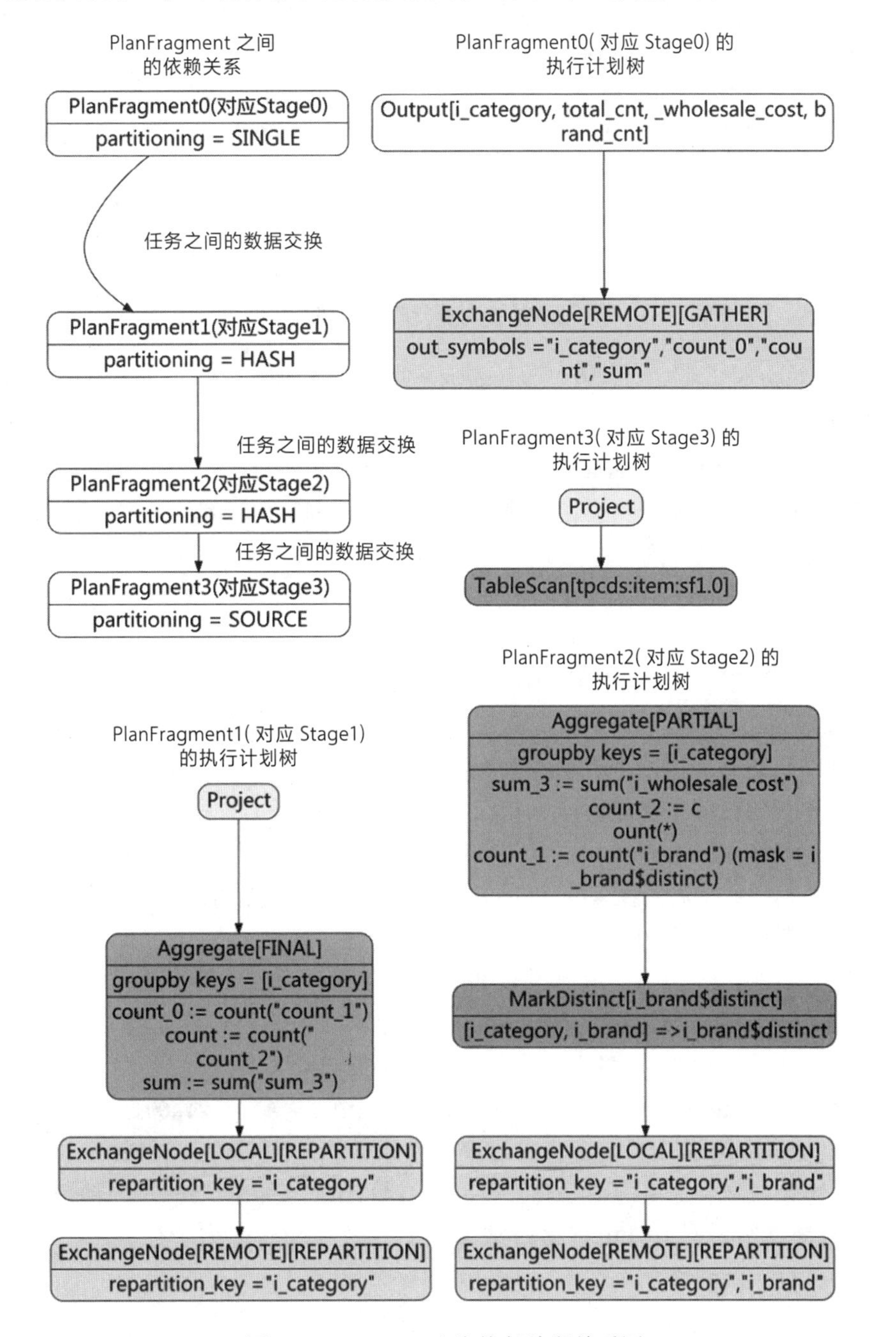

图 8-10 SQL-23 查询执行阶段关系图

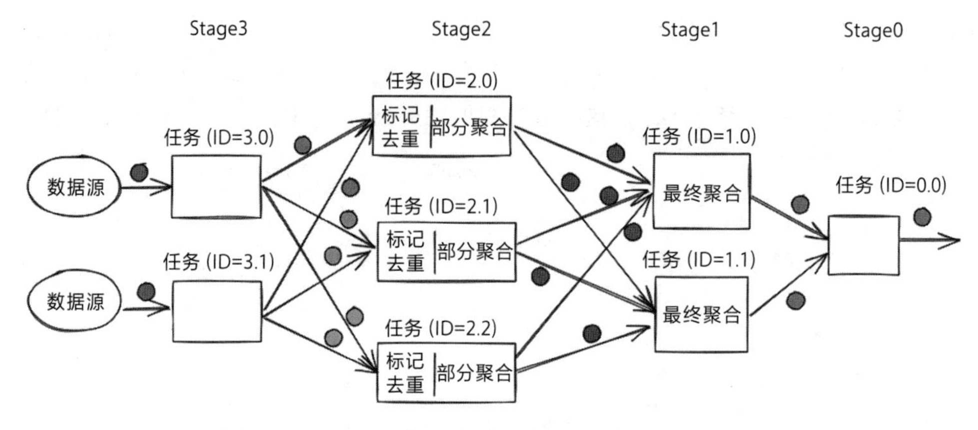

图 8-11 SQL-23 各查询执行阶段的任务执行示意图

Stage2 按照数据处理顺序，依次涉及如下这几个算子。

- 数据交换相关算子：负责拉取 Stage3 的计算结果并给到后面的算子，数据交换相关的算子是 ExchangeOperator。
- MarkDistinctOperator：会在数据 Page 上新增一列数据，其值是布尔型的 Block，并在每行数据的这一列字段上对数据做标记，它将第一次遇到的分组列（i_category）、去重列（i_brand）组合所在的数据行标记为 true，将已经出现过，即已经重复了的分组列（i_category）、去重列（i_brand）组合所在的数据行标记为 false。这新增的一列，将用于后续聚合计算的掩码（Mask）。
- HashAggregationOperator：负责完成 SQL-23 中 3 个聚合计算的部分聚合，将聚合中间结果给到后面的 PartitionedOutputOperator。其中，原来的 COUNT(DISTINCT) 的计算，现在用在掩码上做统计（COUNT on Mask）的方式实现。
- PartitionedOutputOperator：以分组列作为数据交换的重分区键（shuffle key），将部分聚合结果数据放置在多分区的 OutputBuffer 中，等待 Stage1 的任务来拉取。这里的数据交换类型是 REPARTITION。

Stage1 按照数据处理顺序，依次涉及如下几个算子。

- 数据交换相关算子：负责拉取 Stage2 的计算结果并给到后面的 HashAggregation-Operator，数据交换相关的算子是 ExchangeOperator。
- HashAggregationOperator：负责完成 SQL-23 中 3 个聚合计算的最终聚合。
- TaskOutputOperator：负责将最终聚合结果数据放到 OutputBuffer 中，等待 Stage0 的任务来拉取。这里的数据交换类型是 GATHER。在 Stage1 已经计算得到了 SQL-23 的最终结果，但是由于这些结果数据分散在 Stage1 多个任务中，需要下游的 Stage0 做一次最终合并。

Stage0 是最终结果数据汇总阶段，它的并行度是 1，即全局只有一个任务。按照数据处理顺序，依次涉及如下几个算子。

- 数据交换相关算子：负责拉取 Stage1 的计算结果并给到后面的 TaskOutputOperator。
- TaskOutputOperator：负责将结果数据放到 OutputBuffer 中，等待集群协调节点来拉取。

2. 掩码如何生成以及在掩码上做统计如何实现

第一阶段，在 MarkDistinctOperator 中，计算生成掩码（也是一种 Block）作为额外的一列数据，添加到被处理的数据 Page 上。MarkDistinctOperator 是执行标记去重列表（Mark Distinct）操作的算子，对应的是 MarkDistinctNode：

```java
// 文件名 :MarkDistinctOperator.java
public class MarkDistinctOperator implements Operator {
    private final MarkDistinctHash markDistinctHash;
    private Page inputPage;
    private Work<Block> unfinishedWork;

    public MarkDistinctOperator(OperatorContext operatorContext, List<Type> types,
        List<Integer> markDistinctChannels,
        Optional<Integer> hashChannel, JoinCompiler joinCompiler,
        BlockTypeOperators blockTypeOperators) {

        ImmutableList.Builder<Type> distinctTypes = ImmutableList.builder();
        for (int channel : markDistinctChannels) {
            distinctTypes.add(types.get(channel));
        }
        // 初始化 MarkDistinctHash，传入 mark distinct key，即分组列 + 去重列
        this.markDistinctHash = new MarkDistinctHash(operatorContext.getSession(),
            distinctTypes.build(), Ints.toArray(markDistinctChannels),
            hashChannel, joinCompiler, blockTypeOperators,
            this::updateMemoryReservation);
    }

    // 将待处理的 Page 给到算子
    @Override
    public void addInput(Page page) {
        requireNonNull(page, "page is null");
        checkState(needsInput());
        inputPage = page;
        // 使用掩码去重哈希计算去重列表，它的返回类型是 Work<Block>
        // 我们之前讲过，Work<> 实际上是延迟执行的，并且允许执行过程中暂停多次
        // 主要是为了使内存的占用不超限
        unfinishedWork = markDistinctHash.markDistinctRows(page);
        updateMemoryReservation();
    }
```

```
    @Override
    public Page getOutput() {
        if (unfinishedWork == null) {
            return null;
        }
        // 如果unfinishedWork还没有执行完，则继续执行。
        if (!unfinishedWork.process()) {
            return null;
        }
        // 将新的布尔型的列添加到Page
        // 拿到了unfinishedWork的执行结果，即标记每行数据是否是去重的掩码列
        // 将这个掩码列添加到被处理Page的最后一列，然后输出给下游的算子
        // 在这里，下游的算子是HashAggregationOperator
        Page outputPage = inputPage.appendColumn(unfinishedWork.getResult());
        unfinishedWork = null;
        inputPage = null;
        updateMemoryReservation();
        return outputPage;
    }
}
```

从MarkDistinctOperator的实现，我们知道了负责计算产生掩码那一列是MarkDistinctHash，它实际上是GroupByHash的简单包装，真正的执行逻辑都在GroupByHash中。上一次GroupByHash出现是在计算分组的场景，仔细想想计算DISTINCT；从本质上来说，计算分组就是计算一个去重后的列表，因此这两个场景是可以完全复用的。例如在SQL-22的执行优化中，优化器甚至直接将去重计算的表达优化为分组计算的表达了。

```
public class MarkDistinctHash {
    private final GroupByHash groupByHash;
    private long nextDistinctId;

    public MarkDistinctHash(Session session, List<Type> types,
        int[] channels, Optional<Integer> hashChannel,
        int expectedDistinctValues, JoinCompiler joinCompiler,
        BlockTypeOperators blockTypeOperators, UpdateMemory updateMemory) {
        // 初始化GroupByHash，主要是指定哪些字段用来做去重，这里指定的是mark distinct key
        this.groupByHash = createGroupByHash(types, channels, hashChannel,
            expectedDistinctValues, isDictionaryAggregationEnabled(session),
            joinCompiler, blockTypeOperators, updateMemory);
    }

    // 以延迟执行的方式先创建一个Work<Block>，直到调用它的process()方法才真正执行起来
    // TransformWork类似于Java里面的流API，这是一种链式的调用
    // 即groupByHash.getGroupIds(page)执行完成后输出一个GroupIdBlock，代表了去重计算
       后的分组
    // 之后调用这里定义的callback lambda逻辑，计算并输出掩码列
```

```
    public Work<Block> markDistinctRows(Page page) {
        return new TransformWork<>(
                groupByHash.getGroupIds(page),
                // callback lambda 逻辑如下
                ids -> {
                    // 掩码列的数据类型是 BOOLEAN，即每行数据的标记，用一个布尔型数据来表示，
                       true 代表此行数据对应的 mark distinct key 第一次出现，false 代表之
                       前已经出现过
                    // 注意这里对 mark distinct key 是否出现过的判断，是 MarkDistinctOperator
                       级别的，不是 Page 级别的
                    BlockBuilder blockBuilder = BOOLEAN.createBlockBuilder(null,
                        ids.getPositionCount());
                    for (int i = 0; i < ids.getPositionCount(); i++) {
                        if (ids.getGroupId(i) == nextDistinctId) {
                            BOOLEAN.writeBoolean(blockBuilder, true);
                            nextDistinctId++;
                        }
                        else {
                            BOOLEAN.writeBoolean(blockBuilder, false);
                        }
                    }
                    return blockBuilder.build();
                });
    }
}
```

可以看到，Presto 在一些实现细节上还没有做到极致，例如掩码列（Mask Block）的数据类型是布尔，一个 Page 的掩码列其底层数据结构是 boolean[]，布尔型数据在 Java 内存中至少占用 1 字节，这不是内存最优的数据结构，可以进一步考虑用一位来表示 true、false，这样 1 字节可以存储 8 行数据的掩码信息，相当于内存占用为原来的 1/8。

第二阶段，在 HashAggregationOperator 中，与在掩码上做统计对应的 Accumulator 中，addInput() 方法对给定的数据 Page 做聚合计算，会先用到它的掩码列过滤一遍数据，只有对应数据行的掩码标记为 true 时，才会参与到聚合计算中。核心代码如下。

```
// 这里代码生成的类实现的是一个 Block 数据类型为 Bigint 的带分组聚合功能的 GroupedAccumulator
public final class BigintCountGroupedAccumulator_20220709_141455_37
    implements GroupedAccumulator {

    private final .GroupedLongState_20220709_141454_11 state_0;
    private final Optional<Integer> maskChannel;

    // 给定待聚合的 Page 及其对应的 groupIdsBlock，进行部分聚合
    public void addInput(GroupByIdBlock groupIdsBlock, Page page) {
        this.state_0.ensureCapacity(groupIdsBlock.getGroupCount());
        Block masksBlock = this.maskChannel.map(AggregationUtils.pageBlockGetter
            ((Page)page)).orElse(null);
```

```
        int rows = page.getPositionCount();
        int position = 0;
        position = 0;
        // 遍历 Page 的每行记录
        while (CompilerOperations.lessThan((int)position, (int)rows)) {
            // 用在 MarkDistinctOperator 中产生的掩码列过滤一遍数据，只有对应行标记为 true 时，
               此行才参与聚合计算
            if (CompilerOperations.testMask((Block)masksBlock, (int)position)) {
                // 先设置 GroupId
                this.state_0.setGroupId(groupIdsBlock.getGroupId(position));
                // 再调用对应聚合函数的 @InputFunction 执行聚合逻辑
                Bootstrap.bootstrap("input", 0L, this.state_0);
            }
            ++position;
        }
    }
}
```

3. 如何实现一个查询中的多个聚合计算

SQL-23 是一个查询中包含多个聚合计算的例子。这里说的多个聚合计算，指的是在不同的字段上指定不同的聚合函数，或在相同的字段上指定不同的聚合函数。一个 OLAP 引擎要支持多个聚合计算，会涉及如下几个方面的工作。

- ❑ 在查询语句语法层面（例如 SQL 语法）支持多个聚合计算的表达能力，这个能力显然 SQL 是具备的。
- ❑ 在逻辑执行计划树中，具备表达多个聚合计算的能力，由前面介绍可知，AggregationNode 有此能力。
- ❑ 在 AggregationOperator 中，支持遍历一次数据 Page，同时做多列的聚合计算。如 Presto 中支持为每个聚合计算通过代码生成技术来生成一整套的 Accumulator、AccumulatorState 逻辑，以分别实现各个聚合计算的聚合逻辑、状态数据维护能力。
- ❑ AggregationOperator 输出数据时，支持以每个聚合计算为一列将结果输出到数据 Page 中。

8.2.3 为什么 Presto 要引入 MarkDistinct 优化

为什么 Presto 要引入 MarkDistinct 优化？这要从 COUNT(DISTINCT) 计算的分布式执行方式说起。在聚合计算场景中，分组计算、去重计算往往是比较耗费资源的，Presto 查询执行节点在 CPU、内存方面的瓶颈更多体现在这里；SUM、COUNT 这种计算往往是相对便宜的，不是主要矛盾。在 Presto 以及其他计算引擎中，分组与去重计算都依赖于在哈希表做基于键的维护与去重，即已经做过多次介绍的 GroupByHash，它的哈希冲突越多，性能退化越严重。一般优化分组、去重计算的思路有如下 2 种。

- 从分布式执行的角度看，尽量将计算分散在多个节点执行，减少在单点进行大量数据的迭代、哈希表的操作，以保证得到分散执行的数据结果，具备最终能够在一个节点上完成合并的能力，如部分聚合与最终聚合。
- 使用更好的哈希算法，尽量减少哈希冲突，各个引擎中比较常用的哈希算法有 Murmurhash3、XXHash64。

MarkDistinct 优化采用的是第一种思路，即将去重列表的计算提前并分散到多个查询执行节点上。

我们之前从未介绍过优化器如何工作，这不是我们讲解分布式聚合查询原理的核心，不过这里可以适当介绍一下引入 MarkDistinctNode 的优化器 MultipleDistinctAggregationToMarkDistinct，以便更好地理解包含 MarkDistinctNode 优化的执行计划。MultipleDistinctAggregationToMarkDistinct 的基本知识如下。

- 它是一个优化器，实现了 Presto 的优化器执行框架中的 Rule.java 这个 Java 接口的 API。在逻辑执行计划优化阶段会被触发，以匹配执行计划中符合条件的 AggregationNode，并将其改写为 MarkDistinctNode 与 AggregationNode 的组合。
- 有一个可以控制查询粒度的会话参数（SessionProperty）use_mark_distinct，用于控制是否开启 MarkDistinctNode 优化，即 set session use_mark_distinct 的值为 true 或 false，默认值是 true。

MarkDistinct 的引入是否一定会提升查询执行性能？如果涉及计算的数据量很大，或者根据去重列的值去重后结果仍然很多，通常要到百万级以上，这些属于 CPU 开销计算比较多的查询，引入 MarkDistinct 有利于将 CPU 计算分摊到多个查询执行阶段的多个任务中，的确有利于查询性能的提升。这也是 Presto 的设计哲学，即尽量将数据和计算分散，不要在计算中产生明显的单点。但是查询执行阶段、任务和数据交换越多，查询执行过程中需要做的数据重分布越多、节点间 RPC 越多、数据序列化和反序列化越多。如果涉及计算的原始数据本来就比较少（假如只有 1 万条数据），那数据重分布、节点间 RPC、数据序列化 / 反序列化的开销将远大于 CPU 计算的开销，并且由于数据量较小，数据集中不会出现单点瓶颈，引入 MarkDistinct 大概率会降低查询的执行性能。这种情况下不如用只有 2 个查询执行阶段的 Scatter-Gather 执行模型效率高。由此我们可以看出来，Presto 的设计哲学并不是为了处理好小数据量、轻量的查询，大家在 OLAP 引擎选型时不要出错。本书多次表达一个观点：在深入了解 Presto 设计原理的基础上，我们是有方案把它改造成既支持小数据量、轻量级查询，又支持大数据量重量级查询的。

最后，请大家仔细思考一下如下两个问题，它们也是笔者在学习的过程中问自己的问题。

- 为什么 SQL-23 的执行计划有 MarkDistinct Node，而 SQL-22 没有？ MarkDistinct 的职责是什么？
- SQL-23 的分布式执行计划为什么需要 4 个查询执行阶段而不是 3 个？我们已经在前文介绍过查询执行阶段越多，数据序列化、反序列化的开销就越大，对于 SQL-23，你是否有更好的技术方案？

8.2.4 使用 Scatter-Gather 执行模型实现 SQL-23

Scatter-Gather 执行模型如图 8-12 所示，涉及如下两类节点。

- 分散执行节点：从数据源拉取数据，完成在以分组列加上去重列为去重键的部分去重聚合计算。
- 汇聚执行节点：从分散执行节点拉取数据，完成最终聚合计算，再进一步完成 SUM、COUNT 聚合计算。可以看到，Scatter-Gather 执行模型的汇聚执行节点工作量还是比较大的，对于分组列与去重列的组合值比较多的查询，更容易成为瓶颈。

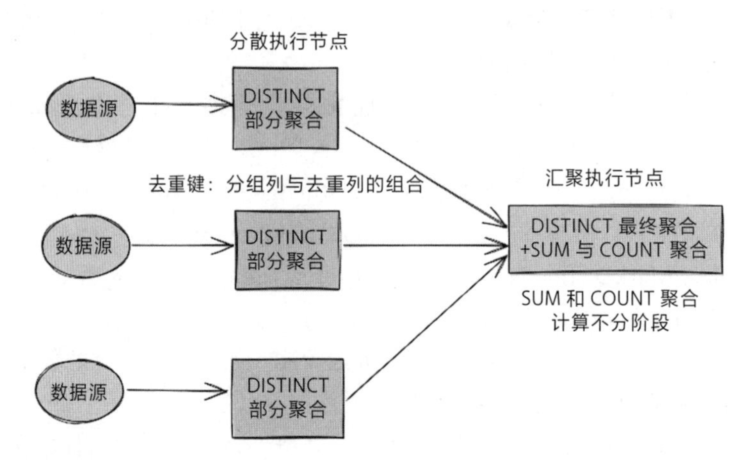

图 8-12 通过 Scatter-Gather 执行模型实现 SQL-23

8.3 SQL-30 综合多种计算查询的实现原理

SQL-30 除了聚合计算，还有排序（ORDER BY）、结果集行数限制（LIMIT）。当聚合查询中同时出现排序、行数限定的计算需求，这个查询往往能够被优化为 TopN 的聚合计算，本节将结合聚合计算与 TopN 计算，介绍其具体的实现原理。

```
SELECT
  ss_store_sk,
  SUM(ss_sales_price) AS sales_price,
  SUM(ss_quantity) AS quantity
FROM store_sales
WHERE ss_item_sk = 13631
GROUP BY ss_store_sk
ORDER BY ss_sales_price DESC, ss_quantity DESC
LIMIT 10;
```

8.3.1 执行计划的生成与优化

1. 初始逻辑执行计划

如图 8-13 所示，自下而上观察此逻辑执行计划树，分析查询执行的逻辑。

- TableScanNode：从数据源连接器拉取数据。
- FilterNode：基于 WHERE 条件的过滤。
- AggregationNode[SINGLE]：分组聚合操作。
- SortNode：在 Presto 中，排序是用 SortNode 来表示的，不存在 OrderByNode 的概念。
- LimitNode：用来表示 LIMIT 操作。
- OutputNode：PlanNode 树根，用来表示最终结果输出。

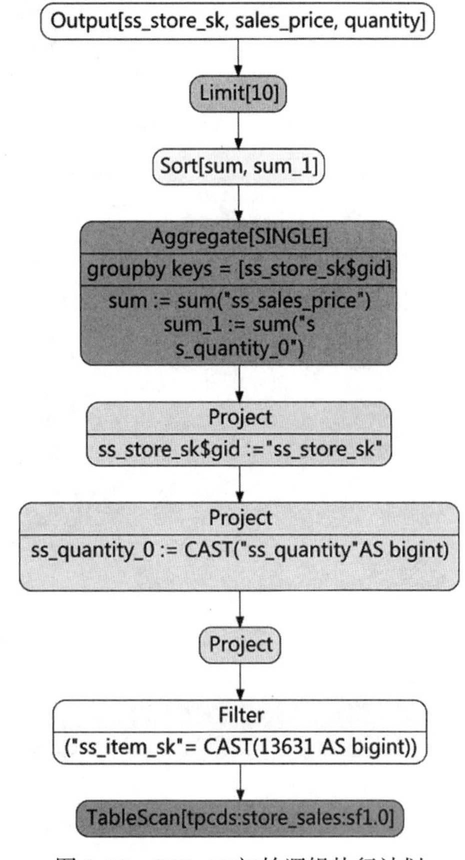

图 8-13　SQL-30 初始逻辑执行计划

2. 优化后的逻辑执行计划

经过 MergeLimitWithSort、CreatePartialTopN、AddExchanges 等优化器优化后的逻辑执行计划多了几种 PlanNode，如图 8-14 所示。

- AggregationNode[PARTIAL]，AggregationNode[FINAL]：分别负责完成部分聚合与最终聚合的计算。
- ExchangeNode[REMOTE][REPARTITION]，ExchangeNode[REMOTE][GATHER]：分别负责配合 AggregationNode[FINAL]、TopNNode[FINAL] 来做数据重分布，因为这两个操作实现的前提是数据分布的方式支持每个任务的算子独立计算出最终的结果。对于 AggregationNode 的最终聚合来说，只需要将数据按照分组列分布即可，这样可使相同的分组不会出现在多个任务中。对于 TopNNode[FINAL] 操作来说，必须将所有 TopN[PARTIAL] 结果都安排到同一个任务中，才能够计算得到最终的 TopN 结果。
- TopNNode[PARTIAL]，TopNNode[FINAL]：计算并只输出数据的 TopN 或 BottomN。对比初始的逻辑执行计划，我们发现 SortNode、LimitNode 不见了，取而代之的是 TopNNode，根据排序列（orderby key）排序并仅保留前 *N* 条数据记录。

3. 查询执行阶段划分

逻辑执行计划经过 AddExchange 优化器划分后分为 3 个 PlanFragment，对应分布式执行时的 3 个查询执行阶段——Stage2、Stage1、Stage0。SQL-30 查询执行阶段关系如图 8-15 所示。

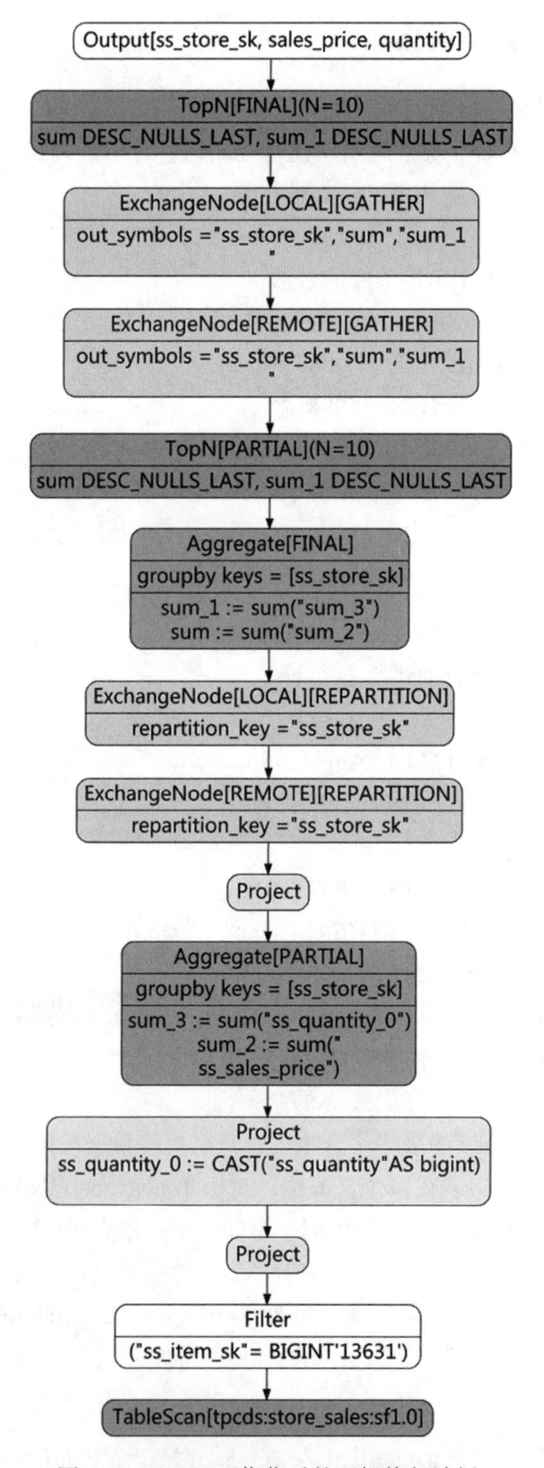

图 8-14 SQL-30 优化后的逻辑执行计划

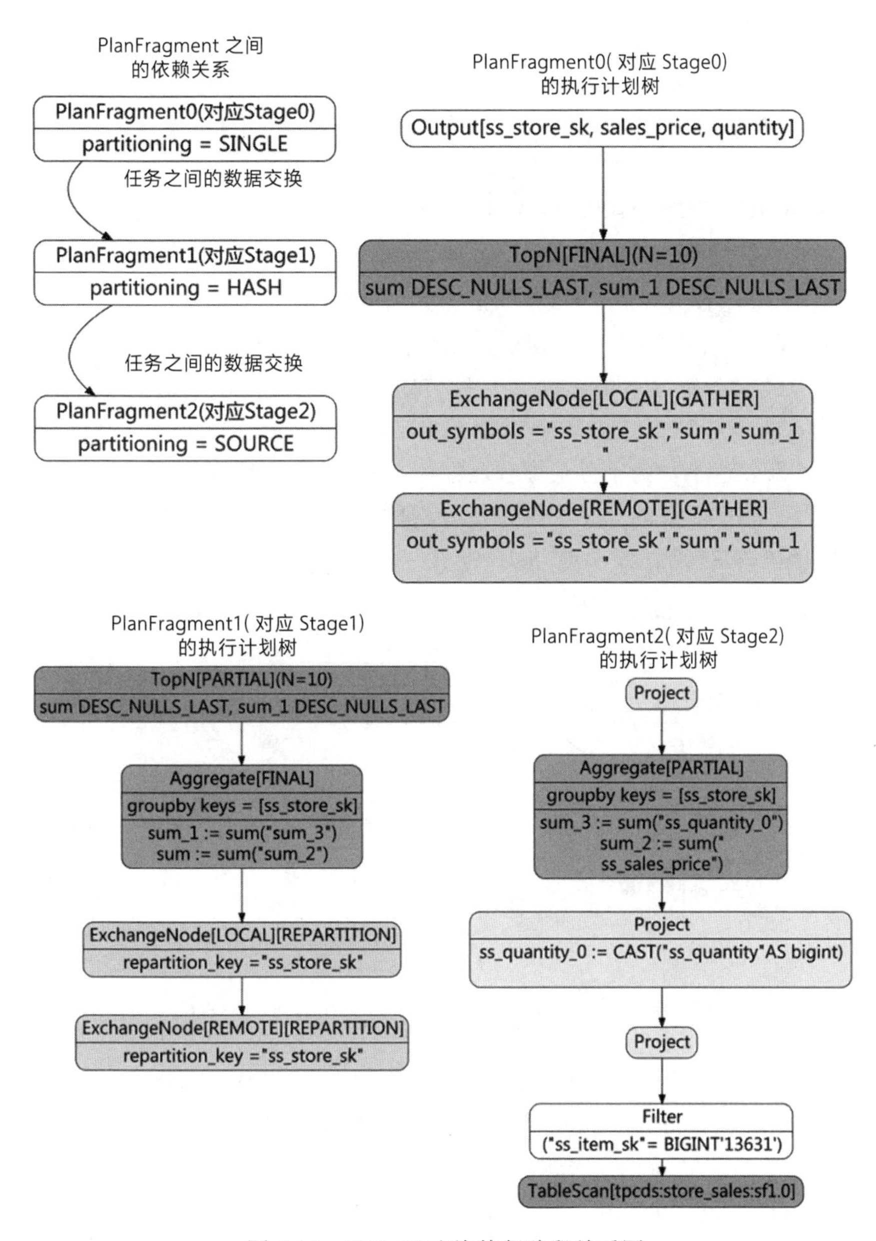

图 8-15　SQL-30 查询执行阶段关系图

- Stage2 职责：从数据源连接器拉取数据，按分组列完成部分聚合计算，减少向下游 Stage1 传输的数据。
- Stage1 职责：Stage1 的每个任务根据哈希规则从上游 Stage2 拉取属于它的数据，并按分组列完成所有数据的最终聚合。聚合后的数据交付给 TopNOperator，由它完成本地的数据排序，只保留 TopN 放到 OutputBuffer 中，等待 Stage0 的任务来拉取。

- Stage0 职责：这个 Stage 只有 1 个任务（并行度 =1），它从上游 Stage1 的多个任务拉取数据后，将所有数据汇总在一起并排序，只保留 TopN 的结果放到 OutputBuffer 中，等待集群协调节点拉取，这些数据是查询的最终计算结果。

8.3.2 分布式调度与执行的设计实现

实际上在执行计划中除了 TopN 计算的部分，SQL-30 其他的部分与前面介绍的 SQL-21 完全相同，SQL-30 比 SQL-21 多了 ORDER BY、LIMIT 的计算需求，也多了 TopN 的计算优化。SQL-30 是一个综合案例，不局限于聚合计算的原理，也包含了 ORDER BY、LIMIT 的部分知识，从语义与数据结果一致性上讲，TopN 的含义与 ORDER BY + LIMIT 的含义完全一致。有一点需要留意：当某个 SQL 只有 ORDER BY 或 LIMIT 这两者中的一个时，就不能用 TopN 来表达了。由于分组聚合已经在 SQL-21 的介绍中详细展开，而 TopN 计算也已经在第 6 章的 SQL-12 的介绍中详细展开，所以接下来我们将忽略这两个知识点的细节，主要介绍整体的执行流程，如图 8-16 所示。

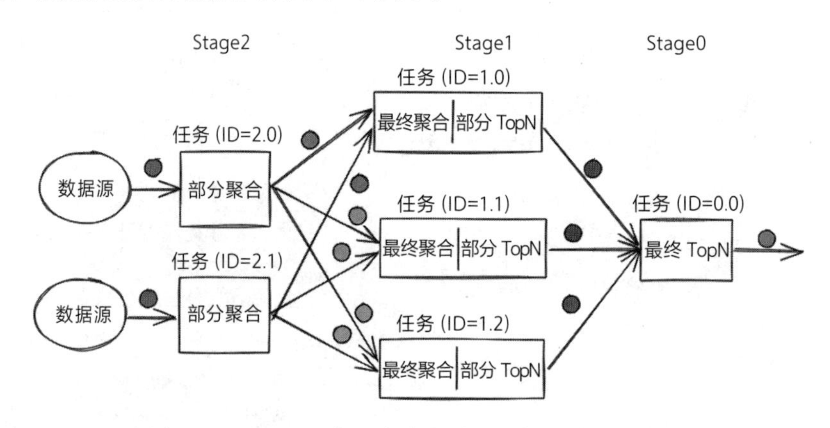

图 8-16 SQL-30 各查询执行阶段的任务执行示意图

各查询执行阶段的算子计算逻辑，Stage2 按照数据处理顺序，依次涉及如下几个算子。

- ScanFilterAndProjectOperator：负责从数据源连接器拉取数据并给到后面的 HashAggregationOperator，这不是本节重点，不展开介绍。
- HashAggregationOperator：负责完成部分聚合，将聚合中间结果给到后面的 PartitionedOutputOperator。
- PartitionedOutputOperator：负责将数据放到 OutputBuffer，等待下游 Stage1 来拉取，这个是数据交换的流程。SQL-30 给出的 SUM 聚合的上游 Stage2 有多个任务，下游 Stage1 也是多个任务。Stage1 的某个任务应该从 Stage2 的哪些任务拉取数据呢？实际上在查询调度阶段，Stage2 已经知道 Stage1 有多少个任务，假设是 *N* 个，那么上游每个任务的 OutputBuffer 被分成 *N* 个分区，编号从 0 到 *N*–1。例如 Stage1 的 Task1.0 会拉取 Stage2 每个任务上分区 ID 是 0 的 OutputBuffer，Stage1 的

Task1.1 会拉取 Stage2 每个任务上分区 ID 是 1 的 OutputBuffer，依此类推。Stage2 某个任务的部分聚合结果可能有多行数据（对应多个分组），每行数据应该放置到 OutputBuffer 的哪个分区呢？规则是分区 ID 等于 hashcode(groupby key) % N。这样即可保证在 Stage2 中所有相同分组的部分聚合结果，一定能够通过数据交换都去到相同的 Stage1 的任务中，这样才能够实现下一步的最终聚合。这种数据交换的类型，我们称之为 REPARTITION。

Stage1 按照数据处理顺序，依次是这几个 Operator：

- 数据交换相关算子：负责拉取 Stage2 的计算结果并给到后面的 HashAggregationOperator，数据交换相关的 Operator 是 ExchangeOperator，由于不影响对本节核心思想的理解，我们在这里不做展开介绍，只要知道它是负责从上游拉取数据即可。
- HashAggregationOperator：负责完成最终聚合，将聚合结果给到后面的 TaskOutput-Operator。
- TopNOperator：负责计算前序 HashAggregationOperator 输出 Page 的所有记录的 TopN，未被入选 TopN 的其他记录可全部丢弃。这里的 TopNOperator 拿不到其他任务的数据，所以做的是部分 TopN 的计算。
- TaskOutputOperator：其实到这里已经计算得到了整个查询的最终计算结果数据，只是这些数据还分散在 Stage1 的各任务所在的查询执行节点上，TaskOutputOperator 负责将结果数据放到 OutputBuffer 中，等待 Stage0 的任务来拉取。这里的数据交换类型是 GATHER。请读者也考虑一下这里为什么是 GATHER，而不是 REPARTITION。

Stage0 是最终结果数据汇总阶段，它的并行度是 1，即全局只有一个任务。按照数据处理顺序，依次涉及如下几个算子。

- 数据交换相关算子：负责拉取 Stage1 的计算结果并给到后面的 TaskOutputOperator，后面再也没有什么聚合操作，因为在 Stage1 中，实际上已经计算得到最终聚合结果，只是还没有把这些结果都放到同一个节点上，Stage0 做的是此事。
- TopNOperator：可以拿到 Stage1 多个任务计算得到的部分 TopN 的数据，在这里汇总后，可计算最终 TopN 的数据，并丢弃排序不在 TopN 的数据记录。
- TaskOutputOperator：到这里已经计算得到了整个查询的最终计算结果数据，Task-OutputOperator 负责将结果数据放到 OutputBuffer 中，等待集群协调节点来拉取。

8.3.3 使用 Scatter-Gather 执行模型实现 SQL-30

在 Scatter-Gather 执行模型中，如图 8-17 所示。

- 分散执行节点：从数据源拉取数据，完成带分组计算需求的 SUM 部分聚合计算，在 Scatter-Gather 执行模型中，分组的实现方式一般也是哈希聚合。
- 汇聚执行节点：从分散执行节点拉取数据，合并数据以完成最终聚合，最后完成 TopN 计算。有的读者可能会问，TopN 聚合为什么不拆开成部分 TopN 与最终

TopN这两种计算，在分散执行节点上执行一次部分TopN（Partial TopN）以减少传输给汇聚执行节点的数据？实际上这不是性能好坏的问题，而是数据一致性的问题。如果每个分散执行节点拉取的数据不能保证与其他的分散执行节点没有相同的分组，就会带来数据一致性问题，即每个分散执行节点计算所得的TopN，不是所有数据放在一起计算的TopN，进而在汇聚执行节点上计算所得的TopN也不是真正的TopN。如果发起查询的用户接受这种不一致性，这么做也不是不可以，例如Elasticsearch的聚合操作就是这么做的。

这里想留给大家一个思考题：在Elasticsearch做聚合计算时，发起查询的用户如果希望得到最真实一致的TopN结果该如何做？

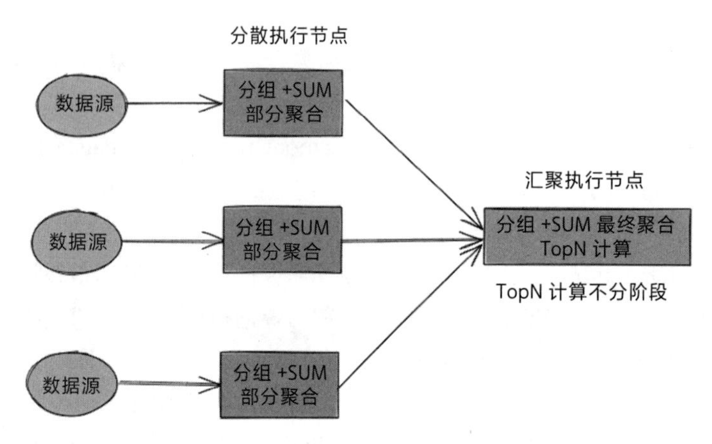

图8-17 通过Scatter-Gather执行模型实现SQL-30

8.3.4 总结

TopN优化是一种常见的在计算过程中减少数据量的优化手段，那么它是不是总是有效或有收益呢？假设Stage1的每个任务聚合结果记录数为M，TopN要求的记录数为N。我们做表8-1所示的对比。

表8-1 TopN优化的总结

	没有TopN的执行方式	有TopN的执行方式
是否需要排序	不需要	需要
Stage0与Stage1数据交换成本	当M远大于N时，没有TopN优化的数据交换的序列化、反序列化、网络传输成本较高 当M与N接近时，做不做TopN优化区别不大。做了TopN优化反而多了一个排序的成本	
Stage0的CPU与内存开销	当M远大于N时，由于做了TopN优化后Stage0需要处理的数据量更少，自然计算得更快，使用CPU更有优势，占用内存更少 当M与N接近时，则优势不明显	

8.4　常见聚合查询优化手段与优化器

8.4.1　将聚合操作拆分为部分聚合与最终聚合

如本章前面介绍的几个聚合查询，它们都有多个查询执行阶段，上下游查询执行阶段之间需要做跨进程的数据交换。如果负责从数据源拉取数据的查询执行阶段直接将数据给到下游负责聚合计算的查询执行阶段，其数据量会比较大，会带来较多的数据交换的序列化、反序列化成本以及网络传输的开销。

为了优化查询速度，Presto 会在上游查询执行阶段先做一次数据聚合，我们称之为部分聚合。下游查询执行阶段收到数据后负责完成所有上游查询执行阶段数据的最终聚合，我们称之为最终聚合。在理想情况下，这样做可以大大减少要发给下游查询执行阶段的数据量，大大减少数据序列化、反序列化、网络传输的时间。大多数计算引擎（如 Flink 等）都有类似的优化。但是，对于部分聚合，如果分组后的数据行数与分组前的数据行数接近，那部分聚合就白做了，这种情况常见于用户 SQL 中的分组列（groupby key）或去重列（distinct key）对应的列是一个重复值比较少，即基数（Cardinality）比较大的列。在 Presto 中与此相关的优化器有多个，包括 AddExchanges、PushPartialAggregationThroughExchange 等。

在 OLAP 引擎的性能优化中，我们时常能够观察到做数据的序列化、反序列化的时间比做数据聚合计算的时间更长，尤其是那些使用字符串形式的 JSON、XML 作为序列化协议的计算引擎，这些协议并不是好的生产环境实践。我们建议用高效的二进制协议作为节点的数据协议格式。

8.4.2　在上下游任务中传播哈希聚合分组列的哈希值

对于需要做分组计算的查询，如果它是基于哈希聚合的设计实现，执行过程中需要在分组列上计算哈希值，以便更快地完成数据中所有分组的比较与聚合。要计算的相应哈希值如下。

- GROUP BY user_id：需要计算 hash_code(user_id)。
- GROUP BY brand_name, store_id：需要计算 hash_code(brand_name, store_id)。

在部分聚合与最终聚合中都需要用到上述哈希值。计算哈希值也是有开销的，如果能够提前完成哈希值的计算更好，常见的策略有如下几种。

- 在数据写入存储系统时，提前计算常用的 GROUP BY 字段组合的哈希值，查询时可直接使用。这是空间换时间的策略，比较适合被查询的数据表中 GROUP BY 字段不多或者 GROUP BY 字段组合相对固定的场景。
- 对于执行过程中同时有部分聚合与最终聚合的查询，可以将部分聚合阶段计算得到的哈希值给到下游的最终聚合算子，这样有效节省了最终聚合的哈希值计算。通过前面的讲解我们已经知道，Presto 使用的是此方案，它不要求存储系统能够提供哈希值。Presto 中有一个 optimizer.optimize-hash-generation 参数可以控制在计算过程中是否做此优化。

8.4.3 部分聚合计算下推

如前所述，查询处理的数据量较大时，带来了较多的数据交换序列化、反序列化、网络传输的开销。要对此进行优化，除了能够在查询引擎中实现诸如部分聚合与最终聚合特性外，甚至可以考虑更进一步把部分聚合下推到存储系统中去执行，由收到数据拉取请求的存储节点完成当前节点上数据的部分聚合，再将聚合后的数据发给 Presto 查询执行节点。这相当于 Presto 的查询执行节点从外部存储系统拉取到的数据已经是经过存储系统做过部分聚合的，此时 Presto 只需要做最终聚合即可。

此处有一点需要特别说明，下推到存储系统的应该是部分聚合，而不是最终聚合。如果是最终聚合，那么意味着是存储系统完成的整个聚合计算，就无法利用查询引擎的并行执行能力了。目前来看，Presto 在执行计划优化层面支持了聚合下推能力，对应的优化器是 PushAggregationIntoTableScan。其他的大部分 OLAP 引擎都还不具备聚合下推的能力，即使它们具备了这个能力，对接的大部分数据源也没有实现此接口。

8.4.4 将 ORDER BY 与 LIMIT 计算优化为 TopN 计算

Presto 的优化器 LimitPushdown，负责将 ORDER BY + LIMIT 优化为求 TopN 的操作，执行计划（PlanNode 树）经过 LimitPushdown 的处理后，树上 SortNode、LimitNode 这两个 PlanNode 消失了，被替换为 TopNNode。关于 TopN 计算的优劣及适用场景，我们在介绍 SQL-30 时已经有详细介绍，这里不再赘述。

8.4.5 基于代价评估的方式来决定如何选择执行模型

MPP 执行引擎擅长对涉及数据量较大（过滤后百万级以上或分组后十万级以上）的查询做计算。对于涉及数据量较大的查询的执行过程来说，瓶颈主要在拉取数据的 IO 和计算上，而任务调度、数据交换开销相对较小。对于那些小查询，即涉及的数据量较小的查询，拉取数据的 IO、计算开销也较小，这就突显出任务调度、数据交换，它们反而成了主要瓶颈，导致小查询的延迟较长，能承载的 QPS 较低。如果 OLAP 引擎开发者希望主要对小查询做优化，可以尝试预估查询执行的成本，在执行计划、调度阶段根据成本来将 MPP 执行模型切换成 Scatter-Gather 执行模型。前提是这些小查询的查询模式不复杂，可以用 Scatter-Gather 执行模式表达。本节介绍的几个聚合 SQL 都可以用 Scatter-Gather 执行模型表达。Scatter-Gather 执行模型非常简单，只有一次打散操作和一次聚合操作，可以将任务调度、数据交换的开销降到最小。如果在 SQL 中有关联（JOIN）计算就不适合这么做了，除非是基于数据特定分布的打散规则一致的多表关联（Co-Located JOIN）或简单的广播关联（Broadcast JOIN）。

前面讲到的预估查询执行成本并根据成本选择不同执行模型的行为，在数据库业界有一个通用的名词，即 CBO——Cost-Based Optimization（基于成本优化）。还有另外一种是 RBO——Rule-Based Optimization（基于规则优化），我们在前面所讲的所有优化器都是 RBO 的优化器。这里介绍的根据 CBO 来切换执行模型的能力，实际上 Presto 并不具备，这是笔者的臆想，但是思路是可行的。相信你在阅读完本书后，在对 Presto 有了系统性认知后，把它改造成笔者臆想的样子并不难，注意把每个细节都认认真真地设计实现好，说不定能搞出一个很牛的 HSAP 系统（Hybrid Servering and Analytic Processing，混合在线服务与离线分析的数据处理平台）。理想情况下的查询规划与优化器的执行流程如图 8-18 所示。

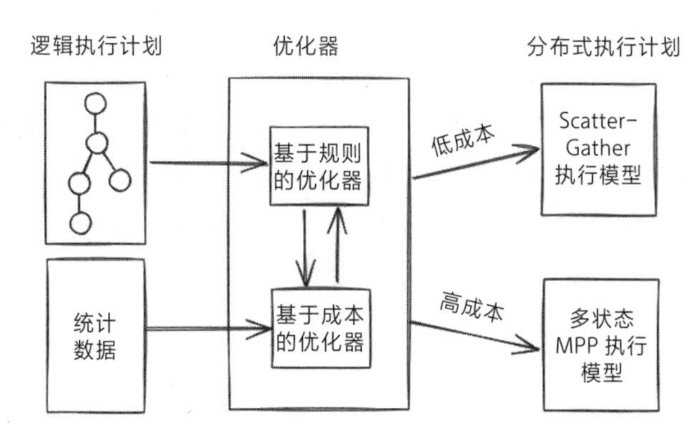

图 8-18 理想的查询规划与优化器执行流程

8.4.6 利用存储的数据分布特性做优化

利用存储特性做计算优化的案例有很多，其中一种常见的聚合计算优化方法是根据带分组查询的分组列在存储系统中的分布特性做优化。在部分场景中，数据在写入存储时，会将分组列作为数据分区的依据，即一个表被划分为多个数据分区（shard/partition），分区不同，分区键（sharding key）也不相同，但是它们数据分布的方式是确定的。假设 shard_id 的计算方式为 shard_id = sharding_func(sharding_key)，在此前提下，假设这里的分区键就是 SQL-21 或者 SQL-22 中的分组列，那它们就不需要再用哈希算法做数据的重分布了（即不需要这两个查询在 Stage2 与 Stage1 之间进行数据交换），因为相同分组的数据行在存储上已经在一起，可以直接进行相同分组内的聚合。因此，这两个查询执行阶段的执行流程可以进行简化，实际上也可将简化后的流程理解为 Scatter-Gather 执行模型，而且这个 Scatter-Gather 执行模型的汇聚节点合并数据的压力会很小。除了 Presto，其他的 OLAP 引擎（如 ClickHouse）也支持用户在查询时指定一个参数来做这样的优化。

总之，这种能够直接利用分区键的数据分布特性来做计算优化的前提是分区键与聚合查询中的分组列是相同的，它的优势是减少了一次数据交换的开销，劣势是需要数据具备一定的数据分布特征，如果这个特征与查询的预期不符，那么这个优化的前提也就不存在了。在计算开销远远高于存储开销的场景中，数据维护者（常常是数据仓库的负责人）在创建表时会为数据设计不同的分区键，通过维护多份数据的形式来加速查询，即用空间换时间。

8.5 总结、思考、实践

我们之所以花这么大篇幅介绍SQL聚合的原理与设计实现，是因为掌握了SQL聚合与SQL JOIN的底层逻辑，就掌握了日常用到的OLAP引擎的60%以上的底层逻辑，会让你理解与解决问题的能力提升一个台阶。

大家可以按照笔者曾经的学习路径来学习知识：先在单个节点上研究不带分组的SUM聚合，再研究带分组的聚合并掌握哈希聚合（HashAggregation），笔者在此期间发现自己对优化器与代码生成技术一无所知，所以脱离了主要路径去研究了这两个知识。之后串起大概的执行流程，又发现自己对查询是如何调度的、如何做数据交换的不了解，再一次脱离主要学习路径，到最后终于得到完整清晰的聚合查询全景图。

思考与实践：

- 详细阅读并调试聚合查询相关的单元测试代码，例如TestHashAggregationOperator.java、Test GroupByHash.java、TestState.java等。
- 聚合查询的执行计划优化阶段使用了哪些优化器？这些优化器是如何操作聚合查询的逻辑执行计划的？
- 试着研究在聚合查询中，都有哪些设计实现用到了代码生成技术？这些代码生成技术的作用是什么？具体是如何实现的？给大家一个提示：可以看一下TestStateCompiler.java和TestAccumulatorCompiler.java。
- 在互联网上搜索哈希算法的各种实现，并对比它们的功能、性能、哈希值冲突概率。
- 在Trino、Presto两个项目的Github官方项目上搜索与SQL聚合查询相关的历史ISSUE（问题）、PR（代码合并请求）。

第四篇 Part 4

数据交换机制

- 第 9 章 数据交换在查询规划、调度、执行中的基本原理
- 第 10 章 数据交换在查询调度与执行中的详细设计

Chapter 9 第9章

数据交换在查询规划、调度、执行中的基本原理

在OLAP引擎的查询分布式执行过程中，数据交换是执行大规模数据分析的关键步骤。数据交换涉及在分布式系统中的不同节点之间交换数据。在OLAP引擎的查询执行过程中，数据可能需要从一个节点移动到另一个节点以进行进一步的处理。例如，当执行聚合操作时，不同节点上的局部聚合结果需要被收集并合，从而得到全局聚合结果。这个过程通常涉及网络传输，因此需要优化以减少延迟和带宽消耗。为了提高效率，OLAP引擎可能会采用数据压缩、分区和排序等策略来优化数据交换过程。

9.1 数据交换机制简介

9.1.1 数据交换是什么

Presto是针对ANSI SQL语义的分布式实现，所有的SQL查询语义，尤其是聚合（Aggregation）、关联（JOIN），它们依靠各个分散在多个Presto查询执行节点上的任务共同协作以完成一个分布式计算的执行。相邻两个查询执行阶段的任务与任务之间，由于存在某种协作关系，例如一些任务是数据处理的上游，另一些任务是数据处理的下游，它们之间必然需要传输数据。在Presto中，我们将这种任务与任务之间传输数据的行为称为数据交换。需要在分布式的环境中做节点间的数据交换，这是分布式SQL执行引擎与单节点的SQL执行引擎（如MySQL）设计与实现的最大不同。数据交换的英文是Data Exchange，在很多 OLAP 引擎中也将其称为 Data Shuffle，它们都是相同的含义。

如图 9-1 所示，这是一个包含多个查询执行阶段的查询物理执行计划，Stage2 的各任务计算完成的数据输出到 Stage1，进而再将数据输出到 Stage0，这里进行了两次数据交换。也就是说，数据交换有时候是 N 路到 M 路的，有时候是 N 路到 1 路的，也可能是 1 路到 M 路的，具体要看计算场景的需要。

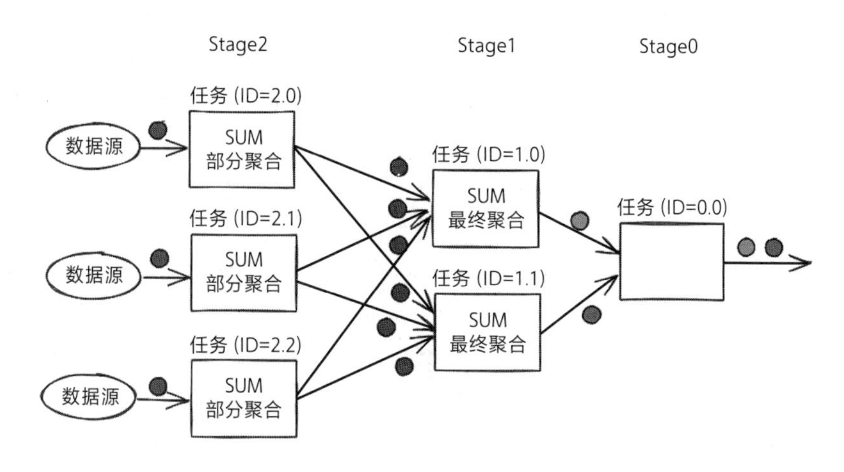

图 9-1　分布式查询执行过程中的数据交换

任务之间数据交换、任务内部数据交换，这些是 OLAP 领域的通用能力。大家只要掌握了 Presto 的数据交换的本质，也就掌握了所有 OLAP 引擎的数据交换的本质。本章的目的是借 Presto 的设计实现细节来讲清楚数据交换的本质，而不是让大家陷入无休止的 Presto 代码实现细节中。

9.1.2　何时需要做数据交换

简单一句话总结就是：只要查询执行过程中有需要改变数据分布的场景，都需要拆分查询执行阶段，拆分后的两个查询执行阶段之间就需要做数据交换。

怎么理解数据分布？以前文引入的 SQL-21 为例说明。

```
SELECT
    ss_store_sk,
    SUM(ss_sales_price) AS sales_price
FROM store_sales
WHERE ss_item_sk = 13631
GROUP BY ss_store_sk;
```

在第 7 章介绍聚合查询原理时，我们详细介绍了 SQL-21 的设计与实现原理，它的物理执行计划如图 7-9 所示。

Presto 将 SQL-21 的物理执行计划拆分为 3 个查询执行阶段的主要原因有两个：

- MPP 分布式执行模型尽量将分布式执行各节点的压力最小化，尤其是处在最后执行环节的 Stage0 的任务。这是由执行模型决定的，这部分在第 7 章中有详细阐述。
- 在 MPP 执行模型的基础上，要做到 SQL-21 中需要的分组（GROUP BY）操作，Presto 实现的是基于哈希的聚合，即聚合的过程中需要将相同分组字段的数据行"安排"到同一个节点上，才能完成相同分组字段的聚合。这里说的"安排"实际上就是改变原有的"数据分布"。Presto 从数据源连接器拉取数据到 Presto 查询执行节点内存后，上面的数据分布不一定是按照 SQL-21 中的分组字段将数据分布在各个节点上，需要做一次数据重分布。数据重分布只允许发生在查询执行阶段之间，因此 SQL-21 的物理执行计划中拆分出了 Stage2 与 Stage1。这种依赖先拆分查询执行阶段再完成多查询执行阶段之间数据交换的方式，是 OLAP 领域的标准设计实现方式，Spark、Flink 等计算引擎皆如此，并不是 Presto 独家，这一切都起源于 1995 年发表的 Volcano 执行模型的论文，在执行计划中插入 ExchangeNode，即可为其他计算逻辑完全屏蔽分布式执行的考虑。

接续上一点，由于 Stage1 的执行仍然是多节点多任务的，即使在 Stage1 能够计算出来每个分组字段的最终聚合结果，但是仍然需要一个最终结果数据汇聚节点来完成所有分组字段计算结果的汇聚工作，这显然又是一次数据的重分布。Stage1 到 Stage0 的数据重分布与 Stage2 到 Stage1 的数据重分布的不同点在于——前者不做哈希分布而只是将所有节点的数据统一传输给下游的唯一一个节点。

9.1.3 数据交换是拉取模型

假设某个查询有 4 个查询执行阶段，其中 Stage2、Stage3 中的任意两个任务的执行如图 9-2 所示。为了方便描述，我们将 Stage3 的所有任务称为数据交换的上游任务，将 Stage2 的所有任务称为数据交换的下游任务。

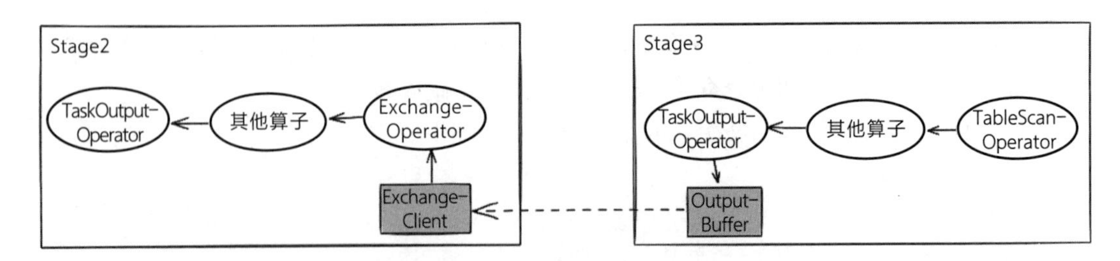

图 9-2 查询中相邻查询执行阶段的数据交换

在任意查询执行阶段的任务内各算子处理数据的流程都是由 Driver 驱动的推送数据模型。即 Driver 从数据处理上游向下游遍历算子链中的每个算子，通过调用 Page page = Operator::getOutput() 方法获取到 Page，再调用下游的算子的 Operator::addInput(Page page) 方法将上游算子计算完输出的 Page 交付给下游算子。这是与我们常见的采用拉取方式的火山模型不同的推送模型。

然而对于查询执行阶段间的数据交换，Presto 采用拉取的方式来让下游的查询执行阶段获得上游查询执行阶段的数据，如图 9-2 所示，Stage2 的 ExchangeOperator 指挥 ExchangeClient 来发起异步 HTTP 请求主动拉取 Stage3 的 OutputBuffer 中的数据。

数据交换是由下游任务主动发起的拉取上游任务数据的操作，如图 9-2 所示。笔者建议大家研究这部分的设计与实现时，从以下几点问题切入。

- 数据交换下游的任务如何知道去哪个上游任务拉取数据？
- 数据交换下游的任务如何知道对应的上游任务在哪里（Location）？
- 数据交换上游的任务如何知道它输出到 OutputBuffer 中的每行数据应该给到下游的哪个任务？
- 数据交换上下游的通信协议是什么？数据格式是什么？序列化、反序列化的方式是什么？

对于上面的第一个和第二个问题，在查询调度阶段，通过构建查询执行阶段血缘关系（StageLinkage，即各查询执行阶段各任务之间的数据流转拓扑关系），使每个查询执行阶段的每个任务都能够清晰地知道它的数据来源（SourceTask）是谁（TaskId），此时由于各个任务还没有被调度到各 Presto 查询执行节点上，因此还不能知道这些任务在哪里；在查询调度阶段，各任务被调度后，它们的 Task Location URI（Task 地址）也告知了下游任务，这是能够找到某个任务的唯一方式。对于第三个问题，每个上游任务 OutputBuffer 中的数据会根据下游任务的数量（Partition 个数）划分成若干个数据分区，每个分区 ID 与在查询调度阶段为每个下游任务分配的 OutputBufferId 一一对应。关于上述这几个问题的详细答案，后文会逐一介绍。

9.1.4　任务之间数据交换与任务内部数据交换

前文讲解的所有数据交换的情况都是任务间要做的数据交换，英文是 Remote Data Exchange。实际上在一些计算场景中，某节点上的某个任务内部的执行，也存在多路并行执行（由 Driver 个数控制），并需要做任务内数据交换的情况，英文是 Local Data Exchange。通常而言，任务内部数据交换的每个并行度对应的是一个任务中的一个线程，而对于任务之间数据交换而言，每个并行度对应的是一个任务。在 ExchangeNode 的定义中，存在一个 Scope 的成员，它的值如果是 Scope.REMOTE 则表示其是任务之间的数据交换，如果是 Scope.Local 则表示其是任务内部的数据交换。

```
public class ExchangeNode extends PlanNode {
    public enum Scope {
        LOCAL,
        REMOTE
    }
    private final Scope scope;
```

```
    ...
}
```

再举一个任务内部数据交换的例子，在第6章详细介绍过的SQL-11的执行中：

```
SELECT ss_item_sk, ss_sales_price
FROM store_sales
WHERE ss_item_sk = 13631
ORDER BY ss_sales_price DESC;
```

Stage1中完成了任务中每个Driver单并行粒度的排序后，还需要在将数据输出到OutputBuffer之前，先完成从*N*到1的任务内部数据交换，这起到了数据汇聚的作用。这个任务内部数据交换执行了一次多路归并，以确保当前任务给到下游任务的数据是有序的，上下游任务之间的数据传输又涉及一次任务之间的数据交换。就像SQL-11的执行，任务之间数据交换与任务内部数据交换并不是完全独立的，它们有时需要互相配合。

9.1.5 数据交换的代价

凡事有利必有弊，要不要采用一项技术关键是看它是否适合当下的场景，而不是因为它看起来很厉害。例如任务之间数据交换可以灵活地将单节点计算的查询转变为分布式执行，可以大大利用现代多节点物理集群的价值，任务之间数据交换可以通过增加并行度来引入更多节点的CPU参与计算，也可以通过改变数据分布将超大的数据量分散到多个节点执行，以避免单节点执行的内存爆炸。但是随着任务之间数据交换次数的增加、数据量的增加，数据的序列化和反序列化，网络传输的成本会越来越高，节点间的RPC也越来越多，从而导致查询性能不一定会越来越好。最佳实践是：轻量级查询可考虑单节点执行或者以较小的并行度分布式执行，而大的重查询为了提升执行效率，可以考虑以较大的并行度执行。

9.2 查询优化阶段任务之间数据交换的设计实现

9.2.1 任务之间数据交换的3个阶段

通过上一节的介绍，我们已经建立了多查询执行阶段与数据交换之间的清晰联系，本质上查询执行阶段存在的意义，就是为了将不同数据分布的计算拆分开来，这个是在查询执行计划生成阶段就完成的事情。

总体来说，任务之间数据交换涉及查询的执行计划生成、任务调度、分布式任务执行这3个阶段。

1）执行计划生成阶段：根据数据源的数据分布属性（比如根据哪些字段做分区，根据哪些字段做排序），或者根据逻辑执行计划树上的各个节点对数据分布的要求，或者对计算并行度的要求，相关优化器在逻辑执行计划树中插入 ExchangeNode，到这个阶段逻辑执行计划树已经没那么“单纯”，需要考虑分布式执行的事情。

2）任务调度阶段：这个阶段主要的工作是划分查询执行阶段；决定每个查询执行阶段的 OutputBuffer 类型；为整个查询的所有执行阶段间建立数据血缘关系——以便每个查询执行阶段作为数据交换上游时能够知道下游有多少个分区，以及这个查询执行阶段作为数据交换下游时知道它的数据来源任务的 URI 以便拉取数据。之后还要生成 RemoteSplit 并调度到对应查询执行阶段的任务上。

3）分布式任务执行阶段：又可分为以下几个阶段。

- 执行阶段 -1：将每个查询执行阶段的算子链计算结果输出到当前任务的 OutputBuffer 中，等待下游查询执行阶段的任务来拉取数据。
- 执行阶段 -2：每个查询执行阶段（从数据源连接器拉取数据的查询执行阶段除外）从上游的查询执行阶段各任务的 OutputBuffer 中拉取它需要的数据，并在算子链中完成后续数据计算。
- 执行阶段 -3：处理数据交换过程中有关数据格式、序列化 / 反序列化，RPC 协议（HTTP）的流程。

后文会先用比较大的篇幅来介绍任务之间数据交换，最后再用少量的篇幅讲任务内部数据交换。两个知识分开介绍有利于读者逐步理解，而两个知识的相似性，使我们可以在介绍完任务之间数据交换后，只需要少量叙述就能让大家理解任务内部数据交换。针对任务之间的数据交换，将依次按照查询优化、调度、执行阶段中数据交换相关的核心设计抽象与具体实现来做系统讲解。由于执行阶段比较繁杂，我们将其拆分为执行阶段的数据交换上游、执行阶段的数据交换下游分别介绍。

9.2.2　ExchangeNode 的实现

对于需要做数据交换的执行计划树，需要有一种机制来表示数据交换相关的信息，这就是 ExchangeNode 存在的意义。ExchangeNode 的定义如下，其中重要的字段属性已经在注释中做了充分的解释。

```
// 文件名：ExchangeNode.java
public class ExchangeNode extends PlanNode {
    public enum Type {
        GATHER,
        REPARTITION,
        REPLICATE
    }

    public enum Scope {
        LOCAL,
        REMOTE
    }
```

```
    // 数据交换的类型
    // GATHER 表示从 N 到 1 汇聚，REPARTITION 表示按照某个规则重新分布数据，REPLICATE 表示复制数据
    private final Type type;
    // 数据交换的范围，LOCAL 表示任务内部数据交换，REMOTE 表示任务间的数据交换
    private final Scope scope;
    // 数据交换过程中对数据做重新分布的方式，理解这部分有一些难度，我们会在后面详细解释
    private final PartitioningScheme partitioningScheme;
    // 数据交换过程中，数据排序的方式
    private final Optional<OrderingScheme> orderingScheme;
    // ExchangeNode 的子节点，也就是 ExchangeNode 的数据上游
    private final List<PlanNode> sources;
    // 对于 sources 中每个子 PlanNode，这里记录了它们输出的 Symbol 列表
    private final List<List<Symbol>> inputs;

    @Override
    public <R, C> R accept(PlanVisitor<R, C> visitor, C context) {
        return visitor.visitExchange(this, context);
    }
}

// OrderingScheme 的定义如下，这种定义方式在语义上与 ORDER BY ... ASC|DESC 是相同的
public class OrderingScheme {
    // 与参与排序的列对应的 Symbol
    private final List<Symbol> orderBy;
    // 每个 Symbol 对应的 SortOrder，即升序或者降序
    private final Map<Symbol, SortOrder> orderings;
}
```

ExchangeNode 的所有属性中，PartitioningScheme 是最重要也是最难理解的，它的类型定义是 PartitioningScheme，既表达了数据交换时改变数据的分布方式，也表达了数据交换操作完成后的数据分布方式。Partitioning 的中文含义是分区，Scheme 的中文含义是方案、方式，它不是 Schema 这个英文单词，可能有的读者会以为是代码错误。

PartitioningScheme 相关的定义（多个嵌套的类型定义）如下。

```
public class PartitioningScheme {
    private final Partitioning partitioning;
    private final List<Symbol> outputLayout;
    private final Optional<Symbol> hashColumn;
    private final boolean replicateNullsAndAny; // 忽略此属性，只在某些特定场景出现
    private final Optional<int[]> bucketToPartition;
}

// Partitioning 除了包含数据分区方式之外，还包含可能存在的分区字段信息（arguments）
public final class Partitioning {
    private final PartitioningHandle handle;
```

```
    private final List<ArgumentBinding> arguments;
}

// PartitioningHandle 除了包含数据分区方式之外，还包含对应的 CatalogName
public class PartitioningHandle {
    private final Optional<CatalogName> connectorId;
    private final Optional<ConnectorTransactionHandle> transactionHandle;
    private final ConnectorPartitioningHandle connectorHandle;
}

// 最底层真正的数据分区方式的定义
public interface ConnectorPartitioningHandle {
    default boolean isSingleNode() { return false;}
    default boolean isCoordinatorOnly() { return false;}
}
```

在 Presto 的 SystemPartitioningHandle 中，默认定义了几种数据分区方式（PartitioningHandle），如下所示，注释中已经做了详细的解释。

```
// 文件名：SystemPartitioningHandle.java
public final class SystemPartitioningHandle implements ConnectorPartitioningHandle
{
    private enum SystemPartitioning {
        SINGLE,
        FIXED,
        SOURCE,
        SCALED,
        集群协调节点_ONLY,
        ARBITRARY
    }

    // 与存储（Data Source）相同的数据分布，对应数据源连接器从存储拉取数据的查询执行阶段
    public static final PartitioningHandle SOURCE_DISTRIBUTION = createSystemPar-
        titioning(SystemPartitioning.SOURCE, SystemPartitionFunction.UNKNOWN);
    // 所有数据分布在一个节点上（这个节点可以是某个 Presto 查询执行节点），对应查询的最下游查询执
       行阶段（或者根 Stage）
    public static final PartitioningHandle SINGLE_DISTRIBUTION = createSystemPar
        titioning(SystemPartitioning.SINGLE, SystemPartitionFunction.SINGLE);
    // 所有数据分布在一个节点上（这个节点必须是集群协调节点）
    public static final PartitioningHandle 集群协调节点_DISTRIBUTION = createSystemPart-
        itioning(SystemPartitioning.集群协调节点_ONLY, SystemPartitionFunction.SINGLE);
    // 所有数据按照一定的哈希规则分布在固定数量的分区上，常见于需要做哈希聚合，哈希关联计算的查
       询执行阶段
    public static final PartitioningHandle FIXED_HASH_DISTRIBUTION = createSyste-
        mPartitioning(SystemPartitioning.FIXED, SystemPartitionFunction.HASH);
    // 所有数据随意分布在固定数量的分区上，对哪条数据记录分布在哪个分区上不做要求，上游查询执行
       阶段一般通过轮转（Round Robin）的方式将数据给到下游查询执行阶段
```

```
    public static final PartitioningHandle FIXED_ARBITRARY_DISTRIBUTION = createSystem
        Partitioning(SystemPartitioning.FIXED, SystemPartitionFunction.ROUND_ROBIN);
    // 所有数据随意分布在固定数量的分区上，每个分区上的数据完全相同，是上游查询执行阶段数据广播
       的结果
    public static final PartitioningHandle FIXED_BROADCAST_DISTRIBUTION = createSyst-
        emPartitioning(SystemPartitioning.FIXED, SystemPartitionFunction.BROADCAST);
    // 下面几个 PartitioningHandle 不常用，暂不介绍
    public static final PartitioningHandle FIXED_PASSTHROUGH_DISTRIBUTION = createSy-
        stemPartitioning(SystemPartitioning.FIXED, SystemPartitionFunction.UNKNOWN);
    public static final PartitioningHandle SCALED_WRITER_DISTRIBUTION = createSystemPa-
        rtitioning(SystemPartitioning.SCALED, SystemPartitionFunction.ROUND_ROBIN);
    public static final PartitioningHandle ARBITRARY_DISTRIBUTION = createSystemPar-
        titioning(SystemPartitioning.ARBITRARY, SystemPartitionFunction.UNKNOWN);

    private static PartitioningHandle createSystemPartitioning(SystemPartitioning
        partitioning, SystemPartitionFunction function) {
        return new PartitioningHandle(Optional.empty(), Optional.empty(), new
            SystemPartitioningHandle(partitioning, function));
    }

    private final SystemPartitioning partitioning;
    private final SystemPartitionFunction function;

    public SystemPartitioningHandle(
            @JsonProperty("partitioning") SystemPartitioning partitioning,
            @JsonProperty("function") SystemPartitionFunction function) {
        this.partitioning = requireNonNull(partitioning, "partitioning is null");
        this.function = requireNonNull(function, "function is null");
    }
}
```

ExchangeNode 代码中也提供了一些工具方法用于快速创建各种 PartitioningScheme 的 ExchangeNode。

```
// 文件名 : ExchangeNode.java

// 由于下面所有方法的入参都可以将 scope 参数设置为 REMOTE 或者 LOCAL
// 因此这些方法既适用于任务之间的数据交换，也适用于任务内部的数据交换
// 当 scope = REMOTE 时，数据交换操作中的下游指的是当前任务的下游查询执行阶段的任务，是任务间的
// 当 scope = LOCAL 时，数据交换操作中的下游指的是当前任务中此 ExchangeNode 对应算子所在的流水
   线的后续流水线，是任务内的


// 创建按指定列 (partitioningColumns) 作为分区键的 ExchangeNode，经过数据交换后，所有下游的
   数据将按照这里指定的分区键分布
// 案例: SQL-21 分组聚合查询
```

```
public static ExchangeNode partitionedExchange(
    PlanNodeId id, Scope scope, PlanNode child,
    List<Symbol> partitioningColumns, Optional<Symbol> hashColumns, boolean
        replicateNullsAndAny) {

    PartitioningScheme partitioningScheme = new PartitioningScheme(
            Partitioning.create(FIXED_HASH_DISTRIBUTION, partitioningColumns),
            child.getOutputSymbols(),
            hashColumns,
            replicateNullsAndAny,
            Optional.empty())

    if (partitioningScheme.getPartitioning().getHandle().isSingleNode()) {
        return gatheringExchange(id, scope, child);
    }
    return new ExchangeNode(
            id,
            ExchangeNode.Type.REPARTITION,
            scope,
            partitioningScheme,
            ImmutableList.of(child),
            ImmutableList.of(partitioningScheme.getOutputLayout()).asList(),
            Optional.empty());
}

// 创建数据广播的ExchangeNode，经过数据交换后，上游的所有数据会“复印”给所有下游
   案例：SQL-40JOIN查询
public static ExchangeNode replicatedExchange(PlanNodeId id, Scope scope,
    PlanNode child) {
    return new ExchangeNode(
            id,
            ExchangeNode.Type.REPLICATE,
            scope,
            new PartitioningScheme(Partitioning.create(FIXED_BROADCAST_DISTRIBUTION,
               ImmutableList.of()), child.getOutputSymbols()),
            ImmutableList.of(child),
            ImmutableList.of(child.getOutputSymbols()),
            Optional.empty());
}

// 创建将多个上游合并到一个下游的ExchangeNode，实现数据的汇合汇聚
// 案例：几乎所有查询的Stage0与它的上游Stage1之间的都是这种ExchangeNode
public static ExchangeNode gatheringExchange(PlanNodeId id, Scope scope, PlanNode
    child) {
    return new ExchangeNode(
            id,
            ExchangeNode.Type.GATHER,
            scope,
```

```
                new PartitioningScheme(Partitioning.create(SINGLE_DISTRIBUTION,
                    ImmutableList.of()), child.getOutputSymbols()),
                ImmutableList.of(child),
                ImmutableList.of(child.getOutputSymbols()),
                Optional.empty());
    }

    // 创建一个能将数据以轮转的方式分发给下游的ExchangeNode
    // 案例：SQL-11分布式排序查询
    public static ExchangeNode roundRobinExchange(PlanNodeId id, Scope scope,
        PlanNode child) {
        return partitionedExchange(
                id,
                scope,
                child,
                new PartitioningScheme(Partitioning.create(FIXED_ARBITRARY_DISTRIBUTION,
                    ImmutableList.of()), child.getOutputSymbols()));
    }

    // 创建一个对多个有序输出的上游再做一次多路归并的ExchangeNode，即merge sort
    // 只有这个方法用到了OrderingScheme这个信息，其他的方法都没用到
    // 案例：SQL-11分布式排序查询
    public static ExchangeNode mergingExchange(PlanNodeId id, Scope scope, PlanNode
        child, OrderingScheme orderingScheme) {
        PartitioningHandle partitioningHandle = scope == LOCAL ? FIXED_PASSTHROUGH_
            DISTRIBUTION : SINGLE_DISTRIBUTION;
        return new ExchangeNode(
                id,
                Type.GATHER,
                scope,
                new PartitioningScheme(Partitioning.create(partitioningHandle, ImmutableList.
                    of()), child.getOutputSymbols()),
                ImmutableList.of(child),
                ImmutableList.of(child.getOutputSymbols()),
                Optional.of(orderingScheme));
    }
```

9.2.3 利用AddExchanges优化器插入ExchangeNode

数据交换的重点实际上在查询优化阶段上，它决定了从整个执行计划的角度审视需要在哪里做数据交换，既要保证引入数据交换的功能语义上与没有数据交换的完全等价（即分布式执行与单机执行完全等价），又要尽可能使分布式执行的性能更好，而不是比单机执行性能更差。数据交换是查询能够分布式执行的前提。

回顾一下执行计划的生成流程。首先将SQL解析为AST（抽象语法树），进而利用AST生成初始逻辑执行计划的PlanNode树；紧接着用各个优化器迭代PlanNode树，生

成优化后的执行计划树。在众多的优化器之中，有一个 AddExchanges 优化器，它负责将 ExchangeNode[scope=REMOTE] 插入 PlanNode 树中，scope 是 ExchangeNode 的属性。这个操作完成后，后续的拆分查询执行阶段的操作可直接以 ExchangeNode[scope=REMOTE] 为分界线将这棵大树砍断成若干个小树，同时会保留这些小树之间原本的数据依赖关系。

以 SQL-11 为例：

```
-- SQL-11 ： 查看指定商品 ID（ss_item_sk）的销售价格（ss_sales_price），按照销售价格（ss_
   sales_price）倒序排列
SELECT ss_item_sk, ss_sales_price
FROM store_sales
WHERE ss_item_sk = 13631
ORDER BY ss_sales_price DESC;
```

初始的逻辑执行计划树如图 9-3 所示。

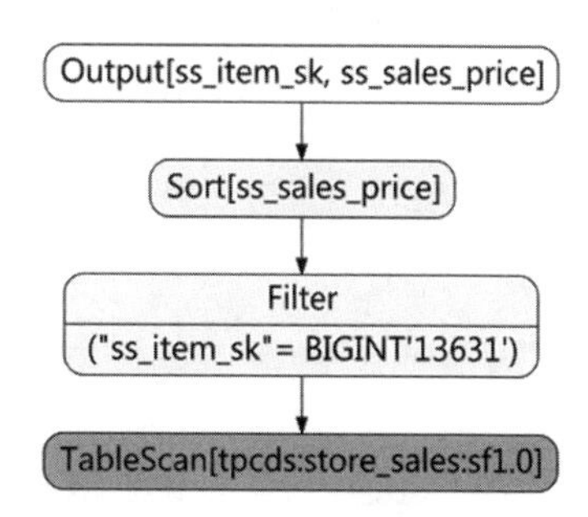

图 9-3　SQL-11 初始逻辑执行计划树

经过 AddExchanges 优化器优化后的逻辑执行计划树如图 9-4 所示，这里暂时忽略图中 ExchangeNode[scope=LOCAL] 的 PlanNode，它与 AddExchanges 无关。

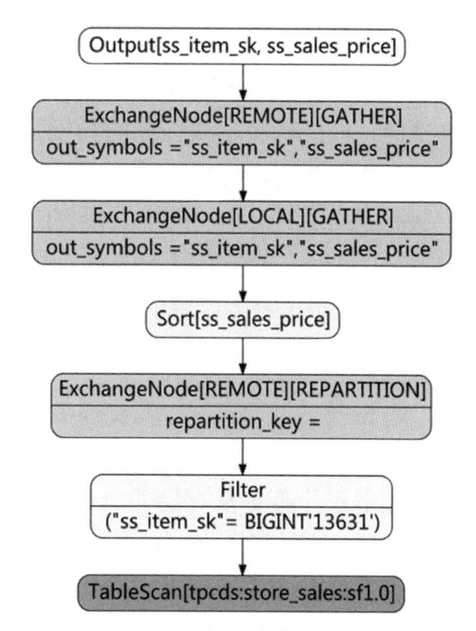

图 9-4　SQL-11 优化后的逻辑执行计划树

图 9-4 所示的 PlanNode 树结构，意味着它将被切分为 3 棵小树（PlanFragment），对应调度阶段的 3 个查询执行阶段——Stage0、Stage1、Stage2，它们的依赖关系是 Stage0 依赖 Stage1 的数据输出，Stage1 依赖 Stage2 的数据输出。

那么 AddExchanges 优化器是以什么样的逻辑在初始逻辑执行计划树中插入 ExchangeNode 的呢？简单来讲，根据数据源的数据分布属性（比如根据哪些字段做分区，数据的分布特征是什么，根据哪些字段做排序），或者根据逻辑执行计划树上的各个节点对数据分布的要求，或者对计算并行度的要求，相关优化器在逻辑执行计划树中插入 ExchangeNode。到这个阶段逻辑执行计划树已经没那么“单纯”，需要考虑分布式执行的事情。AddExchanges 的实现还蛮复杂的，这里的讲解不以详细介绍其中特定实现细节为目的，而是通过对 AddExchanges 的讲解使读者能够理解从单机的逻辑执行计划树到分布式的逻辑执行计划树主要需要考虑哪些因素，以便读者未来对照此知识来详细了解各个 OLAP 引擎的代码实现。

9.2.4 AddExchanges 决策在哪里插入 ExchangeNode 的主要考虑因素

AddExchanges 决策在哪里插入 ExchangeNode 的考虑因素有很多，常见的最主要的是以下 4 种。

1. 分布式计算过程中改变并行度

对于 SQL-01 的逻辑执行计划树，在分布式执行时为了提高数据拉取性能，可以先由多个任务从存储并行拉取数据，最后再由一个任务完成这些任务的数据合并。这里涉及一次并行度从 N 到 1 的改变，需要插入一个 ExchangeNode[scope=REMOTE, type=GATHER]。

SQL-01 初始逻辑执行计划树如图 9-5 所示。

SQL-01 插入 ExchangeNode 后的逻辑执行计划树如图 9-6 所示。

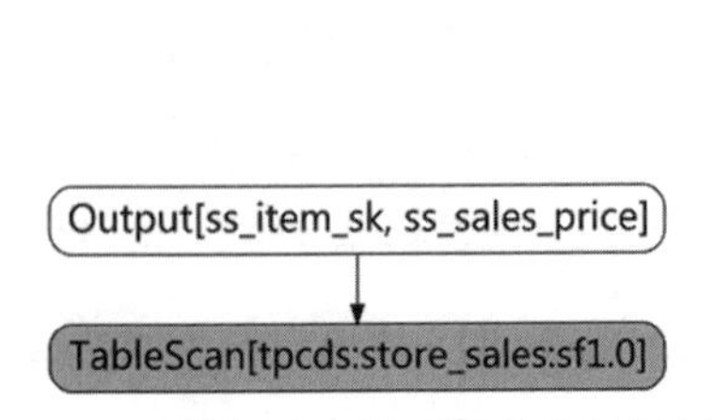

图 9-5 SQL-01 初始逻辑执行计划树

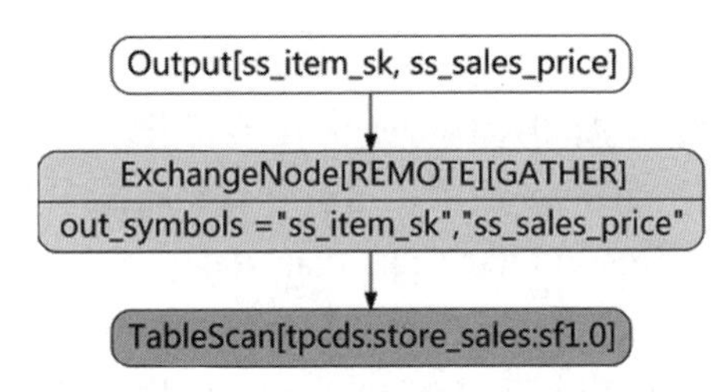

图 9-6 SQL-01 优化后逻辑执行计划树

再举一个例子：对于 SQL-11 的逻辑执行计划树，在分布式执行时为了提高数据拉取与排序性能，可以先由 N 个任务从存储并行拉取数据，再将这些数据打散到 M 个任务中各自排序，最后再将这些任务的局部排序数据给到一个任务中完成多路有序数据的归并。这里涉及两次并行度的改变，先从 N 到 M，再从 M 到 1，需要插入两个 ExchangeNode。第一个是 ExchangeNode[scope=REMOTE, type=REPARTITION]，第二个是 ExchangeNode[scope=REMOTE, type=GATHER]，我们已经从图 9-3 中看到了 SQL-11 初始逻辑执行计划树，它在插入 ExchangeNode 后的逻辑执行计划树如图 9-4 所示，也在前面做过介绍，这里不再赘述。

2. 分布式计算过程中需要改变数据的分布

对于 SQL-21 的逻辑执行计划树，在分布式执行时为了提高数据拉取与聚合计算性能，可以先由 N 个任务从存储并行拉取数据并完成部分聚合，再将这些数据按照聚合分组字段值打散到 M 个任务中各自完成最终聚合，此过程涉及一次数据分布的变化——从未按照聚合分组字段分布到按照聚合分组字段值分布，最后再将这些任务的数据给到一个任务中完成所有数据的收集。这里涉及两次并行度的改变，先从 N 到 M，再从 M 到 1，也涉及一次数据分布的变化，需要插入两个 ExchangeNode。第一个是 ExchangeNode[scope=REMOTE, type=REPARTITION]，第二个是 ExchangeNode[scope=REMOTE, type=GATHER]。

SQL-21 初始逻辑执行计划树如图 9-7 所示。

SQL-21 插入 ExchangeNode 后的逻辑执行计划树如图 9-8 所示。

3. 数据在存储的分布情况

对于将数据放在多个分区存储的情况（即分布式存储）来说，分布情况主要指的是存储在它上面的数据表是否是按照某些列进行分区，这意味在这些列上凡是值相同的多个数据行一定在同一个分区中。对于 SQL-21 的逻辑执行计划树，如果数据在存储中本来就是按照聚合算子的分组字段（groupby key）做的数据分区（Partition By），则可直接利用此特性将逻辑执行计划树优化为多个任务并行拉取数据后立即做一次聚合，最后再将这些任务的数据给到一个任务完成所有数据的收集。在此基础上只需要插入一个 ExchangeNode[scope=REMOTE, type=GATHER] 即可。相比无法利用存储数据分布特性的场景，可减少一次任务之间的数据交换，如图 9-9 所示（请仔细对比与图 9-8 的区别）。

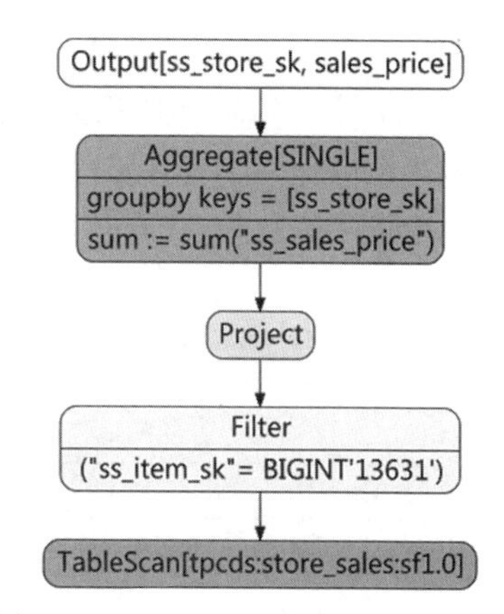

图 9-7　SQL-21 初始逻辑执行计划树

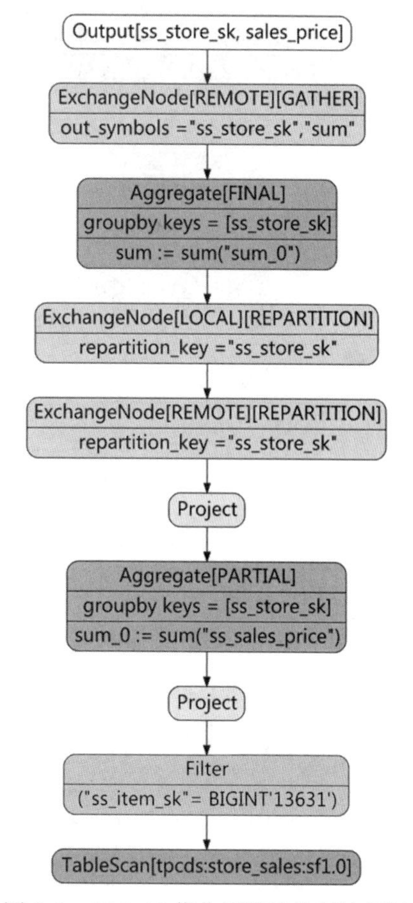

图 9-8　SQL-21 优化后逻辑执行计划树

4. 数据在存储的排序情况

如果分布式存储的每个分区中数据都是按照某些列排序，假如这些列恰好也是 SQL-11 中与 ORDER BY 语句对应的列并且顺序相同，对于 SQL-11 这样的查询则可直接利用此特性将逻辑执行计划树优化为：先由 N 个任务并行拉取数据，再将这些任务的数据给到一个任务中完成多路有序数据的归并。整个执行过程相比无法利用存储排序特性的方式，减少一次局部排序，减少一次任务之间数据交换。这里涉及一次并行度的改变，从 N 到 1，需要插入一个 ExchangeNode[scope=REMOTE, type=GATHER]，如图 9-10 所示（请仔细对比与图 9-4 的区别）。

9.2.5　AddExchanges 优化器的设计思路与案例

AddExchanges 优化器实现的是非迭代式优化器 PlanOptimizer 的接口，这种优化器的实现方式是：实现一个完整的用于遍历（PlanNode 树）的 PlanVisitor，在遍历 PlanNode 树的过程中根据需要在指定位置完成 ExchangeNode 的插入。遍历 PlanNode 树的过程采用的是设计模式中经常提到的访问者模式（Visitor），类似深度优先层层递归的遍历。访问者模式完美地支持了希望使用不同的方式遍历同一个树形结构的需求，所有的遍历方式都可以独立实现。PlanVisitor 是一个 Java 抽象类，它定义了多个 visitXXX 方法来让具体的实现类根据自身需要实现，以完成对 PlanNode 树中各种类型的节点的访问与遍历，具体可参见第 4 章与执行计划的生成和优化相关的内容。

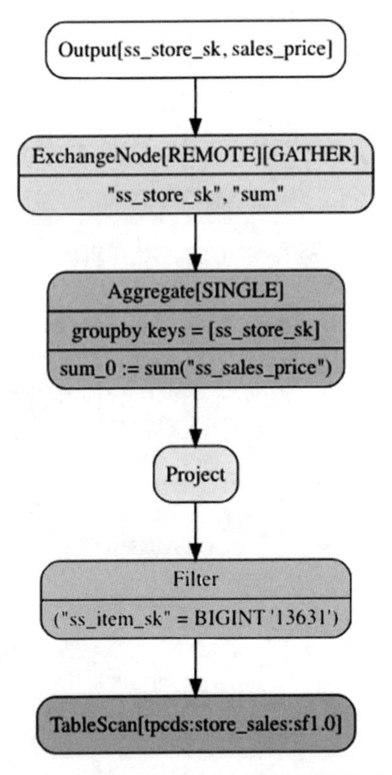

图 9-9 SQL-21 利用存储特性优化后的逻辑执行计划树

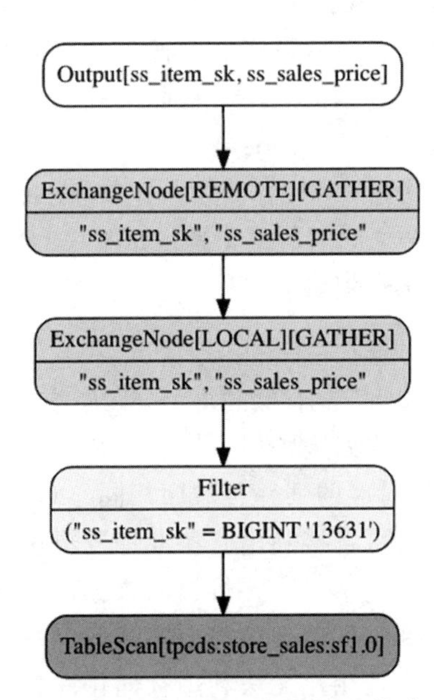

图 9-10 SQL-11 利用存储特性优化后的逻辑执行计划树

1. 设计思路

PlanVisitor 的定义如下。

```
// 文件名 : PlanVisitor.java
// 类定义中的 R、C 是范型变量，表示对应位置的变量类型是因实现类的不同而不同的，具体的类型在实现类
// 中定义
public abstract class PlanVisitor<R, C> {
    protected abstract R visitPlan(PlanNode node, C context);

    public R visitAggregation(AggregationNode node, C context){ return visitPlan(node,
        context); }
```

```
    public R visitFilter(FilterNode node, C context) { return visitPlan(node,
        context); }

    public R visitProject(ProjectNode node, C context) { return visitPlan(node, context); }

    public R visitTopN(TopNNode node, C context) { return visitPlan(node, context); }

    public R visitOutput(OutputNode node, C context) { return visitPlan(node,
        context); }

    public R visitLimit(LimitNode node, C context) { return visitPlan(node, context); }

    public R visitTableScan(TableScanNode node, C context) { return visitPlan(node,
        context); }

    public R visitJoin(JoinNode node, C context) { return visitPlan(node, context); }

    public R visitSort(SortNode node, C context) { return visitPlan(node, context); }

    public R visitExchange(ExchangeNode node, C context) { return visitPlan(node,
        context); }

    ...
}
```

前面介绍了几种会影响 AddExchanges 优化器决策在 PlanNode 树上的哪个位置插入 ExchangeNode 的因素，这意味着 AddExchanges 优化器实现的 PlanVisitor 在遍历 PlanNode 树的过程中，必然提供了一种机制能够拿到关于数据分布、并行度等信息，以完成决策。可以看到它实现的 PlanVisitor 如下。

```
// 文件名：AddExchanges.java
// 从范型变量的定义中可以知道每个 visitXXX 方法返回的是 PlanWithProperties，而传递上下文的内
   容是 PreferredProperties
private class Rewriter
    extends PlanVisitor<PlanWithProperties, PreferredProperties> {

    @Override
    public PlanWithProperties visitOutput(OutputNode node, PreferredProperties
        preferredProperties) {
        ...
    }

    @Override
    public PlanWithProperties visitAggregation(AggregationNode node, PreferredProperties
        parentPreferredProperties) {
        ...
```

```
    }

    @Override
    public PlanWithProperties visitTopN(TopNNode node, PreferredProperties
        preferredProperties) {
        ...
    }

    @Override
    public PlanWithProperties visitSort(SortNode node, PreferredProperties
        preferredProperties) {
        ...
    }

    @Override
    public PlanWithProperties visitLimit(LimitNode node, PreferredProperties
        preferredProperties) {
        ...
    }

    @Override
    public PlanWithProperties visitFilter(FilterNode node, PreferredProperties
        preferredProperties) {
        ...
    }

    @Override
    public PlanWithProperties visitTableScan(TableScanNode node, Preferred-
        Properties preferredProperties) {
        ...
    }
    ...
}
```

上述代码中的Rewriter在遍历PlanNode树的过程中通过PlanWithProperties来表达每个PlanNode子树的数据分布、数据顺序等信息。PlanWithProperties的定义。

```
// 文件名：AddExchanges.java
class PlanWithProperties {
    // 对应的PlanNode子树的根节点，在整棵PlanNode树中，任意PlanNode及其叶子节点，还有叶
        子节点的所有的子节点就构成一棵子树
    private final PlanNode node;
    // 对应PlanNode子树的物理特性，例如数据分布方式、数据排序顺序等
    private final ActualProperties properties;
}
```

```
// 文件名：ActualProperties.java
public class ActualProperties {
    private final Global global;
    private final List<LocalProperty<Symbol>> localProperties;
    private final Map<Symbol, NullableValue> constants;
}

// 文件名：ActualProperties.java
class Global {
    // 数据在各个节点之间的分区描述。如果未指定则表示分区方式未知
    private final Optional<Partitioning> nodePartitioning;
    private final Optional<Partitioning> streamPartitioning;
}

// 文件名：LocalProperty.java
public interface LocalProperty<E> {
    ...
}
```

上述代码中LocalProperty的特定实现类表达了一些数据特性，例如：GroupingProperty表达了数据是根据哪些字段分组的，SortingProperty表达了数据是根据哪些字段排序的。

Rewriter是如何利用PlanWithProperties来决策在哪里插入ExchangeNode的呢？Presto对应的代码实现是非常复杂的，我们忽略那些实现细节，只讲解里面最重要的逻辑原理。这里涉及3个方面的逻辑，如图9-11所示。

- PlanNode节点对其输入数据的分布要求：对于每个PlanNode来说，在分布式的执行环境中，查询执行阶段如果想要完成此PlanNode所表达的计算逻辑，有些PlanNode对输入数据的分布没有任何要求，有些PlanNode对输入数据的分布有明确的需求。例如数据过滤、数据投影这两个PlanNode完全不关心数据分布；而AggregationNode对数据分布有要求，在SQL-20不分组聚合查询中，AggregationNode对数据分布的要求是全都合并到一起，因此AggregationNode与其子节点之间需要插入ExchangeNode[type=GATHER]。在SQL-21分组聚合查询中AggregationNode对数据分布的要求是按照分组字段值的哈希值来分布，因此AggregationNode与其子节点之间需要插入ExchangeNode[type=REPARTITION]。
- PlanNode树中数据分布特性的派生/继承逻辑：对于一棵PlanNode树，从数据流动的方向来看是自下而上的（bottom-up），即从叶子节点的TableScanNode开始到根节点OutputNode结束。TableScanNode从分布式存储系统中拉取数据，其数据分布实际上与数据在分布式存储系统中的数据分布一样，我们可以将其理解为TableScanNode的数据分布特性派生于（继承自）数据源。TableScanNode的父节点如果不主动改变数据分布，则父节点的数据分布特性派生于（继承自）TableScanNode。如果自下而上整棵PlanNode树的所有节点都没有主动改变数据分

布，则来自数据源的数据分布特性将层层派生直到树根。

- ExchangeNode 对数据分布派生 / 继承的隔离：在 PlanNode 树中什么节点可能会主动改变数据分布？当然是 ExchangeNode。在自下而上的数据分布派生 / 继承过程中，一旦 ExchangeNode 改变了数据分布，原来的数据分布将停止派生 / 继承，从 ExchangeNode 后面的第一个父节点开始，将根据新的数据分布继续向上派生 / 继承。因此我们说，数据分布的派生 / 继承无法跨越 ExchangeNode，数据分布派生 / 继承的源头是 TableScanNode 或 ExchangeNode。

由以上 3 个方面的逻辑可推断出，如果某个 PlanNode 输入数据的分布不满足它的需求，则需要在它与它的数据流上游（也是它的子节点）之间插入一个 ExchangeNode 来强行改变数据分布，使其输入数据符合预期。Rewriter 就是通过这个逻辑遍历整棵 PlanNode 树，从而完成所有 ExchangeNode 插入的。

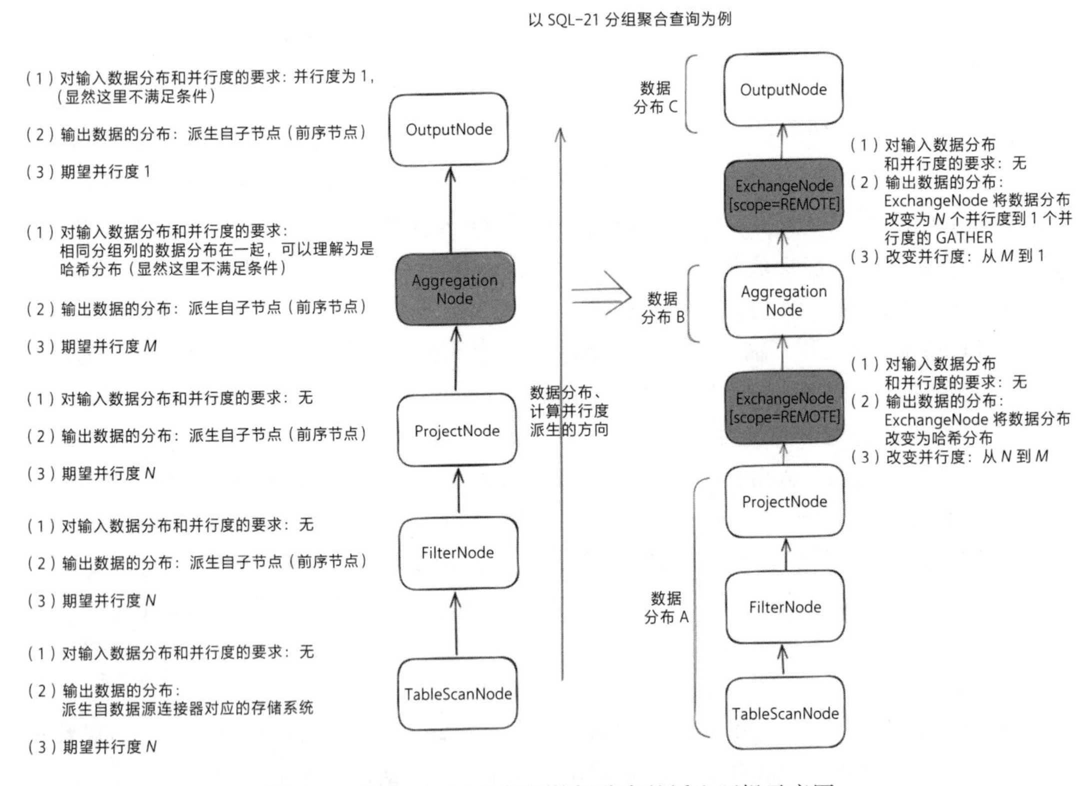

图 9-11 以 SQL-21 为例的数据分布的派生逻辑示意图

2. 案例

接下来我们来讲解 3 个案例。

案例一：在 SQL-02 的逻辑执行计划中插入 ExchangeNode 的逻辑。

```
-- SQL-02
SELECT
    i_category_id,
    upper(i_category) AS upper_category,
    concat(i_category, i_color) AS cname,
    i_category_id * 3 AS m_category,
    i_category_id + i_brand_id AS a_num
FROM item
WHERE i_item_sk IN (13631, 13283) OR i_category_id BETWEEN 2 AND 10;
```

Rewriter 以深度优先遍历的方式访问 PlanNode 树，先派生子节点的数据分布特性，再根据子节点的数据分布特性派生父节点的数据分布特性，这是从调用控制流的视角来看，实际上与前面所述从数据流的视角自下而上派生数据分布特性是一回事，只是一个逻辑用两种视角来描述。SQL-02 的逻辑执行计划有 TableScanNode、FilterNode、OutputNode 这 3 种 PlanNode，对应 PlanVisitor 的 3 种 visitXXX 方法。

- visitTableScan(...) 中，与数据源连接器提供的元数据 API getTableProperties() 交互以感知存储系统中数据分布特性，TableScanNode 由此派生出它的数据分布特性，包装在 PlanWithProperties 中。
- visitFilter(...) 中，FilterNode 不关心数据分布特性，其数据分布特性直接派生 / 继承自 TableScanNode。
- visitOutput(...) 中，OutputNode 需要汇聚数据返回结果，由于在分布式执行环境中 TableScanNode、FilterNode 的执行并行度是 N，而 OutputNode 的执行并行度是 1，因此在 OutputNode 与其子节点 FilterNode 之间需要插入一个 ExchangeNode[scope=REMOTE, type=GATHER] 来改变数据分布，改变执行并行度。

```
// 文件名：AddExchanges.java
private class Rewriter
    extends PlanVisitor<PlanWithProperties, PreferredProperties> {
    @Override
    public PlanWithProperties visitOutput(OutputNode node, PreferredProperties
        preferredProperties) {
        PlanWithProperties child = planChild(node, PreferredProperties.undistributed());

        if (!child.getProperties().isSingleNode() && isForceSingleNodeOutput(session)) {
            child = withDerivedProperties(
                gatheringExchange(idAllocator.getNextId(), REMOTE, child.getNode()),
                child.getProperties());
        }

        return rebaseAndDeriveProperties(node, child);
    }

    @Override
```

```
    public PlanWithProperties visitFilter(FilterNode node, PreferredProperties
        preferredProperties) {
        if (node.getSource() instanceof TableScanNode) {
            Optional<PlanWithProperties> plan = planTableScan((TableScanNode)
                node.getSource(), node.getPredicate());

            if (plan.isPresent()) {
                return plan.get();
            }
        }

        return rebaseAndDeriveProperties(node, planChild(node, preferredProperties));
    }

    @Override
    public PlanWithProperties visitTableScan(TableScanNode node, PreferredProperties
        preferredProperties) {
        return planTableScan(node, TRUE_LITERAL)
            .orElseGet(() -> new PlanWithProperties(node, deriveProperties(node,
                ImmutableList.of())));
    }
}
```

案例二：在 SQL-10、SQL-11 的逻辑执行计划中插入 ExchangeNode 的逻辑。

```
-- SQL-10 : 查看指定商品 ID(ss_item_sk) 的销售价格 (ss_sales_price), 只看前 10 条
SELECT ss_item_sk, ss_sales_price
FROM store_sales
WHERE ss_item_sk = 13631
LIMIT 10;

-- SQL-11 : 查看指定商品 ID(ss_item_sk) 的销售价格 (ss_sales_price), 按照销售价格 (ss_
    sales_price) 倒序排列
SELECT ss_item_sk, ss_sales_price
FROM store_sales
WHERE ss_item_sk = 13631
ORDER BY ss_sales_price DESC
```

SQL-10 的逻辑执行计划有 TableScanNode、LimitNode、OutputNode 这 3 种 PlanNode，对应 PlanVisitor 的 3 种 visitXXX 方法，其中 visitTableScan(...) 和 visitOutput(...) 前面已经讲过，不再复述，下面重点介绍 visitLimit(...)。在 visitLimit(...) 如果 LimitNode 的子节点并行度大于 1，则需要在原有的 LimitNode 与其子节点之间插入一个 ExchangeNode[type=GATHER]，并在 ExchangeNode 的子节点再插入一个 LimitNode[partial=true]，相当于对并行度为 N 的部分进行行数限定（Partial Limit）计算，经过数据交换将并行度减少到 1，完成最终行数限定计算。

SQL-11 的逻辑执行计划有 TableScanNode、SortNode、OutputNode 这 3 种 PlanNode，对应 PlanVisitor 的 3 种 visitXXX 方法，其中 visitTableScan(...) 和 visitOutput(...) 前面已经讲过，不再复述。在 visitSort(...) 中，涉及 4 种情况。

- 情况一：SortNode 的子节点执行并行度是 1，子节点的数据排序特性表明其已经符合 SortNode 要输出的数据排序特性，SortNode 的排序操作是没有必要的，故可直接移除 SortNode。
- 情况二：SortNode 的子节点执行并行度大于 1，子节点的数据排序特性表明其已经符合 SortNode 要输出的数据排序特性，要完成最终的排序，需要将其并行度改为 1 并做一次多路归并，因此需要插入一个 ExchangeNode[type=GATHER,orderingScheme=xxx]，这个 ExchangeNode 也附带了多路归并的操作。
- 情况三：SortNode 的子节点执行并行度是 1，子节点的数据排序特性不符合预期，需要 SortNode 来排序，但是由于不是分布式执行，所以不需要额外插入 ExchangeNode。
- 情况四：SortNode 的子节点执行并行度大于 1 是 *N*，子节点的数据排序特性不符合预期，需要先做一次并行度为 *N* 的局部排序，再经过 ExchangeNode 将其并行度设置为 1 后，做一次多路归并，这里也需要一个 ExchangeNode[type=GATHER, orderingScheme=xxx]。

```
// 文件名 : AddExchanges.java
private class Rewriter
    extends PlanVisitor<PlanWithProperties, PreferredProperties> {
    @Override
    public PlanWithProperties visitSort(SortNode node, PreferredProperties
        preferredProperties) {
        PlanWithProperties child = planChild(node, PreferredProperties.
            undistributed());

        if (child.getProperties().isSingleNode()) {
            // 当前执行计划是单节点，所以本地属性实际上就是全局属性
            // 如果本地属性保证了数据是按照键排序的，则不需要 SortNode 存在
            List<LocalProperty<Symbol>> desiredProperties = new ArrayList<>();
            for (Symbol symbol : node.getOrderingScheme().getOrderBy()) {
                desiredProperties.add(new SortingProperty<>(symbol, node.
                    getOrderingScheme().getOrdering(symbol)));
            }

            if (LocalProperties.match(child.getProperties().getLocalProperties(),
                 desiredProperties).stream()
                .noneMatch(Optional::isPresent)) {
                return child;
            }
        }
```

```
        if (isDistributedSortEnabled(session)) {
            child = planChild(node, PreferredProperties.any());
            // 插入轮询方式的数据交换以消除倾斜问题
            PlanNode source = roundRobinExchange(idAllocator.getNextId(), REMOTE,
                child.getNode());
            return withDerivedProperties(
                mergingExchange(
                    idAllocator.getNextId(),
                    REMOTE,
                    new SortNode(
                        idAllocator.getNextId(),
                        source,
                        node.getOrderingScheme(),
                        true),
                    node.getOrderingScheme()),
                    child.getProperties());
        }

        if (!child.getProperties().isSingleNode()) {
            child = withDerivedProperties(
                gatheringExchange(idAllocator.getNextId(), REMOTE, child.getNode()),
                child.getProperties());
        }

        return rebaseAndDeriveProperties(node, child);
    }

    @Override
    public PlanWithProperties visitLimit(LimitNode node, PreferredProperties
        preferredProperties) {
        if (node.isWithTies()) {
            throw new IllegalStateException("Unexpected node: LimitNode with ties");
        }

        PlanWithProperties child = planChild(node, PreferredProperties.any());

        if (!child.getProperties().isSingleNode()) {
            child = withDerivedProperties(
                new LimitNode(idAllocator.getNextId(), child.getNode(), node.
                    getCount(), true),
                child.getProperties());

            child = withDerivedProperties(
                gatheringExchange(idAllocator.getNextId(), REMOTE, child.getNode()),
                child.getProperties());
        }
```

```
        return rebaseAndDeriveProperties(node, child);
    }
}
```

案例三：在 SQL-21 的逻辑执行计划中插入 ExchangeNode 的逻辑。

```
-- SQL 21:
SELECT
    ss_store_sk,
    SUM(ss_sales_price) AS sales_price
FROM store_sales
WHERE ss_item_sk = 13631
GROUP BY ss_store_sk;
```

SQL-21 的逻辑执行计划有 TableScanNode、FilterNode、AggregationNode、OutputNode 这 4 种 PlanNode，对应 PlanVisitor 的 4 种 visitXXX 方法：visitTableScan(...)、visitFilter(...)、visitOutput(...) 前面已经讲过，不再复述。visitAggregation(...) 在分布式执行环境中，要进行聚合操作需要先做部分聚合，再做最终聚合，中间需要做一次任务之间的数据交换，在 PlanNode 树中对应两个 AggregationNode。如果是不分组聚合，则是 ExchangeNode[type=GATHER]；如果是分组聚合则需要先做一次 ExchangeNode[type=REPARTITION]，再做一次 ExchangeNode [type=GATHER]。与 visitLimit(...) 不同，在 Rewriter 中只会插入 ExchangeNode，将 PlanNode 树中的一个 AggregationNode 拆分成 AggregationNode[step=Partial] 和 AggregationNode[step=Final] 这两个操作，它们是在另一个优化器 PushPartialAggregationThroughExchange 中完成的。

```
// 文件名：AddExchanges.java
private class Rewriter
    extends PlanVisitor<PlanWithProperties, PreferredProperties> {
    @Override
    public PlanWithProperties visitAggregation(AggregationNode node, PreferredProperties
        parentPreferredProperties) {
        Set<Symbol> partitioningRequirement = ImmutableSet.copyOf(node.
            getGroupingKeys());

        boolean preferSingleNode = node.hasSingleNodeExecutionPreference(metadata);
        PreferredProperties preferredProperties = preferSingleNode ? Preferred-
            Properties.undistributed() : PreferredProperties.any();

        if (!node.getGroupingKeys().isEmpty()) {
            preferredProperties = computePreference(
                partitionedWithLocal(
                    partitioningRequirement,
                    grouped(node.getGroupingKeys())),
                parentPreferredProperties);
        }
```

```
            PlanWithProperties child = planChild(node, preferredProperties);

            if (child.getProperties().isSingleNode()) {
                return rebaseAndDeriveProperties(node, child);
            }

            if (preferSingleNode) {
                child = withDerivedProperties(
                    gatheringExchange(idAllocator.getNextId(), REMOTE, child.getNode()),
                    child.getProperties());
            }
            else if ((!child.getProperties().isStreamPartitionedOn(partitioningRequi
                rement) && !child.getProperties().isNodePartitionedOn(partitioningReq
                uirement)) || node.hasEmptyGroupingSet()) {
                child = withDerivedProperties(
                    partitionedExchange(idAllocator.getNextId(), REMOTE, child.
                        getNode(), node.getGroupingKeys(), node.getHashSymbol()),
                    child.getProperties());
            }
            return rebaseAndDeriveProperties(node, child);
        }
    }
```

9.2.6 拆分 PlanFragment

在查询的 PlanNode 树插入 ExchangeNode[scope=REMOTE] 节点后，后面的流程是 ExchangeNode[scope=REMOTE] 被替换为 RemoteSourceNode，并且以每个 RemoteSourceNode 与它的子节点之间为边界，将当前的 PlanNode 树砍成多棵小树，每棵小树就对应一个 PlanFragment。在查询调度与执行时，每个 PlanFragment 又对应一个查询执行阶段，而这个查询执行阶段上的所有任务执行的都是这个 PlanFragment 所表达的计算逻辑。

PlanFragment 主要包含了以下信息。

```
// 文件名：PlanFragment.java
public class PlanFragment {
    // PlanFragment 的 ID，所有的 PlanFragment 自上而下从 0 开始编号
    private final PlanFragmentId id;
    // 当前 PlanFragment 对应的 PlanNode 子树，它表达了这个阶段要执行的计算操作是什么
    private final PlanNode root;
    /**
     * {@link #partitioning} 是对当前 PlanFragment 的拆分，
     * 而 {@link #partitioningScheme} 是当前 PlanFragment 将数据给到下游 PlanFragment 时
       数据交换操作要改变成为的目标数据分布
     * 这个相当于下游 PlanFragment 的 {@link #partitioning}
     *
```

```
     * 从作用上来讲，{@link #partitioning} 主要用于确定当前查询执行阶段的状态调度器
     * 而 {@link #partitioningScheme} 主要用于确定当前查询执行阶段的 OutputBuffer 输出方
       式，如确定缓冲器类型
     * */
    private final PartitioningHandle partitioning;
    private final PartitioningScheme partitioningScheme;

    // 当前 PlanFragment 有哪些 RemoteSourceNode 节点，如果是 UNION、JOIN 等查询，这里可能
       会有多个
    private final List<RemoteSourceNode> remoteSourceNodes;
    private final Map<Symbol, Type> symbols;
    ...
}

// 文件名：SubPlan.java
public class SubPlan {
    private final PlanFragment fragment;
    // SubPlan 表达的是一个查询的所有 PlanFragment 之间的关系
    // children 表示当前 PlanFragment 的输入数据来自这些 children
    // PlanFragment 之间的父子关系与被砍断之前的查询逻辑执行计划树中各个节点的父子关系完全相同对应
    private final List<SubPlan> children;
}
```

9.3　查询调度与执行阶段的整体设计思路

PlanNode 树砍成若干 PlanFragment 后，在分布式执行时，每个 PlanFragment 对应一个查询执行阶段，这些查询执行阶段之间存在数据依赖关系，例如 SQL-21 有 3 个查询执行阶段，Stage0 依赖 Stage1 的数据输出，Stage1 依赖 Stage2 的数据输出，Stage2 需要先去存储拉取数据再做计算，如图 9-1 所示。

这里需要考虑几个技术点：

- 如何在分布式查询集群中唯一确定某个任务在哪里？
- 对于每个任务，需要确定哪些任务是它的上游？哪些任务是它的下游？
- 对于上游任务产出的每行数据，它应该交付给下游哪个任务？
- 上游任务与下游任务之间提供数据与获取数据的交互机制是什么？
- 上游任务作为数据生产者，下游任务作为数据消费者，生产与消费的速度不能完全一致怎么办？

9.3.1　在分布式查询集群中唯一确定某个任务

再来回顾一些 Presto 中调度逻辑中的主要概念：Query 表示某个查询；Stage 表示某个查询执行时的某个阶段，它由多个任务（Task）组成，这些任务执行的是相同的

PlanFragment；某个任务表示某个查询执行阶段中的其中一个并行度；相邻查询执行阶段之间存在上下游的数据依赖关系，这个依赖关系表现为在相邻上下游查询执行阶段的所有任务之间的数据依赖。

想要做任务之间的数据交换，首先要能够找到参与数据交换任务在哪里。假设某下游任务 A 要从上游任务 B 获取数据，两个任务被调度到不同的节点，任务之间的交互需要发送 RPC 请求。如果是任务 A 主动请求任务 B 的数据，则任务 A 首先需要知道任务 B 在哪里，在分布式集群中，定位一个节点是通过 <ip>:<port> 方式实现的，但是这还不足以定位到某个任务，需要再附带上 TaskId 以定位到具体的任务，因为一个节点上可能会同时运行着多个查询或者某个查询的多个执行阶段，总之可能涉及多个任务。

9.3.2 每个任务的上游和下游

我们已经学习过，查询分布式执行时需要先将所有查询执行阶段中的所有任务调度到分布式集群的各节点上，各自完成执行和数据交换操作。所谓调度某个查询执行阶段，实际上就是将这个查询执行阶段上的所有任务都调度到各节点上，当上游查询执行阶段的任务调度完开始调度其下游查询执行阶段的任务时，调度器可拿到上游任务的位置，并要求下游任务记住这些上游任务的位置。对于有多个查询执行阶段的查询，通过这种层层调度和记录上下游关系的方式，建立了整个查询分布式执行时各任务的拓扑关系（即前文所说的数据血缘关系）。在 Presto 中，对应的设计是在调度任务的过程中构建任务的上下游依赖关系（StageLinkage）的来维护查询执行阶段之间的上下游关系。

但是到目前为止，仍然有一些待解之谜——对于上游任务产出的任意一行数据，它应该交付给下游哪个任务？

是不是下游任务能够通过前面所述的方式定位到上游任务，就可以直接获取到它需要的数据呢？这实际上是不行的。以 SQL-21 为例，Stage2、Stage1 的任务个数不一样，而且它们之间的数据交换涉及一次根据查询的分组字段做数据的哈希分布，这意味着对于 Stage2 的某个任务产出的数据可能需要分摊给 Stage1 的所有任务，Stage1 的某个任务输入的数据也可能来自 Stage2 的所有任务，Stage1 与 Stage2 之间任务的数据依赖关系形成了交织，如图 9-1 所示。

9.3.3 交付上游任务产出的数据

上游任务产出的每行数据，应该交付给下游哪个任务？这个问题可以换为如下问法。

- ❑ 上游任务计算产出的数据要如何分摊 / 分配给所有下游任务？
- ❑ 某个下游任务从某个上游任务获取的数据，是这个上游任务计算产出的哪部分数据？

从某个上游任务的视角来分情况讨论上述问题。

- ❑ 情况一：需要将数据随机分配给各下游任务，让下游任务不要挑剔数据，此时讲求的是各下游任务拿到的数据条数大致相近，减少计算过程中数据倾斜的风险。例如 SQL-11 在做分布式排序之前，Stage2、Stage1 之间的数据交换做的就是这样的事情。

- 情况二：需要将此上游任务产出的所有数据给到下游每个任务，常见于包含关联查询并且需要用广播关联（Broadcast Join）来实现关联计算的查询，此场景下需要把某个小表的数据广播发送到另一个表的所有分区上实现关联查询。
- 情况三：需要将数据行中某些字段的值（或者是基于这些值计算得到的哈希值）作为 key，所有上游任务都将相同 key 的数据行给到下游同一个任务，使下游各任务输入的数据按照指定的 key 来分布以便后续完成特定的计算。例如 SQL-21 的 Stage2、Stage1 之间的数据交换就是在先完成了部分聚合后，再将相同分组字段的数据给到同一个下游任务以完成最终聚合。这样的数据分布变化是分组聚合得以实现的前提。

上游任务产出的数据会先暂存到它的 OutputBuffer 中待下游任务来取走，正是 OutputBuffer 的设计使上游任务得以实现上述 3 种给下游任务分配数据的能力，通过 3 种不同类型的 OutputBuffer 分别支持。BufferType 定义了 OutputBuffer 的类型：

```
public enum BufferType {
    ARBITRARY,
    BROADCAST,
    PARTITIONED,
}
```

对上述代码中的参数解释如下。

- ARBITRARY：以轮转（Round Robin）的方式将数据给到下游查询执行阶段的各个任务。对应的实现是 ArbitraryOutputBuffer。轮转的顺序是下游任务来请求数据的顺序，即先到先得（FIFO）。
- BROADCAST：上游查询执行阶段的每条数据，都给到下游查询执行阶段的每个任务，即做数据广播。对应的实现是 BroadcastOutputBuffer。这个只有部分包含关联计算的查询在用。
- PARTITIONED：上游查询执行阶段的每行数据，经过某种计算得到它对应的下游查询执行阶段的 partition id，再将此行数据放置到 OutputBuffer 中与此 partition id 对应的数据分区中，当下游任务给定某个 partition id 来获取数据时，即可取出对应数据行。这里的 partition id 与下游任务的序号一一对应，也意味着下游任务数就是这里的 partition id 数。对应的实现是 PartitionedOutputBuffer。

无论是哪种缓冲器类型，下游查询执行阶段的每个任务都需要从上游查询执行阶段的每个任务获取它需要的数据，上下游任务之间的数据依赖关系是交织在一起的。

可进一步发现，某个下游任务要从上游任务获取它需要的数据，除了需要能够定位到上游任务在哪里之外，应该还需要能够在上游任务产出的数据中找到哪些是属于这个下游任务的数据。从具体的设计实现上来说，上游任务与下游任务做了一些约定帮助它们达成了这些要求。

首先，下游任务的 TaskId 从 0 开始编号，每个任务对应一个数字 ID，这个数字 ID 实际上也是上游任务得以区分各下游任务的依据，在任务之间的数据交换中，它又被称为 OutputBufferId。上游任务有能力将产出并放到 OutputBuffer 中的数据分区存放，每个分区对应一个 OutputBufferId，下游任务来拿数据时则必须提供它的 OutputBufferId 来指定它需要哪些数据。例如对于 BufferType=PARTITIONED 的上游任务的 OutputBuffer，下游编号为 0 的任务对应的 OutputBufferId=0，它可从所有上游任务的 OutputBuffer 的 partition_id=0 的数据分区中获取到所需要的数据，编号 1、2、...、*N* 的任务依此类推。

其次，在上游任务的 OutputBuffer 中为每个下游任务（即每个 OutputBufferId）创建一个 ClientBuffer，来维护每个下游任务可以拉取的数据以及拉取进度。

最后，在调度任务的阶段，所有的上游任务能够知道下游有多少个任务，这个决定了上游任务的 OutputBuffer 有多少个数据分区（即有多少个 partition）。这样上下游任务的数据依赖关系全都能对应上了，不多也不少。

从上下游协议的逻辑层面来说，达成了一个数据分区存放和拉取的协议；从代码实现的物理层面来说，三种不同的 OutputBuffer 有各自的实现，这个会在后面介绍。

9.3.4 上下游任务数据交换的交互机制

上游任务与下游任务之间数据交换的交互机制是什么？这个问题我们在前面已经给出了一部分答案，如图 9-2 所示。

1）由下游任务主动发起请求来拉取（Pull）上游任务的数据，某些 OLAP 引擎采取的是推送（Push）方式，即上游任务主动将数据推送给下游任务。拉取模型与推送模型各有优势。

2）Presto 基于 HTTP 协议实现了数据交换上下游任务的通信与数据传输。下游任务发起请求时，需要指定上游任务的 URL 来找到它需要的数据，这个 URL 被称为上游任务的 ExchangeLocation，如下所示，其中 {nodeUri} 指的是上游任务的域名或 IP 地址外加端口号，{taskId} 指的是上游任务的 TaskId，{bufferId} 指的是与下游任务对应的 OutputBufferId。每个下游任务通过这个 URL 即可找到上游任务的 OutputBuffer 中它需要的数据，这个 URL 的定义也很好地回答了我们在前面遇到的几个问题。

```
格式：http://{nodeUri}/v1/task/{taskId}/results/{bufferId}
例子：http://presto_worker01:8080/v1/task/20220116_070643_00000_mgksw.1.0/
results/0
```

3）数据传输的数据格式是做过序列化和压缩的 Page，可将其称为 SerializedPage。

Page 是查询执行时数据在内存中的结构表示，而 SerializedPage 是数据交换时，数据在节点之间传输的二进制表示。从 Page 变成 SerializedPage 需要序列化操作，从 SerializedPage 变成 Page 需要反序列化操作。

9.3.5　上下游任务生产与消费的速度

上下游任务生产与消费的速度不能完全一致怎么办？Presto 已经充分考虑了类似问题，如图 9-2 所示，上游任务存在一个 OutputBuffer 用于缓存当前任务已经产出但是还未被下游任务拉取的数据。而下游任务的 ExchangeClient 中也有一个 PageBuffer，用于暂存一些已经拉取的数据，而不是等到当前任务的算子开始计算了才去上游任务拉取数据。这两种缓冲区都是有界的，不可以无限增长，当上游任务的 OutputBuffer 满了，上游将被迫停止计算与产出数据。当下游任务的 PageBuffer 满了，下游任务将不再从上游任务拉取数据，这样的情况一般发生在上游生产数据的速度比下游消费数据的速度快，下游处理不过来了的时候。本质上，这是一种流控反压机制。既然相邻上下游查询执行阶段能够实现这样的流控反压机制，从包含多个查询执行阶段的查询来看，整个查询的执行也是支持流控反压机制的，这为保护 CPU、内存、存储 IO 提供了基本的能力。

9.4　总结、思考、实践

本章深入探讨了 OLAP 引擎中数据交换的基本原理和实现机制，特别是在 Presto 这一分布式 SQL 查询引擎中的应用。我们从数据交换的概念出发，详细分析了何时需要进行数据交换、数据交换的类型，以及数据交换在查询规划、调度和执行中的作用。通过对 Presto 的 AddExchanges 优化器的讨论，我们了解了如何在逻辑执行计划中插入 ExchangeNode，以及如何将 PlanNode 树拆分为多个 PlanFragment，每个 PlanFragment 对应一个查询执行阶段。

总体来说，数据交换是分布式 SQL 执行引擎中的关键特性，它允许在多个执行阶段之间高效地传输数据。在 Presto 中，数据交换的设计和实现考虑了多种因素，包括数据分布、并行度、存储特性等，以确保查询性能的最优化。

思考与实践：

- 在设计数据交换策略时，如何平衡数据传输的效率和查询性能？
- 在分布式环境中，如何处理数据倾斜问题以避免某些节点过载？
- 对于包含复杂关联操作的查询，如何设计数据交换机制以优化执行效率？
- 在实际的 OLAP 引擎中，如何监控和诊断数据交换过程中的性能瓶颈？

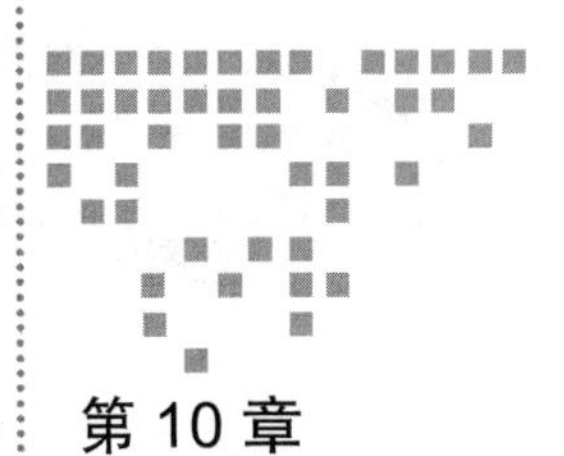

Chapter 10 第 10 章

数据交换在查询调度与执行中的详细设计

在 OLAP 领域，数据交换是分布式查询执行中的关键概念，它允许数据在不同查询执行阶段之间高效地流动，从而支持复杂的分析操作。本章将深入探讨 Presto 查询引擎中数据交换的详细设计，涵盖从查询调度到执行的全过程，以及任务之间和任务内部的数据交换机制。

通过阅读本章，你将了解如何通过 StageLinkage（查询执行阶段间的数据依赖关系）建立任务间的数据依赖关系，以及如何利用 OutputBuffer 和 ExchangeOperator 来管理数据的发送和接收。此外，本章还将详细描述通过数据交换如何实现特殊 SQL 功能，以及如何通过分批计算与返回执行结果来优化查询性能。

10.1 查询调度阶段任务之间数据交换的设计实现

10.1.1 调度部分整体介绍

这部分内容与查询的任务分布式调度过程是高度相关的，第 3 章我们已经介绍过查询的调度知识，接下来所讲的内容主要突出调度过程中与数据交换相关的部分。先来回顾一下查询调度的整体流程：

第一步：遍历 SubPlan（PlanFragment 树），自顶向下为每个 PlanFragment 对应创建一个查询执行阶段（对应的是 SqlStageExecution），指派对应的 StageScheduler。还要创建 StageLinkage 以绑定相邻上下游查询执行阶段的数据依赖关系，即利用 StageLinkage 来表明一个查询执行阶段的上游查询执行阶段是哪个，下游查询执行阶段是哪个。

这里面有几个关键细节。

- SqlStageExecution 维护了一些当前查询执行阶段及其所有任务的运行时基本信息，主要是为了方便感知查询执行阶段、任务运行状态做状态迁移，也为了方便查询运行时观测查询在某个查询执行阶段的运行状态，还包含一些性能方面的统计数据并通过 Presto WebUI 暴露给发起查询的用户。
- 在 Presto 的架构中查询计算完成后数据是需要集中到集群协调节点再返回给客户端的，实际上集群协调节点与 rootStage 之间的数据交换也复用了查询执行时的任务之间数据交换机制。rootStage 指的是 Stage0，是查询执行中数据流最下游的查询执行阶段，因为其对应的是 SubPlan 树中顶部的 PlanFragment，所以也称为 rootStage。
- 创建每个查询执行阶段时，可推导出其任务的 OutputBuffer 类型是什么，对于任务之间数据交换的上游任务来说，就相当于知道了如何输出计算结果。
- StageLinkage，顾名思义就是查询执行阶段之间的数据血缘关系。在自顶向下、层层递归创建查询执行阶段的过程中，会顺便创建相邻上下游之间的 StageLinkage。在后续各查询执行阶段的任务创建后，相邻上下游查询执行阶段各任务即可通过 StageLinkage 感知到彼此，以形成完整的任务之间数据交换的数据依赖拓扑关系。后面我们会专门介绍 StageLinkage。

第二步：创建各查询执行阶段的任务，并将这些任务调度到 Presto 查询执行节点上。

对于某个查询执行阶段的调度，先创建它的所有任务，为每个任务选择一个目标查询执行节点，并向此节点发送创建任务的 HTTP 请求，请求中携带了这个任务要执行的 PlanFragment 信息以及分片信息。每个查询执行阶段根据其 StageScheduler 与 NodeSelector 来完成并行度（任务个数）选择、目标查询执行节点的选择，并将任务调度到选择好的目标查询执行节点上面，这部分与任务之间数据交换关系不大，主要是调度相关的设计实现。

10.1.2　建立相邻上下游查询执行阶段间的数据依赖关系

在查询的调度与执行中，查询的执行路径可以理解为一个 DAG（有向无环图），每个查询执行阶段中的所有任务是图中的顶点（Vertex），而 StageLinkage 是帮助两个相邻查询执行阶段的所有任务之间建立边（Edge）的工具。相邻的两个查询执行阶段从数据流的视角来看，一个是数据上游查询执行阶段，一个是数据下游查询执行阶段，对应的任务分别是上游任务与下游任务，所以上下游任务之间的边（Edge）是有向的，从上游任务指向下游任务。想要把上下游查询执行阶段的任务之间的边（Edge）连起来，总结下来就是两方面的问题：

- 上游查询执行阶段的任务如何感知下游查询执行阶段有哪些任务？
- 下游查询执行阶段的任务如何感知上游查询执行阶段有哪些任务？

1. 感知下游查询执行阶段的任务

准确地说，上游查询执行阶段的各个任务并不会去感知下游查询执行阶段有哪些任务，它只关心要把计算完成待输出的数据分成多少份，对应的概念是分区数，而这个分区数可以理解为是下游查询执行阶段的任务数。同时上游任务还需要知道任务之间数据交换要将数据改变为什么样的分布，这个过程需要上游任务输出数据到不同类型的 OutputBuffer 中，这与 BufferType 产生了联系。OutputBuffers 是 OutputBuffer 的配置，此数据结构的定义如下。

```
// 文件名 : OutputBuffers.java
public final class OutputBuffers {
    public enum BufferType {
        // 按照一定的规则将数据分区存放到 OutputBuffer 中
        PARTITIONED,
        // 将数据广播复制到 OutputBuffer 的所有分区中
        BROADCAST,
        // 每行数据放到 OutputBuffer 时，可以随意选择某个分区，数据与分区之间没有固定对应关系
        ARBITRARY,
    }

    // OutputBuffer 的类型，分别对应 3 种 OutputBuffer 实现类
    private final BufferType type;
    // OutputBuffers 这个配置的版本号，每次调用 withBuffers(…) 或 withNoMoreBufferIds()
       时都会更新
    private final long version;
    // 当不会再新增 BufferId 时，即数据交换的下游不会再创建新任务时，noMoreBufferIds = true
    private final boolean noMoreBufferIds;
    // buffers 的 key 是下游任务的 OutputBufferId，value 是上游任务的 OutputBuffer 的 partition id
    // buffers 维护的是数据交换上游 OutputBuffer 的 partition id 与下游任务的 BufferId（也
       是任务对应的数字序号）的对应关系
    // 例如对于 BufferType=PARTITIONED 的，OutputBufferId 与 partition id 相同，
    // 对于 BufferType=BROADCAST，partition id 都是 0
    private final Map<OutputBufferId, Integer> buffers;

    public OutputBuffers withBuffers(Map<OutputBufferId, Integer> buffers) {
        requireNonNull(buffers, "buffers is null");
        Map<OutputBufferId, Integer> newBuffers = new HashMap<>();
        for (Entry<OutputBufferId, Integer> entry : buffers.entrySet()) {
            OutputBufferId bufferId = entry.getKey();
            int partition = entry.getValue();
            if (this.buffers.containsKey(bufferId)) {
                checkHasBuffer(bufferId, partition);
                continue;
            }
            newBuffers.put(bufferId, partition);
        }

        if (newBuffers.isEmpty()) {
            return this;
```

```java
        }

        checkState(!noMoreBufferIds, "No more buffer ids already set");

        newBuffers.putAll(this.buffers);
        return new OutputBuffers(type, version + 1, false, newBuffers);
    }

    public OutputBuffers withNoMoreBufferIds() {
        if (noMoreBufferIds) {
            return this;
        }
        return new OutputBuffers(type, version + 1, true, buffers);
    }
    . . .
}
```

对于 ExchangeNode 中表达的各种 partitioningScheme，对应的 BufferType 是什么呢？下面的代码给出了答案。

```java
// 文件名：OutputBuffers.java
public static OutputBuffers createInitialEmptyOutputBuffers(PartitioningHandle
    partitioningHandle) {
    BufferType type;
    if (partitioningHandle.equals(FIXED_BROADCAST_DISTRIBUTION)) {
        type = BROADCAST;
    }
    else if (partitioningHandle.equals(FIXED_ARBITRARY_DISTRIBUTION)) {
        type = ARBITRARY;
    }
    else {
        type = PARTITIONED;
    }
    return new OutputBuffers(type, 0, false, ImmutableMap.of());
}
```

举个例子，介绍如何创建 OutputBuffers。

```java
// 调度完成一些任务后，告知上游任务它的下游都有哪些 OutputBufferId

Set<RemoteTask> newTasks = ... // 刚被调度的任务列表

List<OutputBufferId> newOutputBuffers = newTasks.stream()
        .map(task -> new OutputBufferId(task.getTaskId().getId()))
        .collect(toImmutableList());

OutputBuffers outputBuffers = createInitialEmptyOutputBuffers(BROADCAST);
```

```
outputBuffers.withBuffer(newBuffer, BROADCAST_PARTITION_ID);

for (OutputBufferId newBuffer : newOutputBuffers) {
    outputBuffers = outputBuffers.withBuffer(newBuffer, BROADCAST_PARTITION_ID);
}

// 只有当一个查询执行阶段的所有任务都调度完成后，才会执行 withNoMoreBufferIds()
outputBuffers = outputBuffers.withNoMoreBufferIds();
```

OutputBuffers 这个名字，笔者是认为比较有歧义的，不如把它改成 OutputBuffer-Configuration，这样 OutputBuffer 与 OutputBufferConfiguration 放在一起看各自的职责会更清晰。查询在调度阶段创建好 OutputBuffers 后，在分布式执行阶段数据交换上游的任务就知道了应该将 OutputBuffer 中的数据划分成多少份，每个 OutputBufferId 对应 1 份。

2. 感知上游查询执行阶段的任务

这里有两个很重要的逻辑：在 Presto 的抽象中，OutputBuffers 告诉了上游任务如何输出数据，而分片则告诉了下游任务去哪里拉取数据。在 9.3.4 节讨论上下游任务数据交换的交互机制时，我们提到了下游任务需要拿着 ExchangeLocation 去请求上游任务才能拉取到数据。在查询调度阶段，Presto 集群协调节点将分片调度给各个查询执行阶段的任务，分片携带的信息中包含了上游任务的数据交换位置。简单来说每个上游任务都对应一个分片，而每个下游任务会收到调度器给它的所有上游任务对应的分片。这里提到的分片实际上是 RemoteSplit。

```
// 文件名：RemoteSplit.java
public class RemoteSplit implements ConnectorSplit {
    // 上游任务的数据交换位置
    private final URI location;

    ...

    @Override
    public boolean isRemotelyAccessible() {
        return true;
    }

    @Override
    public List<HostAddress> getAddresses() {
        return ImmutableList.of();
    }
}
```

在所有的分布式 OLAP 引擎中，分片都是一种在多并行度执行中为每个并行度划分出一块专属于它可以拉取与计算的数据块的抽象表达。Presto 做了很好的分片抽象，在这里所有的分片都是某种 ConnectorSplit（连接器分片）：

- 对于负责从存储拉取数据的查询执行阶段的任务，调度器调度给它的是对应数据源连接器的分片，其中表达了拉取存储在哪个节点、哪部分数据的信息。
- 对于其他查询执行阶段的任务，调度器调度给它的是 RemoteSplit（远程分片）。

3. StageLinkage 的代码实现

在查询调度的控制流中，实际上是 StageLinkage 负责上下协调的，它既要设置上游的 OutputBuffers，又要为下游查询执行阶段的任务设置 ExchangeLocation 类。

```
// 文件名：SqlQueryScheduler.java
private static class StageLinkage {
    private final PlanFragmentId currentStageFragmentId;
    private final ExchangeLocationsConsumer parent;
    private final Set<OutputBufferManager> childOutputBufferManagers;
    private final Set<StageId> childStageIds;

    public StageLinkage(PlanFragmentId fragmentId, ExchangeLocationsConsumer
        parent, Set<SqlStageExecution> children) {
        this.currentStageFragmentId = fragmentId;
        this.parent = parent;
        this.childOutputBufferManagers = children.stream().map(childStage -> {
            PartitioningHandle partitioningHandle = childStage.getFragment().
                getPartitioningScheme().getPartitioning().getHandle();
            if (partitioningHandle.equals(FIXED_BROADCAST_DISTRIBUTION)) {
            return new BroadcastOutputBufferManager(childStage::setOutputBuffe
                rs);
            }
            else if (partitioningHandle.equals(SCALED_WRITER_DISTRIBUTION)) {
                return new ScaledOutputBufferManager(childStage::setOutputBuffe
                    rs);
            }
            else {
                int partitionCount = Ints.max(childStage.getFragment().
                   getPartitioningScheme().getBucketToPartition().get()) + 1;
                return new PartitionedOutputBufferManager(partitioningHandle,
                    partitionCount, childStage::setOutputBuffers);
                }
            }).collect(toImmutableSet());

        this.childStageIds = children.stream().map(SqlStageExecution::getStage
            Id).collect(toImmutableSet());
    }

    public void processScheduleResults(StageState newState, Set<RemoteTask> newTasks) {
        boolean noMoreTasks = !newState.canScheduleMoreTasks();
```

```
            // 这里回答了：下游查询执行阶段的任务如何感知上游查询执行阶段有哪些任务？
            // parent 指的是 parent stage，即数据流中下游的查询执行阶段
            // ExchangeLocationsConsumer 相当于是一个回调函数，在创建 SqlStageExecution 时设
               置了回调
            // 待到当前查询执行阶段调度了新的任务后，可以通过此机制通知下游查询执行阶段的所有任务
               它的上游又出现了新的任务
            // 增加对应的 ExchangeLocation
            parent.addExchangeLocations(currentStageFragmentId, newTasks, noMoreTasks);

             // 这里回答了：上游查询执行阶段的任务如何感知下游查询执行阶段有哪些任务？
            if (!childOutputBufferManagers.isEmpty()) {
                // 这里可以看到 TaskId 与 OutputBufferId 之间的关系是如何确立的
                List<OutputBufferId> newOutputBuffers = newTasks.stream()
                    .map(tasnik -> new OutputBufferId(task.getTaskId().getId()))
                    .collect(toImmutableList());
                for (OutputBufferManager child : childOutputBufferManagers) {
                    // 这里会发起 RPC，将最新版本的 OutputBuffers 告知上游任务
                    // 通过这种机制，Presto 在某些场景下支持了动态新增任务，而不需要一次性调度所
                       有的任务
                    child.addOutputBuffers(newOutputBuffers, noMoreTasks);
                }
            }
        }
    }

    private interface ExchangeLocationsConsumer {
        void addExchangeLocations(PlanFragmentId fragmentId, Set<RemoteTask> tasks,
            boolean noMoreExchangeLocations);
    }
```

10.1.3 RemoteTask 中与任务之间数据交换相关的抽象设计

RemoteTask 是查询调度阶段对任务的抽象，Presto 默认实现了 HttpRemoteTask，如果想实现其他的 RemoteTask 也是可以的，比如基于 Thrift 或 ProtoBuffer 协议的任务。在 RemoteTask 这个 Java 接口中，setOutputBuffers() 方法是被 StageLinkage 用来通知上游任务最新的 OutputBuffers 配置的，而 addSplit() 方法与 noMoreSplits() 方法是被 StageLinkage 用来通知下游任务它的上游都有哪些分片的，这就是调度器的控制流中 StageLinkage 与 RemoteTask 两者的交互逻辑。

```
    // 文件名：RemoteTask.java
    public interface RemoteTask {
        TaskId getTaskId();
        String getNodeId();
        TaskInfo getTaskInfo();
```

```
    TaskStatus getTaskStatus();

    void start();
    void cancel();
    void abort();

    void addSplits(Multimap<PlanNodeId, Split> splits);
    void noMoreSplits(PlanNodeId sourceId);
    void setOutputBuffers(OutputBuffers outputBuffers);
}
```

10.2　查询执行阶段任务之间数据交换上游的设计实现

10.2.1　整体概述

在这里想特别强调的是，对于数据交换上游任务，我们只需要关心 TaskOutputOperator、PartitionedOutputOperator、OutputBuffer，其他的算子都是单个任务内负责计算的算子，与数据交换无关。

简言之，每个任务都有 OutputOperator，它是算子链中最下游的算子。OutputOperator 受 Presto 执行流程中 Driver 的控制，被驱动着持续从 OutputOperator 上游算子获取数据，再负责将数据输出到 OutputBuffer 等待下游任务拉取。OutputOperator 有两种具体的实现，即 TaskOutputOperator 与 PartitionedOutputOperator，后面将介绍两者的区别。OutputBuffer 是待输出数据的数据缓冲区，它并不负责直接对外提供 HTTP 数据拉取接口，而是由 TaskResources 提供。简单总结就是，Driver、OutputOperator 负责驱动执行流程将任务内计算产出的数据 Page 序列化为 SerializedPage 并放到 OutputBuffer 中暂存起来，TaskResources 定义了 HTTP 接口供下游任务来拉取数据。

10.2.2　OutputBuffer 的工作流程

由图 9-2 可知，数据交换上游的任务完成数据计算后，将数据输出到当前任务的 OutputBuffer 中。OutputBuffer 负责暂存需要输出给下一个查询执行阶段的数据，它是待下游拉取数据的数据缓冲区。下面是定义 OutputBuffer 接口的代码（为了清晰描述，已调整了接口定义的顺序并删去了非核心的接口实现）。

```
public interface OutputBuffer {
    // 更新 OutputBuffer 的配置
    void setOutputBuffers(OutputBuffers newOutputBuffers);

    // 给 0 号分区添加 Page
    void enqueue(List<SerializedPage> pages);
```

```
    // 给指定编号的分区添加 Page
    void enqueue(int partition, List<SerializedPage> pages);

    // 从 OutputBuffer 中获取数据 Page，并告知 OutputBuffer token 序号之前的数据都已经完成
       处理，可以丢弃了。
    // 初始的 token 序号是 0，表示从头开始。后面这里传入的 token 序号来自前面请求所获得的 BufferResult
    // 如果 BufferResult 中标记了 OutputBuffer 已经结束，没有了新的数据
    // OutputBuffer 的请求方应及时调用 abort() 以告知 OutputBuffer 收到这个完结的状态
    // 并且 OutputBuffer 后面也可以销毁资源准备退出执行
    ListenableFuture<BufferResult> get(OutputBufferId bufferId, long token,
        DataSize maxSize);

    // 通知 OutputBuffer 对于指定 bufferId 的缓冲区，序号在 token 之前的数据都已经处理完了
    // 意味着这些数据可以丢弃了
    void acknowledge(OutputBufferId bufferId, long token);

    // 获取一个 Future 标记，当 OutputBuffer 未满时，此 Future 标记将调用 complete
    ListenableFuture<?> isFull();

    // 关闭指定 bufferId 的缓冲区
    void abort(OutputBufferId bufferId);

    // 通知 OutputBuffer 不会再添加 Page。任何未来尝试入通过 enqueue() 添加的 Page 都将被忽略
    void setNoMorePages();

    // 一旦调用了 setNoMorePages()，并且所有缓冲区都已通过 abort() 调用关闭，将进入完成状态
    boolean isFinished();

    // 销毁 OutputBuffer，丢弃所有 Page
    void destroy();
}
```

虽然 OutputBuffer 是一个 Java 接口，具体怎么实现的还需要看具体的实现类，但是我们不急于去了解这些实现类，可以先来掌握 Presto 在流程上是如何使用 OutputBuffer 的，这将更有助于我们对它有一个整体认识。

优秀的设计实现一般是这样的：流程控制不依赖具体实现，两者都依赖抽象。对这句话的具体解释如下。

- 流程控制与特定业务逻辑分离，两者都依赖接口，在 Java 中，这个接口指的是 Java 接口。
- 在流程控制中，如果用到了某个 Java 接口的实例化对象，可以通过依赖注入等方式创建对应的实例化对象。依赖注入可以是手动实现的，也可以是使用诸如 Google Guice 等 Java 类库通过 Java 注解实现的。

- 这样写出来的代码显得比较简洁，流程控制里面只有流程控制，注入实例化对象的逻辑里面只有对象注入逻辑没有流程控制，具体实现类里面只有特定业务逻辑，不同的具体实现类的特定实现完全分开，整体可读性大大增加。这种代码也比较方便做单元测试，因为在单元测试中可以随意注入 Mock 的实例化对象。
- 好的抽象设计是成功的关键钥匙，然而抽象并不是那么容易设计出来。笔者工作这些年经常见到抽象设计很差的案例，例如某些抽象接口的设计只有非常熟悉了它的特定业务逻辑实现才能理解其含义，或者某些特定业务逻辑的实现生硬地被定义为通用的抽象接口。这些情况都会导致其他开发者既无法理解流程控制，又无法理解具体实现。如果你在工作中也遇到了类似问题，建议你去仔细品读一些优秀开源项目的设计实现，积攒一些阅历，再去细品一下《设计模式》这本书。

Presto 查询执行过程中使用 OutputBuffer 的流程如下。

第一步：设置 OutputBuffer 的配置，调用的具体方法是 void setOutputBuffers(OutputBuffers newOutputBuffers)。

创建 OutputBuffer 的实例化对象后，还不能立即允许当前任务将待输出的数据放到 OutputBuffer，而是需要先初始化它。OutputBuffer 配置会明确给出下游查询执行阶段的任务个数（代码中表现为有多少个分区），每个任务对应的 OutputBufferId，OutputBuffer 内部会将数据拆分到 BufferId 的粒度。部分 OutputBuffer 的具体实现只允许一次性设置 OutputBuffer 配置，另外一部分支持先设置一些 BufferId，当下游查询执行阶段调度了新任务后，允许再添加一些新 BufferId，当不会再有新 BufferId 时，设置 OutputBuffers 的 noMoreBufferIds = true。

第二步：上游查询执行阶段的任务向 OutputBuffer 中填充数据，调用的具体方法是 void enqueue(List<SerializedPage> pages) 或 void enqueue(int partition, List<SerializedPage> pages)。

输入一批 SerializedPage，在 OutputBuffer 中存储的不是任务各算子处理产出的 Page，而是序列化后的 Page，即 SerializedPage。enqueue() 方法里面有一个 partition 参数，按目前 Presto 的实现，实际上它与下游任务的 OutputBufferId 是一一对应的，我们可以认为 partition 与 OutputBufferId 是同一个概念。没有 partition 参数的 enqueue() 方法，实际上它所有的具体实现都隐含了下游只有一个 OutputBufferId 且 partition = OutputBufferId = 0。下游只有一个 OutputBufferId 对应的实际场景一般是两种：

- 下游查询执行阶段只有一个任务，所有上游查询执行阶段的任务输出的数据都汇总到这个任务。
- 上游查询执行阶段与下游查询执行阶段的任务共同完成一个 Broadcast JOIN（以广播某个表的方式实现的关联查询），即上游查询执行阶段每个任务的数据都会给下游的每个任务。

在当前任务的执行过程中，会持续判断 OutputBuffer 是否已满，即调用 Listenable-

Future<?> isFull()，如果已满则当前任务执行流程会暂停，直到此 API 返回 Future 的 isDone()= true，即 Future 已完成。

第三步：下游查询执行阶段的任务从上游查询执行阶段的任务的 OutputBuffer 中拉取一批 SerializedPage，给到下游查询执行阶段的任务，调用的具体方法是 ListenableFuture<BufferResult> get(OutputBufferId bufferId, long token, DataSize maxSize)。

下游查询执行阶段的任务对上游查询执行阶段的任务的数据拉取请求会携带下游希望拉取的 BufferId、拉取数据的起始 token、response maxSize。token 可以理解为下游拉取 SerializedPage 的序号，用于解决异步拉取中的数据乱序与重复问题。在这个 API 中，我们需要重点理解的是它的返回值，即 ListenableFuture<BufferResult> 这部分，这里可能与我们想象中的不一样，按理说它应该返回一个 List<SerializedPage>，表示拉取到的数据，但是这里却是一个 ListenableFuture<BufferResult> 。实际上这是一种异步返回数据的机制，即当用户调用这个 API 时，立即返回一个 ListenableFuture，此 Future 是给 API 调用者的一种期许或承诺，表示现在还不一定能给到结果（这里的结果指 BufferResult)，但是未来可以给到，这是常见的异步交互机制。

- 如果 OutputBuffer 内部的数据缓冲区中已经有数据，ListenableFuture 的承诺可以立即兑现，给出 BufferResult，最终通过当前任务的 AsyncResponse 返回给下游任务。
- 如果 OutputBuffer 中还没有数据，可以异步等待 ListenableFuture 兑现承诺。最终拿到 BufferResult 后通过当前任务的 AsyncResponse 返回给下游任务。

关于 Future 是给 API 调用者的一种期许或承诺这样的解释，我们举个生活中的例子：张三找老王借钱，给了老王一个借条，承诺以后要还钱。老王拿到借条后要怎么做呢？他可以定期或不定期拿着借条找张三主动要钱，也可以先把借条收起来，等待张三有钱了主动来还钱。只要这个钱还没还，借条就处于未还款状态；钱还了，借款关系就结束了，借条可以销毁。这是一个很形象生动的例子，其中借条是 ListenableFuture<Money>，张三是 API，老王是 API 调用者。钱还没有还时，每次调用 ListenableFuture::isDone 返回 false ；钱还了，调用 ListenableFuture::isDone 返回 true ；如果张三赖账不打算还钱了，ListenableFuture 将抛出异常。

```
// 包名 : com.google.common.util.concurrent
public interface ListenableFuture extends Future {

    boolean isDone();

    V get() throws InterruptedException, ExecutionException;

    V get(long timeout, TimeUnit unit)
        throws InterruptedException, ExecutionException, TimeoutException;
```

```
    void addListener(Runnable listener, Executor executor);
}
```

第四步：下游任务对已经收到的数据进行确认（ack），调用的具体方法是 void acknowledge(OutputBufferId bufferId, long token)。

下游任务通过调用 getResults API 获取到一批 SerializedPage 后，会立即确认这部分数据，告知上游任务这部分数据已经收到，上游任务可根据需要销毁这部分数据。acknowledge API 的 token 参数，指的是要确认所有 token 小于此参数的 Serialized-Page。

第五步：上游任务结束生产新数据后，告知 OutputBuffer 数据生产结束，调用的具体方法是 void setNoMorePages()。

当前任务的算子链中上游的算子不会再吐给 OutputOperator 更多的 Page 时，会调用 setNoMorePages() 这个 API，此时 OutputBuffer 就知道了不会再有 SerializedPage 添加进来了。如果某个 OutputBufferId 对应的下游任务已经拉取过所有之前队列的 SerializedPage，那么 OutputBuffer 给其返回的 BufferResult 可以将 BufferComplete 设置为 true，告知下游任务可以停止拉取数据了。

第六步：下游任务拉取完数据后，通知上游任务可以结束数据拉取过程，调用的具体方法是 void abort(OutputBufferId bufferId)。

如果下游任务已确认拉取了所有数据，或者因某些异常需要提前终止当前任务，它会调用 abort() 方法通知上游任务，告知其对应 OutputBufferId 的待拉取 SerializedPage 可以全部销毁。

第七步：上游任务确认收到了下游所有 OutputBufferId 的 abort() 请求，可彻底销毁 OutputBuffer，释放资源，调用的具体方法是：void destroy()。

为了方便描述，我们给出了一个按步骤显现的 Presto 使用 OutputBuffer 的流程，实际上，Presto 使用 OutputBuffer 的流程，存在于多个异步的流程里面，并不存在绝对的流程步骤，例如 OutputBuffer::enqueue 与 OutputBuffer::get 并不存在谁先谁后，而且它们都会被调用多次。这里是为了描述方便，也为了更容易理解，我们可以暂时将使用 OutputBuffer 的流程看作单一流程的。

10.2.3　不同的 OutputBuffer 具体实现

OutputBuffer 有 4 种具体实现：

- PartitionedOutputBuffer：对应 BufferType=PARTITIONED，每个下游任务只会拉取上游任务放到 OutputBuffer 对应位置（OutputBufferId）的 SerializedPage。PartitionedOutputBuffer 一旦设置 OutputBuffers 后，不允许再新增下游 OutputBufferId，即不允许再新增下游任务。PartitionedOutputBuffer 内部将数据划分为多个分区，每个分区与下游任务（BufferId）一一对应，即每个下游任务只会拉取属于它的分区的

数据。在 SQL-21 的聚合查询中，Stage2 的任务作为数据交换上游，将数据按照分组字段（groupby key）作为分区 key 暂存到 PartitionedOutputBuffer 的各个数据分区中，通过一次数据交换的数据分布变化，相同的分组字段都会拉取到 Stage1 的同一个任务中，完成后续聚合查询的执行。这种数据分布的改变又被称为哈希重分布（Hash Repartition）。PartitionedOutputBuffer 常出现在需要做分组聚合或者做哈希关联的查询中。

- BroadcastOutputBuffer：对应 BufferType=BROADCAST，上游任务的算子链输出给 OutputBuffer 的所有 SerializedPage，将给到每个下游任务，即广播给下游的每个任务，这个专用于需要做 Broadcast Join 的场景。假设下游任务有 N 个，BroadcastOutputBuffer 可以将 OutputOperator 给到它的数据复制为 N 份提供给下游的每个任务。BroadcastOutputBuffer 就像复印机一样，但是这里所述的“复制 / 复印”，并不是真的在内存中将数据复制出来占用多份内存空间。而是利用 SerializedPageReference、BroadcastOutputBuffer 中各个 BufferId 对应的 ClientBuffer 只持有数据的一个引用，而非数据本身，也就是说 PartitionedOutputBuffer 是真的在物理层面实现了数据分区，而 BroadcastOutputBuffer 只是在逻辑层面上实现了数据分区，但是在下游任务视角来看，它们对外暴露的 API 和使用方式完全一样，下游任务并不需要关心上游任务是哪种 OutputBuffer 的实现。
- ArbitraryOutputBuffer：对应 BufferType=ARBITRARY，交付数据给下游任务的顺序完全取决于下游任务调用上游任务的 ArbitraryOutputBuffer::get 的顺序。每次调用可以指定 DataSize（数据量），拉取一个或多个 SerializedPage，这些 SerializedPage 的总大小不能超过指定的 DataSize。这类似于先到先得（First Come First Served）的方式，但是轮转的基本单位不是一个 SerializedPage，而是每个下游请求指定的 DataSize 能包含的一批 SerializedPage。ArbitraryOutputBuffer 常出现在需要做分布式排序的查询中，如 SQL-11。
- LazyOutputBuffer：比较常见，LazyOutputBuffer 是另外三个的代理类，使用的是设计模式中的代理模式，前述三种 OutputBuffer 都是通过 LazyOutputBuffer 创建和代理的，真正的执行逻辑不在 LazyOutputBuffer 中。LazyOutputBuffer 根据 PARTITIONED、BROADCAST、ARBITRARY 这几种不同的 BufferType 来选择创建哪种 OutputBuffer 实现作为被代理的对象。LazyOutputBuffer 存在的意义是什么？当任务被调度到 Presto 查询执行节点上后，可能并不知道应该使用哪种 OutputBuffer，因此先创建一个 LazyOutputBuffer，直到集群协调节点给它设置了 OutputBuffers，明确了 BufferType，方可创建具体的 OutputBuffer 实现的对象。

10.2.4　两种 OutputOperator

前面已经讲过 Driver、OutputOperator 负责驱动执行流程将任务内计算产出的数据 Page 序列化为 SerializedPage，并放到 OutputBuffer 中暂存起来，TaskResources 定义了 HTTP 接口以供下游任务拉取数据。OutputOperator 有两种实现——TaskOutputOperator、PartitionedOutputOperator，两者的主要区别如下。

- TaskOutputOperator 将产出的数据给到 OutputBuffer 时，未指定数据分区（在逻辑上相当于指定的是 PartitionId= 0），它可以搭配前面介绍的前三种 OutputBuffer 使用，当其搭配的是 PartitionedOutputBuffer 时，相当于要求 PartitionedOutputBuffer 只有一个 PartitionId = 0 的数据分区，这种常见于 Exchange[Type=GATHER] 的场景，即上游查询执行阶段有 *N* 个任务，下游查询执行阶段只有 1 个任务。
- PartitionedOutputOperator 只能搭配 PartitionedOutputBuffer 使用，其内部可以通过特定的数据分区逻辑，先确定每行数据应归属到 OutputBuffer 的哪个分区，再批量构建多个 Page 并将其交给 OutputBuffer。

LocalExecutionPlanner::plan 创建当前任务的算子链时，是如何选择用哪种 OutputOperator 的？通过与当前任务对应的查询执行阶段的下游查询执行阶段的数据分区来确定是 TaskOutputOperator 还是 PartitionedOutputOperator。当 PartitioningHandle 是 FIXED_BROADCAST_DISTRIBUTION、FIXED_ARBITRARY_DISTRIBUTION、SCALED_WRITER_DISTRIBUTION、SINGLE_DISTRIBUTION、COORDINATOR_DISTRIBUTION 中的一种时，用 TaskOutputOperator。因为这些数据分区方式不需要在输出时对数据进行分区。其他情况用 PartitionedOutputOperator。

10.3　查询执行阶段任务之间数据交换下游的设计实现

10.3.1　整体概述

在这里想特别强调的是，对于数据交换下游任务，我们只需要关心 ExchangeOperator、MergeOperator、ExchangeClient，其他的算子都是负责计算的算子，与任务之间数据交换无关，因此我们在图 9-2 中只绘制了与任务之间数据交换主题相关的实体。简言之，除负责从数据源连接器拉取数据的最上游查询执行阶段的任务之外，每个任务的算子链的最上游算子都是 ExchangeOperator 或 MergeOperator，它负责从上游任务拉取数据，并将数据发给算子链中后面负责计算的算子（如 HashAggregationOperator）。

10.3.2 两种用于拉取上游任务数据的 SourceOperator

1. ExchangeOperator 与 MergeOperator

ExchangeOperator 与 MergeOperator 都具备从上游任务拉取数据的功能，但是 MergeOperator 还有一个额外的功能——将各上游任务分别排好序的数据汇总到一起再进行一次多路归并，使 MergeOperator 输出的数据是全局排序的。例如在 SQL-11 执行时，在 Stage1 中完成任务粒度的局部排序，在 Stage0 中完成多路归并最终输出全局有序的数据。Stage0 只有 1 个任务并且它的 SourceOperator 是 MergeOperator。也就是说，如果查询的执行过程中需要做全局的数据排序，则选择 MergeOperator，其他情况选择 ExchangeOperator。

LocalExecutionPlanner::plan 创建当前任务的算子链时，是如何选用 SourceOperator 的？如果对应的 PlanNode 是 ExchangeNode[scope=REMOTE]，当它的 OrderingScheme 属性不存在时，创建 ExchangeOperator，否则将创建 MergeOperator。OrderingScheme 属性表达了是否要求这个 SourceOperator 输出的数据是有序的。

```
public interface SourceOperator extends Operator {
    PlanNodeId getSourceId();

    Supplier<Optional<UpdatablePageSource>> addSplit(Split split);

    void noMoreSplits();
}
```

2. ExchangeOperator 的设计实现

ExchangeOperator 内部维护了一个 ExchangeClient 实例，负责从上游任务拉取数据，并暂存到 ExchangeClient 的 pageBuffer 变量中。更具体的说，实际上真正向上游任务发起请求来拉取数据的是 ExchangeClient 中维护的多个 HttpPageBufferClient 实例，如图 10-1 所示。每个上游任务都对应一个 HttpPageBufferClient 实例，可以理解为是一个独立的 HTTP 客户端。这些 HttpPageBufferClient 共享 ExchangeClient 中的一个 pageBuffer，由于它们向上游任务发起请求以及上游任务返回结果的时间是相对随机且没有顺序保证的，因此 PageBuffer 中的数据也没有顺序，最终 ExchangeOperator 提供给下游算子的数据自然也没有任何顺序保证。对于那些对上游任务提供的数据顺序没有要求的查询执行阶段，比较适合用 ExchangeOperator。ExchangeClient 与 HttpPageBufferClient 的具体代码实现在这里就不详细展开介绍了，这些对我们理解整个数据交换原理帮助不大，如果读者对这些代码细节非常感兴趣，不如直接去阅读 Presto 源码，这部分单元化的功能性代码还是比较容易理解的。

从整个任务执行的视角来看 ExchangeOperator 相关的执行流程，主要包括如下几个步骤。注意，这些步骤有些是异步执行的，有些是多线程并行执行的，没有绝对的顺序关系，这里主要为了方便理解将其表述为单线程串行执行，如图 10-2 所示。

第一步：ExchangeOperator 是 SourceOperator，需要先添加分片（addSplit），每个分片携带一个上游任务的 URL，即 ExchangeLocation，这样 ExchangeClient 就知道从哪个上游任务拉取数据了。这一步与 Presto 整体的调度框架关系很大。

第二步：ExchangeClient 为每个分片创建一个 HttpPageBufferClient 作为拉取上游任务数据的 HTTP 客户端，并发起对上游任务的请求，初始 token=0。上游返回 SeralizedPage 数据后，将其暂存到 ExchangeClient 中的 PageBuffer。

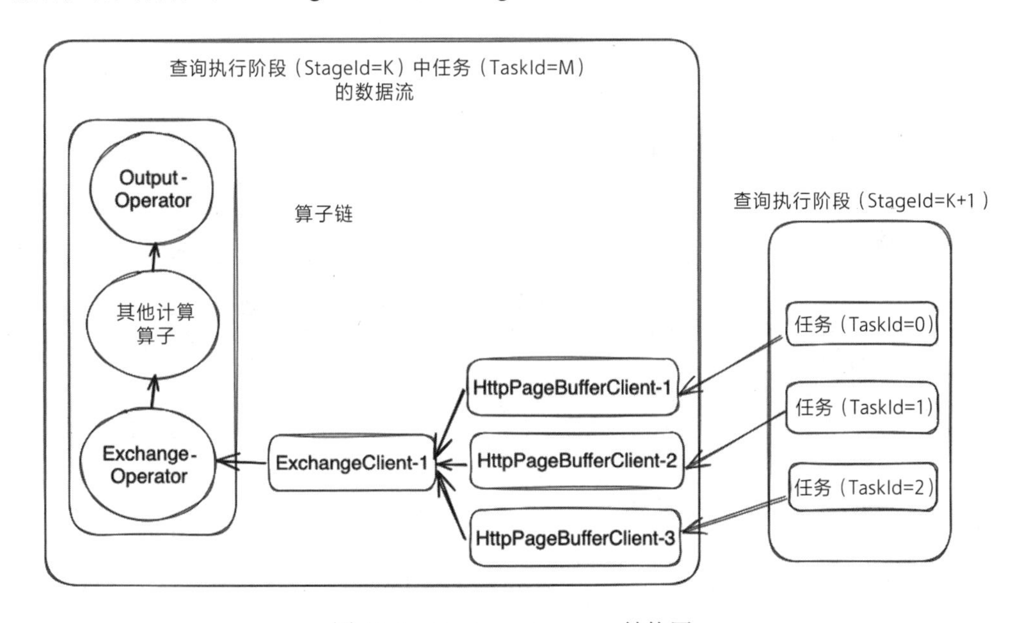

图 10-1　ExchangeOperator 结构图

第三步：HttpPageBufferClient 持续往复向上游任务发起请求、增加 token 编号，直到 ExchangeClient 中的 PageBuffer 满了，或者上游任务的数据全部拉取完成才会停止拉取数据。如果是上游任务的数据还未拉取完，但是 PageBuffer 满了，说明是 PageBuffer 的消费速度跟不上生产速度，下游任务的处理比较慢。

第四步：ExchangeOperator 可以添加多个分片，上游有多少个任务就会添加多少个分片，添加完全部分片后，通过 noMoreSplits() 告知 ExchangeOperator 不会再有新的分片。这个很重要，因为如果没有这个，ExchangeOperator 就无法知道还有没有新的要拉取数据的上游任务，当前的任务也永远无法结束。

第五步：Driver 控制流程反复多次调起 ExchangeOperator 的 getOutput() 方法从 Exchange-Client 的 PageBuffer 中拿数据，给后续的算子做计算。ExchangeOperator 输出数据之前需要将 SeralizedPage 反序列化为 Page，后面的算子才能操作这个数据结构。

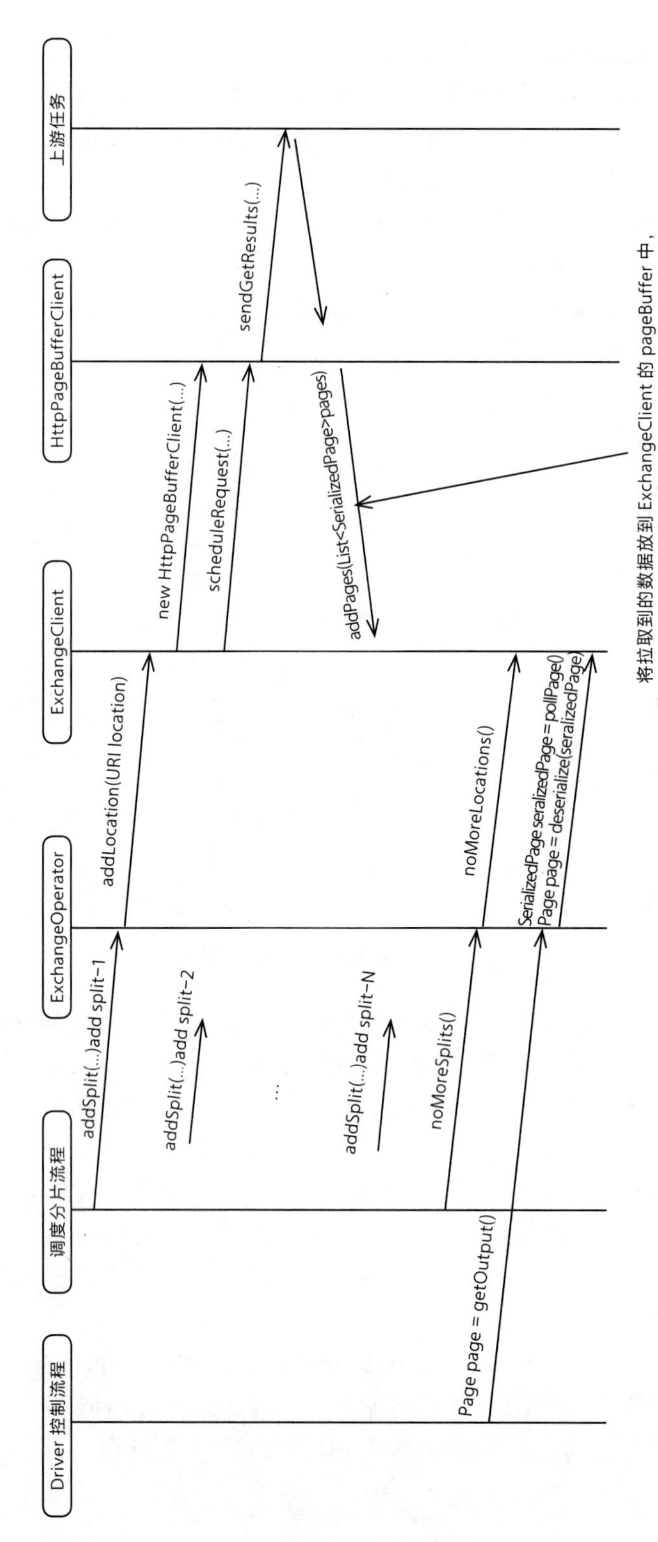

图 10-2 ExchangeOperator 工作流程时序图

3. MergeOperator 的设计实现

MergeOperator 内部维护了多个 ExchangeClient 实例，与上游任务一一对应，如图 10-3 所示。ExchangeClient 的职责仍然是从上游任务拉取数据，并暂存到 ExchangeClient 的 PageBuffer 变量中，这意味 MergeOperator 从上游各个任务拉取的数据是分开暂存的，这与 ExchangeOperator 存在显著的区别。MergeOperator 后面需要做的多路归并中的每一路就是一个从上游任务拉取来的数据，如果像 ExchangeOperator 那样将上游所有任务的数据暂存在一个共享的 PageBuffer 中就无法区分多路，更无法完成时间复杂度是 $O(N)$ 的多路归并，只能去做时间复杂度为 $O(N\log N)$ 的快速排序，而且需要将上游任务的数据全部拉取完成才可以开始排序操作，查询的性能就降低了。对于那些对上游任务提供的数据顺序有明确要求的查询执行阶段，比较适合用 MergeOperator。

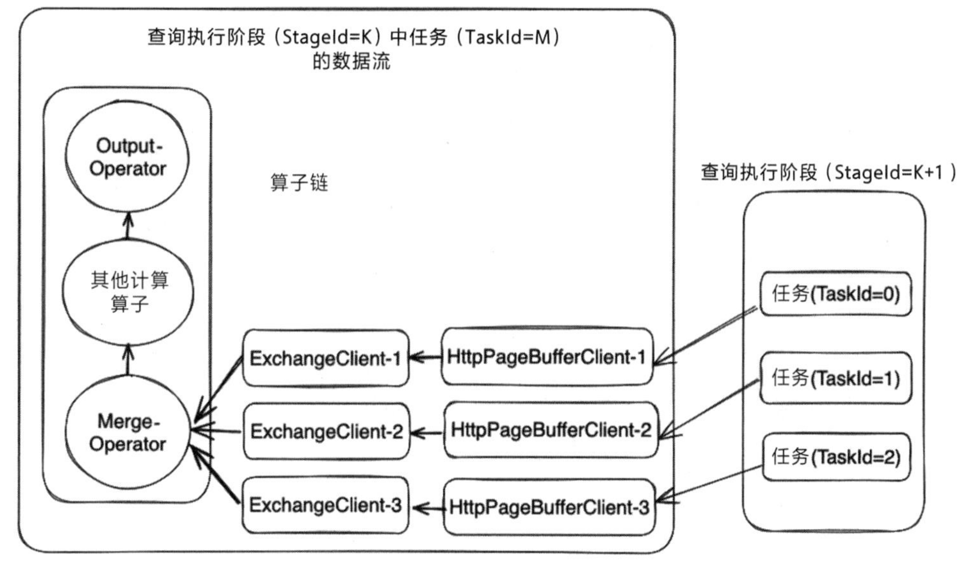

图 10-3　MergeOperator 结构图

如果我们从整个任务执行的视角来看 MergeOperator 相关的执行流程，主要包括如下几个步骤，这些步骤同样是没有绝对顺序关系的，如图 10-4 所示。

第一步：MergeOperator 是 SourceOperator，需要先添加分片，每个分片携带一个上游任务的 URL，即 ExchangeLocation，这样 ExchangeClient 就知道从哪个上游任务拉取数据了。这一步与 Presto 整体的调度框架关系很大。

第二步：ExchangeClient 为每个分片创建一个 HttpPageBufferClient 作为拉取上游任务数据的 HTTP 客户端，并发起对上游任务的请求，初始 token=0。上游返回 SerializedPage 数据后，将其暂存到 ExchangeClient 中的 PageBuffer。

第三步：HttpPageBufferClient 持续往复从向上游任务发起请求、增加 token 编号，直

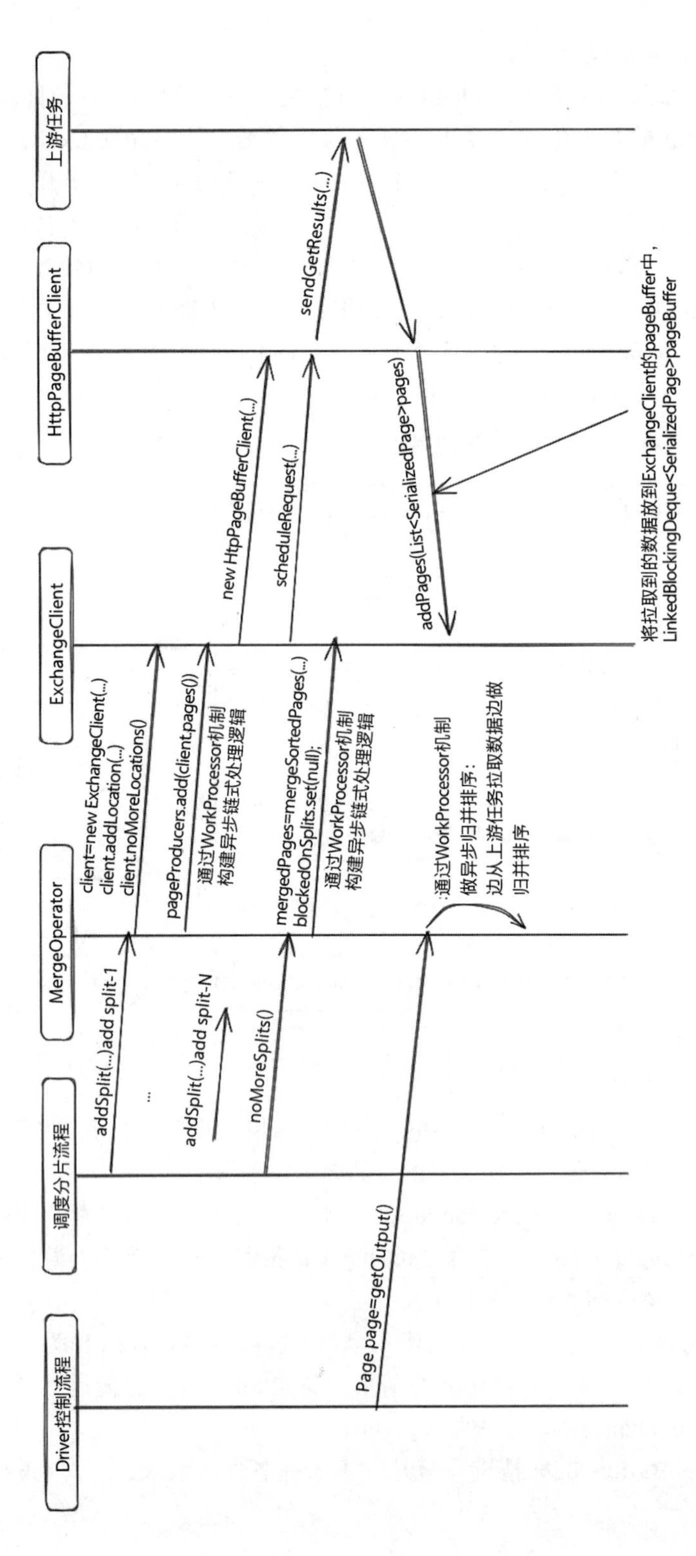

图 10-4 MergeOperator 工作流程时序图

到 ExchangeClient 中的 PageBuffer 满了，或者上游任务的数据全部拉取完成才会停止拉取数据。如果是上游任务的数据还未拉取完，但是 PageBuffer 满了，说明是 PageBuffer 的消费速度跟不上生产速度，下游任务的处理比较慢。

第四步：对于 MergeOperator 来说，添加完全部分片后，通过 noMoreSplits() 告知 MergeOperator 不会再有新的分片，这个很重要，因为如果没有这个，MergeOperator 就无法知道何时才能开始做多路归并，当前的任务也永远无法结束。它需要将所有上游任务对应的分片都添加完成后，每一路至少都从上游任务拉取到一点数据后，才能开始多路归并（这是由多路归并的逻辑决定的），因此 MergeOperator 比 ExchangeOperator 更容易出现某些 ExchangeClient 的 PageBuffer 满了的情况。

第五步：Driver 控制流程反复多次调起 MergeOperator 的 getOutput() 方法拿数据，给后续的算子做计算。拿数据的过程用到了 Presto 中的 WorkProcessor 链式分批执行机制，先做异步的拉取数据，再将 SeralizedPage 反序列化为 Page，再做异步多路归并，最后输出结果。整个过程中可以实现边拉取数据、边排序、边输出结果，看起来就像是在做流式数据处理，不需要将上游任务数据全部拉取完后才输出。整个执行过程中，除了从上游拉取数据，还涉及比较多的异步多路归并的逻辑，本节的重点内容是 MergeOperator 如何从上游任务拉取数据，而不是多路归并，我们在这里不做过多讲解，感兴趣的读者请参考第 6 章相关内容。WorkProcessor 是 Presto 实现的一种链式分批执行机制，类似于 Java 中的 Stream API，理解了它对理解异步多路归并来说很重要，请读者参考第 5 章和第 6 章相关内容。

10.4　上下游任务之间数据交换的 RPC 交互机制

10.4.1　数据交换的 RPC 通信协议

Presto 基于 HTTP 协议实现了数据交换上下游任务的通信与数据传输。这里需要介绍一个概念——ExchangeLocation，它表示的是上游任务某个 OutputBufferId 对应数据的位置信息，下游任务只要拿到了 ExchangeLocation，就能利用它调用上游任务的 HTTP API 来拉取数据。ExchangeLocation 的 URI 如下所示，其中 {nodeUri} 指的是上游任务的域名或 IP 地址外加端口号，{taskId} 指的是上游任务的 TaskId，{bufferId} 指的是下游任务对应的 OutputBufferId，每个下游任务通过这个 URL 即可找到上游任务的 OutputBuffer 中它所需要的数据。

```
格式：http://{nodeUri}/v1/task/{taskId}/results/{bufferId}
例子：http://presto_worker01:8080/v1/task/20220116_070643_00000_mgksw.1.0/results/0
```

下游任务请求上游任务使用的是 getResults、acknowledgeResults、abortResults 这几个 HTTP API。

1. getResults

getResults 的调用方式是 GET http://{exchangeLocation}/{token}，分批多次从上游任务拉取数据。getResults 的请求响应消息体是 List<SerializedPage> serializedPages，即被序列化后的 Page（一个 Page 被序列化成一个 SerializedPage），头部包含了如下几个键。

- PRESTO_TASK_INSTANCE_ID：上游任务的 InstanceId，不是 TaskId，类型是字符串。
- PRESTO_PAGE_TOKEN：Response 中第一个 Page 对应的 token，类型是整数。
- PRESTO_PAGE_NEXT_TOKEN：下次再请求 getResults 时的起始 token，类型是整数。
- PRESTO_BUFFER_COMPLETE：表示上游任务的 OutputBuffer 是否已经完成不会再有新增入队数据，类型是布尔。

下游任务的 HttpClient 获取到 Response 后，将其拼装成 BufferResult，交付给 ExchangeClient，BufferResult 的定义如下。

```
// 文件名：BufferResult.java
public class BufferResult {
    private final String taskInstanceId; // 对应的是 PRESTO_TASK_INSTANCE_ID
    private final long token; // 对应的是 PRESTO_PAGE_TOKEN
    private final long nextToken; // 对应的是 PRESTO_PAGE_NEXT_TOKEN
    private final boolean bufferComplete; // 对应的是 PRESTO_BUFFER_COMPLETE
    private final List<SerializedPage> serializedPages; // 对应的是 HTTP Response
        中的 Body
    ...
}
```

这个 API 引入了 token 这个非常重要的概念，假设下游任务将从上游任务拉取共计 100 个 SerializedPage，在上游任务的 OutputBuffer 中将为这 100 个 SerializedPage 编号，从 0 到 99。需要注意的是，每个 ExchangeLocation 对应的 token 是独立从 0 开始编号的。token 存在的意义是什么？由于 getResults API 支持分批多次请求拉取上游数据，这类似于传统数据库中的 Cursor 分批拉取数据的能力，同时由于请求的处理是异步的，这就会产生重复和乱序请求的可能性，token 是为了应对类似的情况。token 存在的意义是为了引入 ack 机制，尽早释放已经拉取完成的 Page，并妥善处理下游查询执行阶段拉取数据的乱序、重复请求。

此外，在 getResults API 中，下游查询执行阶段的任务请求时还可以在 HTTP 头部带上 X-Presto-Max-Size 参数，代表下游任务单次能够接收的最大数据体积，单位是字节。这种机制对下游任务的内存形成了一定程度的保护。

2. acknowledgeResults

acknowledgeResults 的 URI 是 GET http://{exchangeLocation}/{token}/acknowledge，这

采用的是一种确认机制，告知上游任务所有 token 小于 {token} 的 Page 都已经拉取完成，这样上游任务的 OutputBuffer 即可根据需要来释放对应 Page 数据占用的内存空间了。看起来 getResults 与 acknowledgeResults 这两个 API 是一对“兄弟”，下游任务应该在调用一次 getResults 之后，再调用一次 acknowledgeResults 来确认已经收到的数据。然而这里要说的另外一种情况是，Presto 中实现的 getResults 也可以顺便做数据确认。例如，第一次 getResults 的请求中 token=0，Response 的 token=0、nextToken=15；即获取到 15 个 SerializedPage；第二次 getResults 的请求中 token=15，不需要调用 acknowledgeResults，getResults 也会确认 token 范围是 [0, 15) 的这 15 个 SerializedPage。当 Presto 需要在 getResults 之后立即确认时，可以立即调用 acknowledgeResults。其他的情况，可以通过后续调用 getResults 来完成确认。

3. abortResults

abortResults 的 URI 是 DELETE http://{exchangeLocation}，当数据拉取完成时，下游任务将主动调用上游任务的 abortResults。另外，当用户主动取消了查询，或者上下游任务执行超时，或者查询异常退出时，其实也是复用的这个 API。

以上 3 个 API 的工作流程可以总结为：通过多次循环往复调用 getResults 和 acknowledgeResults 来分批拉取和确认数据。数据拉取结束后，或者查询因某种异常要结束时，下游任务调用上游任务的 abortResults 来告知其不再需要 OutputBuffer。

10.4.2　SerializedPage 的序列化格式

对于一次任务之间数据交换操作，上游任务先将待输出的 Page 序列化为 SerializedPage，之后在 HTTP 响应体中给到下游任务。一个 Page 在被序列化后，就变成了一个 Slice（片，为了与之前的分片区分，这里用英文表示）。SerializedPage 的构造函数中，传入的第一个参数 Slice 即某个 Page 完成序列化生成的 Slice。SerializedPage 的本质是序列化后的 Page 的包装类，它包含了如下信息。

```
// 文件名：SerializedPage.java
public class SerializedPage {
    // Page 序列化后的字节数组（byte[]）表示。
    private final Slice slice;
    // 被序列化的 Page 的 position count，即 row count
    private final int positionCount;
    // 被序列化的 Page 在未压缩前的大小
    // 如果序列化过程中没有压缩，则 uncompressedSizeInBytes 实际上就是 Page 序列化后的大小
    private final int uncompressedSizeInBytes;
    // 通过 bitmask 的形式来表示的 Page 在序列化过程中是否被压缩、是否加密等信息，详见 PageCodecMarker
    private final byte pageCodecMarkers;
}
```

由于篇幅关系，我们无法详细介绍序列化后的 SerializedPage 的数据布局，对这部分感兴趣的读者可以参考 https://prestodb.io/docs/current/develop/serialized-page.html。用于网络传输的数据往往需要紧凑的编码，同时还要平衡编码与解码的开销，一般而言各种 OLAP 引擎都为了查询性能而定制了各种数据编码，但是近几年出现的趋势是大数据项目开始采用一种比较通用的数据格式——Apache Arrow 来表示内存中的数据并使用它的序列化和反序列化能力。如果你也熟悉其他的大数据处理引擎的数据格式，会发现这部分知识非常类似，或者更准确地来说 Apache Arrow 有可能借鉴了 Presto 的 Page、Serialized Page 的工程化实现，毕竟 Presto 项目诞生得很早，算是 OLAP 引擎的“黄埔军校”。

10.5 任务内部数据交换的基本原理

前面讲了非常多的数据交换的知识，我们介绍的全都是节点任务之间的数据交换，本节会花一些篇幅介绍任务内部数据交换。任务内部数据交换存在的意义是根据需要改变分布式执行架构中的某个单节点执行任务内部的并行度或数据分布。总的来说，任务内部数据交换涉及了查询的执行计划优化阶段、分布式任务执行阶段，这两个阶段分别做一些工作来打配合，但是不会像任务之间数据交换那样涉及任务调度阶段。下面是所涉主要知识点。

- 执行计划优化阶段：对应的优化器是 AddLocalExchanges，它与 AddExchanges 优化器考虑的是不同的事情，AddLocalExchanges 优化器只会考虑单节点内部执行过程中的并行度要求和数据分布要求，以及在需要的位置插入 ExchangeNode[scope=LOCAL]。在调度时，不会根据这些数据交换节点拆分 PlanFragment，在调度阶段更不会根据这些数据交换节点切分查询执行阶段。AddLocalExchanges 优化器的设计实现原理与 AddExchanges 优化器类似，感兴趣的读者可以参照着前面讲解的 AddExchanges 优化器原理来理解 AddLocalExchanges 优化器。
- 执行阶段：在任务创建算子链时，如果对应的执行计划上有 ExchangeNode[scope=LOCAL]，则会对应创建相关的任务内部数据交换算子，用于完成并行度 *N* 到 1、1 到 *N* 的任务内部数据交换。通常而言，任务内部数据交换每个并行度对应的是一个任务中的一个线程，而对于任务之间数据交换而言，每个并行度对应的是一个任务。

控制并行度从 *N* 到 1 的任务内部数据交换可以被诸如 SQL-11 这样的查询用来将多个单节点内并行执行的部分排序结果合并到一个并行度中，作为后续最终排序过程的输入，这样才可真正实现分布式全局排序，如图 10-5 所示。

而控制并行度从 1 到 *N* 的任务内部数据交换，一般是为了在单节点内增加执行的并行度，从单线程到多线程执行，常常用于那些计算密集型算子，例如聚合算子。为什么不一开始就将并行设置为 *N*？在查询执行的过程中，可能会存在一些算子只能通过 1 个并行度执行，否则会影响数据结果的正确性，如图 10-6 所示。

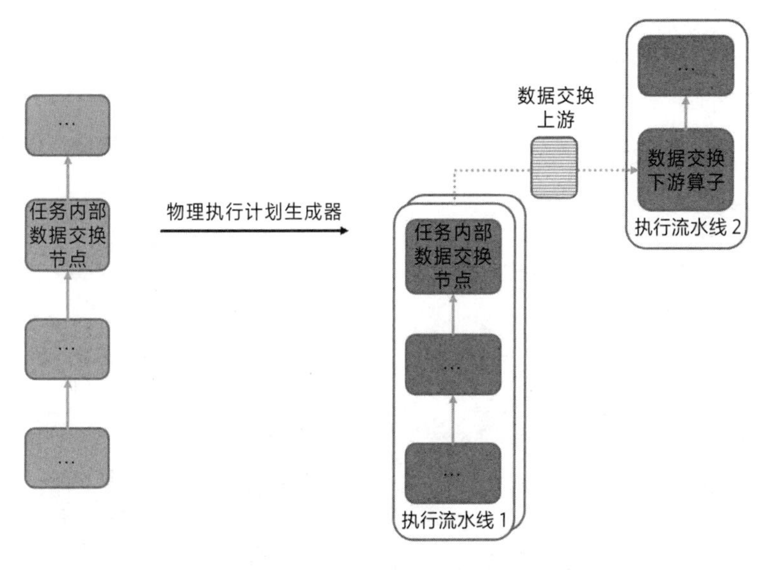

图 10-5　N 到 1 场景的任务内部数据交换

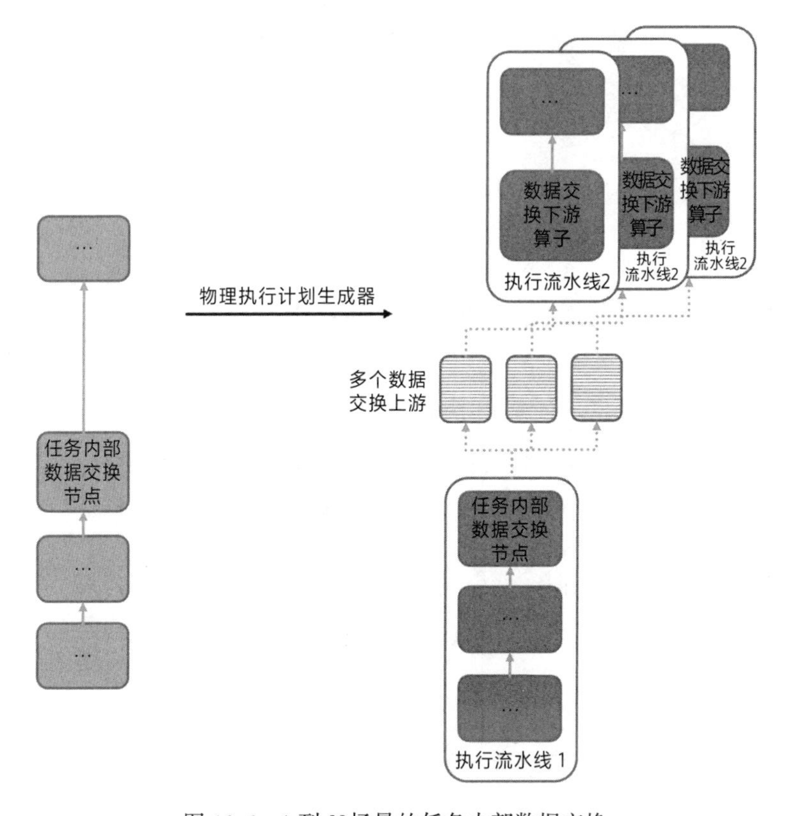

图 10-6　1 到 N 场景的任务内部数据交换

任务内部数据交换也可以被用于合并多路的数据，比如 UNION，如图 10-7 所示。

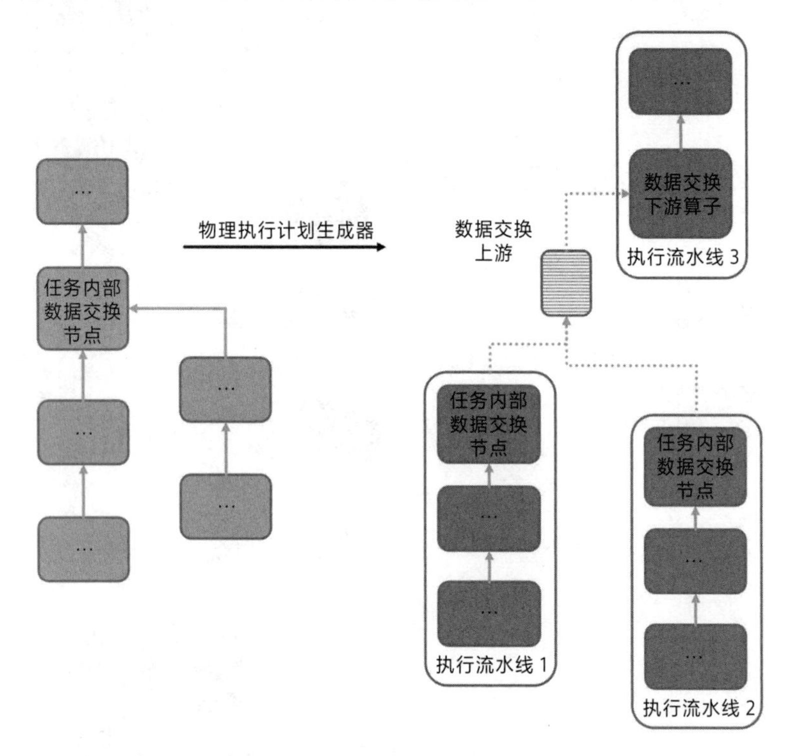

图 10-7 任务内部数据交换做多路合并

10.6 利用数据交换能力实现的特殊功能

10.6.1 利用数据交换能力在查询执行路径实现的反压机制

Presto 通过数据交换能力在整个查询执行路径实现了反压机制，当下游查询执行阶段的任务数据处理不过来时，将停止从上游 OutputBuffer 拉取数据，导致 OutputBuffer 中数据的生产速度远远大于消费速度，使 OutputBuffer 很快满载，迫使上游查询执行阶段的任务不再生产新的数据。下游向上游层层传播、持续反压，直到最源头的查询执行阶段不再从数据源连接器拉取数据。当下游数据处理跟上后，将继续从上游 OutputBuffer 拉取数据。

在数据交换的上下游两侧会发生如下事情。

- 上游：OutputBuffer 在数据缓冲区满了以后，将停止接受输入的数据，导致当前任务的各个算子阻塞，停止计算。
- 下游：ExchangeClient 的 PageBuffer 超过 BufferCapacity 时，说明当前任务的各算

子数据处理速度跟不上，将停止从上游拉取数据。

1. 上游查询执行阶段的 OutputBuffer

OutputBufferMemoryManager 负责记录和管理 OutputBuffer 的内存占用大小。OutputBufferMemoryManager 由于以下两种原因处于阻塞（Block）状态时，OutputBuffer 将无法再继续输入数据。

- 缓冲的字节数超过了 maxBufferedBytes 的值，并且 blockOnFull 为 true。
- 内存池已耗尽。

maxBufferedBytes 是每个任务的 OutputBuffer 所允许的最大数据缓冲区字节大小，它的默认值是 32MB（在 TaskManagerConfig 中设置），如果想更改此值，可以通过 sink.max-buffer-size 来设置。

TaskOutputOperator 作为当前任务的算子链中的最后一个算子，负责输出数据到 OutputBuffer，当 OutputBuffer 满载时，TaskOutputOperator 将处于阻塞状态。

```
// 文件名：TaskOutputOperator.java
@Override
public ListenableFuture<?> isBlocked()
{
    ListenableFuture<?> blocked = outputBuffer.isFull();
    return blocked.isDone() ? NOT_BLOCKED : blocked;
}

@Override
public boolean needsInput()
{
    return !finished && isBlocked().isDone();
}
```

Driver 驱动算子做计算时，如果下游算子处于阻塞状态，整个算子链的执行将处于停滞。

```
// 文件名：Driver.java
// Driver::processInternal
for (int i = 0; i < activeOperators.size() - 1 && !driverContext.isDone(); i++) {
    Operator current = activeOperators.get(i);
    Operator next = activeOperators.get(i + 1);
    if (!current.isFinished() && getBlockedFuture(next).isEmpty() && next.needsInput()) {
    }
}
```

2. 下游查询执行阶段的 ExchangeClient

通过设置 exchange.max-buffer-size 来控制接收端最大的数据缓冲区大小，默认 bufferCapacity =

32MB。在 ExchangeClient::scheduleRequestIfNecessary 拉取数据的逻辑中，当 bufferCapacity - bufferRetainedSizeInBytes <= 0 时，代表缓冲区容量不足，暂停拉取数据。

10.6.2 利用数据交换能力实现部分 SQL 的 LIMIT 语义

我们在第 6 章介绍过如下两个 SQL，虽然它们都包含了 LIMIT 计算，但是各自 LIMIT 的实现方式是有较大不同的。

- SQL-10：在 LIMIT 无法下推时，将利用数据交换的能力来实现 LIMIT 的语义，即下游任务已经拉取了足额的数据后，会主动告知上游任务终止执行不要再产生输出，下游任务会调用上游任务的 OutputBuffer::abort 来表达下游任务不再需要数据了，上游任务也会结束并退出运行。这里的上游任务指的是从数据源连接器拉取数据的任务。
- SQL-11：由于同时存在 ORDER BY 语义与 LIMIT 语义，实际上它的实现与 SQL-10 完全不同，这并非本小节的核心主题，这里不展开介绍了。

```
-- SQL-10 : 查看指定商品 ID(ss_item_sk) 的销售价格(ss_sales_price)，只看前 10 条
SELECT ss_item_sk, ss_sales_price
FROM store_sales
WHERE ss_item_sk = 13631
LIMIT 10;

-- SQL-11  : 查看指定商品 ID(ss_item_sk) 的销售价格(ss_sales_price)， 按照销售价格(ss_
    sales_price) 倒序排列，只看前 10 条
SELECT ss_item_sk, ss_sales_price
FROM store_sales
WHERE ss_item_sk = 13631
ORDER BY ss_sales_price DESC
LIMIT 10;
```

10.6.3 任务之间数据交换交互中的乱序请求

由于数据交换上下游查询执行阶段的任务都是异步发送请求、异步处理请求的，不是单一流程串行执行，因此上游任务可能会收到来自下游任务的乱序请求，下游任务也可能会收到来自上游任务的乱序响应，一般情况下主要是超时请求重试导致的。如何能够很好地处理这些乱序的请求、响应是一个重要的问题，Token 这个概念的存在即是为了解决此问题。

Token 的作用：OutputBuffer 中每个 OutputBufferId 对应一个 ClientBuffer，ClientBuffer 负责维护一个从 0 开始的 Token。ClientBuffer 中插入的第一个 SerializedPage 的 Token = 0，第 N 个 SerializedPage 的 Token = N。下游任务来拉取数据时，会指定对应的 OutputBufferId 以及起始 Token。显然在初次拉取时，Token = 0，即从第一个 SerializedPage 开始拉取，拉取完成后，下游任务会对已经拉取到的 SerializedPage 进行确认（Ack），并记

录 Next Token，即下次拉取时的起始 Token。

上游任务处理 getResults 请求时，已经考虑到了各种乱序情况，对于乱序请求，OutputBuffer 的 ClientBuffer 会做如下处理。

- 情况一：ClientBuffer 收到了希望读取已经确认过 Page 的请求（将请求中的 token 与 ClientBuffer 中确认的最大 token 对比），ClientBuffer 返回一个不包含数据的响应，由于下游任务已经在其他的异步过程中确认过对应 Page，因此可直接忽略掉此响应。
- 情况二：OutputBuffer 被销毁后仍然收到了读取数据的请求，ClientBuffer 返回一个 bufferComplete 标记为 true 的响应。

10.6.4　分批计算与返回执行结果

查询执行时，分批计算与返回执行结果是 OLAP 引擎中比较常见的需求，这样做有如下几点好处。

- 查询执行的多个查询执行阶段就像工厂车间的流水线一样，可以并行起来，每个查询执行阶段都在处理某一批次的数据。
- 查询执行时具备了流控、反压能力。如果下游查询执行阶段处理当前批次的数据时已经忙不过来，可以暂时先不从上游查询执行阶段拉取下一批数据，而上游查询执行阶段在 OutputBuffer 满了后，也会停止产出数据以减少从它的上游拉取数据，由此实现了端到端的流控反压。
- 计算结果分批返回给 SQL 客户端，对于 SQL 客户端来说也可以将接收数据与后续数据处理并行起来。

如果不能分批计算与返回结果，上游查询执行阶段在执行时，下游查询执行阶段处于空闲阻塞，而此时上游查询执行阶段也有可能因为短时间内要拉取和处理的数据过多而出现 IO、CPU、内存瓶颈。

Presto 通过两种底层机制支持了分批计算与返回执行结果：

- 各个查询执行阶段的任务之间、集群协调节点与查询执行节点之间、Presto 与 SQL 客户端之间支持分批拉取数据。
- 单任务内的各个算子支持分批处理数据。

最典型的例子是 SQL-01，它可以做到以 Page 为单位拉取、计算、返回数据，每个 Page 中包含多行数据：

```
-- SQL-01 : 在事实表中，查看商品 ID（ss_item_sk）的销售价格（ss_sales_price）
SELECT ss_item_sk, ss_sales_price
FROM store_sales;
```

实际上并不是所有查询都能满足以上两个条件，因此也并不是所有的查询都支持端到端的分批计算与返回结果。例如常见的聚合、关联相关的 SQL，如果它们执行时算子不是基于先排序后合并（Sort-Merge）的聚合或关联而是基于哈希的聚合或关联，或两者是阻塞的算子，则无法支持分批计算返回数据。

10.7 总结、思考、实践

数据交换的整体理解和总结如下。

- 数据交换是用来改变数据分布的一种方式，只存在于查询执行阶段与查询执行阶段之间，相同查询执行阶段的多个任务之间不会存在数据交换。
- 每个查询执行阶段的任务既作为数据交换上游查询执行阶段的任务，也作为数据交换下游查询执行阶段的任务。因此每个任务都存在OutputBuffer与ExchangeOperator（唯一的例外是作为从数据源连接器拉取数据的查询执行阶段的任务，由于它拉取数据的机制不是数据交换，因此没有ExchangeOperator）。
- 数据交换上游查询执行阶段的任务是数据发送端，发送之前的数据放在OutputBuffer中。
- 数据交换下游查询执行阶段的任务是数据接收端，它通过ExchangeClient从数据交换上游查询执行阶段的任务主动拉取数据。
- 对于数据交换下游查询执行阶段的任务来说，数据交换上游查询执行阶段的任务是它的数据来源。
- 对于数据交换下游查询执行阶段的任务来说，它需要知道自己需要的数据来自数据交换上游查询执行阶段的哪些任务，以及这些任务在哪里（即ExchangeLocation），只有这样才能去拉取数据，这个通过查询调度阶段的StageLinkage来记录维护。
- 在PlanNode树的形态中我们可以看出来，上游查询执行阶段是下游查询执行阶段的子树，因此下游查询执行阶段也被称为父查询执行阶段（Parent Stage），上游查询执行阶段也被称为子查询执行阶段（Child Stage）。
- 数据交换的这套执行逻辑，不仅适用于查询的所有查询执行阶段之间的数据交换，也应用到了集群协调节点从查询的数据最下游查询执行阶段（即Stage0，也是rootStage）拉取数据的执行过程，在此场景中，数据交换的上游永远只有一个（即rootStage），下游也永远只有一个（即集群协调节点）。
- 数据交换机制不是Presto独有的，而是OLAP领域比较常见的设计与实现，只不过许多OLAP引擎在发展的过程中都深度参考了Presto的数据交换的设计与实现，只是具体的实现有所不同而已。例如Spark的数据交换过程中会将数据落到磁盘。这也就意味着当你掌握了Presto的数据交换机制后，就同时掌握了诸如Spark、Flink、Doris等OLAP引擎的数据交换机制。

本章内容能够帮助我们理解数据交换原理的单元测试。

- TestArbitraryOutputBuffer、TestBroadcastOutputBuffer、TestPartitionedOutputBuffer、

TestClientBuffer 这几个单元测试对几种 OutputBuffer 的使用方法及它们背后的 ClientBuffer 有比较详细的展现。

- TestPartitionedOutputOperator 清晰展示了 PartitionedOutputOperator 的使用方法。
- TestExchangeOperator、TestExchangeClient、TestHttpPageBufferClient 是对数据交换下游的 3 个实现类做的详细单元测试，我们可以抛开其他繁杂执行流程，单独来了解它们各自的实现。

思考与实践：

- 有了任务之间数据交换，为什么还要有任务内部数据交换？这两者的关系是什么？
- 在常见的 OLAP 引擎中（如 Doris、Flink），数据交换的设计实现原理是什么？
- 为什么优秀的开源项目中随处可见各种异步处理代码，而不是按照逻辑执行顺序的同步执行代码？

第五篇 Part 5

插件体系与连接器

- 第 11 章　连接器插件体系详解
- 第 12 章　连接器开发实践：以 Example-HTTP 连接器为例

Chapter 11 第 11 章

连接器插件体系详解

OLAP 引擎中的插件（plugin）和连接器（connector）是两个关键组件，它们共同作用于提升数据分析的灵活性和扩展性。

插件是 OLAP 引擎的扩展模块，它遵循特定的接口规范，允许在不修改核心代码的情况下为 OLAP 引擎添加新功能。这些功能可能包括数据转换、分析算法、连接器等。插件通过模块化设计，可以独立于核心系统进行开发和维护，提高系统的可维护性和可升级性。

连接器则是插件类型中的一种，它充当 OLAP 引擎与外部数据源之间的桥梁。它负责数据的导入导出，确保数据在 OLAP 引擎和数据源之间正确传输和转换。连接器通常需要处理数据源的特定查询语言，并将 OLAP 引擎的查询转换为数据源能理解的格式。此外，连接器还可能包含分片逻辑，将数据水平分割以提高查询性能和系统扩展性。连接器的实现通常涉及身份验证、数据转换、错误处理和性能优化等关键技术。

总体来说，插件通过模块化方式来扩展 OLAP 引擎的功能，而连接器则确保了与多样化数据源的兼容性和数据交互的效率。两者共同作用，使得 OLAP 引擎能够适应不断变化的业务需求和技术环境。

11.1 插件体系整体介绍

本节将对 Presto 的插件体系进行概述，并对所有类型的插件进行简单介绍，让读者对 Presto 的插件生态有一个整体的认识。然后对插件底层的 SPI（Service Provider Interface，服务提供者接口）机制进行讲解，它是 Presto 插件体系的理论基础，只有在插件加载完成后才能被引擎使用。所以，有必要对插件和 SPI 机制进行总体介绍。

11.1.1　插件概述

Presto 引擎定义了一些抽象接口以及对应的工厂类，然后在内部使用这些接口来完成某些特定的功能，这个接口对应了一种服务，比如最核心的连接器用于抽象底层数据源，不同的服务提供不同的功能。引擎不关心具体的实现方式，只与服务接口打交道。而服务接口的具体实现类则是以插件的方式被加载到引擎中。引擎会在启动的时候分为两步加载这些插件：

1）从某个路径加载所有插件，获取相应的工厂类。

2）读取 ./etc 目录下的配置文件，按照配置内容使用工厂类实例化对应的插件。

其中连接器作为最核心的功能（服务），官方已经预置了很多连接器插件，如 Hive、MySQL、ElasticSearch 等数据源的连接器，第三方也可以开发自己的连接器来适配特定的数据源，或者实现一个性能更好的连接器（如 HBase 的 Phoenix 连接器），这样就会有很多的插件，形成丰富的插件生态。在集成开发环境 Intellij IDEA 中查看 Plugin.java 接口的实现，排除测试相关的模块，官方代码仓库就包含了 40 多个插件。其他的 OLAP 引擎如 Spark、Flink 也有数据源连接器这种抽象，只是抽象的程度不一样。

11.1.2　插件分类

Presto 引擎只与抽象接口打交道，至于具体实现是什么，则是由插件和配置文件决定的。这些抽象的接口对应了不同的功能，从核心的连接器到自定义函数等，整个插件体系如图 11-1 所示。

- 连接器：最重要、最复杂的插件。为了支持不同的数据源，从传统的 RDBMS（关系型数据库管理系统）到 NoSQL（非结构化查询语言数据库），再到大数据组件 Hive 等，需要对它进行高度抽象建模。它本身由一系列的接口组成，代表了不同的模块，每个模块共同协作来完成相应功能。连接器是大多数 OLAP 引擎的核心功能。
- 函数：Presto 支持用户自定义函数（UDF），同样是通过插件来集成。开发者需要写代码来实现 UDF 函数逻辑。函数本质上是 Java 中的方法加上一些特定的注解，引擎会在启动的时候执行函数初始化操作，这些注解会被识别成函数的元数据。该部分内容将在第 13 章介绍。
- 类型（Type）：用户可以提供自定义的类型，或者对底层的 Block 数据结构提供自定义的序列化、反序列化方法。这是比较少见的场景。
- 其他插件：一些辅助性的功能，包括参数管理、鉴权与权限、资源组等。

下面介绍几种典型的其他插件。

- Session（会话）默认参数管理器：根据查询请求带的参数，确定引擎默认参数的取值，比如根据请求的 clientTag 参数获取对应的业务方，给不同业务设置不同的执行参数。

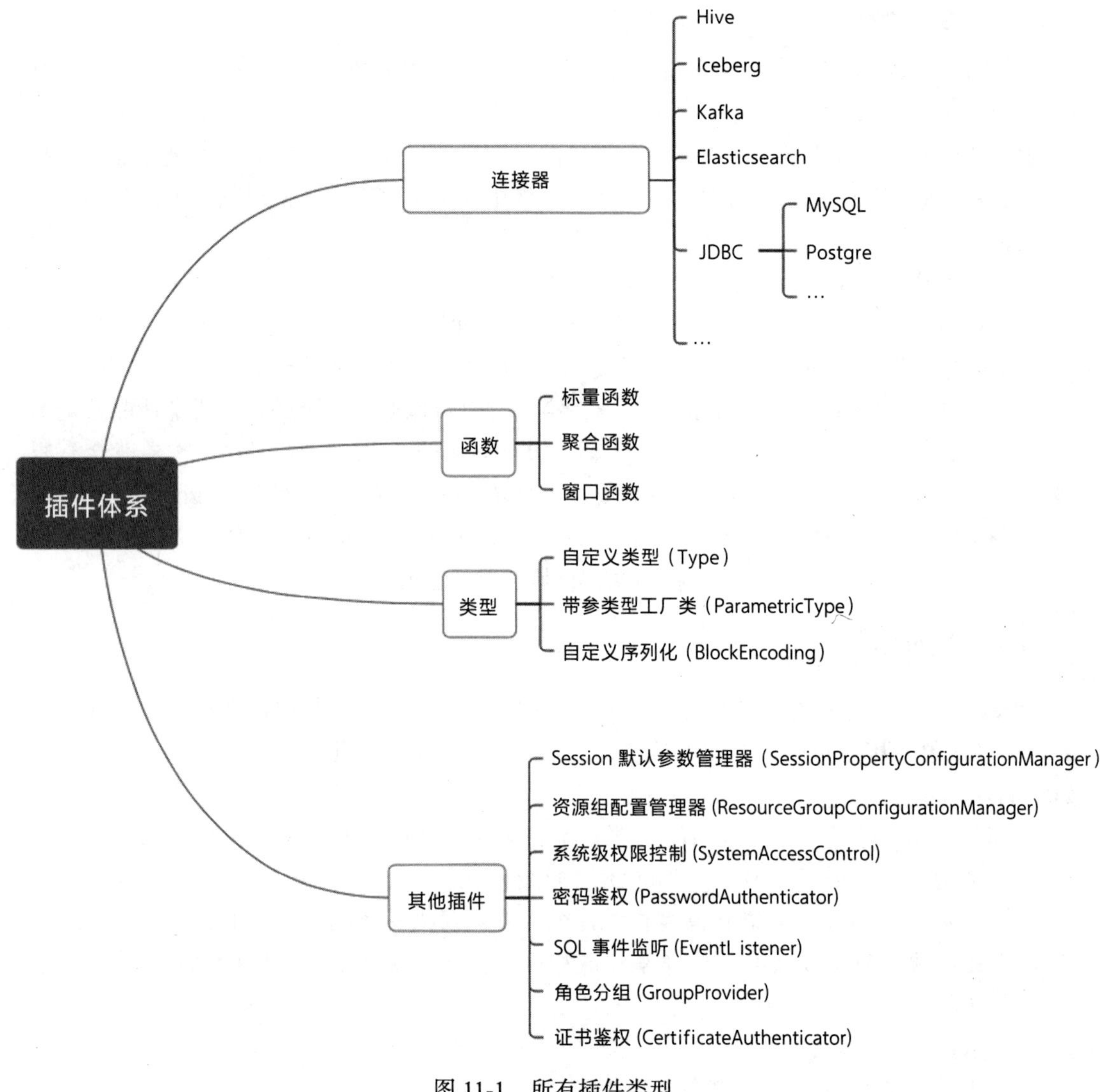

图 11-1 所有插件类型

- 资源组配置管理器：Presto 提供了一个轻量的资源管理模块——资源组（Resource-Group），它将 SQL 查询按照配置规则进行分组，监控 CPU、内存资源的使用情况，如果资源使用超过了配置的额度，新的 SQL 查询就不能马上提交执行，需要排队。
- 系统级权限控制：授权的作用是给已识别的用户分配合理的权限，Presto 引擎层面权限控制是系统级别的，除此以外还有目录级别的权限控制，这相当于一个 SQL 请求的权限控制是由引擎和所有相关数据目录共同控制的。
- 密码鉴权：鉴权的作用是识别用户身份，证明当前请求的用户确实是它所声称的身份。Presto 中是基于账号密码的鉴权。

- SQL 事件监听：SQL 查询在创建、执行完成等时会触发回调，可以用于数据收集和集群统计。
- 角色分组：如果想用基于角色的权限控制（RBAC），角色分组可以将用户名称映射到特定的用户分组上，以便进行权限控制。
- 证书鉴权：同密码鉴权类似，只不过它是基于证书方式来鉴权的，鉴权和权限相关的知识已经超出本书的范围，有需要的读者请查阅其他资料。

可见 Presto 拥有非常丰富的插件生态，Presto 通过合理设计、高度抽象，让开发者仅需要按照接口的约定实现对应的功能，无须改动引擎的核心代码，也不用关注服务与引擎其他模块的复杂交互流程，是一种扩展性很好的设计模式。

无论是官方还是第三方的实现，都是以插件的形式集成到 Presto 内部的。这种机制就是把所有服务的相关实现类全部解耦至外部，然后通过某种方式把它们加载进来供 Presto 引擎使用。Java 提供了 SPI 机制来解决加载相关问题。下面就来看看这种加载机制是如何工作的。

11.1.3 SPI 机制

SPI 是 Java 里面比较成熟的应用扩展机制，广泛用于 JDBC（Java 数据库连接）等领域。通过抽象出服务的功能接口，应用可以在不改动核心代码的情况下，允许第三方扩展其原有功能。这其实就是 Presto 插件要做的事情。SPI 机制有 4 个要素，下面逐一介绍。

1. 服务提供接口（SPI）

服务提供接口（SPI）是一个服务代理，它通常是一个接口，把全部服务暴露出来（一个 SPI 可以有多种服务）。Presto 中的 SPI 是 Plugin.java。Java 的 SPI 机制会使用 JDK（Java Development Kit，Java 开发工具包）内置的服务加载器（ServiceLoader.java）去加载实现这个接口的类。SPI 是所有服务的入口，Presto 通过这个接口可以获取不同服务的实现，可以看到 Presto 支持的服务类型共 12 种，和刚刚介绍的插件分类是一一对应的。同时，一个插件通过实现 Plugin.java 接口来提供相应的服务，具体代码如下。

```
// 文件名：Plugin.java
public interface Plugin {
    // 核心：连接器
    default Iterable<ConnectorFactory> getConnectorFactories() {
        return emptyList();
    }
    // 内部数组序列化、反序列化类
    default Iterable<BlockEncoding> getBlockEncodings() {
        return emptyList();
    }
    // 普通数据类型
    default Iterable<Type> getTypes() {
```

```
        return emptyList();
    }
    // 带参数的数据类型
    default Iterable<ParametricType> getParametricTypes() {
        return emptyList();
    }
    // 自定义函数
    default Set<Class<?>> getFunctions() {
        return emptySet();
    }
    // SQL 查询回调
    default Iterable<EventListenerFactory> getEventListenerFactories() {
        return emptyList();
    }
    // 资源组管理
    default Iterable<ResourceGroupConfigurationManagerFactory> getResourceGroupC
        onfigurationManagerFactories() {
        return emptyList();
    }

    // 其他插件
    ...
}
```

从图 11-2 可以看到整个插件体系有如下 4 层抽象。

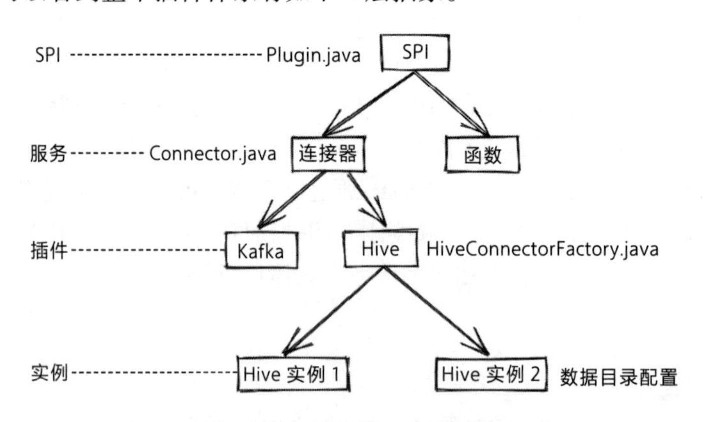

图 11-2 插件体系 4 层抽象

- SPI：顶部的 SPI 是一个统一的服务入口，它定义了服务集合。
- 服务：每个服务完成特定的功能，它是一个或者一组抽象的接口，引擎直接和这些抽象接口打交道。
- 插件：插件实现了 SPI 中定义的服务，它至少实现其中的一种服务。数据源被抽象成连接器服务（例如 HiveConnector.java）用于建模 Hive 数据源，IcebergConnector.

java 用于建模 Iceberg 数据湖。

- 实例：对于引擎来说，Hive 连接器只是一种抽象概念，实际使用的时候需要通过数据目录的配置文件（默认在 ./etc/catalog/ 目录下）来定义有哪些连接器被实际使用，所以大多数插件提供的都是工厂类，需要按照配置来实例化。

2. 服务（Service）

服务是一个接口，它定义了某个抽象模块具备的功能，复杂服务内部可能还包含了其他子接口。以最核心的连接器为例，它有多级架构，getMetadata()、getSplitManager() 等一系列核心方法又返回了其他抽象类，这些接口进而又定义了自己的方法来完成特定功能。比如 ConnectorMetadata 定义了一个数据源需要返回的元数据，ConnectorSplitManager 用来把数据读取划分成一个个大小合理的分片（Split），以提高并行度。可见一个服务的定义可能会比较复杂，会涉及多个 Presto 中的抽象接口，具体代码如下。

```
public interface Connector {
    // 引擎保证了该方法只会在一个事务中被调用一次，并且元数据模块的使用是单线程的
    ConnectorMetadata getMetadata(ConnectorTransactionHandle transactionHandle);

    default ConnectorSplitManager getSplitManager() {
        throw new UnsupportedOperationException();
    }
    ...
}
```

3. 服务提供者（Service Provider）

服务提供者指的是一个具体的插件，它实现了 SPI 中服务的子集。Presto 代码库就有很多插件，这里以一个简单的插件为例进行介绍。Presto 的代码中每个插件都是项目的一个子模块，插件也可以作为一个独立的代码库分开管理，部署的时候把编译好的 jar 包目录放到 Presto 项目的插件目录下即可。服务提供者需要实现 SPI 接口。可以看到 MLPlugin.java 就是一个插件，它提供了新的类型 MODEL、REGRESSOR，并且注册了几个 UDF 函数（机器学习相关的函数）。从服务提供者入手，可以知道该插件的用途，可以看到每个插件都可以提供若干不同服务，没有被重载的方法则表示当前插件没有提供这种服务，比如这里没有提供连接器的实现，代码如下。

```
// 文件名：MLPlugin.java
public class MLPlugin implements Plugin {
    @Override
    public Iterable<Type> getTypes() {
        return ImmutableList.of(MODEL, REGRESSOR);
    }

    @Override
```

```
    public Iterable<ParametricType> getParametricTypes() {
        return ImmutableList.of(new ClassifierParametricType());
    }

    @Override
    public Set<Class<?>> getFunctions() {
        return ImmutableSet.<Class<?>>builder()
                .add(LearnClassifierAggregation.class)
                .add(LearnVarcharClassifierAggregation.class)
                .add(LearnRegressorAggregation.class)
                .add(LearnLibSvmClassifierAggregation.class)
                .add(LearnLibSvmVarcharClassifierAggregation.class)
                .add(LearnLibSvmRegressorAggregation.class)
                .add(EvaluateClassifierPredictionsAggregation.class)
                .add(MLFunctions.class)
                .addAll(ML_FEATURE_FUNCTIONS)
                .build();
    }
}
```

4. 服务加载器（ServiceLoader）

ServiceLoader 是 JDK 内置的工具类，用于加载 SPI 对应的插件，Presto 使用以下语句来加载插件。load() 函数接收一个 SPI 接口（Plugin.class）和一个类加载器。由于应用程序事先并不知道第三方插件的路径，所以应用程序自身的类加载器加载不了服务提供者的类，需要显式构造一个类加载器。这里的 pluginClassLoader 可以访问插件所在目录的 jar 包。具体原理后文会进行分析。

```
ServiceLoader<Plugin> serviceLoader = ServiceLoader.load(Plugin.class,
    pluginClassLoader);
```

为了让 load() 函数可以找到具体的服务提供类，需要在对应 jar 包目录包含以下文件。

```
presto-ml-services.jar/META-INF/serivces/io.prestosql.spi.Plugin
```

{plugin}-services.jar 这个 jar 包专门用来存放配置文件，{plugin} 是指当前插件的 artifactId，比如这里的 presto-ml。文件的名称是 SPI 全限定名 io.prestosql.spi.Plugin，它和代码中需要加载的 Plugin.class 是同一个类。服务加载器在指定目录下查找是否有 SPI 的配置文件，有则对文件中的服务提供者进行懒加载。

文件内容是服务提供者的全限定类名，每行一个，理论上可以有多个，具体代码如下。

```
io.prestosql.plugin.ml.MLPlugin
```

11.2 插件加载机制

上一节总体介绍了 Presto 的插件体系和每种插件的用途，结合 SPI 机制和 Presto 的特点，总结了四层抽象。其中第三层涉及插件的加载，第四层是具体的插件实例化（可选），这两种行为统称为插件初始化。本节将对插件加载流程进行分析，它是所有插件通用的步骤。如果对该过程不感兴趣，跳过这一节对学习后面的连接器没有影响。

实例化过程和插件这个概念其实没有太大关系了，因为此时的插件已经被 Presto 引擎加载。后面怎么去用这些插件，取决于 Presto 引擎怎么设计，完全是插件加载后的逻辑了。比如连接器插件加载完以后引擎会获得一个工厂类，需要进一步根据数据目录的配置进行实例化，这个流程会在 11.3 节进行详细介绍。

11.2.1 插件初始化流程入口

Presto 项目部署时涉及 3 个核心目录，其作用如图 11-3 所示。

- libs/：存放引擎核心库的目录，对应下方的大齿轮。
- plugins/：存放所有插件，每个子目录是一个插件。
- etc/：配置目录，etc/catalog 子目录存放连接器的配置信息，其他插件的配置文件也在这里。

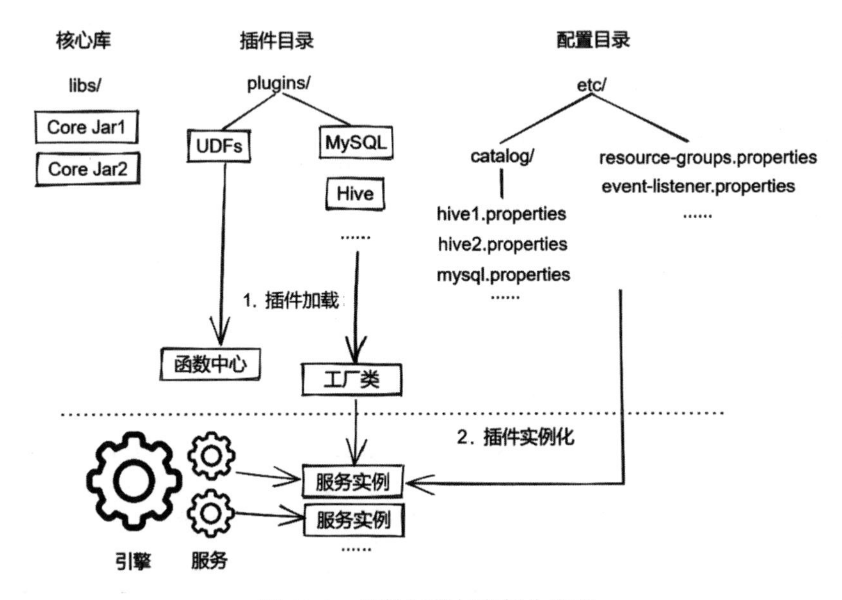

图 11-3 插件加载与实例化流程

Presto 启动后会加载插件，自定义函数（UDF）和自定义类型（TYPE）插件加载完即可使用，无须额外配置文件。核心的插件如连接器等，加载完以后引擎拿到的只是工厂类。此时还没有具体的实例，所以还需要根据配置文件实例化插件。

Presto插件初始化发生在Presto服务启动时，从Presto项目的main函数入口就可以看到插件加载以及实例化过程。这里涉及AirLift后台框架的使用，不熟悉的读者可以把Bootstrap和Module（模块）相关代码理解为工具类，它们实现了依赖注入的功能。按照类的用途切分不同的模块，然后分别管理模块的实例化方式。模块底层使用了Google的Guice库。引擎启动流程分为如下3步。

- **类实例化**：将Presto需要使用的类实例化，initialize()返回一个注入器（injector），通过它可以获取相关类的实例。这里获取了PluginManager的实例。
- **插件加载**：loadPlugins()方法加载plugins插件目录的所有插件（对应第三层的抽象），其本质就是构造插件的类加载器以及通过SPI机制加载具体的类。
- **插件实例化**：大多数插件都是工厂类，所以需要对应的实例化过程，连接器实例化需要加载数据目录配置文件，对应loadCatalogs()方法，其他插件也有对应的实例化方法loadXXX()。

```
// 文件名: Server.java
public class Server {
    private void doStart(String prestoVersion) {
        ImmutableList.Builder<Module> modules = ImmutableList.builder();
        // 添加依赖的模块，每个模块指定了相关类的实例化方式
        modules.add(
                ...
                new ServerMainModule(prestoVersion),
                ...);

        Bootstrap app = new Bootstrap(modules.build()); // 初始化所有对象

        try {
            // 初始化完成后返回一个注入器，用于获取实例
            Injector injector = app.strictConfig().initialize();
            // 获取 PluginManager 的实例，并调用 loadPlugins() 进行插件加载
            injector.getInstance(PluginManager.class).loadPlugins();
            // 以下的 loadXXX() 为插件实例化操作
            injector.getInstance(StaticCatalogStore.class).loadCatalogs();
            injector.getInstance(SessionPropertyDefaults.class).loadConfigurationManager();
            ...
            log.info("======== SERVER STARTED ========"); // 引擎启动完成
        }
        catch () {
            ...
        }
    }
}
```

11.2.2　插件加载

插件加载的目的是获取服务的实现类，从上文得知，通过 injector.getInstance() 可以获取被 Guice 库依赖注入框架管理的类实例。拿到 PluginManager.java 实例以后，调用 loadPlugins() 函数开始加载所有的插件，我们来看看插件的加载流程。

loadPlugins() 函数负责枚举所有插件并依次加载。installedPluginsDir（默认是 ./plugin）为插件所在目录，由参数 plugin.dir 控制，里面的每个子目录都对应一个插件，框架依次调用 loadPlugin() 对它们进行加载。新增的插件需要放置在该目录下，重启 Presto 服务后方可生效。

```
// 文件名：PluginManager.java
public void loadPlugins() throws Exception {
    ...
    // 遍历目录加载插件
    for (File file : listFiles(installedPluginsDir)) {
        if (file.isDirectory()) {
            loadPlugin(file.getAbsolutePath());
        }
    }
    // 通过plugin.bundles 指定的插件
    for (String plugin : plugins) {
        loadPlugin(plugin);
    }
    ...
}
```

对于每个插件，整个加载流程需要以下 3 个步骤：

1）**单独构造类加载器**：Presto 框架代码和插件代码理论上是独立的项目，classpath 参数也是不一样的，需要为每个插件构造一个类加载器，配合 SPI 机制的 ServiceLoader 来完成加载工作，这是核心步骤。这样可以实现 Presto 框架与插件之间、插件与插件之间使用的依赖是互相隔离的，不会出现因不同的插件使用了同一个依赖的不同版本而导致冲突。

2）**设置上下文类加载器**：使用 try 语句包围加载逻辑，这是一种破坏双亲委派的类加载方式，详情见下文的分析。

3）**加载插件**：使用 ServiceLoader 加载插件，然后整合插件至 Presto 引擎。

```
// 文件名：PluginManager.java
private void loadPlugin(String plugin) throws Exception {
    log.info("-- Loading plugin %s --", plugin);
    // 单独构造类加载器
    PluginClassLoader pluginClassLoader = buildClassLoader(plugin);
    // 设置上下文类加载器
    try (ThreadContextClassLoader ignored = new ThreadContextClassLoader(plugin
```

```
        ClassLoader)) {
          // 加载插件
          loadPlugin(pluginClassLoader);
      }
      log.info("-- Finished loading plugin %s --", plugin);
  }
```

1. 单独构造类加载器

在 loadPlugin() 中，调用 buildClassLoader() 来构造类加载器，它的核心目的就是访问指定目录下的文件。buildClassLoaderFromDirectory() 收集当前插件目录下所有文件的路径，然后构造一个新的类加载器 pluginClassLoader，显然这个加载器可以访问当前插件的所有资源。对于 Presto 框架的加载器来说，是看不到这些资源的。因为启动时应用程序的 classpath 并不会指定插件的路径，所以必须使用新的类加载器来加载插件资源。

```
// 文件名：PluginManager.java
private PluginClassLoader buildClassLoader(String plugin) throws Exception {
    File file = new File(plugin);
    if (file.isFile() && (file.getName().equals("pom.xml") || file.getName().
endsWith(".pom"))) {
        return buildClassLoaderFromPom(file);
    }
    if (file.isDirectory()) { // 生产环境一般走这条分支
        return buildClassLoaderFromDirectory(file);
    }
    return buildClassLoaderFromCoordinates(plugin);
}

private PluginClassLoader buildClassLoaderFromDirectory(File dir) throws Exception {
    log.debug("Classpath for %s:", dir.getName());
    List<URL> urls = new ArrayList<>();
    for (File file : listFiles(dir)) { // 1. 收集当前目录下所有文件路径
        log.debug("    %s", file);
        urls.add(file.toURI().toURL());
    }
    return createClassLoader(urls); // 2. 构造新的类加载器
}
```

2. 设置上下文类加载器

这是自定义类加载逻辑的关键一步，它设置了 ThreadContextClassLoader（Presto 的一个工具类）。它暂时更改了当前线程的 ContextClassLoader，把当前线程的上下文加载器设置成新的加载器（上一步构造的类加载器），结束时（调用 close() 函数）恢复原有的类加载器。所以，当我们使用 try 语句包含加载逻辑的时候，就可以自动设置线程的上下文类加载器，语句结束后又把它恢复成默认的加载器。

```
// 文件名：ThreadContextClassLoader.java
public class ThreadContextClassLoader implements Closeable {
    // 保存原有的上下文加载器
    private final ClassLoader originalThreadContextClassLoader;

    public ThreadContextClassLoader(ClassLoader newThreadContextClassLoader) {
        this.originalThreadContextClassLoader = Thread.currentThread().
            getContextClassLoader();
        // 将上下文加载器设置为入参
        Thread.currentThread().setContextClassLoader(newThreadContextClassLoader);
    }

    @Override
    public void close() {
        // 恢复成原有的上下文加载器
        Thread.currentThread().setContextClassLoader(originalThreadContextClassLoader);
    }
}
```

这样做的作用是，JDK 的 ServiceLoader 在加载插件类的时候，如果 load() 函数没有显式指定类加载器，会将当前线程的 ContextClassLoader 作为类加载器，而不是使用这个应用程序的系统加载器。设置 ContextClassLoader 是动态类加载的一种重要手段，至于原理是什么，详细见 11.2.4 节中关于“非双亲委派模型”的介绍。

```
// ServiceLoader.java
public static <S> ServiceLoader<S> load(Class<S> service) {
    // cl 是可以被人为设置的
    ClassLoader cl = Thread.currentThread().getContextClassLoader();
    return new ServiceLoader<>(Reflection.getCallerClass(), service, cl);
}
```

3. 加载插件

ServiceLoader 调用 load() 加载 SPI，每个插件都会包含一个“{插件名}-{版本号}-services.jar”的 jar 包，比如 presto-iceberg-350-services.jar，里面的文件 META-INF/services/io.prestosql.spi.Plugin 包含了服务提供商的类名，SPI 机制会找到该文件并加载文件里面的类名。注意，这里明确指定了类加载器为刚刚创建的 pluginClassLoader。ServiceLoader 实现了 Java 的 Iterable 接口，所以可以转换成一个列表（理论上可以加载多个服务提供者）。加载完以后调用 installPlugin() 进入插件整合环节。

```
// 文件名：PluginManager.java
private void loadPlugin(PluginClassLoader pluginClassLoader) {
    // 使用 JDK 的 ServiceLoader
```

```
        ServiceLoader<Plugin> serviceLoader = ServiceLoader.load(Plugin.class,
            pluginClassLoader); /// 加载插件
        // ServiceLoader理论上支持加载多个服务提供者，对于Presto来说，一个插件对应一个服务提供者
        List<Plugin> plugins = ImmutableList.copyOf(serviceLoader);
        checkState(!plugins.isEmpty(), "No service providers of type %s", Plugin.
            class.getName());
        for (Plugin plugin : plugins) {
            log.info("Installing %s", plugin.getClass().getName());
            // 整合插件
            installPlugin(plugin, pluginClassLoader::duplicate);
        }
    }
```

11.2.3 插件整合

installPlugin() 函数负责把加载完的插件整合到 Presto 框架中。它调用 installPluginInternal() 函数来处理所有类型的插件，执行完以后这些插件就可以正式被 Presto 引擎所用了。

可以看到，BlockEncoding、Type、ParametricType 、functionClass 这几种插件加载后得到的不是工厂类，它们在整合完就能直接被 Presto 引擎使用了。比如 UDF 函数会通过反射的方式被解析注解，获取 UDF 相关元数据，然后通过 metadataManager 进行注册。

对于其他更复杂的服务来说，这一步仅是加载了工厂类，比如连接器插件，connector-Manager 会收集连接器对应的工厂类，仅此而已。此时，Presto 内部已经可以使用这些工厂类了，但是到了这一步，这些插件只是一种定义，还需要配置文件进行实例化才能被 Presto 引擎真正使用。连接器需要实例化为数据目录以后，才能在 SQL 中被引用。

```
// 文件名：PluginManager.java
private void installPluginInternal(
    Plugin plugin, Supplier<ClassLoader> duplicatePluginClassLoaderFactory) {

    for (BlockEncoding blockEncoding : plugin.getBlockEncodings()) {
        // 留意启动时的打印日志
        log.info("Registering block encoding %s", blockEncoding.getName());
        metadataManager.addBlockEncoding(blockEncoding);
    }

    for (Type type : plugin.getTypes()) {
        log.info("Registering type %s", type.getTypeSignature());
        metadataManager.addType(type);
    }

    for (ParametricType parametricType : plugin.getParametricTypes()) {
        log.info("Registering parametric type %s", parametricType.getName());
        metadataManager.addParametricType(parametricType);
```

```
    }

    for (ConnectorFactory connectorFactory : plugin.getConnectorFactories()) {
        log.info("Registering connector %s", connectorFactory.getName());
        connectorManager.addConnectorFactory(connectorFactory, duplicatePluginCl
            assLoaderFactory);
    }
    // 工具类 extractFunctions 提取注解标识的元数据
    for (Class<?> functionClass : plugin.getFunctions()) {
        log.info("Registering functions from %s", functionClass.getName());
        metadataManager.addFunctions(extractFunctions(functionClass));
    }

    for (ResourceGroupConfigurationManagerFactory configurationManagerFactory :
       plugin.getResourceGroupConfigurationManagerFactories()) {
        log.info("Registering resource group configuration manager %s",
            configurationManagerFactory.getName());
        resourceGroupManager.addConfigurationManagerFactory(configurationManagerFactory);
    }

    for (EventListenerFactory eventListenerFactory : plugin.getEventListenerFactories()) {
        log.info("Registering event listener %s", eventListenerFactory.getName());
        eventListenerManager.addEventListenerFactory(eventListenerFactory);
    }

    // 其他插件
    ....
}
```

11.2.4　类加载原理

刚刚介绍了插件加载的流程，可能有读者会问这个流程有什么特别之处吗？为什么要大费周章去新建类加载器？这个类加载器和 SPI 机制或者 ServiceLoader.java 的关系又是什么呢？如果希望了解这些细节，那么了解类加载原理是非常有必要的。

这里我们主要关心类加载器的作用范围以及类加载器之间的代理关系，同时介绍经典的双亲委派机制以及 Java SPI 如何使用非双亲委派机制。读者如果对这里的技术细节没有兴趣，可以跳过这部分的内容。

1. 类加载器可见性

Java 程序需要把代码中的类加载到 JVM（Java Virtual Machine，Java 虚拟机）中，这个工作是由类加载器完成的。它负责根据二进制名称获取并加载对应的类到 JVM 中，加载器的作用范围是受限的，只能加载指定范围内的类文件，比如 Java 程序启动时通过 classpath 参数指定的路径。对于简单的项目，类加载流程基本上对开发者来说是透明的。但是对于大型项目来说，一般都会通过扩展的方式引入第三方库的功能，比如前面介绍的 SPI 机制或者 JDBC 驱动。这个时候，程序会在运行时动态加载不同的类。我们从代码的视角来看，整个工程会依赖多个独立的项目，而且事先并无法知道其他项目的 Jar 包产物会存放在哪里，以及以什么形式去获取它们。这个时候就需要为每个独立的项目产物构造单独的类加载器。这解释了为什么需要为插件构造一个单独的类加载器。

2. 双亲委派机制

类加载器有层级之分，从底层的启动类加载器（Boostrap ClassLoader），到平台类加载器（Platform ClassLoader），到应用类加载器（Application ClassLoader），再到自定义类加载器，它们之间构成了父子关系，如图 11-4 所示。每当需要加载一个新类的时候，通过代理模式递归地让父类加载器进行加载，所有父类加载器都找不到的时候才会从当前的加载器中加载，这就是双亲委派机制。这种机制保证了资源的唯一性和安全性。

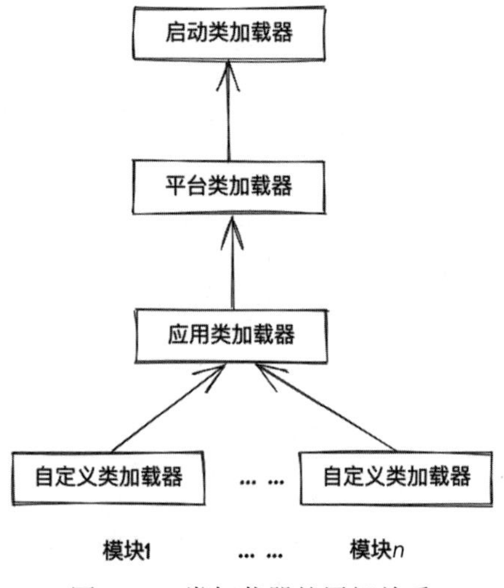

图 11-4 类加载器的层级关系

从 JDK9 开始，类加载器有了一些改动：引入了平台类加载器，通过 getPlatformClassLoader() 方法获取，主要目的是代替扩展类加载器（ExtClassLoader）。Trino 和 Presto 项目使用的 JDK 不一样，Trino 从一开始就要求是 JDK11 或以上的版本，所以它们这部代码会有些区别。

类加载的这种代理模式并不是强制性的，这种模式通过抽象类 ClassLoader 的 loadClass() 方法来实现，是默认的加载方式。可以看到，在这种模式下，首先调用 findLoadedClass() 函数判断类是否已经被加载，如果没有，则调用父加载器递归查找。这里要注意如下两点。

- 如果父节点为空，则父类加载器为启动类加载器，它是一个用 C++ 实现的类加载器。最后调用当前类加载器的 findClass() 来获取类文件。
- 这种类的层级关系不是继承关系，而是代理模式，可以看到类加载器都由 parent 变量指向父节点。

```
// 文件名：ClassLoader.java
public abstract class ClassLoader {
    private final ClassLoader parent; // 父加载器实例
    ...
    protected Class<?> loadClass(String name, boolean resolve)
        throws ClassNotFoundException {
        synchronized (getClassLoadingLock(name)) {
            Class<?> c = findLoadedClass(name);
            // 如果已经加载过这个类，c != null，则不用再次加载
            if (c == null) {
```

```
                try {
                    // 委托父加载器进行加载
                    if (parent != null) {
                        c = parent.loadClass(name, false);
                    } else {
                        c = findBootstrapClassOrNull(name);
                    }
                } catch (ClassNotFoundException e) {
                    // 非空的父级类加载器没有找到该类，抛出异常
                }

                if (c == null) { // 从当前类加载器查找
                    c = findClass(name);
                    ...
                }
            }
            if (resolve) {
                resolveClass(c);
            }
            return c;
        }
    }
}
```

一般来说不建议自定义类加载器覆盖原有方法，如果重写原有方法，会改变类加载的双亲委派模式，这就会要求实现自定义的类加载逻辑。

3. 非双亲委派

在传统双亲委派模式下，类加载器的依赖关系是树状结构，下层的类加载器拥有上层加载器的实例，子加载器可以递归调用父加载器，但是反之不行。SPI 机制相关的代码是由 JDK 提供的，这些用于类加载的逻辑封装在 JDK 的类里面，ServiceLoader.java 这些类是由平台类加载器加载的。按照双亲委派的方式，JDK 的类加载器 ServiceLoader 会首先使用它自己的类加载器（即平台类加载器）来加载插件，很显然这是不行的。插件的类加载器是独立的，不能被平台类加载器引用。官方的解法是引入一个全局变量，由用户创建一个自定义的类加载器，并调用 setContextClassLoader() 把它放在线程上下文中，这样 JDK 代码就可以和用户自定义的类加载器关联起来，用自定义的类加载器来加载第三方模块，这就是非双亲委派模式，实现如下。

```
Thread.currentThread().setContextClassLoader(newThreadContextClassLoader);
```

虽然上述方法能较好解决类加载的问题，但是这种方法引入了副作用，全局变量的设置使得代码不好排查，如果没有重置可能会污染线程的环境，影响后续的加载流程。所以前面介绍了 ThreadContextClassLoader 类，它通过使用 try 语句块的方式，可以对上下文类加载器的生效范围进行隔离，并且自动恢复原有的类加载器，避免污染全局变量。

4. 动态加载

前面介绍的插件加载流程是在 Presto 启动的时候进行的。部分场景下，可能在运行时存在动态加载。比如根据 session 参数，动态选择写入 HDFS 的文件格式，这时候一个可能的操作就是动态加载文件写入的类，而且是插件提供的类。那么 Presto 引擎在使用基于插件的抽象服务时，还要关心哪些接口可能会动态加载类，并为它们设置正确的类加载器，这种细节显然是需要屏蔽的。

为了消除这种不确定性，每个连接器都需要对引擎层屏蔽这种类加载器的切换逻辑。比如 Hive 连接器的 beginTransaction()，如果涉及动态类加载，就会使用 try 语句设置上下文类加载器。通过这个 try 语句，语句块中的代码可以使用 Hive 连接器插件的类加载器进行动态加载，否则会使用 Presto 引擎自身的类加载器。

```
// 文件名：HiveConnector.java
public class HiveConnector implements Connector {
    @Override
    public ConnectorTransactionHandle beginTransaction(
        IsolationLevel isolationLevel, boolean readOnly) {

        checkConnectorSupports(READ_UNCOMMITTED, isolationLevel);
        ConnectorTransactionHandle transaction = new HiveTransactionHandle();
        try (ThreadContextClassLoader ignored = new ThreadContextClassLoader(
           classLoader)) {
            /// 在这里可以使用插件自身的加载器
            transactionManager.put(transaction, metadataFactory.create());
        }
        return transaction;
    }

    @Override
    public ConnectorMetadata getMetadata(ConnectorTransactionHandle transaction) {
        ConnectorMetadata metadata = transactionManager.get(transaction);
        checkArgument(metadata != null, "no such transaction: %s", transaction);
        return new ClassLoaderSafeConnectorMetadata(metadata, classLoader);
    }
}
```

上述写法可能比较烦琐，连接器下面有这么多方法，如果每个方法都包一层 try 语句，开发起来十分不便。所以在 presto-plugin-toolkit 模块中，封装了 ClassLoader-SafeXXX 类，XXX 代表连接器中的抽象接口。比如 ConnectorMetadata.java，元数据模块的方法非常多，Hive 连接器直接使用了 ClassLoaderSafeConnectorMetadata。可以看到它重写了所有方法，所有逻辑都代理到 delegate 对象，只是外面全部包了一层 ThreadContextClassLoader 的 try 语句。这样 Hive 通过 ConnectorMetadata 就可以很方便地对引擎屏蔽类加载器的影响了。

```Java
// 文件名：ClassLoaderSafeConnectorMetadata.java
public class ClassLoaderSafeConnectorMetadata
        implements ConnectorMetadata {
    private final ConnectorMetadata delegate; // 代理对象
    private final ClassLoader classLoader; // 插件的类加载器

    ...
    @Override
    public boolean schemaExists(ConnectorSession session, String schemaName) {
        try (ThreadContextClassLoader ignored = new ThreadContextClassLoader(cla
           ssLoader)) {
            return delegate.schemaExists(session, schemaName);
        }
    }
    ... // 重写每个方法，同上
}
```

11.3 连接器实现原理

11.3.1 连接器概述

连接器是 Presto 引擎里面最重要、最核心、最复杂的插件，它代表了对某种数据源（Hive/MySQL/Iceberg/Kudu 等）的高度抽象建模，开发者通过实现 Connector.java 相关的接口，使得 Presto 能够以统一的接口对异构数据源的数据进行查询和计算。通过连接器的抽象，甚至可以将非关系型数据源（Redis、ElasticSearch 等）映射为关系型的数据模型。

1. 连接器模块介绍

我们知道连接器代表了一种服务，但是对于 Connector.java 这个类来说，它更多是一个门户。因为连接器需要具备很多功能，它们由各个子模块来完成，而且起作用的时机也各不相同。所以，连接器的核心是各个子模块的有机结合，学习连接器需要了解底层各个模块的作用，并把它们按照一定顺序串联起来，如图 11-5 所示。

- 核心架构：连接器的顶层建模，决定需要实现哪些能力以及如何抽象底层的数据源。
- 元数据管理：支持 DDL（数据定义语言）中数据库（Schema）、表、列信息的增删改查能力，以及其他元数据管理能力，如 DCL（权限控制语句）等。获取底层数据表 / 列的数据结构，这些数据结构需要支持连接器的功能，比如从 TableHandle 获取数据读取的信息，将投影下推记录到 ColumnHandle 等。
- 数据源 IO：
  - 数据读取：对数据源进行分片（Split）划分，用来提高读取操作的并行度。每个分片可进一步切割为最小单元 Page，Presto 底层的物理算子处理的就是 Page。

- ❍ 数据写入：数据 Page 划分到不同的数据汇（Sink），用来提高写入操作的并行度。
- ❑ 查询优化：优化器调用连接器的 applyXXX() 函数，尝试将特定模式的 SQL 片段下推至数据读取（TableScan）算子。Presto 代码中这部分内容属于 Metadata。除此以外，还有关联操作的动态过滤。
- ❑ 数据分区（Partitioning）：一个 SQL 执行计划拆分成不同的查询执行阶段（Stage），每个查询执行阶段的数据划分操作，即每个任务（Task）对应哪些数据，称为数据分区。这种数据分区往往是通过阶段之间的数据交换来保证的，另外数据源读取的阶段，数据分区与表的分桶（Bucketing）结构有关。中间的查询执行阶段涉及数据交换，和数据的属性（Properties）有关，属性包括分组、排序、常量三种。根据算子的要求和现有数据属性的情况，AddExchanges 优化器会推导出哪些环节需要增加数据交换操作，比如 SQL 中的 GROUP BY 语句要求按照分组键进行分组。

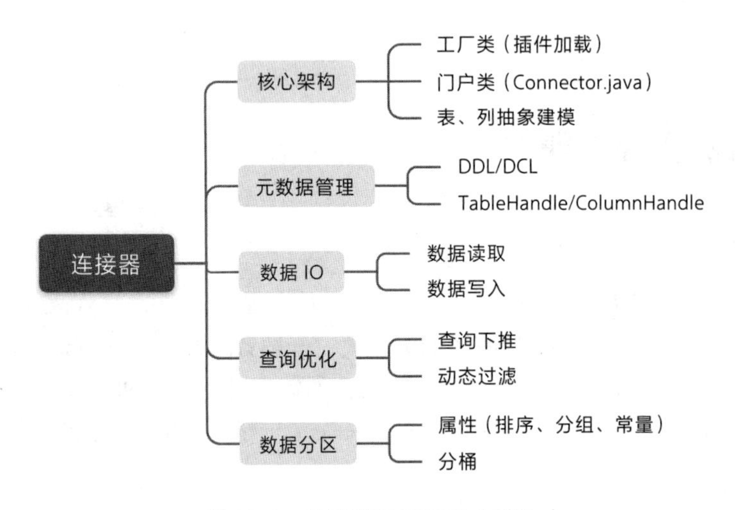

图 11-5 连接器拆解至各个模块

我们尝试梳理了 spi.connector 包中连接器主要的实现类的作用，并对它们做了一个大致的分类，如图 11-6 所示。

2. 使用场景

针对业务使用场景，判断 Presto 是不是一种理想的解决方案，需要结合具体场景进行分析。这里列出笔者工作中遇到的一些场景，其中第二和第三条可以认为是联邦查询的应用，侧重点不同，所以独立开来。

- ❑ **查询提速**（以 Presto 对接 Hive 连接器为例）：数据量很大，但是现有的计算能力不足，借助 Presto 的算力进行运算。数据源需要支持高吞吐的 IO 操作，同时不能影响数据源已有服务的稳定性。
- ❑ **数据源兼容**（以 Presto 对接 Hive 连接器为例）：打通多个已有的 Hive 实例时，因为每个 Hive 都可能是“魔改”版本，相互兼容性差，所以需要一个解决方法，Presto 在这里绝对是最优选择。

- **数据源互联**（以 Presto 对接 ClickHouse 连接器为例）：数据源本身包含了强大的查询引擎和存储能力，一般不需要 Presto 的算力，查询需要尽量下推到数据源以减少不必要的性能损耗。
- **使用 SQL 查询语言**（以 Presto 对接 ES 连接器为例）：数据源本身包含了强大的查询引擎和存储能力，但是不支持 SQL，或者语法不够丰富，使用 Presto 来丰富查询 API。查询需要尽量下推到数据源以减少不必要的性能损耗，最后获取少量数据做投影变换。
- **ETL(数据抽取、转换和加载）转换**（以 Presto 对接 Hive 和 Redis 两个连接器为例）：业务需要进行某些 ETL 操作，为了降低使用成本，使用 SQL 屏蔽底层细节。这时候需要实现数据源和数据汇的读取 / 写入逻辑，提供幂写入等。
- **数据湖分析能力**（以 Presto 对接 Iceberg 连接器为例）：Presto 和 Iceberg 分属不同组件，是存算分离的，符合云原生的诸多需求。这时候需要充分利用底层数据湖的新特性来优化数据读写的性能。

基础架构		读写操作		查询优化	
ColumnHandle.java	核心	ConnectorPageSource.java	读取	AggregateFunction.java	下推
Connector.java	核心	ConnectorPageSourceProvider.java	读取	AggregationApplicationResult.java	下推
ConnectorFactory.java	核心	ConnectorRecordSetProvider.java	读取	Assignment.java	下推
ConnectorTableHandle.java	核心	ConnectorSplit.java	读取	Constraint.java	下推
ColumnMetadata.java	元数据	ConnectorSplitManager.java	读取	ConstraintApplicationResult.java	下推
ConnectorMetadata.java	元数据	ConnectorSplitSource.java	读取	LimitApplicationResult.java	下推
ConnectorTableMetadata.java	元数据	EmptyPageSource.java	读取	ProjectionApplicationResult.java	下推
ConnectorViewDefinition.java	元数据	FixedPageSource.java	读取	SampleType.java	下推
MaterializedViewFreshness.java	元数据	FixedSplitSource.java	读取	TopNApplicationResult.java	下推
~~ConnectorTableLayout.java~~	元数据	InMemoryRecordSet.java	读取	DynamicFilter.java	优化-动态过滤
~~ConnectorTableLayoutHandle.java~~	元数据	RecordCursor.java	读取	ConnectorIndex.java	优化-索引关联
~~ConnectorTableLayoutResult.java~~	元数据	RecordPageSource.java	读取	ConnectorIndexHandle.java	优化-索引关联
		RecordSet.java	读取	ConnectorIndexProvider.java	优化-索引关联
		TableScanRedirectApplicationResult.java	读取	ConnectorResolvedIndex.java	优化-索引关联
		UpdatablePageSource.java	读取	ConnectorMaterializedViewDefinition.java	优化-物化视图
		ConnectorInsertTableHandle.java	写入		
		ConnectorNewTableLayout.java	写入		
		ConnectorOutputMetadata.java	写入		
		ConnectorOutputTableHandle.java	写入		
		ConnectorPageSink.java	写入		
		ConnectorPageSinkProvider.java	写入		

图 11-6　按功能划分连接器的类

11.3.2　连接器插件实例化

实例化会生成一个数据目录，它对应了一种连接器插件的实例。数据目录是 Presto 的核心概念，连接器类似于Java类，数据目录则代表了一个新建的实例，数据目录 = 连接器 + 配置文件。比如Hive连接器可以有多个Hive的实例，代表不同业务搭建的数据仓库。

连接器的功能是拆分成各个子模块进行管理的，从实例化的过程可以很清晰地看到Presto是如何划分连接器功能的。在SQL执行的各个环节，就会用到对应的模块。

在Server.doStart()方法中调用loadPlugins()，执行完插件加载以后，紧接着调用loadCatalogs()函数进行连接器插件的实例化，每个配置文件会调用loadCatalog()来进行实例化。可以看到每个配置文件必须提供connector.name参数来指明当前数据目录对应的连接器名称。

```
// 文件名：StaticCatalogStore.java
private void loadCatalog(File file) throws Exception {
    ...
    log.info("-- Loading catalog %s --", file);
    // 加载etc/catalog目录的配置文件
    Map<String, String> properties = new HashMap<>(loadPropertiesFrom(file.getPath()));
    // 根据connector.name属性来识别当前数据目录对应的连接器
    String connectorName = properties.remove("connector.name");
    checkState(connectorName != null, "Catalog configuration %s does not contain
        connector.name", file.getAbsoluteFile());
    // 创建数据目录，其实就是实例化插件的过程
    connectorManager.createCatalog(catalogName, connectorName, ImmutableMap.
        copyOf(properties));
    log.info("-- Added catalog %s using connector %s --", catalogName, connectorName);
}
```

loadCatalog()调用createCatalog()来创建一个具体的数据目录。createCatalog的入参是数据目录名称、所使用连接器的名称，以及配置文件的参数。这里体现的就是Presto插件四层抽象的第三层与第四层。

```
// 文件名 : ConnectorManager.java
public synchronized CatalogName createCatalog(
    String catalogName, String connectorName, Map<String, String> properties) {

    requireNonNull(connectorName, "connectorName is null");
    // 获取插件工厂类
    InternalConnectorFactory connectorFactory = connectorFactories.get(connectorName);
    checkArgument(connectorFactory != null, "No factory for connector '%s'.
        Available factories: %s", connectorName, connectorFactories.keySet());
    return createCatalog(catalogName, connectorFactory, properties);
}
```

1. 连接器模块创建

一个数据目录对应了一个连接器，在Presto中，每个数据目录还会额外包含两个元

数据相关的连接器，分别是 informationSchemaConnector 和 systemConnector。前者包含了 Schema 相关的信息，用于处理 show 相关命令；后者包含了每种连接器可能存在的系统元数据，包括静态表和动态表两部分。例如 Iceberg 连接器，截止到 350 版本，使用 tablexxx$snapshots 来访问某张表的快照信息。这里限于篇幅不再对两个连接器的详情进行介绍，下面是 createCatalog() 的逻辑实现，这里仅保留核心部分。

```
// 文件名：ConnectorManager.java
private synchronized void createCatalog(
    CatalogName catalogName, InternalConnectorFactory factory, Map<String,
        String> properties) {
    // 先创建连接器实例，避免部分组件可能会创建失败而导致 Presto 引擎状态不一致的情况
    MaterializedConnector connector = new MaterializedConnector(catalogName,
        createConnector(catalogName, factory, properties));
        ...
        informationSchemaConnector/systemConnector.getCatalogName

    // 可以看到实际上一个数据目录包含了 3 个连接器，除了实际使用的连接器，还有 informationSchema
       和 system 两个伴生的连接器
    Catalog catalog = new Catalog(
            catalogName.getCatalogName(),
            connector.getCatalogName(),
            connector.getConnector(),
            informationSchemaConnector.getCatalogName(),
            informationSchemaConnector.getConnector(),
            systemConnector.getCatalogName(),
            systemConnector.getConnector());


    ...
    addConnectorInternal(connector);
    catalogManager.registerCatalog(catalog);

    // 注册连接器提供的事件监听器
    connector.getEventListeners()
            .forEach(eventListenerManager::addEventListener);
}
```

这里核心的操作是创建 MaterializedConnector 类，它会创建所有模块的实例。如果连接器的编写有问题，相关异常能被及时捕获。成功创建了 MaterializedConnector 以后，addConnectorInternal() 就可以把这些模块全部集成到 Presto 引擎中了。

MaterializedConnector 类有多个成员变量，它们有各自的用途。

- systemTables：数据源的系统表，用来对数据源级别的一些元数据信息进行建模，如 ElasticSearch 的 NodesSystemTable。这里是静态的系统表，是可枚举的。此外，还有动态的系统表，详情见 Metadata 模块。
- procedures：建模的是数据源的存储过程（Stored Procedure），在 MySQL 和 Postgre

中用得比较多。可以使用 call 语句调用它们。注意连接器抽象的是所有数据源的特性，对于一个具体的数据源，不是所有的特性都是必要的，但是连接器的接口定义必须是完备的。

- splitManager：分片管理器，根据表的描述信息将所有用来划分分片的参数封装成一个 ConnectorSplitSource，进而将需要读取的数据分成一个个的分片，以提高读取的并发度。ConnectorSplitSource 可以延迟（Lazy）分批计算数据分片，而不是直接返回所有结果，避免分片划分操作耗时过长。分片是连接器的重要概念，后文会详细讲解。
- connectorPageSourceProvider：与 connectorRecordSetProvider 类似，它们提供了不同的接口，但是功能是类似的。它们能够把一个分片再进行分页，Page 就是 Presto 底层算子输入输出的最小数据单元。
- connectorPageSinkProvider：可以对一个 Page 进行写入操作，PageSource 和 PageSink 分别对应读和写。
- partitioningProvider：与数据源分区相关的信息，数据源可以提供分桶到运行节点的映射信息，让桶的读取和 Presto 节点相关联。除此以外，还有分桶枚举、分桶函数、数据分片到分桶映射等功能。
- accessControl：权限控制，数据源可以提供权限控制，除此以外，Presto 本身也有权限控制能力，两种粒度的权限系统配合完成组合控制。需要注意的是权限控制分散在代码的各个地方，因为常规的 AOP（面向切片）方式无法在请求的阶段获取 SQL 的操作意图，语法分析之前拿到的只是一个字符串。一般大公司会在引擎上游做更完善的权限控制。
- eventListeners：事件监听器，分别有 queryCompleted、queryCreated、splitCompleted 三种事件，代表 SQL 查询完成、创建以及数据分片处理完成。这时候会触发对应的回调函数，以收集日志和统计信息。
- sessionProperties：当前数据源可以设置的参数列表，每个数据源的参数不一样。同样，参数分为引擎参数和数据源参数。官网文档 Administration-> Properties reference 中列举的参数是引擎参数，比如控制查询最大使用内存的 query.max-memory。每个连接器自身也有参数，比如 Hive 连接器的 hive.config.resources。官方文档不一定全，建议以代码为准。
- schemaProperties/tableProperties/columnProperties/analyzeProperties：数据源 Schema、Table、Column、Analyze 相关语句中支持的属性列表。比如官网文档的建表语句 CREATE TABLE（见下面的代码），可以用 WITH 语句指定表的属性和列的属性。

```
CREATE TABLE [ IF NOT EXISTS ]
table_name (
```

```
  { column_name data_type [ NOT NULL ]
      [ COMMENT comment ]
      [ WITH ( property_name = expression [, ...] ) ]
  | LIKE existing_table_name
      [ { INCLUDING | EXCLUDING } PROPERTIES ]
  }
  [, ...]
)
[ COMMENT table_comment ]
[ WITH ( property_name = expression [, ...] ) ]
```

2. 连接器模块注册

与 MaterializedConnector 相呼应的是 addConnectorInternal() 函数，刚刚提到的变量都会注册至引擎，其实就是分别用多个 XXManager 统一维护起来，这些 XXManager 底层包含一个 ConcurrentMap，键是数据目录名称，值是对应的模块。这些模块在 SQL 查询的不同阶段分别发挥作用，把它们关联起来就是一个完整的连接器服务。至此，连接器的本质就比较清晰了。此后，在引擎里面相关的操作都会调用对应的管理器来完成。

```
// 文件名：ConnectorManager.java
private synchronized void addConnectorInternal(MaterializedConnector connector) {
    checkState(!stopped.get(), "ConnectorManager is stopped");
    CatalogName catalogName = connector.getCatalogName();
    checkState(!connectors.containsKey(catalogName), "Catalog '%s' already
        exists", catalogName);
    connectors.put(catalogName, connector);
    // 注册连接器的各个子模块
    connector.getSplitManager()
            .ifPresent(connectorSplitManager -> splitManager.addConnectorSplitMa
                nager(catalogName, connectorSplitManager));

    connector.getPageSourceProvider()
            .ifPresent(pageSourceProvider -> pageSourceManager.addConnectorPageS
                ourceProvider(catalogName, pageSourceProvider));

    connector.getPageSinkProvider()
            .ifPresent(pageSinkProvider -> pageSinkManager.addConnectorPageSinkP
                rovider(catalogName, pageSinkProvider));

    connector.getIndexProvider()
            .ifPresent(indexProvider -> indexManager.addIndexProvider(catalogName,
                indexProvider));

    connector.getPartitioningProvider()
            .ifPresent(partitioningProvider -> nodePartitioningManager.addPartit
                ioningProvider(catalogName, partitioningProvider));
```

```
    metadataManager.getProcedureRegistry().addProcedures(catalogName, connector.
        getProcedures());

    connector.getAccessControl()
            .ifPresent(accessControl -> accessControlManager.addCatalogAccessCon
                trol(catalogName, accessControl));

    metadataManager.getTablePropertyManager().addProperties(catalogName,
        connector.getTableProperties());
    metadataManager.getColumnPropertyManager().addProperties(catalogName,
        connector.getColumnProperties());
    metadataManager.getSchemaPropertyManager().addProperties(catalogName,
        connector.getSchemaProperties());
    metadataManager.getAnalyzePropertyManager().addProperties(catalogName,
        connector.getAnalyzeProperties());
    metadataManager.getSessionPropertyManager().addConnectorSessionProperties(ca
        talogName, connector.getSessionProperties());
}
```

需要注意的是，插件实例化发生在ConnectorManager类中，它的构造函数包含了各种XXManager，它们在Presto里面只有一个实例，是唯一的。这些XXManager通过@Inject注解进行注入，在ServerMainModule.java中统一管理实例化信息，Scopes.SINGLETON保证全局唯一性，比如下面的语句使用了单例模式：

```
binder.bind(MetadataManager.class).in(Scopes.SINGLETON);
```

下面来看ConnectorManager类的实现。

```
// 文件名：ConnectorManager.java
@Inject // @Inject是Guice库依赖注入框架的注解，它表示所有的入参都是通过Guice库进行管理的
public ConnectorManager(
        MetadataManager metadataManager,
        CatalogManager catalogManager,
        AccessControlManager accessControlManager,
        SplitManager splitManager,
        PageSourceManager pageSourceManager,
        IndexManager indexManager,
        NodePartitioningManager nodePartitioningManager,
        PageSinkManager pageSinkManager,
        HandleResolver handleResolver,
        InternalNodeManager nodeManager,
        NodeInfo nodeInfo,
        EmbedVersion embedVersion,
        PageSorter pageSorter,
        PageIndexerFactory pageIndexerFactory,
        TransactionManager transactionManager,
        EventListenerManager eventListenerManager,
```

```
        TypeOperators typeOperators)
    {...}
```

11.3.3　元数据模块

ConnectorMetadata 是连接器的元数据模块，它提供了大量的接口，Presto 在设计之初是兼容 ANSI SQL 语法的计算引擎的。既然兼容，就必须完成对应的功能语法，打开 Presto 官方的语法文档可以看到有很多语法。SQL 语言可以细分为 DDL、DCL、DQL、DML 等。

- DDL：元数据定义语言，主要是元数据层面的增删改操作，对应 ALTER、CREATE、DELETE。
- DCL ：权限控制相关语句，对应 GRANT 和 REVOKE 语句。还有一些语句没有在这个分类里面。元数据查询则对应 SHOW 语句。
- DQL：我们最关心的查询类语句，也就是查询中使用的 SELECT 语句。
- DML：对应 ETL 流程中的数据增删改（INSERT、DELETE、UPDATE）。

除了 DQL 和 DML 是数据操作的语句，剩下的语句都是元数据相关语句，它们可以和元数据模块的方法一一对应。这里我们进一步把它们分成两类。

- 把 SQL 语法中涉及元数据增删改的语句称为元数据定义能力（Data Definition），这里是为了对齐 Presto 的 Data Definition Task（元数据定义任务，以下简称 DDT）概念。这一类操作和 Presto 引擎本身关系不大，完全委托底层数据源执行即可，所以可以直接映射成元数据模块的一个接口，同时也对应了 ANSI SQL 标准中一个语法功能。
- 元数据查询，即 SHOW 相关的语句，在元数据模块中也对应了一个方法，但是实际查询的过程比较复杂，它会被映射成对内部连接器 InformationSchemaConnector 的读取，然后转成一个 DQL 语句。整体流程会和前面介绍的数据读取保持一致，所以这里单独列出来。

以 Schema 对象为例，在代码文件中用正则表达式 default .* \w*schema\w*\(匹配了元数据模块中 10 个与 schema 相关的方法，如表 11-1 所示：第一列是 ConnectorMetadata.java 类里面的方法名，然后是对应的 SQL 语法、Presto 引擎内部用于执行该语句的 DDT、备注。

表 11-1　schema 相关的元数据操作

方法名	对应的 SQL 语法	元数据定义任务
renameSchema	ALTER SCHEMA	RenameSchemaTask
setSchemaAuthorization		SetSchemaAuthorizationTask
dropSchema	DROP SCHEMA	DropSchemaTask
grantSchemaPrivileges	GRANT	GrantTask
revokeSchemaPrivileges	REVOKE	RevokeTask

（续）

方法名	对应的 SQL 语法	元数据定义任务
createSchema	CREATE SCHEMA	CreateSchemaTask
listSchemaNames	SHOW SCHEMAS	—
schemaExists	—	—
setSchemaProperties	—	—

除了支持 SQL 语法能力以外，连接器本身还实现了诸多功能，这些功能本身都会依赖一些底层的元数据。所以，元数据模块也是一个底层支撑模块，它和连接器的其他功能都有交集，比如系统表（SystemTable）的抽象能力、计算下推（ApplyXXX）、数据分区属性（TableProperties）等，接下来我们重点介绍数据定义能力和元数据查询能力。

1. 数据定义

DDL、DCL 等语句通过调用元数据模块的一个函数即可完成，无须依赖其他模块，它们在引擎内部都对应了一个 DataDefinitionTask，这里重点介绍对应的 DataDefinition-Execution 类。

QueryExecution 执行有两种，如图 11-7 所示。

- ❑ 数据操作：通过 SqlQueryExecution.java 来执行，对应的是数据增删查改的 DML、DQL 语句。
- ❑ 元数据操作：通过 DataDefinitionExecution.java 来执行，对应的是元数据操作。具体操作行为由底层的 DataDefinitionTask 执行，它是一个接口，有多种实现，每种实现对应了一种 SQL 语法。DDT 需要操作抽象语法树结构 Statement，下面我们将以 addColumn 这种 Statement 语句为例进行介绍。

（1）Statement 语句

Presto 的语法解析是基于 Antlr4 组件来实现的，所有语法规则定义在 SqlBase.g4 文件中。statement 是最顶层的语法结构，代表一个完整的 SQL 语句，它有很多种分支，每种候选分支都由 # 号标识，比如我们介绍的 #addColumn 就是一个分支。

```
// 文件名：SqlBase.g4
statement
    : query    #statementDefault
    ...
    | ALTER TABLE (IF EXISTS)? tableName=qualifiedName
        ADD COLUMN (IF NOT EXISTS)? column=columnDefinition    #addColumn

qualifiedName
    : identifier ('.' identifier)*
    ;
```

```
columnDefinition
    : identifier type (NOT NULL)? (COMMENT string)? (WITH properties)?
    ;
...
```

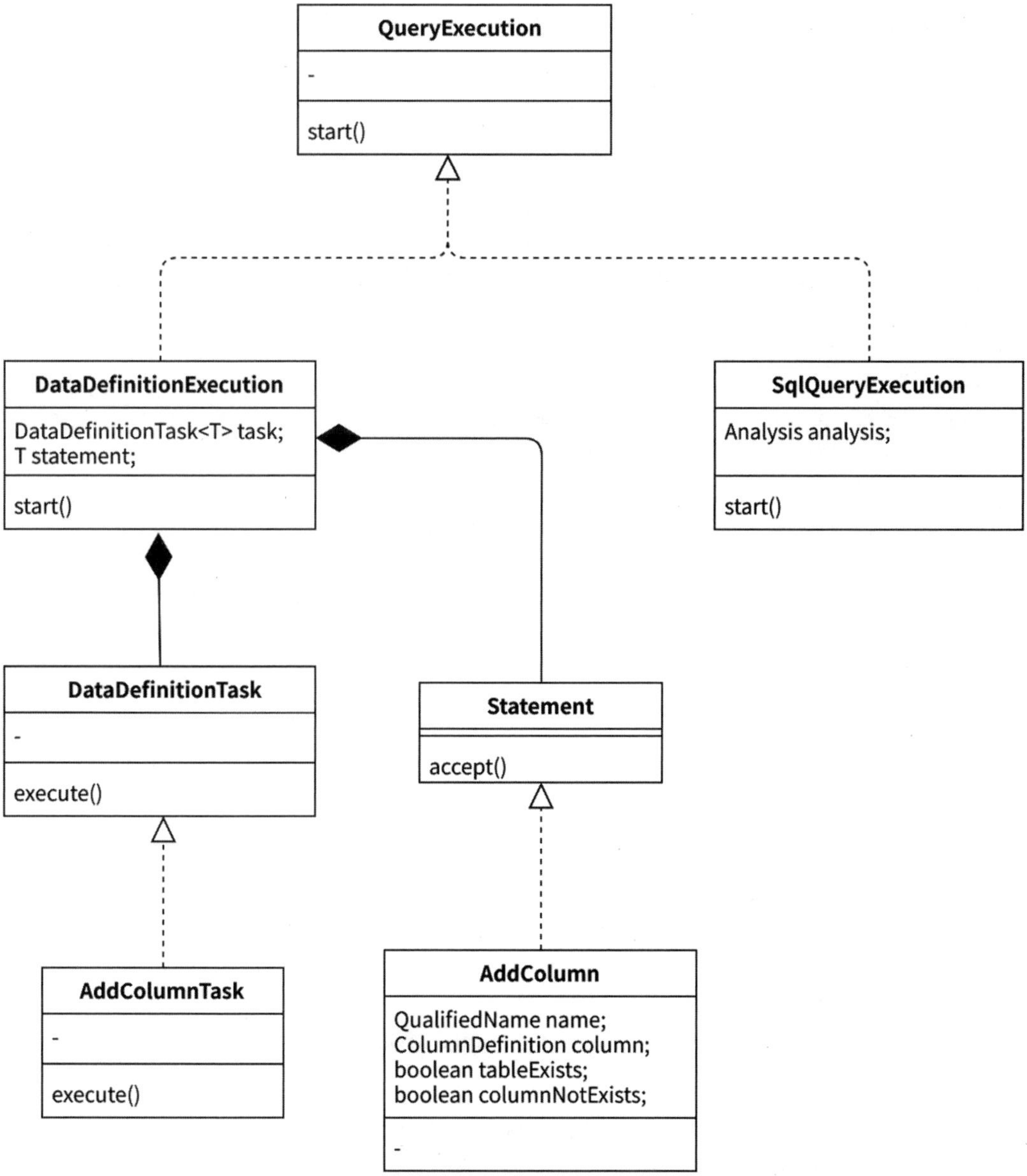

图 11-7　QueryExecution 的两种执行方式

可以看到，AddColumn 语句关心的内容有以下这些。

- 表是否存在：通过正则表达式 (IF EXISTS)? 获取结果。
- 列是否存在：通过正则表达式 (IF NOT EXISTS)? 获取结果。
- 表名：qualifiedName。
- 列定义如下。
  - 列名：identifier
  - 列类型：type
  - 是否允许为空：(NOT NULL)?
  - 注释：(COMMENT string)?
  - 属性列表：(WITH properties)?

经过语法分析后，合法的语句会被解析成 Presto 的抽象语法树。AddColumn 实现了 Statement 抽象类，语句中的变量也和前面语法定义一一对应。后续执行 DDT 的时候，会使用这些变量。

```
// 文件名：AddColumn.java
public class AddColumn extends Statement {
    private final QualifiedName name;
    private final ColumnDefinition column;
    private final boolean tableExists;
    private final boolean columnNotExists;
    ...
}

// 文件名：ColumnDefinition.java
public final class ColumnDefinition extends TableElement {
    private final Identifier name;
    private final DataType type;
    private final boolean nullable;
    private final List<Property> properties;
    private final Optional<String> comment;
    ...
}
```

（2）DataDefinitionTask 接口

DataDefinitionTask.java 是一个接口，AddColumnTask 是其中一个实现。整体流程并不复杂，具体如下。

1）解析三段式名称，如 catalog.schema.table，语法中定义的格式没有限定多少段，但是不同的场景会有特定的要求，这里需要结合一些上下文信息才能进一步判断，本质上是一个语义分析的操作。

2）获取 TableHandle 结构，验证表是否存在，这里对表是否存在做了判断。同时，TableHandle 也是最后 addColumn() 函数的入参。

3）解析列数据并验证合法性，构造 ColumnMetadata 结构，作为 addColumn() 的入参。

4）核心步骤，调用元数据模块的 addColumn() 完成最终操作。

```
// 文件名: AddColumnTask.java
public class AddColumnTask implements DataDefinitionTask<AddColumn> {
    public ListenableFuture<?> execute(
        AddColumn statement, TransactionManager transactionManager,
        Metadata metadata, AccessControl accessControl,
        QueryStateMachine stateMachine, List<Expression> parameters) {

        Session session = stateMachine.getSession();
        // 1. 三段式名称 catalog.schema.table_name
        QualifiedObjectName tableName = createQualifiedObjectName(session,
            statement, statement.getName());
        // 2. 获取 TableHandle
        Optional<TableHandle> tableHandle = metadata.getTableHandle(session, tableName);
        if (tableHandle.isEmpty()) {
            if (!statement.isTableExists()) {
                throw semanticException(TABLE_NOT_FOUND, statement, "Table '%s'
                    does not exist", tableName);
            }
            // 有 isTableExists 标记，如果表不存在不会报错
            return immediateFuture(null);
        }
        // 验证数据目录是否存在
        CatalogName catalogName = metadata.getCatalogHandle(session, tableName.
            getCatalogName())
                .orElseThrow(() -> new PrestoException(NOT_FOUND, "Catalog does
                    not exist: " + tableName.getCatalogName()));

        // 验证权限: 使用 Presto 的权限控制组件判断是否允许执行 AddColumn 操作
        accessControl.checkCanAddColumns(session.toSecurityContext(), tableName);

        // 解析待插入列的类型
        ColumnDefinition element = statement.getColumn();
        Type type = metadata.getType(toTypeSignature(element.getType()));
        }
        ...

        // 验证列是否存在
        Map<String, ColumnHandle> columnHandles = metadata.getColumnHandles
            (session, tableHandle.get());
        if (columnHandles.containsKey(element.getName().getValue().toLowerCase
            (ENGLISH))) {
            if (!statement.isColumnNotExists()) {
                throw semanticException(COLUMN_ALREADY_EXISTS, statement, "Column
                    '%s' already exists", element.getName());
```

```
            }
            /// 有 isColumnNotExists 标记，如果列已经存在不会报错
            return immediateFuture(null);
        }
        ...解析列属性

        // 3. 构造 ColumnMetadata，用于添加列
        ColumnMetadata column = ColumnMetadata.builder()
                .setName(element.getName().getValue())
                .setType(type)
                .setNullable(element.isNullable())
                .setComment(element.getComment())
                .setProperties(columnProperties)
                .build();

        // 4. 调用 MetadataManager，底层调用对应数据目录的元数据模块完成最终操作
        metadata.addColumn(session, tableHandle.get(), column);

        return immediateFuture(null);
    }
}
```

2. 元数据查询

SHOW 相关的 SQL 语句都是用来做元数据查询的。一些元数据是 Presto 的系统数据，比如 SHOW FUNCTIONS 可以打印 Presto 内置函数的信息。其他语句则是和连接器相关的，比如 SHOW CREATE TABLE、SHOW TABLES 等语句。这些语句本质上也是依赖元数据模块的底层方法（如 listTables）实现的，但是具体的查询过程和数据定义类操作不同，元数据查询复用了 DQL 语句的查询流程，关键的一步在于查询重写。这里我们以 SHOW TABLES 为例进行分析。

查询重写的本质在于把元数据查询的 SQL 语句转变成普通的 SELECT 语句。这里又分为两种情况：

- ❑ 转换成对虚拟的元数据库（information_schema）的读取，引擎会自动识别并使用特殊的读取逻辑（前面提到的 informationSchemaConnector）。
- ❑ 转换成常量，等效于 SELECT * FROM VALUES (...) 这样的 SQL 语句，重写阶段处理完元数据相关逻辑，仅借用了后续的读取或返回流程，返回值通常只有一行一列，SHOW CREATE TABLE/EXPLAIN 语句都是类似的流程。

重写过程发生在集群协调节点的语义分析阶段前，如图 11-8 所示，这个是 DQL 的执行流程，通过查询重写，可以让元数据查询语句复用 DQL 的读取逻辑。

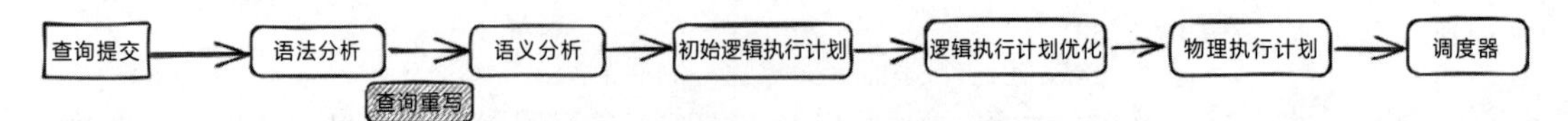

图 11-8 SQL 执行流程中的查询重写过程

重写是语义分析前，通过一些重写规则来实现的。我们这里关心的是 ShowQueriesRewrite，它可以处理多种 SHOW 语句，对于 SHOW TABLES 的情况，这里我们假设有如下语句：

```
SHOW TABLES FROM xx.yy LIKE 'zzz%'
```

它用来展示数据目录为 xx、数据库为 yy 的库，以及表名以 zzz 开头的数据表，这条语句对应 ShowQueriesRewrite 访问者模式中的 visitShowTables() 规则，具体如下。

- 获取当前数据目录和数据库（schema）信息，这些信息可能在 session 参数中，所以实际查询的时候可以省略 from 的部分。
- 权限控制，确认当前用户有 SHOW TABLE 的 SQL 执行权限。同时进行语义检查，确认数据目录或数据库是否存在。
- 拼接数据库的谓词语句，这里是 table_schema = 'yy'。
- 处理 like 部分的谓词（如果有的话），这里是 table_name like 'zzz%'，和上一步的谓词做合并。
- 拼接完整的 SQL 语句，它通过引擎的 QueryUtils 工具类拼接成简单的 SQL 语句，注意这里的 TABLES.getSchemaTableName() 指定了一张特殊的表 information_schema.tables，这个数据库能够被引擎识别为元数据连接器，后续会走特殊的读取逻辑，但是底层依然依赖元数据模块的 listTables() 函数来获取数据。可以看到，最后元数据查询被转换成一个 DQL 语句，这里返回的是一个语法树结构，可以被下一步的语义分析识别。

```java
// 文件名：ShowQueriesRewrite.java
final class ShowQueriesRewrite implements StatementRewrite.Rewrite {
    // 重写 SHOW TABLES [ FROM schema ] [ LIKE pattern ]
    @Override
    protected Node visitShowTables(ShowTables showTables, Void context) {
        // 1. 获取数据目录或数据库信息
        CatalogSchemaName schema = createCatalogSchemaName(session, showTables,
            showTables.getSchema());
        // 2.1. 权限控制
        accessControl.checkCanShowTables(session.toSecurityContext(), schema);
        // 2.2. 语义检查数据目录或数据库是否存在
        if (!metadata.catalogExists(session, schema.getCatalogName())) {
            throw semanticException(CATALOG_NOT_FOUND, showTables, "Catalog '%s'
                does not exist", schema.getCatalogName());
        }

        if (!metadata.schemaExists(session, schema)) {
            throw semanticException(SCHEMA_NOT_FOUND, showTables, "Schema '%s'
                does not exist", schema.getSchemaName());
        }
        // 3. 处理 [ FROM schema ] 部分，拼接谓词语句：table_schema = 'yy'
```

```
        Expression predicate = equal(identifier("table_schema"), new StringLiteral
            (schema.getSchemaName()));
        // 4.处理 [ LIKE pattern ] 部分, like 'xxx'
        Optional<String> likePattern = showTables.getLikePattern();
        if (likePattern.isPresent()) {
            Expression likePredicate = new LikePredicate(
                    identifier("table_name"),
                    new StringLiteral(likePattern.get()),
                    showTables.getEscape().map(StringLiteral::new));
            // 逻辑与合并谓词
            predicate = logicalAnd(predicate, likePredicate);
        }
        // 5.拼接最终 SQL
        return simpleQuery(
                selectList(aliasedName("table_name", "Table")),
                from(schema.getCatalogName(), TABLES.getSchemaTableName()),
                predicate,
                ordering(ascending("table_name")));
    }
}
```

值得注意的是，最终拼接完的 SQL 如下所示。如果直接使用以下语句进行查询，也可以达到相同的效果，因为 information_schema 是可以直接用 SQL 读取的，使用 SHOW SCHEMAS 的 SQL 语句永远都可以看到这个“information_schema”。

```
SELECT
table_name AS table
FROM xx.information_schema.tables
WHERE table_schema ='yy' AND table_name LIKE 'zzz%'
ORDER BY table_name ASC
```

那么为什么不像上述 DDT 任务那样直接执行呢？原因是这里的数据可能比较多，在查询协调节点上执行，在极端情况下有性能问题，比如大厂里每个业务 DB 的表数量可能都是成千上万级别的。所以这个 SQL 会以读取 information_schema.tables 表的方式被分配到查询执行节点执行，详情可以参考 InformationSchemaPageSource.java 类。

11.3.4 数据读取

Presto 以交互式查询出名，经常用来做查询加速，数据读取自然也是最重要的内容。作为高速查询引擎，高并发读取能力是必不可少的。Presto 引擎将要查询的外部数据源的数据表拆分成很多个分片（Split）来提高计算并行度，每个分片包含了一部分数据，它会被分配到某一个任务（Task），这个任务会被分配到某个查询执行节点执行。所以，核心的内容都是围绕分片展开的。

如何获取一张表的分片信息？分片列表可能很大，计算方式很复杂，如何适当地划分出所有的分片？获取了一个分片信息以后，如何读取它的内容？读取了分片内容以后，怎么和引擎底层的算子联系起来？

前面有提到连接器的本质是一个个的模块，对于数据读取流程也是一样的，上面 4 个问题恰好对应了数据读取的整体流程，每个步骤都由特定的模块来完成，如图 11-9 所示。

- 生成分布式执行计划以后，才真正涉及分片相关的概念，这一步会访问执行计划所有 TableScan 算子，使用分片管理器（ConnectorSplitManager）来得到对应的分片生成器（ConnectorSplitSource）。如何生成分片，生成多少分片？不同的连接器有不同的实现，它不是由 Presto 引擎决定的。本质上来说，分片划分设计的好坏决定了数据读取与处理的速度。
- 分片生成器支持延迟计算生成分片，查询协调节点的调度器会使用生成器，每次生成一批分片，并把分片对应的任务不断分配给查询执行节点，直到划分完所有分片。这里引入这层抽象的目的是防止分片过多导致查询协调节点执行阻塞或占用过多内存。简单的数据源也可以在返回分片生成器的同时计算出所有的分片，甚至仅有一个分片，这完全取决于 ConnectorSplitSource 怎么设计。
- 分片包含了读取当前范围数据所需的参数，这里和数据源十分密切，引擎层面仅保留了一些与本地相关的接口以便优化调度。
- 分片被分发到查询执行节点以后，会调用 createPageSource() 来获取 Page 生成器（ConnectorPageSource），它的 getNextPage() 方法可以把分片进一步拆分成 Page，底层伴随着数据读取操作。

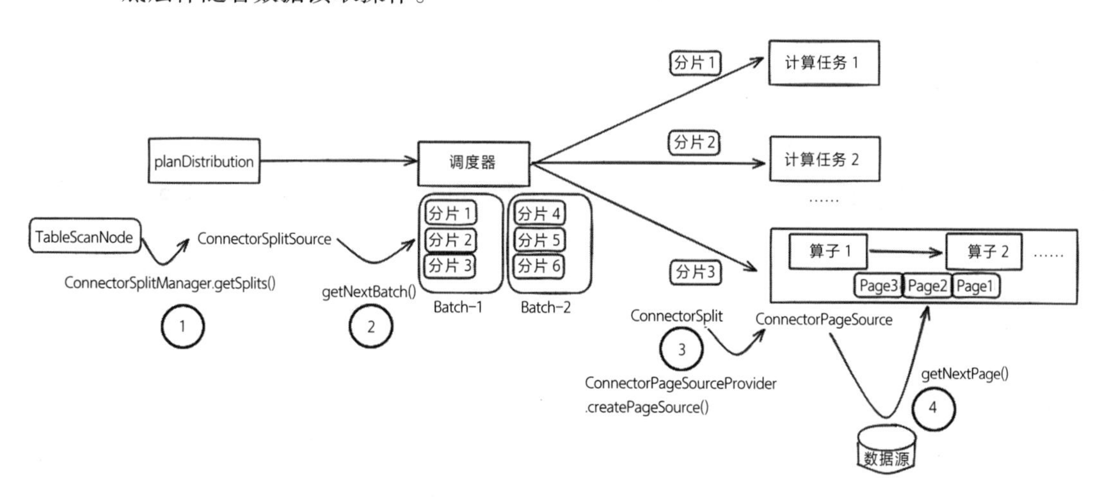

图 11-9　数据读取的整体流程

1. 分片管理器

分片管理器（Connector Split Manager）核心功能是根据 ConnectorTableHandle 的元数据（比如涉及的分区信息、分桶信息），从表粒度层面，将分片划分需要的参数全部准备好。

这个行为是在查询协调节点完成的，逻辑位于 DistributedExecutionPlanner.java 中。这个分片的划分行为就是连接器的分片管理器提供的，只有连接器才知道如何对数据源进行分片。分片拆分以及将分片调度到任务是 Presto 查询运行机制的重要抽象。从本质上来说，它把执行计划阶段 TableScan 节点信息翻译成最终读取的分片集合（可能是惰性的）。

分片管理器的核心就是一个 getSplits 函数，有几个版本的 getSplits 函数都已经标为 @Deprecate 了，这里没有展示出来。

```
// 文件名：ConnectorSplitManager.java
public interface ConnectorSplitManager {
    ...
    default ConnectorSplitSource getSplits(
        ConnectorTransactionHandle transaction,
        ConnectorSession session,
        ConnectorTableHandle table,
        SplitSchedulingStrategy splitSchedulingStrategy,
        DynamicFilter dynamicFilter) {
        return getSplits(transaction, session, table, splitSchedulingStrategy, dy
            namicFilter::getCurrentPredicate);
    }

    enum SplitSchedulingStrategy {
        UNGROUPED_SCHEDULING,
        GROUPED_SCHEDULING,
    }
}
```

下面介绍几个参数的作用。

（1）ConnectorTableHandle

注意所有的入参当中，只有它是和读取的数据源相关的，由此可以看出 TableHandle 的重要地位。调用 getSplits() 的时候，逻辑执行计划、物理执行计划都已生成完了，这个过程中发生了很多事情，比如物理执行计划中的下推优化。关于计算下推的内容，全部记录在 ConnectorTableHandle 以及 ColumnHandle 中，它们是建模表信息、列信息的数据结构，内容完全由连接器定义。

（2）DynamicFilter

注意这里的动态过滤结构 DynamicFilter，它可以利用从查询执行节点收集的谓词信息，在分片生成的阶段就对数据进行裁剪，从而直接避免该分片对应任务的执行。所以，DynamicFilter 在这里是起到过滤分区的作用，官网上称之为动态分区裁剪（dynamic partition pruning）。它发生在查询协调节点，和任务级别的动态过滤不一样（与页生成器相关），它们是动态过滤提供的两种数据裁剪能力，具体原理可以参考官方文档。

2. 分片划分

可能会有读者疑惑：为什么分片管理器不能直接返回所有的分片，而是要引入一个中间产物 ConnectorSplitSource 来划分所有分片？从逻辑上说这样做可能没有必要，但是中间层的引入肯定是有原因的，对于大查询来说：

- 分片数可能有几万个，同时返回所有的分片，必然涉及大量的元数据查询和分片生成逻辑的执行，资源利用率会出现“毛刺”，可能对查询协调节点的性能有很大影响。
- 不一定所有的分片都是必要的，如前所述，动态过滤功能可以过滤掉多余的分片。

一种合适的做法是惰性（延迟）计算，每次都进行计算并返回一些分片，可以进行多次计算直到划分完所有的分片。这恰好是 SplitSource 的设计思想，Presto 通过调用 getNextBatch() 方法每次返回一批分片。

```
// 文件名：ConnectorSplitSource.java
public interface ConnectorSplitSource extends Closeable {
    CompletableFuture<ConnectorSplitBatch> getNextBatch(ConnectorPartitionHandle
        partitionHandle, int maxSize);

    class ConnectorSplitBatch {
        private final List<ConnectorSplit> splits;
        private final boolean noMoreSplits; // 划分分片完成，不会再产生新的分片

        public ConnectorSplitBatch(
            List<ConnectorSplit> splits, boolean noMoreSplits) {
            this.splits = requireNonNull(splits, "splits is null");
            this.noMoreSplits = noMoreSplits;
        }
        ...
    }
    ...
}
```

对于简单的数据源，不需要复杂的惰性计算，这个时候可以使用 FixedSplitSource，它的功能是一次性给出所有的分片。一些简单的连接器直接利用 FixedSplitSource 完成分片的划分。分片管理器用于查询协调节点的调度阶段，包含 TableScan 节点的查询执行阶段，需要通过数据源的 ConnectorSplitSource 调用 getNextBatch() 来获取相关的分片，再分配到查询执行节点执行。

ConnectorSplit 对应一个数据分片，里面包含了读取该数据分片所需的数据结构，比如数据源的地址和当前分片的偏移量、读取的数据量等，它和连接器高度相关。

3. 页生成器

页生成器（Connector Page Source）通过调用 getNextPage() 函数进一步将分片所对应

的数据切分成一个个的 Page，在函数调用过程中，外部存储系统的数据会真正被读取到 Presto 引擎。这里每个 Page 对应一小部分完整的数据行，Page 内部按照列来存储数据，它是 Presto 底层算子输入输出的基本单位。至此，数据源就被读取到引擎内部，并且以 Page 的形式被引擎内部的算子处理，连接器的读取功能告一段落。

页生成器在查询执行节点的数据源输入算子（如 ScanFilterAndProjectOperator）被使用。查询协调节点以查询执行阶段（Stage）为单位，对每个查询执行阶段使用特定的策略进行调度。如果当前查询执行阶段包含数据读取操作，每个 SplitSource 返回的分片都会被分配到某个查询执行节点，这个查询执行节点会发起相应的任务来执行具体的读取操作。

关于 ConnectorPageSource，连接器有两种方式来生成它，关系如图 11-10 所示。

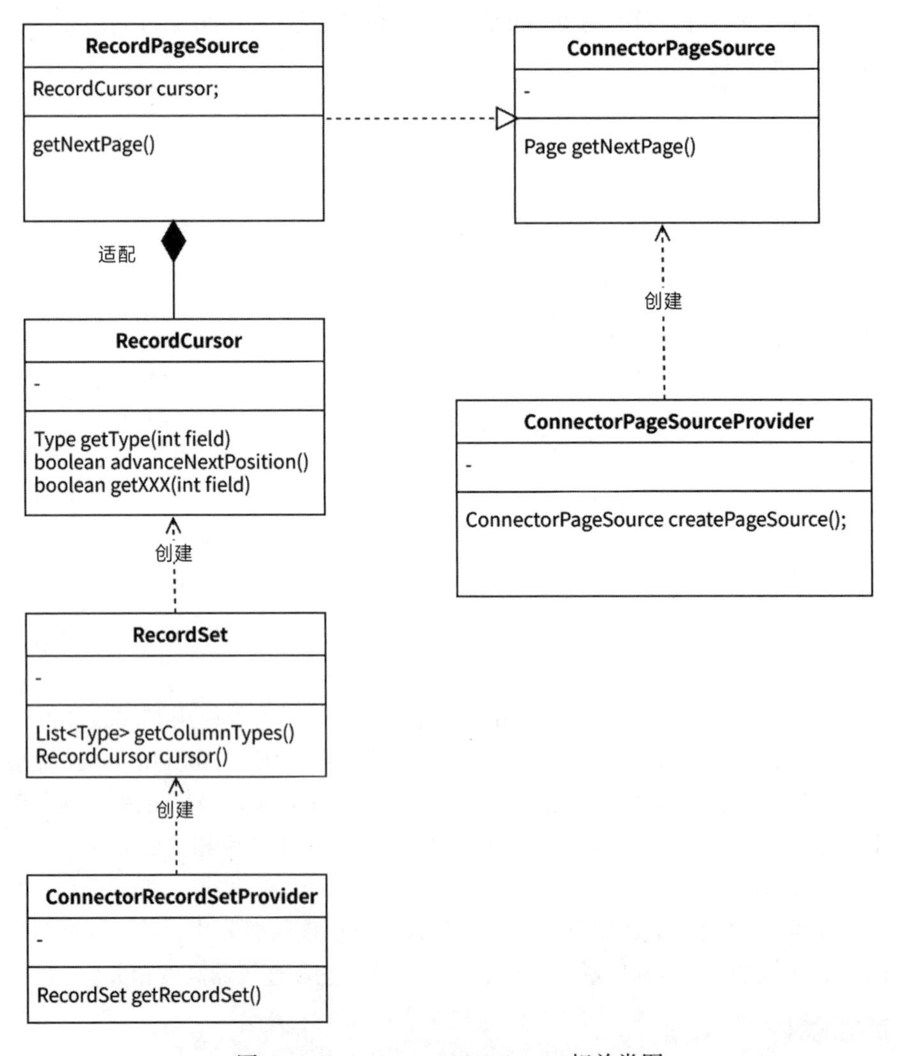

图 11-10 ConnectorPageSource 相关类图

- 方式一：直接实现 ConnectorPageSourceProvider、ConnectorPageSource 接口。Provider 负责创建连接器的 PageSource，PageSource 负责具体的数据读取工作，这种是常见的方式。
- 方式二：因为 Page 是列式的数据结构，对于一些非关系型的数据源（如 ElasticSearch 和 Redis），不是十分直观。这个时候连接器可以用 RecordSet 相关接口来实现数据读取，它可以做到按行来读取数据，核心是调用 advanceNextPosition() 来读取一行数据。Presto 会使用 RecordPageSource 来把它适配成 ConnectorPageSource 接口，引擎只需要理解一种接口即可，具体见后文对 example-http 连接器的分析。

ConnectorRecordSetProvider 和 ConnectorPageSourceProvider 的职责是相似的，均用于提供基于行或列的数据读取抽象能力。它们都接收一个分片参数，并将其转换成 RecordSet/ConnectorPageSource 来读取数据。

```
// 文件名: ConnectorRecordSetProvider.java
public interface ConnectorRecordSetProvider {
    default RecordSet getRecordSet(
            ConnectorTransactionHandle transaction,
            ConnectorSession session,
            ConnectorSplit split, // 分片信息
            ConnectorTableHandle table, // 表信息
            List<? extends ColumnHandle> columns) { // 待读取的列信息
        return getRecordSet(transaction, session, split, columns);
    }
}

// 文件名: ConnectorPageSourceProvider.java
public interface ConnectorPageSourceProvider {
    default ConnectorPageSource createPageSource(
            ConnectorTransactionHandle transaction,
            ConnectorSession session,
            ConnectorSplit split,
            ConnectorTableHandle table,
            List<ColumnHandle> columns,
            DynamicFilter dynamicFilter) {
        return createPageSource(transaction, session, split, table, columns,
            dynamicFilter.getCurrentPredicate());
    }
}
```

11.3.5　部分计算下推

大多数下推优化最终目的都是将整个查询的部分计算下推至数据源，通过转移计算的方式显著减少数据源与 Presto 引擎之间的 IO（输入输出）开销。Presto 支持多种下推能力，

包括以下类型的优化器。

- 聚合下推：PushAggregationIntoTableScan。
- LIMIT 下推：PushLimitIntoTableScan。
- 谓词下推：PushPredicateIntoTableScan / PushProjectionXXX / PushDownDereferenceXXX。
- 投影下推：PushProjectionIntoTableScan。
- 抽样下推：PushSampleIntoTableScan。
- TopN 下推：PushTopNIntoTableScan。

这些下推操作都是在逻辑执行计划优化过程中以优化器的方式集成到 PlanOptimizers.java 中的，由一系列相关的规则构成一个迭代式优化器。比如这里的 pushIntoTableScanOptimizer，专门用来执行下推到数据源的优化，它包含了多个功能相似的规则（Rule），它们共同完成此优化器的优化逻辑。

```
// 文件名：PlanOptimizers.java
IterativeOptimizer pushIntoTableScanOptimizer = new IterativeOptimizer(
        ruleStats,
        statsCalculator,
        estimatedExchangesCostCalculator,
        ImmutableSet.<Rule<?>>builder() /// 多条规则组成规则集合
            .addAll(columnPruningRules)
            .addAll(projectionPushdownRules)
            .add(new RemoveRedundantIdentityProjections())
            .add(new PushLimitIntoTableScan(metadata))
            .add(new PushPredicateIntoTableScan(metadata, typeOperators,
                typeAnalyzer))
            .add(new PushSampleIntoTableScan(metadata))
            .add(new PushAggregationIntoTableScan(metadata))
            .add(new PushDistinctLimitIntoTableScan(metadata))
            .build());
builder.add(pushIntoTableScanOptimizer);
```

1. 下推的本质

计算下推算子的产物是什么？计算下推其实就是对逻辑执行计划进行优化。优化后的执行计划伴随着新的 TableScanNode 而产生。尽管从逻辑执行计划到最后的数据读取，这中间可能发生很多复杂的流程，但是最终的目标还是读取下推后的数据。连接器的设计把操作都单独拆分为接口了，回到 ConnectorSplitManager 的接口，从下面的代码可以看到 TableScan 节点的工作就是读取数据源。读取的入参，除了 dynamicFilter 变量，和数据源相关的只有 TableHandle（里面的 ConnectorTableHandle）。哪怕不了解下推优化的原理，也可以大胆推测下推操作就是变更 TableScanNode 里面的 TableHandle，把下推的信息保存在这个结构里面。

```
// 文件名: ConnectorSplitManager.java
default ConnectorSplitSource getSplits(
        ConnectorTransactionHandle transaction,
        ConnectorSession session,
        ConnectorTableHandle table, // ConnectorTableHandle 包含了读取数据的所有信息
        SplitSchedulingStrategy splitSchedulingStrategy,
        DynamicFilter dynamicFilter) {
    return getSplits(transaction, session, table, splitSchedulingStrategy,
        dynamicFilter::getCurrentPredicate);
}
```

2. 计算下推的执行流程

这里大家可先回顾第 4 章 Presto 优化器的工作流程，然后我们以聚合下推为例，来看看计算下推的整个执行流程，以及优化器与连接器的元数据模块的交互。如图 11-11 所示，在引擎侧，下推操作以优化器的方式集成到迭代式优化器（IterativeOptimizer）当中，这部分都是引擎的工作，整个流程基本就是前面介绍的优化器的内容。以聚合下推为例，真正下推的地方是连接器实现的 applyAggregation() 接口，连接器只需要关心这个接口的约定并实现相应逻辑即可。

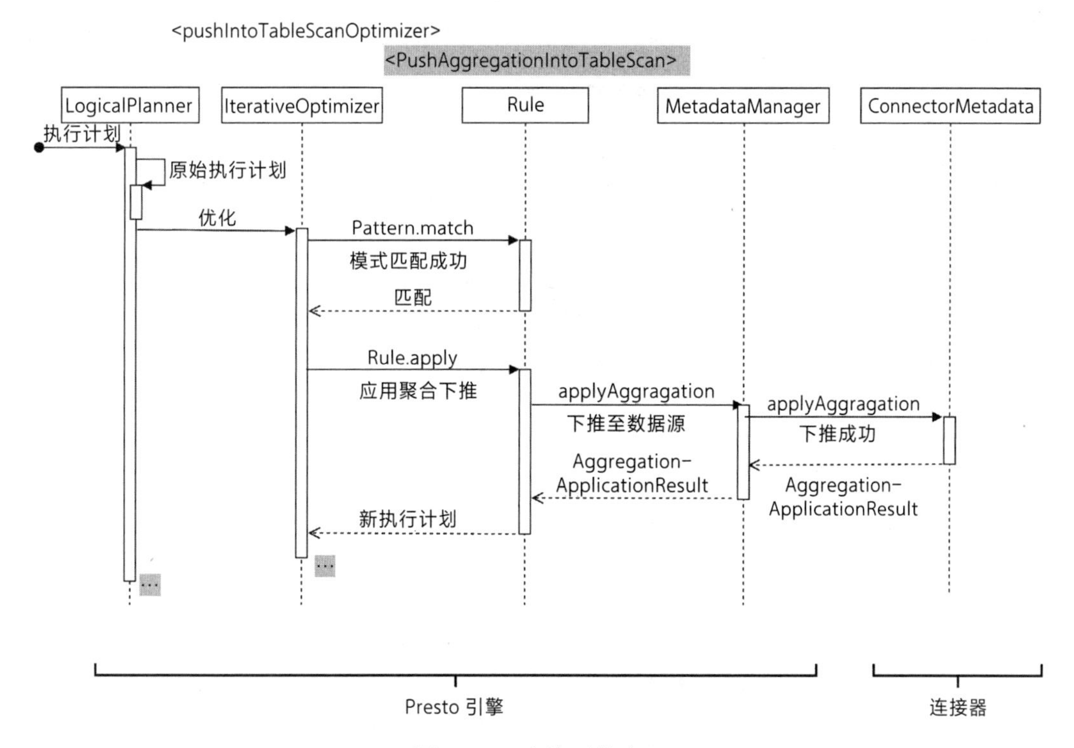

图 11-11　查询下推流程

11.3.6 连接器在查询执行中的作用

这里以一个 SQL 执行的生命周期为主线，将连接器各个模块的用途以及发生作用的时间点串起来，整个过程如图 11-12 和图 11-13 所示。

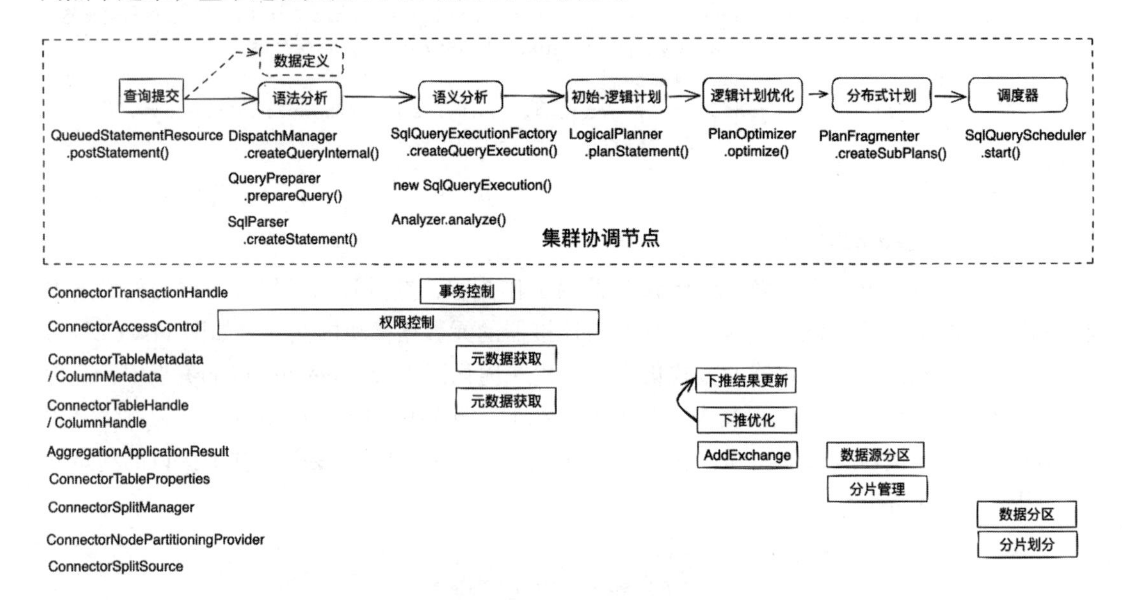

图 11-12 集群协调节点中的连接器模块（第一部分）

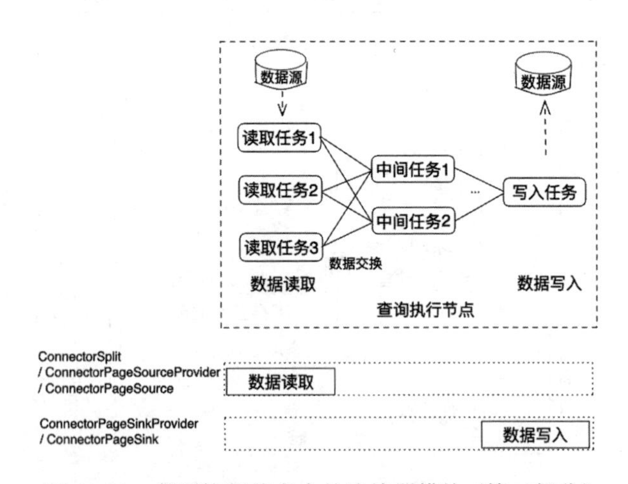

图 11-13 集群协调节点中的连接器模块（第二部分）

连接器在查询执行的各个关键流程中发挥的作用如下。

- 语法分析：查询提交以后，首先会进行语法分析，这个过程是为了把字符串的 SQL 转换成一个结构化的内部数据结构，这里会判断 SQL 的语法正确性，只有合法的 SQL 才能进入下一步。这里是上下文无关的，无须用到连接器。

- 语义分析：在实例化 SqlQueryExecution 的时候就会进行语义分析，它需要读取数据表和列的元数据信息（ConnectorTableMetadata 和 ColumnMetadata），进一步判断 SQL 的合法性，比如表是否存在、列是否拼写错误、目标表 xxx 的类型和 SELECT 出来的类型是否一致等，可以重点关注 StatementAnalyzer.Visitor.visitTable() 函数中的逻辑。此外语义分析阶段还会读取 TableHandle 和 ColumnHandle，它们代表底层表、列的信息，这两个结构对引擎本身基本是透明的。
- 逻辑执行计划：此时 SQL 被真正调度执行，第一步是构建逻辑执行计划，它包括初始逻辑执行计划和逻辑执行计划优化两步。和连接器相关的内容包括计算下推优化，它可以把一些操作下推到数据源读取阶段，从而达到节省 IO（列裁剪、行过滤）、计算优化（计算转移）、避免重复计算（物化视图替代）等目的。比如 Hive 连接器可以把 a.b.c 这样的结构体投影操作下推至数据源，仅读取最里层的 c 列，列信息的变更体现在 ColumnHandle 当中。JDBC 连接器可以把聚合操作下推至底层数据源，避免了大量的原始数据读取，本质上会导致 TableHandle 和 ColumnHandle 的更新。同时，AddExchanges 优化器中对数据交换行为进行识别，这里可以利用数据源的表属性 ConnectorTablePartitioning 进行优化，减少不必要的数据交换。
- 分布式执行计划：把逻辑执行计划拆分成多个查询执行阶段，共同完成一个 SQL 查询的执行。同时，如果数据源本身有特定存储规律（如 Hive 分桶表），可以根据数据源的 ConnectorTablePartitioning，执行计划拆成多个 LifeSpan，每个 LifeSpan 负责一部分数据处理，这就是 GROUPED_EXECUTION 机制。对于包含数据源读取的节点，需要根据 ConnectorSplitManager 获取数据表的分片信息，用于下一步的任务调度。
- 任务调度：每个查询执行阶段按照数据分区特性使用不同的查询执行阶段调度器进行调度，对于包含数据源（一个数据表）的查询执行阶段，使用上一步返回的 ConnectorSplitSource 分批惰性计算数据分片，并将分片调度到查询执行节点的任务来执行。
- 数据计算：每个被调度的任务，都会调用 LocalExecutionPlanner 生成本地的执行算子，完成最终的数据计算流程。算子之间以 Page 为单位进行数据处理。数据源算子获取 ConnectorSplit 并使用 ConnectorPageSource 读取分片对应的底层数据，以 Page 的方式供下游的算子使用。

11.4 关于连接器的一些深入思考

Presto 的架构设计，把连接器抽取出来作为一种抽象服务，可以说是面向对象编程中最复杂的一种应用场景了。除了概念上的抽象建模和具体连接器的实现过程，连接器的背后还有一系列的问题需要开发者去思考：Presto 的这种设计，是否能解决工作中的实际问题？

Presto是否真的是合适的选型？这里列举一些笔者的思考。

11.4.1 使用连接器的注意事项

所有的数据源从传统RDBMS（关系数据库管理系统），到NoSQL（非结构化查询语言数据库），到大数据组件都使用一套API进行抽象。虽然对于大多数数据源，很多功能都能简单映射，比如列出所有库、表、字段，但是SPI本身的接口设计和各种数据源的实现，还是需要做不少折中妥协，比如怎么让NoSQL具备规范的库表结构。如果SPI的接口没有考虑到某些数据源的特性，比如无法列举表A的所有列，则需要考虑怎么兼容的问题。

连接器可以帮助OLAP引擎实现All-in-SQL（所有查询场景都使用SQL表达）。如果每个连接器的实现都包含了读取和写入的能力，并且达到了生产级别的性能，那么是可以使用Presto作为统一执行引擎完成各种异构数据源ETL操作的。比如从Hive到线上的Redis/ES、从RDBMS入库到Hive等，ETL流程可以完全SQL化，屏蔽底层的细节，提高开发效率。同时，也可以很好地支持异构数据源的联邦查询。

开发一个优秀的连接器需要做到如下几点。

- 对Presto引擎本身的运行原理有较深入理解；
- 对底层数据源的实现、相关API有较深入理解；
- 对Connector SPI有较好理解，可进行建模抽象。

综上，开发一个高性能的连接器难度是比较大的。

另外，还需要正确认识连接器的局限性，除了Hive以外，大多数据源的连接器仅是调用了底层的API或者使用了JDBC，这个时候SQL查询的性能依赖于底层的数据源。比如ElasticSearch的API，如果ElasticSearch查询本身就有瓶颈，接入Presto并不能提升性能，甚至会大幅降低性能。一个查询如果不能完全下推到ElasticSearch，反而会导致大量的数据以TableScan的方式被抽取出来。这种大批量的I/O读取行为，底层数据源执行起来可能异常缓慢。连接器是否会提升性能，需要结合使用场景进行评估。

11.4.2 站在OLAP引擎设计者视角来理解连接器的设计范式

站在学习者和设计者的角度来看连接器的设计，会有很大的差别。Presto等于引擎加上SPI服务。学习如何实现SPI不难，但是要明白Presto开发者为什么要这么设计SPI很难。SPI是否能包含潜在的性能优化能力（比如添加动态过滤能力）？这个问题很难回答。为了兼容尽可能多的数据源，连接器的设计必须通用、稳定。通用是为了集成更多的数据源、扩展Presto的插件生态。如果缺少一些特性，连接器本身也无能为力，需要在SPI接口上重新预埋新的接口。稳定是为了更好地兼容第三方的连接器，如果设计经常变更，且变更对所有连接器都有影响，那么对于非兼容性代码的改动，使用者在升级版本的过程中必须相应变更代码，这会导致用户升级意愿变弱、维护成本变高等问题。Presto SPI的接口有很多注解成了@Deprecated，但依然不能贸然删除，就是这个原因。开发者在变更接口的时候，通常都会兼容老的接口，引擎代码会变得越来越冗余。

综上，Presto 在 SPI 设计上要求有很高的抽象能力，同时要兼容老的接口，不适合做激进改造。如果出现不合理的设计需要重构，那么会付出极大代价。所以，SPI 机制提供灵活抽象的同时，也依赖底层接口设计的合理性、鲁棒性和设计者的前瞻性。

11.5　总结、思考、实践

本章深入探讨了 Presto 查询引擎的插件体系，特别是连接器插件的实现原理和工作机制。Presto 通过 SPI 机制，允许开发者以插件的形式扩展其功能，从而支持多种数据源。本章首先介绍了插件体系的整体结构，包括连接器、函数、类型等不同类型的插件，以及它们在 Presto 生态中的作用。接着，详细阐述了 SPI 机制的工作原理，包括服务提供接口、服务、服务提供者和服务加载器的概念。此外，本章还详细描述了插件的加载和初始化流程，以及连接器在查询执行过程中的关键作用，包括元数据管理、数据读取、计算下推等核心功能。

通过对连接器插件的深入分析，本章展示了 Presto 如何通过高度抽象和模块化设计，实现对异构数据源的统一管理和高效查询。同时，也指出了连接器实现的复杂性和开发门槛，以及在实际应用中可能遇到的性能瓶颈和局限性。

思考与实践：

- 在 OLAP 领域，数据源的多样性和复杂性对查询引擎提出了哪些挑战？Presto 的插件体系如何帮助解决这些挑战？
- 考虑到连接器插件的实现对查询性能有直接影响，如何在设计连接器时平衡抽象层次和性能优化？
- 对于不支持 SQL 或 SQL 支持不完善的数据源（如 ElasticSearch），Presto 的连接器如何实现对其数据的查询和操作？这种集成对数据源的性能有何影响？
- 在 Presto 的连接器体系中，计算下推是一个关键的优化策略。请讨论在不同类型数据源（如关系型数据库、NoSQL 数据库、文件系统等）中实现计算下推的可行性和挑战。
- 随着云原生和大数据技术的发展，OLAP 引擎需要支持更多的数据源类型和更复杂的数据结构。Presto 的插件体系如何适应这种变化，保持其灵活性和扩展性？

Chapter 12 第 12 章

连接器开发实践：以 Example-HTTP 连接器为例

OLAP 引擎的自定义连接器原理涉及创建一个中间层，它能够将 OLAP 引擎的查询请求用目标数据源的查询语言表达，并处理返回的数据。这包括以下几个关键步骤。

1）**连接器实现**：开发一个连接器，它能够理解 OLAP 引擎的查询语言，并将其转换为数据源的查询语言。

2）**数据转换**：连接器负责将数据源返回的数据转换为 OLAP 引擎可处理的格式，同时将 OLAP 引擎的查询请求转换为数据源的查询。

3）**分片划分**：为了提高性能和可扩展性，连接器可以实现分片逻辑，将数据水平分割为多个分片。这样查询可以在多个分片上并行执行，提高查询速度和系统吞吐量。分片还可以帮助实现负载均衡，优化查询性能，并在某个分片出现故障时提供隔离，增强系统的容错能力。

4）**错误处理与日志**：连接器需要能够处理错误情况，如网络错误或数据源错误，并提供详细的日志信息以便于调试。

5）**测试与验证**：在部署前，连接器需要经过严格测试，确保其稳定性和与数据源的兼容性。

通过这些步骤，自定义连接器使得 OLAP 引擎能够灵活地与各种数据源集成，无论是传统的关系型数据库还是现代的 NoSQL 数据库，甚至是云服务和 API。分片划分的引入，进一步增强了连接器在处理大规模数据集时的效率和可靠性。

12.1　Example-HTTP 连接器基本介绍

连接器是比较抽象的概念，某些定义过于灵活，开发者可能会不知道如何下手。为此，Presto 官方提供了一个样例连接器来帮助大家理解核心概念。在此基础上，可以结合工作中的实际需求学习更复杂的连接器，比如 Hive 连接器、Iceberg 连接器等。

本节介绍的这个 HTTP 连接器是偏示例演示性质的，它建模的数据源是一个提供 HTTP API 的后端服务，目的是将 HTTP API 提供的数据映射为关系模型，并通过连接器提供基于 SQL 的数据查询计算能力。原理是：通过 metadata-uri 参数指定的 URL 一次性获取所有元数据信息并缓存起来，每个表支持若干个数据源，每个数据源是一个 URL 地址，返回的数据为 CSV（逗号分隔的纯文本数据）格式的字符流。综上，Example-HTTP 连接器只有 2 种接口，如图 12-1 所示。

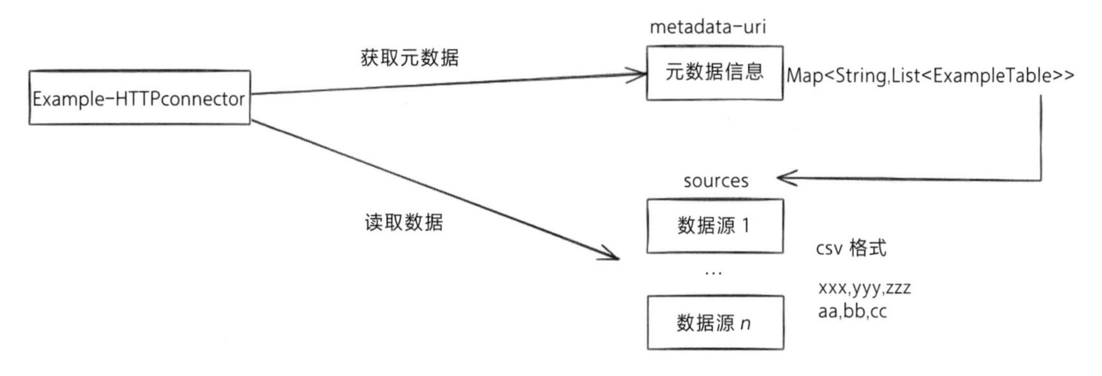

图 12-1　Example-HTTP 连接器与外部交互示意

Example-HTTP 的代码文件不多，仅实现了一个连接器所需的最小功能集合。我们通过介绍这个最简单的连接器实现，来帮助大家快速理解连接器的核心原理。按照上一章对连接器的功能划分，这里可把代码划分成几大部分：基础代码、元数据模块代码、自定义句柄代码、分片划分代码、分片读取代码。

基础代码：

- ExamplePlugin.java，插件入口。
- ExampleConfig.java，连接器配置。
- ExampleModule.java，Guice 模块。
- ExampleConnector.java，连接器。
- ExampleConnectorFactory.java，连接器工厂类。
- ExampleHandleResolver.java，连接器 Handle 类登记。

元数据模块代码：

- ExampleMetadata.java，元数据操作类。

- ExampleClient.java，基于 HTTP 的元数据 API。
- ExampleTable.java，返回表级别元数据的 API。
- ExampleColumn.java，返回列级别元数据的 API。

自定义句柄代码：

- ExampleColumnHandle.java，列级别自定义句柄。
- ExampleTableHandle.java，表级别自定义句柄。
- ExampleTransactionHandle.java，事务级别自定义句柄。

分片划分：

- ExampleSplitManager.java，用于生成分片的管理器。
- ExampleSplit.java，读取当前数据分片所需的数据。

分片读取：

- ExampleRecordSetProvider.java，用于获取所有数据行。
- ExampleRecordSet.java，表示当前读取的所有数据行。
- ExampleRecordCursor.java，游标，用于读取单行数据。

下面对上述重点代码进行详细介绍。

12.2 基础代码

12.2.1 ExamplePlugin

ExamplePlugin 是一个服务提供商，对于连接器插件来说。Presto 引擎需要一个工厂类来创建连接器，在这里就是 ExampleConnectorFactory。如果这个插件除了连接器以外还提供了其他的服务，就需要重载并实现对应的函数。

```
// 文件名：ExamplePlugin.java
public class ExamplePlugin implements Plugin {
    @Override
    public Iterable<ConnectorFactory> getConnectorFactories() {
        return ImmutableList.of(new ExampleConnectorFactory());
    }
}
```

12.2.2 ExampleConfig

在 Presto 的 etc/catalog 目录下，存放着各种连接器的配置文件，它们可以是一个连接器的不同数据目录，通过文件名区分。以下是 Example-HTTP 连接器的配置文件（http.properties），第一个参数指定了连接器的类型，剩余的参数就是连接器配置文件制定的参数。比如这里的 metadata-uri，它指定了获取元数据的链接。对于 Example-HTTP 连接器来说，只有 metadata-uri 这一个可配置的参数。

```
# etc/catalog/http.properties
connector.name=example
metadata-uri=http://127.0.0.1:5000/meta
```

配置文件里面每个配置项在 ExampleConfig.java 中对应一个变量以及对应的 getter/setter 方法，变量可能会有默认值。这里细心的读者可能会有疑惑，配置文件的内容怎么和配置文件的代码关联起来了？其实是 Presto 底层 Airlift 后台框架的配置模块通过注解的方式把它们联系起来的。

```
// 文件名：ExampleConfig.java

public class ExampleConfig { // airlift 风格的配置文件
    private URI metadata;

    @NotNull
    public URI getMetadata() {
        return metadata;
    }
    // 通过反射将 Presto 配置文件的键值对赋给类的变量中
    @Config("metadata-uri")
    public ExampleConfig setMetadata(URI metadata) {
        this.metadata = metadata;
        return this;
    }
}
```

12.2.3 ExampleModule

在应用程序开发当中，经常遇到类之间的相互依赖问题，更不用说是 Presto 这样复杂的应用了。依赖注入（Dependency Injection）就是用来解耦这种依赖的解决方案，它把类初始化相关的工作（如何初始化、是否单例）统一托管。Presto 使用了谷歌公司开源的 Guice 项目来管理类之间的依赖关系，在一个模块中把一个后台模块用到的类全部用规则描述出来以便管理。这样还远远不够，Airlift 框架按照用途又封装了多种不同的 binder（ConfigBinder 或 JsonBinder 等）来简化 Presto 的初始化代码逻辑。ExampleModule 具体的原理可以不深究，但是 Guice 的使用方法一定要了解。

```
// 文件名：ExampleModule.java

public class ExampleModule implements Module {
    private final TypeManager typeManager;
```

```
    public ExampleModule(TypeManager typeManager) {
        this.typeManager = requireNonNull(typeManager, "typeManager is null");
    }

    @Override
    public void configure(Binder binder) {
        // 绑定父类
        binder.bind(TypeManager.class).toInstance(typeManager);
        // 单例，由 Guice 维护该实例
        binder.bind(ExampleConnector.class).in(Scopes.SINGLETON);
        binder.bind(ExampleMetadata.class).in(Scopes.SINGLETON);
        binder.bind(ExampleClient.class).in(Scopes.SINGLETON);
        binder.bind(ExampleSplitManager.class).in(Scopes.SINGLETON);
        binder.bind(ExampleRecordSetProvider.class).in(Scopes.SINGLETON);
        // 绑定配置信息
        configBinder(binder).bindConfig(ExampleConfig.class);

        jsonBinder(binder).addDeserializerBinding(Type.class).to(TypeDeserializer.class);
        // 绑定的类型为 JsonCodec<Map<String, List<ExampleTable>>>
        jsonCodecBinder(binder).bindMapJsonCodec(String.class, listJsonCodec
            (ExampleTable.class));
    }

    ...
}
```

12.2.4 ExampleConnector

连接器的功能很多，通过不同的模块来完成特定功能。Example-HTTP 连接器的实现是非常轻量的，它仅包含如下 3 个核心模块，它们负责获取元数据及读取数据。

- 元数据模块：ExampleMetadata.java。
- 分片管理器：ExampleSplitManager.java。
- 页生成器：ExampleRecordSetProvider.java。

通过 @Inject 注解可以看到，连接器依赖的组件并不是在 ExampleConnector 进行初始化的，而是在刚刚提到的 ExampleModule.java 模块中指定并“注入”到当前类中。

```
public class ExampleConnector implements Connector {
    private final LifeCycleManager lifeCycleManager;
    private final ExampleMetadata metadata;
    private final ExampleSplitManager splitManager;
    private final ExampleRecordSetProvider recordSetProvider;
```

```
    @Inject
    public ExampleConnector(
        LifeCycleManager lifeCycleManager,
        ExampleMetadata metadata,
        ExampleSplitManager splitManager,
        ExampleRecordSetProvider recordSetProvider) {
            this.lifeCycleManager = requireNonNull(lifeCycleManager,
                "lifeCycleManager is null");
            this.metadata = requireNonNull(metadata, "metadata is null");
            this.splitManager = requireNonNull(splitManager, "splitManager is null");
            this.recordSetProvider = requireNonNull(recordSetProvider,
                "recordSetProvider is null");
    }

    @Override
    public ConnectorTransactionHandle beginTransaction(
        IsolationLevel isolationLevel, boolean readOnly) {
        return INSTANCE;
    }

    @Override
    public ConnectorMetadata getMetadata(
        ConnectorTransactionHandle transactionHandle) {
        return metadata;
    }

    @Override
    public ConnectorSplitManager getSplitManager() {
        return splitManager;
    }

    @Override
    public ConnectorRecordSetProvider getRecordSetProvider() {
        return recordSetProvider;
    }
}
```

12.2.5 ExampleConnectorFactory

ExampleConnectorFactory 顾名思义就是用来创建连接器实例化对象的工厂类。它在插件加载过程中被 Presto 保存到 Map 结构中，因为有插件不一定有数据目录，所以要把工厂类保存起来，需要实例的时候再根据配置文件进行实例化它的实现如下。

```
// 文件名：ExampleConnectorFactory.java
public class ExampleConnectorFactory implements ConnectorFactory {
```

```
    @Override
    public String getName() {
        return "example-http";
    }

    @Override
    public ConnectorHandleResolver getHandleResolver() {
        return new ExampleHandleResolver();
    }

    @Override
    public Connector create(String catalogName, Map<String, String> requiredConfig,
        ConnectorContext context) {
        requireNonNull(requiredConfig, "requiredConfig is null");

        Bootstrap app = new Bootstrap(
            new JsonModule(),
            new ExampleModule(context.getTypeManager()));

        Injector injector = app
            .strictConfig()
            .doNotInitializeLogging()
            .setRequiredConfigurationProperties(requiredConfig)
            .initialize();

        return injector.getInstance(ExampleConnector.class);
    }
}
```

ExampleConnectorFactory 有如下 3 个功能。

- 返回连接器的名字，前面提到的 etc/catalog 目录下的文件，第一个参数都是 connector.name，它的值需要和 getName() 函数返回的名称保持一致。
- 返回连接器的子类名，框架的代码使用的是父类的类型，一些方法是在查询协调节点和查询执行节点之间调用的，涉及到类的序列化、反序列化。但是反序列化的时候需要知道具体的子类的类型，Resolver 提供了当前连接器的子类的类型。
- 创建连接器。注意，这里的 context 代表上下文相关的参数，typeManager 用来获取 Presto 内部类型，以便将 Example-HTTP 连接器返回的数据类型反序列化成 Presto 内部的类型。

注意，类的创建使用了 Airlift 的 Bootstrap 模块，这种编程风格在 Presto 内部是统一的。可以简单认为 Bootstrap 功能如下。

- 根据入参的模块完成所有涉及的类的自动生成和注入，最终完成 new ExampleConnector() 操作。
- 注入 ExampleConfig 配置项。

- 初始化生命周期管理器（LifeCycleManager），对 @PostConstruct、@PreDestroy 注解的函数进行调用。

一切初始化工作完成以后会返回一个 Guice 的 Injector 实例，可以用它来获取 Guice 管理的所有类实例。在这里返回了 ExampleConnector.java 实例。

12.3　元数据模块

元数据模块负责提供 Presto 所需的各种元数据，包括数据源本身的元数据，以及 Presto 引擎需要的信息。每个连接器的 ConnectorMetadata 组件都是最核心的模块。一个连接器可以很复杂，也可以很简单。不是所有的接口都需要实现。以 Example-HTTP 为例，它只提供了 SHOW SCHEMAS、SHOW TABLES、SHOW CREATE TABLE、SELECT 的 SQL 语句执行能力，是一个简单的只读型连接器。这里的 listSchemaNames() 对应 SHOW SCHEMAS 语句，listTables() 对应 SHOW TABLES [FROM schemaX] 语句。通过它们的实现可以看到所有的元数据读取实际上都会通过一个 ExampleClient 来完成。

```
// 文件名：ExampleMetadata.java
public class ExampleMetadata implements ConnectorMetadata {
    private final ExampleClient exampleClient;

    // SHOW SCHEMAS;
    public List<String> listSchemaNames() {
        return ImmutableList.copyOf(exampleClient.getSchemaNames());
    }
    // SHOW TABLES [from schema];
    public List<SchemaTableName> listTables(
        ConnectorSession session, Optional<String> optionalSchemaName) {
        Set<String> schemaNames = optionalSchemaName.map(ImmutableSet::of)
                .orElseGet(() -> ImmutableSet.copyOf(exampleClient.getSchemaNames()));

        ImmutableList.Builder<SchemaTableName> builder = ImmutableList.builder();
        // 遍历全部 schema
        for (String schemaName : schemaNames) {
            // 每个 schema，获取所有表名
            for (String tableName : exampleClient.getTableNames(schemaName)) {
                builder.add(new SchemaTableName(schemaName, tableName));
            }
        }
        return builder.build();
    }
    ...
}
```

12.3.1 ExampleClient

ExampleClient 在类初始化的时候提供了一个缓存数据的 Java Supplier，它会调用一个 HTTP 接口并返回一个 JSON 字符串，然后将字符串反序列化为一个 Map<String 且是 List<ExampleTable>> 类型的变量。其中键是数据库的名称，值是数据库下所有的表结构 ExampleTable 组成的列表。

```
// 文件名: ExampleClient.java
public class ExampleClient {
    // 只需要一个元数据信息
    private final Supplier<Map<String, Map<String, ExampleTable>>> schemas;

    public ExampleClient(ExampleConfig config, JsonCodec<Map<String,
        List<ExampleTable>>> catalogCodec) {
        requireNonNull(config, "config is null");
        requireNonNull(catalogCodec, "catalogCodec is null");

        schemas = Suppliers.memoize(schemasSupplier(catalogCodec, config.
            getMetadata()));
    }
}
```

schemasSupplier 方法调用一次就会被缓存下来，也就是说元数据读取以后是不可变的，这一点可以在下文中实践证明。从这里也可以看出来连接器的实现方式使得 Presto 对底层数据源的访问方式有较大影响。

schemasSupplier() 调用 lookupSchemas() 来获取数据，它向 ExampleConfig 指定的“metadata-uri”发送 HTTP 请求，使用 catalogCodec 反序列化数据（这个 JsonCodec 入参也是在 ExampleModule 中管理的），然后对 Map 的值做转换，把表信息从列表索引成一个 Map 结构，最终返回格式为 Map<String, Map<String, ExampleTable>>，外层的键是数据库名称，内层的键是表名，值是 ExampleTable.java 类型的元数据。

```
// 文件名: ExampleClient.java
private static Map<String, Map<String, ExampleTable>> lookupSchemas(
    URI metadataUri, JsonCodec<Map<String, List<ExampleTable>>> catalogCodec)
        throws IOException {
    URL result = metadataUri.toURL();
    // http 调用
    String json = Resources.toString(result, UTF_8);
    // JsonCodec 用于反序列化 JSON 字符串成一个 Java 数据结构
    Map<String, List<ExampleTable>> catalog = catalogCodec.fromJson(json);
    // Value 转换, List<ExampleTable> -> Map<String, ExampleTable>
    return ImmutableMap.copyOf(transformValues(catalog, resolveAndIndexTables(
        metadataUri)));
}
```

12.3.2 ExampleTable

描述表信息是一个 ExampleTable.java 类型数据结构的值，值得注意的是，其中的 sources 变量代表了这张表的数据来源可以包含多个地址。后续读取数据的时候向每个 URI 发起读数据请求，每个 source 分配一个分片，详见下文分析。

```
// 文件名: ExampleTable.java, ExampleColumn.java
public class ExampleTable {
    private final String name; // 表名
    private final List<ExampleColumn> columns; // 列信息
    private final List<URI> sources; // 数据源
    ...
}

public final class ExampleColumn {
    private final String name; // 列名
    private final Type type; // 列类型
    ...
}
```

12.4 自定义句柄

句柄（Handle）是一个既熟悉又陌生的词，在计算机科学领域表示对某一资源的引用。根据维基百科的定义：它代表对外部资源的一种抽象。其实这里 TableHandle 和 ColumnHandle 就是对底层数据表、列的一种抽象。Presto 引擎不会直接使用句柄，句柄最后还是被连接器自身调用。引擎只是规定数据源把能够表达句柄信息的自定义数据结构保存到 Handle 中，但是并未针对具体的数据结构做要求。所以句柄仅是抽象了一个概念（空的接口）。

前面已经介绍过，连接器底层数据源的表和列分别有 ConnectorTableHandle 和 ColumnHandle 两个结构，回到 Example-HTTP 连接器，可以看到句柄十分简单，我们结合后面介绍的功能看看这些信息是否足够。

```
// 文件名: ExampleTableHandle.java, ExampleColumnHandle.java
public final class ExampleTableHandle implements ConnectorTableHandle {
    /// 库名 . 表名
    private final String schemaName;
    private final String tableName;
    ...
}

public final class ExampleColumnHandle implements ColumnHandle {
    /// 列名、类型、位置
    private final String columnName;
    private final Type columnType;
```

```
    private final int ordinalPosition;
    ...
}
```

12.5 划分分片

一个SQL查询在真正调度执行的时候，第一步通常是数据读取（TableScan），读取的粒度就是分片。既然Presto将底层数据抽象成表，那么数据拉取时分片大小划分的合理性就是决定性能的关键因素，它会影响读取的并行性。划分分片的核心是SplitManager的getSplits()方法，它返回一个SplitSource。拆分的步骤可以简单也可以复杂。

对于Example-HTTP连接器来说，没有必要动态计算分片，可以直接划分出所有的分片。分片拆分的方法和元数据是绑定的。前面提到每个ExampleTable结构中，包含了一个sources数组，里面是多个数据源节点的地址，每个地址代表一个分片，虽然简单，但这也是一种分片的方法。注意，这里返回的是一个FixedSplitSource，它包含了固定的分片列表，仅是套用了SplitSource的概念。

这里可以看到TableHandle的一个作用是提供划分分片所需的信息，通过ExampleClient即可获取source数组信息，所以ExampleTableHandle仅保存库名、表名就够了。

```
// 文件名：ExampleSplitManager.java
public class ExampleSplitManager implements ConnectorSplitManager {
    private final ExampleClient exampleClient;

    @Inject
    public ExampleSplitManager(ExampleClient exampleClient) {
        this.exampleClient = requireNonNull(exampleClient, "client is null");
    }

    @Override
    public ConnectorSplitSource getSplits(
        ConnectorTransactionHandle transaction,
        ConnectorSession session,
        ConnectorTableHandle connectorTableHandle,
        SplitSchedulingStrategy splitSchedulingStrategy,
        DynamicFilter dynamicFilter) {
            ExampleTableHandle tableHandle = (ExampleTableHandle) connectorTableHandle;
            ExampleTable table = exampleClient.getTable(tableHandle.
                getSchemaName(), tableHandle.getTableName());

            if (table == null) {
                throw new TableNotFoundException(tableHandle.toSchemaTableName());
            }

            List<ConnectorSplit> splits = new ArrayList<>();
            for (URI uri : table.getSources()) { // 按照source来划分分片
```

```
                splits.add(new ExampleSplit(uri));
            }
        Collections.shuffle(splits);

        return new FixedSplitSource(splits); // 已经生成了所有的分片，不涉及惰性计算
    }
}
```

12.6　读取分片

分片划分解决了调度层面的数据切分问题，接下来就是读取每一个数据分片了。对于每个读取任务来说，它属于某个查询执行阶段（Stage），这个查询执行阶段除了读取数据以外，一般还会包含过滤、投影操作，在内部通常用 ScanFilterAndProject 算子来完成这几种动作。计算的源头是 TableScan 算子，它负责分片的读取，读取的粒度是 Page，算子之间的数据流动就是以 Page 为单位的。完成了 TableScan 操作以后，数据被读取到 Presto 引擎当中，连接器的使命就告一段落了。

Example-HTTP 连接器的分片 ExampleSplit 对应一个 URL 地址，直接发起请求即可。连接器需要实现 RecordCursor（类似数据库中游标的概念）或者 ConnectorPageSource 接口。这里采用的是 RecordCursor 的方式，整个使用链路是 ExampleSplit→ExampleRecordSetProvider→ExampleRecordSet→ExampleRecordCursor，最后引擎把 RecordCursor 适配成一个 RecordPageSource。对于 Presto 引擎来说，最终都是和 ConnectorPageSource 打交道。

- ExampleSplit：保存分片读取的信息。
- ExampleRecordSetProvider：仅需要一个 URL 链接和待读取的列信息，使用这些信息构造一个 ExampleRecordSet。
- ExampleRecordSet：访问 ExampleSplit 的 URL 并获得一个字节流。
- ExampleRecordCursor：初始化的时候调用 readLines() 将字节流分割成行，在获取单行数据的时候使用 LINE_SPLITTER 分割符（默认是“,”）区分每行的列数据。容易看出，Example-HTTP 底层就是一个 CSV 格式的字节流。

```
// 文件名 : ExampleSplit.java
// ExampleRecordSetProvider.java,
// ExampleRecordSet.java
// ExampleRecordCursor.java

// 保存了获取当前分片的信息，这里是一个 URL
public class ExampleSplit
        implements ConnectorSplit {
    private final URI uri;
    ...
}
```

```
// 用于生成一个 RecordSet
public class ExampleRecordSetProvider implements ConnectorRecordSetProvider {
    @Override
    public RecordSet getRecordSet(
        ConnectorTransactionHandle transaction, ConnectorSession session,
        ConnectorSplit split, ConnectorTableHandle table,
        List<? extends ColumnHandle> columns) {
        ExampleSplit exampleSplit = (ExampleSplit) split;

        ImmutableList.Builder<ExampleColumnHandle> handles = ImmutableList.builder();
        for (ColumnHandle handle : columns) {
            handles.add((ExampleColumnHandle) handle);
        }

        return new ExampleRecordSet(exampleSplit, handles.build());
    }
}

// 数据行的抽象
public class ExampleRecordSet implements RecordSet {
    private final List<ExampleColumnHandle> columnHandles;
    private final ByteSource byteSource;

    public ExampleRecordSet(ExampleSplit split, List<ExampleColumnHandle>
        columnHandles) {
        this.columnHandles = requireNonNull(columnHandles, "column handles is null");
        ...
        // 获取字节流
        byteSource = Resources.asByteSource(split.getUri().toURL());
    }

    @Override
    public RecordCursor cursor() {
        return new ExampleRecordCursor(columnHandles, byteSource);
    }
}

// 实现游标功能，按行来提供底层的数据
public class ExampleRecordCursor implements RecordCursor {
    private static final Splitter LINE_SPLITTER = Splitter.on(",").trimResults();

    public ExampleRecordCursor(
        List<ExampleColumnHandle> columnHandles, ByteSource byteSource) {
        ...
        // 读取底层数据
        try (CountingInputStream input = new CountingInputStream(byteSource.
           openStream())) {
            lines = byteSource.asCharSource(UTF_8).readLines().iterator();
            totalBytes = input.getCount();
        }
        catch (IOException e) {
            throw new UncheckedIOException(e);
        }
```

```
    }

    @Override
    public boolean advanceNextPosition() {
        if (!lines.hasNext()) {
            return false;
        }
        String line = lines.next();
        fields = LINE_SPLITTER.splitToList(line);

        return true;
    }
    ...
}
```

数据读取的最后一步是将数据适配成 RecordPageSource，这一步是引擎自动完成的。getNextPage() 就是用于从数据源获取分页的函数。RecordPageSource 基于 Cursor 封装，并不断地调用 advanceNextPosition() 来获取行数据然后将行数据积累成 Page。一个 Page 代表若干行数据；一个 Page 有若干列，和底层数据的列相对应。每个列的数据类型一致，由一个 Block 结构来存储。所以引擎内部也是面向列存储的。

```
// 文件名：RecordPageSource.java
// 将 record 转换成 Page
public class RecordPageSource implements ConnectorPageSource {
    private static final int ROWS_PER_REQUEST = 4096; // 最大的行数
    private final RecordCursor cursor;
    private final List<Type> types;
    private final PageBuilder pageBuilder; // Page 构造器
    private boolean closed;

    @Override
    public Page getNextPage() {
        if (!closed) {
            for (int i = 0; i < ROWS_PER_REQUEST && !pageBuilder.isFull(); i++) {
                if (!cursor.advanceNextPosition()) {
                    closed = true;
                    break;
                }

                pageBuilder.declarePosition();
                for (int column = 0; column < types.size(); column++) {
                    // 每一列使用一个 BlockBuilder 来装填数据
                    BlockBuilder output = pageBuilder.getBlockBuilder(column);
                    if (cursor.isNull(column)) {
                        output.appendNull();
                    }
                    else {
                        Type type = types.get(column);
                        Class<?> javaType = type.getJavaType();
                        if (javaType == boolean.class) {
```

```
                        type.writeBoolean(output, cursor.getBoolean(column));
                    }
                    else if (javaType == long.class) {
                        type.writeLong(output, cursor.getLong(column));
                    }
                    else if (javaType == double.class) {
                        type.writeDouble(output, cursor.getDouble(column));
                    }
                    else if (javaType == Slice.class) {
                        Slice slice = cursor.getSlice(column);
                        type.writeSlice(output, slice, 0, slice.length());
                    }
                    else {
                        type.writeObject(output, cursor.getObject(column));
                    }
                }
            }
        }
    }

    // 仅当缓冲器已满或完成时才返回 Page
    if ((closed && !pageBuilder.isEmpty()) || pageBuilder.isFull()) {
        Page page = pageBuilder.build();
        pageBuilder.reset();
        return page;
    }

    return null;
  }
}
```

12.7 实现与连接器交互的 HTTP 数据源

根据上文对连接器模块的解析，我们可以反推出一个简单的数据源演示代码。Example-HTTP 连接器只有两处 HTTP 调用：

- 位于元数据组件里面的 ExampleClient 中，用于缓存元数据。
- 在读取 Page 的时候，每个分片负责读取自己的 URL 链接，获取 CSV 格式的数据。

元数据组件里面的 ExampleClient 中的 HTTP 调用相关代码如下。

```
// 文件名：ExampleClient.java
private static Map<String, Map<String, ExampleTable>> lookupSchemas(
    URI metadataUri, JsonCodec<Map<String, List<ExampleTable>>> catalogCodec)
        throws IOException {
    URL result = metadataUri.toURL();
    String json = Resources.toString(result, UTF_8); // 发起 HTTP 获取该 catalog 的元数据
    Map<String, List<ExampleTable>> catalog = catalogCodec.fromJson(json);
    // 返回值的类型
```

```
    return ImmutableMap.copyOf(transformValues(catalog, resolveAndIndexTables(
        metadataUri)));
}
```

读取 Page 时的 HTTP 调用实现代码如下。

```
// ExampleRecordSet.java
// 初始化函数中读取了对应 URL 的字节流
public ExampleRecordSet(ExampleSplit split, List<ExampleColumnHandle> columnHandles) {
    ...

    try {
        byteSource = Resources.asByteSource(split.getUri().toURL());
    }
    catch (MalformedURLException e) {
        throw new RuntimeException(e);
    }
}
```

所以 HTTP 数据源提供两个接口就够了，或者说任何一个 HTTP 服务，只要实现了这两个接口就可以被 Example-HTTP 连接器读取。

12.7.1　定义元数据接口

通过分析 Example-HTTP 连接器的代码，JsonCodec 表示 HTTP 请求的 Content-Type 参数是一个 application/json，格式是 Map<String, List<ExampleTable>>，键是数据库名称，值是一个列表，代表数据库中的所有表。进一步查看 ExampleTable 类，由于它是序列化得到的类，故仅需要提供 @JsonProperty 注解标注的字段，比如 columnsMetadata 字段是计算得到的，不需要提供数据源。ExampleColumn 同理需要提供字段名称和字段类型，注意这里的类型必须能够反序列化为 Type 类型。

```
// ExampleTable.java,ExampleColumn.java
public class ExampleTable { // 表名 name, 列信息 columns, 底层数据的 URL 地址 sources
    private final String name;
    private final List<ExampleColumn> columns;
    private final List<ColumnMetadata> columnsMetadata;
    private final List<URI> sources;

    @JsonCreator
    public ExampleTable(
            @JsonProperty("name") String name,
            @JsonProperty("columns") List<ExampleColumn> columns,
            @JsonProperty("sources") List<URI> sources) {
        ...
    }

    ...
}
```

```
public final class ExampleColumn { //列名name, 列类型type
    private final String name;
    private final Type type;

    @JsonCreator
    public ExampleColumn(
            @JsonProperty("name") String name,
            @JsonProperty("type") Type type) {
        checkArgument(!isNullOrEmpty(name), "name is null or is empty");
        this.name = name;
        this.type = requireNonNull(type, "type is null");
    }
}
```

综合上面对ExampleTable与ExampleColumn代码的分析，我们需要提供一个类似如下代码所示的接口。

```
Request URI: {bsaeURI}/meta

Response Header:
    Content-Type: application/json

Response Body:
{
    "schema_name1": [{
        "name": 表名,
        "sources": [url链接1, url链接2],
        "columns": [{
            "name": 列名,
            "type": 列类型,
        }]
    }],
    "schema_name2"...
}
```

12.7.2 定义数据接口

每个分片都会对应一个URL，数据通过Resources.asByteSource()读取，其格式就是一个字节流。在ExampleRecordCursor中，每次游标移动的时候，都会从字节流读取一行数据，并用LINE_SPLITTER（逗号）分割字段，这就是所谓的CSV格式。

```
// ExampleRecordCursor.java
@Override
public boolean advanceNextPosition() {
    if (!lines.hasNext()) {
        return false;
    }
    String line = lines.next();
```

```
        fields = LINE_SPLITTER.splitToList(line);

        return true;
    }
```

综合上面代码的分析可知，数据读取的粒度可以细化至一张表的一个 source，URL 链接可以设置两个参数 table_name/partition_name 来定位表和 source。接口实现如下所示。

```
Request URI: {bsaeURI}/data?table_name={table_name}&partition={partition_name}

Response Body:(csv 格式字符串 )
    value1-1,value1-2\n
    value2-1,value2-2\n
```

12.7.3　Example-HTTP 数据源的代码实现示例

这里选用了 Python 的 Flask 后台框架搭建演示代码，它十分轻量，简单易懂。假设用户已经安装 Python，在指定目录下面新建 app.py 文件，复制下方代码。代码中定义了如下两个路由。

- /meta：提供特定格式的元数据，为简单起见，这里将元数据写“死”在代码中。返回值为 Python 字典（自动转为 JSON）。
- /data：通过 table_name 和 partition 参数区分“数据表 +source”，返回值为 CSV 格式的字符串。

```
from flask import Flask
from flask import request

app = Flask(__name__)

SCHEMA1 = "schema1"
SCHEMA2 = "schema2"


class Column:
    def __init__(self, name, _type):
        self.name = name
        self.type = _type

    # 返回元数据
    def get_dict(self):
        return {"name": self.name, "type": self.type}


class Table:
    def __init__(self, name, cols, sources):
```

```
        self.name = name
        self.cols = cols
        self.sources = sources

    # 返回元数据
    def get_dict(self):
        cols = [col.get_dict() for col in self.cols]
        return {"name": self.name, "sources": self.sources, "columns": cols}


COL1_1_1 = Column("name", "varchar")
COL1_1_2 = Column("age", "bigint")
TABLE1_1 = Table("table1_1", [COL1_1_1, COL1_1_2], ["http://127.0.0.1:5000/
    data?table_name=t1_1&partition=1"])

COL2_1_1 = Column("id", "varchar")
COL2_1_2 = Column("gender", "double")
TABLE2_1 = Table("table2_1", [COL2_1_1, COL2_1_2], ["http://127.0.0.1:5000/
    data?table_name=t2_1&partition=1"])

# 由 ExampleClient 调用一次并缓存
@app.route("/meta")
def list_schema():
    return {SCHEMA1: [TABLE1_1.get_dict()], SCHEMA2: [TABLE2_1.get_dict()]}


# 由 ExampleRecordSet 调用
@app.route("/data")
def get_table_data():
    table_name = request.args.get('table_name')
    partition = request.args.get('partition')
    # 手动构造 CSV 结构的数据
    if table_name == "t1_1" and partition == "1":
        return "foo,20\nbar,30"
    if table_name == "t2_1" and partition == "1":
        return "bar,0.1\nbaz,0.2"
```

然后在命令行运行以下代码，即可在本地 5000 端口运行演示程序。

```
python3 -m venv ./venv
source venv/bin/activate
pip3 install Flask
python3 -m flask run
```

12.7.4 在 Presto 跑通 Example-HTTP 数据源的查询

在 Presto 跑通 Example-HTTP 数据源查询的步骤如下。

1）在浏览器输入 URL 查看元数据的结构，与 Presto 定义一致，如图 12-2 所示。


```
{
  "schema1": [
    {
      "columns": [
        {
          "name": "name",
          "type": "varchar"
        },
        {
          "name": "age",
          "type": "bigint"
        }
      ],
      "name": "table1_1",
      "sources": [
        "http://127.0.0.1:5000/data?table_name=t1_1&partition=1"
      ]
    }
  ],
  "schema2": [
    {
      "columns": [
        {
          "name": "id",
          "type": "varchar"
        },
        {
          "name": "gender",
          "type": "double"
        }
      ],
      "name": "table2_1",
      "sources": [
        "http://127.0.0.1:5000/data?table_name=t2_1&partition=1"
      ]
    }
  ]
}
```


图 12-2 使用 HTTP 请求查看元数据

2）新建数据目录文件 example.properties，然后启动 Presto。

```
connector.name=example
metadata-uri=http://127.0.0.1:5000/meta
```

3）在命令行启动 SQL 客户端 ./trino --catalog=example，加载 example catalog 并验证是否成功，如图 12-3 所示。

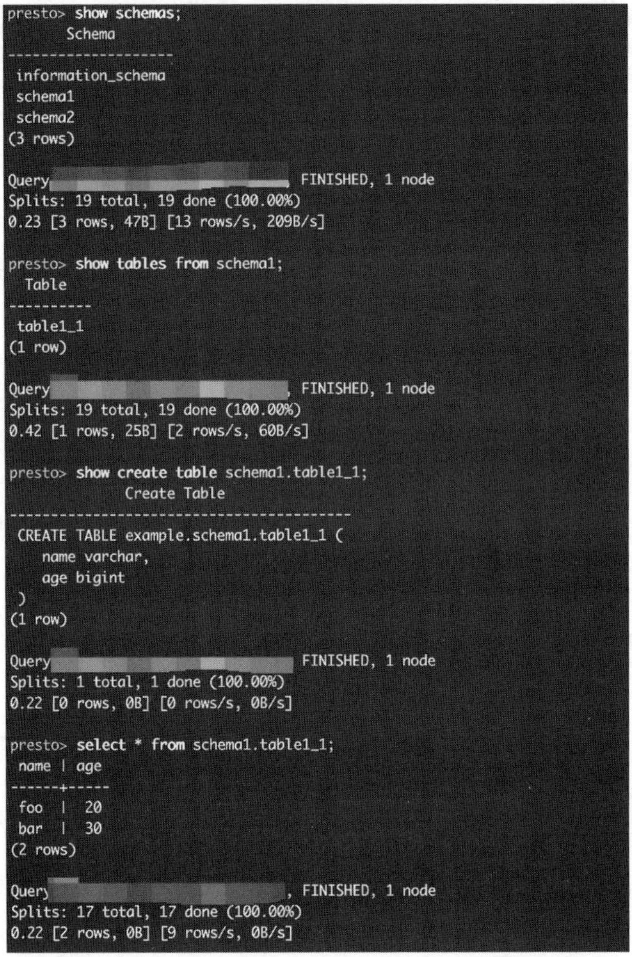

```
presto> show schemas;
       Schema
--------------------
 information_schema
 schema1
 schema2
(3 rows)

Query                          FINISHED, 1 node
Splits: 19 total, 19 done (100.00%)
0.23 [3 rows, 47B] [13 rows/s, 209B/s]

presto> show tables from schema1;
  Table
----------
 table1_1
(1 row)

Query                          , FINISHED, 1 node
Splits: 19 total, 19 done (100.00%)
0.42 [1 rows, 25B] [2 rows/s, 60B/s]

presto> show create table schema1.table1_1;
              Create Table
-----------------------------------------
 CREATE TABLE example.schema1.table1_1 (
    name varchar,
    age bigint
 )
(1 row)

Query                          FINISHED, 1 node
Splits: 1 total, 1 done (100.00%)
0.22 [0 rows, 0B] [0 rows/s, 0B/s]

presto> select * from schema1.table1_1;
 name | age
------+-----
 foo  | 20
 bar  | 30
(2 rows)

Query                          , FINISHED, 1 node
Splits: 17 total, 17 done (100.00%)
0.22 [2 rows, 0B] [9 rows/s, 0B/s]
```

图 12-3 使用 SQL 客户端加载 HTTP 数据源

12.8 总结、思考、实践

本章通过一个名为 Example-HTTP 的示例连接器，深入探讨了 OLAP 引擎中连接器的开发实践。这个连接器作为一个教学示例，展示了如何将一个提供 HTTP API 的后端服务映射为关系模型，并允许通过 SQL 查询进行数据访问。我们详细介绍了连接器的实现代码，包括基础代码、元数据模块代码、自定义句柄代码、分片划分代码和分片读取代码，以及如何实现与连接器交互的 HTTP 数据源。

总体来说，Example-HTTP 连接器的核心在于通过 HTTP 接口与外部数据源交互，获取元数据信息并缓存，以及将数据分片读取并转换为 Presto 引擎可以理解的格式。这个连接器的实现虽然简单，但涵盖了连接器开发的关键概念和步骤。

思考与实践：

- ❑ 在实际的 OLAP 引擎中，如何设计一个高效且可扩展的连接器来处理大规模数据源？
- ❑ 如何优化连接器的性能，特别是在数据分片管理和读取方面？
- ❑ 对于需要支持实时数据的 OLAP 引擎，连接器应该如何设计以实现低延迟的数据访问？
- ❑ 如何利用现代 API 和数据格式（如 Protobuf、Arrow 等）来改进连接器的数据读取能力？

第六篇 Part 6

函数原理与开发

■ 第 13 章 函数的执行原理

■ 第 14 章 自定义函数开发实践

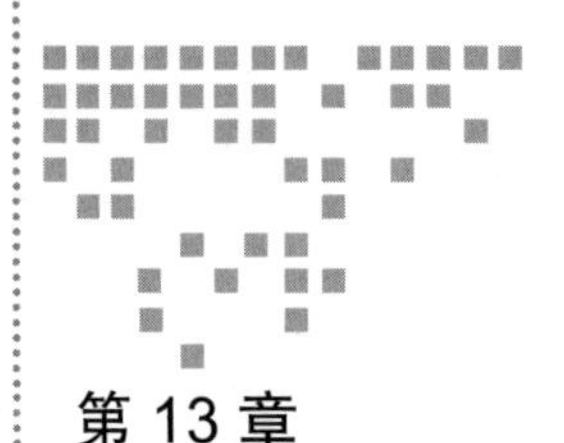

Chapter 13 第 13 章

函数的执行原理

OLAP 引擎中的函数是用于处理数据、执行计算和转换数据格式的预定义操作。在 OLAP 引擎中，函数通常用于处理复杂的查询和分析任务，使得用户能够从多个维度和度量对数据进行深入分析。以下是 OLAP 引擎中函数原理的几个关键点。

- **用户定义函数（UDF）**：OLAP 引擎通常支持 UDF，允许用户根据自己的需求编写特定的函数逻辑。这些函数可以用任何支持的语言编写，如 SQL、Java、Python 等，然后注册到 OLAP 引擎中。在查询中使用 UDF 可以极大地扩展 OLAP 引擎的分析能力。
- **函数的类型和参数**：函数可以有不同的类型，如标量函数（返回单个值）、聚合函数（对一组值进行计算并返回单个值）和表生成函数（返回一组值）。函数的参数可以是常量、列名或表达式，它们在函数执行时被求值。
- **函数注册和调用**：在 OLAP 引擎启动时，会加载并注册所有可用的函数。当用户在查询中使用这些函数时，引擎会解析函数名和参数，然后调用相应的函数执行计算。这个过程通常涉及函数解析、参数类型检查和实际的计算执行。
- **函数的可扩展性**：随着业务需求的变化，OLAP 引擎需要支持新函数的添加和旧函数的更新。这要求引擎具有良好的可扩展性，能够轻松集成新的功能和算法。

在 OLAP 引擎中，函数是实现复杂数据分析和业务逻辑的关键组件。通过合理设计和优化，函数可以显著提升查询性能，同时为用户提供强大的数据分析能力。

13.1 函数体系总览

Presto 的函数使用起来功能强大，语义丰富，支持插件化开发。开发自定义函数的诉求也很常见，例如兼容 Hive 已有函数、扩展功能等。对于引擎开发者来说，自定义函数开发应该是非常高频的需求，所以有必要对 Presto 引擎的函数内部实现以及开发技巧，做一个全面的了解。总而言之，如果我们期望熟悉 Presto 函数的原理，就是要熟悉如下几方面的内容。

- 函数有哪些分类？
- 如何在 Presto 源码或插件中定义（开发）各种类型的函数？
- Presto 引擎启动后，Presto 源码与插件中的几百个函数如何注册、初始化？
- 查询提交给 Presto 后，如何从 SQL 中解析或识别出查询要调用的是哪个函数？
- 查询执行时，尤其是在分布式的查询执行环境中，各种类型函数在查询执行流程中的哪个环节被调用，其执行逻辑是什么？

13.1.1 函数分类

Presto 中函数可以分为以下几类，不同类别的函数，其实现原理、开发方法也不同。由于篇幅有限，本章重点介绍前两种，感兴趣的读者可以自行查阅其他几种函数的相关资料。各种 OLAP 引擎的函数体系基本都有如下函数分类。

- 标量函数（Scalar Function）：对一条记录进行 Map 变换操作，输出仍然是一条记录，如 strpos() 函数。
- 聚合函数（Aggregate Function）：使用特定的聚合函数逻辑，将多条数据在每个分组下聚合为一条数据，聚合函数一般包含 3 个阶段——数据输入 & 状态更新、状态合并、状态处理 & 数据输出。该类函数出现往往意味着在分布式执行环境中需要做数据交换，如 count() 函数。
- 窗口函数（Window Function）：根据每行数据所在的数据窗口计算当前行的值，在分布式执行环境中需要做数据交换，如 row_number() 函数。根据官方文档的介绍，聚合函数都可以当成窗口函数使用，这是 Presto 比较灵活的一种体现。
- 操作符（Operator）：这里所说的操作符，指的是像 “+” “–” “*” “/” 这种运算操作符，它的本质与标量函数一致，都是对某个 Java 方法的调用。例如 “x + y” 相当于一个需要两个入参的 add(x, y) 函数。
- Lambda 函数（Lambda Function）：即匿名函数，可以直接在 SQL 中书写函数的处理逻辑而不需要定义函数的名字也不需要进行代码开发，一般适用于比较简单、容易表达的计算逻辑。
- 表函数（Table Function）：ANSI SQL 2016 规范引入了表函数，像 Flink 这样的引擎早已支持，Presto 在近期的版本中也引入了对应的能力。这种函数的返回结果不是某个值，而是一个表。

13.1.2 函数的生命周期

函数在 Presto 内大概会经历 3 种不同的流程，如图 13-1 所示。

- 初始化：引擎启动时登记元数据（FunctionMetadata）并注册所有函数。
- 解析：SQL 查询的语义分析阶段，对函数的调用进行参数匹配、绑定以确认调用关系。
- 函数调用：SQL 查询的执行阶段，进行模板特化、自动注入元数据参数、入参适配、动态生成“函数调用”相关字节码等行为，将任意复杂的表达式转成可执行的字节码。

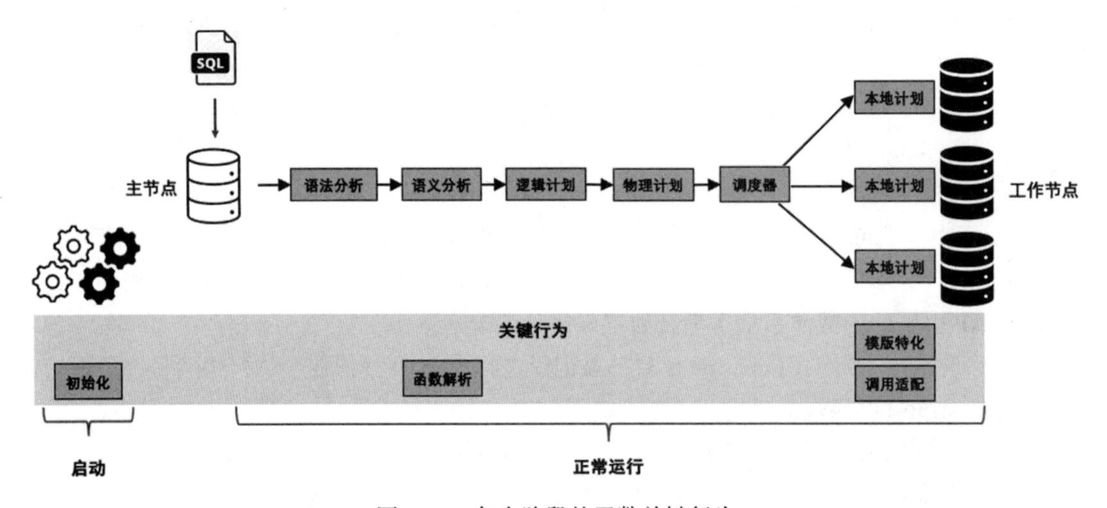

图 13-1 各个阶段的函数关键行为

其中，函数初始化对于开发者来说是最重要的阶段，尤其是基于注解框架方法开发的函数，需要将各种注解转换成函数的元数据和内部数据结构，这里的元数据很多，涉及很多的注解，需要开发者正确使用它们。

函数解析发生在 SQL 查询的语义分析阶段，对语法分析树中的函数调用结构 FunctionCall.java 进行识别并根据入参的类型确认函数调用的合法性，把解析后匹配到的 Presto 函数记录下来，此时 SQL 查询中的函数调用才能和 Presto 引擎内部的函数对应起来。

Presto 会根据复杂的函数执行逻辑动态生成底层的 Java 字节码，Presto 依赖了 io.airlift.bytecode 包封装的类库来完成这一功能，这也是 Presto 的一大难点，可以结合自身需求进行学习，建议初学者不要一开始就去触碰这里，本章也不会展开相关内容。

13.1.3 函数开发的几种途径

作为 Presto 开发中最高频的场景，开发新函数、Hive 兼容性改造是非常常见的需求。官方文档简单介绍了几种场景，这是一个不错的切入点，但是初学者看完可能会有疑问。本章能作为一份实用的补充资料帮大家梳理好背后的原理。Presto 的函数开发门槛还是比较高的，主要的困难有如下几个。

- 需要编写 Java 代码，了解插件开发的原理。
- 会接触 Presto 底层的数据类型、数据结构的相关 API，如 Type、Page、Block、Slice 等。
- 要了解函数注解类型并正确使用它们。
- 可能需要使用底层开发方法（动态生成字节码等原始方式）以支持复杂函数的开发，例如变长参数函数 ArrayConcatFunction.java。
- 可能需要了解 Java 的 MethodHandle 体系。

当前有 4 种函数开发方法，即注解框架法、底层开发法、Create Function SQL 语法以及定义 Lambda 表达式。

1. 注解框架法

最常用的函数开发方法。开发相对简单，使用范围最广，支持插件化开发。开发者使用多种注解来描述函数的元数据，由引擎进行统一的初始化操作，这种开发函数的方法也是 Presto 官方最为推荐的方法。如下代码展示了 is_null() 函数的定义，其功能是判断给定字符串是否为空，它接收一个 VARCHAR 参数，返回一个 BOOLEAN 结果。我们这里把函数开发相关的多种注解统称为"注解框架"，并在本书中使用该术语。

```
public class ExampleNullFunction {
    // 使用了多个注解，具体含义后文会做介绍
    @ScalarFunction("is_null", deterministic = true)
    @Description("Returns TRUE if the argument is NULL")
    @SqlType(StandardTypes.BOOLEAN)
    public static boolean isNull(
            @SqlNullable @SqlType(StandardTypes.VARCHAR) Slice string) {
        return (string == null);
    }
}
```

2. 底层开发法：动态生成字节码

对于注解框架不够灵活、无法满足函数开发需求的场景可以使用此方式，io.airlift.bytecode 包（基于 ASM 代码生成技术）封装了直接操作生成字节码的类库，Presto 引擎可以直接使用代码来写代码。注意这里生成了可以直接运行的字节码，无须再用 JVM 编译 class 文件。它的使用门槛较高，且不支持插件开发，只能集成到 Presto 主项目的 presto-main 模块中。这种方法也需要开发者手写所有的函数元数据，对开发者的要求比较高。此外 Java SDK 的 MethodHandle API 也能对 Java 方法做一些简单的改造，感兴趣的读者可以参考 try_cast 函数的实现。

3. Create Function SQL 语法

Create Function 的 SQL 语法允许直接通过 SQL 来定义函数，该特性很早就存在于

Presto 中，Trino 还没有相应的实现。在其他大数据引擎（如 Flink）中也有类似的功能，通过该特性，可以使用现有的 SQL 能力自定义新的标量函数，这里不做展开。

```
CREATE FUNCTION example.default.tan(x double)
RETURNS double
DETERMINISTIC
RETURNS NULL ON NULL INPUT
RETURN sin(x) / cos(x)
```

4. 定义 Lambda 表达式

Lambda 表达式的出现大大增强了 Presto 的表达能力，但它只能用在特定的上下文环境中，例如作为某些函数的输入参数。本质上，它只是一种函数类型的入参，从代码角度来看，并没有引入其他新的概念。在函数的初始化、解析、调用流程中通过 if/else 分支，以一种类似补丁的方式，引入了对 Lambda 类型的支持。以下是 Lambda 表达的 transform 函数的使用方式，可以看到，它的功能是对数组元素进行 Map 变换。值得注意的是，Lambda 表达式通常用于处理数组类型的元素，并且用起来非常方便。

```
-- 函数签名：transform(array(T), function(T, U)) -> array(U)
-- 对数组元素进行 Map 变换
SELECT transform(ARRAY [5, 6], x -> x + 1); -- [6, 7]
```

Lambda 表达式的另一种用途是代替 UDAF 函数，比如 reduce_agg，它可以自定义 reduce 三要素——初始值、状态累积函数、状态合并函数，它能够表达出比普通聚合函数更强的功能。

```
-- 函数签名 reduce_agg(inputValue T, initialState S, inputFunction(S, T, S),
  combineFunction(S, S, S)) → S
SELECT id, reduce_agg(value, 0, (a, b) -> a + b, (a, b) -> a + b)
FROM (
    VALUES
        (1, 2),
        (1, 3),
        (1, 4),
        (2, 20),
        (2, 30),
        (2, 40)
) AS t(id, value)
GROUP BY id;
-- (1, 9)
-- (2, 90)
```

13.1.4 MethodHandle

自 Java 7 开始，SDK 提供了 MethodHandle 结构和相关 API，可以把它看作一种轻量级的反射，用来引用某个 Java 方法。Presto 正是通过 MethodHandle 调用函数来动态生成 SQL 处理逻辑的。SQL 里面的函数调用，本质上对应了 Java 代码里的一个或多个方法。SQL 的过滤逻辑（Filter）和投影变换逻辑（Project）可以任意复杂，但引擎如何完成这些函数的任意组合呢？答案肯定是动态生成代码。所以，需要一种机制来用代码调用任意的 Java 方法。大家可能马上想到反射机制，这里的 MethodHandle 就是一种更轻量级的反射机制，它有着更好的性能，并且 Presto 底层字节码也有专门的新指令与之对应。

对于高阶的开发者，掌握 MethodHandle 有助于了解引擎的原理，如依赖绑定、try_cast() 变种函数等。Java 7 SDK 中还包含了大量的 API，让我们可以对函数调用的过程做更多的转换操作，这里建议大家看看 Java 官方文档的介绍。常见的操作类型有：参数类型转换、参数绑定、参数顺序调整、参数插入和删除。

结合实际代码，就可以知道 Presto 如何使用这些 MethodHandle 功能。虽然这些功能在日常业务 CRUD（增删改查）开发场景基本用不到，但非常值得学习。下面的 MethodHandleDemo 是一个示例代码，可帮助大家快速了解 MethodHandle API 的基本使用方法。

- MethodType 描述了一个 Java 方法的返回值类型和入参类型，第一个参数是返回值类型，后续是函数入参类型。
- lookup 对象是查找 Java 方法的辅助工具类，比如这里的 findStatic 可以查找静态函数，findVirtual 可以查找虚函数。
- insertArguments() 是一个非常重要的函数，理论上它实现了函数编程中的“柯里化”功能，即绑定第一个入参为一个常量，然后返回一个新的函数，它的形参数量减少了一个。在 Presto 框架里面用于自动注入参数，详情见下文。
- 这里的 add.invokeExact() 函数就是用代码的方式调用了 MethodHandleDemo.add() 函数，这也是动态生成代码的基础所在。

```
public class MethodHandleDemo { // methodhandle API 示例
    public static double add(int a, int b) {
        return (double)a+b;
    }

    public static void testMethodHandle() {
        MethodType mT1 = methodType(double.class, int.class);
        MethodType mT2 = methodType(double.class, int.class, int.class);

        try {
            // 对应上面的 add() 函数。返回值是 double 类型，参数 a 是 int 类型，参数 b 是 int 类型
            MethodType  addMT  =  MethodType.methodType(double.class,  int.class,
```

```
                int.class);

            // 1. findStatic 查找静态方法 add()
            MethodHandle add = lookup().findStatic(MethodHandleDemo.class, "add",
                addMT);
            assert(add.type().equals(mT2));
            assert((double)add.invokeExact(100, 1) == 101); // 调用 add 方法

            // 2. 函数式编程的柯里化。第一个参数被绑定了。函数形参从 int, int -> int(原本
            // 的第二个 int)
            // Presto 自动注入参数的能力就是用这个 API 来实现的
            MethodHandle add1 = MethodHandles.insertArguments(add,0,1);
            assert(add1.type().equals(mT1));
            // add1(100) 底层是 add(1, 100)
            assert((double)add1.invokeExact(100) == 101);

            // 3. findVirtual 查找非静态方法,这里以 String.charAt 函数为例
            MethodHandle charAt = lookup().findVirtual(String.class,
                    "charAt", methodType( char.class, int.class));
            assert('r' == (char) charAt.invokeExact("trino", 1));
            // 对于非静态方法,第一个形参是一个对自身的引用(this 指针)
            assert(methodType(char.class, String.class, int.class).equals(charAt.
                type()));

            // 4. 构造返回常数的方法
            // String sixSixSix(){return "666";}
            MethodHandle sixSixSix = constant(String.class, "666");
            assert("666".equals((String)sixSixSix.invokeExact()));

            // 5. 构造一个新的函数,在原本入参列表的首部插入一个 double 类型的入参
            // 但是实际上会丢掉这个新的参数,底层还是调用原来的 charAt() 函数
            MethodHandle fakeCharAt = dropArguments(charAt, 1, double.class);
            assert(methodType(char.class, String.class, double.class, int.class).
                equals(fakeCharAt.type()));
            assert('r' == (char) fakeCharAt.invokeExact("trino", 123.0, 1));

        } catch (Throwable throwable) {
            throwable.printStackTrace();
        }
    }
}
```

13.1.5 入门函数体系知识的学习思路

Presto 源码文件很多，选择正确的切入点是高效学习的基础。Presto 函数相对独立，在

不了解 Presto 框架工作原理的情况下也可以上手开发，并且有很多学习方法可用。学习函数可以从以下几个方面入手。

- 从 FunctionRegistry.java 入手，学习、模仿内置函数的写法，了解各种注解的使用方式。
- 从 presto-main 模块入手，学习常用函数的注解框架开发方法，比如 MathFunctions.java 包含了 abs() 等常用的 Math scalar 函数；LongSumAggregation.java 实现了 BIGINT 类型的 SUM 聚合函数。
- 关注单元测试，初学者可以基于单元测试迅速了解组件的用途，比如函数解析阶段 SignatureBinder.java 的作用。

13.2　函数的基本构成

本节旨在介绍 Presto 函数的一些要素，帮读者更好地理解函数初始化、解析、调用流程。首先介绍 Presto 引擎函数管理的 FunctionRegistry 类，让大家从全局对函数管理有大体印象。然后介绍函数元数据信息类 FunctionMetadata，它是最常用的数据结构。接着介绍函数签名，这里的函数签名和 Java 的函数签名类似，但是它更加复杂，支持泛型变量、字面量变量，使得一个 Presto 函数可以匹配多种不同类型的实际参数。

13.2.1　函数管理

如果要给出一个与函数相关的最关键的模块，那么一定是 FunctionRegistry.java，它可以看作一个函数中心，这么多的函数总会有一个统一管理的地方，内置函数和插件函数都在这里执行初始化，并保存到 FunctionMap 类型的结构中，供语义分析、执行阶段使用。可以认为，一个用 Java 代码实现的 Presto 函数对应的 Java 类和 Java 方法通过一系列转换以后，最终在 Presto 引擎内部的 FunctionRegistry 中以 SqlFunction.java 的形式存储起来。FunctionRegistry 的作用如下。

- 内置函数、插件函数初始化、注册的地方。
- 缓存各种 Presto 函数模板特化的结果（调用阶段）。
- 语义分析阶段提供函数解析能力。
- 执行阶段进行模板特化 + 调用适配。

如图 13-2 所示，FunctionMap 结构存储了所有的 Presto 函数信息，它包含了两个结构，第一个是 Map 结构，每个 FunctionId 映射得到的唯一的函数结构，SqlFunction 是所有 Presto 函数的底层接口。第二个结构是一个 Multimap 类型，键是函数名，说明函数可以同名，这里返回的是所有候选函数的元数据信息，键的 QualifiedName.java 类型对应语法分析结构 FunctionCall.java 的函数名称。

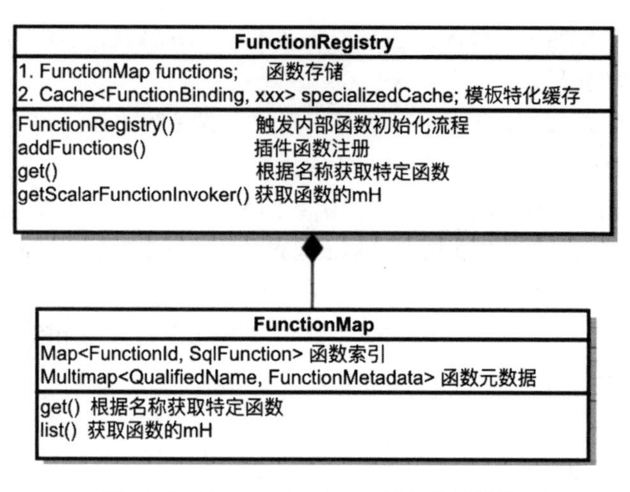

图 13-2 FunctionRegistry 核心数据结构

13.2.2 函数元数据

在 FunctionMap 中，通过函数名可以拿到所有同名函数的元数据。这些元数据用途很多，但是全部都收归到一个 FunctionMetadata 结构中进行管理。元数据中的内容如图 13-3 所示，除了签名比较复杂，其他元数据的获取相对简单。获取元数据一般有两种途径：

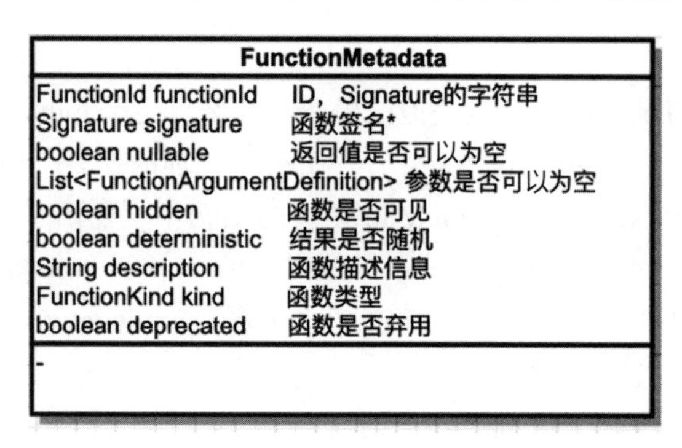

图 13-3 函数元数据

- 根据名称获取元数据，此时 SQL 查询中的函数调用还没被解析（仅通过语法分析获取了函数名称），所以只能获取同名函数的所有元数据，进一步根据函数签名进行解析绑定。这里对应了图 13-2 中所示 FunctionMap 的第二个变量。
- 函数解析完以后，通过 FunctionId 可以找到唯一匹配的内部函数。这里对应了图 13-2 中所示 FunctionMap 的第一个变量，通过函数类获取函数元数据信息。例如优化器阶段，根据函数结果是否随机来决定是否将函数调用优化成一个常数。

FunctionMetadata 的各个成员变量的含义如下。

- FunctionId：作为每个函数的标识符，这里其实是函数签名的字符串。它是唯一的，因为函数调用不能有歧义。如果函数签名一样，那么语义分析的解析阶段就会匹配到多个函数，此时引擎会报错。
- Signature：函数签名，最重要的元数据信息，用于函数解析等处，详情见下文。Signature 序列化为字符串就是 FunctionId，这两个可以理解为同一个实体。
- nullable：返回值是否可能为空，它关系到返回值的实际类型。
- argumentDefinitions：函数的每个入参是否可能为空，通过代码可以发现 Presto 对于 null 的处理非常细致，每个环节都会对 null 进行显式处理。引擎内部代码几乎没有 null 值。
- hidden：当前函数对于外部是否可见，部分内置的函数对外是不可见的。
- deterministic：此参数是为了声明当我们使用相同的函数入参多次调用 FunctionMap 函数时，每次函数的计算结果是否都一样。如果一样（deterministic=true），优化器可以尝试把针对 FunctionMap 函数的调用优化成一个常量进行输出。
- description：函数的说明信息。
- kind：函数种类，对应标量、聚合、窗口等函数。
- deprecated：表示数据是否已过时，官方不建议使用，后续可能不再兼容和维护。

13.2.3 函数签名

函数签名 Signature.java 是 Presto 函数的标识符，可以认为每个 Presto 函数的签名是唯一的。这里我们引入一个上下文概念：Presto 函数签名、Java 方法签名。

- Presto 函数签名：特指 Presto 中函数的标识符，类似 Java 的方法签名，但是可以使用变量。
- Java 方法签名：Java 语言中的“函数名 + 入参类型”。

函数签名组成元素如图 13-4 所示，部分元素和方法签名类似，首先它们都拥有函数名，返回值类型和形参类型用 TypeSignature 来表示。

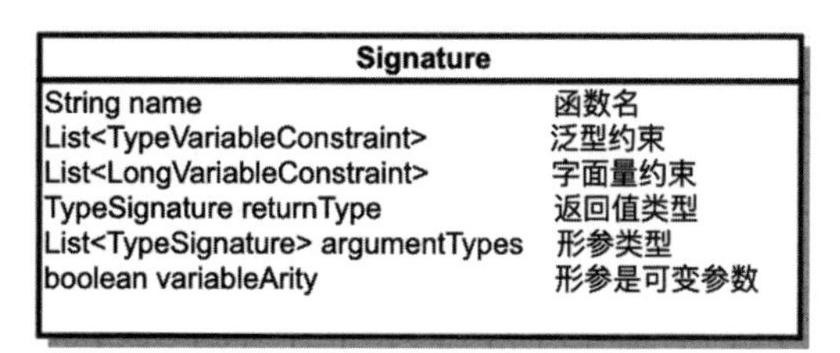

图 13-4 函数签名组成元素

结合 Presto 的 is_null 函数可以看到，如果使用注解框架开发函数，里面的各种注解标注的就是函数签名以及元数据的字段，具体对应关系如图 13-5 所示。

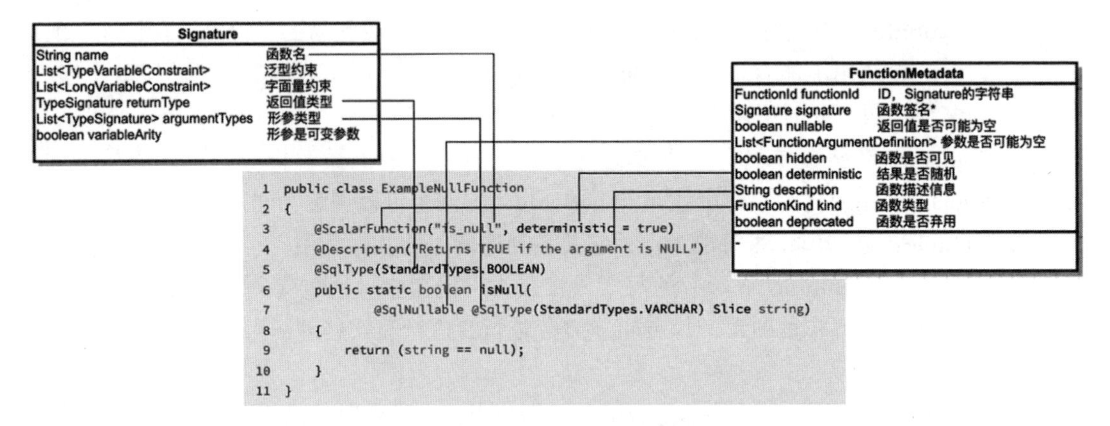

图 13-5 注解框架映射内部数据结构

13.2.4 泛型变量

前面说到函数签名可以作为函数的标识符。这里引入一个重要概念：一个 Presto 函数可以对应多个不同的函数实现（Implementation），它们的入参类型并不相同。用户写 SQL 时只会看到一个 Presto 函数，这些函数实现拥有相同的函数签名。前面说到的模板特化能力，对应的就是从多个实现中选择最优实现的过程。引入这个概念性主要有两个原因：

- 为了把逻辑相似但是类型不同的函数全部统一成一个函数，避免过多的冗余函数。
- 根据实际入参类型，选择最优的底层实现，类似 C++ 模板偏特化的能力。

那么如何实现这种一对多的关系呢？这里就要用到泛型变量了，它可将 Presto 函数入参的具体类型变成一个变量，通过类似 Java 泛型变量的方式，将一些功能相似的函数统一管理起来，让它们具有相同的函数签名。下面以 RepeatFunction.java 这个标量函数为例子进行讲解。RepeatFunction 的功能是将一个元素重复多次，并返回一个数组：e.g repeat('a', 5) = ['a','a','a','a','a']。

```
// 文件名：RepeatFunction.java
1 @ScalarFunction("repeat")
2 @Description("Repeat an element for a given number of times")
3 public final class RepeatFunction {
    ...
4     @TypeParameter("T") // 函数体定义一个泛型变量
5     @SqlType("array(T)")
6     public static Block repeat(
7             @TypeParameter("T") Type type, // 自动注入的参数
8             @SqlNullable @SqlType("T") Long element,
9             @SqlType(StandardTypes.INTEGER) long count) {
10        BlockBuilder blockBuilder = createBlockBuilder(type, count);
11        if (element == null) {
12            return repeatNullValues(blockBuilder, count);
```

```
13          }
14          for (int i = 0; i < count; i++) {
15              type.writeLong(blockBuilder, element);
16          }
17          return blockBuilder.build();
18      }

19      @TypeParameter("T")
20      @SqlType("array(T)")
21      public static Block repeat(
22              @TypeParameter("T") Type type,
23              @SqlNullable @SqlType("T") Boolean element,
24              @SqlType(StandardTypes.INTEGER) long count) {
25          BlockBuilder blockBuilder = createBlockBuilder(type, count);
26          if (element == null) {
27              return repeatNullValues(blockBuilder, count);
28          }
29          for (int i = 0; i < count; i++) {
30              type.writeBoolean(blockBuilder, element);
31          }
32          return blockBuilder.build();
33     }

    ...
}
```

可以看到函数体的 @TypeParameter 注解声明了一个泛型变量，声明了变量 T 以后，返回值和函数入参才可以引用这个变量。

- 第 4 行的泛型变量声明在函数体上的，对应了图 13-4 中的泛型约束 TypeVariableConstraint。
- 声明了以后，第 5 行的返回值注解，第 7 行的自动注入参数注解，第 8 行的入参注解，才能使用这个 T 变量。

前面提到 Presto 函数签名和 Java 方法签名不完全一致，可以认为使用注解框架进行开发时，Presto 函数都有一个 Java 方法签名和 Presto 函数签名，Presto 函数签名是由各种注解来标识的。通过引入泛型变量，可以看到以上两个 Repeat 方法的 Presto 函数签名是一样的。虽然第一个实现的入参是 long 类型，第二个是 boolean 类型，但是现在它们的 Presto 类型都是 T 这个变量。

另一个需要注意的点是引擎如何识别一个函数签名，并把对应的实现和这个签名关联起来？这个是人为指定的，引入泛型变量以后，开发者需要把函数注解 @ScalarFunction 定义在类上面，参考第 2 行和第 3 行，这样当前类里面所有的 Java 方法都会被解析成这个函数的多个不同实现。

13.2.5 字面量变量

LiteralParameters 直译过来是字面量参数，究其本质，是因为 Presto 的类型是可以有参数的，比如 varchar(x)、decimal(p, s) 的这些参数也可以是变量，但这些参数的类型只能是长整型，所以在图 13-4 中字面量参数的约束也称为 LongVariableConstraint。字面量变量通过 @LiteralParameters 注解声明在函数体上的，例如下面代码中第 3 行声明了 x 和 y 两个变量。一般情况下，不同的字面量变量没有直接关系，第 5、6 行函数入参中的 x、y 分别代表不同入参的 varchar 参数。

```
// 文件名: StringFunctions.java

 1 @Description("Determine whether source starts with prefix or not")
 2 @ScalarFunction
 3 @LiteralParameters({"x", "y"})
 4 @SqlType(StandardTypes.BOOLEAN)
 5 public static boolean startsWith(@SqlType("varchar(x)") Slice source,
 6 @SqlType("varchar(y)") Slice prefix) {
 7     if (source.length() < prefix.length()) {
 8         return false;
 9     }
10     return source.compareTo(0, prefix.length(), prefix, 0, prefix.length()) ==
11 0;
12 }
```

再来看一个例子：参数间有一定的关系，这个时候可以用 @Constraint 注解指定计算方式。如下代码是 concat 函数的逻辑，两个定长字符串连接，结果也是定长字符串，长度由参数 left、right 的长度共同决定。这里通过 @Constraint 注解可以计算出返回值 char 类型的参数 u。注意，这个表达式是在函数解析结束后才进行计算的，它不影响函数的解析流程。

```
// StringFunctions.java

@Description("Concatenates given character strings")
@ScalarFunction
@LiteralParameters({"x", "y", "u"})
@Constraint(variable = "u", expression = "x + y")
@SqlType("char(u)")
public static Slice concat(@LiteralParameter("x") Long x, @SqlType("char(x)")
    Slice left, @SqlType("char(y)") Slice right) {
    int rightLength = right.length();
    if (rightLength == 0) {
        return left;
    }
    Slice paddedLeft = padSpaces(left, x.intValue());
    int leftLength = paddedLeft.length();
```

```
    Slice result = Slices.allocate(leftLength + rightLength);
    result.setBytes(0, paddedLeft);
    result.setBytes(leftLength, right);

    return result;
}
```

13.2.6　自动注入的参数

从前面 RepeatFunction 的例子可以看到，每个函数的 @TypeParameter 注解出现了两次，函数体的注解声明了泛型变量，函数第一个入参的注解则定义了一个自动注入参数，由此可见，@TypeParameter 位置不一样，用途也不一样。

自动注入参数需要满足以下约束。

约束一：入参注解类型若不是 @SqlType 的参数那么就都是自动注入参数，可以参考 isImplementationDependencyAnnotation 定义的识别规则。

```
// 文件名：ImplementationDependency.java
static boolean isImplementationDependencyAnnotation(Annotation annotation) {
    return annotation instanceof TypeParameter ||
            annotation instanceof LiteralParameter ||
            annotation instanceof FunctionDependency ||
            annotation instanceof OperatorDependency ||
            annotation instanceof CastDependency;
}
```

约束二：只能出现在 @SqlType 注解之前，也就是说自动注入参数只能出现在入参的开头，这样方便引擎使用 MethodHandle 的 insertArguments() 方法注入参数。

用户是感知不到自动注入参数的，因为它定义的是当前函数的元数据，由框架自动识别并在运行时自动注入。比如我们只需要写 repeat(1, 5)，并不需要写成 repeat(bigint, 1, 5)。对于这些依赖型参数用户是感知不到的，它们也不会构成 Presto 函数签名的一部分。

13.3　函数相关的主要流程

13.3.1　引擎启动时的函数注册

Presto 启动的时候，主节点、工作节点都需要执行一系列初始化相关的工作，其中就包括函数相关的初始化（生成 FunctionMetadata 和函数注册）。对于注解框架这种开发方法来说，引擎需要解析注解并把它们转换成相应的函数元数据。虽然注解框架能稍微降低函数开发的成本，但是它的引入势必增加初始化流程的复杂性。因为设计和文档的原因，理解注解框架的用法有一定难度，了解初始化流程能帮助开发者掌握其使用方法。

以下是 FunctionRegistry 的构造函数，前面有提到 Presto 所有的函数都在这里进行注册，其中共有两种注册方法。

- 以 function 开头的都是使用底层开发方法创建的 Presto 函数，元数据是开发者手动构造的，无须初始化，直接注册即可。
- 以 scalar/aggregare/window 开头的都是使用注解框架开发方法创建的函数，分别对应标量、聚合、开窗函数，不同类型的函数初始化解析流程是不一样的，所以注册方法也不一样。

```
// 文件名 : FunctionRegistry.java

public FunctionRegistry(
        Supplier<BlockEncodingSerde> blockEncodingSerdeSupplier,
        FeaturesConfig featuresConfig,
        TypeOperators typeOperators,
        BlockTypeOperators blockTypeOperators) {
        FunctionListBuilder builder = new FunctionListBuilder() // 所有函数需要显式注册
             .window(RowNumberFunction.class)
             .aggregate(ApproximateCountDistinctAggregation.class)
             .scalar(RepeatFunction.class)
             .function(ARRAY_CONCAT_FUNCTION)
             ...
        addFunctions(builder.getFunctions());
}
```

注意，FunctionListBuilder 的注册方法还有 scalars() 和 aggreagates() 两种，和代码中的注册函数是完全不一样的。scalars() 函数接收一个类，里面有多个不同的函数，比如 StringFunctions.java 包含了多个不一样的函数。scalar() 接收的是一个泛型参数类，它只会生成一个 Presto 函数，但是类中有多种实现。聚合函数也是类似的，感兴趣的读者可以自行研究。

13.3.2 查询执行时的函数解析

回顾图 13-1，一个 SQL 查询提交到 Presto 以后，经过语法分析获得了结构化的语法树结构，然后在语义分析阶段需要对结构化的数据进行进一步解析，以关联元数据，流程如图 13-6 所示。语义分析的执行时机是在 SqlQueryExecution.java 的构造器里面。语义分析器 Analyzer 底层依赖 StatementAnalyzer 分析语句结构，具体的表达式则交由表达式分析器 ExpressionAnalyzer 处理。函数调用（FunctionCall）也是表达式的一种，所以这里主要关注处理函数 visitFunctionCall()。这里需要确定当前的语法结构 FunctionCall.java 实际调用了哪个 Presto 函数，如果名称有误或者参数数量、类型有误，则会抛出异常。这就是语义分析阶段的函数解析阶段。

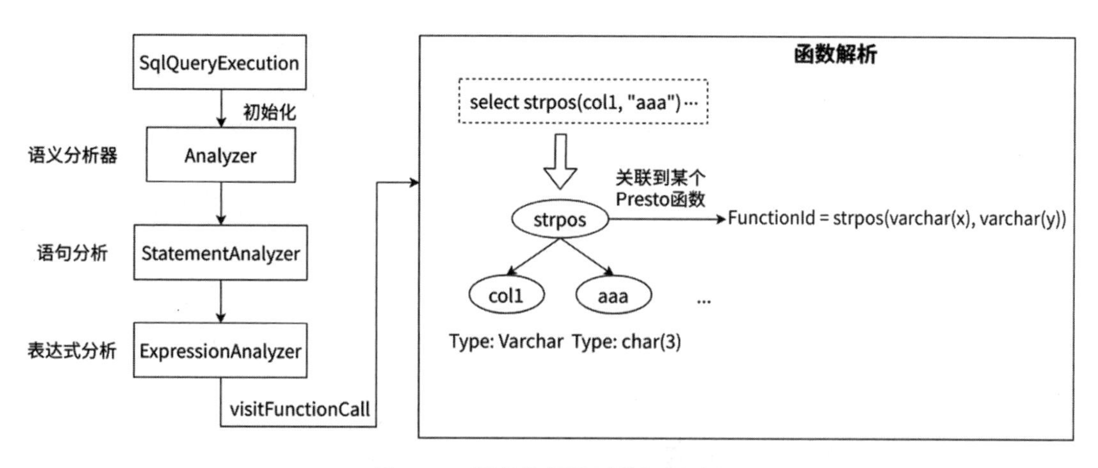

图 13-6　语义分析的函数解析过程

函数解析流程的进一步拆解如图 13-7 所示，其中 MetadataManager 收归了所有 Presto 元数据的操作（函数也是 Presto 元数据的一种），FunctionResolver 选择不同的匹配策略（是否允许类型转换）。参数绑定的时候，会涉及类型转换的问题。比如实际类型是 Integer，Presto 函数的入参是 Bigint 类型，是否可以匹配成功呢？匹配策略如下。

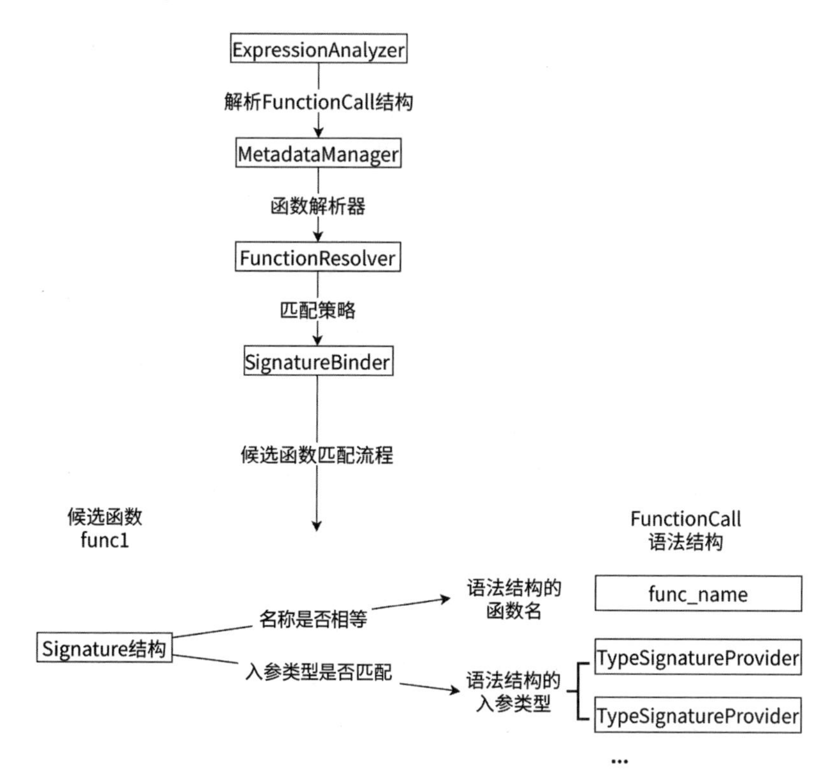

图 13-7　函数解析流程的进一步拆解

- 策略一：获取无泛型变量的候选函数，尝试精确匹配。这种函数比起有泛型变量的函数，可能会有更好的性能，因为它的逻辑是按照特定的参数类型来编写的。
- 策略二：当策略一的匹配失败时，对包含某些泛型变量约束的候选函数进行精确匹配。
- 策略三：对所有的候选函数匹配，并且允许隐式转换，注意类型转换逻辑收归在TypeCoercion.java中。

SignatureBinder是最终负责分析函数是否匹配的类，上述匹配策略作为参数传递进来，它将当前输入类型和候选函数的签名进行绑定，如果绑定成功就可以确认调用了哪个函数。TypeSignatureProvider是实际的参数类型。

13.3.3 查询执行时的函数调用

从生命周期角度来说，SQL查询经历了启动时初始化流程，语义分析阶段的解析流程，后续和函数相关的部分除了逻辑执行计划中的常量优化、Lambda表达式改写等优化以外，就是最终的函数调用了。函数执行一般发生在查询执行节点中，此节点收到一个PlanFragment结构以后，会通过LocalExecutionPlanner生成本地执行计划，生成一系列的本地算子，如图13-8所示。

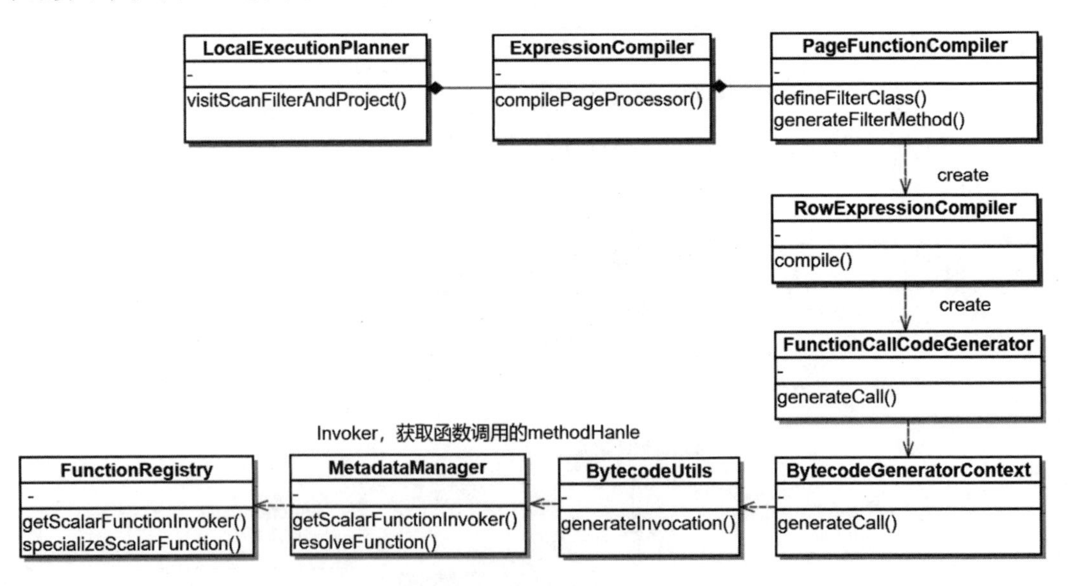

图13-8 函数调用流程

对于标量函数而言，函数调用发生在ScanFilterAndProjectOperator当中，它其实是三个逻辑的综合体，数据读取是源头，对应from语句后面指代的数据表；过滤逻辑对应了SQL语句中的WHERE语句；投影变换逻辑是SELECT语句或是执行计划添加的投影操作。这里的函数调用、操作符（+-*/等）调用都是完全动态的，表达式也可以任意复杂。所以，Presto 底层使用了动态生成字节码的方式来表达复杂的 SQL 逻辑。这里的关键因素是如何动态调用函数，核心就是前面提到的 MethodHandle 结构。代码生成的过程比较复杂，这里仅列出大概的调用流程，希望起到抛砖引玉的作用（LocalExecutionPlaner→ByteCodeUtils）。如果你计划深究其设计实现，可以重点关注 ByteCodeUtils 中如何获取函数的 MethodHandle。

13.4　总结、思考、实践

本章深入探讨了 Presto 中函数的执行原理，包括函数的分类、生命周期、开发方法以及基本构成。我们详细分析了函数在 Presto 引擎中的初始化、解析和调用过程，以及如何通过注解框架和底层开发方法来定义和实现各种类型的函数。此外，我们还讨论了函数元数据、函数签名、泛型变量、字面量变量以及自动注入参数等关键概念。

总体来说，Presto 的函数体系为开发者提供了强大的功能和丰富的语义，支持插件化开发，使得用户可以根据实际需求自定义函数。通过注解框架，开发者可以方便地定义标量函数、聚合函数等，而底层开发方法则为处理更复杂的函数提供了可能。函数的生命周期管理、解析和调用过程是 Presto 引擎高效执行 SQL 查询的关键。

这里再分享两个扩展性知识。

- 理解 Slice、Block、Page、Type：Slice 底层实现值得一看，它把不同类型的数组变量封装起来，然后通过 Unsafe API 进行更高效地操作，其中会包含一些边界条件的判断以防止报错。Presto 内部的字符串就是基于 Slice 类型实现的。Block 是 Presto 封装的数组结构，Presto 基于内存的列式存储就是使用 Block 来实现的，每列（非复合类型）或者每个子列（复合类型）都用 Block 来表示。多行完整的数据就是一个 Page，每一列就是一个 Block。Block 有很多种类型，底层可能会发生变更，所以 Type 不仅是 Presto 类型信息的抽象，也封装了对 Block 的操作 API，这样函数的开发者仅需要和 Type 打交道即可，这也是为什么经常需要注入类型元数据的原因。总体来说，Block 的 API 还是比较烦琐的，期望后面会有优化。
- 理解 MethodHandle API：文中提到的 try_cast 函数巧用 MethodHandle API，借用已有的 cast 函数的 MethoHandle 封装了一个异常情况会返回 null 的新函数。引擎中还有很多地方使用了 MethodHandle API，比如 ParametricScalarImplementation.Parser 使用 permuteArguments 把 this 指针移动到自动注入参数之后，ParametricFunctionHelpers 中的 insertArguments 就会自动注入参数以正确绑定到入参列表的开头。再往底层就是 MethodHandle 和字节码的关系了，这里其实不建议大家去深究。

思考与实践：

- 尝试阅读源码并梳理出函数注册、解析、调用执行的关键流程与细节。
- 在理解本章介绍的函数设计实现原理的基础上，尝试深入阅读 Presto 源码，熟悉操作符函数（Operator Function）、Lambda 函数（Lambda Function）、表函数（Table Function）的设计实现原理。
- 在 OLAP 引擎中，如何设计一个既能高效执行又能灵活扩展的函数体系？

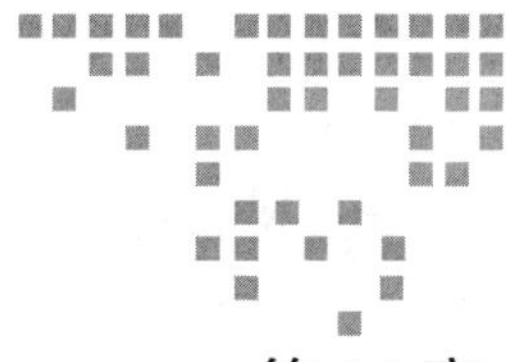

第 14 章 Chapter 14

自定义函数开发实践

在 OLAP 引擎中，UDF 的开发允许用户扩展引擎的功能，以满足特定的业务需求。以下是开发 OLAP 引擎中 UDF 的一般步骤和考虑因素。

- **需求分析**：确定需要实现的 UDF 的功能和目的；分析 UDF 的输入参数和预期的输出结果；考虑 UDF 的类型（标量、聚合、表生成等）。
- **编写函数逻辑**：使用选定的语言编写 UDF 的核心逻辑；确保 UDF 能够处理各种输入情况，包括异常和边界条件。
- **注册和集成**：将编写好的 UDF 注册到 OLAP 引擎中。这通常涉及创建一个 UDF 描述文件，指定 UDF 的名称、参数类型、返回类型等元数据；如果 OLAP 引擎支持，可以利用引擎提供的 API 或工具来集成 UDF。
- **测试与部署**：在开发环境中对 UDF 进行单元测试，确保其正确性和稳定性；在 OLAP 引擎中执行测试查询，验证 UDF 的执行结果和性能；将 UDF 部署到生产环境。
- **性能优化**：监控 UDF 的使用情况和性能，确保其在生产环境中的稳定性。分析 UDF 执行的性能瓶颈，如计算效率、资源消耗等；对 UDF 进行优化，如使用更高效的算法、减少不必要的计算、利用引擎的优化特性等。

在编写 UDF 时，开发者需要对 OLAP 引擎的架构和功能有深入理解，以便更好地集成和优化 UDF。此外，考虑到 OLAP 引擎通常要处理大量数据，UDF 的性能和资源消耗也是开发过程中需要重点关注的问题。

14.1 标量函数开发方法

本节主要介绍两种标量函数开发的方法——注解框架和底层开发。

14.1.1　注解框架

标量函数的开发和普通的 Java 方法编写本质上是一样的，但是也有很多差异。

- 需要使用注解（Annotation）标记该函数是一个可供调用的标量函数，包括函数名、返回类型、参数类型等。
- Java 原生类型和 Presto 类型有一一对应的关系。Java 中的 Slice 对应 Presto 中的 Varchar 类型，Java 中的 Block 对应 Presto 中的 Array 类型，下文分别称之为 Java 类型和 Presto 类型。
- 这些特定的 Java 类型 Slice、Block，逻辑上和常用的 String、Array 一样。但是在 API 方面差别很大，有一定的上手成本。
- 函数有两套签名。基于反射可以获取 Java 类型的参数、返回值类型，这个过程称为 Java 方法签名。基于 @SqlType 注解可以获取 Presto 引擎使用的参数、返回值类型，这个过程称为 Presto 函数签名，这里做个严格区分。
- 使用基于 @TypeParameter 注解的泛型变量，对多个逻辑相同的函数进行统一管理，供函数定义的入参引用。
- 使用基于 @LiteralParameters 注解的字面量参数，作为带参数类型的参数变量，供函数定义的入参引用。
- 可以在入参中用 @TypeParameter、@LiteralParameter、@FunctionDependency、@OperatorDependency 声明自动注入参数，在调用函数之前，引擎会根据解析出来的元数据自动注入参数依赖。

1. 常用注解参考手册

我们把写在函数体或类名上的注解称为函数注解，把写在函数形参前面的注解称为入参注解，方便下文引用。一般来说，关注表 14-1 所示的前 4 项就够了，剩余的是一些进阶内容。

表 14-1　按注解类型分类

函数注解	函数注解介绍	函数入参注解
@SqlScalarFunction	定义函数名、函数属性	—
@Description	定义函数描述信息	—
@SqlType	返回值的 SQL 类型	入参的 SQL 类型
@SqlNullale	返回值是否可以是 null	入参是否接收 null
@TypeParameter	定义泛型变量	引入自动注入的参数
@LiteralParameter(s)	定义字面量变量	引入自动注入的参数
@Constraint	定义返回值字面量变量的推导关系	—

@SqlScalarFunction 是一种函数注解，用于定义函数的名称、别名、可见性、结果确定

性、是否处理空值，包含的参数如下。

- value：SQL 中的函数名称。
- alias：函数别名。
- visibility：可见性，决定 SQL 查询中是否可以直接使用该函数。
- deterministic：决定在一次 SQL 执行过程中，函数在相同入参的情况下多次执行，结果是否不变。如果是，那么执行计划阶段会尝试对函数的调用进行常量折叠，生成一个常数。注意，这里不能等价于纯函数。纯函数要求在任何时候，函数在相同输入的情况下多次执行，结果必须是一致的。在 SELECT current_timestamp() ...; 这条 SQL 语句中，current_timestamp() 调用的所有返回值都是一样的，但是在不同 SQL 中调用该函数，得到的时间戳明显不一样，这就是其中的区别。

@Description 是一种函数注解，用于描述函数功能的字符串。在 Presto 客户端使用 show functions 命令可以查看函数的介绍信息。

@SqlType 是一种函数注解、入参注解，用于定义返回值、入参的 SQL 类型，大概可以分为表 14-2 所示的几种。

表 14-2　参数类型

类　型	含　义
StandardTypes.DOUBLE	原始类型，无参数，无字面量变量或泛型变量
varchar(x)	原始类型，带参数（字面量变量）
T	泛型，必须是 @TypeParameter 声明的泛型变量，不能带参数
array(T)	复合类型，每个参数必须是上述 1～3 的类型
function(T, U)	函数类型，Lambda 函数

@SqlNullale 是一种函数注解、入参注解。对于函数注解，表示返回值类型是否可能为空。原始类型（例如 int 类型）不需要该注解，装箱类型和其他类型一般需要声明该注解，否则运行时会报错。对于入参注解，如果该位置的实际参数是 null，有该注解则会执行函数体，因为默认情况遇到参数有 null 值时，会直接返回 null 而不会执行函数体。

理解以下各种类型。

- Type：是 Presto 内部的类型，也是最终可以被引擎使用的类型。Type 可以带有参数，不含未匹配变量。对数组类型 Block、BlockBuilder 的读写都是通过 Type.java 来封装的，所以存在自动注入 Type 参数的需求。
- TypeSignature：本质上和 Type 一样，但是它可以用来表示还未匹配的变量（泛型变量、字面量变量）。如果 TypeSignature 的变量都完全绑定了，那它和 Type 几乎没有区别了。
- SqlType：注解框架中的类型，是 TypeSignature 的字符串形式。

虽然 Presto 文档只描绘了函数开发的冰山一角，但是引擎内部自带了很多函数，是非常有价值的参考资料。这里有很多细节，需要看 Presto 源码才能得到答案，而阅读本书能够使你更快更深入地理解 Presto 源码。以上只是注解的使用，至于 UDF 后续如何被 Presto 引擎解析，不关注问题也不大，注解写错了大部分情况也会在插件装载的时候被引擎识别出来。推荐高阶开发者查看 ParametricScalarImplementation.Parser 中标量函数的元数据解析流程，这样能够对注解的使用有更深入理解。

2. 注解开发示例

示例 1：最简单案例

作为总体介绍，这里摘取 Presto 官方文档中的入门案例，示例 SQL 为 select is_null(col1)，col1 是 varchar 类型。

```
public class ExampleNullFunction {
    @ScalarFunction("is_null", deterministic = true)
    @Description("Returns TRUE if the argument is NULL")
    @SqlType(StandardTypes.BOOLEAN)
    public static boolean isNull(
            @SqlNullable @SqlType(StandardTypes.VARCHAR) Slice string) {
        return (string == null);
    }
}
```

isNull 函数体有 3 个注解：

- @ScalarFunction 定义了函数名“ is_null”，在 SQL 语句中就用该名字进行函数调用，如果没有名称，那么函数名默认是 Java 方法名的蛇式命名（snake case）。
- @Description 定义了函数的描述字段，在 Presto 客户端用 show functions 命令可以看到函数的描述信息。
- @SqlType 定义了函数的返回值类型是 Presto 类型 Boolean。

Java 方法有一个入参，对应 SQL 函数也有一个参数，@SqlType 定义了 Presto 类型是 VARCHAR，Java 类型是 Slice。如果 Java 类型 Slice 换成其他类型，函数调用会失败，调用的时候会进行 Java 类型与 Presto 类型的映射检查。@SqlNullable 代表该参数为空的时候，依然调用该函数，否则框架直接返回空值，这样就和 is_null 的布尔类返回值相违背了。

注意这里的函数修饰符是 public static，一般来说都需要是 static，表示不需要初始化。一些复杂的函数可以利用构造器引入统一的缓存，使用 @sqltype.*\n\s+public [^s] 在代码中搜索这种情况。感兴趣的读者可以参考 ArrayDistinctFunction.java，它可以在多次函数调用中共享一些全局变量，达到更好的内存控制。

通过上述例子可理解常见注解的用法。一般来说，简单函数的开发有以下几个步骤。

1）定义一个类，里面存放用途类似的函数，比如 StringFunctions.java 中都是用于处理字符串的函数。

2）使用 @ScalarFunction 定义函数名称。

3）使用 @Description 给出简单的用途描述。

4）使用 @SqlType 定义返回值类型，注意 Presto 类型的定义一般使用 StandardTypes.java 中的常量，同时 Presto 类型和 java 类型的映射关系不能出错。

5）使用 @SqlType 定义每个形参类型。

示例 2：包含泛型变量的函数定义

Presto 引擎内部实现的标量函数类命名为 ParametricScalar，Parametric 指的主要就是 @TypeParameter 定义的泛型变量以及 @LiteralParameters 定义的字面量变量。它通常由多个具体的实现 ParametricScalarImplementation 组成，比如下面这个例子中有 3 个实现。现在 is_null 不仅能判断 varchar 类型是否为空，还能判断 java 类型是否为 Long 类型以及 Double 类型的参数是否为空。

```
@ScalarFunction(value = "is_null")
@Description("Returns TRUE if the argument is NULL")
public final class IsNullFunction {
    @TypeParameter("T") // 声明变量 T
    @SqlType(StandardTypes.BOOLEAN)
    public static boolean isNullSlice(@SqlNullable @SqlType("T") Slice value) {
    // 使用变量 T
        return (value == null);
    }

    @TypeParameter("T")
    @SqlType(StandardTypes.BOOLEAN)
    public static boolean isNullLong(@SqlNullable @SqlType("T") Long value) {
        return (value == null);
    }

    @TypeParameter("T")
    @SqlType(StandardTypes.BOOLEAN)
    public static boolean isNullDouble(@SqlNullable @SqlType("T") Double value) {
        return (value == null);
    }

}
```

可以看到，在函数体中多了 @TypeParameter 函数注解，它引入了一个泛型变量 T，然后这个参数就可以被参数中的 @SqlType 引用。@SqlType 注解的类型声明为 T 以后，这几个函数的签名都是一样的。在 Presto 引擎看来，这几个函数拥有相同的函数签名，是一个函数。

有很多细节的问题其实需要看源码才知道需要怎么写。比如，细心的同学从上面两个例子可以发现：第二个例子的 @ScalarFunction 和 @Description 注解是写在类名上面而不是函数名上面。

@ScalarFunction 定义在类名上，代表这个类中的所有方法的函数签名都是一样的，由一个 ParameticScalar 进行管理，示例 2 的 ParametricScalar 如图 14-1 所示，genericImplementations 记录了 3 个函数。反之，定义在函数上，则表示每个函数解析成一个 ParametricScalar，只有一种实现。

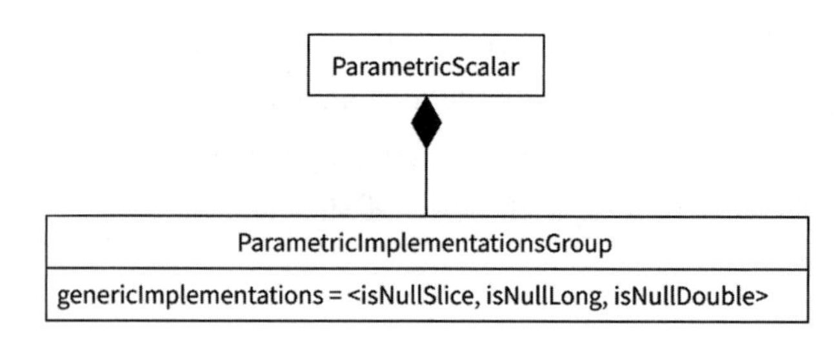

图 14-1 ParametricScalar 包含多种底层实现

有些细心的读者朋友可能会发现，其实示例的代码非常冗余，函数签名使用了泛型变量，但是底层的 Java 函数必须全部写出来，并没有用到 Java 泛型。MethodHandle 理论上也支持泛型参数，为什么不直接用 Java 泛型呢？这里测试过实际上是可以使用的，笔者也咨询了 Presto 的初创者，之所以没有使用是因为设计之初没有考虑过要用泛型，底层使用了字节码生成，逻辑越简单越好。

示例 3：字面量变量 +Constraint+ 自动注入参数 +Slice API

作为示例 1 的进阶，首先看看函数体的注释，实现代码如下。

```
@Description("Concatenates given character strings")
@ScalarFunction
@LiteralParameters({"x", "y", "u"})
@Constraint(variable = "u", expression = "x + y")
@SqlType("char(u)")
public static Slice concat(@LiteralParameter("x") Long x, @SqlType("char(x)")
    Slice left, @SqlType("char(y)") Slice right) {
    int rightLength = right.length();
    if (rightLength == 0) {
        return left;
    }
    // 将原始的 left 字符串填充至 x 长度的字符串，多余部分填充的内容为空' '
    Slice paddedLeft = padSpaces(left, x.intValue());
    int leftLength = paddedLeft.length();

    // 新的字符串，长度为填充后长度 +right 字符串实际长度
```

```
        Slice result = Slices.allocate(leftLength + rightLength);
        result.setBytes(0, paddedLeft);
        result.setBytes(leftLength, right);

        return result;
    }
```

入参的 char(x)、varchar(x)、decimal(s,p) 都是带参数的数据类型，@LiteralParameters 把这些参数定义成变量，这些变量类型都是 Long 型，比如这里定义的 x、y、u 变量。这里 left 和 right 参数之间并没有约束关系，所以两个 char 类型使用不同的变量 x 和 y。

@Constraint 注解为变量 u 定义了一个约束，它的值由 expression 推导而来，该过程发生在变量绑定完成以后，所以它的值对函数解析流程没有影响。这里 u 的值是 x+y，代表字符串拼接后的长度等于拼接前两个定长字符串的长度之和。值得注意的是，expression 中的表达式求值，使用的是基于 Antlr4 的运算语法，详情可以参考官方的 TypeCalculation.g4 文件。

前面提到非 @SqlType 开头的参数注解都是自动注入的参数，比如这里的变量 x，它对应字面量变量 x 的取值，通过该参数确定字符串拼接时，左边参数需要预留的空间。

可以看到当前函数的逻辑是拼接字符串，这里想强调的是关于函数开发的一个难点，即参数类型不是常见的 Java 类型，而是 Presto 内部的 Slice、Block 都有自己的 API，需要开发者额外去学习。

示例 4：包含自动注入参数的案例

函数执行通过接受参数的方式来获取外界输入，但是有一些参数不适合以固定参数的方式传入，比如鉴权、权限的用户名称、实体名称，它们应该与发起 SQL 请求的实体相关，又或者是一些全局的默认配置（如本地时区）。这些参数适合以 session 的方式传入 Presto 引擎，进而通过 session 入参的方式传入函数中。session 参数本质上也是自动注入的参数，不同点是 session 参数在 BytecodeUtils.generateFullInvocation 中由引擎统一处理。

ConnectorSession 包含了 HTTP 上行请求的 session 信息，可以获取里面的字段。current_timezone 函数用于获取当前时区，它直接使用了 session 中记录的时区信息 TimeZoneKey。

```
public final class DateTimeFunctions {
    @Description("Current time zone")
    @ScalarFunction("current_timezone")
    @SqlType(StandardTypes.VARCHAR)
    public static Slice currentTimeZone(ConnectorSession session) {
        return utf8Slice(session.getTimeZoneKey().getId());
    }
    ...
}
```

3. 注解框架开发总结

着手开发之前，可以先阅读官方文档。除了以插件方式开发 UDF，还可在 presto-main 主模块中查看定义的内置的函数、操作符。对源码感兴趣可以从 FunctionRegistry.java 文件开始阅读。比如，我们需要支持 Hive 中的 get_json_object 函数，就可以参考 Presto 中的 json_extract 函数实现。

一般来说，如果要定义一个标量函数，需要借助以下几个注解：ScalarFunction、SqlType、SqlNullable、LiteralParameters、ScalarOperator。Presto 通过解析这些注解的元数据，来生成函数的属性，如函数名、函数参数类型、返回值类型、约束条件、空值处理方式等。在第 13 章介绍了常用的注解，如果有任何疑问，可以直接看 ParametricScalarImplementation.Parser 类的解析逻辑和检查逻辑，就可以很清楚地知道每个属性应该如何使用。

14.1.2 底层开发

使用动态生成字节码的方式来创建函数，不支持在插件中进行开发，而且难度较大。这种方式的本质是直接构造 Presto 引擎内部的数据结构 FunctionMetadata，同时使用 io.airlift.bytecode 包里面封装的字节码生成库动态生成 Java 字节码（注意是生成 Java 字节码，不是生成 Java 代码）。这种方法的适用场景如下：

- 参数类型非常多变、不好枚举的场景，比如 transform 函数的 lambda 参数 function(T, U)，T 与 U 的组合非常多。
- 变长参数的场景。虽然参数是变长的，但是对于每个 SQL 查询或者 SQL 中的每一处函数调用来说，其长度是固定的，使用字节码框架可以根据实际的参数个数 n，动态生成 n 个参数的定长参数调用。至于为什么不用 MethodHandle 变长参数调用（也是支持的），感兴趣的读者可以自行考究，这里求证过——主要是效率的问题。

我们以 concat() 函数为例，使用以下语句可以把多个数组拼接成一个数组，这里的入参个数不限，所以称为变长参数（varargs）函数。

```
select concat(array[1,2,3], array[4,5,6], array[7,8]);
-> array[1,2,3,4,5,6,7,8]
```

我们将会从元数据构造、字节码生成这两个角度进行介绍。这里先给出简化后的代码。

```
// 文件名: ArrayConcatFunction.java

public final class ArrayConcatFunction extends SqlScalarFunction {
    // 用于 FunctionRegistry 的函数注册
    public static final ArrayConcatFunction ARRAY_CONCAT_FUNCTION = new
        ArrayConcatFunction();
    // 对应注解中的 @ScalarFunction 所指定的函数名
    private static final String FUNCTION_NAME = "concat";
```

```
// 对应注解中的 @Description
private static final String DESCRIPTION = "Concatenates given arrays";
// 获取 concat() 方法的 MethodHandle，后面会用到
// 寻找 ArrayConcatFunction 类中名为 "concat" 的函数，入参分别是 Type.class、Object.class、
   Block[].class 的函数
private static final MethodHandle METHOD_HANDLE = methodHandle(ArrayConcat-
    Function.class, "concat", Type.class, Object.class, Block[].class);
// 获取 createState() 函数的 MethodHandle
private static final MethodHandle USER_STATE_FACTORY = methodHandle(ArrayConcat-
    Function.class, "createState", Type.class);
// 私有构造器，构造 FunctionMetadata 结构
private ArrayConcatFunction() {
    super(new FunctionMetadata(
        new Signature(
            FUNCTION_NAME,
            ImmutableList.of(typeVariable("E")),
            ImmutableList.of(),
            arrayType(new TypeSignature("E")),
            ImmutableList.of(arrayType(new TypeSignature("E"))),
            true),
            false,
            ImmutableList.of(new FunctionArgumentDefinition(false)),
            false,
            true,
            DESCRIPTION,
            SCALAR));
}
// 字节码生成逻辑
@Override
protected ScalarFunctionImplementation specialize(FunctionBinding functionBinding) {
    ...
    // 获取函数解析阶段，泛型变量 E 绑定的 Presto 类型
    Type elementType = functionBinding.getTypeVariable("E");
    // 根据以下入参，对 METHOD_HANDLE 进行适配，适配结果参考下文
    VarArgsToArrayAdapterGenerator.MethodHandleAndConstructor methodHandle-
        AndConstructor = generateVarArgsToArrayAdapter(
            Block.class, // 返回值类型
            Block.class, // 入参类型，所有入参类型一致
            functionBinding.getArity(), // 参数个数
            METHOD_HANDLE.bindTo(elementType), // 函数逻辑的 methodHandle，手动
            // 注入第一个参数
            USER_STATE_FACTORY.bindTo(elementType)); // 构造器的 methodHandle，
            // 手动注入第一个参数

    return new ChoicesScalarFunctionImplementation(...);
}
// 以下为函数逻辑
@UsedByGeneratedCode
```

```
    public static Object createState(Type elementType) {
        return new PageBuilder(ImmutableList.of(elementType));
    }

    @UsedByGeneratedCode
    public static Block concat(Type elementType, Object state, Block[] blocks) {
        ... // 一些短路逻辑
        // 构造器创建的 state 对象是一个高效处理内存增长的 PageBuilder，在多次函数调用过程中共享
        PageBuilder pageBuilder = (PageBuilder) state;
        if (pageBuilder.isFull()) { // 释放空间
            pageBuilder.reset();
        }
        // 将所有元素写入 channel0 的 BlockBuilder 中
        BlockBuilder blockBuilder = pageBuilder.getBlockBuilder(0);
        for (int blockIndex = 0; blockIndex < blocks.length; blockIndex++) {
            Block block = blocks[blockIndex];
            for (int i = 0; i < block.getPositionCount(); i++) {
                elementType.appendTo(block, i, blockBuilder);
            }
        }
        pageBuilder.declarePositions(resultPositionCount);
        return blockBuilder.getRegion(blockBuilder.getPositionCount() -
            resultPositionCount, resultPositionCount);
    }
}
```

对代码解读如下。

- **变量声明**：前面是函数的元数据，后面两个 methodHandle 是 concat() 函数的逻辑片段，引擎层会对它们进行适配改造。
- **ArrayConcatFunction 构造器**：手动构造了 Presto 函数所需的元数据 FunctionMetadata.java，下文会逐个分析。
- **specialize**：函数执行前会调用 specialize()，这里会动态生成字节码，适配出一个包含 PageBuilder 全局变量的状态以及参数长度固定的函数。Presto 有多处类似的逻辑，所以封装了一个 VarArgsToArrayAdapterGenerator 工具类。
- **concat() 函数逻辑**：concat() 函数本身需要一个 PageBuilder 来高效管理创建数组时的内存问题，如果每次函数调用都去新建 BlockBuilder 是比较低效的。Presto 通过构造器的方式让 Presto 函数在每次调用的时候都能访问某些全局变量，比如这里使用了 PageBuilder，它底层由多个 BlockBuilder 组成，能够高效管理内存的使用，对构造器感兴趣的读者朋友可以参考 ArrayDistinctFunction.java。这里实际使用了底层 channel0 的一个 BlockBuilder，具体的逻辑参考代码中的注释。

1. 手动构造 FunctionMetadata

FunctionMetadata 是函数元数据，里面包含了很多函数相关的信息。在上面的代码中，

第 18 行开始通过手动指定参数的方式调用构造器，这里需要开发者对元数据有较好的理解。每个参数具体含义可以参考 FunctionMetadata、Signature 的构造器，表 14-3 列出了 concat 函数各元数据信息。

表 14-3　concat 函数各元数据列表

参　数	参数名称	值
Signature.name	函数名称	concat
Signature.typeVariableConstraints	泛型变量集合	<E>
Signature.longVariableConstraints	字面量变量约束	—
Signature.returnType	返回值类型签名	array(E)
Signature.argumentTypes	函数入参类型签名	<E>
Signature.variableArity	是否变长参数	是
nullable	返回值是否为空	false
argumentDefinitions	函数入参是否可以为空	<false>
hidden	函数不可见	false
deterministic	确定性函数	true
description	函数描述	Concatenates given arrays
kind	函数类型	SCALAR

2. 动态生成字节码的本质

这里先看看 concat() 函数本身的逻辑，注意下面这两点。

- 函数的输出是一个数组，也就是 Block 的数据结构，创建 Block 需要使用 BlockBuilder 结构。然而每次函数调用都新建 BlockBuilder 不是很高效，这个时候需要用到构造器来创建这个 PageBuilder 变量，引擎会缓存构造器的执行结果，然后把返回值作为一个参数注入到入参中，这样每次函数调用就都能使用这个变量了。
- 参数是变长的，但是底层的逻辑只希望有一个参数固定的函数，这样底层调用的效率更高。

所以代码生成的核心思想是生成一个新的类，按照函数调用的实际入参数量，适配到 ArrayConcatFunction.java 的 concat() 函数，并提供构造器来生成一个 PageBuilder。动态生成的代码大概如下所示。

```
// 文件名：VarArgsToArrayAdapterGenerator.java
@UsedByGeneratedCode
public static final class VarArgsToArrayAdapterState {
    // 用户定义的状态
    public final Object userState;
```

```
        // Array 类型，比如 long[], Block[]
        public final Object args;

        public VarArgsToArrayAdapterState(Object userState, Object args) {
            this.userState = userState;
            this.args = requireNonNull(args, "args is null");
        }
    }

    // 动态生成的代码，无具体文件
    class ArrayConcatCodenGen_XXX {
        PageBuilder pageBuilder;

        public static VarArgsToArrayAdapterState createState() {
            // 调用 ArrayConcatFunction.java 中 createState 函数对应的 methodHandle
            return new VarArgsToArrayAdapterState(
                invoke(ArrayConcatFunction.createState),
                new {javaArrayType}[{argsLength}]
            );
        }

        // 适配 select concat(arr_col1, arr_col2, arr_col3, arr_col4) ...
        // 对应这个 SQL 调用，生成一个入参长度为 4 的函数 varArgsToArray，方便引擎调用
        public Block varArgsToArray(userState, input_0, input_1, input_2, input_3) {
            userState.args[0] = input_0;
            userState.args[1] = input_1;
            userState.args[2] = input_2;
            userState.args[3] = input_3;
            // 调用 ArrayConcatFunction.java 中 Concat 函数对应的 methodHandle，适配成统一的入参
            return invoke(ArrayConcatFunction.concat, userState.userState, userState.args);
        }
    }
```

上述代码中对应第一点是 createState() 函数，它的入参是一个 Presto 类型，类似自动注入参数，它是由开发者自己注入的。它的逻辑是通过 methodHandle 的方式调用 ArrayConcatFunction.createState()，然后适配到一个 VarArgsToArrayAdapterState 类型的状态，它包含如下两个变量。

- userState：Object 类型，这里就是 PageBuilder.java。
- args：入参数组，后续会把所有入参都赋值给这个 args 参数，这样一来就可以直接调用 ArrayConcatFunction.concat()。

对应第二点是 concat() 函数，注意它的入参 blocks 是数组类型，所有的函数调用，无论参数是多少，最终都会收集成一个数组通过 args 参数传进来。state 参数其实是构造器创建的，因为这里的代码是动态生成的，所以不能直接用 this 指针来传递，需要后期把这个参数传进来。

在 Trino 中，字节码相关的代码被移到了 airlift 基础框架，感兴趣可以自行下载研究。该框架的作用是用代码来写代码，这里生成的代码不是原始的代码，而是 JVM（Java 虚拟机）的字节码。这代表什么？首先编写难度更大，需要进行较好的封装，不然上层难以使用。其次，省去了编译环节，速度更快，这也是 Presto 快的一个原因。对自动代码生成具体过程感兴趣的读者可以研究 ArrayConcat.java 代码中的 generateVarArgsToArrayAdapter() 函数。

14.2 聚合函数开发实践

聚合函数和标量函数，在函数初始化、调用解析、注解框架开发等方面的原理是高度相似的，所以在介绍函数原理的时候没有单独拎出来讲。在了解标量函数的基础上，可以很容易地将一些基础概念切换到聚合、窗口函数上面。本节主要介绍聚合函数本身的编写方法和基本原理。

聚合函数的开发有注解框架和底层开发两种。注解框架方式比较简单，它的状态只能使用 getter/setter 逻辑，有一定的局限性。框架的 StateCompiler 会自动提取状态的 getter() 方法，分析出状态依赖的字段，然后使用自动代码生成的方式生成需要的状态和序列化类，开发者无须关注该过程。这里以 AverageAggregation 为例进行介绍。

底层开发的方法更灵活，这种方式适用于状态累积过程比较复杂的聚合函数，开发者需要自行实现序列化类以及所有状态类，而原本在注解框架方法中可以做自动代码生成的部分也需要开发者自行实现，所以要编写的代码会比较多。这里会以 DecimalSumAggregation 的实现为例。

14.2.1 实现聚合函数的核心原理

Presto 引擎把聚合函数的实现逻辑分成了 3 部分，大部分 OLAP 引擎也是这么划分的，其核心是如下 3 种函数。

- InputFunction：输入函数。接收一个输入和一个状态，所有状态都会实现 AccumulatorState 接口，状态是一个中间结果，它会根据每个输入进行更新。以 avg 函数为例，需要一个状态累加器 acc 和一个计数器 counter 作为状态，对于每个输入，acc 累加当前值，counter 递增做计数。
- CombineFunction：组合函数。对多个中间状态进行合并，它通常发生在下游算子当中，将某个分组预聚合的状态全部 merge 成一个新的状态。以 avg 函数为例，两个状态的累加器、计数器的值分别相加，进而生成一个新的状态。
- OutputFunction：输出函数。对最终的状态进行一些处理，生成该聚合函数的最终结果。以 avg 函数为例，通过状态 acc 的值除以状态 counter 的值得到最终的平均值。其他函数可能无须进行额外处理，比如 count，此时直接把状态输出即可。

大部分单节点的聚合计算逻辑，只要按照这种切分方式把聚合逻辑分成3部分，就能实现OLAP引擎中的分布式聚合计算逻辑。至于这三类函数在什么阶段被调用，开发者不用关心，引擎把这个接口抽象好了。但它们也仅是Presto引擎中的一部分，真正难的地方是它们怎么和引擎内部的基础框架相融合，比如聚合函数涉及的算子、数据交换流程等。结合前文介绍的聚合操作的知识，相信读者对OLAP引擎的聚合函数原理能够有更深入的理解。

前面介绍的3种函数主要涉及逻辑实现，其底层是状态的设计，以及多节点计算过程中涉及的序列化、反序列化操作，下面进行简单介绍。

1. 状态的表示

从聚合函数的使用方式出发，一个SQL查询时会有以下两种聚合方式。

1）不分组聚合，相当于所有的数据作为同一组来计算聚合结果，例如SQL-20。

```
SELECT
    SUM(ss_quantity) AS quantity,
    SUM(ss_sales_price) AS sales_price
FROM store_sales
WHERE ss_item_sk = 13631;
```

2）分组聚合，先分组后计算每个分组的聚合结果，例如SQL-21。

```
SELECT
    ss_store_sk,
    SUM(ss_sales_price) AS sales_price
FROM store_sales
WHERE ss_item_sk = 13631
GROUP BY ss_store_sk;
```

状态是最核心的数据结构，三大函数的抽象都是围绕状态来进行的。根据SQL查询的聚合方式，InputFunction使用的状态有SingleState和GroupedState两种。SingleState表示不分组状态，对应第一种不分组聚合的情况，也可以理解为是只有一个分组。GroupedState表示分组状态，对应第二种分组聚合的情况，框架预制了一个AbstractGroupedAccumulatorState基类来给内部的聚合函数复用，它使用了一个PageBuilder来存储所有分组的状态。

2. 状态的序列化与反序列化

聚合操作会涉及分布式执行时的数据交换、状态合并，状态可能由不同的查询执行节点发送而来，这其中就会涉及状态的序列化和反序列化。序列化是将状态底层的数据按照某种格式通过BlockBuilder写入Block。反序列化则是从Block中还原出写入的数据。两个过程是相对应的，一正一反。对于简单的状态，框架会自动生成序列化的类。复杂的状态则需要用户自己指定写入、读取过程。

14.2.2 注解框架

使用注解框架进行开发，可以在插件中定义 UDAF（自定义的聚合函数）。和标量函数类似，UDAF 的参数类型需要使用 @SqlType 来定义，默认采用定义在类的注解 @AggregationFunction 来识别函数名称。聚合函数一个特别的点是入参、出参分别位于输入函数和输出函数，可以定义多个输入、输出函数，它们会组成多个签名不同的聚合函数，详情参考 AggregationFromAnnotationsParser 的解析方法，但实际情况会更复杂一些。

以下例子定义了一个名为 avg_double 的聚合函数，Input、Combine、Output 三个函数分别使用注解进行标识。它的功能是计算 double 类型的平均值。这里只是一个示例性介绍，Presto 引擎本身有更通用的 avg 类函数，可参考 AverageAggregations.java。

```
// 文件名: AverageAggregation.java
@AggregationFunction("avg_double")
pulblic class AverageAggregation {
    @InputFunction
    public static void input(
        LongAndDoubleState state,
        @SqlType(StandardTypes.DOUBLE) double value) {
            state.setLong(state.getLong() + 1); // 计数器 +1
            state.setDouble(state.getDouble() + value); // 累加器求和
    }

    @CombineFunction
    public static void combine(
        LongAndDoubleState state, LongAndDoubleState otherState) {
            state.setLong(state.getLong() + otherState.getLong());
            state.setDouble(state.getDouble() + otherState.getDouble());
    }

    @OutputFunction(StandardTypes.DOUBLE)
    public static void output(LongAndDoubleState state, BlockBuilder out) {
        long count = state.getLong();
        if (count == 0) {
            out.appendNull();
        }
        else {
            double value = state.getDouble();
            DOUBLE.writeDouble(out, value / count);
        }
    }
}
```

上述例子非常简单清晰。

- 它使用 @InputFunction 定义原始数据输入函数。输入是 double 类型，状态是

LongAndDoubleState 类型，使用两个 setter 方法来更新状态值。注意这里的返回值是 void 类型，因为聚合函数的返回值定义在输出函数中。

- @CombineFunction 定义了状态合并函数，入参是两个状态类型，状态的合并通过 getter/setter 方法就能完成，所以计算平均数可以使用注解框架开发。状态需要更新到第一个入参上面。
- @OutputFunction 定义了聚合结果输出函数，入参 state 是最终状态，out 会收集最终的输出结果。因为存在分组查询的情况，会输出多个结果，所以返回值需要写入一个 BlockBuilder 中。可以看到。这里的 DOUBLE.writeDouble(out, value / count）计算了最终结果，然后调用 DOUBLE 这个 Presto 类型的 API 将数据写入 BlockBuilder。

对于注解框架开发方法而言，状态的定义很简单，它只需要继承 AccumulatorState 的接口，并写出相应的 getter() 和 setter()。框架会额外做以下事情。

- 根据定义的接口方法推断出用到的字段，使用自动代码生成的方式生成对应的序列化或反序列化类。
- 自动生成 Single/Grouped 的状态类以及工厂类。

实现代码如下。

```
public interface LongAndDoubleState extends AccumulatorState {
    long getLong();

    void setLong(long value);

    double getDouble();

    void setDouble(double value);
}
```

对于一些简单的聚合函数，注解框架提供的能力使用起来还是比较方便的，也为开发者屏蔽了大量细节。不过这种 getter/setter 模式的状态，局限也是比较明显的。因为很多状态并不能通过简单的 getXXX/setXXX 的方式进行更新，或者状态涉及的数据结构比较复杂时，就需要使用底层开发方式进行开发。

14.2.3 底层开发

这里以一个特殊的 sum() 函数为例进行介绍，对于入参是 decimal 类型的 sum() 函数，Presto 根据函数签名会匹配 DecimalSumAggregation() 函数来完成计算。在实际使用场景中，金额字段一般是 decimal 类型，在自带的 TPCDS（标准测试数据集）数据集里面可以找到如下所示的一个销售表，通过 decimal(7,2) 类型的 ss_wholesale_cost 字段来计算总批发价，这个时候 sum() 函数在引擎中匹配到的就是 DecimalSumAggregation。

```
> desc tpcds.sf1.store_sales;
        Column          |     Type      | Extra | Comment
------------------------+--------------+-------+---------
 ss_sold_date_sk        | bigint        |       |
...
 ss_wholesale_cost      | decimal(7,2) |       |
...

-- 不分组聚合
> select sum(ss_wholesale_cost) as total from tpcds.sf1.store_sales;

-- 分组聚合
> select ss_sold_date_sk, sum(ss_wholesale_cost) as total from tpcds.sf1.store_
sales
group by ss_sold_date_sk;
```

上述 sum() 函数的实现包含了以下几个类。

- DecimalSumAggregation.java：核心类，定义函数元数据、输入函数、组合函数、输出函数。
- LongDecimalWithOverflowState：定义聚合函数的状态，这里是一个抽象接口，定义了通用的操作，有不分组状态和分组状态两种。
- LongDecimalWithOverflowStateFactory：状态工厂类，负责生成不分组状态和分组状态。
- SingleLongDecimalWithOverflowState：不分组状态，当 SQL 没有 GROUP BY 语句的时候，仅需要保存一个底层状态。可简单理解为分组状态是一个数组，不分组状态等价于底层状态，这可参考上面 store_sales 的“全局聚合”SQL。
- GroupedLongDecimalWithOverflowState：分组状态，当 SQL 有 GROUP BY 语句的时候，为每种键的组合都保存一个底层状态，可参考上面 store_sales 的“分组聚合”SQL。
- LongDecimalWithOverflowStateSerializer：定义状态的序列化、反序列化方法，这里无须区分不分组和分组状态，这些操作都是对底层状态进行操作的。

下面介绍底层开发的步骤。

1. 状态的设计

状态是聚合函数的核心结构，所谓聚合函数就是对一个状态进行迭代，将其更新到最终的状态，然后对最终的状态做一些（可选的）转换就得到了最终结果。这个过程对应了输出函数的逻辑。这里的更新有如下两种。

- 状态更新：对新的一行输入进行状态更新，对应前面提到的输入函数的逻辑。
- 状态合并：对多个同类型状态进行合并，对应前面提到的组合函数的逻辑。

状态的本质是存储多个变量并提供 getter/setter 来获取它们，它和聚合函数的业务逻辑直接相关。比如 sum() 函数需要累加数字，avg() 函数需要累加数字并记录数据个数。回到这个具体的例子，可以看到两个变量和对应的 getter/setter。

- LongDecimal：一个类型为 Slice 的累加值。
- Overflow：记录计算过程是否溢出的标志位。

```
// 文件名：LongDecimalWithOverflowState.java
public interface LongDecimalWithOverflowState extends AccumulatorState {
    Slice getLongDecimal();

    void setLongDecimal(Slice unscaledDecimal);

    long getOverflow();

    void setOverflow(long overflow);
}
```

2. 状态的序列化、反序列化实现

如果查询的逻辑执行计划树中成对出现 AggregationNode[step=PARTIAL]、AggregationNode[step=FINAL]，那么查询实际执行时会进行数据预聚合，它需要在两个聚合算子之间传递中间状态，这就需要对状态进行序列化与反序列化操作，它和状态的变量有直接关系。开发者需要设计如何把状态信息写入一个 Block 数据结构中。注意，serialize 和 deserialize 方法是相对应的，怎么写进去就怎么读出来，这里需要对 Presto 的 Type、Block、Slice 有一定了解。

序列化器的接口是 AccumulatorStateSerializer，它定义了序列化的数据类型，以及对应的序列化、反序列化函数。

- 序列化：注意 serialize() 方法的入参有一个 BlockBuilder，它是 Presto 内部的数据结构，相当于一个数组，用于写入数据，所以序列化就是把状态写入数组的过程。具体的流程和底层的 Slice 结构，与 Presto 类型 API 有很大的关联。Slice 底层是不同类型的数组（如 byte[]），通过 Java Unsafe API 来进行数据读写，这样可以提高性能，它通常用来表示一个字符串。Presto 类型 API 是 Type.java 提供的方法，类型屏蔽了底层编码的细节，向上层提供了一系列的读写接口，详情请参考下面代码中的注释。
- 反序列化：deserialize() 方法的入参有一个 Block 和对应的索引（index），用于定位到指定位置的状态元素。Block 是不可变的，而 BlockBuilder 是可变的、支持顺序写入的结构，Presto 内部严格遵循这种分工和命名约定。反序列化从数组中读取一个 Slice，然后把各个变量重新赋值给 state。

```java
// 文件名: LongDecimalWithOverflowStateSerializer.java

public class LongDecimalWithOverflowStateSerializer
        implements AccumulatorStateSerializer<LongDecimalWithOverflowState> {
    @Override
    public Type getSerializedType() {
        return VARBINARY; // 变长二进制类型，底层是一个 Slice.java 类型
    }

    @Override
    public void serialize(LongDecimalWithOverflowState state, BlockBuilder out) {
        if (state.getLongDecimal() == null) {
            out.appendNull();
        }
        else {
            // Slices 工具类，分配一个固定大小的空间，正好是两个状态变量的大小
            Slice slice = Slices.allocate(Long.BYTES + UnscaledDecimal128-
                Arithmetic.UNSCALED_DECIMAL_128_SLICE_LENGTH);
            // SliceOutput 在 Slice 的基础上提供顺序写入的 API，方便开发者写入数据
            SliceOutput output = slice.getOutput();
            // 先写入 Overflow，再写入 LongDecimal
            output.writeLong(state.getOverflow());
            output.writeBytes(state.getLongDecimal());
            // Presto 类型 API 封装了数据读写接口，这里调用 writeSlice 来写入一个 Slice
            VARBINARY.writeSlice(out, slice);
        }
    }

    @Override
    public void deserialize(Block block, int index, LongDecimalWithOverflowState state) {
        if (!block.isNull(index)) {
            // Presto 类型 API 的数组读取接口读到一个 Slice
            // getInput 获取 SliceInput，它可以顺序读取 Slice 的内容
            SliceInput slice = VARBINARY.getSlice(block, index).getInput();
            // 先读取一个 Long 类型，设置 Overflow 变量
            state.setOverflow(slice.readLong());
            // 然后读取剩余长度的 Slice，设置 longDecimal 变量
            state.setLongDecimal(Slices.copyOf(slice.readSlice(slice.available())));
        }
    }
}
```

3. 状态工厂类的实现

工厂类包含 4 个方法，分别负责提供分组状态、不分组状态的类名以及创建对应的实例。这四个方法都是接口 AccumulatorStateFactory 定义的，泛型参数则是上文介绍的 LongDecimalWithOverflowState，分组状态、不分组状态都需要继承这个父类。Presto 框

架会在后续执行的流程中通过工厂的抽象方法动态创建状态类，以达到自动代码生成的目的。

```
// 文件名：LongDecimalWithOverflowStateFactory.java
public class LongDecimalWithOverflowStateFactory
        implements AccumulatorStateFactory<LongDecimalWithOverflowState> {
    @Override
    public LongDecimalWithOverflowState createSingleState() {
        return new SingleLongDecimalWithOverflowState();
    }

    @Override
    public Class<? extends LongDecimalWithOverflowState> getSingleStateClass() {
        return SingleLongDecimalWithOverflowState.class;
    }

    @Override
    public LongDecimalWithOverflowState createGroupedState() {
        return new GroupedLongDecimalWithOverflowState();
    }

    @Override
    public Class<? extends LongDecimalWithOverflowState> getGroupedStateClass() {
        return GroupedLongDecimalWithOverflowState.class;
    }

}
```

4. 状态的实现

分组状态与不分组状态的实现不一样。分组状态使用两个 BigArray 来存储每个分组的状态值，ObjectBigArray 是一个 Slice 数组，LongBigArray 是一个 Long 类型数组。BigArray 其实就是数组，只不过数组的长度很大，它底层参考 fastutils 框架使用了二维数组来模拟一维数组，每个元素是一个一维数组（segment)，这样做的好处是内存分配更快，数组增长的时候新增一个段（segment)，能够充分利用系统中的零散内存空间而不需要预先分配大块的连续内存。父类 AbstractGroupedAccumulatorState 的 getGroupId() 返回当前分组的 ID，这个值作为数组的索引。而不分组状态就是用两个变量来存储 Overflow 和 LongDecimal，不再赘述。

```
// 文件名：LongDecimalWithOverflowStateFactory.java
public static class GroupedLongDecimalWithOverflowState
        extends AbstractGroupedAccumulatorState
        implements LongDecimalWithOverflowState {
    protected final ObjectBigArray<Slice> unscaledDecimals = new ObjectBigArray<>();
    protected final LongBigArray overflows = new LongBigArray();
    protected long numberOfElements;
```

```
    @Override
    public Slice getLongDecimal() {
    // 通过父类方法获取索引，用 get() 获取 BigArray 的元素
        return unscaledDecimals.get(getGroupId());
    }

    @Override
    public void setLongDecimal(Slice value) {
        requireNonNull(value, "value is null");
        if (getLongDecimal() == null) {// 该位置的 Slice 为空，代表新增一个分组
            numberOfElements++;
        }
        // 通过 set 设置数组的值
        unscaledDecimals.set(getGroupId(), value);
    }

    @Override
    public long getOverflow() {
        return overflows.get(getGroupId());
    }

    @Override
    public void setOverflow(long overflow) {
        overflows.set(getGroupId(), overflow);
    }

}

// 全局状态，两个变量 +getter/setter
public static class SingleLongDecimalWithOverflowState
        implements LongDecimalWithOverflowState {
    protected Slice unscaledDecimal;
    protected long overflow;
    ...
}
```

5. 定义函数实现主体

所有的聚合函数都需要继承 SqlAggregationFunction.java，在底层开发方法中，需要手动定义好函数的元数据 FunctionMetadata，核心内容如下。

- 函数签名：Signature.java，包括函数名、返回值类型、入参类型（数组）。
- nullable：是否会返回空值。
- hidden：函数是否对用户不可见。
- deterministic：是否为随机函数。
- description：函数描述。
- FunctionKind：枚举值，聚合函数为 AGGREGATE。

另外父类构造器还接收如下两个参数。

- decomposable：表示这个聚合函数是否支持状态的合并，如果不支持，那么聚合算子无法拆分为 Partial、Final 两阶段计算。
- orderSensitive：输入的顺序对结果是否有影响，对于 sum() 函数是没有影响的。

聚合函数的逻辑都是动态生成的，获取底层的 MethodHandle 是关键一步，有了它就可以通过自动代码生成的方式生成调用函数的字节码，如下第 9～12 行的代码通过一个 methodHandle() 工具方法来查找 4 个函数对应的 MethodHandle，第一个入参是方法所属的类名，第二个入参是函数名，剩余的参数是入参。

```
// 文件名：DecimalSumAggregation.java

public class DecimalSumAggregation
        extends SqlAggregationFunction {
    // FunctionRegistry 注册该实例
    public static final DecimalSumAggregation DECIMAL_SUM_AGGREGATION = new
        DecimalSumAggregation();
    private static final String NAME = "sum";
    // 通过工具函数定位到 4 个业务函数，其中 2 个为输入函数，1 个为输出函数，1 个为组合函数
    private static final MethodHandle SHORT_DECIMAL_INPUT_FUNCTION = method
        Handle(DecimalSumAggregation.class, "inputShortDecimal", Type.class,
        LongDecimalWithOverflowState.class, Block.class, int.class);
    private static final MethodHandle LONG_DECIMAL_INPUT_FUNCTION = method
        Handle(DecimalSumAggregation.class, "inputLongDecimal", Type.class,
        LongDecimalWithOverflowState.class, Block.class, int.class);
    private static final MethodHandle LONG_DECIMAL_OUTPUT_FUNCTION = methodHand
        le(DecimalSumAggregation.class, "outputLongDecimal", DecimalType.class,
        LongDecimalWithOverflowState.class, BlockBuilder.class);
    private static final MethodHandle COMBINE_FUNCTION = methodHandle(Decimal
        SumAggregation.class, "combine", LongDecimalWithOverflowState.class,
        LongDecimalWithOverflowState.class);

    public DecimalSumAggregation(){
        super(
                new FunctionMetadata(
                        new Signature(
                                NAME,
                                // 返回值类型：decimal(38, s)
                                new TypeSignature("decimal", numericParameter(38),
                                   typeVariable("s")),
                                // 入参类型：[decimal(p, s)]
                                ImmutableList.of(new TypeSignature("decimal",
                                    typeVariable("p"), typeVariable("s")))),
                        true, // nullable
                        ImmutableList.of(new FunctionArgumentDefinition(false)),
```

```
                    false, // 对应 FunctionMetadata 的 hidden 变量，详见上文
                    true, // 对应 deterministic 变量
                    "Calculates the sum over the input values", // 对应 description
                        变量
                    AGGREGATE), // 对应 FunctionKind 变量
            true, // 对应 decomposable 变量
            false); // 对应 orderSensitive 变量
    }
    ...
}
```

聚合函数的业务逻辑主要集中在输入函数、组合函数、输出函数上。decimal 类型的运算逻辑封装在 UnscaledDecimal128Arithmetic 类中。底层计算逻辑是很复杂的，具体原理超出了本节的范围，感兴趣读者可以自行研究。这里聚焦在每个函数的职责上。

- 输入函数：第一个入参会被系统自动注入为 ShortDecimalType 或 LongDecimalType。state 入参是框架在其他环节创建维护的，当前函数仅负责更新状态。输入的值是通过 Block+ 索引的方式提供的，可以看到这里使用了辅助方法 accumulate-ValueInState() 进行值的累加。
- 组合函数：接收两个状态然后将其合并成一个状态，overflow 变量直接相加，因为 overflow>0 就表示有溢出，有溢出最终就会抛出异常，所以直接累加即可。longDecimal 就是累加的值。这里同样也是调用 accumulateValueInState() 进行累加，这里默认会复用第一个状态，即需要在 state 入参上执行更新操作。
- 输出函数：第一个入参会被系统自动注入，第二个入参 state 是最终状态，输出函数的目的就是在最终状态的基础上做一些额外的操作，并将最终计算结果输出到 Block 中，这里对 Overflow 标志进行检查，如果溢出则抛出异常，最后才会把状态的 LongDecimal 写入 BlockBuilder 中。

```
TypeScript
// 文件名：DecimalSumAggregation.java
// ShortDecimalType 的输入函数，调用 accumulateValueInState 更新状态值
public static void inputShortDecimal(Type type, LongDecimalWithOverflowState
    state, Block block, int position) {
    accumulateValueInState(unscaledDecimal(type.getLong(block, position)), state);
}

// LongDecimalType 的输入函数，调用 accumulateValueInState 更新状态值
public static void inputLongDecimal(Type type, LongDecimalWithOverflowState
    state, Block block, int position) {
    accumulateValueInState(type.getSlice(block, position), state);
}

// 所有计算逻辑封装在下面这个辅助函数中
private static void accumulateValueInState(Slice unscaledDecimal, LongDecimal-
```

```
        WithOverflowState state) {
        initializeIfNeeded(state);
        Slice sum = state.getLongDecimal();
        long overflow = UnscaledDecimal128Arithmetic.addWithOverflow(sum,
            unscaledDecimal, sum);
        state.setOverflow(state.getOverflow() + overflow);
    }
    ...

    // 组合函数，溢出标记位直接相加，另一个状态的 longDecimal 与当前状态进行合并
    public static void combine(LongDecimalWithOverflowState state, LongDecimal-
        WithOverflowState otherState) {
        state.setOverflow(state.getOverflow() + otherState.getOverflow());

        if (state.getLongDecimal() == null) {
            state.setLongDecimal(otherState.getLongDecimal());
        }
        else {
            accumulateValueInState(otherState.getLongDecimal(), state);
        }
    }

    // 输出函数，溢出的情况抛出异常。把 longDecimal 作为最终结果写入 BlockBuilder
    public static void outputLongDecimal(DecimalType type, LongDecimalWithOverflowState
        state, BlockBuilder out) {
        if (state.getLongDecimal() == null) {
            out.appendNull();
        }
        else {
            if (state.getOverflow() != 0) {
                throwOverflowException();
            }
            throwIfOverflows(state.getLongDecimal()); // 最后一次检查是否溢出
            type.writeSlice(out, state.getLongDecimal()); // 最终结果写入 BlockBuilder
        }
    }
```

14.3 总结、思考、实践

本章深入探讨了 Presto 中自定义函数的开发实践，特别是标量函数和聚合函数的实现。我们详细介绍了标量函数的开发方法，尤其是注解框架和底层开发两种，并提供了丰富的示例代码。对于聚合函数，我们解释了其核心原理，包括输入函数、组合函数和输出函数的实现，以及状态的设计、序列化与反序列化。我们还讨论了如何使用注解框架简化聚合函数的开发，并提供了一个基于注解框架的聚合函数示例。

总体来说，Presto 的函数开发提供了灵活和强大的功能，允许开发者根据实际需求创建自定义函数。通过注解框架，开发者可以快速开发标量函数和聚合函数，而底层开发方法则提供了更细致的控制，适用于更复杂的场景。无论是标量函数还是聚合函数，都需要对 Presto 的类型系统、数据结构和函数生命周期有深入的理解。

思考与实践：

- 对于需要处理复杂数据类型（如地理空间数据、JSON 等）的 OLAP 系统，如何设计和实现相应的自定义函数？
- 对于自定义的聚合函数，如何设计状态的数据结构及其序列化、反序列化的方案，从而保证聚合查询高效执行？
- OLAP 引擎中常见到用 HyperLogLog 替代精确计算的 COUNT(DISTINCT)，用 T-Digest 替代精确计算的 PctXX，这些近似聚合算法实现原理是什么？

推荐阅读

Python
时间序列预测
Time Series
Forecasting
in Python

数据分析
与预测算法
基于R语言
Introduction
to Data Science
Data Analysis and Prediction
Algorithms with R

编程菜鸟学
Python
数据分析

精益
数据分析
数据驱动商业决策与业务增长
LEAN DATA ANALYSIS

Python电商
数据分析实战
从电商实际案例出发洞悉数据分析全流程

O'REILLY
(原书第3版)
利用Python
进行数据分析
Python for Data Analysis, Third Edition

Business
Analytics
商业数据分析
(原书第3版)

电商流量
数据化运营

Python数据分析
与数据化运营
(第2版)